U0315992

强国钢铁书系

庆祝中国共产党成立100周年
共和国钢铁脊梁丛书

中国不锈钢

ZHONGGUO BUXIUGANG

◎ 李建民　梁剑雄　刘艳平　主编

北京

冶金工业出版社

2021

内 容 提 要

　　《中国不锈钢》是为庆祝中国共产党成立 100 周年，在中国钢铁工业协会的支持下，冶金工业出版社与陕钢集团、中信泰富特钢集团、太钢集团、中国特钢企业协会、中国特钢企业协会不锈钢分会、中国废钢铁应用协会等单位共同策划的"强国钢铁书系"之"共和国钢铁脊梁丛书"中的一本。本书汇集了不锈钢生产、应用、研发、教学、设计、建设和标准等领域具有代表性的企事业单位的专家、学者共同打造，具有权威性、科学性、先进性、史料性和前瞻性，充分反映了我国不锈钢产业发展历程和巨大成就，指明了中国不锈钢产业发展方向，为中国的不锈钢行业、不锈钢企业和不锈钢人留史存志，为中国钢铁行业留史存志，向中国共产党建党 100 周年献礼。

图书在版编目（CIP）数据

　　中国不锈钢/李建民，梁剑雄，刘艳平主编 . —北京：冶金工业出版社，2021.12

　　（共和国钢铁脊梁丛书）

　　ISBN 978-7-5024-8993-9

　　Ⅰ.①中…　Ⅱ.①李…　②梁…　③刘…　Ⅲ.①不锈钢—科技发展—中国—文集　Ⅳ.①TG142.71-53

　　中国版本图书馆 CIP 数据核字（2021）第 243817 号

中国不锈钢

出版发行	冶金工业出版社	**电　话**	（010）64027926
地　址	北京市东城区嵩祝院北巷 39 号	**邮　编**	100009
网　址	www.mip1953.com	**电子信箱**	service@ mip1953.com

责任编辑　张熙莹　美术编辑　彭子赫　版式设计　孙跃红
责任校对　郑　娟　责任印制　李玉山
北京捷迅佳彩印刷有限公司印刷
2021 年 12 月第 1 版，2021 年 12 月第 1 次印刷
787mm×1092mm　1/16；31.5 印张；720 千字；487 页
定价 269.00 元

投稿电话　（010）64027932　投稿信箱　tougao@cnmip.com.cn
营销中心电话　（010）64044283
冶金工业出版社天猫旗舰店　yjgycbs.tmall.com
（本书如有印装质量问题，本社营销中心负责退换）

丛书编委会

顾　　问　　翁宇庆　干　勇　李依依　王国栋　毛新平

主　　任　　何文波　陈德荣　沈　彬

委　　员　　谭成旭　张功焰　于　勇　高祥明　钱　刚

　　　　　　曹志强　侯　军　魏栓师　杨　维　李利剑

　　　　　　丁立国　王石磊　徐思伟　张少明　张志祥

　　　　　　黄一新　黎立璋　杨海峰　屈秀丽　李新创

　　　　　　骆铁军

《中国不锈钢》编委会

丛 书 总 序

中国共产党的成立，是开天辟地的大事变，深刻改变了近代以后中华民族发展的方向和进程，深刻改变了中国人民和中华民族的前途和命运，深刻改变了世界发展的趋势和格局。中国共产党人具有钢铁般的意志，带领全国人民无惧风雨，凝心聚力，不断把中国革命、建设、改革事业推向前进，中华民族伟大复兴展现出前所未有的光明前景。

新中国钢铁工业与党和国家同呼吸、共命运，秉持钢铁报国、钢铁强国的初心和使命，从战争的废墟上艰难起步，伴随着国民经济的发展而不断发展壮大，取得了举世瞩目的辉煌成就。炽热的钢铁映透着红色的基因，红色的岁月熔铸了中国钢铁的风骨和精神。

1949 年，鞍钢炼出了新中国第一炉钢水；1952 年，太钢成功冶炼出新中国第一炉不锈钢；1953 年，新中国第一根无缝管在鞍钢无缝钢管厂顺利下线；1956 年，新中国第一炉高温合金在抚钢试制成功；1959 年，包钢试炼出第一炉稀土硅铁合金；1975 年，第一批 140 毫米石油套管在包钢正式下线；1978 年，第一块宽厚钢板在舞钢呱呱坠地；1978 年，第一卷冷轧取向硅钢在武钢诞生……1996 年，中国钢产量位居世界第一！2020 年中国钢产量 10.65 亿吨，占世界钢产量的 56.7%。伴随着中国经济的发展壮大，中国钢铁悄然崛起，钢产量从不足世界千分之一到如今占据半壁江山，中国已成为名副其实的世界钢铁大国。

在走向钢铁大国的同时，中国也在不断向钢铁强国迈进。在粗钢产量迅速增长的同时，整体技术水平不断提升，形成了世界上最完整的现代化钢铁工业体系，在钢铁工程建设、装备制造、工艺技术、生产组织、产品研发等方面已处于世界领先水平。钢材品种质量不断改善，实物质量不断提升，为"中国制造"奠定了坚实的原材料基础，为中国经济的持续、快速发展提供了重要支撑。在工业强基工程中，服务于十大领域的 80 种关键基础材料中很多是钢铁材料，如海洋工程及高技术船舶用高性能海工钢和双相不锈钢、轨道交通用高性能齿轮渗碳钢、节能和新能源领域用高强钢等。坚持绿色发展，不断提高排放标准，在节能降耗、资源综合利用和改善环境方面取得明显进步。到 2025 年年底前，重点区域钢铁企业基本完成、全国 80% 以上产能将完成国内外现行标准的最严水平超低排放改造。2006 年以来，在满足国内消费需求的同时，中国钢铁工业为国际市场提供了大量有竞争力的钢铁产品和服务；展望未来，中国钢铁将有可能率先在绿色低碳和智能制造方面实现突破，继续为世界钢铁工业的进步、为全球经济发展作出应有的贡献。

今年是中国共产党成立 100 周年，是"十四五"规划的开局之年，也是顺利实现第一个百年目标、向第二个百年目标砥砺奋进的第一年。为了记录和展现我国钢铁工业改革与发展日新月异的面貌、对经济社会发展的支撑作用、从钢铁大国走向钢铁强国的轨迹，在中国钢铁工业协会的支持下，冶金工业出版社联合陕钢集团、中信泰富特钢集团、太钢集团、中国特钢企业协会、中国特钢企业协会不锈钢分会、中国废钢铁应用协会等单位共同策划了"强国钢铁书系"之"共和国钢铁脊梁丛书"，包括《中国螺纹钢》《中国特殊钢》《中国不锈钢》和《中国废钢铁》，以庆祝中国共产党成立 100 周年。

写书是为了传播，正视听、展形象。进一步改善钢铁行业形象，应坚持三个面向。一是面向行业、企业内部的宣传工作，提升员工的自豪感、荣誉感，树立为了钢铁事业奉献的决心和信心；二是面向社会公众，努力争取各级政府和老百姓的理解和支持；三是面向全球，充分展示中国钢铁对推进世界钢铁业和世界经济健康发展作出的努力和贡献。如何向钢铁人讲述自己的故事，如何向全社会和全世界讲述中国钢铁故事，是关乎钢铁行业和钢铁企业生存发展的大事，也是我们作为中国钢铁工业大发展的亲历者、参与者、奋斗者义不容辞的时代责任！

希望这套丛书能成为反映我国钢铁行业波澜壮阔的发展历程和举世瞩目的辉煌成就，指明钢铁行业未来发展方向，具有权威性、科学性、先进性、史料性、前瞻性的时代之作，为行业留史存志，激励今人、教育后人，推动中国钢铁工业高质量发展，向中国共产党成立 100 周年献礼。

中国钢铁工业协会党委书记、执行会长

2021 年 10 月于北京

前　言

在中国共产党成立100周年之际，在中国共产党带领全国各族人民实现第一个百年奋斗目标、向着全面建成社会主义现代化强国的第二个百年奋斗目标迈进的时刻，《中国不锈钢》一书正式出版了。这是中国不锈钢发展史上的一件大事，也是向建党100周年献上的一份厚礼。

不锈钢自20世纪初问世至今已有上百年历史。不锈钢以其特有的抗腐蚀、耐高温、寿命长、易加工、百分之百可循环利用及外观精美等性能，被誉为"钢中精品"和"绿色钢铁材料"。不锈钢的发明和应用，对各行各业和人们日常生活产生了广泛而深刻的影响。

我国不锈钢产业的进步和成长是艰苦奋斗、不懈探索的结晶。新中国成立之前，不锈钢产业在中国还属于空白。在中国共产党的领导下，一代代不锈钢人坚守产业报国的远大志向，无私奉献、顽强拼搏，创造了一个个辉煌，推动我国不锈钢产业从无到有、由小到大、由弱到强，成为世界最大的不锈钢生产国和出口国，使不锈钢产业的发展成为中国钢铁工业乃至中国工业发展成就的缩影。

我国不锈钢产业的进步和成长是深化改革、扩大开放的结晶。在不锈钢发展的进程中，不锈钢企业坚持学习借鉴世界不锈钢产业发展的经验，引进、消化和吸收世界先进的不锈钢工艺技术装备，在较短的时间内，实现了不锈钢工艺技术装备的整体升级换代和生产的大型化、自动化、现代化，实现了从跟跑向并跑和领跑的跨越。不锈钢企业转换经营机制，激发动力活力，市场竞争力和品牌影响力显著提高，一批具有国际竞争力的不锈钢企业快速成长。

我国不锈钢产业的进步和成长是勇于创新、协同攻关的结晶。我国不锈钢战线牢记初心使命，勇于创新突破，开展联合攻关，形成了一大批具有国际领先水平、拥有自主知识产权的工艺和产品专有关键核心技术，取得了一大批优秀科研成果。在为国家重点领域、重大工程和新兴行业提供有力材料支撑的同时，高精尖特系列不锈钢产品走向世界、享誉中外，成为中国制造的亮丽名片。

当今世界正经历百年未有之大变局，在中国共产党的领导下，我国开启了全面建设社会主义现代化国家的新征程。钢铁行业正在向着绿色低碳高质量发展阶段迈进，不锈钢产业发展的空间更加广阔，前景更加光明。在看到我国不锈钢事业取得辉煌成就的同时，也要认识到，我国不锈钢产业的发展也面临着诸多挑战。为适应智能化、高端化、精品化、绿色化的新趋势，我国不锈钢产业必须大力推进结构调整和产业升级，持续提高品种质量，下力气破解资源瓶颈，加快拓展应用领域，实现高质量发展。面向未来，我国不锈钢产业和不锈钢企业将以习近平新时代中国特色社会主义思想为指引，不忘初心、牢记使命，总结历史经验，传承优良传统，抢抓历史机遇，勇于直面挑战，奋力开创我国不锈钢事业发展的新局面，为全面建设社会主义现代化强国、实现中华民族伟大复兴作出新的更大贡献！

"以史为鉴，可以知兴替"。为了展示在中国共产党的领导下，中国不锈钢产业取得的重大成果和为经济社会发展作出的重要贡献，大力弘扬中国不锈钢人的艰苦创业、拼搏奉献精神，激励不锈钢战线接续奋斗，书写新时代中国不锈钢高质量发展新篇章，在中国钢铁工业协会的支持下，冶金工业出版社联合中国特钢企业协会不锈钢分会、太钢集团、钢铁研究总院共同策划了"强国钢铁书系"之"共和国钢铁脊梁丛书"中《中国不锈钢》一书。

自《中国不锈钢》编纂工作正式启动以来，中国特钢企业协会不锈钢分会、地方和地区不锈钢行业协会、各不锈钢企业，本着"讲好不锈钢故事，传播好不锈钢声音"的主旨，认真总结中国不锈钢发展的历史经验，充分展现中国不锈钢发展的显著成就，为本书的成稿提供了重要支撑。同时，本书也吸收和借鉴了相关单位、机构的最新研究成果。在此，我们对为本书编纂出版作出贡献的所有单位和人员表示衷心的感谢！

在本书编纂和加工过程中，各方面都提供了非常丰富的资料，包括介绍本组织、本单位情况等方面的内容，由于我们对一些资料的考证、核实和完善等工作做得还不到位，加之我国不锈钢发展历史跨度大、涉及范围广，在编纂过程中肯定会有缺失和疏漏，敬请广大读者提出宝贵的意见和建议，我们将虚心接受，认真总结，努力提高，共同为我国不锈钢事业的发展不懈奋斗！

本书编委会
2021 年 10 月

目　　录

第四篇　中国不锈钢重点单位及产业集聚区

附　录

第一篇

中国不锈钢的发展

　　人类对铁和钢的认识经历了一个漫长的过程。在人类历史发展的进程中，钢铁作为工农业生产、交通运输、国防军事和日常生活所需工具的原材料，与人类生活密切相关。随着社会的变迁和发展，钢铁材料逐步走进经济和社会生活的各个方面，日益成为应用最为广泛、不可或缺的基础性和功能性材料，被称作工业的粮食。

　　钢铁材料之所以能够得到广泛应用，是因为其在强度、塑性、抗冲击能力等方面的优异性能，以及在切削、焊接、冷变形等方面良好的加工性能。但其最大的缺点是，在大气或酸、碱、盐等各种介质条件下，容易生锈而被腐蚀，造成材料的失重、损耗，乃至被完全破坏，失去使用价值。为探索钢铁材料的耐腐蚀和长寿命，人们进行了大量的科学研究探索和实践。正是在这样的背景下，不锈钢应运而生。实践证明，在诸多钢铁材料中，不锈钢作为一种具有抗腐蚀、耐高温、寿命长、易加工、百分之百可循环利用、外观精美等显著优点的结构和功能性材料，赢得各方青睐，在经济和社会生活各领域得到日益广泛的应用。不锈钢的发明，不仅为现代工业的建立、发展和科技进步奠定了物质基础，而且在民用领域的扩大应用也显著提高了人们的生活质量。

　　世界不锈钢业的发展历史大体分为三个阶段。

　　第一阶段，20世纪初到50年代初。这一阶段，法国、英国、德国等国的学者先后对钢铁的不锈性和钝化理论进行了研究，为开发工业用不锈钢奠定了理论基础。1912年前后，英国、美国、德国等国家先后开发成功马氏体、铁素体和奥氏体不锈钢。之后，不锈钢的品种和性能不断扩大和提高，不锈钢形成了小规模初步生产。到1950年，全世界不锈钢总产量达到100万吨。

　　第二阶段，20世纪50年代到80年代中期。这一阶段，以炉外精炼为代表的不锈钢冶炼技术、连铸技术和多辊冷轧机技术相继开发成功，改善了不锈钢的质量，提高了成材率，降低了生产成本，不锈钢在各领域得到日益广泛的应用，促进了世界不锈钢的规模化发展。到1990年，全世界不锈钢产量达到1050万吨。

　　第三阶段，20世纪80年代中期至今。这一阶段，不锈钢的消费快速发展，特别是改革开放后的中国以及其他亚太新兴国家和地区经济的快速发展，不锈钢产品大量进入工业和民用领域，带动了世界不锈钢需求的快速增长。不锈钢生产和加工开始向中国等新兴国家和地区转移。中国成为世界上最大的不锈钢消费国和生产国，不锈钢工艺技术水平达到世界一流水平。同时，以资源、市场、质量、成本、品种、技术为主要特征的不锈钢竞争日趋激烈。2020年，全世界不锈钢产量达到5089万吨。

我国不锈钢产业起步较晚。1952年中国第一炉不锈钢出钢，与20世纪初期英国、法国、美国、德国开始研究不锈钢机理和发明工业用不锈钢相比，中国不锈钢发展进程比欧美发达国家晚了近半个世纪。中国不锈钢的发展大体经历了四个主要阶段。

第一阶段：中国不锈钢的开端与创业时期。这一阶段，中国不锈钢的需求主要是以国防、航空航天及石油、电力、化工等工业领域为主，在民用领域的应用很少。国内不锈钢企业以民族富强为己任，胸怀抱负，不懈探索，着手研发试制和生产不锈钢并不断取得新进展。但总体上，这一阶段，我国不锈钢生产规模小，工艺比较落后，产品不够稳定，生产成本高。

第二阶段：中国不锈钢的进步与成长时期。党的十一届三中全会作出了把党和国家的工作重点转移到社会主义现代化建设上来和实行改革开放的战略决策。改革开放后，国民经济的快速发展，人民生活水平的显著提高，拉动国内不锈钢需求快速增长，不锈钢应用领域迅速拓展，也促使我国大量进口不锈钢。这一阶段，在国有企业大力发展不锈钢的同时，一些地方和企业开始引进外资、国外先进的技术装备和管理经验发展不锈钢，一批中外合资的不锈钢企业相继诞生，民营不锈钢企业逐步兴起，在南方一些地区开始形成了不锈钢产业集群。我国不锈钢产业进入了全面发展的新时期。

第三阶段：中国不锈钢的快速发展时期。进入21世纪，以中国加入WTO为标志，我国对外开放步伐进一步加快，企业改革进一步深化，企业发展进入了国际竞争的新阶段。不锈钢产品全面进入各行各业和人们的日常生活，不锈钢消费规模日益扩大，为我国不锈钢产业的发展创造了重要的市场条件。国内不锈钢企业开始大规模技术改造和建设，推动我国不锈钢行业步入高速发展的轨道。我国不锈钢产业加快转变发展方式，推进结构调整和优化升级，企业的发展后劲和国际竞争力不断增强。这一时期，中国不锈钢产业实现了从世界最大的消费国向最大的生产国的深刻转变。

第四阶段：中国不锈钢的高质量发展时期。党的十八大以来，以习近平同志为核心的党中央将促进制造业高质量发展作为国家重大战略，作出供给侧结构性改革和高质量发展一系列重大决策部署，着力推动中国制造向中国创造转变、中国速度向中国质量转变、中国产品向中国品牌转变，为不锈钢产业结构优化、品种升级、创新发展指明了方向。我国不锈钢行业把握供给侧结构性改革的历史机遇，贯彻新发展理念，实施创新驱动发展战略，持续优化品种结构，推进低碳绿色发展，国内不锈钢产业可持续发展能力显著提高，中国不锈钢产量占到全球总产量的一半以上，品种质量达到世界一流水平，不锈钢产业呈现出高质量发展的良好态势。

党的十九大提出，要促进我国产业迈向全球价值链中高端，培育若干世界级先进制造业集群。不锈钢产业是我国先进制造业的重要组成部分，贯彻落实新发展理念，推动不锈钢产业的高质量发展，成为当代不锈钢人共同的责任和使命。中国不锈钢产业将不忘初心、牢记使命，以高质量发展为牵引，大力推动创新发展、绿色发展，不断增强不锈钢产业和企业的整体素质和国际竞争力，为建设不锈钢强国，为实现第二个百年奋斗目标，实现中华民族的伟大复兴而不懈奋斗。

第一章　中国不锈钢的发展历程

第一节　中国不锈钢的开端与创业

英国、德国等国发明不锈钢后，中国也曾积极进行过不锈钢研究开发。抗日战争期间，为满足战时需要，昆钢前身——中国电力制钢厂（1939 年 2 月 22 日建厂，1941 年 8 月投产）曾进行过耐酸不锈钢等试验。

但直至新中国成立初期，我国不锈钢产业发展仍基本属于空白。而这时，西方发达国家不锈钢的发展已经经历了近半个世纪，当时，全球不锈钢年产量已达 100 万吨。在国家一穷二白、百废待兴、钢铁工业基础十分薄弱的条件下，为满足国民经济特别是国防工业对不锈钢材料的迫切需求，在中国共产党的领导下，冶金工业战线上的广大科技工作者和干部职工，胸怀产业报国志向，以极大的社会主义劳动热情投身不锈钢发展事业，在不锈钢生产工艺、技术、装备等方面，艰苦创业、勇于探索、不懈奋斗。华北的太钢、东北的大连钢厂和抚顺钢厂、西南的重庆特钢相继生产出了不锈钢产品，推动我国开始了不锈钢工业化生产进程，为迅速恢复和发展国民经济作出了重要贡献。但总体上，这一时期，我国不锈钢生产仍处于起步阶段，不锈钢整体工艺、技术、装备等水平比较落后，产品质量还不高，不锈钢产品应用领域很窄，以国防、航空航天及石油、化工、电力等高端和急需的少数工业领域使用为主。

一、20 世纪 50 年代我国不锈钢的发展

新中国成立后，面对帝国主义的经济封锁，为迅速改变我国缺铁少钢的状况，恢复事关国计民生急需的重点行业的生产，国家采取一系列有力措施，支持和推动不锈钢产业发展。1950 年召开的全国第一次钢铁会议把太钢等钢铁企业列为国家基本建设重点，为随后开始的大规模发展钢铁工业创造了条件。1953—1957 年是我国的第一个五年计划时期（"一五"计划）。国家"一五"计划在钢铁工业中确定了一批重点投资建设和改扩建项目，这些重大布局和举措，为我国扩大不锈钢等特殊钢的生产能力、提高不锈钢生产水平奠定了基础。20 世纪 50 年代初期，太钢、重钢、抚顺特钢先后成功冶炼出不锈钢，填补了国内生产不锈钢的空白。

中国第一炉不锈钢

国民经济三年恢复时期，在国家的支持下，太钢建立了以冶炼和锻造特殊钢为主的电炉炼钢部，着手试炼不锈钢。太钢先后新建了 50 吨平炉 1 座，400 吨加热炉 1 座，电炉炼

钢、薄板、冷铸轧辊、洗煤、炼焦等 5 个车间，改建 2 座炼铁炉、2 座平炉。1952 年 9 月 16 日，在当时的太原钢铁厂电炉炼钢部支部书记王泽民、主任王国钧领导下，经苏联专家吉米道夫指导，电炉炼钢部甲班班长、党员黄庆泰带领职工，用 1 号 LG-3 型 3 吨电弧炉成功冶炼出我国第一炉不锈钢。满怀喜悦的太钢人将其制作成一座高约 20 厘米、银光闪闪的不锈钢宝塔送往北京，向党中央和毛主席报喜。当时，正值抗美援朝战争时期，为鼓励前线将士士气，宝塔被转交给旅顺苏军战利品陈列馆，向前线志愿军展出。1955 年，该陈列馆更名为旅顺军事博物馆。1977 年，在旅顺展出 25 年的太钢不锈钢宝塔随同旅顺军事博物馆其他 26600 余件文物移交到中国人民革命军事博物馆。

　　这一时期，我国不锈钢战线广大科技人员和干部职工发扬自力更生、艰苦奋斗的精神，积极响应国家的号召，攻克了一道道工艺技术和生产难关，在不锈钢试制和生产方面取得了一系列重大突破，推动我国不锈钢产业奋力前行。1953 年，重钢在苏联专家的帮助下成功冶炼出第一炉 1Cr18Ni9Ti 不锈钢。1955 年 5 月，重工业部发出《关于试制与生产耐热钢及不锈钢的决定》。到当年 8 月，我国已试制成功十多种耐热钢和不锈钢。1956 年 3 月 26 日，第一炉高温合金 GH30 在抚钢一炼钢车间 3 吨电弧炉试制成功。毛主席得知抚顺钢厂成功冶炼不锈钢后欣然题词："没有工业，便没有巩固的国防，便没有人民的福利，便没有国家的富强。"用抚顺钢厂生产的第一炉不锈钢铸成的大钥匙现藏于中国国家博物馆。

　　到 20 世纪 50 年代末，通过我国不锈钢企业不懈的探索与实践，高铬耐热不锈钢、不锈钢锻材、不锈钢热轧薄板、铁素体不锈钢等工业和民用不锈钢新产品先后成功试生产。我国不锈钢企业以顽强的奋斗精神，不断缩小着与世界不锈钢先进水平的差距。

　　在中国不锈钢工业发展的初期，苏联在装备和技术方面给予了大力支持和帮助。这一时期，苏联先后派出季米特洛夫、朱也夫等冶炼专家，以及卡洛布克等轧钢专家，指导中国技术人员与工人冶炼和轧制不锈钢，有力推动了我国不锈钢生产规模和品种质量的快速发展。

　　20 世纪 50 年代的科研工作为我国不锈钢的起步和发展提供了重要支撑。1952 年，国家重工业部成立"重工业部钢铁工业试验所"，开启了钢铁研究总院发展的历程，1955 年，"重工业部钢铁工业试验所"更名为"重工业部钢铁工业综合研究所"。1958 年 1 月，冶金工业部将"重工业部钢铁工业综合研究所"组建为钢铁研究院，在新钢种研究室中成立我国第一个高强不锈钢研究组，对国外高强不锈钢的发展情况进行调研分析。钢铁研究院的科研人员与冶金战线广大干部职工相结合，团结奋战，大胆探索，在工艺技术和装备十分落后的条件下，依靠自己的力量，攻坚克难，成功研发生产出我国国防工业急需的多种不锈钢和系列高镍耐蚀合金材料。同时，国家组织骨干钢铁企业开展大协作，共同研制和生产不锈钢重点品种。如我国第一批不锈钢无缝管由大连特钢提供坯料，由鞍钢轧制成功；第一批不锈钢中厚板由抚顺特钢冶炼钢锭，由鞍钢成功生产。经过生产企业—科研院所—使用单位开展"三结合"攻关，我国工业急需的超低碳不锈钢、尿素用耐蚀不锈钢等材料成功研制生产，实现了不锈钢特殊品种的新突破。

　　这一时期，随着我国不锈钢研制和生产技术的发展，我国开始探索建立和制定不锈钢的技术标准，先后制定和修订《高合金不锈钢、耐热钢及高电阻合金》（重 20—50）

和《不锈及耐酸各种条钢技术条件》（重 21—52），之后合并为《不锈耐酸钢技术条件》（YB 10—59），标准共列有 36 个不锈钢牌号，其中包括以锰或锰、镍作为奥氏体形成元素的节镍和无镍铁素体不锈钢，为我国初期生产不锈钢提供了重要支持。该标准一直执行到 1975 年，对我国不锈钢研制和生产技术的发展和扩大品种、提高质量起到了重要作用。

二、20 世纪 60—70 年代我国不锈钢的发展

20 世纪 60—70 年代是中国实现工业化的重要时期。20 世纪 50 年代中后期，在国家"二五"计划安排中，党和国家作出了建设"三大、五中、十八小"的钢铁企业建设计划，决定除继续建设好鞍钢、武钢、包钢外，在山西太原、四川重庆、北京石景山、安徽马鞍山和湖南湘潭扩建 5 个中型钢铁企业，同时规划在其余省、区新建和扩建 18 个小型钢铁厂，从而形成大中小并举的中国钢铁工业发展方针。

这一时期，太钢、上钢三厂和五厂、大连钢厂、抚顺钢厂、长城钢厂、西宁钢厂等先后上马了一批不锈钢生产装备，不锈钢生产能力和技术水平有所提升。1961 年 2 月，上钢五厂在国产 76 毫米二辊斜轧穿孔机上穿制出我国第一根不锈钢管坯，并试制成功从原料到成品完全国产化的我国第一支航空用不锈钢无缝精密管。1962 年，上钢三厂试制成功 1Cr13 和 1Cr18Ni9Ti 不锈钢薄板和中板产品，成为我国不锈钢板材生产的一支生力军。1962 年 12 月，我国第一台 10 吨钢液真空处理装置在大连钢厂投产，大连钢厂开始供应鞍钢轧制无缝钢管用不锈钢管坯。1964 年西宁钢厂投产，承担了国家一定数量的不锈钢生产任务。1965 年国家开始建设以生产特殊钢、不锈钢为主的长城特钢。进入 60 年代初期，太钢三大工程"高焦电"（1053 立方米高炉、65 孔焦炉和 2.4 万千瓦热电站）相继建成投产，太钢向着年产 100 万吨钢的大型特殊钢联合企业发展迈出了第一步，为不锈钢生产扩大品种、提高质量创造了重要条件。这期间，中央决定引进国外设备，在太钢建设一座年产 3 万吨的冷轧不锈钢薄板工厂（原太钢第七轧钢厂、现太钢不锈冷轧厂的前身）；1965 年 8 月，签订技术和设备引进合同；1967 年 6 月，工厂破土动工；1970 年 12 月，八辊可逆式冷轧机和二十辊冷轧机建成。期间，太钢不锈钢炼钢工艺技术装备得到发展，由瑞典引进的 50 吨高功率电炉和由奥地利引进的 50 吨氧气顶吹转炉建成投产。到 20 世纪 70 年代末，太钢形成了包括 6 吨氩氧炉、50 吨电炉、50 吨氧气顶吹转炉、2300 毫米四辊可逆式中板轧机、1700 毫米四辊炉卷轧机、1450 毫米八辊可逆式冷轧机和二十辊冷轧机在内的不锈钢生产装备，不锈钢生产线开始打通，具备了一定的不锈钢生产能力。

我国不锈钢企业开始自主研发掌握一系列不锈钢生产重大技术，不锈钢研发事业和标准建设取得积极进展。抚顺钢厂承担了大量航空航天材料的试制任务，为我国第一颗原子弹、第一颗氢弹、第一枚导弹、第一颗人造卫星、第一代战斗机提供了关键材料。其间，钢铁研究院、大连钢厂、六所等开展的 0Cr17Ni7Mo2Al 钢带研究成果，钢铁研究院、大连钢厂、上海钢铁材料研究所开展的节镍、铬高强不锈钢 0Cr12Mn5Ni4Mo3Al 研究成果，钢铁研究院、大连钢厂、抚顺钢厂、上钢三厂、上钢五厂、重庆钢厂等研究的原子能工业用系列耐蚀合金成果以及马氏体时效不锈钢 00Cr15Ni6Nb、半奥氏体沉淀不锈钢 PH15-7Mo、不锈钢酸钢晶间腐蚀倾向试验标准研究成果获全国科学技术大会奖。太钢、钢铁研究院、

上海 5703 厂联合开展的 SG-8 冷轧高强不锈钢带研究成果获山西省科技成果奖。

针对不锈钢生产所需要的镍铬资源十分短缺的实际情况，我国不锈钢行业进行了以铝、钼代铬，以碳、锰代镍以及无镍、节镍、无铬等不锈钢生产的探索。太钢与钢铁研究院、钢铁设计研究院等单位密切合作，开展氩氧精炼不锈钢工艺技术联合攻关，打破了国外技术封锁，从最小的 0.5 吨实验炉开始，先后建成了我国第一座 6 吨、18 吨 AOD 氩氧精炼炉，氩氧精炼不锈钢攻关项目获冶金部科技成果奖；大连特钢与北京钢铁学院等单位合作，建成了我国第一座 VOD 精炼炉。这两项炉外精炼技术的研发成功，标志着我国不锈钢工业化生产的重大关键技术得到了解决，打通了不锈钢成卷宽冷轧板带的生产线。太钢与各科研院所通力合作，围绕国家对太钢提出的大力发展"两板一片"（"两板"即不锈钢中板和薄板，"一片"即硅钢片）要求，开展联合攻关，解决了工艺技术设备方面的众多难题，打通了不锈钢成卷宽冷轧板带生产线，结束了低效率、低质量、单片生产不锈钢的历史。

我国不锈钢生产工艺和技术标准初步框架开始形成。20 世纪 60 年代，我国先后制定了包括热轧厚板、薄板、冷轧薄板、热轧钢带及钢丝等品种在内的 7 个不锈钢钢材标准。1972 年，对 YB 10—59 进行了修订，制定了《不锈耐酸钢技术条件》（GB 1220—75）。至此，我国共建立起不锈钢标准 13 个，涉及 65 个牌号。

这一时期，不锈钢从核能、航空航天、军工等领域的应用，向动力、机械、石油、化工等工业领域拓展，不锈钢的针对性开发取得进展。随着炉外精炼新工艺技术在我国的问世，一批低碳、超低碳不锈钢批量生产，双相不锈钢品种和含氮超低碳不锈钢相继试制成功并得到部分应用。含铌和高硅奥氏体高镍不锈钢在核能工业严酷环境下的应用缺陷解决实现突破。针对电力发电汽轮机末级叶片使用的马氏体沉淀硬化不锈钢需求，对多种马氏体时效不锈钢进行了深入研究，积累了大量数据和工艺储备，与此同时，通过对铁素体不锈钢的开发，加上不锈钢炉外精炼技术的应用，不锈钢产品进一步应用到纺织印染等行业。

同时，中国不锈钢工业在发展中形成丰硕的物质财富和精神财富：培养人才队伍，壮大了人力资源；学习掌握先进工艺技术，提高了不锈钢制造水平；深入探索不锈钢科学原理和机理，增强了科研实力。同时，形成了工业救国的爱国主义精神，向苏联学习的赶超先进精神，自力更生、艰苦奋斗精神，自主研发、打破垄断的自强自立精神，成为推动中国不锈钢工业阔步前进的强大动力。广大科技工作者和干部职工，不畏艰难，勇挑重担，围绕不锈钢生产中的关键工艺技术设备难题开展科技攻关，掌握了一系列重大技术。随着一批不锈钢生产装备相继建成，我国形成了完整的不锈钢生产线。

第二节　中国不锈钢的进步与成长

改革开放前，我国不锈钢企业屈指可数，受种种因素的影响，特别是镍、铬资源紧张的限制，不锈钢生产规模小，产品应用领域窄。国内不锈钢消费水平低，而且还有一半要依靠进口。不锈钢作为钢铁材料中的高端产品，对于普通消费者来说，更是可望而不可即的奢侈品。党的十一届三中全会作出了把党和国家的工作重点转移到社会主义现代化建设上来和实行改革开放的战略决策，实现了新中国成立以来的伟大历史转折。1979 年 4 月，中共中央召开工作会议明确提出，钢铁工业要把重点放在提高质量和增加品种规格上，努力把紧缺的钢材、铁合金搞上去，大力提高冶炼和轧制水平，多炼优质钢和合金钢，积极提高钢材的质量和自给率，以满足经济建设的需要。与全国各行各业一样，我国不锈钢行业迎来了发展的春天，步入了发展的快车道。我国不锈钢产业在生产规模、科技创新、品种结构、产品质量等各个方面取得了显著的进步和成就，为国民经济和社会发展提供了重要支撑。

一、20 世纪 80 年代我国不锈钢的发展

进入 20 世纪 80 年代，改革开放为企业的发展注入了强大的动力和活力，为中国不锈钢生产规模的扩大奠定了良好基础，不锈钢领域在科技、生产与应用的空前紧密结合，极大拓展了不锈钢的市场空间，不锈钢在大量进入工业各领域的同时，开始悄然进入了寻常百姓家，在餐厨具、室内管线、装饰、医疗器具、家电、市政设施、建筑物等民用领域得到广泛应用，不锈钢产业得到迅速发展。同时，企业经营管理体制改革拉开帷幕，承包制的广泛推行，使企业有了一定的经营自主权，调动了广大职工的积极性，企业的活力和发展动力显著增强，工艺技术水平和管理水平得到迅速提升，一批重点工程项目建成投产，不锈钢品种日益丰富多彩，重点产品的实物质量明显改善和提高，一批不锈钢产品获得部优、省优和国家级奖项。到 80 年代末，用低碳、超低碳不锈钢替代多种昂贵元素的钢种产量已经占到不锈钢产量的 10% 以上，不锈钢品种逐步走向系列化。

（一）"六五"时期我国不锈钢的发展

1982 年 12 月出台的《中华人民共和国国民经济和社会发展第六个五年计划（1981—1985）》是继"一五"计划后的第一个比较完备的五年计划。党和国家确立了经济与社会协调发展的原则和"调整、改革、整顿、提高"的方针，加快解决过去遗留下来的阻碍经济发展的各种问题，工农业生产、交通运输、基本建设、技术改造、国内外贸易等各行各业出现繁荣兴旺的局面，诸多关系国计民生的重要产品的产量大幅度增长，人民生活得到显著改善。"六五"时期，党和国家把对现有企业的技术改造作为发展钢铁工业的重要战略任务，大力推行承包制，将留利中的生产发展基金绝大多数用于企业的技术改造，着手解决工艺落后、装备陈旧、品种短缺、质量不高等突出问题。这一时期，我国不锈钢企业通过引进、改造和建设并举的途径，推动我国不锈钢的技术装备水平迅速提高。1980—1983 年，抚顺钢厂先后从联邦德国引进当时被国内称为"五朵金花"的首套（台）真空感应炉、真空自耗炉、VOD/VHD 精炼炉、2000 吨快锻机和 1000 吨精锻机。在冶金工业部的支持下，太钢组建了解决不锈钢试生产中关键工艺问题的攻关组，主要解决太钢不锈钢生产关键技术问题。1982 年 4 月 26 日，我国自主设计、制造和安装的第一台 18 吨氩氧炉外精炼炉（AOD）在太钢开工建设，1983 年 9 月 17 日竣工投产，炼出了我国第一炉超低碳不锈钢。1983 年 11 月 6 日，我国自主设计、制造和安装的第一台 1280 毫米立式不锈

钢板坯连铸机在太钢开工建设，1985 年 12 月 28 日建成投产，拉开了我国不锈钢生产连铸化的序幕，填补了我国合金钢连铸技术的空白。1980—1985 年，太钢先后完成了 18 吨氩氧精炼炉、不锈钢板坯连铸机、不锈钢光亮线退火机组等工程；配套建设了 1 万立方米制氧机、15 万立方米煤气储柜以及高炉电除尘、酚水生化处理等环保项目，形成了年产 8 万吨不锈钢的能力。与此同时，上钢三厂、重庆特钢和上钢五厂相继又有板坯、方坯连铸机投入生产。

围绕国民经济重点领域和重点工程项目建设，不锈钢产品和技术研发取得一批新成果。钢铁研究总院、上钢三厂、703 所、211 厂开展的电渣重熔 ЭИ811 双相不锈钢冷轧薄板研究成果获国家科技进步奖特等奖；钢铁研究总院、抚钢、保定胶片厂联合开展的 00Cr14Ni6Mo2AlNb 高强不锈钢研究成果获国家发明奖；钢铁研究总院、抚顺钢厂、31 所开展的 0Cr21Ni6Mn9N 高强不锈钢研究成果，钢铁研究总院、江西钢厂、北京 251 厂、武汉建材工业学院开展的高强不锈钢带研究成果，钢铁研究总院、抚顺钢厂、鞍钢、哈电机等开展的葛洲坝水电机组用 G817 高强不锈钢研究成果，钢铁研究总院、抚顺钢厂、中科院电工所开展的永磁高速同步电机转子用高强无磁不锈钢 0Cr21Ni6Mn9N 研究成果，钢铁研究总院、抚顺钢厂、中科院电工所开展的永磁高速同步电机转子用高强导磁不锈钢 00Cr14Ni6Mo2AlNb 研究成果，钢铁研究总院、上钢三厂、上海新新机器厂开展的 ЭИ811 双相不锈钢脆性本质研究成果，本特钢、钢铁研究总院、西安冶金建筑学院开展的 30/60 万千瓦汽轮机叶片钢 0Cr16Ni4Cu3.5Nb 生产工艺研究成果，钢铁研究总院、江西钢厂、601 所开展的瞬时高温弹簧用高强不锈钢研究成果，钢铁研究总院、抚顺钢厂、上海第三钢铁厂等研制的 00Cr15Ni6 高强不锈钢、1Cr12Ni2WMoVNb 热强钢、0Cr17Ni7Al 高强不锈钢、00Cr14Ni6Mo2NbAl 高强不锈钢获冶金工业部科技成果奖。这期间，太钢率先按照国际标准成功生产出不锈钢 2B 工艺产品，填补了国内空白；开发出了不锈钢卷板工艺润滑新技术。

不锈钢标准日臻完善。冶金部标准化研究所组织有关工厂和钢铁研究总院就不锈钢钢棒（坯）、钢板、钢带、钢丝四类产品提出了 20 个标准草案，1983 年对这 20 个标准草案进行审定，新制定标准 12 个，包括冷加工钢棒、锻件用钢坯、热轧等边角钢、涂层薄钢板钢带、热轧钢带、弹簧用冷轧钢带、冷顶锻钢丝、惰性气体保护焊接用钢棒钢丝、外科植入物用钢棒钢丝和薄板钢带；修订标准 6 个，包括热加工钢棒、热轧板、冷轧板、冷轧带、钢丝、盘条等。至此，不锈钢共 18 个标准，其中国家标准 17 个，行业标准 1 个，初步建立起了我国不锈钢标准体系。之后，又对上述标准体系进行了调整和补充，陆续制订了不锈钢复合板、钢丝绳、机械结构用焊接管和无缝管、流体输送用焊接管和无缝管、锅炉及热交换器用无缝管以及彩色显像管用冷轧钢带等多个标准，并对《不锈钢棒》（GB 1220—1984）及一些原有标准陆续进行了修订。到 1985 年，我国已有不锈钢产品标准 33 个、不锈钢专用理化实验方法国家标准 13 个，一个品种齐全、结构合理、与世界接轨的不锈钢标准体系基本形成。

（二）"七五"时期我国不锈钢的发展

"七五"期间，在党的领导下，各行各业遵循对内搞活经济、对外实行开放的方针，改革的重点从农村转移到城市，各方面改革的推进进一步增强了企业的活力。这一时期，工业基础设施建设力度加大，一批工业建设项目竣工投产，一些重要产品的生产能力逐年扩大。通过技术引进和加快对老企业的技术改造，我国工业生产的技术水平和新产品开发水平显著提高。冶金战线广大干部职工坚持改革开放，治理整顿，加大投资力度，发展生产和建设，改善经营管理，钢产量提前两年超额完成"七五"计划。

国内不锈钢企业以自我积累为主，积极筹措资金，加快技术改造步伐，推动了我国不锈钢的进一步发展。1986 年 10 月，国内第一条冷轧宽带不锈钢光亮退火线在太钢投入试生产，填补了国内冷轧不锈钢带生产的空白；1988 年 10 月，设计能力年产合金钢板坯 50 万吨的 1630 毫米立弯式合金钢板坯连铸工程在太钢竣工投产，同步推进年产 10 万吨的活性石灰窑、年产 5000 吨的不锈钢焊管车间等一系列技术改造。"七五"期间，太钢为国家提供不锈钢材 27.6 万吨，约占全国"七五"时期不锈钢材产量的 1/3。

不锈钢工艺技术、产品开发和实物质量进步明显。我国不锈钢企业和科研院所先后攻克了不锈钢热轧工艺润滑技术和不锈钢复合吹炼工艺技术，不锈钢氩氧炉和连铸机试产铬钢成功；与日本日新制钢合作，引进了不锈钢生产技术软件；在国内率先开发成功 2B 不锈钢薄板、无磁不锈钢、尿素级不锈钢、不锈钢冷轧纤维板、不锈耐热钢板、不锈钢冷轧复合板、不锈钢冷轧覆膜板、不锈钢冷轧花纹板、大卷重无磁不锈钢、大卷重弹簧不锈钢、双相不锈钢中板和薄板、含氮不锈钢、高中温耐热钢、冷硬不锈钢板材等系列产品，其中，双相不锈钢和含氮不锈钢材成功应用于三峡大坝和秦山核电站重点工程建设。"低碳超低碳不锈钢开发"课题获国家"七五"科技攻关奖。"化肥用不锈钢焊管的开发"通过部级鉴定。这期间，钢铁研究总院、重庆特殊钢厂、大连钢厂、上钢五厂开展的"炼油、石油化工用双相不锈钢和开发与应用"课题，钢铁研究总院、上钢五厂、105 所开展的"新 13 号合金管材及焊接材料"课题先后获国家科技进步奖一等奖。钢铁研究总院、抚钢、703 所开展的极低温用不锈钢、低温用高强双相不锈钢、贮箱用高强不锈钢、超高强度双相时效不锈钢研究成果获国家发明奖。钢铁研究总院、抚顺钢厂开展的高膨胀高强不锈钢的研究成果，钢铁研究总院、抚钢、大钢、861 厂开展的抗弹性衰减高强不锈钢研究成果，钢铁研究总院、抚顺钢厂、3531 厂开展的 0Cr17Ni7Al 高强不锈钢研究成果，钢铁研究总院开发的低合金钢、合金钢数据系统、选用美国 ASM 的 Mat. DB 专用数据库管理系统、不锈钢信息量 2.8MB 和 1613 个材料记录含高强度不锈钢数据课题成果获冶金部科技进步奖。太钢生产的"太钢牌"Cr13 不锈冷轧薄板获国家优质产品金质奖，并进入《中国冶金企业采用国际水平标准产品》名单；铬不锈钢冷轧薄板和铬-镍系列不锈钢冷轧薄板获冶金产品实物质量"金杯奖"。上钢五厂 1Cr18Ni9Ti 化工用不锈长钢管获国家银质奖，上钢三厂 1Cr18Ni9Ti 纺机专用钢、不锈钢冷轧薄板和 1Cr18Ni9Ti 镍铬不锈钢厚板获冶金部优质产品称号。上钢三厂不锈钢板坯连铸机 1988 年 8 月投产，第一炉不锈钢连铸板坯拉浇成功。成都无缝钢管厂不锈钢管坯水平连铸机投产，结束了我国不锈钢管坯浇铸完全采用模铸的历史。1990 年 12 月，太钢生产的 5 个规格 40 吨冷轧不锈钢薄板打入国际市场，打破了全国冷轧不锈钢薄板出口为零的局面。

一批专业化生产的不锈钢厂陆续诞生。1986 年，广东澜石不锈钢型材厂（佛山市澜石宇航星不锈钢有限公司前身）成立，成为国内最早的不锈钢焊管生产企业之一。之后，佛山澜石镇逐渐发展成为国内最大的焊管生产聚集地和不锈钢产品交易中心。1987 年，专业生产工业油无缝管和焊管的浙江湖州金属型材厂（久立集团前身）成立；大口径工业用不锈钢无缝管生产企业——南通特钢有限公司（中兴能源装备有限公司前身）成立。这些不锈钢中小企业的出现，开创了我国不锈钢产业多元发展的新局面。

二、20 世纪 90 年代中国不锈钢的发展

20 世纪 90 年代是我国社会主义现代化建设的关键时期，也是全面推进和深化经济体制改革、从计划经济到社会主义市场经济的过渡时期，我国的开放由沿海城市向内陆地区拓展。这一时期，面对经济的结构性矛盾和亚洲金融危机的冲击，国家加快调整转型升级步伐，实现了经济的软着陆，国民经济从粗放型向集约型转变，继续保持了高速发展的态势。这一时期，我国不锈钢消费量持续大幅增长，不锈钢表观消费量由 1990 年的 26 万吨增长到 1999 年的 153 万吨，年均增长率达到了 21.8%，远远超过这一时期全球不锈钢年均 4.4% 的增长率。而在 20 世纪 90 年代初期，我国不锈钢年产量一直在 30 万 ~40 万吨之间徘徊，远远满足不了国民经济和社会发展日益增长的不锈钢需求，不锈钢供需矛盾日趋突出，特别是板材严重短缺，不得不大量依靠进口。1999 年，我国进口不锈钢 126 万吨，成为世界最大的不锈钢进口国。为适应不锈钢发展的新形势，国有不锈钢企业继续通过技术改造和建设，提高不锈钢生产能力；同时，中外合资和民企不锈钢企业得到快速发展，我国不锈钢产业形成了多种所有制共同发展的局面，不锈钢产业在改革大潮中砥砺前行。

（一）"八五"时期我国不锈钢的发展

"八五"时期，中国改革开放和社会主义现代化建设进入了新的阶段。1990 年 12 月，党的第十三届七中全会审议并通过了《中共中央关于制定国民经济和社会发展十年规划和"八五"计划的建议》，提出了今后十年我国国民经济和社会发展的基本任务和方针政策。1991 年 3 月第七届全国人大第四次会议审议通过国务院《关于国民经济和社会发展十年规划和第八个五年计划纲要的报告》。以 1992 年邓小平同志南方谈话和中共十四大为标志，"八五"时期中国改革开放和现代化建设进入新的阶段。在改革开放的推动下，我国不锈钢产业在结构调整、技术改造、科技创新等方面取得新成效。

不锈钢技术改造持续推进。太钢 1350 立方米高炉、尖山铁矿、1549 毫米热连轧三大工程项目以及不锈钢 1 号转炉、RH 真空处理、2 号连铸机、1000 吨快锻机工程、高线工程等一系列技改工程竣工投产，使太钢长期以来存在的"倒宝塔"形技术装备结构得到了根本的改变，极大地提高了太钢不锈钢的生产能力。1995 年，太钢不锈钢产量达到 14 万吨。1993—1998 年，抚顺钢厂进行第二次大规模技术改造，先后引进 50 吨超高功率电弧炉（UHP）及 LF/VD 炉外精炼炉、WF5-40 方扁钢生产线、24 架连轧生产线、60 吨超高功率电弧炉加连铸生产线，完成产能及质量的二次升级。至 1995 年，抚顺钢厂不锈钢产量达 5 万吨以上，创历史最高水平。这期间，长城特钢一分厂引进的方坯连铸机投产。

我国不锈钢工艺技术创新和品种开发步伐进一步加快，一批科技创新成果脱颖而出。其间，不锈钢特种材料在大型水电工程应用技术获得突破。为适应水电机组大型化发展形势，钢铁研究总院、抚顺钢厂、鞍钢、本特钢、重庆特钢、哈大电机所、哈电厂、东方电机厂开展了S-135高强不锈钢特板的研发，成功研发出强韧化、高强度、耐气蚀磨损的不锈钢特厚板关键材料，用于三峡水电中间机组转轮制造，生产工艺技术国内首创，产品几何尺寸、表面质量、力学性能、水下腐蚀疲劳及断裂力学性能等均能满足水电大型化机组用材技术要求，产品质量达到国外同类产品的水平。S-135高强不锈钢特厚板研究成果获国家科技进步奖。其间，上钢五厂生产的双相耐蚀不锈钢管获国家科技进步奖一等奖，1Cr18Ni9Ti化工用不锈钢长管获国家银质奖。太钢成功试爆不锈钢复合板，开发试制成功316L不锈钢管坯，填补了国内空白；太钢和钢铁研究总院共同承担的国家"八五"科研课题"化肥用不锈钢焊管的开发"通过部级鉴定。钢铁研究总院、抚顺钢厂开展的膜片用高强不锈钢研究成果获国家发明奖。上钢五厂、725所、钢铁研究总院开展的高强耐海水腐蚀不锈钢研究成果获冶金部科技进步奖。

浙江温州、湖州、宁波，福建福州，广东佛山等沿海地区的民营不锈钢企业逐步兴起，一批专业化不锈钢工厂先后诞生。1992年，专业不锈钢无缝管企业华迪钢业有限公司成立；青山实业的前身——浙江丰业集团在温州成立，成为国内首批民营不锈钢生产企业之一。1993年，福建福州吴航钢铁制品有限公司成立。1994年，专业生产不锈钢无缝管、焊管的台资企业——广州永大不锈钢有限公司成立。1995年，上海第十钢铁厂与美国阿勒根尼·路德姆公司合资设立的不锈钢企业——上海实达精密不锈钢有限公司成立，成为我国第一个中外合资不锈钢企业。1995年起，山东博兴不锈钢市场从最初几家门店开始起步，逐步得到发展。

（二）"九五"时期我国不锈钢的发展

"九五"时期是我国经济发展环境发生深刻变化的时期。中国经济与社会全面发展，顺利完成了社会主义现代化建设的第二步战略目标，人民生活总体上达到了小康水平，为进一步实现第三步战略目标奠定了良好的基础。在体制改革方面，非公有制经济进一步发展壮大，国有企业改革取得进展；市场在资源配置中的基础性作用明显增强。转变经济增长方式取得重大进展，经济效益显著提高，主要污染物排放下降。这一时期，钢铁企业继续深化国有企业改革，大力推进抓管理、降成本和兼并、破产，减少亏损源，降低亏损面。不断深化改革、扩大开放、高起点、高水平地全面提升企业整体素质，通过老企业技术改造，实施改革脱困攻坚战，钢铁企业技术装备水平大大提升，产品结构得到进一步优化，产品质量和竞争力大幅提高。"九五"期间，发展中的我国不锈钢产业和企业受到亚洲金融危机的冲击，一段时间内，各不锈钢企业面临着经济效益下滑及钢材上游原料涨价、资金短缺等外部环境带来的重重困难。面对严峻挑战，我国不锈钢企业着力深化内部改革，推进技术改造，转换经营机制，实现了新的发展。适应我国不锈钢开始大规模迈入民用领域、需求与供给矛盾十分突出的新形势，在鼓励和支持国内不锈钢企业加速发展的同时，国家通过减免税收等鼓励政策，支持地方和企业引进外资、国外先进的技术装备和管理经验发展不锈钢。

以太钢、宝钢为主的不锈钢企业开始大规模的技术改造，工艺技术装备进一步发展，不锈钢生产能力持续提高。这期间，太钢第三座18吨氩氧炉建成投产，不锈钢冶炼能力提高到年产13万吨；以二十辊森吉米尔轧机和冷热卷混合连续退火酸洗线两大项目为主的冷轧不锈带钢技改工程建成投产，太钢冷轧不锈钢的年生产能力提高到10万吨。这期间，太钢对下属不锈钢生产主体厂实施重组，太钢独家发起，公开募集设立山西太钢不锈钢股份有限公司，太钢不锈A股股票在深圳证券交易所挂牌上市。太钢以太钢不锈上市为契机，利用筹集的资金，先后对不锈钢生产全线进行技术改造，国内第一条不锈钢光亮生产线、不锈钢冷热混合酸洗线、不锈钢中板技改工程、不锈钢氩氧炉及板坯连铸机改造工程先后建成投产，太钢形成了年产25万吨不锈钢生产能力。1998年，宝钢（集团）公司与上海冶金控股（集团）公司、上海梅山（集团）公司联合重组为上海宝钢集团公司，上钢一厂成为宝钢不锈钢公司，上钢五厂成为宝钢特钢公司，成为我国不锈钢产业的一支主力军，进一步壮大了我国不锈钢生产体系。1997年，大连钢厂高精度合金钢棒线材连轧线——国内首条大盘重不锈钢盘条生产线建成投产，并在1998年8月首批按美标生产的304大盘重盘条出口美国。

这一时期，日本、韩国、德国的大不锈钢企业陆续来华合资办厂，宁波宝新钢铁公司、张家港浦项钢铁公司、上海克虏伯钢铁公司等中外合资不锈钢企业先后设立，开始建设和发展。

——1996年3月，由宝山钢铁股份有限公司、浙甬钢铁投资（宁波）有限公司和日本日新制钢株式会社、三井物产株式会社、阪和兴业株式会社联合出资组建宝甬特钢有限公司。1996年8月27日，在宁波举行宝甬特钢工程签字仪式。1998年12月11日，宝甬特钢举行一期工程建成投产热负荷试车仪式，宝甬特钢更名宁波宝新不锈钢有限公司，专业生产冷轧不锈钢薄板和冷轧不锈钢焊管，形成年产8万吨冷轧不锈钢板卷和1万吨冷轧不锈钢焊管的规模，主要产品为300、400系列冷轧不锈钢板卷和汽车排气系统及工业用不锈钢焊管。

——张家港浦项不锈钢有限公司（ZPSS）由韩国浦项和中国沙钢于1997年2月共同投资成立，为专业生产不锈钢的中外合资企业。第一期冷轧不锈钢工程投资总额为2.16亿美元，1997年4月开工建设，1999年1月竣工投产，形成年产14万吨不锈钢冷轧薄板的能力。

——1998年4月，由蒂森克虏伯集团旗下的蒂森克虏伯不锈钢公司与上海浦东钢铁有限公司合资组建的上海克虏伯不锈钢有限公司成立，其中蒂森克虏伯不锈钢公司持股比例为60%，上海浦东钢铁集团持股比例为40%。1998年10月，上海克虏伯一期工程正式开工建设。

"九五"时期，我国不锈钢产品研发生产继续取得新成果。太钢生产的铬不锈钢冷轧薄板和铬-镍系列不锈钢冷轧薄板获冶金产品实物质量"金杯奖"；氩氧炉（AOD）冶炼和连铸铁素体不锈钢和试轧8毫米不锈钢盘条获得成功；成功生产出三峡工程所需的超低碳不锈钢复合板和秦山核电站所需的超低碳不锈钢；开发成功含氮不锈钢。1998年9月，钢铁研究总院在原合金钢研究部基础上组建结构材料研究所，在高强不锈钢组基础上建成我国第一个高强不锈钢研究室。

民营不锈钢企业和不锈钢加工业继续得到发展。1998年，浙江青山特钢公司成立，成为当时国内最大的民营不锈钢生产企业之一；专业生产不锈钢无缝管的台资企业——常熟华新特种钢有限公司成立。1998年，中国日用五金技术中心不锈钢器皿中心在我国不锈钢制品生产集中地——广东潮安彩塘镇成立。与此同时，广东省佛山市禅城区澜石镇建成占地10万平方米不锈钢专业市场。

在国内不锈钢需求旺盛、市场短缺、不锈钢进口持续扩大的情况下，国内不锈钢假冒伪劣和走私现象突出，不锈钢市场秩序和不锈钢产业发展受到严重影响。在国家的大力支持下，国内不锈钢行业和企业积极配合国家海关、商务等有关部门开展了打假和反走私行动。同时，不锈钢行业积极应对国外的不锈钢倾销，取得显著成效。1999年5月17日，太原钢铁（集团）有限公司、上海浦东钢铁（集团）有限公司和陕西精密金属（集团）有限责任公司代表中国不锈钢冷轧薄板产业，向中华人民共和国对外贸易经济合作部提出对来自日本和韩国的不锈钢冷轧薄板进行反倾销调查的申请。对外贸易经济合作部于1999年6月17日正式公告立案，开始对来自日本和韩国的不锈钢冷轧薄板进行反倾销调查。2000年4月13日，国家调查机关发布初裁公告，开始征收临时反倾销保证金；2000年12月18日，中华人民共和国对外贸易经济合作部发布公布，对原产于日本、韩国进口到中华人民共和国的不锈钢冷轧薄板征收反倾销税，实施期限自2000年4月13日起5年。

我国不锈钢产业的发展迫切要求加强不锈钢行业管理，进一步规范不锈钢市场秩序。1998年2月20日，旨在为我国不锈钢行业健康、持续发展提供指导和服务的行业组织——中国特钢企业协会不锈钢分会在北京正式成立。太钢担任第一届会长单位，上海浦东钢铁（集团）有限公司、无锡市锡航不锈钢材料公司、中国轻工机械总公司物资公司、佛山澜石不锈钢型材厂、中国贸促会冶金行业分会任副会长单位。《不锈》杂志作为中国特钢企业协会不锈钢分会的会刊正式创刊。

第三节 中国不锈钢的快速发展

进入21世纪，世界政治经济格局呈现出大调整、大变革的显著特点，中国工业化、城镇化进入快速发展的时期。党和国家坚持用改革的办法破解发展难题，不断完善社会主义市场经济体制，全面推进改革开放和现代化建设，产业结构优化升级，开放型经济水平持续提升，21世纪前十年，国内生产总值由世界第六位上升到第二位，对外贸易总额由世界第七位上升到第二位。面对国内外复杂形势和一系列重大风险挑战，中国共产党团结带领全国各族人民，全面推进改革开放和现代化建设，经济实力显著增强，社会主义市场经济体制逐步建立和完善，对外开放日益扩大，中国经济实力、综合国力、人民生活水平迈上新台阶，国家面貌发生了翻天覆地的变化。

进入21世纪，随着我国经济的快速发展，钢铁工业又进入了新一轮的高速增长期。以中国加入世界贸易组织（WTO）为标志，我国对外开放步伐进一步加快，企业改革进一步深化，企业发展进入了国际竞争的新阶段。不锈钢产品全面进入工业、农业、国防领域和百姓日常生活，带动不锈钢市场需求快速增长。2001 年，中国不锈钢表观消费量达到 225 万吨，由此，中国开始成为世界上最大的不锈钢消费国。同时，从 1999 年我国成为世界最大的不锈钢进口国，到 2005 年我国不锈钢进口量达到 313 万吨的历史最高点，我国一直是世界最大的不锈钢进口国。在强劲的内需带动下，在国家产业政策的鼓励下，国内不锈钢企业开始大规模技术改造和建设，推动我国不锈钢行业步入高速发展的快车道。国家从产业政策等多方面加大对不锈钢发展的支持力度。太钢、宝钢等国内不锈钢企业加快推进技术改造和项目建设步伐，太钢形成了年产 300 万吨不锈钢的生产能力，宝钢不锈钢生产规模达到了 150 万吨。同时，酒泉钢铁公司也开始着手发展不锈钢，形成了年产 60 万吨不锈钢的生产能力。在太钢、宝钢、酒钢等国有大型不锈钢企业担当国家不锈钢发展主力军的同时，国家利用市场机制，靠需求带动民营企业投资不锈钢项目。受需求拉动和国家政策支持的推动，国有、外资、民营资本积极投资发展不锈钢产业，我国不锈钢企业加快多元化、多层次发展，推动我国不锈钢产业进入了新的发展阶段，不锈钢生产规模和品种质量发生了重要转折。2006 年，我国不锈钢产量达到 530 万吨，超过日本成为世界最大的不锈钢生产国；2010 年，我国由世界最大的不锈钢进口国转变为不锈钢净出口国，扭转了长期以来不锈钢消费一直主要依赖进口的局面，确立了我国在世界不锈钢市场中的重要地位。

一、"十五"时期我国不锈钢的发展

"十五"时期，面对世界经济低迷、贸易保护主义抬头的国际环境，在中国共产党的坚强领导下，我国各行各业以科学发展观为指导，积极应对、主动迎接经济全球化的严峻挑战，聚精会神搞建设，一心一意谋发展，战胜了突如其来的非典疫情和重大自然灾害的冲击，有效地抑制了经济运行中出现的不稳定、不健康因素，国民经济保持平稳较快发展，综合经济实力明显增强，人民生活水平显著提高，市场经济体制继续完善，各项社会事业蓬勃发展，社会主义现代化建设事业取得举世瞩目的巨大成就。

"十五"期间，我国钢铁工业发生了巨大的变化：钢铁工业装备现代化取得重大进展，产品结构调整取得显著成绩，节能降耗和改善环保取得新进展，钢铁企业生产规模扩大，科技进步有重大突破，钢铁工业投资主体多元化取得重大进展，企业联合重组步伐加快，企业经营效益显著提高，由钢的净进口转为钢的净出口，钢铁生产总量由供给不足转为供应过剩，对进口铁矿石的依存度上升。"十五"期间，伴随着我国加入 WTO，我国钢铁工业迫切需要在全球化背景下审视自身发展。在此期间，我国钢铁工业在更好地融入全球竞争、结构调整、兼并重组、战略合作等方面取得了一系列成绩，钢铁企业国际竞争力不断提升。

适应新的形势，国家从产业政策等多方面加大对不锈钢发展的支持力度。国家《冶金工业"十五"规划》提出："重点建设好太原钢铁（集团）有限公司和上海宝钢集团公司（上钢一厂）两个不锈钢冶炼、热轧中心。在搞好现有冷轧不锈钢薄板机组改造的同时，在经济发展较快、市场容量较大的地区，建设冷轧不锈钢薄板生产线。"国家《"十五"

工业结构调整规划纲要》明确提出："增加不锈钢冷轧薄板、镀锌板、冷轧硅钢片、优质合金钢等关键钢材品种。"国家鼓励和支持不锈钢的产业政策，为不锈钢的发展创造了良好的环境和条件，推动中国不锈钢产业快速发展，成为了世界最大的不锈钢生产国。

在国家产业政策的有力支持下，以"南沪北太"为主的国有不锈钢产业格局加速形成，以太钢、宝钢为代表的国有不锈钢企业得到迅速发展。从 2000 年起，太钢实施"两步走"的不锈钢发展战略。2000 年 8 月至 2003 年，太钢投资 70 多亿元，实施 50 万吨不锈钢系统改造和 40 万吨冷轧薄板改扩建，经过第一轮改造，太钢形成了年产 100 万吨不锈钢的能力，不锈钢冷轧薄板的年生产能力从 13 万吨提高 90 万吨，跨入世界不锈钢八强行列。2004 年 9 月至 2006 年 9 月，太钢投资 300 多亿元，实施新 150 万吨不锈钢工程及配套项目，实现了不锈钢主体工艺技术装备的整体升级换代和生产全线的大型化、自动化、现代化，不锈钢产能从 100 万吨跃升到 300 万吨，成为当时全球产能最大、工艺技术装备最先进、品种规格最全的不锈钢企业。2000 年，宝钢设立宝钢集团上海第一钢铁有限公司（以下简称"宝钢一钢"），着手实施不锈钢工程。2001 年 5 月，宝钢一钢不锈钢工程奠基，6 月 26 日正式开工建设，2004 年 4 月全面建成投产。该条可兼容不锈钢和碳钢冶炼、连铸、热轧联合生产线的建成投产，彻底淘汰了不锈钢分公司原有的落后工艺装备，为建设宝钢不锈钢精品基地奠定了重要基础。2001 年 6 月，宝钢五钢公司年产 35 万吨不锈钢长材工程开工。2005 年 6 月 28 日宝钢一钢不锈钢扩建工程建成投产，工程采用世界先进的工艺技术和装备，包括 100 吨电炉、120 吨转炉、120 吨精炼炉各一座，一台板坯连铸机等装备，年设计产能为冶炼不锈钢 75 万吨，浇铸不锈钢板坯 72 万吨。随着不锈钢扩建工程建成投产，宝钢一钢形成了年产 150 万吨不锈钢的能力，宝钢不锈钢精品基地取得重大进展。宝钢不锈钢热轧板卷技术改造项目获国家优质工程金奖。上海浦钢通过技术改造，实现了不锈钢全精炼、全连铸生产工艺，同时对中厚板生产线进行技术改造，成为我国重要的不锈钢中厚板生产基地。2004 年 1 月 25 日，酒钢不锈钢热轧工序建成投产，具备年产不锈钢 60 万吨的能力。2005 年 10 月，酒钢不锈钢厂成立。2004 年 9 月，由大连钢铁集团、抚顺特钢集团、北满特钢集团重组而成的东北特钢集团成立。

中外合资、外商独资和民营不锈钢企业继续保持快速发展的势头。其间，上海克虏伯不锈钢工程一期和二期工程投产，形成年产 29 万吨冷轧不锈钢薄板的能力。由韩国浦项制铁和青岛钢铁公司合资兴建的不锈钢冷轧薄板项目建成投产，具备年产 18 万吨冷轧不锈钢薄板的能力。宁波宝新冷轧不锈钢板二期、三期和四期工程先后投产，具备年产 60 万吨冷轧不锈钢板卷的能力，其中，四期技术改造工程获冶金行业优质工程和国家优质工程银质奖。张家港浦项二期投产，年产冷轧不锈钢薄板的能力达到 40 万吨，同时着手实施不锈钢扩建工程。中国台湾烨联钢铁股份有限公司在广州投资兴建的联众（广州）不锈钢有限公司不锈钢工程全线建成投产，具备年产 200 万吨不锈钢的能力，其中不锈钢冷轧产品 80 万吨。这一时期，中小不锈钢企业开始走上专业化的发展道路。永兴特种不锈钢有限公司（专业生产研发特种不锈钢棒线材和合金）、上海上上不锈钢管有限公司（专业生产无缝不锈钢管）、昆山大庚不锈钢有限公司（专业生产不锈钢中厚板）、浙江丰业集团（专业生产无缝不锈钢管）、浙江兰溪市甬金不锈钢有限公司（专业生产不锈钢精密薄带）等一批专业化不锈钢公司的成立，推动不锈钢产业迈出专业化精品化的步伐。2003年6月，青山控股集团有限公司成立，在民营企业中率先进行不锈钢连铸、连轧生产。2004年，专业生产不锈钢棒、线、管材的青田工业园建成投产。

不锈钢科技进步成果显著，不锈钢新产品开发成绩斐然，使用领域不断拓宽。这期间，为适应不锈钢快速发展的新形势，太钢、钢铁研究总院、北京科技大学、东北大学、冶金工业信息标准研究院开展了"高质量不锈钢板材技术开发"课题攻关，相继研发成功双相不锈钢2205、高强度奥氏体不锈钢304N、304NbN锻件、中厚板等品种，填补了国内空白，产品实物质量达到国际先进水平，"高质量不锈板材技术开发"获得国家科技进步奖二等奖。同时，为全面提升不锈钢市场竞争力，太钢集中力量开发含氮不锈钢工艺技术取得重要突破，在国内首次应用氮在不锈钢中溶解和脱除理论，建立了AOD炉（氩氧炉）完全采用气体进行氮元素合金化工艺模型，控制精度和实物质量均达到了国际先进水平，进一步提高了不锈钢的强度，改善了不锈钢的耐蚀性能、焊接性能及平衡相比例。同时，用氮代替钢中部分镍的含量，大幅降低了不锈钢制造成本，形成了一整套具有自主知识产权的含氮不锈钢品种和生产工艺技术，含氮不锈钢产品在水利、石油、造船、铁路运输、国防军工等领域得到广泛应用，有力促进了我国不锈钢产业结构的优化升级和品种的系列化。太钢"含氮不锈钢生产工艺及品种开发"获国家科学技术进步奖。太原理工大学研制的奥氏体不锈钢焊条，钢铁研究总院、长城特钢研发的高温浓硝用C8高纯高硅奥氏体不锈钢及焊材获国家科技进步奖二等奖。这一时期，太钢不锈钢热轧中板、大连钢厂不锈钢盘条、长城特钢结构用不锈无缝钢管、流体输送用不锈无缝钢管获钢铁工业实物质量金杯奖。太钢、宝钢等企业研发生产的造币钢、410L、430、444、436以及化学品船舶用316L、310L，汽车排气系统铁素体不锈钢、深冲用奥氏体不锈钢和铁道车辆零部件用不锈钢等新产品成功开发并应用于重点行业。东北特钢精密合金公司研制成功新型Cr-Ni-Mo-Ti时效马氏体不锈钢，以及牌号为D659和D600油气田用不锈钢录井钢丝和油井铠装电缆用不锈钢丝，解决了硫化氢、二氧化碳和氯化物含量高的超深油气井的录井难题。大连钢厂研制成功核级不锈钢超薄带，不锈钢轻轨列车在天津亮相，重达310吨的国内最大的不锈钢整体铸件——三峡转轮体上冠在二重成功浇铸。

不锈钢市场加快建设步伐。2004年，广东佛山国际金属交易中心开始建设。2005年，占地647亩的佛山金锢国际金属交易广场、占地约700亩的佛山力源金属城相继在陈村镇开工建设，禅城区小塘镇、顺德区陈村镇、南海区狮山镇通过吸引不锈钢加工企业逐渐发展为不锈钢集聚地。在广东不锈钢市场发展的同时，不锈钢产业以深加工和交易为主的另一集聚地在江苏无锡逐步兴起。2000年，无锡南方不锈钢制品市场扩建。2001年10月，大明不锈钢公司投资兴建的无锡不锈钢市场开业。2002年7月，全球最大的不锈钢加工服务商——大明控股集团前身无锡市大明金属制品有限公司成立。2004年，无锡不锈钢市场二期扩建工程竣工，江苏戴南不锈钢交易城开业。2004年，浙江松阳县工业园区引入第一家不锈钢管企业。2005年6月7日，我国华南最大的金属交易市场——佛山澜石（国际）金属交易中心一期工程正式建成开业。2005年浙江最大的不锈钢加工贸易商——浙江元通不锈钢有限公司成立。

国家进一步规范不锈钢市场秩序，推动不锈钢产业的健康发展。2000 年 12 月 18 日，外经贸部发布公告，从即日起对原产于日本和韩国的进口冷轧不锈钢板开始征收反倾销税。2002 年 11 月 19 日，我国政府宣布对包括冷轧不锈钢薄板（带）在内的 5 类进口钢铁产品实施最终保障措施，保障期为三年，自 2002 年 5 月 24 日至 2005 年 5 月 23 日。这一时期，国家着力规范和整顿不锈钢生产和市场秩序。2001 年 5 月 7 日，中国特钢协会不锈钢分会年会在宝钢召开，会议提出规范和整顿不锈钢生产和市场秩序的提案；7 月 24 日，成立维护和规范不锈钢生产和市场协调组，提出关于维护和规范不锈钢市场、进口管制、打击和淘汰假冒伪劣不锈钢产品、提高不锈钢产品质量的建议，被国家有关部门采纳。之后，在国家的支持和不锈钢行业组织积极推动下，不锈钢行业和领域开展了淘汰落后、打假、反倾销调查和进口补贴排除以及打击不锈钢领域走私等工作，有力促进了不锈钢产业的持续健康发展。

不锈钢行业交流增加、管理提升。中国特钢协会不锈钢分会积极发挥行业指导作用，先后与中国钢铁工业协会、中国贸促会冶金行业分会等组织举办了一系列会议和活动。主要的有：首届中国国际不锈钢大会、第二届国际不锈钢展览会、第三届中国国际不锈钢大会、第三届国际不锈钢展览会、第一届北京国际双相不锈钢大会、首届北京国际铁素体不锈钢大会、第四届中国国际不锈钢大会、第四届国际不锈钢展览会、石化工程建设双相不锈钢制造技术培训班、不锈钢炉外精炼和标准培训班、中国民营不锈钢企业发展战略研讨会、科学发展观和不锈钢深加工论坛、不锈钢市场与应用发展论坛、面向奥运工程和建筑业的不锈钢优质产品优秀企业推荐会。2004 年，温州市不锈钢行业协会成立。

二、"十一五"时期我国不锈钢的发展

"十一五"时期，面对国内外复杂形势和一系列重大风险挑战，党和国家采取一系列有力措施，坚持扩大内需的战略方针，加强和改善宏观调控，大力推进经济结构调整，提高经济增长质量和效益，保持了经济平稳较快发展，科技实现重大突破，改革开放取得重大进展，重点领域和关键环节改革实现新突破，社会主义市场经济体制更加完善，我国社会生产力、综合国力显著提高，国民经济迈上新的台阶。进入 2008 年下半年，受世界金融危机的巨大冲击，我国钢铁工业增长速度明显放缓，行业利润大幅下滑。国家出台了《钢铁产业调整和振兴规划》，确立了控制总量、淘汰落后、企业重组、技术改造、优化布局的工作重点，着力推进钢铁产业结构调整和优化升级。不锈钢行业注重品种结构调整、产业转型升级，加快转变发展方式，再造新的竞争优势。

太钢、宝钢、酒钢等国有不锈钢企业着手推进结构调整和产业优化升级，着力提高发展质量。太钢充分发挥新装备、新工艺、新技术优势，推动不锈钢新系统快速实现达产达效，2006 年，太钢不锈钢产量突破百万吨大关；2007 年不锈钢产量突破 200 万吨，2009 年、2010 年和 2011 年，太钢不锈钢产量分别达到 248 万吨、272 万吨和 302 万吨，连续三年成为当时全球规模最大的不锈钢企业，也是当时全球唯一在一个工厂把不锈钢提升到 300 万吨量级的钢厂。太钢新建 150 万吨不锈钢工程入选新中国成立 60 周年"百项经典暨精品工程"，并获国家优质工程金奖，炼钢工程获鲁班奖。同时，太钢坚持"做强、做大、

做全、做精不锈钢"的发展战略，着手实施不锈钢及高合金无缝钢管、高强度不锈钢精密带钢、高等级特钢型锻材、不锈钢光亮板等一大批结构调整重点工程项目，加快实现不锈钢品种、规格的全覆盖，进一步巩固了不锈钢的发展成果，增强了企业的发展后劲和国际竞争力。这一时期，宝钢不锈钢冷轧生产线建成投产，生产出第一卷冷轧退火酸洗卷；宝钢核电蒸汽发生器用 690U 型管专业生产线建成投产，标志着我国核电用 690U 型管从此实现国产化，宝钢成为国内首家、世界上第四家能够生产核电用管的企业。"十一五"期间，酒钢把不锈钢作为进行产品结构调整，实现产品升级换代，形成核心竞争力的重点建设工程之一，全力建设从炼钢、热轧到冷轧完整配套生产线及当今世界一流的不锈钢生产装备和先进的工艺技术。2006 年 1 月 26 日，酒钢不锈钢炼钢一期工程投产，年冶炼产能 60 万吨；2008 年电炉投产后，采用以铁水为主要原料的脱磷+电炉+AOD 转炉两步法不锈钢冶炼工艺，2009 年底实现电炉全冷料冶炼 300 系列不锈钢；2010 年 5 月 12 日，不锈钢炼钢二期建成投产，不锈钢年冶炼产能由 60 万吨提高到 120 万吨。2009 年不锈钢热轧配合产能攻关任务，投资建设了 1 座步进梁式预热炉，使热轧不锈钢产能达到 100 万吨。2007 年 11 月 26 日，酒钢年产 55 万吨热轧酸洗和冷轧酸洗产品（其中冷轧酸洗产品生产能力为 20 万吨）的不锈钢冷轧一期工程投产。2010 年 12 月，设计能力 15 万吨酒钢不锈钢中厚板厂建成投产，该生产线为全连续生产线，具备生产宽、厚规格不锈钢中厚板的生产能力，酸洗段采用立式酸洗，有酸洗效率高、酸洗均匀、钢板表面质量好的特点，是国内第一条不锈钢立式酸洗线。这期间，四川西南不锈钢有限责任公司 60 吨电弧炉+60 吨 GOR 二步法冶炼工艺路线投运。

我国不锈钢企业加大科技研发投入，实现了不锈钢生产工艺技术的新突破，中国不锈钢在世界上的地位和影响力持续提升。这期间，太钢、东北大学、北京科技大学多学科开展不锈钢冶炼工艺技术攻关，实现了以底吹氮溅渣、热更换炉底等集成的 K-OB-S 转炉长寿命工艺控制技术与炉体整体快速更换技术等多项创新，形成了一整套拥有自主知识产权的以铁水为主原料生产不锈钢新工艺技术，实现了以自主集成"超高功率电炉熔炼铁合金与返回废钢+铁水预处理与 K-OB-S+VOD"三步法装备与工艺技术的全新流程，达到国际先进水平，实现了我国冶金史上又一次零的突破。以铁水为主原料采用三步法冶炼不锈钢工艺技术的成功开发，用廉价而丰富的铁水替代资源短缺的不锈钢废钢，大幅度降低了不锈钢冶炼成本，经济和社会效益显著。"以铁水为主原料生产不锈钢新技术开发与创新"课题获国家科技进步奖。这期间，太钢"400 系不锈钢制造工艺技术及品种开发"课题，太原钢铁（集团）有限公司、山西太钢不锈钢股份有限公司、上海大学、机械科学研究院哈尔滨焊接研究所、齐齐哈尔轨道交通装备有限责任公司共同研究开发的"新型铁路货车车体用 T4003 不锈钢及应用技术开发"课题，宝山钢铁股份有限公司、上海宝信软件股份有限公司共同开发的"现代化不锈钢企业综合自动化系统的开发与集成"课题，以及太钢提高 430 系列不锈钢热轧质量工艺研究、双相钢酸洗工艺研究、253MA（S30815）高性能节镍型耐热不锈钢产品及工艺开发、S31803 双相不锈钢卷板的生产工艺研究及技术创新等课题先后获冶金科技进步奖。

不锈钢重点产品开发取得重要成果，在国民经济和社会发展各领域、各行业的重大工程项目和新兴行业得到广泛应用。双相不锈钢、铁路专用不锈钢、汽车排气系统用超纯铁素体不锈钢、核电用不锈钢、双相不锈钢、耐热不锈钢、超纯铁素体不锈钢、集装箱用不锈钢、汽车排气系统用不锈钢、铁路和城市轨道车辆用不锈钢、化学品船用不锈钢等一大批特色和高端产品得到批量开发生产，满足了市场急需，有效替代了进口。这期间，宝钢研究院不锈钢技术中心、上海宝钢不锈钢有限公司、宁波宝新不锈钢有限公司成功开发出 B442D 和 B436D 汽车装饰用高等级表面超纯中铬铁素体不锈钢冷轧光亮薄板产品，实物质量达到国际先进水平，成功打破了国外钢厂在该领域的垄断，为国内汽车厂商降低了原材料采购成本及风险。宝钢汽车用不锈钢团队依托原宝钢不锈钢有限公司冶炼与热轧产线和宁波宝新不锈钢有限公司冷轧产线，联合国内主要零部制造企业及汽车主机厂，启动汽车专用超纯铁素体不锈钢系列产品的研发及国产化应用工作，同步启动与国内主要合资主机厂和国际知名汽车零部件厂开展汽车用不锈钢的认证及国产化替代。由中信金属牵头，宝钢、太钢、北京科技大学、钢铁研究总院及一汽集团等联合成立"439M 不锈钢国产化"六方工作组，加快推进不锈钢产品国产化进程。宝钢率先实现部分铁素体不锈钢在上海通用汽车的认证并批量应用；同时，启动三大日系汽车及奔驰宝马汽车排气系统不锈钢认证工作，宝钢成为国内第一家完成通用汽车、奔驰宝马及三大日系汽车排气系统用不锈钢认证的钢铁企业，实现欧美日等主要合资品牌汽车专用不锈钢的全面国产化，部分产品性能优于进口同类产品。在此基础上，形成了通用汽车针对宝钢汽车用铁素体不锈钢的全球技术标准《排气装置用不锈钢》(STMA 029—2011)，宝钢不锈钢技术标准纳入通用全球供货标准体系。宝钢开发的汽车装饰用高等级表面不锈钢通过通用、福特、一汽大众、东风、上汽、吉利等十多家汽车厂认证，占据国内市场"半壁江山"，成为国内唯一的该类材料的合格制造及供应商。宝钢家电建筑用不锈钢团队依托原宝钢不锈钢有限公司冶炼与热轧产线和宁波宝新不锈钢有限公司冷轧产线，率先开发了易焊接家电用超纯铁素体不锈钢 B430LNT，该产品通过海尔、松下等企业的认证，使我洗衣机滚筒生产由铆接工艺过渡到先进的激光焊接工艺，进而提升了我国家用洗衣机的转速和容量。广州 2010 年亚运会主场馆——亚运城综合体育馆 4 万平方米的屋面全部采用由宝钢自主研发制造的中高铬超纯铁素体不锈钢铺设，共计 400 余吨，开创了国内大型场馆屋面装饰大面积使用高端不锈钢材料的先河，填补了我国不锈钢行业在该领域的空白。这期间，太钢 304、304L、310S 等材质的流体输送用不锈钢焊接钢管、不锈钢热轧中板、不锈钢复合板，长城特钢 Cr13 不锈钢棒、UNS N06600 无缝镍和镍合金冷凝器及热交换器等产品获冶金产品实物质量金杯奖。"太钢牌"不锈钢材获"中国不锈钢最具影响力第一品牌"和"中国名牌产品"称号，太钢不锈获"全国质量奖"。到 2010 年，我国 86 个不锈钢牌号标准首次列入国际标准化组织 ISO 的不锈钢牌号对照标准中，对于进一步促进我国不锈钢材料、不锈钢机械设备及制成品与国际接轨具有重要意义。

中外合资不锈钢企业通过一系列技术改造和项目扩建实现了新的发展。联众（广州）不锈钢有限公司 60 万吨热轧不锈钢生产线开始试生产；张家港浦项不锈钢扩建工程——年产 60 万吨热轧不锈钢板的新热轧厂和冶炼厂先后建成投产；宁波宝新不锈钢有限公司焊管项目正式投产，新增六台罩式炉并按计划投产，SUS430 产量由 13.3 万吨/年提升到

20.7万吨/年。上海宝钢国际经济贸易有限公司与宁波宝新不锈钢有限公司合资组建的宁波宝钢不锈钢加工有限公司正式揭牌，标志着宝钢加工配送网络全面覆盖到浙江地区。

民营不锈钢企业大规模进入不锈钢生产领域，工艺技术水平和产品质量有了新提高。随着国家和地方各级政府鼓励民间资本投资发展不锈钢，来自改革开放前沿的浙江、江苏、广东等地的民营企业陆续进入不锈钢制造领域，推动不锈钢生产工艺和原料结构的重大变革。传统的不锈钢生产工艺以高纯度的镍铁为主要原料，镍铁质优价高，其成本占到不锈钢生产成本的60%以上。2005年，我国民营企业以低品位红土镍矿为原料，采用高炉法和矿热炉法生产出低于常规镍铁中镍含量的镍生铁，闯出一条使用低成本镍原料冶炼不锈钢的新工艺，大幅降低了不锈钢生产成本。自2006年起，中国开始大量从菲律宾、印度尼西亚、新喀多尼亚等国进口红土镍矿，生产含镍生铁供不锈钢厂使用，开启了我国不锈钢企业的低成本生产模式。2009年，青山实业首次投资印度尼西亚，开发在印度尼西亚境内的红土镍矿。鼎信集团与八星集团合资设立印度尼西亚苏拉威西矿业投资有限公司（SMI），开采位于印度尼西亚中苏拉威西省和东南苏拉威西省的面积约4.7万公顷的红土镍矿，获得印度尼西亚镍矿资源开采权，成为青山实业全球布局关键一环。2010年，青山首创RKEF-AOD一体化冶炼工艺投产，青山实业下属青拓实业有限公司是国内第一家成功使用RKEF技术生产镍铁、世界第一家使用RKRF-AOD双联法生产不锈钢的企业，率先实现了有色金属和钢铁跨行业的有机结合。这一时期，青山依靠海外资源、RKEF一体化工艺、跨国办厂等，实现了快速发展。

以青山实业为代表的，包括北海诚德、山东泰山、四川金广、永兴特钢等一批民营不锈钢企业崛起。西南不锈钢公司引进国际上GOR冶炼技术，引进消化吸收再创新，建成冶炼、连铸、热连轧、酸洗等全套国产化的不锈钢板材生产线。这期间，福建德盛镍业有限公司成立并开始建设，高炉、炼钢、热轧等主要工序建成并投入试生产；浙江久立集团成为国内无缝钢管领先企业，3500吨钢挤压生产线、1万吨大口径不锈钢焊管生产线先后建成投产，久立特材科技股份有限公司在深圳A股上市；山东泰山钢铁集团有限公司不锈钢一期工程启动建设，建成了世界第一座集群式GOR转炉、全国第一条"炉卷+三连轧"热轧生产线，成为山东省唯一一家全流程不锈钢生产企业和全国重要的400系不锈钢生产基地；江苏德龙镍业公司成立，并发展成为一家集镍铁生产、不锈钢冶炼、轧制和酸洗为一体的大型民营不锈钢生产企业；永兴特钢成为全国不锈钢棒线的龙头企业，并在深圳证券交易所挂牌上市；中兴能源国产第一套159热连轧管生产线投产运行，锅炉装置用不锈钢无缝钢管获冶金产品实物质量金杯奖，直径610毫米特大口径不锈钢无缝钢管出炉，标志着我国突破了特大型无缝管生产瓶颈，工艺流程国际首创。久立、华新丽华研发的超临界和超超临界锅炉用无缝钢管10Cr18Ni9NbCu3BN，久立研制的TP310HCbN超超临界电站锅炉用不锈耐热钢无缝钢管通过鉴定，达到了国际同类产品先进水平，有效替代进口。江苏武进生产的锅炉用耐热无缝钢管S30432（10Cr18Ni9NbCu3BN）通过技术评审，产品应用在大唐信阳发电有限责任公司3号66万千瓦超超临界机组。这期间，北海诚德镍业有限公司成立，不锈钢专业冷轧企业宏旺先后在广东佛山和肇庆建成投产，江苏首条不锈钢高速线材生产线在江苏星火特钢有限公司正式投产，振石集团东方特钢股份有限公司不锈钢炼钢和轧钢生产线建成投产，河南青山金汇不锈钢产业有限公司年产 30 万吨不锈钢宽坯项目投产，永大不锈钢可生产长达 12 米以上、超大口径 630 毫米不锈钢焊管生产线建成投产，东方特钢 90 吨 AOD 炉投产，浙江甬金公司二期年产 5 万吨超精密不锈钢项目正式投产。

随着不锈钢产业的快速发展和行业流通水平的提升，不锈钢产业园作为承接产业集聚的载体，越来越受到了各地政府的重视。各地区纷纷规划建设不锈钢产业园区，围绕不锈钢主导产业，依托不锈钢生产企业原料优势，延伸产业链条，提升产品附加值，推动构建全产业链一体化的不锈钢产业园区，不锈钢园区集群化发展特征明显。这一时期，逐步形成了温州不锈钢无缝管产业集群、佛山不锈钢焊管和冷带产业集群、广东揭阳餐具和山东滨州厨具等产业集群，西南不锈钢、山东泰山、青山实业等知名不锈钢民营企业纷纷崭露头角。江苏大明金属制品有限公司宁波分公司开业，大明国际控股有限公司在香港联交所主板上市，成为国内不锈钢加工制造服务行业的第一家上市企业。浙江松阳县工业园区通过承接温州不锈钢管的产业转移，逐步培育为县主导产业，形成了一定的产业集群发展规模，拥有浙江上上不锈钢有限公司、宝丰钢业集团有限公司、浙江隆达不锈钢有限公司等优质骨干企业。到 2010 年，松阳园区不锈钢管企业占地面积达 1100 亩，不锈钢无缝管产量约占全国 30%，成为我国一个重要的不锈钢无缝管生产集中地。这一时期，在江苏南部的兴化、东台、江阴、无锡一带，浙江温州、宁波以及宁波周围的余姚、慈溪、奉化等地，广东的佛山、揭阳、东莞、江门，山东的莱芜、淄博、滨州等地，形成了独具特色的不锈钢产业集群。

不锈钢产业链建设加快推进。太钢加快推进上下游不锈钢产业链延伸发展。2008 年 7 月，太钢袁家村铁矿正式开工建设。经过不懈努力，建成亚洲规模最大、工艺装备最先进的现代化铁矿山。矿山年采剥总量 8580 万吨，采选铁矿石 2200 万吨，生产铁精矿 740 万吨。太钢袁家村铁矿微细粒复杂难选铁矿选矿技术取得历史性突破，使呆滞资源得到了大规模开发利用，填补了国内微细粒复杂难选铁矿选矿领域的空白，总体技术达到国际领先水平，为我国微细粒嵌布的难处理铁矿石开发利用起到了示范作用，对于降低国内对进口铁矿石依存度、提高不锈钢业的国际竞争力具有重要战略意义。"微细粒复杂难选红磁混合铁矿选矿技术开发及 2200 万吨/年装备集成"项目获冶金科技特等奖和国家科学技术进步奖。太钢与中国有色集团签署协议，共同投资开发缅甸达贡山镍矿资源，形成年产镍铁8.5 万吨的能力，对于缓解我国镍资源短缺局面、促进不锈钢产业可持续发展意义重大。太钢与山西晋中万邦工贸有限公司合作建设年产 30 万吨的世界先进、亚洲最大的铬铁生产线，进一步完善了具有国际竞争力的铬资源产业链，提高了中国不锈钢产业的国际竞争力。由此，太钢逐步构建起稳定、可靠、低成本的战略资源供应链。面向下游，太钢加快延伸不锈钢产业链，与天津大无缝投资有限公司合资成立天津太钢天管不锈钢有限公司，形成年产 40 万吨冷轧不锈钢板的能力；与陕西有色集团签署战略合作协议，两公司权属的太钢不锈钢股份有限公司与宝鸡钛业股份有限公司签署出资设立山西宝太新金属开发有限公司协议书，双方围绕战略资源开发、"钛-不锈钢"产业等进一步开展深度合作；加大招商引资力度，做强做大不锈钢生态工业园区，加快进入不锈钢高端制造行业，打造园区的品牌影响力。到 2010 年，太钢不锈钢工业园已引进 30 多家海内外知名加工企业，年加工转化能力达 20 多万吨。

中国无锡国际不锈钢交易基地奠基并开始运作。同时，以广东佛山、江苏无锡为代表的不锈钢集散地和加工中心逐步形成，不锈钢产业链逐渐健全和完善。全国各地相继形成了大大小小的不锈钢市场，主要有：佛山形成了澜石、金锠、力源三大不锈钢交易加工市场，无锡形成了东方钢材城、南方不锈钢市场，成都形成了中力等不锈钢市场，淄博形成了周村不锈钢市场，沈阳形成了高官台不锈钢市场，等等。这些不锈钢市场的发展，活跃了不锈钢交易，加速了不锈钢国际贸易拓展，提升了不锈钢技术水平，扩大了不锈钢消费需求。

我国不锈钢企业继续推进不锈钢反倾销，维护不锈钢市场秩序。2006 年 4 月 8 日，商务部发布公告，经调查，原产于日本、韩国的进口不锈钢冷轧薄板对中国的倾销有可能继续发生，对中国国内产业造成的损害有可能再度发生。国务院关税税则委员会决定自 2006 年 4 月 8 日起，继续按照原对外贸易经济合作部 2000 年第 15 号公告规定的产品范围，对原产于日本、韩国的进口不锈钢冷轧薄板征收反倾销税，实施期限为 5 年，措施有效期至 2011 年 4 月 7 日。

这一时期，中国特钢企业协会不锈钢分会进一步加强和扩大国际交流合作，先后组团访问日本、英国、欧洲不锈钢协会和国际不锈钢论坛（ISSF），组团参加中俄钢铁论坛、CRU 世界不锈钢年会，访问日本不锈钢流通行业，走访中国台湾烨联、唐荣等不锈钢企业，举办中国佛山现代铁素体不锈钢展览会、第二届国际现代铁素体不锈钢大会、第二届北京国际双相不锈钢大会、中国不锈钢原料市场研讨会、第五届中国国际不锈钢大会、第五届国际不锈钢展览会、不锈钢应用于发展论坛、中国不锈钢新材料与耐蚀合金展览推介会暨中国国际不锈钢新材料与耐蚀合金论坛、第二届中国不锈钢·耐蚀合金·原料市场国际研讨会暨第二届中国不锈钢产业链高峰论坛、第六届上海国际不锈钢大会、第六届上海国际不锈钢展览会、第三届国际双相不锈钢大会、中国中小不锈钢企业战略发展研讨会、与国际不锈钢论坛共同召集在佛山召开世界各国不锈钢发展组织（SSDA）会议。2007 年，第十届世界不锈钢大会在太钢隆重召开，这是世界不锈钢大会首次在中国举行。2008 年 4 月，在北京隆重举行主题为"蓬勃发展的中国不锈钢"不锈钢分会成立 10 周年庆祝大会，授予为中国不锈钢产业作出突出贡献的分会专家委员会中十位老专家"金鼎荣誉奖"，分别是陆世英、林企曾、吴玖、康喜范、韩怀月、江永静、刘尔华、杨长强、朱诚、徐效谦；授予原张家港浦项总经理郑吉洙、原宝钢不锈钢分公司总经理刘安等"特别纪念奖"，授予已逝不锈钢专家田定宇"终身奉献奖"。

第四节　中国不锈钢的高质量发展

党的十八大以来，中国特色社会主义进入新时代。随着中国经济发展进入新常态，钢铁行业长期积累的结构性、体制性矛盾日益凸现，转型升级势在必行。面对供给侧结构性改革的推进和高质量发展战略实施这一新的形势和要求，我国不锈钢行业和企业树立起强烈的使命和担当责任，通过科技创新、结构调整、产业升级，大力弥补中国制造的短板，骨干不锈钢企业在创新上努力发挥主力军和示范带动作用，推动我国不锈钢事业在产业升级、结构调整进程中实现高质量发展，不锈钢产品的应用领域也在不断拓展、丰富，特别是在铁路、城市轨道交通、造船、集装箱、核电、桥梁建筑、工程机械、食品加工、医疗器械、环保装备、精密仪器等领域的应用日益广泛，消费结构更趋均衡、合理。不锈钢的需求量也保持较为稳定的增长态势，表观消费量稳定增长。我国不锈钢产量由 2010 年的 1125.6 万吨提高到 2020 年 3014 万吨，可持续发展能力和国际竞争力显著提高，不锈钢产业发展进入高质量发展的崭新阶段。

钢铁工业的快速发展，对保障我国国民经济又好又快发展作出了重要贡献。特钢行业在良性发展的同时，也存在中低端产能增长过快、淘汰落后工作缓慢等突出的问题。为推进我国钢铁工业的结构调整和发展方式的转变，这一时期，国家陆续出台了《关于化解产能严重过剩矛盾的指导意见》《关于钢铁行业化解过剩产能实现脱困发展的意见》《中国制造 2025》《钢铁工业调整升级规划（2016—2020 年）》《"十三五"国家战略性新兴产业发展规划》《战略性新兴产业重点产品和服务指导目录》《产业结构调整指导目录》《关于印发大气污染防治行动计划的通知》等一系列政策措施，明确支持重点行业、高端产品、关键环节进行技术改造，引导企业采用先进适用技术，优化产品结构，全面提升设计、制造、工艺、管理水平，促进重点产业向价值链高端发展；鼓励企业通过主动压减、兼并重组、转型转产、搬迁改造、国际产能合作等途径，退出部分钢铁产能。同时，引导企业坚持绿色发展，大力发展循环经济，积极研发、推广全生命周期绿色钢材，加快突破生产工艺关键技术，研发生产高强度、耐腐蚀、长寿命等高品质钢材，带动不锈钢行业产品升级和技术进步。我国不锈钢行业和企业以深化供给侧结构性改革为契机，围绕不锈钢产业健康可持续发展，加快推进淘汰落后产能工作，积极化解不锈钢过剩产能，大力推进以产品和技术为核心的创新发展，高品质、高性能不锈钢研发生产取得显著成效。不锈钢行业和各企业大力发展节能环保循环经济，提高绿色发展水平，我国不锈钢产业进入高质量发展的新阶段，不锈钢行业发展态势稳中向好，运行质量明显提升。

一、"十二五"时期我国不锈钢的发展

"十二五"是我国全面建设小康社会的关键时期，是深化改革开放、加快转变经济发展方式的攻坚时期，也是我国在实现"两个一百年"奋斗目标历史进程中极为重要的五年。面对错综复杂的国际环境和艰巨繁重的国内改革发展稳定任务，我们党团结带领全国各族人民顽强拼搏、开拓创新，深化改革开放，保障和改善民生，巩固和扩大应对国际金融危机冲击成果，促进经济长期平稳较快发展和社会和谐稳定，为全面建成小康社会打下具有决定性意义的基础。特别是党的十八大的召开，我国进入了中国特色社会主义的新时代，妥善应对国际金融危机持续影响等一系列重大风险挑战，适应经济发展新常态，不断创新宏观调控方式，推动形成经济结构优化、发展动力转换、发展方式转变的良好态势，经济社会发展取得了新的重大成就，经济实力、科技实力、国防实力、国际影响力又上了一个大台阶。

国家陆续推出了《钢铁产业调整和振兴规划》《国务院办公厅关于进一步加大节能减排力度、加快钢铁工业结构调整的若干意见》《钢铁行业生产经营规范条件》等一系列的政策和措施，规范包括不锈钢在内的钢铁行业生产经营规范条件，陆续推出包括不锈钢在内的钢铁行业淘汰落后生产工艺装备和产品指导目录等一系列有关文件，进一步加快钢铁业淘汰落后的步伐。同时，我国不锈钢产业大力推进供给侧结构性改革，大力推进结构调整和科技创新，在解决我国先进不锈钢材料"卡脖子"难题、支撑先进制造业发展、提升我国产业基础能力和产业链现代化水平中发挥了重要作用。

我国不锈钢企业加大项目建设力度，产线能力持续扩大。2010 年 12 月，福建省与宝钢集团在福州签订了《福建省与宝钢战略合作协议》，宝钢集团与福建吴钢集团有限公司签署协议，重组德盛镍业。2011 年 3 月，福建省人民政府与宝钢集团签订战略合作协议，宝钢集团入资控股宝钢德盛，宝钢德盛不锈钢有限公司正式成立，宝钢德盛精品不锈钢绿色产业基地实施规划启动，宝钢不锈钢发展进入新阶段。2014 年 10 月，宝钢德盛 BN1TP（管料产品）、BD11（中镍产品）研发成功；2015 年 3 月，宝钢德盛冷轧 DRAP 机组热负荷试车，这是宝钢德盛精品不锈钢绿色产业基地实施规划战略的关键步伐，进一步拓展了宝钢德盛不锈钢产品的市场空间、提升产品竞争力及附加值，成为宝钢德盛新的效益增长点。其间，宝钢集团旗下的不锈钢和特材两大业务板块的运营主体，宝钢不锈钢有限公司和宝钢特种材料有限公司正式揭牌，宝钢特钢宝银公司重组揭牌仪式暨高温堆蒸发器换热组件启动仪式在江苏宜兴举行。这是宝钢联合大型央企、民企，整合优势资源，发挥民企灵活的经营机制，共同推进我国核电事业进一步发展迈开的重要一步。这期间，世界最快速度的轧机——太钢新建不锈钢冷轧光亮线轧机建成投产，形成年产 13 万吨高品质不锈钢光亮板的能力。由太钢自主设计制造、自主集成创新的不锈钢铬钢连续酸洗线建成投产。世界上最先进的不锈钢冷连轧生产线在太钢建成投产，该生产线集成了当今世界上最先进的工艺技术，配套实施了酸再生、酸净化、污水处理、氮氧化物减排、减油废水综合处理废油回用、硫酸钠回收再生、余热利用等一系列环保技术，配置世界上最先进的激光焊机、世界上第一套 5 机架不锈钢冷连轧机、最大的冷轧不锈钢带钢连续退火炉及其酸洗系统，平整机、拉矫机、在线切边剪机实现了在线集成，可以直接生产出成品卷，成为世界第一条工序集成度最全最高、节能环保效果最优的不锈钢冷连轧生产线，大幅提升了我国不锈钢产品的生产效率和产品质量水平，加速推动了我国不锈钢产品的系列化和特色化，对促进我国不锈钢结构升级和绿色转型发展起到了引领和示范作用，该工程获国家优质工程奖。这一时期，酒钢集团对天风不锈钢有限公司实施改制，成立酒钢不锈钢公司，成为酒钢集团控股的上市子公司宏兴股份公司的分公司。2012 年 10 月，设计年产不锈钢冷轧产品 50 万吨的不锈钢冷轧二期工程投产。2014 年 11 月 21 日，VOD 真空精炼炉（双工位）热负荷试车成功，具备年产 30 万吨超纯铁素体不锈钢的生产能力。其间，酒钢先后进行了 321、409L、304J1、2205、316L/2B 卷板和 304L、316L 中厚板等新产品开发，成功开发 410L 冷轧 2D 产品、2205 及 S32168 酸洗中厚板产品、310S 耐热不锈钢酸洗 NO.1 卷产品、T4003 铁路车辆用钢酸洗 NO.1 卷产品、30Cr13 刀具酸洗 No.1 卷产品，陆续开发出 439、436L、441、443 等中高铬超纯铁素体不锈钢，丰富了酒钢不锈钢产品结构，2015 年可稳定冶炼低铬、中铬、高铬的 SUH409L、SUS436L、441、SUS439、443 等各系列超纯铁素体不锈钢。

不锈钢行业持续推进不锈钢产品结构的优化升级，科技创新和品种质量取得重要进展。太钢与国内外 50 多家高等院校、科研院所、重点用户建立科技创新战略联盟，建成了包括国家级理化实验室、博士后工作站、16 个科研联合实验室，先进不锈钢材料国家重点实验室、山西省不锈钢工程技术研究中心等创新平台体系，科技创新结出丰硕成果。太钢自主研发的双相不锈钢螺纹钢筋成功中标港珠澳大桥工程，之后，又成功应用于马尔代夫中马友谊大桥和文莱跨海大桥工程，开创了中国不锈钢在海洋工程大批量生产应用的先例，助力"一带一路"建设。太钢成功生产出大厚度铜+不锈钢复合板，应用于"国际热核聚变实验反应堆计划"（ITER 计划）工程。太钢研发成功核电专用不锈钢，用于我国首次自主设计和建设的大型百万千瓦级 CAP1000 第三代核电机组。太钢不锈钢特种材料成功应用于"中国环流器二号 A"（HL-2A）核聚变实验装置的设备制造。太钢先后为国内外多个核聚变实验项目提供了不锈钢热轧中板、无缝管、复合板、锻件、薄带以及多种挤压异型材等系列高端产品。"太钢不锈钢开发与应用项目"被授予中国工业大奖表彰奖。太钢铁素体不锈钢冷轧钢板和钢带、奥氏体不锈钢冷轧钢板和钢带、不锈钢盘条、高压锅炉用无缝钢管获 2012 年冶金产品实物质量金杯奖。这一时期，宝钢完成了超纯铁素体不锈钢 8 个钢种如 SUH409L、B409M、B429、B432L、B436L、B439M、B441 及 B444M2 等批量工业化生产，并在欧洲、美国、日本及自主品牌汽车中得到广泛应用；宝钢整合宝钢不锈、宝钢特钢、宝钢股份的技术和资源优势，加快双相不锈钢多系列全规格的产品开发和应用，双相不锈钢 2304、2205、2507 产品规格涵盖 1 毫米的冷轧板到 70 毫米的中厚板，应用于湛江海水淡化工程热法海水淡化蒸发器，并为工程提供了选材、焊接、腐蚀、表面清洗一系列整体技术解决方案；全球首发应用于 CAP1400 的核电蒸发器支撑板用不锈钢 TP405，产品力学性能与国外产品相当，钢板的板形及加工性能优于 INDUSTEEL；不锈钢 Z10C13 用于华龙一号、EPR 核电用核电蒸发器制造，实现了该产品的国产化，宝钢成为该产品国内唯一的供应商。宝钢不锈钢有限公司联合冶金工业信息标准研究院、宁波宝新不锈钢有限公司共同主持起草了汽车排气系统国家标准《汽车排气系统用冷轧铁素体不锈钢钢板及钢带》（GB/T 32796—2016），为中国汽车排气系统不锈钢选材提供了选材依据，进一步推进了国产化汽车出口。

不锈钢行业和企业围绕国民经济紧缺产品，开展联合协同研发攻关，在一系列重大产品和技术上实现了新的突破，科研成果硕果累累。超超临界发电燃烧效率高，污染排放少，是煤电产业先进高效的发展方向，在欧美、日本等发达国家和地区被广泛采用。锅炉核心部件的关键材料不锈钢无缝钢管制造流程复杂，冶炼、制管技术难度极高。由宝钢、钢铁研究总院、太钢不锈、攀成钢、扬州诚德钢管、哈尔滨锅炉厂、西安热工研究院历时十多年协同攻关，研发成功高品质超超临界火电机组钢管材料，填补了我国在该领域的技术空白，打破了我国长期依赖进口的被动局面。"600℃超超临界火电机组钢管创新研制与应用"项目获国家科技进步奖一等奖。这一时期，太钢牵头围绕铁素体不锈钢工艺技术和产品的研发开展了探索和攻关，突破铁素体不锈钢生产关键技术难题，自主开发和集成全新的以生产铁素体不锈钢为主的流程和专用装备，形成了具有自主知识产权的全流程铁素体不锈钢生产工艺专利和专有技术，实现了铁素体不锈钢生产流程和装备、关键技术和产品应用的重大创新，总体工艺技术达到国际领先水平，自主开发了高端行业和民生领域急需系列铁素体不锈钢新品种，填补了国内空白，大量替代进口，满足了铁路运输、汽车等高端行业需求，对于优化我国不锈钢品种和消费结构，提升我国不锈钢产业整体竞争力具有重要意义。由太钢主持开展的"先进铁素体不锈钢关键制造技术与系列品种开发"项目获国家科技进步奖二等奖。同一时期，太原钢铁（集团）有限公司、东北大学、宝山钢铁股份有限公司、南车青岛四方机车车辆股份有限公司、中国铁道科学研究院、北京交通大学、山西太钢不锈钢股份有限公司研发的"高速列车用不锈钢车厢板工艺技术与产品开发及应用"项目，宝钢集团有限公司、宝钢不锈钢有限公司、东北大学、宁波宝新不锈钢有限公司、宝钢工程技术集团有限公司、上海宝信软件股份有限公司研发的"中高铬铁素体不锈钢高表面控制技术"项目，太原钢铁（集团）有限公司、山西太钢不锈钢股份有限公司研发的"跨海大桥用双相不锈钢钢筋及应用技术开发"项目，宝钢集团有限公司研发的"汽车排气系统用铁素体不锈钢系列产品开发"和"铁镍基合金油套管关键工艺技术及产品开发"项目，太原钢铁（集团）有限公司、山西太钢不锈钢股份有限公司研发的"太钢超高纯真空气密性纯铁系列产品和工艺技术开发"项目，太原钢铁（集团）有限公司、天津重型装备工程研究有限公司、机械科学研究院哈尔滨焊接研究所、山西太钢不锈钢股份有限公司、山西太钢不锈钢精密带钢有限公司研发的"高等级不锈钢焊带关键工艺技术及产品开发"项目，太原钢铁（集团）有限公司、东北大学、山西太钢不锈钢股份有限公司研发的"高性能超级奥氏体不锈钢系列板材关键工艺技术及产品开发"项目，太钢承担的"超超临界电站锅炉用 CODE CASE 2328-1 不锈钢管坯和无缝钢管工艺技术开发"项目，宝钢承担的"耐热系列油套管研制"项目，钢铁研究总院、中国第一重型机械股份有限公司、宝钢特钢有限公司、烟台台海玛努尔核电设备股份有限公司、上海重型机器厂有限公司承担的"压水堆核电站核岛主设备材料技术研究与应用"项目获冶金科技进步奖。宝钢"一种含 Mo 铁素体不锈钢及其制造方法"专利荣获全国发明展览会金奖。宝钢股份一般用途用铬和铬-镍不锈钢板、薄钢带和钢带、标准件用奥氏体不锈钢盘条，中兴能源装备股份有限公司锅炉用不锈钢无缝管、宝钢特钢事业部 304HC2 不锈钢盘条和东北特钢集团大连特殊钢有限公司的 304HCA、3Cr13（30Cr13）等不锈钢盘条与 06Cr19Ni10、022Cr17Ni12Mo2 镍不锈棒材、山东泰山钢铁的 06Cr13 不锈钢热轧钢板和钢带先后获冶金行业品质卓越产品奖。这一时期，民营不锈钢企业技术创新取得长足进展。浙江久立特材科技股份有限公司"超超临界电站锅炉关键耐温耐压件制造"项目通过省级验收。江苏武进不锈股份有限公司"国产 S30432 钢特性研究及在 1000 兆瓦超超临界锅炉的应用"项目获得了科学技术成果鉴定证书。久立特材技术中心被认定为第二十批国家认定企业技术中心。中兴能源装备股份有限公司获冶金产品实物质量金杯奖。

合资不锈钢企业发展与重组提速。从 2010 年 7 月起，宁波宝新以 EPC 模式，由上海宝钢工程技术有限公司自主集成，新建光亮退火机组和平整机，年产能提升到 66 万吨，其中 BA 产品 12 万吨。宁波宝新不锈钢冷轧钢板和钢带获冶金行业品质卓越产品奖。张家港浦项不锈钢有限公司改扩建项目的建成投产，形成了全流程生产 100 万吨不锈钢的能力。2014 年 10 月，鞍钢集团与中国台湾义联集团共同签署投资协议与合资合同，鞍钢集团以增资扩股方式认购并持有义联集团旗下的联众（广州）不锈钢有限公司 60% 股权。上海克虏伯不锈钢有限公司加入奥托昆普集团，成为奥托昆普集团亚太区下属专业生产冷轧不锈钢卷板的企业。2015 年 12 月，宝钢集团上海浦东钢铁有限公司出售所持有的上海克虏伯不锈钢有限公司 40% 股权，我国不锈钢行业资产重组步伐加快。

在国有不锈钢企业快速发展的同时，民营不锈钢企业加大对不锈钢的投资，一批重要项目建成投产。这期间，广西北海诚德镍业有限公司百万吨不锈钢一、二、三期工程建成投产，形成精炼、热连轧、冷轧在内的不锈钢生产线，不锈钢年产能达到 90 万吨。山东泰山钢铁对不锈钢系统全面升级改造，炼钢系统建成了"泰山"精炼炉（TSR），冶炼能力实现 100 万吨；轧钢系统实现了我国炉卷生产线"1+1+3"轧制模式的突破，轧制能力实现 180 万吨。久立特材年产 2 万吨 LNG 等输送用大口径管道及组件项目的主体生产线，福建漳州福欣年产不锈钢热轧板卷 72 万吨能力的特殊钢一期项目，福建吴航不锈钢棒线材生产线，肇庆宏旺不锈钢十八辊 1450 毫米五连轧机组，四川天宏冷轧不锈钢厂，广青金属 60 万吨/年不锈钢连铸机，河南天宏冷轧不锈钢项目，广西梧州金海不锈钢有限公司一期年产 100 万吨不锈钢项目，福建鼎信镍业有限公司年产 100 万吨镍铁和 300 万吨不锈钢坯料项目一期工程，甬金公司年产 33 万吨精密冷轧不锈钢的一、二期精密不锈钢项目先后建成投产。永兴特种不锈钢股份有限公司在深圳证券交易所中小板上市。广西柳钢中金不锈钢公司成立，成为柳钢集团的控股企业。

以青山为代表的一批民营不锈钢企业迅速崛起，推动不锈钢工艺技术发生深刻变化。2012 年，福建青拓镍业公司一体化工艺项目正式投产，不锈钢传统炼钢工艺发生重大变革，形成了显著的低成本优势。青山控股集团有限公司陆续在浙江青田、广东阳江和清远、福建福安等地建立镍铬合金冶炼、不锈钢冶炼、轧钢生产基地。2013 年，青山控股集团阳江世纪青山镍业工厂炼钢项目相继投产。2013 年，印度尼西亚青山工业园区设立。2014 年，青山控股集团不锈钢总产量突破 400 万吨，成为不锈钢粗钢产量世界第一的生产企业。2015 年，青山实业位于印度尼西亚中苏拉威西青山工业园一期 3 万吨镍冶炼 RKEF 和 2 台 65 兆瓦发电机组投产，青山鼎信印度尼西亚镍铁厂一期项目正式投产。

不锈钢产业链建设取得新发展。继太钢不锈之后，一批研发创新能力强、管理有特色，产品（服务）专而精的企业，如专业生产高等级工业用管材的久立特材、武进不锈、中兴能源，专业生产管坯和合金的永兴材料，专业冷轧精密薄带的甬金科技，专业不锈钢及钢材加工配送的大明国际先后上市，成为国内不锈钢相关领域的优秀企业。不锈钢长材产业技术创新战略联盟、广东揭阳市不锈钢制品协会、广东省不锈钢材料与制品协会先后成立。无锡市南方不锈钢交易中心开业。浙江松阳不锈钢管产业为应对当时外贸市场不振和国内供给侧改革等影响，经历转型阵痛，升级改造产线装备和产业结构，实现生产总值从 30 多亿增至近 50 亿元，形成颇具规模的不锈钢管产业聚集区，不锈钢无缝管产量占国内约 1/3。

中国特钢企业协会不锈钢分会先后主导和参与举办了第四届现代铁素体暨马氏体不锈

钢国际会议、第七届中国国际不锈钢大会、第七届上海国际不锈钢展览会、第四届中国国际双相不锈钢大会、第八届中国国际不锈钢大会、第八届上海国际不锈钢展览会、第一届超级奥氏体不锈钢及镍基合金国际研讨会、第十一届国际绿色建筑与建筑节能大会暨新技术与产品博览、不锈钢幕墙设计制造及应用技术研讨会、面对新常态的不锈钢市场论坛、第五届中国国际双相不锈钢大会、第五届中国·松阳不锈钢产业发展论坛；成功举办以"铭记历史，展望未来，再创辉煌"为主题的纪念中国不锈钢工业化生产 60 周年系列活动，大会授予陆世英、张宝琛、庄亚昆、林企曾、王一德、胡玉亭等 6 人为"中国不锈钢发展杰出贡献专家"，授予中国钢研科技集团有限公司、东北特殊钢集团有限责任公司、太原钢铁（集团）有限公司、宝钢不锈钢有限公司等 4 家企业为"中国不锈钢发展杰出贡献企业"；授予 48 人为"中国不锈钢发展突出贡献专家"，授予 10 家企业为"中国不锈钢发展突出贡献企业"，5 家单位为"中国不锈钢发展突出贡献单位"。

国内主要不锈钢企业积极维护市场秩序，同时进一步深化国际交流。2011 年 4 月 8 日，对原产日韩进口不锈钢冷轧薄板反倾销，历时 11 年，期满。2012 年 11 月 8 日，商务部发布 2012 年第 72 号公告，公布相关高性能不锈钢无缝钢管反倾销案终裁结果，决定自 2012 年 11 月 9 日起，对原产于欧盟和日本的进口上述产品征收 9.2% ~ 14.4% 的反倾销税，实施期限为 5 年。2013 年 9 月 17 日，由中国特钢企业协会不锈钢分会、国际镍协会、国际铬发展协会、国际钼协会和中信金属有限公司共同发起的国际间非正式合作组织"中国不锈钢合作推进小组"（CSCPG）在北京正式成立，其目的是共同开发中国不锈钢市场，科学引导不锈钢品种的发展，合理选择和正确使用不锈钢，密切关注不锈钢及其组成元素对人体健康和生态环境的影响。

不锈钢行业和企业高度重视节能减排循环经济，坚持走可持续发展之路，大力推进绿色发展，通过实施一批具有国际水平的节能减排循环经济项目，大力淘汰落后、技改升级置换，推进废混酸、废硫酸、高炉煤气、余热余能的回收利用，实现了液态、气态、固态废弃物和废水资源化利用，促进了工艺装备绿色化、制造过程绿色化、产品绿色化和全流程清洁生产。不锈钢企业大力研发生产高效、节能、长寿型产品集群，推进产品绿色化。在不锈钢行业，诞生了一批国际一流的生态型园林化工厂，有的还成为旅游景点。同时，不断完善能源管理体系和环境管理体系，持续提升精细化管理水平；严格能源环保责任体系，实施节能减排指标管理，强化节能减排管理创新，使能源管理体系和环境管理体系得到有效运行；同时进一步加快低碳制造技术的研究开发，走出高碳行业低碳发展的新路子，使绿色经济、低碳经济成为新的发展方式、新的效益增长点和竞争力。这期间，太钢与美国哈斯科公司合资成立的太钢哈斯科科技有限公司揭牌，全球最大钢渣综合利用项目在太原奠基，主要建设 100 万吨不锈钢尾渣湿选处理、50 万吨不锈钢尾渣干燥与肥料制造、30 万吨碳钢尾渣破碎与超细粉、35 万吨钢渣路基材料、10 万吨炼钢辅料等五条生产线，形成不锈钢废钢、钢渣肥料、水泥熟料掺和料、钢渣路基料、钢渣超细粉、炼钢辅料六大系列产品。宝钢、太钢等企业成为中国钢铁企业绿色发展标杆企业。这一时期，不锈钢企业更加注重节能环保循环经济，推进绿色发展，通过实施焦炉干熄焦发电、焦炉煤气脱硫制酸、烧结烟气脱硫脱硝制酸、高炉干法除尘、高炉煤气联合循环发电、高炉余压发电、饱和蒸汽发电、膜法水处理、不锈冷轧废混酸再生、钢渣处理等一大批具有国际领先水平的节能减排和循环经济项目,推动不锈钢行业绿色发展跃上新水平,一批不锈钢企业初步建成冶金行业节能减排和循环经济示范工厂。太钢先后成功实施了不锈钢钢渣处理、不锈钢废酸再生利用、不锈钢除尘灰资源化等一批具有国际一流水平的项目,节能环保主要指标居行业领先水平,荣获"中国钢铁工业清洁生产环境友好企业""全国绿化模范单位""山西省节能突出贡献企业"等荣誉。太钢等一批不锈钢企业建成了花园式工厂,并面向社会公众开放,积极为广大市民搭建沟通、交流的平台,使社会公众更好地感受钢铁企业绿色发展成果,实现钢厂与城市和社会的共生共融、和谐发展。这一时期,民营不锈钢企业绿色发展也取得明显成效。如浙江松阳工业园区作为以中小企业为主的不锈钢管产业基地,在行业内引导企业开展了生产废水集中处理系统、退火炉"煤改气"工程、酸洗池架空改造、酸雾治理、退火油烟治理等综合整治行动,有效带动了松阳基地内不锈钢管企业的转型升级和可持续发展,走出了一条因地制宜的不锈钢管绿色发展之路,为不锈钢管绿色制造提供了科学、可行的"松阳模式"。

二、"十三五"时期我国不锈钢的发展

"十三五"时期,面对错综复杂的国际形势、艰巨繁重的国内改革发展稳定任务,特别是新冠肺炎疫情严重冲击,以习近平同志为核心的党中央团结带领全党全国各族人民砥砺前行、开拓创新,奋发有为推进党和国家各项事业,胜利完成了"十三五"规划目标任务,交出一份人民满意、世界瞩目、可以载入史册的答卷。我国经济社会发展取得新的历史性成就,经济实力、科技实力、综合国力和人民生活水平跃上新的大台阶,决胜全面建成小康社会取得决定性成就,中华民族伟大复兴向前迈出了新的一大步。"十三五"时期也是我国工业高质量发展的新阶段。适应新的形势和要求,不锈钢行业和企业贯彻落实新发展理念,加快转变发展方式,加大结构调整和优化升级力度,大力推进创新发展、绿色发展,不锈钢行业发展呈现出良好局面,为中国钢铁工业做强做优做大发挥着重要作用。

国家加大淘汰落后、化解产能过剩工作力度,推动不锈钢产业走上可持续发展道路。随着不锈钢需求的快速增长,在一些地方出现了不锈钢盲目扩张、无序发展的现象。国家对一些地方违规建设不锈钢项目的情况进行通报,封存和拆除落后的不锈钢生产装备,关停了一批环保不达标的重污染不锈钢企业、工序和违反国家产业政策的工频炉、中频炉,我国压减不锈钢落后产能、淘汰不锈钢落后企业的工作取得新的进展。这期间,为配合国家钢铁去产能、打击"地条钢"有关工作,中国钢铁工业协会、中国金属学会、中国铸造协会、中国特钢企业协会、中国特钢企业协会不锈钢分会会同相关单位专家,认真研究提出了"关于支持打击'地条钢'、界定工频和中频感应炉使用范围的意见"。这些重要举措,为我国不锈钢产业高质量发展创造了良好环境,提供了重要支持。

我国不锈钢企业一批新项目加快建设并陆续建成投产。太钢采用世界先进的工艺技术和装备,实施了不锈钢棒线材生产线智能化升级改造项目并建成投产,全面提升了太钢不锈钢棒线材的产品质量和生产效率;采用先进智能控制及集控操作技术,开始建设年产特

色精品中厚板 70 万吨的全球品种规格最全、质量最优的不锈钢中厚板生产线。这期间，宝钢不锈加快推动结构调整、转型升级步伐。2018 年 6 月，宝钢不锈上海生产线全线关停，宝钢德盛不锈钢生产基地正式进入实施阶段。2018 年 11 月，宝钢德盛冷轧黑卷轧制退火酸洗工程（HRAPL 机组）成功轧制第一卷黑皮卷。2020 年 9 月 28 日，1780 毫米热轧成功热负荷试车，2020 年 12 月 22 日，宝钢德盛 1600HAPL 机组热负荷试车成功，标志着宝钢德盛精品不锈钢绿色产业基地建设取得关键性进展。宝钢德盛以福建省大力支持罗源湾钢铁产业发展为契机，积极践行精品、绿色、智慧发展理念，致力于做好宝钢德盛精品不锈钢绿色产业基地项目建设，依托现有产线，新建 360 平方米烧结机、2500 立方米高炉、1780 毫米热轧、1600 毫米酸洗及公辅配套设施项目，总投资约 136 亿元，项目投产后，宝钢德盛将形成年产钢铁 470 万吨能力，产品覆盖 200 系列、300 系列、400 系列不锈钢及优特钢等品种。这期间，宁波宝新进一步立足高端精品，加快拓展不锈钢市场，延伸不锈钢产业链，打造国内一流的不锈钢冷轧企业，扩大冷轧产品的覆盖面和竞争力，年产 3 万吨汽车用钢项目建成投产。这期间，2017 年 7 月，酒钢开工建设年产 40 万吨的铬钢酸洗生产线，产品定位于铁素体和马氏体不锈钢，2019 年 1 月建成投产，为酒钢不锈钢产品结构升级和拓展 400 系不锈钢市场打下了基础。之后，酒钢先后成功开发出 SUS444、J442D、SUS445J1/J2 等高牌号超纯铁素体不锈钢，2101、2507 双相不锈钢，316Li 高纯净手机用不锈钢，J430KJ 抗菌铁素体不锈钢，904L、254 超级奥氏体不锈钢。2018 年，酒钢在稳定生产 20Cr13HN、30Cr13、40Cr13 等马氏体不锈钢的基础上，成功开发高端刀具用 50Cr15MoV、高端剃须刀用 60Cr13 的高碳马氏体不锈钢，成为国内首家通过连铸机生产此类钢种宽幅铸坯的不锈钢企业。目前，酒钢已经成为拥有从炼钢、热轧到冷轧完整配套的全流程不锈钢生产企业，具有年产 120 万吨不锈钢板坯、100 万吨不锈钢热轧黑卷、95 万吨不锈钢热轧和冷轧酸洗产品（其中冷轧酸洗产品生产能力为 70 万吨）及 15 万吨不锈钢中厚板产品的生产规模，形成普通奥氏体系列、耐热奥氏体系列、超级奥氏体系列、普通铁素体系列、超纯铁素体系列、马氏体系列、双相不锈钢系列、有色金属带材（钛板、锆板、镍板）加工等 8 大板块，生产钢种牌号超过 70 多个，成为我国西北地区最大的不锈钢生产企业和国内重要的高精尖不锈钢产品生产基地之一。"十四五"期间，酒钢将加大不锈钢产品结构调整步伐和新品开发力度，新品年产量在"十三五"基础上翻一番以上，达到 30 万吨，逐步解决中厚板生产与质量的限制环节，中厚板产能稳定在 15 万吨以上。这一时期，柳钢集团并购中金公司，开始进入不锈钢领域，柳钢中金不锈钢基地（一期）——镍铁冶炼不锈钢项目和 70 万吨不锈钢冷轧项目一期工程先后建成投产。同时，柳钢中金龙潭产业园高端不锈钢深加工产业基地开工建设。

我国不锈钢企业产品研发力度不断加大，产品实物质量显著提高，一大批不锈钢高端和特色产品批量进入国际高端市场，产品的知名度和品牌影响力迅速提高。2016 年年初，李克强总理发出"圆珠笔头之问"，引起业内强烈反响。太钢进一步加强研发力量，加快研发速度，对笔头用不锈钢材料工艺技术在大生产条件下的应用展开新一轮攻关。2016 年 9 月，太钢成功生产出第一批切削性好的直径 2.3 毫米的不锈钢钢丝材料，产品质量与国外产品相当，标志着我国笔头用不锈钢材料的自主化迈出了关键的一步，对于有效打破国外长期垄断、促进钢铁行业的提质增效和结构优化升级具有重大意义。由太钢牵头起草的我国第一部《笔头用易切削不锈钢丝》行业标准，通过全国钢标委审核认定，填补了我国该类产品标准的空白。之后，太钢研制成功新一代环保型笔头用不锈钢材料，顺利通过测试，并已申报 3 项国家专利。太钢"笔尖钢"产品入选"伟大的变革——庆祝改革开放40 周年大型展览"。与此同时，青山也相继研发生产成功笔尖钢。

这期间，太钢着手开展宽幅超薄精密不锈钢带钢联合攻关，先后历经 700 多次的试验失败，攻克 170 多个设备难题、450 多个工艺难题，实现了一系列关键工艺和生产制造技术的重大突破，成功生产出厚度 0.02 毫米、宽度 600 毫米的不锈钢精密带材（公众称之为"手撕钢"），产品实物质量达到国际领先水平，太钢成为全球唯一可批量生产宽幅超薄不锈钢精密带钢的企业。之后，太钢再次突破一系列工艺技术难关，轧制出 0.015 毫米的"手撕钢"。目前，该项目已经拥有国家专利 44 项，其中发明专利 13 项，起草并颁布行业标准 2 项。"宽幅超薄不锈精密带钢工艺技术及系列产品开发"项目先后获全国冶金科学技术奖特等奖和中国工业大奖。这一时期，太钢自主研发生产的不锈钢挤压件产品顺利通过验收，成为继核聚变铜+不锈钢复合板产品之后，又一个应用于国际热核聚变实验反应堆计划 ITER（俗称"人造太阳"）的系列产品。太钢超纯铁素体不锈钢 445J2 成功应用于目前世界铺设面积最大的不锈钢金属屋面工程——青岛胶东国际机场一期 22 万平方米的屋面工程，双相不锈钢材料成功应用于世界在建最大吨位——49000 吨级化学品船制造，高纯净不锈钢材料打造的世界最大直径、最重的无焊缝整体不锈钢环形锻件研制成功，用于制作我国首个第四代钠冷快堆（快中子反应堆）示范堆核心部件支撑环。由太钢主持起草的 2015 版《不锈钢热轧钢板和钢带》（GB/T 4237—2015）、《耐热钢钢板和钢带》（GB/T 4238—2015）、《不锈钢冷轧钢板和钢带》（GB/T 3280—2015）三项国家标准正式实施。这期间，随着德盛公司加入宝钢大家庭，充分利用德盛公司生产节镍不锈钢的成本优势，快速突破技术难关，成功开发 400 系铁素体产品、低碳奥氏体产品；发挥宝钢德盛公司冶炼、宝钢不锈钢公司热轧、宁波宝新再冷轧的高效协同效应，进一步实现了成本最低、性能最佳。宝钢德盛紧跟国内外不锈钢技术发展动向，加强对新产品、新工艺、新技术的前瞻性研发和应用，开发出了具有低碳、节能、环保、美观等特点的绿色不锈钢产品，如高氮不锈钢 BN2R、马氏体不锈钢系列、双相不锈钢、抗菌不锈钢以及新一代汽车用高强钢 BFS 系列产品，产品由最初单一的铬-锰系奥氏体不锈钢，逐渐实现不锈钢各系列产品全覆盖。进入"十四五"，宝钢德盛确立了创建一流不锈钢精品智造基地的发展目标，实现生产超低排放，不锈钢绿色、精品、成本、智造全方位领先，不锈钢综合竞争力稳居世界一流地位。这期间，宝钢发挥了宝钢 5 米厚板机组的优势，为山东核电工程提供了全球宽度（成品宽度 3570 毫米）最大的经济型双相不锈钢 S32101 用于核电安全模块的设备制造。宝钢特钢成功通过法国 GTT 公司对 LNG（液化天然气）船用殷瓦合金的认证，成为目前世界上第二家可供应薄膜型 LNG 船用殷瓦合金的合格供应商。宁波宝新推出国内首创抗菌不锈钢产品，主要应用于家电产品；推出国内领先的核电产品，主要应用于核电换热器。宁波宝新继成功生产 0.049 毫米宽幅超薄精密不锈带钢后，又成功量产 1 米宽幅、0.03 毫米厚度的"手撕钢"，成为目前全球同等厚度中宽幅最大的"手撕钢"产品。

这期间，抚顺特钢成功研制出国内最大尺寸核电用耐蚀镍基高温合金 GH3535 环件和国内最大尺寸扁钢；成功研制出国内最大尺寸宽厚板，产品用于我国第四代核电钍基熔盐堆制造。这期间，首钢吉泰安新材料公司研制的"圆珠笔头用超易切削不锈钢材料"通过由中国制笔协会、中国钢研集团和北京金属学会组成的专家组鉴定。中兴能源装备有限公司成功产出 0.2 毫米厚超薄壁不锈钢无缝管，标志着不锈钢无缝管领域生产制造技术达到了一个新水平。之后，中兴能源装备有限公司成功出产低成本可量产的 0.1 毫米级超薄壁不锈钢无缝管，工艺流程缩短 50%，能耗大幅降低、生产过程无须涂油去油，绿色环保，应用于换热器管、民用不锈钢水管、输气管等领域。

我国不锈钢企业坚持创新驱动发展战略，取得一批重大科技成果。镍铁是生产不锈钢的重要原料，我国红土镍矿资源严重短缺，镍铁生产原料几乎全部依赖进口，导致我国镍铁生产成本高、国际竞争力差，现有的镍铁生产工艺镍资源利用率低、冶炼能耗高、成本高、渣量大，废弃渣利用难度大。针对上述突出问题，中南大学、广东广青金属科技有限公司、宝钢德盛不锈钢有限公司历时十余年系统研究和技术攻关，发明了红土镍矿选择性固态还原—磁选制备镍铁新工艺，实现了镍铁的高效、低耗、低成本生产，扩大了可利用的资源范围；开发出红土镍矿还原熔炼的渣系优化调控新技术，革新了现有高温熔炼镍铁生产工艺，显著降低冶炼温度和生产能耗；开发出镍铁渣制备镁橄榄石型耐火材料新方法，实现镍铁渣的高效增值利用。该项目从镍铁制备新工艺开发、现有工艺技术革新、镍铁渣增值利用等方面，对镍铁生产进行了全面的技术创新，为缓解我国镍矿资源严重短缺局面，促进我国不锈钢产业绿色、可持续发展，提供了技术支撑，提升了我国镍铁生产的整体科技水平，显著推动了行业进步。"红土镍矿冶炼镍铁及冶炼渣增值利用关键技术与应用"课题获国家科技进步奖二等奖。

电渣重熔是生产高端特殊钢的主要手段，其产品应用于高端装备制造领域。传统电渣重熔技术存在耗能高、氟污染重、效率低、产品质量差等问题，大单重厚板和百吨级电渣锭无法满足高端装备的需求，严重制约我国重大工程和重大装备的建设。这一时期，东北大学、宝武特种冶金有限公司、舞阳钢铁有限责任公司、辽宁科技大学、通裕重工股份有限公司、中钢集团邢台机械轧辊有限公司、大冶特殊钢股份有限公司、江阴兴澄特种钢铁有限公司、邢台钢铁有限责任公司、沈阳华盛冶金技术与装备有限责任公司开展联合攻关，突破传统的电渣重熔概念，构建了全参数过程稳定的洁净化理论及超快冷和最佳熔速下的浅平熔池均质化控制理论，研发了多项关键技术和装备，技术和产品优于同类进口产品水平，成功应用于世界最大单机容量的乌东德、白鹤滩水电站等百万千瓦巨型水轮发电机组和 C919 大飞机用 8 万吨模锻压机支座，护环锻件用于制造 600～1000 兆瓦以上大容量发电机护环，打破了国外垄断，制备出世界首套 AP1000 核电主管道用百吨级钢锭，填补了国际空白，满足了我国大飞机、第三代核电、超超临界火电、超大型水电和大型风电等对"卡脖子"高端材料的急需。"高品质特殊钢绿色高效电渣重熔关键技术的开发和应用"课题获国家科技进步奖。

同一时期，太原钢铁（集团）有限公司、山西太钢不锈钢精密带钢有限公司、山西太钢不锈钢股份有限公司、太原理工大学、燕山大学、山西省产品质量监督检验研究院共同研发的"宽幅超薄精密不锈带钢工艺技术及系列产品开发"项目获冶金科学技术奖特等奖。太原钢铁（集团）有限公司、山西太钢不锈钢钢管有限公司、山西太钢不锈钢股份有限公司研发的"核电用不锈钢异型材生产工艺技术开发"项目，太原钢铁（集团）有限公司、山西太钢不锈钢股份有限公司研发的"黑色冶金过程废水资源化循环利用技术及应用"项目，太原钢铁（集团）有限公司、北京科技大学、山西太钢不锈钢股份有限公司研发的"超纯净不锈钢脱氧及夹杂物控制关键技术开发与应用"项目，太原钢铁（集团）有限公司、山西太钢不锈钢股份有限公司、山西太钢工程技术有限公司、中国二十冶集团有限公司、中冶天工集团有限公司研发的"不锈钢冷轧带钢全连续生产线技术集成与创新"项目，东北大学、宝钢特钢有限公司、舞阳钢铁有限责任公司、辽宁科技大学、中钢集团邢台机械轧辊有限公司、通裕重工股份有限公司、大冶特殊钢股份有限公司、江阴兴澄特种钢铁有限公司、邢台钢铁有限责任公司、沈阳华盛冶金技术与装备有限责任公司研发的"高品质特殊钢绿色高效电渣重熔关键技术的开发和应用"项目，山西太钢不锈钢股份有限公司、钢铁研究总院、东北大学、太原钢铁（集团）有限公司研发的"高品质双相不锈钢系列板材关键制备技术开发及应用"项目，江苏武进不锈股份有限公司、太原重工股份有限公司、中冶京诚工程技术有限公司研发的"大口径高性能不锈钢无缝管冷轧生产技术与成套装备的研发及应用"项目，宝武特种冶金有限公司、钢铁研究总院、宝山钢铁股份有限公司、宝钢特钢有限公司研发的"先进核能核岛关键装备用耐蚀合金系列产品自主开发及工程应用"项目，中冶南方工程技术有限公司、福建鼎信科技有限公司研发的"高效低耗安全不锈钢混酸废液资源化再生利用关键技术及装备"项目，钢铁研究总院、江苏武进不锈股份有限公司、山西太钢不锈钢股份有限公司研发的"高端装备用双相不锈钢无缝钢管系列关键工艺技术开发及工程应用"项目，太原钢铁（集团）有限公司、东北大学、山西太钢不锈钢股份有限公司研发的"特殊高合金钢品种冶炼及连铸关键技术开发与应用"项目获冶金科学技术奖。其间，由宝钢不锈、泛亚汽车技术中心有限公司、上海天纳克排气系统有限公司共同发起的汽车用不锈钢联合实验室正式揭牌。由太钢、宝钢特钢、钢铁研究总院、北京科技大学、东北大学、中科院金属所、中国一重、浙江久立等14家国内行业领先的知名企业、大学及科研院所参加并联合实施的"十三五"国家重点研发计划"高强高耐蚀不锈钢及应用"项目正式启动。久立特材、永兴特钢及两者的合资公司湖州久立永兴特种合金材料有限公司，与钢铁研究总院签署联合成立特种不锈钢及合金材料技术创新中心协议，推进创新发展。永兴特钢技术中心被确认为第23批国家企业技术中心，久立科技股份有限公司入选工信部公布的《国家技术创新示范企业名单》。这一时期，太钢生产的06Cr19Ni10、022Cr19Ni10、022Cr17Ni12Mo2不锈钢热轧中厚板，攀钢集团江油长城特殊钢有限公司生产的不锈钢热轧棒材（材质12Cr13、40Cr13、20Cr13、30Cr13）、江苏武进不锈股份有限公司生产的锅炉、过热器和换热器用TP347H奥氏体不锈钢无缝钢管被认定为冶金产品实物质量"金杯奖"。东北特钢的304HCA不锈钢盘条、2Cr12MoV汽轮机叶片用扁钢、30Cr13不锈钢棒材等8项产品，武进不锈的TP304L锅炉、热交换器用不锈钢无缝钢与TP321锅炉、热交换器用不锈钢无缝钢管，山东泰山钢铁06Cr13不锈钢热轧钢板和钢带，太钢304奥氏体不锈钢冷轧钢板和钢带、SUS430铁素体不锈钢冷轧钢板和钢带、3Cr13 不锈钢盘等产品获冶金产品实物质量"金杯优质产品"，其中太钢 10Cr17（SUS430）铁素体不锈钢冷轧钢板和钢带获"特优质量产品"。北特钢 430FR1 软磁用不锈钢盘条，攀长特 20Cr13、30Cr1 不锈钢热轧钢棒，太钢 06Cr19Ni10、022Cr19Ni10、022Cr17Ni12Mo2 不锈钢热轧中板，邢钢 0Cr1 铁素体不锈钢盘条、06Cr13、12Cr13、20Cr13、Y12Cr13 马氏体不锈钢盘条获冶金产品实物质量品牌培育"金杯优质产品"。太钢双相不锈钢无缝钢管，酒钢宏兴 2205 双相不锈钢冷热轧酸洗板带、不锈钢冷轧酸洗板带 SUS304、SUS430 等 6 项产品获"冶金行业品质卓越产品"。宝钢不锈钢有限公司超纯铁素体不锈钢产品、山西太钢不锈钢股份有限公司高碳马氏体不锈钢卷板获中国钢铁工业产品开发市场开拓奖。

不锈钢行业和企业的联合重组取得重大突破。2020 年 8 月 21 日，中国宝武与山西省国有资本运营有限公司签署太钢集团股权划转协议，山西国资运营公司将太钢集团 51% 股权无偿划转给中国宝武。2020 年 12 月 23 日，太钢集团完成了 51% 股权工商变更登记，控股股东变更为中国宝武，中国宝武与太钢集团联合重组进入实质性运作阶段。随后，太钢集团托管宝钢德盛和宁波宝新。四川罡宸不锈钢公司重组西南不锈钢公司，新增投资进行原有设备检修和对生产线进行改造提升。

张家港浦项不锈钢有限公司 2 台 VOD 建成投产；继通过法国、德国/挪威、英国、美国、日本、韩国、中国 7 家船级社普通钢认证之后，S31254、S32750 超级不锈钢通过法国、德国挪威船级社的认证。张家港浦项不锈钢有限公司更名为浦项（张家港）不锈钢股份有限公司，开启了新的发展阶段。宁波宝新进一步立足高端精品，加快拓展不锈钢市场，延伸不锈钢产业链，打造国内一流的不锈钢冷轧企业，扩大冷轧产品的覆盖面和竞争力。宁波宝新年产 3 万吨汽车用钢项目建成投产；新推出国内首创抗菌不锈钢产品，应用于家电产品；推出国内领先的核电产品，应用于核电换热器。

我国民营不锈钢企业实施一批项目，实现了快速发展。福建甬金金属科技有限公司年产 50 万吨冷轧不锈钢带工程、内蒙古上泰实业有限公司年产 100 万吨不锈钢项目、广东化州市海利集团旗下的江西海利科技有限公司不锈钢制管生产项目、广西中金金属科技股份有限公司年产 120 万吨不锈钢热轧加工生产线、永兴特钢棒线材生产线、诚德 1450 毫米宽板六连轧冷轧生产线、山东盛阳 1700 毫米不锈钢热轧生产线、山东宏旺连轧冷轧不锈钢生产线及冷酸线、山东泰嘉年产 30 万吨冷轧退火酸洗线等先后建成投产。

这期间，青山实业位于印度尼西亚中苏拉威西摩洛哇丽青山工业园二期年产 6 万吨镍冶炼 RKEF 和 2×150 兆瓦发电厂 4 月投产。2017 年，青山印度尼西亚中苏拉威西摩洛哇丽工业园一批项目投产；三期年产 6 万吨镍冶炼厂和 2×350 兆瓦发电厂投产；四期第一阶段年产 60 万吨铬冶炼厂投产；二期年产 100 万吨不锈钢和 300 万吨热轧卷工厂投产。2017 年 12 月 6 日，福建青拓上克不锈钢有限公司光亮退火生产线实现正式投产，至此完成了全部产线的迁建投产工作。2018 年 6 月 20 日，印度尼西亚青山三期年产 100 万吨不锈钢炼钢项目投产。该项目是全球首创"原料制备+电力生产+冶炼+轧制"一体化高效低成本生产线。至此印度尼西亚青山年产 300 万吨不锈钢炼钢产能全部建成投产。福建青拓实业股份二期炼钢部连铸车间出坯，标志着青拓实业股份年产 90 万吨铁素体不锈钢新项目顺利投产。2018年，青山印度尼西亚工业园五期年产5000吨高炉镍铁项目投产。2019年7月，由中冶集团中冶南方EPC总包、中国一冶负责实施的青山实业印度Chromeni（克罗美尼）不锈钢冷轧一期工程十八辊五机架轧制退火酸洗机组热试成功，标志着世界最大直接轧制退火酸洗机组（DRAPL）全线投产。2020年2月3日，象屿印度尼西亚250万吨不锈钢一体化冶炼项目钢厂热试圆满成功，炼出第一炉钢水。2020年8月10日《财富》官方APP与全球同步发布了最新的《财富》世界500强排行榜，青山控股集团以2019年度销售收入380.12亿美元（约2647.54亿元），排名从2018年的世界361位提升至2019年的329位，上升32位。2017年，美国阿勒根尼技术公司（ATI）11月2日宣布，已与中国青山实业旗下公司达成了组建一个各持股50%的创新性合资公司的最终协议。2020年12月，福建甬金签订收购青拓上克100%股权的正式协议，福建甬金收购上海克虏伯不锈钢有限公司持有的福建青拓上克不锈钢有限公司40%股权、青拓集团有限公司持有的福建青拓上克不锈钢有限公司60%的股权，福建青拓上克不锈钢有限公司成为福建甬金的二级子公司。

不锈钢企业推进全过程绿色发展，行业节能环保循环经济取得新成效。由宝钢工程技术集团宝钢节能向东方特钢提供拥有自主知识产权的世界首套滚筒法不锈钢渣处理装置，解决了长期困扰行业的不锈钢渣处理环保难题，为进一步深入探索循环经济闯出了一条新路。山西太钢不锈钢股份有限公司、山东泰山钢铁集团有限公司成为全国首批绿色工厂。中冶南方开发的国内首台（套）不锈钢混酸废液喷雾焙烧法再生新工艺中试项目通过考核验收，工艺指标均达到国际领先水平，填补了国内不锈钢混酸再生装备制造技术领域的空白。太钢成功入选国家工信部公布工业产品绿色设计示范企业第一批名单。酒钢集团宏兴钢铁股份有限公司入选工信部公布第二批绿色制造国家级绿色工厂名单。太钢"含铬镍固废资源综合利用技术开发与应用"项目获冶金科学技术奖。这一时期，绿色循环发展向不锈钢产业链拓展，电炉炼钢为主体的短流程不锈钢冶炼及加工产业受到政策鼓励，形成了梧州市长洲区不锈钢制品园、许昌市长葛市大周镇等不锈钢循环经济发展新模式。浙江松阳县不锈钢管产业基地率先在全县范围内推动绿色生态发展之路，引导不锈钢管企业开展全方位节能环保改进措施，如研发酸液冲洗自动化生产工艺，酸洗槽、漂洗槽采用"密闭架空一体化"技术，废酸再生尾气净化系统，酸雾收集及净化系统，油烟及挥发性有机物统一收集净化系统等，在不锈钢管行业内起到示范作用。

不锈钢产业链建设继续深化。山东省政府发布《山东省关于新材料产业规划（2018—2025）》，明确指出，着力打造日-临沿海先进钢铁制造产业基地、莱-泰内陆精品钢生产基地，加快建设日照先进钢铁制造产业集群、临沂临港高端不锈钢与先进特钢制造产业集群、莱芜精品钢和400系不锈钢产业集群、泰安特种建筑用钢产业集群。2007年在山东莒南经济开发区成立的山东鑫海科技公司积极开发海外镍资源，利用临港不锈钢产业园电力资源充沛、近海临港的优势，进口国外丰富的红土镍矿资源，采用目前国际非常成熟的生产工艺（RKEF工艺），具有良好的经济效益和社会效益，现已形成年产180万吨高镍合金生产能力，高镍合金产品占全国市场份额的30%。戴南不锈钢行业协会、浙江松阳不锈钢行业协会、山东省不锈钢行业协会、海南不锈钢行业协会、广西不锈钢协会成立。江苏武进不锈股份有限公司在上海证券交易所主板正式上市，从事精密冷轧不锈钢板带和宽幅冷轧不锈钢板带生产的浙江甬金金属科技股份有限公司正式在上海证券交易所上市交易。大明金属科技有限公司扬州分公司和嘉兴加工服务中心成立，大明已在中国制造业发达的地区设立了无锡总部、武汉、杭州、天津、太原、淄博、靖江、泰安、无锡前洲和嘉兴10个加工服务中心。

不锈钢市场化进程进一步加快。2019年9月25日，全球首个不锈钢期货在上海期货交易所正式挂牌上市，完善了钢铁期货品种序列，为产业链企业提供公开、连续、透明的价格信号和高效的风险管理工具，对于增强不锈钢行业全球定价影响力有重要意义。不锈钢期货在现有行业标准的基础上，结合企业和市场实际，创新制定了统一、可量化的表面质量和包装的技术要求，弥补了行业标准中缺少公开的可执行表面质量和包装技术要求，有利于减少质量纠纷，促进行业技术升级，促进金属行业高质量发展，服务国家发展战略和资源优化配置。不锈钢期货的全球首发上市，弥补了国际缺少特钢类金融衍生工具的空白，与全球成交排名居前的螺纹钢、热轧卷板期货等钢材系列品种形成互补，进一步强化了"中国价格"在全球黑色金属市场的价格影响力，用衍生品协助全球客户管理风险和资产配置。不锈钢期货上市以来运行平稳，实物交割顺畅，各类市场参与者稳步增加，各业务环节运作衔接顺畅，期货功能逐步显现，为服务实体经济奠定了坚实基础，逐渐成为相关企业日常经营管理的重要工具。

我国不锈钢行业积极应对国际贸易摩擦，着力拓展国际市场。太钢等不锈钢企业积极主动应对国际贸易摩擦，在多个国家争取到了零税率或最低税率政策，行业反倾销工作取得新成果。太钢成为中国贸促会设立的不锈钢经贸摩擦预警点。国内不锈钢企业加快融入"一带一路"建设，加强对中东、南美、俄罗斯和东南亚等"一带一路"沿线国家的市场开发，为沿线国家提供优质钢材，助力当地基础设施建设，提升我国不锈钢产品的国际竞争力和中国品牌影响力。

佛山乐从钢铁市场不锈钢新城建成招商，由此确定了澜石、金锠、力源、乐从新城构成的佛山不锈钢市场集群，陈村、小塘、狮山等佛山不锈钢加工集群，以及周边的四会、高要等肇庆不锈钢加工新聚合，云浮市新兴县不锈钢餐厨制品集群。同时，无锡硕放不锈钢物流市场、新南方不锈钢市场、成都泰昌工业园、青白江不锈钢加工区、乐山沙湾不锈钢产业园，潍坊市临朐不锈钢焊管产业区，南昌市安义县不锈钢管产业园，连云港不锈钢产业片区，太原尖草坪不锈钢产业园，武汉吉人不锈钢市场等地不锈钢加工为主的产业园蓬勃发展。

钢铁和不锈钢行业组织发挥指导和引导作用，积极搭建平台，有力推动了不锈钢行业的高质量发展。中国钢铁工业协会发布了《铬-锰-镍-氮系奥氏体不锈钢热轧钢板和钢带》（T/CISA 045—2020）、《铬-锰-镍-氮系奥氏体不锈钢冷轧钢板和钢带》（T/CISA 046—2020）两项团体标准。这两项标准由中国钢铁工业协会和冶金工业信息标准研究院主导，青拓集团、太钢、宝钢等16家单位联合起草并正式实施。中国特钢企业协会不锈钢分会开展了对不锈钢行业和企业的市场调研与产业发展指导，先后主办或参与承办了上海国际冶金工业展览会、中国国际不锈钢工业展览会、发展绿色建筑和不锈钢应用专题论坛、商务车排气系统用超纯铁素体不锈钢应用技术研讨会、中国不锈钢产业高端论坛、中国国际400系不锈钢会议、中国国际双相不锈钢大会、中国不锈钢期货座谈会、电梯用高品质铁素体不锈钢应用技术研讨会、国家食品工业用不锈钢论坛年会、中国超级奥氏体不锈钢及镍基合金国际研讨会、机场等大型建筑屋面用超纯铁素体不锈钢应用技术圆桌会议、不锈钢及原料市场国际高峰论坛、"不锈钢在建筑与幕墙中的应用"研讨会（深圳站）、钼与钢国际论坛、中国不锈钢产业发展高端论坛、超级奥氏体不锈钢及镍基合金国际研讨会、中国不锈钢管高端论坛。随着国际交流合作的不断深化，我国不锈钢的国际化程度显著提高，国际影响力和竞争力显著提高。

抚今追昔，我国不锈钢产业经历了从小到大、从弱到强的不平凡发展历程，经过几代中国不锈钢人的不懈奋斗，实现了生产企业的规模化，生产装备的大型化和现代化，工艺技术发生重大变革，品种质量达到世界一流水平，由跟跑、并跑跨越到了领跑；成为我国钢铁行业中最具国际竞争力的产业之一，是我国钢铁工业和我国社会发展进步的缩影。在长期的奋斗中，我国不锈钢战线上的广大科研人员和干部职工坚持自主创新，顽强拼搏进取，努力为国争光，一批批高精尖特不锈钢产品的不断推出和走向市场，打破了国外在不锈钢关键工艺技术和重点产品上的垄断，在满足我国国民经济关键领域和重大工程需求的同时，大踏步走向世界，成为中国制造的一张亮丽名片。

第二章　中国不锈钢发展环境和趋势

伴随着我国经济的长期稳定快速发展，在国家产业政策的牵引推动下，在各类市场主体的砥砺奋进下，历经多年发展，特别是 21 世纪以来的快速成长，中国不锈钢产业取得了举世瞩目的巨大成就，为我国国民经济和社会发展作出了积极贡献，推动中国实现了由世界不锈钢消费大国向不锈钢制造强国的重大转变。当今世界正处于百年未有之大变局，中国正处于实现中华民族伟大复兴关键时期，中国经济发展进入了新时代，由高速增长转向高质量发展阶段。立足新发展阶段，贯彻新发展理念，构建新发展格局，推动高质量发展，在危机中育先机、于变局中开新局，成为时代的新要求。在这样的时代背景下，深刻认识把握中国不锈钢产业的发展趋势，切实增强建设不锈钢强国的信心和责任感、使命感，加快转变发展方式，调整优化产业结构，转换发展动力，推动不锈钢产业和企业在品种、质量、效率等方面的新提升，加快构建起与新时代高质量发展相适应的不锈钢现代产业体系，切实为全球消费者提供优质的不锈钢产品，推动中国成为名副其实的全球不锈钢产业的中心和风向标，在不锈钢品种质量、技术进步、应用拓展方面，特别是在绿色低碳可持续发展方面引领全球不锈钢产业发展，是中国不锈钢产业发展的主旋律，是我国不锈钢行业和企业的共同责任、使命和担当。

第一节　中国不锈钢发展环境

当前，国际经济形势和环境错综复杂，特别是新冠肺炎疫情在全球蔓延，给世界经济带来严峻挑战，推动世界经济格局发生着深刻的巨大变化。疫情对国内外不锈钢产业、企业和下游行业、广大消费者都产生着重大影响，全球钢铁行业包括不锈钢产业进入了深度调整期和转型发展期，中国不锈钢产业发展正处在一个关键时期。党和国家作出了"逐步形成以国内大循环为主体、国内国际双循环相互促进的新发展格局"重大战略决策，并为此出台和采取一系列政策措施，推动中国制造业走向全球产业链、价值链的中高端，实现高质量发展。中国经济稳中向好、长期向好，这一基本趋势不会改变，钢铁行业和不锈钢行业将进入了一个新的快速发展的时期。总结历史发展经验，登高望远，深刻认识和准确把握我国不锈钢产业发展面临的国际国内环境，做到未雨绸缪，积极主动应对各种风险与挑战，对于确保不锈钢产业持续健康发展意义重大。

一、全球产业格局深度调整，中国始终是全球不锈钢产业发展的中心

规模和市场容量是产业影响力和控制力的重要内容。当前，全球产业格局正在深度调整，中国已经成为全球不锈钢产业发展中心，是全球最大、最具成长性的市场，未来有望

继续保持强劲发展态势。

从不锈钢生产规模的发展历程看，改革开放前，我国不锈钢产业生产规模小，布局分散，国内生产能力严重不足。一直到20世纪后半期，中国不锈钢粗钢产量一直徘徊在20万~30万吨，不锈钢长期严重依赖进口，一段时期内为世界上最大的不锈钢进口国。2001年，中国不锈钢产量仅为73万吨，仅占全球不锈钢产量的3.8%。进入21世纪，得益于中国经济的持续中高速增长，中国不锈钢产量和消费量快速增长，2019年分别达到2940万吨和2405万吨。2020年以来，新冠肺炎疫情的蔓延给不锈钢行业的发展带来巨大挑战，不锈钢的生产消费受到较大影响，世界其他国家钢铁生产和需求下滑，不锈钢企业纷纷减产。2020年，全球不锈钢产量为5089.2万吨，同比下降了2.54%。与之形成鲜明对比的是，2020年中国不锈钢产量达到3014万吨，同比增长2.52%，全球占比进一步提升，达到59.2%，在全球不锈钢产业的影响力日益增大；不锈钢表观消费量达到2560.79万吨，同比增长6.5%。21世纪前20年，中国不锈钢年均复合增长率达到22%以上，保持了长周期的高速增长，全球占比连续多年保持在50%以上。

中国不锈钢的快速发展主要受益于中国经济的快速发展，受益于巨大的国内市场需求。未来，中国不锈钢的发展仍将依靠国内市场的拓展。2019年，中国不锈钢产量约占中国粗钢总产量的2.95%，与欧盟的4.27%仍有一定差距；人均不锈钢消费量为18千克，远低于韩国、意大利等国家人均25~45千克的消费水平，消费潜力巨大。基于中国经济的发展潜力和庞大的人口数量，未来中国仍将是全球最大不锈钢市场，预计2025年中国不锈钢表观消费量将超过3000万吨。在发达经济体不锈钢生产消费进入峰值期后，现在及未来全球不锈钢产业的发展动力主要来自中国，发展质量和水平也主要看中国，中国将持续引领世界不锈钢的发展。

从消费增长潜力来看，一方面来自中国对不锈钢消费的升级以及不锈钢优越的功能和替代性。不锈钢作为钢铁产品中性能优异的基础性、结构性、功能性、替代性材料，作为最具典型代表性的绿色钢铁材料，对国民经济各行各业产业结构的优化升级具有重要的推动作用，中高端不锈钢产品更能为制造业提供不可或缺的材料支撑。伴随着中国城市化、工业化进程的提速，国内各行各业结构调整、产业升级的深化，需要质量更高、品种更全的不锈钢，不锈钢应用领域在不断拓展、丰富，未来不锈钢消费结构将更加均衡、合理。以5G基站、大数据中心、城市轨道交通等为代表的"新基建"将需要大量高端不锈钢产品。中国能源和电力需求持续增加，火电发电机组的升级换代将进一步提升不锈钢的消费水平，环保装备市场需求旺盛，发展潜力较大；同时，随着脱贫攻坚取得全面胜利，我国全面建成小康社会，人民生活水平的不断提高，医药和食品机械的产量也将持续增长，从而带动不锈钢消费拓展和升级。

另一方面，目前，我国广大的农村对不锈钢的消费水平还不高，随着全面建成小康社会第一个百年目标的实现，随着振兴乡村战略的全面实施，农村市场潜力巨大。我国不锈钢品种的日益丰富、质量的不断提升，将有力推动我国广大农村地区对不锈钢产品的消费更新换代和升级，从而拉动不锈钢中高端产品的需求。

此外，经过长期发展，中国已形成了稳定的高质量不锈钢产品生产体系，不锈钢产品已经出口至全球 100 多个国家和地区，市场占有率不断提升。随着中国国内不锈钢企业的生产工艺和制造技术日趋成熟，企业管理水平的逐渐提升，不锈钢产业竞争力不断提升，不锈钢的品种质量日益跃上新台阶，将推动中国不锈钢出口规模迅速扩大。世界不锈钢发展的历史经验表明，不锈钢材消费增长率是 GDP 增长率的 1.5～2 倍。尽管全球经济受到新冠肺炎疫情的影响陷入困境，但未来世界经济将走出低谷，实现持续增长，从而推动全球不锈钢材消费量的持续增长。这当中，发达经济体不锈钢需求趋于饱和，而新兴国家和地区的经济发展将继续有力带动世界不锈钢产业的发展。随着国际经济贸易形势变化更加复杂，国际竞争格局不断发生新的演变，特别是随着亚洲贸易一体化、投资一体化进一步深入，广大发展中国家经济发展水平呈现群体性崛起，发展中国家不锈钢消费能力快速提升。另外，在发达经济体新技术和"再工业化"拉动作用下，传统不锈钢消费国家不锈钢消费量也将保持一定的市场空间。预计到 2025 年，全球不锈钢粗钢消费量将达到 6200 万吨；到 2030 年，全球不锈钢粗钢消费量将达到 6800 万吨。

综合来看，在中国经济高质量发展战略的驱动下，我国不锈钢表观消费量的增速将比普通钢材更快，在未来工业和民用领域不锈钢应用不断普及的大趋势下，不锈钢的消费仍将保持稳定增长，拥有巨大的发展空间。但我国不锈钢业也面临着新冠疫情全球蔓延、不锈钢关键资源保障能力不强、镍铬高度依赖进口、产业链和供应链随时面临不确定因素冲击等问题，同时，中国"碳达峰、碳中和"战略目标，对包括不锈钢行业在内的钢铁行业提出了新的更高要求。未来，国家相关产业政策将继续加大对不锈钢产业的支持力度，支持企业加强产业链建设，提升镍矿资源保障水平，继续加大中频炉生产不锈钢工艺的淘汰力度，促进不锈钢产业生产力布局优化和健康发展。同时，国家将在严格控制新增钢铁产能和产能置换的政策下，进一步细分行业、精准施策，对于高精尖特不锈钢品种的发展区别对待，不搞一刀切，将进一步提高进入不锈钢领域的工艺、技术、装备、产品、节能、环保的门槛，杜绝不锈钢项目低水平重复建设，防止不锈钢产能盲目扩张，支持以高端不锈钢品种为核心的项目建设，支持和鼓励企业延伸产业链生产高端不锈钢，以充分发挥一体化成本质量环保优势，打造具有国际竞争力的不锈钢产业集群，推动不锈钢产业高质量发展。

二、中国不锈钢产业发展面临着日益严峻的国际环境

近年来，中美贸易摩擦升级，国际贸易保护抬头。2016 年 2 月，美国开始对来自中国的不锈钢产品开展"双反"调查，之后，中美在不锈钢领域的贸易摩擦不断加剧。2017 年以来，美国先后对进口自中国的不锈钢板材、不锈钢带材、不锈钢法兰、不锈钢拉制水槽、不锈钢啤酒桶、不锈钢焊接压力管开展反倾销和反补贴立案调查，中国对美国的不锈钢出口受到严重阻碍。

中美贸易摩擦不仅直接影响中国国内不锈钢企业对美国的不锈钢出口，也间接影响中国国内不锈钢企业在世界其他国家和地区的出口以及国内不锈钢市场的正常发展。近年来，欧盟、澳大利亚、土耳其、墨西哥、巴西、哥伦比亚、印度、越南、马来西亚、印度尼西亚、乌克兰、欧亚经济联盟等先后发起针对中国不锈钢产品的贸易救济调查，导致中

国不锈钢出口尤其是对欧美国家地区的出口受到严峻挑战。尽管中国不锈钢企业积极应对，但不锈钢领域的贸易摩擦仍十分激烈。2020年，中国不锈钢出口341.69万吨，同比下降7%。在国际不锈钢产能继续增加的形势下，美国、欧盟等国家和地区相继实施贸易保护措施，使不锈钢市场范围逐渐减少，东南亚、俄罗斯成为各国不锈钢投放的高度集中区域，市场竞争进入白热化状态，中国不锈钢产业发展面临着日益严峻的国际环境。面对新的形势，不锈钢行业和企业必须把自身利益和发展放到国家战略、历史责任、使命担当的高度去认识，做到着眼全局，登高望远，未雨绸缪，积极应对，特别是要始终保持清醒头脑，科学把握新发展阶段，深入贯彻新发展理念，加快构建以国内大循环为主体、国内国际双循环相互促进的新发展格局，坚持对内深化改革，对外扩大开放，不断增强整体素质和国际竞争力，齐心协力，同舟共济，着力推动我国不锈钢产业的高质量发展。

第二节　中国不锈钢发展趋势

一、调整优化品种结构，推动中国不锈钢迈上产业链价值链的中高端

这些年来，中国不锈钢产量、消费量保持良好增长态势，高等级不锈钢产品增长提速，新品种不断涌现，核电、造船、石油、化工、电力、桥梁、环保、食品等产业领域用高等级不锈钢由几乎全部进口转变为全部或大部分替代进口，有些甚至大量出口，市场不断拓展，在很大程度上改变了中国高等级不锈钢大多依赖进口的局面。如化学品船用双相不锈钢就由100%进口转为85%国产并开始出口国际市场。但也必须看到，中国不锈钢产业仍存在低端产品占比大，在一些关键领域，不锈钢的品种、质量仍然有待提高，许多高精尖特不锈钢产品一时还难以满足国内需求的情况。海关总署数据显示，2019年，中国累计进口不锈钢111.9万吨，2020年，中国进口不锈钢180.5万吨，较上年增加68.6万吨，同比上升61.3%。在这些进口产品中，有一些仍是国内短缺品种，不锈钢产业品种结构优化和品质提升任重道远。

2020年5月12日，习近平总书记在太钢视察时指出，产品和技术是企业安身立命之本。勉励太钢在不锈钢领域要再接再厉，勇攀高峰。总书记的嘱托和厚望，既是对太钢的要求，也是对整个不锈钢行业、钢铁全行业的要求。加快调整不锈钢品种结构，提高不锈钢产品的附加值和科技含量，是中国不锈钢产业未来发展的重要方向。贯彻新发展理念，落实供给侧结构性改革要求，进一步加快不锈钢品种结构的调整优化，推动高端精品不锈钢的发展，提高供给质量、供给能力，全面满足产业升级对不锈钢新品种新材料的需求，为产业转型升级和高端装备制造业发展提供有力支撑，是中国不锈钢行业和企业的重大使命和应尽之责。

推进不锈钢品种结构优化，必须突出重点，抓住关键。中国不锈钢企业应瞄准"高精尖缺"靶向发力，超前布局和研发全新产品，强化基础研究，突破标志性技术，加大不锈钢首发新产品开发力度，瞄准新材料领域发展方向和技术前沿，围绕"高强、耐蚀"这一

方向，聚焦国家战略领域和国家重大工程，持续推进军工核电、航空航天、高端装备、大科学装置关键先进不锈钢材料和国家使命类不锈钢材料的开发，加快解决"卡脖子"难题。特别应针对中国每年还要进口 100 多万吨不锈钢的现状，组织力量对不锈钢短缺品种进行系统梳理，同时对下游用钢行业产业升级和技术发展趋势深度跟踪，以此牵引和带动创新发展。应加强不锈钢品牌建设，以提高产品实物质量稳定性、可靠性和耐久性为核心，围绕研发创新、生产制造、质量管理和营销服务全过程，建立以质量为中心的品牌体系，依托先进的工艺技术装备和强大的技术创新能力，加强不锈钢质量提升管理技术应用，采用清洁不锈钢冷轧生产、精准轧制、产品质量管理一贯制等质量提升技术，利用信息化、智能化手段和装备，减少人为因素对质量控制的影响，进一步提高不锈钢产品实物质量，全力"增品种、提品质、创品牌"，实现包括板、管、型、线、带和超薄、超宽、超厚等极限规格在内的不锈钢品种规格的全覆盖。应要加快发展先进节镍型不锈钢材料。目前，中国 400 系不锈钢、300 系不锈钢、200 系不锈钢产量占比分别为 19%、48% 和 31%，200 系不锈钢占比过高，400 系不锈钢增长乏力，占全部不锈钢产量比例多年在 20% 徘徊。400 系不锈钢耐腐蚀特别是耐氯离子腐蚀性能优良，加工过程技术问题已基本解决，经济性优良，特别是其基本不用镍，属于节镍型不锈钢，非常符合中国国情。下一步，应强化 400 系不锈钢的科普宣传，加大技术推广和用户服务力度，加强工艺制程研究开发，大力推广应用场景，持续增加 400 系不锈钢的生产量和使用量，尽早接近或达到日本水平，促进中国不锈钢产业的转型升级。

推进不锈钢品种结构优化，必须高效集聚创新资源与要素。要进一步健全不锈钢企业主导产业技术研发的体制机制，充分发挥龙头企业主导作用和高校、科研院所基础作用，积极开展跨行业、跨领域、跨区域等多种形式的产学研用协同创新，促进科技资源开放共享，促进技术、人才等创新要素向企业流动聚集，推动企业完善技术研发体系及制度建设，加大不锈钢共性关键技术协同联合研发攻关。应进一步加大科研投入，增强技术创新能力，加强创新人才队伍建设，建立多层次的人才培养体系，着重培养领军带头人才，不断完善鼓励创新的激励机制，充分调动科研人员的积极性，着力攻克一批共性关键技术，下大力气攻克我国不锈钢产业面临的"卡脖子"技术和产品，为世界贡献不锈钢技术和产品的"中国方案"。应进一步完善不锈钢产业科技创新平台，整合不锈钢创新资源，加快建设世界一流的不锈钢高水平研发平台和创新团队，培育由行业领军人才牵头、具有全球影响力的创新团队，高水平打造全球化研发体系，以先进不锈钢材料国家重点实验室为牵引，聚焦"精品、绿色、智慧"，推进开放式协同创新，攻克不锈钢及相关特殊钢、新材料"卡脖子"难题，以技术优势抢占产业发展制高点。应坚持以市场、客户需求为导向，以大专院校、科研院所为依托，以工程技术、制造技术和应用技术创新为主线，以加大科技投入、培育创新型人才为基础，加快创新体系机制、创新人才平台的构建，使技术创新成为推动不锈钢产业和企业跨越发展的引擎和内在驱动力。

二、以绿色低碳为目标，牵引推进工艺技术和产品创新

这些年来，我国不锈钢企业大力推进技术改造和建设，着力淘汰落后工艺装备，实现

了设备、工艺流程和生产流程的升级;加大投入,先后建成了钢渣、废水、废气处理等一系列重点环保项目,大规模实施厂容绿化,推进循环经济和清洁生产,建设生态园林化工厂和国际一流的清洁工厂。经过不懈努力,我国不锈钢产业和不锈钢企业能效指标已达到世界先进水平,但总体上在污染物治理、资源和能源消耗、废弃物回收利用、节能环保标准体系建设、与城市共融共生等方面仍存在不足,不锈钢行业和企业发展面临着巨大的环保压力,必须坚持走绿色发展之路,用世界最先进的技术打造都市型绿色工厂,实现环境效益、经济效益和社会效益的统一,让节能减排循环经济成为不锈钢企业新的效益增长点和竞争力,实现与城市和社会的同生共融、和谐相处。

2020 年,中国提出了力争 2030 年前实现碳达峰、2060 年前实现碳中和的宏伟目标。实现碳达峰、碳中和是一场广泛而深刻的经济社会系统性变革。在中国经济新发展格局下,转型到"绿色低碳能源"成为钢铁行业变革的必由之路。中国不锈钢行业和企业,必须坚决贯彻新发展理念,服务构建新发展格局,主动担当、积极作为,不断提高早日实现碳达峰、碳中和目标的思想自觉、行动自觉,强化以技术创新、机制创新、模式创新、制度创新为重点思路的碳达峰、碳中和顶层设计,以及具体举措,大力倡导绿色低碳生产生活方式,争做实现碳达峰、碳中和的贡献者、推动者和引领者。

推进中国不锈钢产业的绿色低碳发展,必须着力优化产业结构。中国不锈钢行业应进一步深化供给侧结构性改革,加快推动产业布局优化调整,大力优化工艺结构,积极发展短流程炼钢,打造绿色生产体系。

推进中国不锈钢产业的绿色低碳发展,必须大力研发推广应用资源节约型、环境友好型不锈钢产品。不锈钢系功能性、替代性材料,最大优点在于能百分百进行回收,既环保、节能又节约了资源,是绿色低碳可循环新材料。全面推广不锈钢产品应用,既是满足人们不断追求美好生活的需要,也是助力不锈钢产业绿色低碳高质量发展的应有担当。近年来,不锈钢工艺创新和装备水平提升使制造成本大幅下降,加之不锈钢产品寿命周期经济性评价比较合理,极大地推动了各产业大量使用不锈钢。现今,中国不锈钢产品在不锈钢制品、装备制造业和建筑业等行业与领域得到了广泛应用,一大批耐高温高压、耐腐蚀、耐超低温、高强韧的不锈钢高新技术产品和轻量化、长寿命的不锈钢材不断涌现,在铁路、汽车、造船、电力、石化、航空航天等行业领域得到广泛推广应用。不锈钢装饰管、装饰板等传统产品已经全面普及,不锈钢水管、管廊、屋顶、护栏、棒线、建材等新兴产品开始广泛应用。随着经济社会可持续、高质量发展步伐的不断加快,不锈钢替代其他材料、产业增长的趋势将会越来越明显。不锈钢产品在工业废气、垃圾和污水处理装置等领域发展应用潜力巨大。在烟气脱硫过程中,为抵御二氧化硫及氯离子、铁离子的腐蚀,在吸收塔、冷却器、泵、阀门、烟道等处需要采用双相不锈钢及高牌号奥氏体不锈钢;垃圾焚烧炉、废水处理等设施都需要采用高性能不锈钢材料制作。中国不锈钢企业应要抢抓低碳绿色发展的战略性机遇,加强面广量大低碳绿色不锈钢产品开发应用,倡导产品全生命周期绿色评价,逐步实现"低碳制造—低碳产品—低碳应用"循环。当前,应紧紧围绕建筑、交通、能源、桥梁等重点行业需求,从不锈钢材料使用全生命周期的资源消耗和碳排放评价出发,开展不锈钢产品绿色设计,研发高强、耐蚀的绿色不锈钢新产品,充分挖掘"老产品新用途、老用途新功能、老功能新性能"价值潜力，拓展不锈钢产品的应用领域和应用场景，促进建立更绿色的不锈钢用材标准体系，创造新需求，引领市场消费。要适应产业结构调整、转型升级和消费升级的新形势，坚持不锈钢在耐腐蚀、长寿命、压延性等方面的品质方向，把握 300 系作为不锈钢市场主要需求产品的特点，进一步巩固 300 系不锈钢的发展成果，重点发展 300 系不锈钢高端产品并进一步细分市场，满足国民经济和社会发展高端领域需求；应通过工艺技术变革、生产流程优化、管理水平提升，大幅度降低优质不锈钢产品的生产制造成本，大力发展和推广 400 系列不锈钢产品，不断降低产品成本，引导用户需求，为各领域和广大人民群众提供物美价廉的不锈钢产品，提高经济发展质量和人民生活水平。

推进中国不锈钢产业的绿色低碳发展，必须大力发展绿色制造。应对全球气候变暖的严峻形势，适应国家碳达峰、碳中和战略的新形势新要求，以高炉铁水为原料的长流程不锈钢冶炼生产工艺受到挑战，中国不锈钢行业应大力开发以废钢为原料的 EAF+AOD 短流程的不锈钢生产工艺技术，在减少碳排放的同时，使不锈钢的生产成本大幅降低。应以低碳绿色发展倒逼不锈钢产业转型发展智慧升级，加快推进不锈钢绿色低碳工艺技术的创新，积极探索、掌握和突破不锈钢领域绿色低碳冶金核心关键技术，实现不锈钢生产与使用过程的绿色化，打造不锈钢技术领先新优势。

推进中国不锈钢产业的绿色低碳发展，必须大力推进节能降耗，提高资源利用效率。中国不锈钢行业应加快完善不锈钢工业节能和绿色发展标准，充分发挥标准的引领和支撑作用，开展环保、节能对标活动，推进节能诊断服务行动，推动不锈钢行业能效水平进一步提升。应大力使用清洁的能源和原料，积极实施系统化的绿色改造升级，推广应用先进适用、成熟可靠的清洁生产工艺技术，促进不锈钢产业高能效转化工艺、装备、管理技术的创新开发及应用，加快企业能源管理信息系统建设，全面推进能源配置智慧化，通过能源精益化管理为节能降碳赋能，从源头削减污染，提高资源利用效率，减少或避免生产、服务和产品使用过程中污染物的产生和排放，以减轻或者消除对人类健康和环境的危害。应发展循环经济，推动循环经济价值链的建立，加快固废资源综合利用技术的研发，继续推进资源综合利用基地建设，提升资源综合利用能力。

三、实施资源保障战略，打造自主可控安全高效的产业链和供应链

确保重要战略资源的稳定供应，是推动我国不锈钢产业健康持续发展的基础和关键。镍、铬是生产不锈钢最主要的两大原料，铬、镍资源是世界性短缺资源和世界各国的战略资源，具有无法替代性，争夺与控制非常激烈。中国是世界上最大的不锈钢生产国和消费国，也是全球最大的镍、铬消费国。缺铬少镍、进口依赖度高是中国的基本国情。镍、铬资源大部分依赖进口，严重制约着中国不锈钢产业的长期稳定发展。更为突出的是，镍作为冶炼不锈钢的重要原料，其成本占到不锈钢生产成本的 70% 以上，镍的价格与不锈钢密切相关。国际镍价波动较大，对不锈钢生产产生着重要影响。很长时期，不锈钢的生产和价格受制于镍价。国际镍价具有炒作的显著特点，价格的剧烈波动干扰不锈钢市场价格的稳定运行，使中国不锈钢生产企业利润被大幅吞噬，严重制约着不锈钢产业的健康发展，

长期以来一直是中国不锈钢产业发展的瓶颈。随着中国经济高质量发展的不断推进和消费的转型升级，中国不锈钢需求仍将保持持续稳定增长势头。未来铬、镍资源仍将长期面临短缺局面。铬、镍资源的低成本稳定供应将越来越成为不锈钢行业发展的重要制约因素。加大镍矿资源保障力度，保证镍、铬资源特别是镍资源的长期保有，研究推广先进的节镍节铬工艺技术、路径、政策、措施，是确保我国不锈钢产业可持续发展和国家安全的必由之路，也尤为紧迫和突出。

中国不锈钢行业应从战略的高度，高度重视产业链和供应链面临的重大挑战和风险，高度重视对镍、铬等不锈钢上游资源的开发与投资，构建长期可靠的不锈钢全产业链，加速形成双循环发展格局，实现不锈钢生产所需紧缺资源的稳定供应，提高不锈钢产业的抗风险能力和盈利能力。长期以来，国内国际主要不锈钢生产企业，如 JFE、新日铁、酒钢、太钢、青山等均通过参股控股等方式保证原料资源的稳定。近年来，一些中国不锈钢企业已经着手进行全球化的全产业链布局，陆续在印度尼西亚建设 RKEF 法镍铁生产项目，青山、八星与广新联合投资建设的 20 条镍铁生产线已投产运行，江苏德龙的 15 条镍铁生产线已投产运行，新兴铸管、金川、振石、安塔姆、恒顺、现代、华迪等企业也纷纷在印度尼西亚建设镍铁项目。未来，在建设国内新的资源项目的同时，积极"走出去"，建立海外原材料生产供应保障基地，同时围绕国际不锈钢原料资源富集地区，应用新的工艺技术和装备建立新的不锈钢生产基地，形成国内国际双循环发展布局，从而保障铬、镍矿等资源的长期安全供应，并进一步扩大国际市场份额，将会是行业发展的必然方向。同时，鉴于我国是镍金属及相关产品的全球最大消费市场，应对镍市场的挑战，应坚持以镍矿砂、镍铁、NPI 等主流不锈钢冶炼原材料为主的发展重心，开发多样化的原料结构和保障渠道。

中国不锈钢行业还应着眼未来国际竞争和不锈钢产业长期稳定发展，从资源角度深度思考不锈钢生产工艺的变革与创新，高度重视和加快开发不锈钢新原料和新工艺、新技术、新产品，从根本上缓解对紧缺资源的依赖，突破资源依赖的瓶颈制约，走出一条产业发展的新路子。300 系不锈钢产品镍含量较高，相对于 400 系而言更易受人牵制，应把大力发展 400 系产品作为产业发展的重点方向。印度尼西亚禁止镍矿出口后，国内镍铁产业发展前景堪忧，而铬铁产业在国内发展较好，因此发展 400 系不锈钢不仅规避了国内镍资源匮乏这一弊端，同时也降低了企业的生产成本。目前国内产出的 400 系不锈钢在部分领域完全可以取代 300 系不锈钢。同时，400 系废不锈钢更易于回收，可单独回收，也可与 300 系废料混杂，而 200 系不锈钢硅锰含量较高，只能单独回收利用。应高度重视和积极发展高效利用红土镍矿的"RKEF 一体化不锈钢工艺"先进技术和规模化生产。由于资源条件不同，欧美企业更多地采用 EAF+AOD 工艺；中国和日本不锈钢企业主要采用以铁水为原料的工艺。现今，许多不锈钢企业已纷纷采用低廉的红土镍矿作为不锈钢生产的主原料，并开发出 RKEF+AOD 双联工艺，改变了世界不锈钢的生产冶炼工艺。同时，中国不锈钢行业也应高度重视 RKEF+AOD 工艺存在的问题和不足，由于红土镍矿中硫、磷等元素含量较高，增加后续冶炼负担，影响产品品质，一般不用于生产食品药品等高端不锈钢产品。中国不锈钢行业还应强化风险意识，高度重视镍铁和红土镍矿资源的价格变化可能导致的该工艺未来发展面临的潜在风险，立足长远，统筹解决好不锈钢生产原料、工艺技术和产品品质问题，以确保不锈钢品质为前提，真正依靠技术进步与创新，推动不锈钢工艺技术革命，发展节镍节铬型优质不锈钢产品，建设资源节约型社会，实现不锈钢产业发展的长治久安。

四、推进国际化经营，构建具有全球竞争力的不锈钢产业链

当前，中国不锈钢企业的国际化水平仍比较低。建设具有全球竞争力的世界一流企业，中国不锈钢企业应积极扩大对外开放，深化国际合作，提升国际化经营水平。要坚持全球布局，通过合资合作、兼并收购、绿地新建等形式，实现海外不锈钢生产基地以及不锈钢产业全球布局的突破，加速构建具有全球竞争力、自主可控的不锈钢全产业链，实现做强做优做大。

中国不锈钢企业要大力调整出口布局，优化出口产品结构，完善出口服务营销体系，健全面向国际市场的支撑体系，推动品牌国际化建设，提高出口综合竞争力。应加强与国际用户的紧密合作，加大重点行业、重点企业和新兴领域直供用户的开发力度，与用户形成战略合作联盟，提高直供比例，为其提供增值服务，同时与下游用户联合开发新品种、开拓新市场，实现产品直供，利益分享，给用户提供更多的让渡价值，提高用户的满意度和忠诚度；应创新营销政策，改善与国际经销户的利益分配机制，促进国际市场的开发与拓展。

中国不锈钢企业要大力发展不锈钢加工业。中国经济高速增长，以及在市场、劳动力、投资环境等方面的比较优势，吸引着国际加工制造业向中国转移。目前，全球 80% 以上的不锈钢加工制品业在中国，集装箱业、造船业、家用电器、机械化工等使用不锈钢的产业，也以各种形式加速向中国转移。在中国近年来的不锈钢消费中，超过 1/3 以加工制品的形式销往世界各地。我国工业门类齐全，有较好的资源和雄厚的工业基础，有承接国际产业转移的条件，大力发展不锈钢深加工业，前景十分广阔。

中国不锈钢企业要抓住"一带一路"发展机遇，进一步大力拓展国际市场，大力推进国际产能合作。在"一带一路"沿线的 64 个国家和地区中，钢材净进口国占 70% 以上，是中国不锈钢出口的重要目标市场和潜在市场。"一带一路"建设中的互通互联将打通"国际交通大动脉"，必将为不锈钢的推广应用创造空间，成为中国不锈钢"走出去"的重要平台。除不锈钢直接出口外，中国在"一带一路"沿线国家投资合作建设的重大基础设施项目，也将进一步带动不锈钢的间接出口。这些年来，中国不锈钢企业的产品在马来西亚、泰国、文莱、斯里兰卡、科威特、印度等国家和地区得到了大量应用，未来，中国不锈钢产品完全可以通过高铁、核电等"一带一路"沿线的国家和地区急需的产品"走出去"。中国不锈钢企业要依托"一带一路"建设，抢抓"中国制造 2025"和中国装备走出去的战略机遇，积极开拓和占领国内外高端市场，积极参与境外产业集聚区、经贸合作区、工业园区、经济特区等合作园区建设，探索与高铁、核电、汽车等产业链下游企业联合推进国际产能和装备制造合作的路径，不断提高企业的国际竞争力。有条件的中国不锈钢企业还应结合"一带一路"建设，开展国际产能合作，积极输出冶金成套装备、节能环

保循环经济技术、智力和劳务等，带动相关国家共同实现高质量发展。

五、大力发展智慧制造，打造不锈钢产业的极致效率效能

智能制造是现代经济发展的重要特征，是"两化融合"的必然趋势，也是全球产业分工体系调整和格局重塑的重要一环，更是顺应新一轮科技革命和产业变革，增强制造业核心竞争力，培育现代产业体系，实现高质量发展的重要途径。目前，中国不锈钢企业智能制造水平发展呈现不均衡状态，智能化应用尚处于初级阶段，自主创新能力较弱，数字化、网络化亟待加强。中国不锈钢行业应抓住新一轮科技革命和产业变革的战略机遇，结合经济高质量发展的新形势、新要求，在这些年推进"两化融合"的基础上，大力推动新一代信息技术与制造业深度融合，积极探索适应数字化、网络化、智能化融合发展的企业管理新模式，进一步推进人工智能、大数据等技术在生产调度、质量控制与分析、设备运维、能源管控、安全环保等环节的应用，加快构建智慧制造体系，促进不锈钢产业和企业的全面数字化转型，提升企业研发、生产和服务的智能化水平，实现不锈钢产业的提质、增效、降本、安全、环保的目标。

要加快推动工业互联网在人、机器、车间、企业等主体以及设计、研发、生产、管理、服务等各环节的网络互联，促进工业数据的采集交换、集成处理，为大规模个性化定制、网络协同制造、服务型制造、智能化生产等新型生产和服务方式的实现提供有力的基础支撑。在不锈钢生产全线推进智控中心建设，持续推进设备在线监测及预知性维修平台建设，加速智慧营销、质量管理平台深度拓展和优化，提高不锈钢行业的智慧化指数水平。

要大力实施智能制造示范工程，建设一批智能化无人工厂。针对不锈钢生产诸多工序仍大量采用人工操作，存在作业危险性大、工作强度大、劳动效率低、质量难以保证等问题，聚焦改善工作环境、提升安全水平、提高全员劳动生产率，以智能装备应用为切入点，实施工业机器人代人项目，打造生产现场极致的少人化、无人化、智能化，加速推进生产现场机器代人，以减轻工人劳动强度，确保操作人员远离高温液态金属危险区域，大大降低安全风险，同时保证了产品质量，实现重点生产环节"无人化、零缺陷"生产，实现不锈钢生产操控集约化、少人化、远程化，推动工序互联共享，减少中间环节，助力资源能源高效利用，减少生产过程的碳排放。同时，加速自动采样、自动质量检验和设备在线监测与预防性维护等智能技术的应用，实施智能库区管理系统项目，开展供应链物流系统智能化升级改造，推动电子采购、智慧物流平台建成上线运行，全面提升产线智能化水平，建设高标准智能工厂。

要以现代信息技术推动技术攻关，通过工业互联网、5G、大数据、人工智能、云计算、物联网等现代信息技术，加大不锈钢前沿技术攻关力度，提高不锈钢关键领域的自主创新能力，努力攻克"卡脖子"关键核心技术，推动以信息技术为代表的前沿技术不断与不锈钢供应链的融合、迭代，促进不锈钢供应链产业链提质升级。应以智能制造、智慧制造为动能，瞄准"高、精、尖、缺"不锈钢新材料持续发力，引领消费升级，推动产业发展。应推动数智化技术与钢铁制造过程的融合，加快实施智慧制造，采用低耗低排放低成

本高效率一体化不锈钢生产工艺，打造极致低成本极致高效率的专业化生产流程，推进不锈钢产业的绿色智慧制造。

要加快不锈钢领域智能技术的研发储备与应用，加紧研发智能化无人工厂、不锈钢智能制造关键技术，包括不锈钢关键工艺装备智能控制系统、智能机器人应用技术、生产制造流程多目标实时优化在线运行技术、关键工艺装备智能故障诊断与维护大数据系统，协作制造信息集成技术，加速发展不锈钢产品质量关键智能技术，如全连续自动跟踪产品表面质量缺陷检测技术、全流程工艺质量数据集成和质量在线综合评价技术、产品工艺质量参数采集与存储、追溯分析技术，产品质量交互分析与异常诊断技术。应加强工业软件自主研发能力，推动关键环节、关键技术的自主可控，加强与工业装备的结合应用，提高生产工艺控制水平。

六、大力提高产业集中度，加快建设不锈钢强国

近年来，民营不锈钢企业异军突起，成为中国不锈钢产业的重要组成部分。现今，中国不锈钢行业国有、民营、混合所有制企业并存，各种所有制企业之间的重组得到一定发展，不锈钢产业集中度明显加快。2020年，中国不锈钢粗钢产量3014万吨，其中不锈钢行业前十名企业的产量占到81%，远远高于钢铁全行业37%的水平。但也存在着企业数量庞大、规模和工艺技术差异性大、产业布局不合理、品种结构不科学、资源利用效率不高、盲目投资扩能等问题。提升产业集中度已成为国家意志和行业大势，成为推动不锈钢产业发展壮大、加快建设不锈钢强国的必由之路。

2020年8月19日，习近平总书记在马钢视察时，肯定了中国宝武和马钢的联合重组。习近平总书记指出，联合重组符合经济和企业发展的规律，是企业做强做优做大的必由之路。加快推进中国不锈钢产业的联合重组，是贯彻落实党中央、国务院关于促进中国钢铁行业健康发展，深入推进国有经济布局结构调整，落实供给侧结构性改革要求，顺应全球产业集中度提升大趋势，培育具有国际竞争力企业集团的重要举措。提高不锈钢产业的集中度，是彻底扭转中国不锈钢产业低、小、散、乱状况，提高不锈钢产业集聚力和国际话语权，加快培育具有国际竞争力的世界一流不锈钢企业集团的重大举措，是解决中国不锈钢行业深层次体制机制问题，提高企业运营质量，实现效率和效益最大化的重大举措，是不锈钢产业行业历史发展的必然趋势。中国不锈钢行业应通过并购投资，不断提高对上下游产业的议价能力，实现不锈钢生产装备的大型化、专业化和集约化经营和不锈钢产业的数字化、网络化、智能化发展，提高企业运营效率和竞争力。

推进不锈钢产业集中度提高，加快推进兼并重组，应坚持尊重科学和市场规律，按照市场化运作、企业为主体、政府引导的原则，结合化解过剩产能和深化区域布局调整，以混合所有制改革为突破口，深化国有企业改革，推动行业龙头企业实施跨行业、跨地区、跨所有制兼并重组，形成若干家世界级一流超大型不锈钢企业集团和专业化骨干企业。应促进大中小企业融通发展，发挥大企业引领作用，带动产业链上下游信息共享、开放合作、协同发展，引导中小企业参与产业关键共性技术研究开发，持续提升产业链协同创新水平。应促进产业链上下游协同发展，支持产业链上下游企业加强产业协同和技术合作攻

关，促进产业融合，强化战略对接，增强产业链韧性。应加强行业协会和中间机构建设，充分发挥协会和中间机构的组织优势和专业优势，帮助企业对接发展需要的各种资源，提供市场开拓和信息咨询服务，在企业与政府、企业与公众、企业与企业之间起到桥梁和润滑剂的作用，为产业链的稳固和提升发挥作用。

推进中国不锈钢行业的兼并重组，要以促进不锈钢产业布局优化为方向。要坚持贯彻新发展理念，结合国家重大区域发展战略要求，充分考虑不锈钢现有产业基础和资源环境承载能力，按照集约化、园区化、绿色化发展路径，持续优化不锈钢产业布局，大力提升创新能力，推动不锈钢产业结构转型升级，避免重复建设，形成以不锈钢龙头企业为牵引的布局合理、开放创新、特色优势明显的不锈钢产业集群。要鼓励各地依托原料、物流、市场等区域优势，合理配置产业链、创新链、资源链，推动区域特色镍铁及不锈钢产业发展壮大，推动形成上下游产业链完善、配套齐全、竞争力强的特色不锈钢生态圈，推动我国不锈钢产业实现高质量发展。

第二篇
中国不锈钢科技创新

新中国成立伊始，百废待兴。在不锈钢牌号体系不健全、生产工艺不完善、装备不配套的基本国情下，我国不锈钢行业坚定地迈出了科技发展探索第一步。重工业部成立钢铁工业试验所，科研人员与冶金战线上的同志一起团结奋战，为我国国防工业研发成功了多种不锈钢材料。我国不锈钢生产工艺在实践中不断改进提高，国内一些钢铁企业克服重重困难，相继实现了不锈钢产品的工业试制，如 1Cr18Ni9Ti 为代表的奥氏体不锈钢问世，接着节镍型不锈钢和应用于国内化肥工业的专用不锈钢钢种也相继研发成功，到 1959 年我国先后研制成功多种铁素体不锈钢，并研制出了耐硝酸的 1Cr17Ni14Si4AlTi 不锈钢。这个时期，我国不锈钢的年产量为几百吨到几千吨，基本解决了当时国家急需。

20 世纪 60 年代，我国发扬自力更生、艰苦奋斗的精神，在原子弹、氢弹及航空航天等领域取得了重大突破，国产不锈钢材料在重工业领域的诸多关键部位发挥了重要作用。这一时期，在采用电弧炉氧气炼钢工艺技术冶炼超低碳不锈钢、不锈钢冷热加工及热处理工艺技术等方面都取得积极进展。同时，不锈钢战线的广大科技人员积极开展了节镍、节铬不锈钢生产的探索，取得一定成效。

20 世纪 70 年代，不锈钢的应用从核能、航空航天、军工和化肥等重工业领域，向机械、石油、化工等工业领域拓展。这一时期，太钢和钢铁研究总院等单位率先在我国开发 AOD 炉外精炼技术和 VOD 炉外精炼技术并获得成功。在科研院所的支持下，1977 年，太钢开发的国内首台 AOD 氩氧精炼炉投产；1978 年，大连钢厂开发的国内首台 VOD 精炼炉投产。

随着炉外精炼新工艺技术在我国的问世，一批低碳、超低碳不锈钢批量生产，双相不锈钢品种和含氮超低碳不锈钢接连试制成功并开始得到应用。在核能工业中，探索并有效解决了核燃料在严酷环境下应用的含铌和高硅奥氏体高镍不锈钢的缺陷问题。针对电力发电汽轮机末级叶片使用的马氏体沉淀硬化不锈钢需求，开展了多种马氏体时效不锈钢的深入研究工作，积累了大量数据和工艺储备。通过对铁素体不锈钢的开发与研制，加上不锈钢炉外精炼技术的应用，不锈钢产品进一步应用到纺织印染等行业。

随着国际形势的好转和国家的发展，从 20 世纪 70 年代后期，我国的太钢、上钢三厂、大连钢厂、抚顺钢厂、长城钢厂、西宁钢厂等钢铁企业陆续引进了一批先进不锈钢生产工艺技术和装备，我国不锈钢生产能力和技术水平不断提升。如太钢从联邦德国和西欧引进的产能3万吨的不锈钢冷轧薄板厂建成投产后，形成了包括6吨氩氧炉、50吨高功率电炉、50吨氧气顶吹转炉、2300毫米四辊可逆式中板轧机、1700毫米炉卷轧机、1450毫米八辊冷轧机在内的不锈钢全流程生产线，不锈钢板材生产基地初步建成。

20世纪80年代，围绕国民经济重点领域和重点工程项目建设，不锈钢品种和技术研发取得一批新成果，钢铁研究总院、上钢三厂、抚顺钢厂、太钢等单位分别研发成功了 ЭИ811 双相不锈钢冷轧薄板、00Cr14Ni6Mo2AlNb 高强不锈钢、葛洲坝水电机组用 G817 高强不锈钢、00Cr14Ni6Mo2AlNb 高强导磁不锈钢等。改革开放大力推动了不锈钢产业和技术的迅速发展，我国不锈钢企业的生产能力和装备水平迅速提高，先后安装了 18~40 吨 AOD 和 15~60 吨 VOD 炉外精炼装置，实现了精炼比的显著提高。1981年，抚顺钢厂从联邦德国引进了大型 VOD-VHD 精炼炉、真空感应炉、1000吨精锻机、2000吨快锻机。1985年12月，太钢自行研制的我国首台立式不锈钢连铸机投产，结束了我国不锈钢浇铸完全采用模铸的历史，拉开了我国不锈钢生产连铸化的序幕。此后，上钢三厂、重庆特钢和上钢五厂相继有板坯、方坯连铸机投入生产，成都无缝钢管厂不锈钢管坯水平连铸机于1989年投产。国产不锈钢质量也更加稳定，荣获国家、部优、省优产品奖。到20世纪80年代末，用低碳、超低碳不锈钢替代多种昂贵元素的钢种产量已经占到不锈钢全年产量的10%以上。

20世纪90年代，随着我国经济的快速发展，城镇居民收入和生活水平显著提高，对不锈钢需求日益旺盛，不锈钢产品开始大批量进入民用领域。旺盛的民用需求促使我国大量进口不锈钢，1999年我国进口不锈钢126万吨，成为世界第一的不锈钢进口大国。不锈钢日益增长的需求促进产业得到快速发展。我国先后进行了技术改造和建设，不锈钢产量和品种质量不断提高，应用领域持续拓展。我国不锈钢开始迈开合资步伐，民营不锈钢企业也开始兴起，先后诞生了宁波宝新、张家港浦项、上海克虏伯等一批中外合资不锈钢企业。为适应水电机组大型化发展，我国成功研制了 S-135 高强不锈钢特厚板，用于三峡水电中间机组转轮制造。我国生产的双相耐蚀不锈钢管、1Cr18Ni9Ti 化工用不锈钢长管、316L 不锈钢复合板填补了国内空白，并荣获了诸多国家奖项。

进入21世纪，伴随着国内不锈钢大规模技术改造和建设的推进，我国不锈钢快速发展。太钢先后实施了三轮技术改造，2000年太钢启动50万吨不锈钢生产系统的改造，首次采用转炉冶炼不锈钢，使用以铁水为原料的三步法冶炼不锈钢，实现了我国冶金史上又一次零的突破，2002 年不锈钢年生产能力达到 100 万吨。

与此同时，不锈钢工艺技术发展迅速，陆续诞生了世界首创的铁水冶炼不锈钢工艺技术、RKEF 镍铁冶炼不锈钢工艺技术和世界先进的轧制不锈钢连轧机组，世界上最宽、生产能力最大的宽幅热轧不锈钢退火酸洗线和宽幅冷轧不锈钢退火酸洗线，实现了不锈钢生产工艺装备的大型化、现代化、集约化、高效化，推动不锈钢产业在品种拓展、质量提升、成本降低方面取得显著进步，有力促进了我国不锈钢的持续快速发展。

我国不锈钢近七十年的发展史，是一部科技创新的发展史，也是我国一代又一代科技和冶金工作者的奋斗史。回顾过去，展望未来，相信在中国共产党的领导下，坚持创新在我国现代化建设全局中的核心地位，把科技自立自强作为国家发展的战略支撑，我国不锈钢的科技进步还将迎来更大的发展！

第一章 不锈钢材料品种发展

不锈钢以不锈、耐蚀性为主要使用特性，广义的不锈钢一般是不锈钢和耐酸钢的总称。不锈钢是指耐大气、蒸汽和水等弱介质腐蚀的钢，而耐酸钢则是指耐酸、碱、盐等化学侵蚀介质腐蚀的钢。

不锈钢钢种繁多，性能各异，可以从不同角度进行分类，主要有：

（1）按钢的组织结构分类，如奥氏体不锈钢、铁素体不锈钢、马氏体不锈钢和双相不锈钢等。

（2）按照钢中的主要化学元素或钢中一些特征元素来分类，如铬不锈钢、铬镍不锈钢、超低碳不锈钢、高钼不锈钢、高纯不锈钢等。

（3）按照钢的性能特点和用途分类，如耐硝酸不锈钢、耐硫酸不锈钢、耐点蚀不锈钢、耐应力腐蚀不锈钢、高强度不锈钢等。

（4）按钢的功能特点分类，如低温不锈钢、无磁不锈钢、易切削不锈钢、超塑性不锈钢等。

本书主要按照钢的组织结构特点和钢的化学成分特点来分类。

第一节 奥氏体不锈钢

一、概述

奥氏体不锈钢（austenitic stainless steel，ASS）是现有牌号最多、品种最全、产量最大、应用范围最广的一类不锈钢。该类不锈钢在使用状态下基体组织主要为奥氏体。通过奥氏体化元素镍进行合金化，维持奥氏体基体的奥氏体不锈钢为铬镍系奥氏体不锈钢；而通过奥氏体化元素锰和氮维持奥氏体基体，并含有适量镍的一类奥氏体不锈钢多被称为铬锰系奥氏体不锈钢。相较于铁素体、马氏体和双相不锈钢，铬镍系奥氏体不锈钢具有优秀的耐腐蚀性能且综合力学性能良好，同时加工性能也较为优良，因此在化工、轻工等众多领域得到了更广泛的应用。此外，奥氏体组织带来的非铁磁性和良好的低温韧性更是进一步扩大了其应用范围。铬锰氮系奥氏体不锈钢由于氮的固溶强化作用也可得到相当高的强度，是对强度偏低的铬镍系奥氏体不锈钢的一种补充，用于承受较大负荷以及对硬度和耐磨性有要求的设备和部件。

二、演变与发展

奥氏体不锈钢由于在生产和应用方面具有突出的优越性，产量和使用范围日益扩大，很快占据不锈钢的主导地位。针对不同的需求，奥氏体不锈钢经过不断的发展和改进，牌号越来越多，逐步形成当前较为完整的奥氏体不锈钢品种系列（见图2-1-1）。目前，在世界范围内和各主要不锈钢生产国中，奥氏体不锈钢产量约占不锈钢总产量的70%。

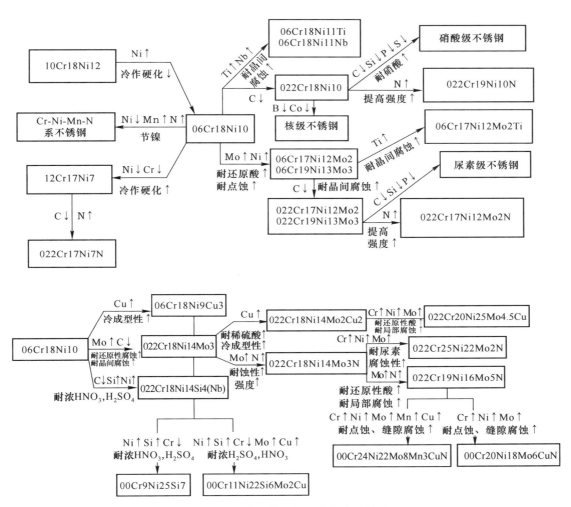

图2-1-1 奥氏体不锈钢牌号演变简图

最早的奥氏体不锈钢于1912年在德国发明，1914年定名为V2A的第一个奥氏体不锈钢在制碱和合成氨生产中获得工业应用。其主要成分为20%铬、7%镍，但碳含量较高，约为0.25%。其后随着生产工艺的改进，逐渐演变成为人们所熟知的18-8型不锈钢，即0Cr18Ni9（304不锈钢）。受冶炼水平的限制，早期的18-8型不锈钢中含有较高的碳，很容易与铬形成碳化物，对耐蚀至关重要的铬元素受到损失，降低了耐蚀性能。为了避免这种情况发生，人们开发了钛、铌稳定化的奥氏体不锈钢，其中以1Cr18Ni9Ti（321）不锈钢最有名。其原理很简单，就是利用稳定化处理，使钛、铌优先与碳结合，避免了碳与铬结合。1Cr18Ni9Ti不锈钢因其优良的力学性能和耐蚀性能，曾广泛应用于飞机制造等领域。1Cr18Ni9Ti不锈钢的出现对于解决敏化态晶间腐蚀起到了非常重要的作用，但这类钢也有不足之处，如在进行焊接时，往往会出现一种类似刀状的腐蚀；钢中含有钛、铌贵金属，经济性不太好；钛容易在钢中形成 TiN 夹杂，易发生表面质量问题等。

我国从 1952 年开始采用苏联标准生产 1Cr18Ni9Ti 不锈钢，其成为我国最早研制的不锈钢品种之一。由于受到冶金装备的制约和苏联材料体系的影响，直至 20 世纪 90 年代，1Cr18Ni9Ti 不锈钢在我国都长期占据统治地位，约占我国当时不锈钢总产量 70% ~ 75%。

随着 20 世纪 60 年代 AOD、VOD 等炉外精炼技术的出现，可将钢中的碳控制在 0.03% 以内，从而发展了超低碳奥氏体不锈钢，代表牌号为 00Cr19Ni10（304L）。和 304 比较，此钢的碳含量进一步降低，同时为保证完全奥氏体组织，钢中铬、镍含量略有提高。此钢最大的特点是耐腐蚀性能好，特别是耐晶间腐蚀性能显著提高。

我国也较早开始研制这类低碳、超低碳奥氏体不锈钢钢种，但限于当时我国的冶金工艺装备条件只能使用电炉冶炼，对原材料要求高，产品价格贵，生产过程中将碳量降低到所要求的水平相当困难，低碳不锈钢的推广应用与当时的欧美先进水平存在差距。"六五"期间我国重点解决了不锈钢的二次精炼装备和工艺，先后在钢厂建成多座 AOD 和 VOD 的精炼设备，实现了将碳含量降至 0.03% 以下且可以使用廉价的原材料。"七五"期间，我国重点解决了低碳、超低碳奥氏体不锈钢性能水平达到国际水平的软件技术开发。针对化工、轻工、纺织等行业，集中开发了 00Cr19Ni10、00Cr17Ni14Mo2 等牌号。20 世纪 90 年代以后，我国 00Cr19Ni10、00Cr17Ni14Mo2 等低碳、超低碳奥氏体不锈钢品种迎来了蓬勃发展，逐渐成为我国不锈钢中的最主要钢种。

00Cr19Ni10 不锈钢通过降低碳含量，在显著提升耐晶间腐蚀性能的同时，却带来钢的固溶强度偏低的劣势。

在对强度、耐蚀综合性能有高要求的应用场合，氮合金化的奥氏体不锈钢逐渐引起了人们的重视。早在 20 世纪 40 年代，由于当时不锈钢中贵重元素镍资源的奇缺，促使了人们对铬镍锰氮和铬锰氮奥氏体不锈钢的广泛研究，使得 Cr-Mn-Ni-N 不锈钢系列即美国 200 系奥氏体不锈钢诞生。钢中的氮主要是靠锰提高其溶解度，含量在 0.10% ~ 0.25% 范围内。但是受限于冶炼技术，一方面碳含量仍然很难降低到 0.06% 以下，另一方面氮的加入和固溶缺乏有效手段，200 系奥氏体不锈钢在综合性能上并没有 300 系优良，因而只在一些低端的场合得到了应用，并且逐渐淡出了研究者们的视线。到了 20 世纪 70 年代，随着 AOD 等炉外精炼技术的发展，特别是加压冶金技术的出现，更高氮含量的奥氏体不锈钢得以研制成功，氮在奥氏体不锈钢中的含量越来越高，给奥氏体不锈钢带来了性能上的许多有益的变化。具体表现在：（1）氮是强效的奥氏体形成元素，1 千克的氮相当于 6 ~ 22 千克镍的作用，在镍当量公式中，氮的系数为 18 ~ 30，表明其奥氏体形成能力非常强。（2）氮在显著提高不锈钢强度的同时，并不降低材料的塑韧性，在奥氏体不锈钢中，每加入 0.10% 的氮，其强度（$R_{p0.2}$，R_m）提高约 60 ~ 100 兆帕，前提条件是氮必须固溶存在。此外，氮也能提高不锈钢的抗蠕变、疲劳、磨损以及低温性能。（3）氮有效地促进了奥氏体不锈钢耐点蚀、缝隙腐蚀的能力，其作用是铬的 16 ~ 30 倍，钼的 5 倍。同时，适量的氮含量也有利于提高奥氏体不锈钢的耐晶间腐蚀的能力。因而在 20 世纪末至 21 世纪初，掀起了高氮不锈钢研究的热潮，研发了大量高氮奥氏体不锈钢材料，并广泛应用于油气开采、矿山机械、低温超导等领域。

由于大量的高氮不锈钢均需要配合加压冶炼，很难满足低成本的要求，从而在21世纪初氮合金化奥氏体不锈钢的研发演变成两个方向：（1）以追求高性能为主要目的，或者是高强高韧的不锈钢，或者是耐蚀性和力学性能兼顾的超级奥氏体不锈钢。主要利用氮对不锈钢力学性能和耐蚀性能的贡献，通过特殊的冶炼工艺和恰当的合金设计，将氮极大地固溶于钢中，从而研制出力学性能和耐蚀性能均非常优异的特殊用途不锈钢。此方面工作以德国、保加利亚、瑞士和日本为代表，材料主要用于特殊领域，如超导、国防军工等。日本国立材料研究院（NIMS）于2000年后开展的面向海洋开发的高氮高钼奥氏体不锈钢系列研究工作，氮含量达1%左右。（2）以节约资源、降低成本为主要目的的经济型不锈钢。此类钢利用氮对钢组织的影响，部分或全部替代贵重金属镍，使得钢在较低的原料成本下仍保持奥氏体组织，从而在性能上兼顾奥氏体钢的特点和氮对钢性能的作用，进一步扩大了不锈钢的使用。如美国在20世纪60年代后逐步开发的Nitronic合金系列，奥地利伯乐（Bohler）公司生产的无磁钻铤系列钢等。针对中国市场对低成本不锈钢的需求，美国开发了204Cu不锈钢，蒂森克虏伯（Thyssenkrupp）公司开发了Nirosta1.4640不锈钢，山特维克（Sandvik）公司开发了Loniflex不锈钢。

我国在20世纪90年代开始比较系统地开展氮在不锈钢中应用的研究工作，主要为国防军工等特殊性能要求的不锈钢进行的研究。2000年后，由于国际上对高氮不锈钢的开发热潮及对氮的有益作用的深刻认识，国内不锈钢行业开始重视氮在不锈钢中的应用，并广泛在304、316奥氏体不锈钢中加入适当氮以提高力学性能和耐蚀性能。2004年新修订的不锈钢牌号标准中，增加了304N、304LN、316N、316LN等含氮奥氏体不锈钢。但是当时对氮在不锈钢中的存在形式和作用的认识还比较模糊。尽管钢铁研究总院、上海材料研究所等单位很早就关注氮合金化不锈钢的学术动态，但是真正掀起全国范围的氮合金化不锈钢研究热潮是在2006年于四川九寨沟召开的高氮钢国际会议。钢铁研究总院在国家"973计划"基础研究的支持下，系统研究了1Cr22Mn16N奥氏体不锈钢的析出相、韧脆转变、热加工和焊接等性能，2009年在国际上率先采用电炉+AOD+连铸大工业流程于常压下工业化生产出氮含量超过0.6%的高氮奥氏体不锈钢。在"十二五"和"十三五"期间，进一步依托国家科技支撑计划，研制出工业化产品的高氮无磁护环和无磁钻铤材料。与此同时，中科院金属所研究开发了医用无镍BIOSSN4不锈钢，并用于医疗器械的制造。北京科技大学、太钢、太原科技大学等单位对Mn18Cr18N护环用钢进行了热加工等方面的研究。在冶炼工艺方面，钢铁研究总院、北京科技大学采用粉末冶金工艺进行了高氮奥氏体不锈钢的研究。东北大学采用氮气保护电渣重熔和加压电渣重熔工艺进行了约1%氮含量的高氮奥氏体不锈钢的研究。目前，越来越多的氮合金化不锈钢开始工业生产，据不完全统计，全国每年生产的氮合金化不锈钢多达1000万吨以上，占不锈钢消费量的30%以上。

最后，需要指出的是，随着我国不锈钢标准化的发展，不锈钢的牌号命名方式也在与时俱进。为了便于理解、避免出现歧义，本书中不锈钢牌号的表达一般遵照当时的牌号命名方法。详细的牌号沿革和国内外牌号对照可参阅本篇第四章及附录五。

三、分类、典型牌号及应用

耐蚀性是不锈钢选择的主要依据。铬镍奥氏体不锈钢最突出的特点，是对多种腐蚀性环境的适应性。这与该类钢的奥氏体基体中铬、镍含量可以加到很高，并能大量溶入多种有利于改善耐蚀性的钼、铜、硅和氮等合金元素密切相关。因而无论是在氧化性、还原性或氧化还原复合性介质及各种有机介质中，在很宽的浓度、温度范围内，耐蚀性（包括耐均匀腐蚀和局部腐蚀）均很优良。如：

（1）对于以硝酸为代表的氧化性介质（包括很多种有机酸）的均匀腐蚀，可用常见的 18-8 型不锈钢（00Cr19Ni10、0Cr18Ni11Ti）；如果酸的浓度、温度较高，或是耐蚀性要求更严，可采用更高铬的牌号（如 00Cr25Ni20Nb 等）。

（2）对于硫酸、稀盐酸、甲酸、尿素等还原性介质的腐蚀，取决于介质浓度和温度，可依次选用含钼（00Cr17Ni14Mo2、00Cr17Ni22Mo2N）、高钼（00Cr18Ni16Mo5）和高钼含铜钢（如 00Cr20Ni25Mo4.5Cu 等）。

（3）对于浓硫酸（浓度不小于90%）和浓硝酸（浓度不小于85%）的腐蚀，应选用高硅牌号的不锈钢（00Cr18Ni14Si4Nb、00Cr17Ni20Si6MoCu）。

（4）对于种类繁多的氧化还原复合性介质的腐蚀，则选用高铬、镍含量并用钼、铜复合合金化的牌号（00Cr20Ni25Mo4.5Cu、00Cr20Ni29Mo2Cu3Nb、00Cr20Ni18Mo6CuN 等）通常可获得满意的耐蚀效果。

（5）对于卤族（如湿氯）和卤化物酸（盐酸、次氯酸和氢氟酸等）以及温度较高的中等浓度（50%～70%）硫酸的腐蚀，铬镍奥氏体不锈钢只能实现有限耐蚀。

（6）对于由氯化物溶液引起的点腐蚀和缝隙腐蚀，用高铬、钼含量特别是又添加氮的钢（如 00Cr18Ni16Mo5、00Cr20Ni25Mo6N、00Cr20Ni18Mo5CuN）能取得很好的耐蚀效果。高镍含硅的钢种（如 00Cr25Ni25Si2V2Nb）具有较好的耐氯化物应力腐蚀破裂性能，但由于镍含量必须更高（超过35%）或者极低（小于0.1%），钢材更耐氯化物应力腐蚀破裂，这样的合金已不属于奥氏体不锈钢（分别进入铁镍基合金、镍基合金或者铁素体不锈钢的范围）。因此作为奥氏体不锈钢（镍含量为8%～30%），其耐氯化物应力腐蚀破裂的能力还显得不够。

（7）对于晶间腐蚀，目前采用先进的冶炼技术已经可以把钢中的碳含量降低到0.03%乃至0.02%以下，成功地解决了敏化态（如焊后）的晶间腐蚀问题。为了防止在强氧化性介质（含有 Cr^{6+}、Mn^{7+}、Fe^{3+} 等高价重金属离子的高温硝酸）中的非敏态晶间腐蚀，目前的有效措施是将钢高洁净化，即把硅、磷等杂质元素降到很低的水平（$Si \leqslant 0.1\%$、$P \leqslant 0.01\%$）。

（一）Cr-Ni 系奥氏体不锈钢

Cr-Ni 系奥氏体不锈钢以镍为主要奥氏体化元素，镍含量至少要在8%，最高可达30%。为保证钢的不锈性和耐蚀性，铬含量一般不低于17%。其基础牌号为18-8型不锈钢，该钢种的铬、镍含量分别为19%和10%，在氧化性介质中耐蚀性优良，在多种不太强的腐蚀性环境中也表现良好。为了提高其在各种不同使用条件下及较强腐蚀性环境中的耐蚀性能，钢的合金成分在两个方面进行发展和改进：一方面是提高铬、镍含量，铬可以提高到25%以上，镍甚至可达到30%；另一方面是向钢中添加诸如钼、铜、硅、氮、钛和铌等其他合金元素。该钢种的碳含量一般都比较低，目前常用牌号的碳含量多低于8%，并且有越来越多的牌号达到超低碳（≤0.03%）甚至更低的水平（≤0.02%）。

18-8型Cr-Ni奥氏体不锈钢，随着不同性能的差异，演变出12Cr17Ni7、12Cr18Ni9、Y12Cr18Ni9、06Cr19Ni10、06Cr18Ni11Ti、06Cr18Ni11Nb、022Cr17Ni7、022Cr19Ni10、022Cr19Ni10N等牌号，各牌号成分上略有差异，用途也不尽相同（见表2-1-1）。

表2-1-1　18-8型Cr-Ni奥氏体不锈钢的化学成分（质量分数）　　　　　（%）

牌号	C	Si	Mn	P	S	Ni	Cr	Mo	Cu	N	其他
12Cr17Ni7	0.15	1.00	2.00	0.045	0.030	6.00~8.00	16.00~18.00	—	—	0.10	—
022Cr17Ni7	0.030	1.00	2.00	0.045	0.030	5.00~8.00	16.00~18.00	—	—	0.20	—
022Cr17Ni7N	0.030	1.00	2.00	0.045	0.030	5.00~8.00	16.00~18.00	—	—	0.07~0.20	—
12Cr18Ni9	0.15	1.00	2.00	0.045	0.030	8.00~10.50	17.00~19.00	—	—	0.10	—
12Cr18Ni9Si3	0.15	2.00~3.00	2.00	0.045	0.030	8.00~10.00	17.00~19.00	—	—	0.10	—
Y12Cr18Ni9	0.15	1.00	2.00	0.20	≥0.15	8.00~10.00	17.00~19.00	(0.60)	—		—
06Cr19Ni10	0.08	1.00	2.00	0.045	0.030	8.00~11.00	18.00~20.00	—	—		—
022Cr19Ni10	0.030	1.00	2.00	0.045	0.030	8.00~12.00	18.00~20.00	—	—		—
07Cr19Ni10	0.04~0.10	1.00	2.00	0.045	0.030	9.00~10.00	18.00~20.00	—	—		—
06Cr19Ni10N	0.08	1.00	2.00	0.045	0.030	8.00~11.00	18.00~20.00	—	—	0.10~0.16	—
06Cr19Ni9NbN	0.08	1.00	2.50	0.045	0.030	7.50~10.50	18.00~20.00	—		0.15~0.30	Nb 0.15
022Cr19Ni10N	0.030	1.00	2.00	0.045	0.030	8.00~11.00	18.00~20.00	—	—	0.10~0.16	—
10Cr18Ni12	0.12	1.00	2.00	0.045	0.030	10.50~13.00	17.00~19.00	—	—		—
06Cr20Ni11	0.08	1.00	2.00	0.045	0.030	10.50~12.00	19.00~21.00	—	—		—
16Cr23Ni13	0.20	1.00	2.00	0.045	0.010	12.00~15.00	22.00~24.00	—	—		—
06Cr23Ni13	0.08	1.00	2.00	0.045	0.030	12.00~15.00	22.00~24.00	—	—		—
20Cr25Ni20	0.25	1.50	2.00	0.040	0.030	19.00~22.00	24.00~26.00	—	—		—
06Cr25Ni20	0.08	1.50	2.00	0.045	0.030	19.00~22.00	24.00~26.00	—	—		—
06Cr18Ni11Ti	0.08	1.00	2.00	0.045	0.030	9.00~12.00	17.00~19.00	—	—		Ti 5C~0.70
06Cr18Ni11Nb	0.08	1.00	2.00	0.045	0.030	9.00~12.00	17.00~19.00	—	—		Nb 10C~1.10

注：（）内数字表示可加入或允许含有的最大值。

（1）12Cr17Ni7钢合金化程度最低。其最大特点是组织具有亚稳性，冷作硬化能力最强，可根据不同强度的要求，通过适当的变形处理，在1/4、1/2、3/4硬化态和固溶状态下使用。但是强度提高的同时，塑韧性明显下降。同时，由于较高的碳含量和较低的铬含量使得其耐蚀性能也较弱。

（2）12Cr18Ni9 钢中铬、镍含量均有提高，因此材料为稳定的奥氏体组织。其特点是强度稍低，但耐蚀性稍好。主要在退火状态下使用，具有很高的室温塑性，易于冷成型，在耐蚀、耐热方面是最通用的一种奥氏体不锈钢。

（3）Y12Cr18Ni9 钢特点是硫含量较高，因而改进了它的机加工性能，使之成为易切削钢。但由于硫含量的增加导致钢中 MnS 夹杂含量增加，其成型性和耐蚀性比 12Cr18Ni9 钢稍差。

（4）06Cr19Ni10 钢碳含量小于 0.08%，并适当提高了镍和铬含量，因此其耐蚀性能特别是耐晶间腐蚀性能优于 12Cr17Ni7、12Cr18Ni9 和 Y12Cr18Ni9，力学性能与 12Cr18Ni9 钢相近。降低碳含量虽提高了抗晶间腐蚀的能力，但在高温下长期运行仍能引起晶间腐蚀。

（5）为完全避免晶间腐蚀的出现，开发了 06Cr18Ni11Ti 和 06Cr18Ni11Nb 钢。这两种钢的特点是分别采用稳定化元素钛和铌在适当热处理工艺下与钢中的碳元素优先结合形成稳定的 TiC 和 NbC，从而阻止富铬碳化物在晶界的沉淀，使这两种钢具有良好的抗晶间腐蚀的能力，其力学性能与 12Cr18Ni9 和 06Cr19Ni10 相当。

（6）国内在相当长一段时间内曾广泛使用 1Cr18Ni9Ti。1Cr18Ni9Ti 是苏联军工体系中大量使用的不锈钢材料，包括飞机制造、核潜艇制造等，在历史上发挥过重要的作用。但是，1Cr18Ni9Ti 材料本身在设计时有着先天的缺陷。当时在没有炉外精炼技术的特定历史条件下，为解决晶间腐蚀问题，采用了钛稳定化技术。但是由于钢中含钛，很容易生成 TiN 夹杂，导致此钢在连铸时发生节瘤现象。更致命的是，TiN 夹杂严重破坏不锈钢表面质量，对于高表面质量要求的军工产品生产，不得已进行表面修磨等处理。随着冶金技术的发展，工业生产超低碳不锈钢已经实现。为此，国外不锈钢标准中早已把 1Cr18Ni9Ti 排除在外。我国不锈钢行业通过大量调研及工作，在最新的不锈钢标准中也将此钢列为不推荐选用牌号。

（7）022Cr17Ni7、022Cr19Ni10 分别在 12Cr17Ni7、06Cr19Ni10 牌号基础上，将碳含量降低到 0.03% 以下，从而确保无晶间腐蚀。

（8）022Cr19Ni10N 是在 022Cr19Ni10 基础上添加 0.1%～0.25% N，以提高力学性能和耐蚀性能。

在 18-8 型 Cr-Ni 系奥氏体不锈钢体系中，铬、镍当量适当的条件下，奥氏体组织会极其稳定，同时由于相对简单的中间相，在适宜热处理制度下，可以杜绝中间相的析出，从而保证基体组织为纯奥氏体组织。这样的基体材料具有非常优良的塑韧性，并且可以在液氢以下温度继续保持，因而得到了广泛应用。一般来说，19Cr-10Ni 的成分基本能保证奥氏体组织的稳定性。当然，由于制造工艺的差异，在此类材料中有时候会有少量铁素体组织存在。18Cr-8Ni 的 06Cr19Ni10 钢在完全固溶时也以奥氏体组织为主要基体，但是在大变形和未充分固溶条件下，会有少量的马氏体组织存在。进一步降低铬、镍含量，比如17Cr-7Ni 的 12Cr17Ni7 不锈钢，其奥氏体组织稳定性较差，也称为亚稳奥氏体不锈钢。马氏体组织的存在，可以极大地提高不锈钢的强度。人们利用 12Cr17Ni7 不锈钢的这种特性，制造出高强度的不锈钢部件，广泛应用于铁路车厢、矿山设备等领域。

为了保证 18-8 型 Cr-Ni 系奥氏体不锈钢的耐蚀性能，要求其中的碳含量尽量低，由此发展出了超低碳的 022Cr17Ni7 和 022Cr19Ni10 奥氏体不锈钢。碳含量降低带来耐蚀性能的提升，但同时材料的强度进一步降低。为了弥补这一弱势，采用氮合金化技术以提高 18-8 型 Cr-Ni 系奥氏体不锈钢的力学性能。含氮 18-8 型 Cr-Ni 系奥氏体不锈钢因兼具高强度和良好的耐蚀性，迅速得到了用户的认可。目前，在技术要求许可的情况下，06Cr19Ni10N 和 022Cr19Ni10N 普遍替代了 06Cr19Ni10 和 022Cr19Ni10。在核工程领域，控氮型（N≤0.10%）Cr-Ni 系不锈钢更是得到了广泛应用。

核反应堆用不锈钢的共同特点是：（1）较好的耐蚀性能，主要包括耐点蚀、缝隙腐蚀、晶间腐蚀及动水腐蚀；（2）较高的力学性能，既包括较高的强度，也要求良好的塑韧性以满足制造加工的要求和防止辐照脆化。因此，核反应堆用不锈钢均要求较高的晶粒度级别和完全固溶处理。随着氮在奥氏体不锈钢中的有益作用被发现，含氮和控氮的奥氏体不锈钢被广泛应用于核反应堆建造，特别是在堆内构件和一回路管路系统等核心设备上，以弥补奥氏体不锈钢强度偏低的不足。含氮/控氮不锈钢在长期辐照下会脆化，且不同氮含量对应不同的辐照剂量。因此，对于用于堆内构件制造的结构材料，不锈钢中的氮含量不允许超过 0.10%。在我国，当前控氮钢种主要用于生产制造核电站堆内构件和一、二、三级设备等的材料，包括锻件、板材、棒材和管材等，在核电站建造中作为关键结构材料之一发挥了重大作用。为满足核反应堆用不锈钢的性能要求，对材料的冶金质量也提出了严格的要求，如对影响耐蚀性的非金属夹杂物等级，对核运行环境下的钴、铜、硼元素含量的限制等。堆内构件主要由不同尺寸的锻件、板材、棒材和管材（包括异型管）的奥氏体不锈钢加工而成，板材和锻件占其中的绝大部分。我国核电堆内构件的主体材料选用的也是与 Z3CN18-10 与 Z2CN19-10 相当的 022Cr19Ni10N（控氮 304 型不锈钢），目前在我国二代核电、AP1000 和华龙一号上广泛应用。

奥氏体不锈钢是不锈钢中最重要的钢种，该类钢是一种十分优良的材料，有极好的抗腐蚀性和生物相容性，因而在化学工业、沿海、食品、生物医学、石油化工等领域中得到广泛应用。表 2-1-2 给出了各牌号 18-8 型 Cr-Ni 奥氏体不锈钢的典型应用领域。

表 2-1-2　各牌号 18-8 型 Cr-Ni 奥氏体不锈钢的典型应用领域

牌号	主　要　用　途
12Cr17Ni7（301）	列车、航空器、传送带、车辆、螺栓、弹簧、筛网、食品生产设备、普通化工设备、核能装备等
022Cr17Ni7（301L）	电子产品部件、医疗器械、弹簧、电车车辆内外装和结构
022Cr17Ni7N（301LN）	电炉、锅炉、电热设备、化工、纺织、印染、制药、机械设备、压力容器等
301MoLN	尿素生产设备制造
06Cr19Ni10（304）	食品的加工、储存和运输，板式换热器，波纹管，家庭用品，汽车配件，医疗器具，建材，化学，食品工业，农业，船舶部件等
10Cr18Ni12（305）	对冷成型性要求高的各种场合、化学容器、机械设备部件、耐热设备部件、低温容器部件等

牌号	主要用途
06Cr20Ni11（308）	制作焊条
16Cr23Ni13（309）	锅炉、化工等行业、排气机器、热处理炉、热交换机
20Cr25Ni20（310）	石油、电子、化工、医药、轻纺、食品、机械、建筑、核电、航空航天、军工等
06Cr18Ni11Ti（321）	抗晶间腐蚀性要求高的化学、煤炭、石油产业的野外露天机器，耐热零件及热处理有困难的零件，如石油废气燃烧管道、发动机排气管、锅炉外壳、热交换器、加热炉部件、柴油机用消音部件、锅炉压力容器、化学品运输车、伸缩接头、燃炉管道及烘干机用螺旋焊管、航空器
06Cr18Ni11Nb（347）	高温下使用的焊接部件、石油天然气工业、炼油厂、发电厂、生产齿轮、蒸汽设施

（二）Cr-Ni-Mo 奥氏体不锈钢

钼是除铬、镍之外不锈钢中另一个重要的元素。铬镍奥氏体不锈钢一般仅用于要求不锈性和耐氧化性介质的条件下，钼的加入，极大地改变了奥氏体不锈钢的组织和服役性能，尤其是耐蚀性。

钼是铁素体形成元素，其能力和铬相当，因此在含钼奥氏体不锈钢中，为保持奥氏体组织的稳定性，镍含量较铬镍奥氏体不锈钢高。钼的加入，除了对铁素体和奥氏体组织平衡的影响之外，对奥氏体不锈钢带来组织上的更大的影响是显著促进奥氏体不锈钢中金属间相的形成，比如 σ 相、χ 相、Laves 相等，将极大地降低钢的组织热稳定性，增加钢的脆化敏感性，进而导致钢的塑韧性、耐蚀性、冷成型性和焊接性的降低。随着钼含量的增加，对奥氏体不锈钢组织的影响更加明显，尤其是在超级奥氏体不锈钢中。对于 4% 以上钼含量的奥氏体不锈钢，为保证组织的稳定性，避免金属间相的析出，均要求在更高的温度和更长的保温时间固溶处理以充分消融金属间相。

钼作为一个较大的原子，通过固溶强化可提高包括高温强度等不锈钢的强度，并改善奥氏体不锈钢的高温持久和蠕变性能。但是钼的加入使钢的高温变形抗力增加，尤其是当奥氏体不锈钢中因钼的加入存在少量 δ 铁素体时，其热加工性、热成型性明显低于铬镍奥氏体不锈钢。

与不含钼的不锈钢相比，含钼不锈钢通常耐腐蚀性能更好，常应用于腐蚀性更强的环境如化工设备或海洋用途。钼主要提升不锈钢的耐还原性介质的腐蚀性，尤其是点腐蚀、缝隙腐蚀，其耐蚀性能是铬的 3.5 倍。含钼不锈钢的再钝化能力显著强于铬镍不锈钢。研究表明，钼的作用仅当钢中含有较高铬含量的时候才有效。这是因为钼能显著促进铬在钝化膜中的富集，从而增强不锈钢钝化膜的稳定性，显著强化钢中铬的耐蚀作用，从而大幅提高奥氏体不锈钢的耐蚀性。由于钼的耐蚀性是和铬协同作用的结果，因此在研究含钼不锈钢时，往往需要寻找铬、钼含量的平衡，以找到最佳耐蚀性的成分组合。此外，钼形成钼酸盐后可以起到缓蚀剂的作用。

在 Cr-Ni-Mo 奥氏体不锈钢合金体系中，广为人知的当属 17Cr-12Ni-2Mo，即 316 系列。06Cr17Ni12Mo2（316）属于奥氏体不锈钢，具有良好的强度、塑韧性和冷成型性及良好的低温性能。由于在 18-8 型基础上加入 2% 钼，因而具有更好的耐还原性介质和耐点蚀、缝隙腐蚀的能力，在各种有机酸、无机酸、碱、盐类（如亚硫酸、硫酸、磷酸、醋酸、甲酸、卤素盐等）、海水中均具有较好的耐蚀性。022Cr17Ni12Mo2（316L）是在 06Cr17Ni12Mo2 基础上发展的超低碳奥氏体不锈钢，为平衡组织稳定，镍含量更高。和 06Cr17Ni12Mo2 相比，022Cr17Ni12Mo2 具有更好的耐敏化态晶间腐蚀性能，适于制造厚截面尺寸的焊接部件和设备。上述两种奥氏体不锈钢是制造合成纤维、石油化工、纺织、化肥、造纸、印染及原子能工业用设备的重要耐蚀材料。

采用氮合金化技术，在 06Cr17Ni12Mo2 和 022Cr17Ni12Mo2 基础上，发展了 06Cr17Ni12Mo2N（316N）和 022Cr17Ni12Mo2N（316LN）奥氏体不锈钢，氮含量一般控制在 0.10% ~0.25% 范围内，既利用了氮的有益作用，又防止氮化物等有害相的析出。氮的加入，进一步提高了不锈钢的强度，同时仍保持较高的塑韧性水平。在耐蚀性方面，除仍保留原始钢种的耐蚀特点外，氮的加入改善了钢的耐局部腐蚀性能，如耐点蚀、缝隙腐蚀和晶间腐蚀性能均得到不同程度的提高。奥氏体不锈钢的冶金生产工艺性能基本和原始钢种一致，易于生产板、管、丝、带、锻件、型材等冶金产品。在不含氮钢种的强度稍显不足的应用领域，此两钢种是最佳候选材料。

含氮、含钼的 Cr-Ni-Mo 奥氏体不锈钢，由于兼具强度和耐蚀性，在核电一回路管道系统普遍使用。核电一回路系统是由主管道（反应堆冷却剂系统）及多个高能辅助系统（如压力安全系统、余热排出系统、安全注射系统）组成。一回路系统的管道在反应堆运行期间的工作条件十分苛刻，除了承受各种载荷组合和低周、高频疲劳所引起的机械损伤外，还将承受反应堆冷却剂介质的高温、高压、高流速及海洋环境造成的氯离子腐蚀的危害。作为重要的核级管道部件，一回路系统管道材料均选用具有优异的耐晶间腐蚀性能、良好的抗疲劳性能和焊接性能的 Cr-Ni-Mo 奥氏体不锈钢。

为进一步提高 Cr-Ni-Mo 奥氏体不锈钢在还原性介质中的耐蚀性，发展了含铜的 Cr-Ni-Mo 奥氏体不锈钢，如 00Cr18Ni14Mo2Cu2、00Cr20Ni25Mo4.5Cu 等。铜能显著提高奥氏体不锈钢对还原性介质如硫酸、磷酸等的耐蚀性，当用钼和铜复合合金化时，效果更加突出。在高温浓硫酸中，高硅不锈钢的耐蚀性能则更加优异，如 00Cr17Ni17Si6、00Cr18Ni20Si6MoCu 和 00Cr11Ni22Si6Mo2Cu。00Cr11Ni22Si6Mo2Cu 为我国于 20 世纪 90 年代自主研发的专利牌号 SS920。此钢的最大特点是在高温浓硫酸中具有优异的耐蚀性，在 130℃、96% 硫酸中，钢的腐蚀速率小于 0.05 毫米/年。此钢的冷、热成型性能良好，可生产板、管、丝、带、锻件、铸件等冶金产品。

022Cr17Ni12Mo2 不锈钢是在 06Cr17Ni12Mo2 不锈钢的基础上降低碳含量得到的一种耐腐蚀性能良好的 Cr-Ni-Mo 型超低碳不锈钢。其耐腐蚀性、耐晶间腐蚀性能和高温力学性能良好，是目前奥氏体不锈钢应用最为广泛的钢种之一。022Cr19Ni13Mo3 不锈钢也是应用较为广泛的一种 Cr-Ni-Mo 不锈钢，具有良好的耐蚀性、耐热性、低温强度和机械特性，适合用于食品的加工、储存和运输等。

表 2-1-3 给出了 Cr-Ni-Mo（Mo≤4%）奥氏体不锈钢的化学成分。

表 2-1-3 **Cr-Ni-Mo（Mo≤4%）奥氏体不锈钢的化学成分** （%）

牌号	C	Si	Mn	P	S	Ni	Cr	Mo	Cu	N	其他
022Cr25Ni22Mo2N	0.030	0.40	2.00	0.030	0.015	21.00~23.00	24.00~26.00	2.00~3.00	—	0.10~0.16	—
06Cr17Ni12Mo2	0.08	1.00	2.00	0.045	0.030	10.00~14.00	16.00~18.00	2.00~3.00	—	—	—
022Cr17Ni12Mo2	0.030	1.00	2.00	0.045	0.030	10.00~14.00	16.00~18.00	2.00~3.00	—	—	—
07Cr17Ni12Mo2	0.04~0.10	1.00	2.00	0.045	0.030	10.00~14.00	16.00~18.00	2.00~3.00	—	—	—
06Cr17Ni12Mo2N	0.08	1.00	2.00	0.045	0.030	10.00~13.00	16.00~18.00	2.00~3.00	—	0.10~0.16	—
022Cr17Ni12Mo2N	0.030	1.00	2.00	0.045	0.030	10.00~14.00	16.00~18.00	2.00~3.00	—	0.10~0.16	—
06Cr19Ni13Mo3	0.08	1.00	2.00	0.045	0.030	11.00~15.00	18.00~20.00	3.00~4.00	—	—	—
022Cr19Ni13Mo3	0.030	1.00	2.00	0.045	0.030	11.00~15.00	18.00~20.00	3.00~4.00	—	—	—
022Cr19Ni13Mo4N	0.030	1.00	2.00	0.045	0.030	11.00~15.00	18.00~20.00	3.00~4.00	—	0.10~0.22	—

（三）超级奥氏体不锈钢

超级奥氏体不锈钢的概念是在 20 世纪 80 年代与超级铁素体不锈钢、超级双相不锈钢并行产生的，类似于为高合金化镍基合金而使用的镍基超合金概念。超级奥氏体不锈钢一般认为是"钢中耐点蚀当量 $PREN≥40$ 的那些牌号"的奥氏体不锈钢。

纵观超级奥氏体不锈钢的发展史，可以把超级奥氏体不锈钢分为三代：

（1）20 世纪 30 年代，为解决钢材在硫酸介质中的腐蚀问题，法国和瑞典开发了 Uranus B6 合金（20Cr-25Ni-4.5Mo-1.5Cu），美国研发了 20 号合金（20Cr-30Ni-2.5Mo-3.5Cu），70 年代后 B6 合金一般称为 904L，904L 在硫酸和磷酸环境下有着优良的抗全面腐蚀的性能，并具有良好的抗晶间腐蚀、点腐蚀、缝隙腐蚀及应力腐蚀能力，常被应用于硫酸、磷酸等苛刻环境中，现主要应用于海水热交换器、化工成套设备、食品成套设备及石油、核电等苛刻环境中的关键设备，904L 和 20 号合金为超级奥氏体不锈钢的发展奠定了基础。

随着石油化工、海水淡化、烟气脱硫等领域的发展，对服役于苛刻环境下的材料的需求日益增多，这促使超级奥氏体不锈钢进一步发展。20 世纪 50 年代瑞典阿维斯塔（Avesta）生产了 6Mo 钢（16Cr-30Ni-6Mo），是 254SMO 的雏形；60 年代优劲公司（Ugine）研制出抗海水腐蚀的 NSCD 合金，其含 Mo>5%。1967 年国际镍公司（INCO）对 14%~21% Cr、20%~40% Ni 和 6%~12% Mo 的合金申请专利，同年美国阿利根尼（Allegheny）生产出 AL-6X（20Cr-25Ni-6Mo），它们主要用于海水冷却电厂的薄型冷凝器管，但是对于厚截面材在制作过程中易于产生金属间相沉淀。

在 20 世纪 60 年代后期，德国通过添加氮，研制了 317LMN，其中含氮 0.15%，广泛应用于烟气脱硫、造纸工业。为了提高氮的溶解度可以通过添加锰合金来实现，由此研制出有良好耐腐蚀性能和强度的高合金奥氏体钢 Amagaint 974 钢，用于无磁潜艇上。并且同期美国 Allegheny 生产出了主要用于处理不纯有机酸和二氧化氯纸浆漂白的 JS700，70 年代早期瑞典 Avesta 生产出尿素级不锈钢 725LN。

（2）20世纪70年代初的氩-氧脱碳精炼（AOD）技术。使得生产能力得到了质的提高，能在抑制有害微量元素的同时又精确地控制合金元素，为制造更高合金化的不锈钢打下了基础。1976年，Avesta发布了新的6Mo不锈钢专利并引入254SMO（20Cr-18Ni-6Mo-0.7Cu-0.2N），由于氮含量提升到0.2%，使合金的奥氏体相更加稳定，金属间相析出延缓，易于制造厚截面产品，这就是第二代的超级奥氏体不锈钢，254SMO标志着6Mo超级奥氏体不锈钢工业化的开始。随后采用氮合金化研发了其他类似牌号，例如70年代由美国Allegheny为解决海水腐蚀问题而在AL-6X的基础上而生产的AL-6XN、AL-6XN Plus；80年代研发的934LN和UR SB8；德国VDM在904L的基础上提高钼含量并加入0.2% N而研发的Cronifer 1925hMo；瑞典在20世纪80年代早期发展的含有20Cr-15Ni-4.5Mo、Mn>8%、0.45% N的钢，该钢的耐蚀性与Avesta 254 SMO钢基本相同，但用于提高氮溶解度的高锰含量导致了精炼过程中的冶金困难，增加了金属间相析出的风险；1988年奥托昆普（Outokumpu）生产出了1.4565；1989年韩国申请的SR50A专利，此类钢具有优异的耐蚀性和远高于常规奥氏体不锈钢的强度水平，它广泛应用于点蚀和缝隙腐蚀环境，如海水、海水淡化、漂白工厂的氯和二氧化氯环境及烟气脱硫中。与此同时，70年代为解决磷酸腐蚀问题Avesta生产出了Sanicro 28，并且在Sanicro 28的基础上研制了SX。德国VDM在1995年研制出33号合金。另外，20世纪80年代Avesta还推出了超耐热奥氏体不锈钢253MA、353MA。

（3）20世纪90年代初期，基于热力学计算数据库的进一步发展与完善，对钢铁冶金成分的设计提供更好的参考，通过热力学计算发现当锰的添加量处于较低水平时，进一步提高合金中铬和钼元素的含量，可以使钢中氮含量水平进一步提高，因此研发出含7% Mo超级奥氏体不锈钢，这是超级奥氏体不锈钢的第三代，典型牌号是1992年Avesta生产的654Mo，较之6Mo钢，铬、钼、氮都有较大幅度的提高，并加入适量的锰，钢中的氮控制在0.5%，使其可以通过常规的AOD精炼手段和连铸进行生产，并不必担心在随后的设备制造中氮从钢中逸出。654SMo是超级奥氏体不锈钢发展史上一个里程碑，在铬、钼和氮的协同作用下使超级奥氏体不锈钢在卤化物环境中具有良好的耐腐蚀性能。其更高含量的氮，在提高钢的耐蚀性、保证钢的可锻性和韧性的同时，并大幅提高钢的强度。因此，654SMo广泛应用于海水脱盐、纸浆漂白、烟气脱硫等对材料耐腐蚀性要求非常苛刻的环境中，并逐步成为了镍基合金和钛合金的代用材料。1994年法国使用钨取代部分钼而研发的B66也属此例。

20世纪90年代日本冶金工业株式会社生产出NAS 254N。2000年美国特种金属公司（SMC）在20世纪60年代生产的IN748基础上降钼、加氮而研发出Incoloy27-7Mo，它改善了普通含钼不锈钢的耐腐蚀性能和力学特性，此钢优异的综合性能与高镍耐蚀合金相比又有价格较低的优势，因而获得了较广泛的应用。

与此同时，山特维克公司（Sandvik）还研发出Sanicro 29、Sanicro 36，2005年德国VDM研制出31号合金，之后研制出合金31 Plus，日本冶金工业株式会社研发出NAS 354N、NAS 155N，伯乐（Bohler）研制了Antinit ASN 7W、Bohler A975、VEW 963，这些都是超级奥氏体不锈钢。

表2-1-4给出了超级奥氏体不锈钢的牌号和化学成分。

表2-1-4　超级奥氏体不锈钢的牌号和化学成分

牌号	ASTM UNS	成分/%											$PREN_{min}$	$PREN_{max}$
		C	Si	Mn	Cr	Ni	Mo	N	Cu	S	P	其他		
UranusB6（904L）	N08094	≤0.02	≤1.0	≤2.0	19~23	23~28	4~5	≤0.1	1~2	≤0.035	≤0.045	—	32.2	41.1
20Cb-3/合金20	N08020	≤0.07	≤1.0	≤2.0	19~21	32~38	2~3	—	3~4	≤0.035	≤0.045	Nb: 8C~1	22.3	30.9
IN748	—	—	—	—	20	27	8.4	—	—	—	—	—	47.72	47.72
NSCD	—	—	—	—	17	16	5.5	—	2.5	—	—	—	35.15	35.15
AL-6X	N08366	—	—	—	21	24	6	—	—	—	—	—	40.8	40.8
317LMN	S31726	≤0.03	≤0.75	≤2.0	17~20	13.5~17.5	4~5	0.1~0.2	—	≤0.03	≤0.045	—	31.8	39.7
JS700	N08700	≤0.04	≤1.0	≤2.0	19~23	24~26	4.3~5	—	≤0.5	≤0.03	≤0.04	Nb: 8C~0.4	33.19	39.5
254SMO	S31254	≤0.02	≤0.8	≤1.0	19.5~20.5	17.5~18.5	6~6.5	0.18~0.22	0.5~1.0	≤0.01	≤0.03	—	42.18	45.47
AL-6XN	N08367	≤0.03	≤1.0	≤2.0	20~22	23.5~25.5	6~7	0.18~0.25	≤0.75	≤0.03	≤0.04	—	42.68	49.1
AL-6XN Plus	N08367	≤0.03	≤1.0	≤2.0	20~22	23.5~25.5	6~7	0.18~0.25	≤0.75	≤0.03	≤0.04	—	44.99	49.1
sanicro 28	N08028	0.02	0.6	2	27	31	3.5	—	1	≤0.01	≤0.025	—	38.55	38.55
934LN	—	—	—	10	20	15	4.5	0.4	—	—	—	—	—	—
UR SB8	N08932	≤0.02	—	—	24~26	24~26	4.7~5.7	0.17~0.25	1.6~2.0	—	—	—	42.23	48.81
Cronifer 1925hMo	N08926	≤0.02	≤0.5	≤2.0	19~21	24~26	6~7	0.15~0.25	0.5~1.5	≤0.01	≤0.03	—	41.2	48.1
NIROSTA4565S	S34565	≤0.03	≤1.0	3.5~6.5	23~25	16~18	3.5~5.0	0.4~0.6	—	≤0.01	≤0.03	Nb≤0.10	45.16	51.56

续表 2-1-4

牌号	ASTM UNS	成分/%											$PREN_{min}$	$PREN_{max}$
		C	Si	Mn	Cr	Ni	Mo	N	Cu	S	P	其他		
SR50A	S32050	≤0.03	≤1.0	≤1.5	22~24	20~23	6~6.8	0.21~0.32	≤0.4	≤0.02	≤0.035	—	54.3	60.2
654SMo	S32654	≤0.02	≤0.5	2~4	24~25	21~23	7~8	0.45~0.55	0.45~0.55	≤0.005	≤0.03	—	45.76	55.06
UR B66	S31266	≤0.03	≤1.0	2~4	23~25	21~24	5.2~6.2	0.35~0.60	1.0~2.5	≤0.02	≤0.035	W: 1.5~2.5	36.45	49.2
NAS 254N	S32053	≤0.03	≤1.0	≤1.0	22~24	24~26	5~6	0.17~0.22	—	≤0.01	≤0.03	—	46.75	55.8
Incoloy27-7Mo	S31277	≤0.02	≤0.5	≤3.0	20.5~23.0	26~28	6.5~8.0	0.3~0.4	0.5~1.5	≤0.01	≤0.03	—	51.22	51.22
sanicro 36	N08936	≤0.02	≤0.5	5	27	34	5.4	0.4	—	≤0.01	≤0.02	—	48.2	55.1
合金31	N08031	≤0.015	≤0.3	≤2.0	26~28	30~32	6~7	0.15~0.25	1~1.4	≤0.01	≤0.02	—	—	—
伯乐(Bohler) A975	—	≤0.05	—	2~3	26~29	28~31	2~4	0.3	0.5~1.5	≤0.01	—	Al≤0.3	47.4	54.1
合金31 Plus	N08034	≤0.01	≤0.1	1~4	26~27	33.5~35	6~7	0.1~0.25	0.5~1.5	≤0.01	≤0.02	—	18.82	18.82
NAS 354N	N08354	≤0.03	≤1.0	≤1.0	22~24	34~36	7~8	0.17~0.24	—	≤0.01	≤0.03	—	32.44	37.21
NAS 155N	S31727	≤0.03	1.0	≤1.0	17.5~19	14.5~16.5	3.8~4.5	0.15~0.21	2.8~4	≤0.03	≤0.03	—	41.52	43.12
sanicro 29	N08029	≤0.02	0.75	≤2.0	27	33.5	4.4	≤0.1	1	≤0.015	≤0.02	—	—	—
Antinit ASN 7W	—	≤0.04	—	—	18	16	7	0.15	2	—	—	—	—	—
VEW 963	—	≤0.03	—	—	17	16	6.3	0.15	1.6	—	—	—	—	—

　　和普通 18-8 型奥氏体不锈钢相比，超级奥氏体不锈钢具有优异的耐蚀性和较好的力学性能。和铁镍基、镍基耐蚀合金相比，超级奥氏体不锈钢在力学性能和耐蚀性能上相当，同时因更少的镍、钼含量而具有较好的价格优势。超级奥氏体不锈钢除了具有优异的耐均匀腐蚀、耐局部腐蚀性能，其高镍和高的铬、钼、氮含量相结合，使得合金还具有较好的抗应力腐蚀开裂性能，在许多情况下其效果还优于双相不锈钢抗应力腐蚀破裂的能力。因为海水的氯离子含量非常高，易导致不锈钢发生点蚀、缝隙腐蚀和应力腐蚀破裂，但超级奥氏体不锈钢的临界点腐蚀温度和临界缝隙腐蚀温度均非常高，在海水中耐局部腐蚀的能力非常强，因此正逐步成为镍基合金的代用材料，广泛地应用于对耐腐蚀性要求苛刻的环境中，如海水脱盐处理系统、富含氯离子和二氧化氯的纸浆漂白系统（如过滤清洗机及压滤机）、磷肥工业中的氟硅酸反应器、化肥工业中的氯酸盐结晶器、制药工业中的通风系统、脱盐设备、湿法冶金设备、废物处理系统及板式热交换器等。同时，这类材料还可广泛应用于石油化工、核电工业等极端苛刻的服役环境，如图 2-1-2 所示。

图 2-1-2　超级奥氏体不锈钢的应用领域

（四）锰、氮代镍的 Cr-Mn-Ni-N 奥氏体不锈钢

　　锰、氮代镍奥氏体不锈钢的研发兴起于第二次世界大战中后期，源于当时的镍资源匮乏。但是真正在全世界范围内引起材料研究极大兴趣的，还是在 20 世纪 90 年代以后，基于炉外精炼技术和加压冶金技术。印度在 21 世纪初开发了 J1、J4 不锈钢，然后迅速经广东传入中国市场，一度成为国内一些小型不锈钢企业模仿生产的对象。国内在 2000 年以后，南方一些民营不锈钢企业开始大量生产锰、氮代镍的奥氏体不锈钢，因其价格相对于300 系奥氏体不锈钢较为低廉，迅速在农村、低端市场得到广泛应用。锰、氮代镍奥氏体不锈钢的产量在国内不锈钢产量中的占比迅速提升，在 2008 年时已经占到 20% 左右。此

后进一步提升，到 2012 年占国内不锈钢产量的比例达到 30%，这一比例一直维持到 2018 年，2019 年更是达到了近 35%。考虑到国内不锈钢产量是不断增加的，锰、氮代镍奥氏体不锈钢的绝对产量实际上增速惊人，从 2008 年的 150 万吨到 2019 年的 1000 万吨，可见锰、氮代镍奥氏体不锈钢的发展十分迅猛。其中一个主要因素是红土镍矿的开发应用技术不断提升，尤其是高炉冶炼镍铁工艺技术的成熟，使得采用红土镍矿可以提炼中低镍品位的镍合金，极大地拓展了镍铁作为不锈钢原料的使用范围。由于红土镍矿主要分布在赤道线南北 30° 以内的热带国家，和我国临近的印度尼西亚、菲律宾因大量的红土镍矿储备而成为中国不锈钢企业争相投资的对象，尤其是印度尼西亚。从 2013 年青山钢铁在印度尼西亚投资建厂开始，迄今中国在印度尼西亚投建不锈钢产能达 300 万吨以上，致使印度尼西亚不锈钢产量达 200 万吨以上，成为搅动世界不锈钢产业格局的 X 变量。尽管锰、氮代镍的奥氏体不锈钢发展迅猛，但是在实际使用中，常因材料本身质量不过关，或者选材使用不当等原因，出现了很多生锈、开裂现象，比如我们常见的城市道路护栏、过街天桥栏杆、厕所管道等。甚至还有一些厂商采用锰、氮代镍奥氏体不锈钢制造餐厨具，引起人们对食品级不锈钢的关注。

锰、氮代镍奥氏体不锈钢，究其本质，是利用氮的强烈奥氏体形成能力，替代镍的作用。氮只有在固溶状态以原子形态存在于奥氏体不锈钢面心立方八面体晶格间隙中，才能真正发挥其奥氏体形成能力，常压下氮在一般不锈钢合金体系中的溶解度有限。锰是较弱的奥氏体形成元素，在 300 系不锈钢中主要是作为脱氧剂满足冶炼的需要，但是锰是强烈提高氮溶解度的元素，随着锰含量的增加，不锈钢中氮的溶解度显著增加。这就是氮合金化不锈钢中锰含量均比较高的主要原因。

锰、氮代镍奥氏体不锈钢因氮的固溶强化作用，其力学性能尤其是强度明显高于 300 系奥氏体不锈钢。因氮原子对位错等缺陷的钉扎作用，其冷变形强化效果非常明显，经过适当冷变形，锰、氮代镍奥氏体不锈钢的强度会显著提高，同时塑韧性明显降低。

充分发挥锰、氮代镍奥氏体不锈钢的无磁、高强优势，Cr-Mn-Ni-N 系不锈钢在一些高端装备和特种装备领域得到应用。

1. 无磁钻铤用钢

油气开采用无磁钻铤用奥氏体不锈钢，大量使用锰、氮代镍奥氏体不锈钢。此类材料的共同特点是采用锰、氮代镍技术，既保证材料的完全奥氏体组织，节约镍资源，又充分发挥氮对强度的贡献，采用温锻变形等热加工工艺，实现钻铤强度在 1000 兆帕级别以上。根据使用性能的要求，适当增加镍、钼含量，进一步提高耐蚀性、疲劳性能和组织稳定性。因其具有高强度、无磁、耐腐蚀性能，而广泛用于油气开采的定向钻采技术。目前，高端无磁钻铤大量应用于苛刻环境下的油气开采，特别是深海油气钻采。这些环境要求无磁钻铤除了具备无磁、高强度、高耐蚀性能之外，还要求部件具有较高的疲劳寿命和耐应力腐蚀性能，以满足用户因作业困难而希望设备长期安全运行的需要。目前，国外钻铤制造商已开发出如 Datalloy 2、15-15HS 和 P550 等氮含量达到 0.5% 以上的无磁钻铤产品。我国目前的无磁钻铤用钢制造企业有中原特钢、宝武特冶、攀长钢等，其代表牌号有

1813N、2014N 及 N1310 等。典型无磁钻铤用高氮奥氏体不锈钢的牌号和成分见表 2-1-5。

表 2-1-5　典型无磁钻铤用高氮奥氏体不锈钢的化学成分　（%）

牌号	C	Si	Mn	Cr	Mo	Ni	N
Datalloy 2	0.03	0.30	15.10	15.30	2.10	2.30	0.40
15-15HS	≤0.04	≤1.00	16.00～19.00	18.00～21.00	0.50～3.00	≤3.00	0.50～0.80
DNM140	0.04		16.00	19.00	0.80	3.00	0.50
P550	≤0.06		19.00～20.50	17.50～19.00	≤0.45	≤1.50	0.50～0.60
P580	≤0.06		22.00～24.50	20.50～22.00	≤1.50	≤2.50	0.80～0.95

2. 发电机组护环用高氮奥氏体不锈钢

发电机组护环是发电站发电机组设备中用于防止转子部件和励磁绕组端部在磁力和高速离心力下变形受损的关键部件。为保证发电机组顺行，护环在强磁场和潮湿环境中应具有极低磁导率和较强的耐腐蚀能力。20 世纪 70 年代开始，德国 VSG 能源锻造技术公司开发出了 P900（Mn 18Cr18N）钢等多种大型火力发电机护环用高氮奥氏体不锈钢，加压电渣重熔是生产这类钢种的主要手段。1996 年年初，P2000 高氮奥氏体不锈钢在实验室诞生。随着我国经济的发展，能源需求越来越大，300MW 以上大型发电机普及，Mn18Cr18N 钢是我国 300MW 以上护环生产中的主要用钢。2008 年太钢不锈开发出 Mn18Cr18N 护环用不锈钢锻件，实现了国内大于 0.6% 超高氮不锈钢开发零的突破。典型护环用高氮奥氏体不锈钢的化学成分见表 2-1-6。

表 2-1-6　典型护环用高氮奥氏体不锈钢的化学成分　（%）

牌号	C	Si	Mn	P	S	Cr	Mo	Ni	N	其他
P900	≤0.12	≤0.80	17.5～20.0	≤0.06	≤0.015	17.5～20.0		≤1.00	0.50～0.70	
P900N	≤0.12	≤0.80	17.5～20.0	≤0.06	≤0.015	17.5～20.0		≤1.00	0.75～1.00	
P900NMo	≤0.12	≤0.80	17.5～20.0	≤0.06	≤0.015	17.5～20.0	1.5～2.5	≤0.30	0.75～1.00	
P2000	≤0.15	≤1.00	12.0～16.0			16.0～20.0	2.5～4.2	≤0.30	0.75～1.00	Nb≤0.25 V≤0.25

3. 医用高氮无镍奥氏体不锈钢

目前，铬镍钼系的 022Cr17Ni12Mo2 和 022Cr19Ni13Mo3 型奥氏体不锈钢被大量应用于临床医用。然而，大量临床试验证明，镍离子在生物体内的富集会导致细胞破坏和炎症反应。因此，医用高氮无镍奥氏体不锈钢的开发成为了必然趋势。与传统医用不锈钢材料相比，由于氮含量较高（>0.4%），高氮医用无镍奥氏体不锈钢具有更加有利的强韧性和耐蚀耐磨性，而且可避免致敏因子镍对人体造成的炎症反应。国内外已开发出了多种牌号的高氮无镍奥氏体不锈钢，如 P558、BioDur108 和 BIOSSN4 合金等。其中，BIONFSSN4 是由中国科学院金属研究所研究开发的，该不锈钢是在现有医用奥氏体不锈钢 Fe-18Cr-14Ni-

3Mo 的化学成分基础上，采用氮元素（0.6% 以上）和锰元素（从小于 2% 提高到 15%）共同替代具有潜在毒副作用的镍元素（从 14% 降到小于 0.1%，属原材料带入）的成分设计思想，开发出的 Fe-17Cr-15Mn-3Mo-N 型医用高氮无镍奥氏体不锈钢。典型医用高氮无镍奥氏体不锈钢的牌号和成分见表 2-1-7。部分无镍奥氏体不锈钢作为人体友好材料还用于制作与人体接触的饰件、手表、首饰、医疗器械、人体支架等，以满足镍过敏人群的需求。

表 2-1-7　典型医用高氮无镍奥氏体不锈钢的化学成分　　　　　　　（%）

牌号	C	Si	Mn	Cr	Mo	Cu	Ni	N
P558	≤0.20	≤0.10	10.00~12.00	16.50~17.50	3.00~3.50		≤0.10	0.50
BioDur 108	≤0.08	≤0.75	21.0~24.0	19.0~23.0	0.50~1.50	≤0.25	≤0.10	>0.90
BIOSSN4	≤0.03	≤0.50	14.00~16.00	16.00~18.00	2.00~3.00		≤0.20	0.45~1.00

4. 高强含氮节镍奥氏体不锈钢

2018 年，国内企业青山集团自主开发了高强含氮节镍奥氏体不锈钢 QN1803，在保证耐腐蚀性能基础上，提高了材料的强度、硬度，同时降了材料成本。QN1803 不锈钢成分设计特点为含氮（≥0.2%）、高铬（≥18%）和高铜（≥1.0%），其屈服强度达到 304 不锈钢的 1.3 倍以上。QN1803 不锈钢的化学成分（质量分数）见表 2-1-8。

表 2-1-8　QN1803 不锈钢的化学成分　　　　　　　　　　　　（%）

钢种	C	Si	Mn	Cr	Mo	Ni	Cu	N
QN1803	≤0.10	≤1.00	4.00~7.00	17.5~19.5	≤0.3	≤3.00	≥1.0	0.2~0.3

另外，我国还开发了 QN1701、QN1803、QN1804、QN1906 和 QN2109 等多种高强含氮节镍奥氏体不锈钢，点蚀当量 *PREN* 在 15.0~30.0 之间，可以根据服役工况条件，选择合适的牌号使用。高强含氮节镍奥氏体不锈钢同时具有高强、耐蚀、耐磨、易加工、易焊接等优良性能，在建筑、装饰、冷藏箱、畜牧业、厨卫、家电及海洋牧场等合适领域有广阔的应用前景。

综上所述，锰、氮代镍奥氏体不锈钢具有优良的力学性能、较好的耐蚀性能、低磁甚至无磁等特点，正确合理地利用氮对力学性能的有益作用，弥补奥氏体不锈钢作为结构材料使用时强度偏低的弱点，加上显著的经济性，资源节约型锰、氮代镍奥氏体不锈钢可以在未来发挥更加重要的作用。

第二节　铁素体不锈钢

一、概述

铁素体不锈钢（ferritic stainless steel，FSS）是指在使用状态具有完全铁素体或以铁素体为主体的组织,铬含量在 10.5% ~ 32% 的铁基合金。为了赋予此类合金一些特定的性能,常加入适量的钼、镍、铜、铌、钛、铝等元素。与奥氏体不锈钢相比,铁素体不锈钢具有屈服强度高、热导率高、热膨胀系数低、深拉成型性能好、耐应力腐蚀破裂性优良、具有铁磁性和成本低等特点。

二、演变与发展

自 1821 年首次发现铬对钢的耐腐蚀性的有利作用,1912 年首次进行工业化生产以来,铁素体不锈钢的发展主要经历了四个阶段。

(1) 1911—1960 年是高碳铁素体不锈钢的发展阶段。在此阶段主要集中于研究铬对耐蚀性、碳对脆性和晶间腐蚀性能的影响。受冶炼装备和生产工艺限制,发展的第一代铁素体不锈钢的碳含量较高,一般在 0.12% 左右,在高温时会有奥氏体相出现,冷却到室温时转变为马氏体,严重降低材料的塑性、韧性和晶间腐蚀性能。第一代铁素体不锈钢的典型钢种 10Cr17(430)现在还在大量生产和应用。

(2) 1960—1980 年,是低碳铁素体不锈钢的发展阶段。人们已经认识到间隙元素碳、氮是引起铁素体不锈钢塑韧性不良和抗晶间腐蚀性能不足的根源,加之 18-8 型奥氏体不锈钢在含氯介质中的应力腐蚀破坏事故频发,低碳铁素体不锈钢得到了关注。随着 AOD 和 VOD 等炉外精炼技术的确立,为将铁素体不锈钢中的碳降低到较低水平创造了基本条件。受脱碳所能达到的水平限制,第二代铁素体不锈钢碳含量一般在 0.03% ~ 0.08% 范围内,为降低碳、氮的有害作用,必须加入适量的钛、铌、铝等稳定化元素。得益于当时汽车工业尾气排放系统的需求,第二代铁素体不锈钢的低铬型铁素体不锈钢 06Cr11Ti(409)得到了极大发展。

(3) 1980—2000 年,是超低碳稳定化铁素体不锈钢的发展阶段。随着 SS-VOD 精炼装备和三步法熔炼工艺的确立,铁素体不锈钢的碳、氮含量可以控制在一个极低的水平,中低铬铁素体不锈钢中碳+氮含量可以达到不超过 0.015%,高铬铁素体不锈钢中碳+氮含量可以达到不超过 0.025%,钢中稳定化元素含量降低,连铸工艺性能、产品表面质量和焊接性能得到提高。在此基础上发展的第三代铁素体不锈钢不再仅仅局限于解决韧脆转变和晶间腐蚀问题,而是主要集中于高性能铁素体不锈钢上。为了解决水处理工业上应力腐蚀问题,发展了应力腐蚀性能优异的 019Cr19Mo2NbTi(444);为了解决耐海水点腐蚀和缝隙腐蚀问题发展了 022Cr27Ni2Mo4NbTi(446)、022Cr29Mo4NbTi(447)。

(4) 进入 21 世纪后,铁素体不锈钢的应用范围进一步扩展,广泛应用于厨房设备、家用电器、建筑内外装饰、汽车运输、热交换器、贮水器等与人们生活密切相关的领域。各生产厂家通过合金化和控制加工工艺,针对不同的应用领域,分别发展了具有优异成型性能、耐大气腐蚀性能、高温疲劳性能、冷镦性能和高表面质量等具有不同特性的铁素体不锈钢新品种。我国的铁素体不锈钢在 2006—2020 年期间有一个飞跃式的发展,粗钢年产量(含马氏体不锈钢)从 2005 年的 86 万吨飞速提高到 2020 年的 592.5 万吨;产品也从以前只能提供 06Cr13Al、06Cr11Ti、10Cr17 等比较单一的牌号,发展到可以提供包含低铬、中铬、中高铬和高铬等全系列的铁素体不锈钢牌号,产品性能和质量也得到大幅度提升。这主要得益于四个因素：1）我国经济持续高速发展、居民收入逐步增加，为铁素体不锈钢的增长奠定了市场基础；2）国际镍价高涨，为铁素体不锈钢的发展带来了价格基础；3）国内太钢和宝钢三步法不锈钢生产线的先后建成投产，为铁素体不锈钢的生产打下了硬件基础；4）"十一五"期间国家科技支撑计划"低镍铁素体不锈钢板带材关键技术开发"课题的顺利执行，给铁素体不锈钢新品种、新工艺的开发提供了技术基础。在此期间，太钢针对国外车辆用 3Cr12 开发了强度高、耐蚀性好、焊接性能优良的铁素体不锈钢 T4003；针对 304 和 316 分别开发了耐应力腐蚀性能优异的铁素体不锈钢 019Cr18Mo1Ti、019Cr19Mo2NbTi；针对海水腐蚀环境中的超级奥氏体不锈钢和钛开发了耐点腐蚀和缝隙腐蚀优异的超级铁素体不锈钢 022Cr27Ni2Mo4NbTi。宝钢针对 304 开发了铁素体不锈钢 B443NT，针对沿海城市外装饰环境开发出了耐大气腐蚀性能和表面质量优异的铁素体不锈钢 B445R。钢铁研究总院开发了核电站用超纯高铬铁素体不锈钢 008Cr27Mo。太钢联合钢铁研究总院进行了适宜热带连续退火的 430Al 的开发。钢铁研究总院、北京科技大学、太钢、宝钢、一汽和中信铌联合开发了汽车排气系统消音器用铁素体不锈钢 439M 等。钢铁研究总院开发了等径转角挤压（ECAP）0Cr13 铁素体不锈钢材料。

三、分类、典型牌号及应用

铁素体不锈钢按铬含量可以分为低铬铁素体不锈钢、中铬铁素体不锈钢、中高铬铁素体不锈钢和高铬铁素体不锈钢四类；按碳、氮含量可以分为一般纯度铁素体不锈钢、中等纯度铁素体不锈钢和高纯铁素体不锈钢三大类；按合金元素构成可以分为铬系铁素体不锈钢和铬钼系铁素体不锈钢两大类。

铁素体不锈钢也可按发展历程分为传统铁素体不锈钢和现代铁素体不锈钢，传统铁素体不锈钢是指第一代和第二代铁素体不锈钢，其碳含量高，大部分已经被现代铁素不锈钢取代，只有 06Cr13Al、10Cr15、10Cr17 和 10Cr17Mo 等少数牌号还在生产应用。现代铁素体不锈钢是指第三代铁素体不锈钢，目前生产应用的铁素体不锈钢大部分牌号属于第三代铁素体不锈钢。

（1）022Cr11Ti、022Cr11NbTi。在 06Cr11Ti 基础上进一步降低碳含量而发展出来 022Cr11Ti、022Cr11NbTi 是含铬量最低的铁素体不锈钢，耐蚀性有限。此类钢的冷成型性能和焊接性能优良、价格低廉，广泛应用于消声器、催化转化器、中心管和尾管等汽车排气系统部件。022Cr11NbTi 是在 022Cr11Ti 的基础上加入铌取代部分钛，进一步细化晶粒，改善晶间腐蚀性能、焊接塑性和表面质量。

（2）022Cr12Ni。022Cr12Ni 是超低碳型铁素体不锈钢，添加了少量的镍和锰，具有中等的耐蚀性、良好的强度、较好的耐湿磨性和良好的焊接性，主要应用于交通、运输、结构、石化、采矿等行业。

（3）022Cr15NbTi。022Cr15NbTi 由于铌的加入提高了钢的高温强度和高温热疲劳性能，同时适当控制钢中硅、锰含量提高钢的抗氧化性能，同时此钢具有良好的成型性能，主要应用于汽车尾气排放系统的歧管。

（4）10Cr17。10Cr17 铁素体不锈钢是目前唯一还在大量生产应用的第一代铁素体不锈钢，碳含量较高，未添加铌、钛等稳定化元素，可采用 AOD 炉冶炼，工艺适应性好、价格低廉，在干燥大气中和氧化性介质中具有适度的耐腐蚀性，可与 304 钢相当，而其耐应力腐蚀性能显著优于 304 钢。在现代冶金厂的生产装备和工艺水平的条件下，将钢中的碳、氮进行适当控制，对热轧工艺进行优化，可以使其冷成型性能得到大幅度提高。10Cr17 钢广泛应用于室内装饰、日用办公设备、厨房设备、热水器和洗衣机内筒等，是铁素体不锈钢产量最大的牌号。

（5）022Cr18Ti、019Cr18MoTi。022Cr18Ti 和 019Cr18MoTi 具有较好的耐腐蚀性能、良好的冷成型性能和焊接性能，主要应用于汽车排气系统消声器。022Cr18Ti 的寿命较022Cr11Ti 延长将近一倍，019Cr18MoTi 寿命更长。两者也广泛地应用于家用电器、洗衣机内筒、燃气热水器交换器、电站低压给水加热器等。

（6）019Cr18CuNb、022Cr18NbTi。019Cr18CuNb 和 022Cr18NbTi 铁素体不锈钢均是含铌钢，具有较高的高温力学性能，同时具有良好的成型性能和焊接性能，主要用于汽车排气系统的热端歧管、中心加热管等。此外也应用于汽车内饰装饰、厨房设备、家具、太阳能集热器和栏杆扶手等。

（7）019Cr21CuTi、019Cr23MoTi、019Cr23Mo2Ti。019Cr21CuTi 由于低碳、氮含量和钛的加入，具有良好的成型性能，适当的塑韧性和良好的耐晶间腐蚀性能。钢中的高铬含量及加入铜的复合作用，使得此钢耐大气腐蚀性能显著提高。此钢是目前不含钼的铁素体不锈钢中耐点腐蚀性能最好的牌号，也是唯一可以和 022Cr19Ni10 奥氏体不锈钢相媲美的铁素体牌号。019Cr21CuTi 广泛应用于厨房器皿、厨房设备、保温箱、冰箱等家用器皿和家电设备，在建筑领域主要应用于非滨海环境的屋面板、幕墙、内外装饰等。

019Cr23MoTi 铁素体不锈钢的耐蚀性处于 022Cr19Ni10 和 022Cr17Ni12Mo2 钢之间，对氯离子环境下的应力腐蚀不敏感。019Cr23MoTi 铁素体不锈钢主要用于太阳能集热器、厨房设备、水处理设备、非滨海环境的建筑屋面板、室外装修、栏杆、扶手等。019Cr23Mo2Ti 铁素体不锈钢最适宜用于采用含氯离子的水冷却的电厂冷凝器及热交换器，此外也可用于滨海环境中的建筑物面板和建筑外装饰结构材料。

（8）022Cr27Ni2Mo4NbTi、022Cr29Mo4NbTi。022Cr27Ni2Mo4NbTi 和 022Cr29Mo4NbTi 铁素体不锈钢属于超级铁素不锈钢，具有良好的耐点腐蚀、缝隙腐蚀和应力腐蚀性能，同时导热系数高、刚度大，主要应用于海水作为冷却介质的各种热交换设备中。

第三节 马氏体不锈钢

一、概述

马氏体不锈钢（martensite stainless steel，MSS）是一类可以通过热处理工艺（淬火、回火）对其性能进行调整的不锈钢，最终使用基体组织主要为马氏体。马氏体不锈钢是一类可硬化的不锈钢，具有磁性。此类不锈钢具备两个基本条件：一是在平衡相图中必须存在奥氏体相区；二是铬含量需在 10.5% 以上，使合金形成耐腐蚀的钝化膜。

二、演变与发展

工业用不锈钢的发明者 H. Brearly 于 1912—1913 年在英国开发了含铬 12%～13% 的马氏体不锈钢。几经发展，1946 年美国 R. Smithetal 研制了马氏体沉淀硬化型不锈钢 17-4PH。随后，既具有高强度又可进行冷加工成型的半奥氏体沉淀硬化不锈钢 17-7PH 和 PH15-7Mo 等相继问世。

20 世纪 60 年代初，国际镍公司（INCO）发布了马氏体时效钢后，为发展高强度马氏体不锈钢引入了马氏体时效强化这一新概念，促进了马氏体时效不锈钢的发展。1961 年美国卡本特（Carpenter）公司研制了第一个含钴的 Pyromet X-12 马氏体时效不锈钢，后又发布了不含钴的 Custom450、Custom455，1967 年、1973 年发布了 Pyromet X-15、Pyromet X-2，此后还先后发布了 AM363、Almar362、In736、PH13-8Mo、Unimar CR 等牌号。英国研发的钢种有 FV448、520、520（B）、520（S）、535、566、D70 及 S/SAV、S/SJ2、12Cr-8Ni-Be 等。德国于 1967 年、1971 年研制发表了 Ultrafort401、Ultrafort402 等钢种。苏联除研究改进美国钢号外，还独立研究了一系列新钢号，常见的钢有 0X15H8Ю、0X17H5M3、1X15H4AM3、07X16H6 等以及大量含钴钢号，如 00X12K14H5M5T、00X14K14H4M3T 等。2006 年底美国 QuesTek 公司为新型飞机起落架研制了马氏体时效不锈钢 FerriumS53，该材料强度达到约 1980 兆帕，断裂韧性 K_{IC} 达到 80 兆帕·米$^{1/2}$。

我国从 20 世纪 70 年代开始马氏体时效不锈钢的研制工作，研制的典型钢种有 00Cr13Ni8Mo2NbTi、00Cr12Ni8Cu2AlNb、00Cr10Ni10Mo2Ti1 等十余种。2002—2005 年钢铁研究总院成功设计并研制出具有自主知识产权的 Cr-Ni-Co-Mo 系马氏体时效不锈钢，实现了超高韧性与超高强度，强度达到 1940 兆帕，断裂韧性 K_{IC} 达到 141 兆帕·米$^{1/2}$。

三、分类、典型牌号及应用

根据钢中合金元素的差别，可将马氏体不锈钢分为马氏体铬系不锈钢和马氏体铬镍系不锈钢两大类型。

马氏体铬系不锈钢中，除含铬外还含有一定量的碳，含铬量决定钢的耐蚀性、不锈性，含碳量则决定钢的力学性能。当铬含量一定（一般不低于 13%Cr）时，含碳量越高，钢的强度、硬度、耐磨性就越高，而耐蚀性、不锈性就越低。根据上述特点，这类钢主要用来制造对力学性能要求高、耐蚀性要求较低（如耐大气、淡水、水蒸气的腐蚀）的零部件，例如普通的汽轮机叶片、活门、紧固件、阀件、测量和剪切工具、弹簧、轴承和外科医疗器械等。这类钢的热处理与一般马氏体钢相同，制作高强耐蚀结构件时需要进行淬火并高温回火处理；制作弹性元件时需要进行淬火并中温回火处理；制作刃具、量具、滚动轴承时进行淬火并低温回火处理。

马氏体铬镍不锈钢中一般碳含量较低，有些牌号还含钨、钼、钴、钒、钛、铌、硼等强化元素。这类钢除了具有较高的强度，特别是中温强度、持久性、蠕变性以外，还具有良好的强度与韧性的匹配，有较高的耐蚀性及足够的可焊性，常用于中等温度（400～600℃）的承力耐蚀结构件，如高负荷发动机零部件、内压容器、燃料容器、排气阀、紧固件等。

马氏体不锈钢可以在空气中淬硬，故焊接性能不良，一般不推荐用于焊接结构件。为了改善钢的切削加工性，有时可在钢中加入硫、硒等元素。

（一）铬系型马氏体不锈钢

12Cr13、20Cr13、30Cr13 和 40Cr13 是马氏体不锈钢中用量较大的几个牌号，一般以卷材、中厚板为主。12Cr13 属于半马氏体型，即除马氏体外，组织结构中还有铁素体组织。20Cr13、30Cr13 和 40Cr13 为马氏体型不锈钢。

12Cr13 主要用于韧性要求较高且有不锈性要求的受冲击载荷的部件或耐磨件，如叶片、紧固件、阀门、刹车盘等，也可用于制作常温下耐弱介质腐蚀的一些设备。

20Cr13 除做叶片、刹车盘外，还可用于泵轴、轴套、叶轮、紧固件等承受较高应力的零部件。

30Cr13 用于强度、硬度要求更高的结构件、耐磨件，如轴、螺栓、阀门、摩托车刹车盘、轴承、弹簧、活塞杆、耐蚀刀具等。

40Cr13 钢的用途基本与 30Cr13 相同，但其强度、硬度较 30Cr13 更高，同时也主要用于不锈钢量具。

4Cr14MoV 是在 40Cr13 的基础上增加钼、钒、氮，来提高耐蚀性、强度、淬火硬度，主要用于特殊工具刀等行业。

50Cr15MoV 主要以卷板为主，钢种碳含量提高至 0.5% 左右，铬含量提高至 15% 左右，并且添加了钼和钒元素，淬火后硬度 HRC56-58 可以达到，主要用于高端刀厨具。

6Cr13 主要以卷板为主，因热处理后具有很高的硬度、强度及一定的耐蚀性被广泛应用于加工手刮剃须刀片。

Y12Cr13、Y30Cr13 以棒材为主，主要用于需要易于加工的螺栓、阀门、轴承等。

12Cr12Mo、13Cr13Mo、32Cr13Mo 以卷板为主，主要用于要求具有较好的耐蚀性和淬硬性的零部件，如钟丝、纺机设备配件等。

20Cr13HN 以卷板为主，为控氮马氏体不锈钢，因具有较好的耐蚀性和淬硬性，主要用于西餐牛排刀、豆浆机刀片等防锈性能要求高的地方。

30Cr14N、40Cr13N 为 30Cr13、40Cr13 的控氮钢，以卷板为主，主要控制氮含量来提高耐蚀性和淬硬性，主要用于高端餐厨具。

68Cr17、85Cr17、108Cr17 以棒材为主，硬化状态下，具有硬度高、韧性高的特点，用于刃具、量具、轴承等。

95Cr18 以棒材为主，系马氏体不锈钢中碳、铬含量最高的钢种，此钢具有高强度，并有不锈、耐蚀的性能，一般用于制作要求具有不锈性或耐弱介质及耐稀氧化性酸、有机酸和盐类等腐蚀的滚珠、轴承、优质刀剪、外科刀具、耐磨蚀部件等。

（二）铬镍型马氏体不锈钢

14Cr17Ni2、17Cr16Ni2 是一种马氏体-铁素体双相不锈钢，是马氏体不锈钢中强度与韧性搭配较好的低碳铬镍型不锈钢，具有高强度和高硬度。对氧化性酸类（一定温度浓度的硝酸、大部分的有机酸及有机酸水溶液）有机盐的水溶液都有一定的耐蚀性，适用于制造硝酸、醋酸的设备轻工和纺织等工业中既要求强韧性又要求耐腐蚀的轴、泵、口罩机模具或汽车喷油系统等零件。

00Cr13Ni5Mo、04Cr13Ni5Mo 是一种超低碳马氏体不锈钢，具有良好的强度、韧性、可焊性及耐磨蚀性能。此钢抛弃了高碳马氏体和形成碳化物的强化手段，而以具有高韧性的低碳马氏体的形成和以镍、钼等合金元素作补充强化为主要强化手段。通过适当的热处理使之具有低碳板条状马氏体与逆转变奥氏体的复相组织，从而既保留了高的强度水平又提高了钢的韧性和可焊性。适用于厚截面尺寸且要求可焊性良好的使用条件，如大型水电站转轮和转轮下环、活动导叶、抗磨件等。

00Cr16Ni5Mo 是 00Cr13Ni5Mo 钢基础上发展的一种超低碳马氏体不锈钢，其更好的耐蚀性和强度，主要用于大型船舶、汽车、机械、大型水电站的核心叶轮等。

0Cr15Ni7Mo2Al 钢的综合性能优于 0Cr17Ni7Al，故其应用范围也较广。在化学工业中，这两种钢主要用于制造耐蚀性好并具有高强度的各种容器、管道、弹簧、膜片等，其耐蚀性要求超过马氏体不锈钢、马氏体沉淀硬化不锈钢和马氏体时效不锈钢。

07Cr17Ni7Al 为典型的沉淀硬化钢，主要用于弹簧、垫圈、计器部件。

05Cr17Ni4Cu4Nb（17-4PH）钢是一种马氏体沉淀硬化不锈钢。它的强度是通过马氏体相变和时效处理的沉淀硬化来达到的。由于此钢低碳、高铬且含铜，故其耐蚀性较 Cr13 型及 9Cr18、1Cr17Ni2 等马氏体钢更好。但较难进行深度的冷成型。多用作既要求有不锈性及耐弱酸、碱、盐腐蚀又要求高强度的部件。

05Cr15Ni5Cu4Nb（15-5PH）钢是在 05Cr17Ni4Cu4Nb（17-4PH）钢基础上发展的马氏体沉淀硬化不锈钢，钢的铬、铜含量较后者低，镍含量稍许提高。此钢除具有高强度外，其突出优点是具有高横向韧性，还具有良好可锻造性能。其耐蚀性与 0Cr17Ni4Cu4Nb 钢相当。主要用于既要求具有高强度、良好韧性，又要求具有优良耐蚀性的使用环境。如高强度锻件，具有良好耐蚀性的高压系统阀门部件、飞机部件等。

0Cr13Ni8Mo2Al 钢是一种采用双真空冶炼的高纯净度马氏体时效不锈钢。它的突出特点是除高的强度外，还具有优良的断裂韧性、良好的横向力学性能和在海洋环境中的耐应力腐蚀性能。由于其具有良好的综合性能，已广泛用于航空航天、核反应堆和石油化工等领域。如冷顶镦和机加工紧固件、飞机部件、核反应堆部件及石油化工装备。

第四节　双相不锈钢

一、概述

双相不锈钢（duplex stainless steel，DSS）是固溶组织中铁素体相与奥氏体相约各占一半，或较少相的含量最少也需要达到30%的一类不锈钢。由于双相不锈钢含有约各占一半的奥氏体相和铁素体相的两相组织特点，通过正确控制化学成分和热处理工艺，将奥氏体不锈钢所具有的优良韧性和焊接性与铁素体不锈钢所具有的较高强度和耐氯化物应力腐蚀性能结合在一起。

双相不锈钢不仅在炼油、化工、石化领域使用，还用于纸浆和造纸、化肥、食品和饮料、制药及建筑、楼房和结构等工业领域。但其最重要的应用是化工、化肥、石化、电力和纸浆、造纸工业中反应容器和其他工业装备。随着双相不锈钢及能源、建筑等行业的发展，双相不锈钢在油气输送、化学品船制造、核电、建筑、海洋工程等领域的应用得以不断拓展，并逐渐拓展至航天、航空、高速轻型客车及信息技术（如软磁高强双相不锈钢）等新领域。

二、演变与发展

1927 年 Bain 和 Griffiths 首先发现了双相组织，1930 年 J. Hochmann 偶然发现提高奥氏体不锈钢中的铬含量不仅使钢具有磁性，而且提高了钢的耐晶间腐蚀性能。自从法国在 1935 年获得第一个双相不锈钢的专利以来，在 20 世纪，双相不锈钢的发展经历了三代。70 年代以来，随着二次精炼技术 AOD 和 VOD 等方法的出现和普及以及连铸技术的发展，氮作为奥氏体形成元素对双相不锈钢重要作用的发现，促进了双相不锈钢在国际上的快速发展。其中，2205 和 2507 双相不锈钢分别作为第二代双相不锈钢和第三代超级双相不锈钢的典型代表，获得了广泛的应用。

进入 21 世纪后，特超级双相不锈钢和经济型双相不锈钢成为双相不锈钢两个重要发展方向。特超级双相不锈钢含有更高的合金元素，获得更高强度和更加优良的耐蚀性。经济型双相不锈钢具有低镍量且不含钼或仅含少量钼的成分特点，与 304 和 316 类型奥氏体不锈钢相比，这种类型钢具有优异的耐应力腐蚀破裂的能力和更好的耐其他腐蚀性能，以及较高的机械强度、较低成本，使其成为 304、316 奥氏体不锈钢甚至 2205 双相不锈钢的有力竞争者，同时，也成为双相不锈钢重要发展方向及增长点。

经过 80 余年的发展，尽管双相不锈钢年产量只占不锈钢产量的不足 1%，但双相不锈钢已经成为不锈钢家族中不可或缺的，与马氏体、铁素体、奥氏体不锈钢并列的钢类。双相不锈钢发展到今天，已经形成了包括三代双相不锈钢、经济型双相不锈钢、特超级双相不锈钢等在内的相对完整的系列。

我国在 20 世纪 70 年代开始进行双相不锈钢的研究、开发，钢铁研究总院最早从事这方面的工作。80 年代初期在分析国外双相不锈钢发展的基础上，研究了氮元素在改善双相不锈钢耐应力腐蚀和孔蚀的机制，并且结合国内各特殊钢厂生产含氮不锈钢的成熟经验，确立了我国重点开发含氮双相不锈钢的发展方向。

钢铁研究总院先后研制了 00Cr18Ni5Mo3Si2、00Cr22Ni5Mo3N、00Cr25Ni6Mo2N、00Cr25Ni6Mo3CuN、00Cr25Ni7Mo3WCuN 等数个双相不锈钢牌号。

1999 年，由吴玖教授主笔编写了我国第一部双相不锈钢专业技术书籍——《双相不锈钢》，这是我国介绍双相不锈钢的第一本专业技术书籍，启蒙了我国科研、生产、使用、设计等单位的众多科技人员，促进了双相不锈钢在我国的传播。受中国国家标准化管理委员会委托，2006 年，宝山钢铁股份有限公司、中国钢研科技集团公司、江苏武进不锈钢管厂集团有限公司、浙江久立特材科技股份有限公司、江苏银环精密钢管股份有限公司等单位启动了《奥氏体-铁素体型双相不锈钢无缝钢管》（GB/T 21833）起草工作，该标准于 2008 年 5 月 13 日发布，2008 年 11 月 1 日正式实施，这是我国第一个专门的双相不锈钢标准，极大促进了我国双相不锈钢的生产和使用。2013 年，由永兴特种不锈钢股份有限公司、宝钢特钢有限公司、四川六合锻造股份有限公司、冶金工业信息标准研究院、钢铁研究总院等单位还共同制定了《奥氏体-铁素体型双相不锈钢棒》（GB/T 31303），2014 年 12 月 5 日发布，2015 年 9 月 1 日实施。随着双相不锈钢在我国的大量应用，越来越多的双相不锈钢牌号被纳入了我国不锈钢的国标体系（GB/T 20878）。

随着双相不锈钢在国际上的不断发展，双相不锈钢在中国也在经历相似的发展阶段，并且不断与国际接轨、缩小与世界的距离。中国双相不锈钢在产量不断增加的同时，在 2000 年后，在双相不锈钢研究、生产、应用、标准制定等方面均得到了较大的发展。

随着对双相不锈钢认识的不断深入，我国双相不锈钢工作者的研究也逐渐深入，在热塑性、有害析出相及氮合金元素控制等影响双相不锈钢生产及应用方面取得的研究进展，促进了我国双相不锈钢的发展。经济型双相不锈钢是一种高性能低成本的氮合金化不锈钢（镍含量一般低于 4%、铬含量约为 21%、氮含量大于 0.15%），具有典型的铁素体-奥氏体双相组织。利用氮取代镍元素的奥氏体化作用，降低成本的同时获得优良的力学性能和耐腐蚀性能。经济型双相不锈钢 03Cr22Mn5Ni2MoCuN（2101）、2003、2202 等，已用于核电、桥梁、建筑、热交换器等行业，取代传统奥氏体不锈钢 304 和 316 不锈钢。由于经济型双相不锈钢具有高强度和优良耐蚀性，同时镍、钼等贵金属的含量都较低，已成为未来不锈钢发展的方向之一。

表 2-1-9 给出了 2005—2020 年间中国不锈钢及双相不锈钢粗钢产量的统计数据。十几年间，中国不锈钢的粗钢产量从 316.1 万吨增长至 3014 万吨，中国不锈钢的粗钢产量在全球不锈钢粗钢的占比从 12.9% 增长至 50% 以上。与此同时，中国双相不锈钢的产量从 2005 年的 828 吨增长至 2020 年的 19.14 万吨。随着双相不锈钢产量的增长，其在中国不锈钢中的占比也稳步提高，从 2005 年至 2007 年的不足 0.1% 提高至 2020 年的 0.6% 左右。

表 2-1-9 2005—2020 年中国不锈钢及双相不锈钢产量

年 份	2005 年	2006 年	2007 年	2008 年	2009 年	2010 年	2011 年	2012 年
不锈粗钢产量/千吨	3161	5299	7206	6943	8804	11255	14091	16087
双相不锈钢/吨	828	1771	6500	16867	16339	24455	37825	18752
双相不锈钢占比/%	0.03	0.03	0.09	0.24	0.19	0.22	0.27	0.12
年 份	2013 年	2014 年	2015 年	2016 年	2017 年	2018 年	2019 年	2020 年
不锈粗钢产量/千吨	18984	21692	21562	24608	25774	26707	29402	30139
双相不锈钢/吨	21073	35741	56622	89354	101959	160660	180943	191432
双相不锈钢占比/%	0.11	0.16	0.26	0.33	0.40	0.60	0.62	0.64

在产量增加的同时，中国双相不锈钢在品种上也发生了较大的变化，其中，板材的产量近年得到较大的增长，以 022Cr23Ni5Mo3N 和 03Cr22Mn5Ni2MoCuN 产量增加更为显著。太钢是不锈钢重要的生产企业，其双相不锈钢品种以板材为主，永兴特材和太钢是主要的双相不锈钢管坯生产企业。生产双相不锈钢管材企业较多，多集中在江浙一带，尤以久立特材和武进不锈产量较大。就钢种而言，中国双相不锈钢钢种组成也逐渐演变为以 022Cr23Ni5Mo3N 为主、多钢种系列协同发展的结构，特别是 2010 年以后，节约型双相不锈钢和超级双相不锈钢在中国的生产得到迅速增加。

三、典型牌号及应用

（一）典型牌号

1. 022Cr23Ni2N

022Cr23Ni2N 是一种低合金型的双相不锈钢，相当于美国的 UNSS32304、德国的 W-Nr1.4362、法国的 Z3CN-04AZ、瑞典的 SS2327 及人们所熟知的瑞典 Sandvik 牌号 SAF2304。其不含钼，铬和镍的含量也较低，但它具有双相不锈钢的两相组织特征，开发之初是为了替代 304L 和 316L。目前已被 ASME 确认可用于锅炉和压力容器、化工厂和炼油厂管道。

2. 022Cr22Ni5Mo3N、022Cr23Ni5Mo3N

瑞典继开发了 3RE60 双相不锈钢之后，针对酸性油井管及管线用材开发出了 SAF2205 钢，也属于第二代双相不锈钢。其纳入了 ASTM A789、A790、A240、A276 等标准，美国牌号为 UNS S31803 及 S32205。20 世纪 80 年代以后，各国相继开发类似钢种，并纳入标准，德国有 W-Nr.4462、DIN X2CrNiMoN2253，法国有 Z2CND2205-03，英国有 BS38S13 等，我国对应的牌号为 022Cr22Ni5Mo3N、022Cr23Ni5Mo3N，俗称 2205。

该钢种自 20 世纪 80 年代初开始用于油气井生产，这是最早在这方面使用的双相不锈钢，中国在 20 世纪 80 年代初开始研制类似 SAF2205 钢的 00Cr22Ni5Mo3N 双相不锈钢，它在中性氯化物溶液的耐应力腐蚀性能优于 304L、316L 奥氏体不锈钢及 18-5Mo 型双相不锈钢。由于含氮，且耐孔蚀性能也很好，还有良好的强度及韧性等综合性能，可进行冷、热加工及成型，焊接性良好，适用作结构材料，是目前应用最普遍、用量最大的双相不锈钢材料。

3. 022Cr25Ni7Mo4N

022Cr25Ni7Mo4N 是一种超级双相不锈钢，相当于瑞典 Sandvik 开发的 SAF2507、美国的 UNS S32750、德国的 DIN X2CrNiMoN2574，在我国俗称 2507。

022Cr25Ni7Mo4N 高铬、高钼和高氮的平衡成分设计，使钢具有很高的耐应力腐蚀破裂、耐孔蚀和缝隙腐蚀的性能，而且在有机酸和一定范围的无机酸中也有很低的腐蚀速率。主要用于苛刻的介质尤其是含氯的环境。

4. 03Cr21Ni1MoCuN

03Cr21Ni1MoCuN 是一种经济型的双相不锈钢，对应牌号 UNS S32101。该钢最早是由 Outokumpu 公司开发的 LDX2101。典型成分为 21.5Cr-5Mn-1.5Ni-0.22N-0.3Mo-0.3Cu，其强度是 304 奥氏体不锈钢的两倍，耐点腐蚀性能更优，而原材料成本显著低于 304。目前广泛应用于核电、储罐等行业，且已被指定用于核电 AP1000 堆型水池覆面板等部件。

（二）我国双相不锈钢的应用

我国双相不锈钢在经历产量不断增长的同时，其应用领域也不断拓展，在巩固和提高双相不锈钢在石化等主要应用领域使用的同时，近年来，在油气输送、化学品船制造、核电、建筑等领域得以不断拓展。在石化装置中多种还原性、强氧化性及含卤素离子，H_2S、CO_2 介质等温度较高的腐蚀介质中，特别适合采用双相不锈钢解决其点蚀、缝隙腐蚀与应力腐蚀破裂问题。我国早期开发的 00Cr18Ni5Mo3Si2 双相不锈钢首先用于炼油厂常减压塔、焦化分馏塔、汽提塔、催化裂化吸收塔和稳定塔的内衬。目前，022Cr23Ni5Mo3N、022Cr25Ni7Mo4N 等双相不锈钢已经在石化装置中的甲醇反应器、氯乙烯（VCM）氧氯化反应器、换热器、常减压冷凝器、给水加热器、催化裂化、加氢裂化等装置得到广泛的应用。

近年来，双相不锈钢在我国油气输送、化学品船、核电、海洋工程等领域得到拓展及应用。2003—2004 年，新疆塔里木盆地克拉 2 气田等西气东输工程采用了宝钢特钢和久立特材生产的 022Cr23Ni5Mo3N 双相不锈钢管材。

在我国的化学品船建造上，双相不锈钢的使用经历了从进口到国产的过程。2002 年湖北青山船厂建造的载重为 18500 吨的化学液货船首制船用 S31803 板材是由法国阿赛洛（Arcelor）公司提供，2003 年续建的第二艘同型船所需板材由瑞典 Avesta 公司提供。2009 年，由川东造船厂制造的"重庆号"9000 吨不锈钢化学品船液货舱内胆则首次采用太钢提供的 022Cr23Ni5Mo3N 双相不锈钢。

在 AP1000 核电站中，03Cr21Ni1MoCuN 被用于换料通道、乏燃料水池、换料水池、反应堆腔室等处。2010 年，太钢供应的 03Cr21Ni1MoCuN 双相不锈钢板用于国内首座内陆核电站桃花江项目结构模块。

在沿海建筑桥梁方面，太钢的双相不锈钢螺纹钢筋、连接件、折弯件组合产品通过了权威的英国 CARES 认证，建立了不锈钢钢筋标准和应用技术规范，其生产的 8000 余吨 UNS S32304 双相不锈钢螺纹钢筋在世界最长、设计寿命超过 120 年的港珠澳跨海大桥得到成功应用。

我国双相不锈钢还在纸浆与造纸、海水淡化、脱硫吸收装置、城市轨道交通等领域得到应用。

我国双相不锈钢在满足国内工程需求、替代进口的同时，还在国外工程项目得到应用。例如久立特材的 UNS S32305 焊管用于制作阿曼国家石油公司（PDO）天然气集气管线，太钢生产的 UNS S32305 双相不锈钢冷板用于迪拜标志性建筑——ADIC 工程（阿布扎比移民局大楼）2098 个遮阳伞（23980 平方米）支撑架的制作。

随着对双相不锈钢的认识及生产水平的不断提高，近年来我国双相不锈钢在产量、钢种、品种等方面均有较大的发展与进步。我国已经摆脱 2000 年左右时的产量小、品种单一的状况，在产量不断增长的同时，品种逐渐多样化，与此同时，节约型双相不锈钢和超级双相不锈钢的比重越来越大。

在此基础上，我国双相不锈钢的市场拓展也有显著的发展，已经从主要用于石化单一行业，逐渐形成石化、化学品运输、核电、海洋等多领域应用的情况，并不断走出国门，开拓海外市场，如图 2-1-3 所示。

(a)　　　　　　　　　　　　　　　　(b)

(c)　　　　　　　　　　　　　　　　(d)

图 2-1-3　我国双相不锈钢的部分应用实例

（a）S32101 双相不锈钢板用于核电站结构模块；（b）不锈钢化学品船液货舱内胆采用 2205 双相不锈钢；
（c）2304 螺纹钢筋在港珠澳跨海大桥的应用；（d）2205 双相不锈钢冷板用于迪拜标志性建筑—ADIC 工程

第五节　不锈耐热钢

一、概念与分类

不锈耐热钢（也称热强钢）是指在高温下具有良好化学稳定性并具有较高的高温强度

的不锈钢。电站用不锈耐热钢是指电站关键承压部件用不锈耐热钢，主要包括水冷壁、过热器、再热器、集箱和主蒸汽管道等。电站锅炉管长期在高温、高压蒸汽环境下服役，一般设计要求锅炉管的使用寿命 30 年。因此，要求电站用不锈耐热钢具有高的热强性、抗高温蒸汽氧化、抗高温烟气腐蚀、良好的焊接性和冷热成型等综合性能。我国自主研发的典型不锈耐热钢牌号有低合金不锈耐热钢 G102、马氏体不锈耐热钢 G115。

G102 钢（12Cr2MoWVTiB）是钢铁研究总院刘荣藻教授团队于 20 世纪 60—70 年代在 2Cr-Mo-V 钢的基础上成功研发的，并在当时中国先进燃煤电站锅炉制造中大量应用，解决了当年先进燃煤电站锅炉制造的急需。G102 钢是低碳、低合金贝氏体型不锈热强钢（见表 2-1-10），具有优良的综合力学性能和工艺性能。其热强性和使用温度超过当时国外同类钢种，最高金属壁温的热强性达到某些铬镍奥氏体不锈耐热钢的水平，使我国高参数大型电站锅炉避免使用价格昂贵、工艺性稍差、运行中问题较多的铬镍奥氏体不锈耐热钢，对降低锅炉成本、减少工艺困难、缩短制造周期和保证锅炉安全运行都具有重要意义。

表 2-1-10　G102 钢典型化学成分范围

元素	C	Si	Mn	Cr	Mo	W	V	Ti	B	S，P
质量分数/%	0.08 ~ 0.15	0.45 ~ 0.75	0.45 ~ 0.65	1.6 ~ 2.1	0.5 ~ 0.65	0.3 ~ 0.55	0.28 ~ 0.42	0.08 ~ 0.18	≤0.008	≤0.035

钢铁研究总院在研发 G102 低合金不锈耐热钢时，首次明确提出和系统总结了电站锅炉钢的"多元素复合强化"设计思想，研制的 G102 锅炉管综合性能在当时处于国际同类材料的领先水平。自 20 世纪 70 年代以来，G102 锅炉管大批量地用于国内高参数燃煤电站锅炉的制造，迄今仍然在应用。

从某种意义上说，G102 钢的成功研发和"多元素复合强化"设计思想的提出是电站锅炉不锈耐热钢发展历史上的一个极其重要的里程碑。通过"多元素复合强化"设计，G102 钢的总体合金含量不高，成分匹配控制难度不大，工业生产稳定可控。尤为重要的是 G102 钢的成功研发把铁素体系不锈耐热钢的使用温度上限向上拓展到蒸汽温度 580℃附近，这是一个非常大的进步。我国"多元素复合强化"设计思想为世界铁素体系不锈耐热钢的进一步发展打开了一扇正确的大门，美国和日本在 20 世纪 70—80 年代成功研发并在电站建设中大量应用的 07Cr2MoW2VNbB、10Cr9Mo1VNbN 和 10Cr9MoW2VNbBN 等重要铁素体系不锈耐热钢均是借鉴我国 G102 钢研发的成功经验和植根于"多元素复合强化"设计思想的。

马氏体不锈耐热钢 G115 是钢铁研究总院刘正东教授团队历时十余年自主研发、可支撑我国 630 ~ 650℃超超临界电站建设的主干型不锈耐热材料。

二、典型牌号及应用

迄今，世界上最先进的商用超超临界电站蒸汽温度为 600℃（二次再热温度 620℃），其大量应用的典型不锈耐热钢牌号有 10Cr9Mo1VNbN、10Cr9MoW2VNbBN、07Cr19Ni10、07Cr25Ni21NbN、07Cr18Ni11Nb 等，其典型成分范围和常规力学性能要求分别见表 2-1-11 和表 2-1-12。

表 2-1-11　国内典型不锈耐热钢牌号和化学成分（质量分数）

（%）

序号	牌号	C	Si	Mn	Cr	Mo	V	Ti	B	Ni	Al$_{tot}$	Cu	Nb	N	W
1	12Cr1MoVG	0.08~0.15	0.17~0.37	0.40~0.70	0.90~1.20	0.25~0.35	0.15~0.30	—	—	—	—	—	—	—	—
2	07Cr2MoW2VNbB (T/P23)	0.04~0.10	≤0.50	0.10~0.60	1.90~2.60	0.05~0.30	0.20~0.30	—	0.0005~0.0060	—	≤0.030	—	0.02~0.08	≤0.030	1.45~1.75
3	10Cr9Mo1VNbN (T/P91)	0.08~0.12	0.20~0.50	0.30~0.60	8.00~9.50	0.85~1.05	0.18~0.25	—	—	≤0.40	≤0.020	—	0.06~0.10	0.030~0.070	—
4	10Cr9MoW2VNbBN (T/P92)	0.07~0.13	≤0.50	0.30~0.60	8.50~9.50	0.30~0.60	0.15~0.25	—	0.0010~0.0060	≤0.40	≤0.020	—	0.04~0.09	0.030~0.070	1.50~2.00
5	07Cr19Ni10 (304)	0.07~0.13	≤0.30	≤2.00	18.00~20.00	—	—	—	—	8.00~11.00	—	—	—	—	—
6	10Cr18Ni9NbCu3BN (S30432)	0.04~0.10	≤0.75	≤1.00	17.00~19.00	—	—	—	0.0010~0.0100	7.50~10.50	0.003~0.030	2.50~3.50	0.30~0.60	0.050~0.120	—
7	07Cr25Ni21	0.04~0.10	≤0.75	≤2.00	24.00~26.00	—	—	—	—	19.00~22.00	—	—	—	—	—
8	07Cr25Ni21NbN (HR3C)	0.04~0.10	≤0.75	≤2.00	24.00~26.00	—	—	—	—	19.00~22.00	—	—	0.20~0.60	0.150~0.350	—
9	07Cr19Ni11Ti (TP321H)	0.04~0.10	≤0.75	≤2.00	17.00~20.00	—	—	4C~0.60	—	9.00~13.00	—	—	—	—	—
10	07Cr18Ni11Nb (TP347H)	0.04~0.10	≤0.75	≤2.00	17.00~19.00	—	—	—	—	9.00~13.00	—	—	8C~1.10	—	—
11	08Cr18Ni11NbFG (TP347HFG)	0.06~0.10	≤0.75	≤2.00	17.00~19.00	—	—	—	—	10.00~12.00	—	—	8C~1.10	—	—

注：1. Al$_{tot}$ 指全铝含量。

2. 牌号 08Cr18Ni11NbFG 中的 "FG" 表示细晶粒。

表 2-1-12 国内典型不锈耐热钢常规力学性能

序号	牌　号	拉　伸　性　能				冲击吸收能量（KV₂）/焦		硬　度	
		抗拉强度 R_m/兆帕	下屈服强度或规定塑性延伸强度 R_{eL} 或 $R_{p0.2}$/兆帕	断后延伸率 A/%		纵向	横向	HBW	HV
				纵向	横向				
				不小于					
1	12Cr1MoVG	470~640	255	21	19	40	27	135~195	135~195
2	07Cr2MoW2VNbB（T/P23）	≥510	400	22	18	40	27	150~220	150~230
3	10Cr9Mo1VNbN（T/P91）	≥585	415	20	16	40	27	185~250	185~265
4	10Cr9MoW2VNbBN（T/P92）	≥620	440	20	16	40	27	185~250	185~265
5	07Cr19Ni10（304）	≥515	205	35	—	—	—	140~192	150~200
6	10Cr18Ni9NbCu3BN（S30432）	≥590	235	35	—	—	—	150~219	160~230
7	07Cr25Ni21	≥515	205	35	—	—	—	140~192	150~200
8	07Cr25Ni21NbN（HR3C）	≥655	295	35	—	—	—	175~256	—
9	07Cr19Ni11Ti（TP321H）	≥515	205	35	—	—	—	140~192	150~200
10	07Cr18Ni11Nb（TP347H）	≥520	205	35	—	—	—	140~192	150~200
11	08Cr18Ni11NbFG（TP347HFG）	≥550	205	35	—	—	—	140~192	150~200

第二章 不锈钢生产工艺技术发展

第一节 不锈钢冶炼工艺技术

一、发展概述

随着不锈钢炼钢基础理论的不断创新和完善，不锈钢冶炼技术及装备也不断发展。1900 年，法国人 P. Heroult 发明了工业电弧炉，开始较大规模的不锈钢工业生产。1926 年，A. L. Field 电炉氧化法吹氧高温脱碳，还原 Fe-Cr 精炼法开发，使电炉一步法生产不锈钢实现批量生产。1948 年，美国人 D. C. Hilty 提出了通过对 Cr-C 温度平衡的研究，在高温条件下脱碳保铬理论，奠定了不锈钢冶炼理论基础，在此基础上进一步研究了降低一氧化碳的分压对不锈钢生产物化反应的影响，推动了不锈钢冶炼技术的进步。1967 年，德国 WITTEN 公司开发了 VOD 工艺。1968 年，美国 Union Carbide 公司开发了 AOD 技术冶炼不锈钢。这两大不锈钢生产的革命性技术，大大降低了不锈钢的生产成本，使不锈钢炉外精炼技术成为生产不锈钢的主流技术。VOD 法和 AOD 法的成功开发对世界不锈钢发展产生了极大的推动，极大地提高了不锈钢生产效率，降低了不锈钢冶炼成本，为不锈钢的规模化生产奠定了基础，对世界不锈钢生产具有划时代的意义。

不锈钢的冶炼过程主要目标是减少脱碳过程中铬的氧化，实现脱碳保铬，提高生产效率，降低成本，保证质量。不锈钢冶炼工艺的选择与品种结构和原材料结构有关，这些原材料主要包括废钢、铁水、铬矿石、镍矿合金等。不锈钢冶炼所用的装备分为初炼设备和精炼设备两大类，初炼设备包括电弧炉（EAF）、非真空感应炉（一般用于小规模生产）、矿热炉、顶底复吹转炉等；精炼设备主要包括钢包型精炼设备（VOD、SS-VOD、VOD-PB 等）、转炉型精炼设备（AOD、VODC、VCR、CLU、KCB-S、K-OBM-S、K-BOP、MRP-L、GOR 等）及 RH 功能扩展型精炼设备（RH-OB、RH-KTB、RH-KPB 等）三大类。

目前世界上生产不锈钢的冶炼工艺一般是多种装备的结合，主要分为一步法、二步法和三步法工艺，以及新型一体化生产方法。

（一）一步法不锈钢冶炼工艺

早期的一步法不锈钢冶炼工艺即电炉一步冶炼不锈钢，是指在一座电炉内完成废钢熔化、脱碳、还原和精炼等工序，将炉料一步冶炼成不锈钢。由于一步法对原料要求苛刻（需返回不锈钢废钢、低碳铬铁和金属铬），生产中原材料、能源介质消耗高，成本高，冶炼周期长，生产率低，产品品种少，质量差，炉衬寿命短，耐火材料消耗高，目前已全部淘汰此种生产不锈钢的方法。

随着炉外精炼工艺的不断发展以及 AOD（或 GOR）炉在不锈钢生产领域的广泛应用，目前很多不锈钢生产企业采用脱磷铁水或低镍铁水代替废钢，将铁水兑入 AOD（或 GOR）炉，高位料仓加入合金作为原料进行不锈钢冶炼，由此形成了新型一步法冶炼工艺。新型一步法冶炼工艺与早期一步法相比，在生产流程上取消了电炉这一冶炼环节，其优点包括降低投资；降低生产成本；高炉铁水冶炼降低了配料成本，降低了能耗，提高了钢水纯净度；废钢比低，适应现有的废钢市场；对于冶炼 400 系和低镍 200 系不锈钢尤为经济。但新型一步法对原料条件和产品方案具有一定要求：一是要求入炉铁水磷含量低于 0.03%，因此冶炼流程中须增加铁水脱磷处理环节；二是不适用于成分复杂、合金含量高的不锈钢品种。作为发展中国家，我国废钢资源缺乏，又是极度贫镍的国家，加之 400 系和低镍 200 系不锈钢在日常生活和工业生产领域的应用范围越来越广，这些客观条件都使得新型一步法不锈钢冶炼被越来越多的生产企业采用。

（二）二步法不锈钢冶炼工艺

20 世纪 70 年代初期，人们将 VOD 或 AOD 精炼与电炉相配合，形成了不锈钢的二步法生产工艺。二步法不锈钢代表工艺路线为 EAF→AOD、EAF→VOD（电弧炉→VOD 真空精炼炉）。其中 EAF 炉主要用于熔化废钢和合金原料，生产不锈钢预熔液。采用 EAF→AOD 路线时，不锈钢预熔液兑入 AOD 炉中冶炼成合格的不锈钢钢水，主要应用于专业化不锈钢生产厂，冶炼钢种不受限制，投资和生产成本较低。采用 EAF→VOD 二步法炼钢工艺，比较适合小规模多品种的不锈钢炼钢厂生产。二步法采用高炉铁水作为不锈钢冶炼主原料时，需要加入脱磷的环节。

采用电炉与 AOD 的二步法炼钢工艺生产不锈钢具有如下优点：（1）AOD 生产工艺对入炉原材料要求较低，电炉出钢碳含量可达 2% 左右，因此可以采用廉价的高碳铬铁和 20% 的不锈钢废钢作为原料，降低了生产成本；（2）AOD 法可以将钢水中的碳脱到 0.05%，如果延长脱碳时间，还可进一步将钢水中的碳脱到 0.03% 以下；（3）不锈钢生产周期相对 VOD 较短，灵活性较好；（4）生产系统设备总投资较 VOD 大，但比三步法少；（5）AOD 炉生产一步成钢，人员少，设备少，所以综合成本较低。其缺点是炉衬使用寿命较低，氩气消耗量大。

二步法不锈钢冶炼工艺被广泛应用于生产各系列不锈钢，可生产除了超纯铁素体不锈钢外 95% 的不锈钢品种，目前采用二步法生产的不锈钢占世界不锈钢总产量的 80% 左右，其中 76% 是通过 AOD 炉生产。

（三）三步法不锈钢冶炼工艺

三步法工艺于 20 世纪 80 年代开发成功，基本工艺流程为：铁水预处理脱磷→K-OBM-S/AOD 炉→真空精炼装置，是冶炼不锈钢的先进方法，主要生产 300 系及 400 系超低碳品种，产品质量好，符合我国不锈钢废钢资源紧张的国情，适用于联合钢铁企业的不锈钢生产。

该工艺是在二步法的基础上增加了深脱碳的环节，其冶炼工艺优点为：（1）各环节分工明确，生产节奏快，操作优化；（2）产品质量高，氮、氢、氧和夹杂物含量低，可生产的品种范围广；（3）可采用铁水冶炼，对原料的要求也不高，原料选择灵活。但三步法工艺的缺点是增加了工艺环节，投资和生产成本较高。与二步法相比优势是氩气消耗低、转炉炉衬寿命长、产品质量好、有利于与连铸机的节奏匹配，该工艺产量约占不锈钢总产量的20%。

　　三步法冶炼不锈钢的显著特点是以廉价的高炉铁水经预处理脱磷作为主原料；复吹转炉主要任务是实现快速脱碳和铬合金化，达到高效率生产及高铬回收率；VOD负责深脱碳、脱气、脱氧及合金微调等工作。三步法适合废钢资源短缺、氩气供应短缺的地区，且有高炉铁水资源的大型钢铁联合企业采用。

（四）RKEF+AOD 冶炼工艺

　　RKEF（rotary kiln-electric furnace，回转窑—矿热炉）工艺是一种镍铁生产熔炼技术，始于20世纪50年代，由Elkem公司在新喀里多尼亚的多尼安博厂开发成功，随着设计制造、安装调试和生产操作上日臻成熟，已成为世界上生产镍铁的主流工艺技术。目前全球采用RKEF工艺生产镍铁的公司有十几家，生产厂遍及欧美、日本、东南亚等地。

　　采用RKEF工艺进行不锈钢镍铁原料的生产，主要优势在于原料适应性强，可适用镁质硅酸盐矿和含铁不高于30%的褐铁矿型氧化镍矿及中间型矿，最适合使用湿法工艺难以处理的高镁低铁氧化镍矿石；镍铁品位高，有害元素少，同样的矿石RKEF工艺生产的镍铁品位高于其他工艺；能源节约与利用水平高，回转窑生产的焙砂在800℃的高温下入炉，相对于冷料入炉节省了大量的物理热和化学热。

　　将RKEF和AOD结合在一起，国内开发了RKEF→AOD→浇铸→轧制的不锈钢生产工艺，主要生产300系钢种，被很多企业采用（见图2-2-1）。该工艺采用RKEF得到的热镍铁水作为原料直送炼钢，经过脱硅转炉+AOD转炉冶炼并浇铸后得到红坯，然后将红坯送到轧钢进行轧制。与以往不锈钢生产工艺相比重要的区别是采用热镍铁水直送炼钢，取消了镍铁水铸铁与电炉熔化工序，避免了二次熔化和二次排放，实现了大幅节能降耗减排；再配合连铸红坯通过辊道和地下板坯输送台车热送到热轧产线，可实现连铸坯热装热送，大幅降低了板坯加热所需的能耗，同时也减少了废气排放。

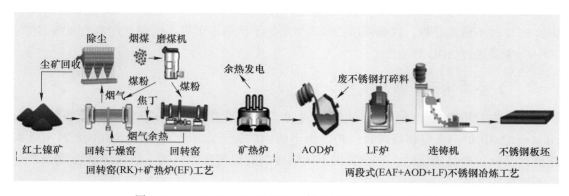

图 2-2-1　RKEF+AOD 双联法一体化冶炼不锈钢工艺流程

二、我国的冶炼技术发展

我国不锈钢冶炼技术和装备的发展历程大体可以分为四个阶段。

(一) 第一阶段 (20 世纪50—70 年代)

20 世纪 50 年代初期，我国正处于国民经济恢复时期，在工艺不完善、装备不配套、操作水平不高、原料体系不健全的条件下，我国不锈钢冶炼都是使用容积在 3 吨、5 吨电炉和吨位更小的感应炉来进行不锈钢冶炼，精炼则是采用钢包真空处理或电渣重熔。20 世纪 50 年代首先生产 Cr13 系不锈钢，这一时期还开始生产 1Cr18Ni9Ti、1Cr18Ni12Mo2Ti、0Cr17Mn6Ni5N、1Cr18Mn8Ni5N、1Cr18Mn10Ni5Mo3N，到 50 年代末开始生产铁素体不锈钢。进入 20 世纪 60 年代，由于国内原子能、航空航天和化学工业的需要，我国发扬自力更生、艰苦奋斗精神，先后研制成功了 PH15-7Mo、17-7PH 和 17-4PH 等沉淀硬化不锈钢。同时采用电炉吹氧生产了 00Cr18Ni10、00Cr18Ni12Mo2 等不锈钢，并研制了无镍的 Cr-Mn-N 等钢种。20 世纪 70 年代为了解决原子能、石油和化学工业中出现的 18-8 型奥氏体不锈钢等设备部件的应力腐蚀断裂问题，一些双相钢品种研制成功，同时真空感应炉、真空电子束炉和真空自耗炉等真空冶炼技术投入使用，批量生产了碳+氮小于0.025% 的超纯铁素体不锈钢。这一时期，采用电弧炉氧气炼钢进行超低碳不锈钢冶炼，一批新钢种问世，我国科技人员还掌握了这些钢种的冶炼、冷热加工及热处理等工艺和性能，批量试制的各种不锈钢板棒带在核工业领域使用过程中，取得良好效果。

不锈钢生产技术的发展也带动了科研的发展。针对镍铬短缺的实际情况，我国不锈钢行业开始探索以铝代镍、以碳锰代镍以及无镍、节镍、无铬等可行性试验，并取得进展。同时，科研单位与不锈钢厂合作，开展用单重 3.5 吨大锭进行大锻件工业化生产，积极探索工艺优化和热处理工。

这一期间，打破国外封锁，不锈钢新工艺、新技术、新装备开始引进，太钢等企业最早引进西欧等国家的不锈钢先进装备，并破土动工。同期上钢三厂、大连钢厂、抚顺钢厂、长城钢厂、西宁钢厂先后上马了一批不锈钢装备，不锈钢生产能力和技术水平有所提升。

(二) 第二阶段 (20 世纪80—90 年代)

这一时期，随着炉外精炼新工艺技术在我国的引进应用，一批低碳、超低碳不锈钢批量生产，双相不锈钢品种和含氮超低碳不锈钢接连试制成功并得到部分应用。在核能工业中，探索出在严酷环境下应用的含铌和高硅奥氏体高镍不锈钢缺陷的有效解决办法。针对电力发电汽轮机末级叶片使用的马氏体沉淀硬化不锈钢需求，对多种马氏体时效不锈钢进行了深入研究，积累了大量数据和工艺储备，与此同时，通过对铁素体不锈钢的开发与研制，加上不锈钢炉外精炼技术的应用，不锈钢产品进一步应用到纺织印染等行业。

随着我国不锈钢装备技术迅速发展，AOD 和 VOD 炉外精炼技术成功开发应用。1977 年，太钢与科研院所合作开发的国内首台 AOD 氩氧精炼炉投产。1978 年，大连钢厂与科研院所合作开发的国内首台 VOD 精炼炉投产。同时，太钢从欧洲国家引进设计能力年产 3 万吨的不锈钢冷轧薄板厂建成投产，形成了包括 6 吨 AOD、50 吨高功率电炉、50 吨氧气顶吹转炉、2300 毫米四辊可逆式中板轧机、1700 毫米炉卷轧机、1450 毫米八辊冷轧机在内的不锈钢生产装备，不锈钢生产线开始打通，太钢不锈钢板材生产基地初步建成。

80 年代以后，改革开放推动了不锈钢产业的迅速发展。一批不锈钢企业的生产能力和装备水平迅速提高，先后安装了 18～40 吨的 AOD 和 15～60 吨的 VOD 二次精炼装置，精炼比显著提高，不锈钢质量也更加稳定，获得国家、部优、省优产品奖。到 80 年代末，用低碳、超低碳不锈钢替代多种昂贵元素的钢种产量已经占到不锈钢全年产量的 10% 以上。1981 年，抚顺钢厂从联邦德国引进了大型 VOD-VHD 精炼炉、真空感应炉、1000 吨精锻机、2000 吨快锻机。1985 年 12 月，太钢自行研制的我国首台立式不锈钢连铸机投产，拉开了我国不锈钢生产连铸化的序幕。

（三）第三阶段（21 世纪初至 2010 年）

2001 年我国加入 WTO 以后，随着经济发展、工业化战略实施、技术革新及产业结构调整，全球不锈钢生产消费重心逐步向中国转移。伴随着国内不锈钢大规模技术改造和建设的推进，我国不锈钢加速发展。各生产企业，特别是国有企业的冶炼工艺装备和生产操作技术进步也起到了重要的支撑作用，为不锈钢的发展奠定了生产装备基础。

太钢不锈钢的发展：2001 年太钢开始进行 50 万吨不锈钢改造。2002 年 12 月，太钢的铁水脱磷预处理→K-OBM-S 转炉→VOD 三步法生产线试炼成功。2003 年 3 月方板坯兼容连铸机投产，50 万吨不锈钢生产线贯通，不锈钢产能达到 100 万吨。2004 年太钢又开始大规模的 150 万吨不锈钢改造工程建设，建设了世界最大 160 吨不锈钢电炉、最大的不锈钢转炉——180 吨 AOD 及 180 吨钢包精炼炉，建成了世界上最先进的现代化不锈钢炼钢厂，并于 2006 年 9 月顺利投产生产出不锈钢连铸坯，太钢的不锈钢产能达到了 300 万吨。

宝钢不锈钢的发展：2001 年 1 月，宝钢不锈钢工程奠基，不锈钢设计产能 150 万吨，热轧卷产能 128 万吨。2003 年 12 月，宝钢 1780 热轧生产线建成，第一卷下线。2005 年 6 月，宝钢不锈钢扩建工程建成。2006 年 4 月，宝钢不锈钢冷轧生产线开工。2007 年 8 月，宝钢不锈钢冷轧生产线建成投产。

同时，以青山为代表的，包括山东泰山、四川金广、永兴特钢等一批民营不锈钢企业崛起。以广东佛山、江苏无锡为代表的不锈钢集散地和加工中心逐步形成，不锈钢产业链逐渐健全和完善。

在实施一系列不锈钢项目后，不锈钢和钢材产量迅速增长，跨入世界不锈钢炼钢生产企业前列。

（四）第四阶段（2010 年至今）

这一阶段我国不锈钢工艺技术和装备的发展由快速发展进入转型发展和新的创新期。随着我国不锈钢工艺和装备水平的不断突破和进步，不锈钢制造成本大幅下降，加之人们对不锈钢产品全生命周期综合成本的重视程度不断提高，极大地推动了各产业大量使用不锈钢。太钢吸取世界钢铁工业发展的成功经验，坚持高起点进行不锈钢改造和建设，走装备大型化、工艺现代化、生产高效化、品种多元化的发展之路，为迅速超越国际强手、大幅度提升产品质量、扩大规格品种、降低能源消耗、提高劳动生产率提供了重要保证。

2010 年 12 月，福建省与宝钢集团签署战略合作协议，投资 200 亿元与德盛镍业重组，旨在形成 300 万~500 万吨不锈钢生产基地。2012 年太钢进行了升级改造，其不锈钢产能达到 450 万吨。与此同时，联众（广州）不锈钢公司、酒钢不锈钢工程、攀钢长城特钢、东北特钢、大连特钢也加快建设步伐。

2013—2015 年，技术革命迎来了不锈钢二次产能快速扩张时代。这一时期，我国民营不锈钢企业快速发展，推动不锈钢工艺技术装备和生产规模有了新的发展。民营巨头青山、诚德、德龙等利用 RKEF 镍铁冶炼技术和炼钢一体化工艺的成本优势，产能快速扩张，再加上华东和华南许多隐性产能，2015 年中国不锈钢产能发展达到阶段性高点—3900 万吨/年，截至 2015 年年底具备不锈钢粗钢冶炼企业数量大致在 70~80 家。

三、我国主要冶炼工艺装备及技术进步

（一）AOD 冶炼装备及技术

我国第一台 AOD 炉投产以来 AOD 的容量不断大型化。早期约有 1~40 吨 AOD 炉 20 多台，其中 18 吨以上 AOD 炉共 8 台（包括太钢 3 台 40 吨、大连 1 台 40 吨、浦东 1 台 30 吨、上钢五厂 1 台 18 吨、长城 1 台 18 吨和宜达 1 台 18 吨）。2002 年太钢 1 台 80 吨 K-OBM-SAOD 炉投产，2003 年张家港浦项 2 台 150 吨 AOD 炉投产，2004 年上钢五厂 60 吨 AOD 炉和上钢一厂 120 吨 AOD 炉投产，2005 年广州联众 2 台 170 吨 AOD 炉投产，2006 年太钢 2 台 170 吨 AOD 炉投产、2006 年酒钢 1 台 110 吨 AOD 炉建成投产。国内青山不锈、江苏德龙、北海诚德等一大批民营企业也相继投产了 AOD 设备，使中国 AOD 炉装备水平有了明显的提高。

太钢是中国最早采用 AOD 炉生产不锈钢的企业，太钢对 18 吨 AOD 炉实施过两次技术改造。经过第一次改造，AOD 炉容由 18 吨扩至 40 吨，生产能力由 16 万吨提高到 40 万吨。2004 年实施第二次改造，炉容进一步扩大至 45 吨，增设顶吹氧枪，缩短了冶炼时间；引进奥钢联专家自动化控制系统，提高了冶炼控制精度；降低氩气消耗，加大了除尘风机的除尘能力，改善了环境质量。2006 年投产的 150 万吨不锈钢项目引进当时世界上最先进的 180 吨 AOD 技术及设备，经过多次的技术改造与升级，太钢 AOD 炉装备水平达到国际先进水平，不锈钢产能达到了 300 万吨。

近年来，我国 AOD 的工艺技术及装备水平取得了明显的进步，主要表现如下：

（1）炉衬寿命的提高。AOD 炉的炉衬寿命是 AOD 生产的主要技术经济指标，经过多年来的技术攻关，特别是在改进脱碳工艺、还原造渣工艺及耐火材料等方面的进步，AOD 炉衬寿命普遍有了提高。

（2）脱硫工艺的改进。中国 AOD 炉大多采用单渣法吹炼工艺。为降低钢中硫含量，采用快速脱硫工艺，精炼期渣中碱度控制在 2.5 左右，改进 AOD 工艺后，脱硫率在 70%

以上，不锈钢中硫含量稳定在 0.005% 以下，平均 0.0034%。

（3）含氮不锈钢冶炼。含氮不锈钢中的氮合金化主要有两条途径，一是加入氮化锰、氮化铬等合金进行合金化，二是用氮气直接合金化，后者具有较低的生产成本。AOD 炉可以用氮气直接合金化，因而，冶炼高氮不锈钢具有很大的优势。太钢在 18 吨和 40 吨 AOD 炉中应用氮在不锈钢中的溶解、脱除理论，建立了氮合金化工艺模型，冶炼中不需要在线分析钢中氮含量就能较为精确地控制成品中的氮含量。之后，太钢用氮气直接合金化的方法应用该模型批量生产 0Cr19Ni9N、0Cr19Ni9NbN、1Cr17Mn6Ni5N、00Cr18Ni5Mo3Si2N 和 00Cr22Ni5Mo3N 等含氮不锈钢钢种，最高氮含量可以控制在 0.6% 以上。

（4）AOD 除尘灰的利用。AOD 炉冶炼时的粉尘量为钢产量 0.7%~1.0%，一般 AOD 粉尘中含 Cr_2O_3 15%、NiO 4%、CaO 26%、Fe 27%、MgO 15% 及其他物质，粉尘粒度不大于 20μm。粉尘中 Cr_2O_3 和 NiO 是贵重金属氧化物，若不回收，不仅造成资源浪费，也会污染环境。因此，如何回收 AOD 粉尘中的铬、镍是各不锈钢炼钢厂的重要课题。太钢经研究采用的回收工艺是按还原氧化物所需的 SiC 量与粉尘混合成型，经 200℃ 干燥后送至中频感应炉进行预熔还原，铸成高碳镍铬合金（Cr13%-Ni6%），再送回电炉冶炼，用这种方法回收的 AOD 炉粉尘已取得较好的经济效益。

（二）K-OBM-S 工艺装备及技术

氧气转炉顶底复合吹炼（K-OBM-S）是 20 世纪 70 年代中后期国外开始研究的一种综合了顶吹和底吹转炉冶炼工艺的优点，克服两者的缺点而发展的炼钢工艺与铁水预处理及炉外精炼等工艺配合，可以形成一条冶炼品种多、钢质好、生产率高、成本低的不锈钢生产工艺路线。

K-OBM-S 工艺与 AOD 相似，冶炼过程分为氧化脱碳期与还原期。该转炉冶炼不锈钢有以下特点：

（1）原料灵活，既可以用 EAF 预熔合金+部分脱磷铁水，也可全部用脱磷铁水冶炼不锈钢。

（2）转炉炉容比较大，可以保证较高的脱碳速度而不发生喷溅。

（3）底部风口冷却气体流量和压力可以单独控制，以保证最佳冷却和延长风口的使用寿命。

（4）采用连续测温装置，动态控制熔池温度。

（5）采用气动挡渣器和 IRIS 测渣系统，减少出钢时渣量过多，以保证下一工序 VOD 操作顺行。

（6）采用先进的 Level Ⅱ 模型自动控制系统，确保转炉冶炼不锈钢时的全自动控制，提高不锈钢质量。

太钢、东北大学等单位合作开发的以铁水为主原料、K-OBM-S 复吹转炉为初炼炉的不锈钢冶炼新流程，改变了我国不锈钢冶炼以废钢和铁合金为主原料、电弧炉为初炼炉的历史，项目获 2006 年国家科技进步奖二等奖。经过不断的实践与工艺优化，太钢在

K-OBM-S 转炉不锈钢工艺方面，取得了以下成果与工艺创新：

（1）炉衬寿命不断提高，从开始的 200 次左右提高到近 700 次。

（2）优化底吹配气工艺，氩气消耗大幅度降低，304、430、410 可以实现全程吹氮工艺，超纯铁素体不锈钢氩气消耗（标态）达到了 15 米³/吨。

（3）取消电炉熔化合金工序，实施了 100% 脱磷铁水，铬铁全部加入转炉内冶炼 400 系列不锈钢的二步法生产工艺流程，大幅度降低生产成本。

（4）由于采用脱磷铁水冶炼不锈钢，钢中磷含量低于以废钢为主要原料冶炼的不锈钢，钢中砷、锡、铅等有害元素得到了有效的控制。

（三）VOD 工艺装备及技术

1965 年德国威腾公司发明了 VOD 精炼炉后，由于该设备在脱碳、脱氮方面的优势，在不锈钢精炼中得到了广泛的应用。VOD 主要是通过真空手段来降低 CO 分压，从而实现不锈钢冶炼过程脱碳保铬的目的。VOD 冶炼工艺过程分为吹氧强制脱碳、真空自由脱碳及还原等工艺阶段。由于 VOD 精炼过程可将碳、氮脱到 0.005% 以下，目前国内大型不锈钢厂均配备有 VOD 设备。太钢 2002 年从达涅利引进一台 75 吨双工位 VOD，2012 年从奥钢联引进一台 180 吨双工位 VOD。国内其他不锈钢厂也相继投产 VOD 设备生产超纯铁素体不锈钢，宝钢不锈钢公司配置一台 120 吨 VOD，酒钢不锈钢公司配置一台达涅利引进的 100 吨双工位 VOD，鞍钢联众配置一台奥钢联引进的 180 吨双工位 VOD，张家港浦项配置一台 150 吨 VOD，福建福欣一台 180 吨双工位 VOD。

太钢从 2002 年引进 75 吨 VOD 开始，经过多年的生产实践与工艺研究，在 VOD 工艺技术方面取得了如下几方面的突破：

（1）生产效率取得了重大突破，超纯铁素体不锈钢的 VOD 冶炼时间由 90 分钟/炉缩短到了 55 分钟/炉，实现了日产 25 炉不锈钢。

（2）VOD 钢包耐材寿命提高，钢包寿命从 8~10 次提高到目前 20 次以上。

（3）脱碳、脱氮技术取得了重大突破，碳、氮控制水平由 0.015% 左右降低到了 0.005% 以下，脱碳耗氧量（标态）由约 10 米³/吨降低到了 4.5 米³/吨的水平。

（4）超纯铁素体不锈钢钢水氧含量稳定控制在 0.002% 以下的水平。

（四）GOR 工艺装备及技术

气氧精炼法（gas oxygen refining，GOR）是乌克兰国家冶金学院开发的一种不锈钢精炼工艺。该工艺发明于 20 世纪 80 年代的苏联，并在苏联时期申请了专利。GOR 利用转炉复合吹炼技术，对不锈钢母液进行精炼，其底吹原理和炉型类似于 K-OBM-S、STB 等。第一座 GOR 转炉诞生于乌克兰国家冶金学院实验室的试验厂，GOR 不锈钢精炼工艺就是在这里首先开发成功。先将废钢和高碳铬铁加入电炉熔炼为不锈钢母液，再倒入容量为 1 吨的 GOR 转炉内精炼成合格的不锈钢水，浇铸成钢锭，再锻造成不锈钢管坯外供。

与其他精炼设备相比，转炉型精炼设备 GOR 具有以下特点：

（1）工艺采用天然气（或其他碳氢化合物）保护底吹喷嘴，使底吹喷嘴寿命大大提高，因而炉龄大幅度提高。

（2）高生产率，炉容比大，为 0.8～1.0。吹氧量调节范围宽，在精炼前期钢液含碳量较高时，可以使用较大的氧流量，不会出现喷溅和铬大量氧化的问题。

（3）底吹工艺动力学条件好，铬的还原更完全，铬收得率一般可达 97%～99%。

（4）国外设计的 GOR 无顶枪装置，底吹供气时间长，冶炼时间相对长。国内泰山钢铁集团为了缩短冶炼时间，提高生产效率，增加了顶枪装置。

（5）炉底采用活炉底，可以更换炉底，提高 GOR 炉龄。

我国应用实例包括，2006 年 4 月第一台 60 吨 GOR 转炉在四川省西南不锈投产。2008 年 5 月，3 台 60 吨 GOR 转炉在山东省泰山钢铁集团投入使用。2009 年，4 台 GOR 转炉在福建省德盛镍业（现宝钢德盛）投入使用。

（五）铬熔融还原技术

由于原料成本约占不锈钢生产成本的 70%，而原料中铬和镍的费用占比很大，因此采用铬矿或镍矿取代含铬或镍铁合金直接冶炼不锈钢是降低不锈钢原料成本的有效手段。日本川崎制铁研究开发转炉熔融还原技术制备含［Cr］母液，1994 年已成功实现了不锈钢工业化生产，形成了独有的不锈钢冶炼工艺，生产 400 系列不锈钢。

该工艺用 2 座顶底复吹转炉，原料采用铬矿砂取代高碳铬铁直接冶炼不锈钢，主要包括 STAR 竖炉型鼓风炉内熔融还原炼钢产生含铬粉尘和转炉产生的炉渣生产再生金属，第一座 SR-KCB（熔融还原铬矿砂）—第二座 DC-KCB（顶底复吹转炉内脱碳）—VOD 炉内深脱碳。其配料为：铬矿和废钢分别为 230～280 千克/吨和 190～130 千克/吨，由 STAR 供给再生金属 250～50 千克/吨，其他为铁水。

国内铬矿熔融法生产不锈钢还处在的还原机理研究及工业性试验阶段。在还原机理研究领域，有研究推测铬矿还原分两个阶段，第一阶段铬矿通过 CO 气体间接还原；第二阶段铬矿逐步向渣相中溶解，而被固体碳直接熔融还原，这两个反应与温度密切相关。在试验条件下，铬矿在 $CaO-SiO_2-MgO-Al_2O_3$ 渣系中熔解反应为整个过程的限制性环节。到目前为止，尚未对铬矿熔融还原机理形成一致观点，研究成果的应用具有局限性。

此外，工业试验方面，据报道 1992 年在 15 吨转炉中进行了铁浴熔融还原制备不锈钢母液的工业试验，试验原料为含碳铬矿团块和氧化镍矿，炼成 Cr13、Cr18Ni8 两种不锈钢母液。铬的熔融还原速率 0.16%～0.25% Cr/分钟，铬的收得率 85%，但磷含量超标。2000 年在 255 立方米高炉进行了不锈钢母液直接冶炼的工业试验，共生产出含铬为 5%～21.3% 不锈钢母液近千吨。

但是由于铬矿粉制备、还原效率、铬收得率等因素，铬熔融还原直接冶炼不锈钢技术未大范围推广使用。

（六）电渣重熔工艺改进

针对传统电渣重熔技术存在电耗高、污染重、效率低、成本高和质量差等问题，东北大学姜周华团队提出"全参数过程稳定的超高洁净度控制（CSP）"和"超快冷和最佳熔速下浅平熔池均质化凝固（SCOM）"两个新的技术思路，自主开发了"高洁净、高均质电渣重熔成套技术与装备""特厚板坯和特大型钢锭电渣重熔技术""半连续电渣重熔实心和空心钢锭的成套技术及装备"和"电渣重熔过程节电和除氟技术"四项创新技术。利用该技术成果，与鞍钢股份合作为我国福建霞浦第四代核电（钠冷快堆）示范工程研制了特殊质量要求的 316H 不锈钢板。2019 年"高品质特殊钢绿色高效电渣重熔关键技术的开发和应用"项目获国家科学技术进步奖一等奖。

（七）特殊钢加压冶金技术

东北大学等单位围绕高氮不锈钢制备开展了加压冶金技术研究。通过建立全新的不锈钢熔体中氮溶解度模型，为合金设计、冶炼过程中氮的精确控制提供了依据。在国内率先研制了加压冶炼关键装备，掌握了加压冶金制备高氮不锈钢的方法，成功制备出氮含量 0.8%～1.2%（质量分数）、组织致密的 P900N、P900NMo 和 P2000 高级别护环钢，氮含量 0.2%～0.5%（质量分数）航空发动机马氏体轴承钢 X30 和高氮耐蚀塑料模具钢的原型钢。

四、不锈钢浇铸技术的发展

连铸技术是推动世界不锈钢发展的另一项重要突破。与将熔化的钢水浇铸进预先制作好的砂模或锭模中形成钢锭的模铸法不同，连铸法是直接将钢水注入水冷模具（结晶器）中，在连铸机内部一步铸造为板坯或方坯。目前世界上采用连铸技术生产不锈钢坯已超过 95%，是不锈钢降低成本、提高成材率的关键技术。

世界不锈钢连铸技术的发展也经历了一个艰辛探索的过程。据相关资料，1857 年，贝塞麦（H. Besserner）经过长期研究，获得了对辊薄带连铸技术的专利；1946 年英国开始试验板坯不锈钢连铸，1949 年美国阿·勒德隆公司（AL）建造出世界上第一台不锈钢连铸机；1954 年加拿大阿特拉斯公司（Atlas）建造了世界上第一台不锈钢板坯连铸机；1960 年日本新日铁光厂建造了世界上第一台宽度超过 1 米（宽度为 1200 毫米）的不锈钢宽板坯连铸机，此后不锈钢的连铸机技术蓬勃发展，已经成为不锈钢降低成本、提高成材率的关键技术。

到 20 世纪 80 年代初期，日本不锈钢连铸使用率达到 90%。1985 年以前，我国的不锈钢铸造一直采用落后的模铸。1985 年太钢 1280 毫米立式不锈钢板坯连铸机投产完全采用模铸，上钢三厂（后宝钢浦钢）、重庆特钢和上钢五厂（后宝钢特钢）相继又有板坯、方坯连铸机投入生产。1989 年，成都无缝钢管厂不锈钢管坯水平连铸机投产。20 世纪 90 年代，长城特钢一分厂引进的方坯连铸机投产。目前国内的不锈钢厂和不锈钢生产线均安装先进的板坯和方坯连铸机。

我国在 2003—2004 年期间投产的 3 台较先进的连铸机分别安装在太钢、宝钢集团上钢一厂和五厂。这 3 台连铸机均设有液面自动控制技术、结晶器液压振动技术、漏钢预报技术、电磁搅拌技术、二冷汽雾冷却和动态控制技术、铸坯动态轻压下技术及计算机二级控制技术，这些技术在连铸机的应用进一步提高了中国不锈钢连铸技术的水平。

五、国内主要不锈钢生产企业冶炼主流工艺简介

不锈钢冶炼工艺路线的确定，首先应以产品大纲为出发点，以不锈钢冶炼的原料组成和不锈钢精炼机理为依据，选择合适的不锈钢冶炼工艺路线。不锈钢生产企业的原材料条件、生产规模、产品方案、成本等因素都是生产工艺选择的依据。由于原材料和产品方案等因素受市场波动影响较大，现代化的不锈钢炼钢厂生产工艺的选择应具有一定的灵活性，能根据市场原料条件及时调整生产工艺和产品方案。

我国不锈钢生产企业几乎都是大型钢铁企业，例如太钢、酒钢等企业，均是既生产不锈钢同时也生产碳钢。对于这些联合型钢铁企业，工艺设备的配置需能满足多样化工艺路线、不同原料配比的要求，原材料范围比较广，既有充足的铁水供应，也有能满足需要的废钢，可选择最佳的原料配比方案。这些企业在不锈钢冶炼工艺路线的选择上具有较大的灵活性。

中国不锈钢废钢资源缺乏，以废钢为主原料的不锈钢冶炼过程配料成本高，加上全废钢冶炼能耗高，及废钢品质不好带入钢水有害元素多等原因，中国越来越多的不锈钢生产企业利用高炉铁水冶炼不锈钢。特别是钢铁联合型企业，利用碳钢系统的高炉部分铁水供给不锈钢冶炼系统，可有效降低吨钢原材料成本。与此同时，脱磷处理设施被普遍应用于不锈钢生产工艺。脱磷处理设施的应用既可降低不锈钢生产对原材料的要求，也可降低生产成本，从而使高炉铁水、普通废钢、高磷生铁和高磷合金能被大量用于不锈钢的生产。中国大型不锈钢生产企业均以新型一步法和二步法作为不锈钢生产的主要工艺流程，只有在生产超低碳、氮等高品质不锈钢时才使用三步法工艺流程。

太钢有三个不锈钢冶炼区域，即炼钢一厂、炼钢二厂南区和北区。炼钢一厂采用的冶炼工艺流程为：EAF—AOD，主要生产双相不锈钢、耐热钢、高合金不锈钢和高附加值不锈钢种。炼钢二厂南区采用的冶炼工艺流程为：铁水预处理—K-OBM-S—VOD—LF，主要用于生产超纯铁素体不锈钢和马氏体不锈钢。炼钢二厂北区采用的冶炼工艺流程为：脱磷转炉（铁水三脱）—AOD—LF/VOD、电炉+中频炉—AOD—LF/VOD 或中频炉—AOD—LF，炼钢二厂北区工艺路径灵活，既可以采用新型一步法，也可以采用两步法和三步法生产不锈钢，产品几乎覆盖全部的不锈钢品种。

宝钢股份不锈钢分公司不锈钢生产工艺配置为 2 座铁水罐顶喷脱磷站、2 座 120 吨 EAF、2 座 135 吨 AOD、1 座 LTS 处理站和 1 座 120 吨 VOD。宝钢股份不锈钢分公司采用的工艺流程比较多样化。流程一：铁水罐脱磷—EAF—AOD—LTS 处理站/VOD，生产 200 系、300 系和 400 系不锈钢；流程二：铁水罐脱磷—AOD—VOD，生产 200 系和 400 系的部分钢种；流程三：电炉—AOD—LTS 处理站/VOD，生产 200 系、300 系和 400 系不锈钢。

酒钢不锈钢炼钢车间冶炼生产工艺配置为 1 座铁水罐脱磷站、1 座脱磷转炉、1 座 EAF、2 座 AOD、2 座 LF 精炼炉、1 座 VOD。其产品覆盖范围广，包括 300 系和 400 系不锈钢。酒钢不锈钢炼钢车间主要采用以下两种流程进行不锈钢冶炼，流程一：铁水罐脱磷—EAF/中频炉—AOD—LF 或 EAF—AOD—LF 两步法生产工艺，主要用于生产 200 系和 300 系

不锈钢；流程二：脱磷转炉—AOD—LF 或脱磷转炉—AOD—VOD—LF，为新型生产工艺，主要用于生产 400 系列或超纯净钢种。

青拓集团引进国外先进工艺，2010 年率先在福建宁德建设并投产了国内第一条 RKEF 生产线。以 RKEF（回转窑+矿热炉）工艺，利用含镍富铁的氧化镍矿生产含镍生铁（镍铁），与一般的传统工艺（烧结+矿热炉）相比具有显著的优势。整个生产工艺是全封闭式的，其能量损耗和粉尘排放是最低的。每吨铁在生产过程中的电能消耗降低了 1500 千瓦时，粉尘排放降低 80%。

镍铁生产传统上是矿业公司的经营范围，而不锈钢生产则是钢铁企业的业务领域。青山集团跨界思维，将镍铁生产和不锈钢冶炼工艺打通，独创了一套 RKEF+AOD 双联法不锈钢冶炼工艺。青拓集团在国内率先利用该工艺技术，以红土镍矿为主原料冶炼不锈钢，流程为：红土镍矿—冶炼—连铸—热轧不锈钢带。镍铁水不经过冷却，直接热送到 AOD 炼钢炉，两次热装热送，改变了不锈钢生产的传统模式，节约了大量的能源，大大提高了不锈钢的炼钢速度，减少了原料的损耗，产生了极大的经济效益。此举实现了不锈钢连续化一体化生产的历史性突破，大大减少污染物排放，吨钢能耗约减少 50%，该项技术于 2014 年获得国家发明专利。

青拓集团建成的国内第一条 RKEF 镍铁生产线和全球第一条 RKEF+镍铁热送生产线，用于生产镍含量 8% 以上的 300 系不锈钢；国内最大的高炉+镍铁热送生产线，用来生产镍含量 1% 以上的 200 系不锈钢。这种镍资源利用的工艺创新和产品开发相结合，使青拓集团在全球的不锈钢行业竞争力方面处于领先地位。

六、不锈钢冶炼工艺的发展趋势

不锈钢因其优异的耐腐蚀性和优良的综合性能，日益广泛地应用于各个工业领域和民用领域。我国不锈钢生产起点晚，2000 年才结束长期徘徊在 30 万吨的状况，呈现出跨越式迅猛发展的态势。2020 年全球不锈钢粗钢产量 5089 万吨，中国不锈钢产量达 3014 万吨，占全球产量的 59%，我国已成为不锈钢消费和生产大国，如何通过优化工艺流程及降低原料成本，提升企业的市场竞争性力迫在眉睫。未来，我国不锈钢生产发展方向是提高质量、降低成本、节能减排，同时在原材料和技术设备匹配上不断优化。

伴随着世界不锈钢的发展，国际不锈钢企业的规模化和集约化已成为潮流，特别是不锈钢板材生产的集中度越来越高。不锈钢企业的大型化和集约化对降低原材料的采购成本和冶炼成本极有效果，对于提高生产效率和产品质量也有很大的好处。如 20 世纪 70 年代，不锈钢炼钢电炉只有 50 吨左右，平均生产规模仅为 30 万吨/年。到 2000 年，电炉和 AOD 炉都大型化了，炉容达到 150 吨以上，生产规模达 100 万吨/年。另外，在我国的镍和不锈钢废钢资源匮乏的大背景下，合理使用少镍或不含镍的锰氮代镍不锈钢、铬系不锈钢和双相不锈钢是不锈钢品种发展的趋势之一，在此基础上，掌握这些钢种的冶炼生产技术，满足市场需要，是我国不锈钢冶炼生产的发展趋势，具有战略意义。

第二节　不锈钢板材热轧工艺技术

一、发展概述

20世纪80年代以前，中国的不锈钢生产装备进步缓慢。改革开放以后，通过吸收引进、自主开发等途径，装备水平快速提升，中国不锈钢逐渐采用世界一流的工艺技术装备，全面提升国际竞争力。20世纪90年代，太钢对1549毫米热连轧机进行全面改造，引进TDC计算机控制技术，是世界上首次将其应用于热连轧机，实现了全自动轧钢。冷轧系统工艺技术装备和产品质量也达到国际先进水平。其中，修磨线实现了动态控制张力和速度，磨床实现了数字控制、自动修磨。

从21世纪开始，各企业实施国家批准的新不锈钢工程，采用世界上最先进的工艺和技术装备，新建不锈钢炼钢和轧钢系统。2004年宝钢建成投产1780毫米不锈钢热轧生产线，2006年太钢建成当时世界不锈钢行业最先进的、宽度最大的2250毫米不锈钢热连轧机。

二、不锈钢热轧工艺发展历史

不锈钢热轧生产工艺与装备与碳钢的没有本质性区别，由于不锈钢要求表面质量高，个别钢种高温强度大，在生产过程要求轧机的电机功率、装备的精度和精细化更高。目前不锈钢热轧有两种方式，即热连轧和可逆式轧制。热连轧是铸坯经加热后由粗轧机组及精轧机组轧制成带钢，从单一方向一次成型；可逆式轧制是铸坯经加热后由粗轧机组及精轧机组轧制成带钢，精轧机采用的是可逆式轧机，经过多次往复轧制成型，一般采用炉卷轧机。

不锈钢热轧工艺以板坯（主要为连铸坯）为原料，经加热后由粗轧机组及精轧机组制成带钢。带钢经冷却、卷曲后，由于表面氧化呈现黑色，俗称"黑皮卷"。黑皮卷经退火酸洗，去掉氧化层，即为"白皮卷"，不锈钢市场流通的大部分热轧产品为不锈钢白皮卷。

20世纪50年代初期，我国不锈钢普遍采用的是锭模浇注法工艺，采用中小型轧机开坯后轧材和锻锤锻件生产工艺。为解决不锈钢薄板生产难题，1957年，太钢开始使用叠板轧机生产热轧薄板，成为我国最早生产不锈钢板材的企业。1958年，成都无缝钢管厂开始建设，承担起我国不锈钢钢管的开发和生产任务。

20世纪80年代，热连轧生产广泛采用薄板连铸坯，经炼钢、连铸、均热后坯料直接进入轧线，形成流程短、能耗低、生产效率高的工艺特点，使热带钢轧制进入了新的时期。

热轧复合板技术的发展，使热连轧机组可以生产不锈钢复合卷板，以满足市场对不锈钢复合卷带的需求，为热连轧生产增加了新的品种。

三、不锈钢热轧卷板工艺及装备发展

热连轧机是生产热轧卷板的轧钢设备，热连轧作业线装备通常包括步进式连续加热炉、高压水除鳞装置、带立辊四辊可逆式万能粗轧机、飞剪、由 6～8 架串列布置的四辊轧机组成的精轧机组、卷取机、层流冷却装置、成品收集设备和各种运输辊道。轧制过程中，粗轧、精轧机有高压水对钢板进行二次除鳞。热连轧机组通常采用全线自动化控制，并采用液压 AGC 厚度自动控制、PC 或 CVC 等板形、强力弯辊系统、快速换辊等新技术。

现在，我国不锈钢企业最先进最具代表性的热连轧厂装备为 2250 毫米热连轧生产线，其装备与控制系统代基本代表了世界上传统热连轧机组的最高水平。其优点在于碳钢和不锈钢可以使用混合轧制，宽度能够自动控制；粗轧机使用机械压下加液压微调，增强中间坯厚度精度与快速板形调整；生产线使用了无芯轴带边部绝热装置的卷取箱，确保整卷性能的均匀；使用高效可调的层流冷却装置满足多品种、多功能的需要，预留有快速冷却，方便开发新钢种；精轧机组板形控制使用 CVCPLUS 技术，压下系统使用液压 AGC 控制技术，确保不锈钢带钢板形并达到自由轧制，提高同宽度轧制量。

太钢目前拥有我国最先进的不锈钢热连轧生产线，但经历了曲折的发展历程。2000年，太钢 50 万吨不锈钢生产系统改造全面启动。2002 年，不锈钢系统改造完成，不锈钢年生产能力达到 100 万吨。太钢对 1549 毫米热连轧机进行全面改造，引进 TDC 计算机控制技术，是世界上首次将其应用于热连轧机，实现了全自动轧钢。从 2004 年 9 月起，太钢采用世界上最先进的工艺和技术装备，实施国家批准的新 150 万吨不锈钢工程，建成当时世界上最宽的 2150 毫米不锈钢板坯连铸机和世界不锈钢行业最先进的、宽度最大的 2250 毫米不锈钢热连轧机。太钢品种规格全，热连轧精整加工处理线是世界上能力最大、技术最先进的不锈钢热轧处理线，可对 2250 毫米和 1549 毫米热轧机组的产品进行平整、分卷、剪切处理，提高产品的表面质量、力学性能，满足各行业用户的需要。太钢 2250 热轧不锈钢品种生产钢种为铬-镍系 300 系列和双相不锈钢、铬系 400 系列铁素体和马氏体不锈钢为主。不锈钢板坯规格：厚度 180～200 毫米（以 200 毫米为主）；宽度 1000～2100 毫米；长度 8000～12000 毫米（长尺）；4800～5800 毫米（短尺）；质量最大 40 吨；不锈钢热轧产品规格：带钢厚度 2.0～20.0 毫米，带钢宽度 1000～2100 毫米；钢卷内径762 毫米；钢卷外径 1000～1950 毫米；钢卷质量最大 40 吨；单位宽度质量最大 18.72 千克/毫米。

我国热连轧带钢生产所采用的先进技术主要有：

（1）铸坯的直接热装（DHCR）和直接轧制（HDR），实现了两个工序间的连续化，具有节能、省投资、缩短交货期等一系列优点，效果显著。该技术要求炼钢和连铸机稳定生产无缺陷板坯；热轧车间最好和连铸机直接连接，以缩短传送时间；在输送辊道上加设保温罩及在板坯库中设保温坑；板坯库中要具有相应的热防护措施，以保证板坯温度。应设有定宽压力机，减少板坯宽度种类。加热炉采用长行程装料机，以便于冷坯与热坯交换时可将高温坯装入炉内深处，缩短加热时间。精轧机后机架采用轧辊轴向窜动技术，以增加同宽度带钢轧制量。采用连铸、炼钢、轧钢生产计划的计算机一体化管理系统，以保证物流匹配。

（2）步进式加热炉。除具有加热功能外，还可完成生产中铸坯的储存和生产缓冲，减少板坯烧损，提高成材率。

（3）宽度自动控制（AWC）。经立辊宽度压下及水平辊厚度压下后，板坯头尾部将发生失宽现象。根据其失宽曲线采用与该曲线对称的反函数曲线，使立辊轧机的辊缝在轧制过程中不断变化，这样轧出的板坯再经水平辊轧制后，头尾部失宽量少。短行程法可减少切头损失率20%～25%，也可减少切边损失，还可显著提高头尾部的宽度精度，可达5毫米以下。

（4）厚度自动控制（AGC）。精轧机全液压厚度自动控制系统（HAGC）厚度控制效果显著，其相应频率达15～20赫兹，压下速度达4～5毫米/秒，加速度达500毫米/秒^2，因此HAGC发展很快。20世纪90年代投产的热轧机精轧机组取消了电动压下装置，而采用液压缸行程为110～120毫米的全液压压下装置和AGC系统。现代的HAGC系统厚度控制数学模型不断完善，控制精度不断提高，带钢全长上的厚度精度已达到±30微米。

四、不锈钢热轧中厚板工艺及装备发展

不锈钢热轧中厚板工艺技术装备主要体现在炉卷轧机。

炉卷轧机技术始于20世纪30年代，主要生产厚度3毫米以上的热轧带钢。带钢进卷取炉的厚度为15～17毫米，炉内温度950～1050℃，生产能力20万～30万吨/年。20世纪50—60年代其发展较快，至20世纪70年代全世界已建炉卷轧机约34套，形成第一次发展高潮。但由于炉卷轧机存在诸多不足，20世纪80年代初，仍在生产的炉卷轧机已不超过20套。

20世纪80年代中后期炉卷轧机复兴，以生产不锈钢为主的炉卷轧机因采用多项热连轧机的控制技术得到长足发展，已成为不锈钢领域的主力热轧机。采用炉卷轧机轧制不锈钢的主要原因为：（1）炉卷轧机前后设保温卷取炉，适合不锈钢等加工温度范围窄、难变形金属的轧制；（2）专业化不锈带钢厂规模在25万～50万吨/年，用炉卷轧机生产能力适中，投资低，效益好；（3）现代化的炉卷轧机由于采用了厚度自动控制、板形控制、多次高压水除鳞、快速换辊装置等，从而保证了产品的尺寸精度、表面质量及板形等；（4）炉卷轧机在特种材料的轧制方面优势明显，可实现卷板品种优化。

炉卷轧机可兼作轧制中厚板。20世纪80—90年代新建的26套轧制碳钢不锈钢，其中约15套兼作轧制中厚板，并配备了中厚板精轧线。在10套不锈钢专用炉卷轧机中，有5套兼作轧制中厚板，其中辊身长度最大的是瑞典阿维斯塔（Avesta）厂的2800毫米粗轧机。2003年5月我国南京钢铁公司与奥钢联签订合同，引进了用卷轧工艺生产的炉卷轧机，并于2005年9月28日成功轧出第一块钢板。同期，安阳、韶关钢铁公司从达涅利公司引进用卷轧工艺生产的炉卷轧机，其中安钢建设了卷取炉，但预留了卷取机，韶钢对卷取炉和卷取机均做了预留。在我国投产的3套中厚板炉卷轧机中，南钢炉卷轧机配备了完整的板、卷生产设备，轧机轧制力达80兆牛，可较好地实现控制轧制和控制冷却工艺，在管线钢生产方面取得了较好的业绩。我国已建成投产的板卷轧机主要是在中等规模的钢厂，其利用炉卷轧机轧线设备少、投资省、产品市场适应面广的特点，生产中厚板轧机不宜轧制的薄、窄规格中板，同时生产热连轧机不能生产的宽规格热轧卷。

目前卷轧中厚板轧机的主要3种生产工艺：

（1）单张钢板往复轧制方式。这种方式主要用于轧制厚度大于 20 毫米的厚钢板，使用较长的板坯，当轧制到目标钢板厚度时，最终长度大于 50 米（一般不超过 100 米），轧件直接从出口卷取炉下面送至转鼓飞剪，将之剪切成倍尺母板长度；通过加速冷却后进入热矫直机及冷床；最后经精整线剪切出定尺成品钢板。这种方式适于常规的中厚板生产工艺。

（2）卷轧钢板方式。这种方式主要用于轧制生产厚度不超过 20 毫米的中厚钢板。使用较长板坯，先在轧机上经反复可逆轧制，当轧件厚度不超过 25 毫米时，长轧件进入轧机入口或出口卷取炉进行保温，经往复轧制，最终轧至成品厚度；然后从出口卷取炉下面送往飞剪剪切成长度不超过 50 米的母板，再经热矫直机矫直，冷床冷却，在精整线剪切成定尺长度钢板。这种生产工艺是卷轧中厚板轧机特有的生产工艺。卷轧板生产方式既不同于普通中板生产方式，也不同于热连轧钢卷生产方式。由于其采用的是当轧件轧至厚度不超过 25 毫米，长轧件进入机前或机后卷取炉进行保温方式，因此既减少了轧件的温降，也可使轧件在卷取炉与轧机之间形成张力，进而可减小轧件纵向的变形抗力。由于卷轧钢板具有上述特点，因而可使轧件轧得更薄，并能得到较好的板形。

（3）钢卷轧制方式。这种方式用于轧制商品钢卷。采用出、入口卷取炉，将轧件往复轧至厚 2.5~20.0 毫米的带钢，经层流冷却后进入地下卷取机卷成钢卷。综合了热连轧机和中厚板轧机的技术特点，形成了现代卷轧中厚板轧机的技术特色。采用的主要技术有：直接热装技术，最高可达到 75%；炉卷轧制工艺技术；控制轧制及热机轧制工艺技术（可满足生产管线钢、高强度造船板、高强度结构钢板的要求）；高精度、快速动态自动厚度控制技术（AGC）；板形控制（目前仅限于轧辊弯辊）技术；控制冷却及层流冷却+加速冷却技术；全液压地下卷取机及自动踏步控制技术等。

我国热轧中厚板生产所采用的先进技术主要有：

（1）平面形状控制技术。中厚板轧机的板形控制系统主要通过下列方法来实现板形与板凸度的控制，即合理确定工作辊的横移位置、对工作辊施加适当的液压弯辊力、采用分段冷却的方法来改变轧辊的径向膨胀分布。在高精度的中厚板轧机板形控制系统中，这三种方法相互结合，能够消除复杂的板形缺陷。板形控制系统主要由轧辊热凸度计算模块、轧辊磨损计算模块、预设定计算模块、自适应计算模块等构成。为提高轧制钢板的平面尺寸精度，中厚板轧机还采用了平面形状控制技术，即 MAS 轧制法。其控制原理是在成型、展宽轧制的最后一个道次，利用绝对 AGC 功能，改变中间坯长度方向上的厚度，使其在旋转后展宽、精轧阶段轧制的第一道次上，由于宽度方向上压下率不同，而产生不均匀延伸，以补偿板坯头尾部的不均匀变形，达到改变钢板平面形状的目的，使钢板平面形状呈矩形。除此之外，DBR 法（狗骨轧制法）、薄边展宽轧制法、立辊轧边法等均作为平面形状控制技术在我国中厚板骨干企业得到广泛应用。

（2）计算机厚度自动控制。板厚自动控制 AGC 系统是指为使钢板厚度达到设定目标偏差范围而对轧机进行在线调节的一种控制手段。AGC 系统的基本功能是采用测厚仪直接或间接对轧制过程的钢板厚度进行检测，判断出实测值和设定值的偏差，根据偏差的大小算出调节量，向执行机构发出调节信号。随着中厚板精度要求的提高，中厚板的绝对厚度受到逐步重视，使得绝对 AGC 得到广泛应用。目前，绝对值 AGC（HAGC）是中厚板轧机厚控应用较多的液压自动厚调方式，它非常适合中厚板轧机往返交替轧制要求。

（3）液压弯辊技术。液压弯辊是开发与应用最早的板形控制技术，应用效果早已获得公认，其工作原理是通过弯辊装置来提高或降低轧制平衡力，改变轧辊间压力分布和轧辊弯曲变形。

（4）轧后冷却工艺技术。热轧钢材控制轧制与控制冷却（TMCP）工艺是保证钢材强韧性的核心技术。它的基本冶金学原理是在再结晶温度以下进行大压下量变形促进微合金元素的应变诱导析出并实现奥氏体晶粒的细化和加工硬化；轧后采用加速冷却，实现对处于加工硬化状态的奥氏体相变进程的控制，获得晶粒细小的最终组织。我国在轧后超快冷技术和原理方面也已经开展了大量探索研究，摸清了超快冷条件下热轧钢材的细晶强化、析出强化和相变强化的基本规律和组织、性能调控方法，成功开发出了轧后超快冷实验设备和现场超快冷设备。可以在提高钢材强度、塑性和韧性的同时有效降低微合金元素的用量，实现节约型减量化生产。目前，以控轧控冷方式取代传统正火工艺生产的大量综合性能优良的专用钢板已广泛应用于造船、锅炉、容器、桥梁、建筑钢结构、汽车和工程机械制造等众多领域。

（5）组织性能预测技术。该技术以物理冶金理论和热力学、动力学理论为基础，以模型化和模拟仿真为手段，建立包括温度场、再结晶、析出、相变及组织性能对应关系等在内的热轧中厚板组织演变的系统数学模型，进行微观组织和力学性能演变的模拟和预测，实现了中厚板在线性能预测，并利用现场实际工艺参数和钢材化学成分数据，对所轧产品的力学性能及时作出在线预报。

不锈钢中厚板因其产品特点，广泛应用于石油化工、工程机械、军工核电、造船等重要领域，国内中厚板厂已经逐步进入不锈钢领域。目前，国内生产不锈钢中厚板厂家主要有太钢、酒钢、宝钢、鞍钢、南钢。国外主要有韩国浦项、日本制铁、奥拓昆普、印度金达莱、美国北美不锈钢等。

五、不锈钢热轧中厚板配套装备的发展

（一）不锈中厚板热处理装备

热处理工艺不仅直接影响着不锈钢的耐蚀性和耐热性，而且对其加工性能起着决定性作用。针对不同组织、不同类型的不锈钢，相应的热处理工艺包括固溶、淬火、退火、回火、正火等。

由于不锈钢中铬、镍含量很高，其热处理工艺与普通钢相比也有较大差别：（1）加热温度较高（最高1200℃），加热时间也相对较长；（2）不锈钢的热导率低，在低温时温度均匀性差；（3）奥氏体不锈钢高温膨胀较严重；（4）不锈钢的表面质量（如平整度、光洁度、色差等）对产品的使用及价格有决定性的影响，热处理时产生的氧化铁皮会造成炉辊结瘤等问题，将严重影响表面质量；（5）要确保避免不锈钢表面的擦划伤，同时防止热处理时钢板产生变形（尤其是淬火时）；（6）辊底式高温固溶炉可稳定实现的最高炉温达

1200℃，高于国内同类型热处理炉；（7）对辊底式高温固溶炉炉内气氛实施自动化精确控制；（8）炉内分成若干加热段，每段又分成若干加热区，严格按照模型计算的加热曲线加热，实现加热温度、加热速率及板温均匀性精确控制。

1. 热处理炉

辊底式热处理炉可分明火加热和辐射管加热，可以用于钢板的退火、正火、淬火和回火热处理。辊底式炉的产量和机械化、自动化程度相对较高，相对于其他炉型，具有可实现高速出炉的特性，缩短了钢板淬火转移时间。炉后可配备先进的辊式淬火机设备，目前在国内外中厚钢板厂得到了广泛应用。辐射管式热处理炉受辐射管材质影响，对热处理的最高温度有一定限制，国内建设的辐射管式辊底炉最高炉温一般不超过1000℃。因此大多数不锈钢中板热处理炉采用明火加热方式。

2. 淬火机

中厚板热处理线上使用的淬火机分为压力淬火机和辊式连续淬火机两种。辊式连续淬火机与传统固定式压力淬火机有两点不同，一是钢板在运动中淬火，钢板表面淬火均匀、无软点；二是淬火钢板长度不受机架限制，能够有效避免淬后瓢曲，可以以极高的冷却速率将钢板冷却到室温。此淬火方式符合中厚板的淬火冷却机理。辊式淬火机生产效率高、产品质量好，是现代化热处理线首选的淬火设备。由于淬火工艺复杂，淬火过程控制难度大，此前世界上仅有德国 LOI 公司、日本 IHI 公司等几家企业能提供淬火设备和技术。1996 年至今，国内有 16 家中厚板企业进口了成套淬火设备，但进口设备供货周期长、价格昂贵，且常与热处理炉捆绑销售，造成投资加倍，难以满足国内中厚板企业的工期及投资要求。随着国内装备制造技术的提高，以东博为代表的企业已经能够制造高水平的淬火设备，满足不锈钢生产的要求。目前国内不锈钢中厚板多采用辊式淬火机。

（二）不锈钢中厚板抛丸设备

不锈钢中厚板酸洗前必须部分地松动（破碎），清除其表面氧化皮。预处理技术方法有抛丸（机械）和盐浴（化学）两种方法。通过调整抛丸机组辊道速度、抛丸钢丸流量、抛丸钢丸抛射速度，实现抛丸后表面质量等级要求。不锈钢板材的抛丸，在国内外已成为一项成熟技术，作为酸洗前的氧化铁皮机械预处理，在工艺和环保、操作、能源等方面显示出优势。立式布置中厚板喷淋酸洗装备线，选择立式抛丸机设备形式；卧式布置中厚板喷淋酸洗装备线，选择卧式抛丸机设备形式。不锈钢板进立式（卧式）布置抛丸机之前，要求钢板表面上无油、无水、没有明显的潮湿、无碱性物等。钢板表面上有明显的潮湿（或水），在抛丸机之前，一般还需增加烘干设备。

（三）不锈钢中厚板酸洗装备

不锈钢中厚板的酸洗方式主要经历了槽式浸泡酸洗和连续喷淋酸洗两个过程，目前主要以连续喷淋酸洗为主。连续喷淋酸洗技术通过装在密闭罩内的喷淋集管将酸液连续喷射到要处理钢板表面，无需在酸液中浸泡，钢板在连续输送中实现上、下表面氧化铁皮的去除。同传统的槽式酸洗技术相比，连续喷淋酸洗技术在生产效率、酸洗效果、节能环保等方面的优势更加明显。

第三节　不锈钢板材冷轧工艺技术

不锈钢冷轧带钢在不锈钢领域占有十分重要的地位，约70%的不锈钢转化成了冷轧带钢，成为市场消费的主要产品形式。不锈钢冷轧带钢具有强度高、加工硬化快、品种规格多等特点，而且表面质量要求极其苛刻，其工艺复杂，生产难度大。

一、发展概述

20世纪70年代，我国不锈钢生产工艺比较落后。冷轧采用叠轧工艺开坯，四辊轧机冷轧；热轧中板采用劳特式四辊轧机生产，所以长期以来不能适应市场对不锈钢质量的需求。太钢是当时生产不锈钢最集中的全流程生产企业，计划经济时期，国家主要支持太钢采用炉卷轧机生产热轧钢卷，采用多辊轧机生产冷轧带钢，相对产能较小。

随着改革开放的深入，市场需求加大，20世纪80年代，太钢引进日本的二手热连轧设备，开始生产热轧不锈钢卷。20世纪90年代，太钢又陆续引进了先进的二十辊冷轧机，实现了不锈钢板材生产工艺的现代化。20世纪90年代末，国内新建的冷轧不锈钢合资企业宁波宝新、张家港浦项、上海克虏伯也都采用先进的冷轧设备进行冷轧板（带）生产。从20世纪80年代末开始，我国沿海广东地区的小型带钢厂也发展起来，他们大多采用进口或国内生产的热轧坯料通过四辊、六辊和多辊轧机生产不锈钢窄带（小于600毫米）。

不锈钢冷轧品质的需求推动着工艺进步和设备革新。中国不锈钢冷轧后发优势，主体装备达到国际先进水平。比如：轧机方面，二十辊单轧机已普遍使用；连轧机则有奥钢联在联众的森吉米尔型三机架多辊轧机、德盛的X-HIGH型四机架十八辊连轧连退机组、西马克在太钢的Z-HIGH型五机架十八辊连轧连退机组、普锐特在北海诚德的X-HIGH型五机架十八辊连轧机组、乾冶在佛山诚德新材料的S6型六机架十八辊连轧机组，都是技术装备水平大幅提升的表现。同时，连轧机使用的无带头轧制技术高产高效，从单轧机的10万吨/年跃升到连轧机的70万吨/年。

冷带退火机组的设备也是突飞猛进，集脱脂、退火、酸洗、拉矫和平整于一体，发展出更优的控加热、控冷却、控酸洗技术，一贯制生产管理技术。新一代冷轧流程在企业的应用，实现了由常规的80TV生产能力到150TV生产能力的发展，也实现了工艺速度由100米/分发展到200米/分，单条机组年产能达到50万吨以上。

目前，我国不锈钢企业的宽幅冷轧生产线有着世界上最先进的四立柱宽幅冷轧带钢机和宽幅多辊可逆式冷轧机，一年的生产能力分别达到20万吨和30万吨。冷轧最大宽度有1625毫米与2100毫米，最大厚度分别是6.0毫米与8.0毫米，产品精度高、板形良好，完全能够达到大型设备、建筑装饰、交通运输等领域的使用要求。此外还拥有全球最先进的、规模最好的宽幅冷轧退火酸洗线APL（C），产能达到70万吨/年，并且后部还设有平整机与拉矫力，更进一步提升了不锈钢材料的板形、性能与表面质量。

二、不锈钢冷轧生产技术的特点

不锈钢冷轧工序是成品工序，是将热连轧工序生产的热轧卷通过原料酸洗、轧制、成品酸洗、精整工序处理后，得到满足用户对厚度、宽度、表面、性能要求的产品。其生产是连续、多工序系统完成的，各工序都有特定的目的和作用。与普通碳板相比，冷轧不锈钢带生产由于其产品特性的需求，其冷轧生产具有以下特点：

（1）选用多辊轧机轧制。不锈钢是高合金钢，轧制抗力大、变形较困难，而冷轧带材要求厚度精度要高、板形要平直、表面优良，所以必须使用刚性较大而且工作辊较细的多辊轧机轧制才能满足生产要求。一般使用八辊、十二辊和二十辊轧机轧制。多辊轧制还必须采用工艺润滑和冷却，大张力轧制，有时为了获得较高要求产品还要进行多轧程轧制。

（2）热处理是不可或缺的工艺环节。不锈钢带卷轧制前要进行热处理，如罩式炉退火（400系列不锈钢）或连续生产线退火（300系列不锈钢和部分低碳400系列不锈钢）。退火的主要目的是不锈钢的固溶处理，以便不锈钢合金元素能均匀分布在铁基中。冷轧过程中也可能进行中间退火，这主要是软化处理，便于多轧程轧制，获得较低厚度的产品。冷轧后一般也要进行成品退火，目的是获得需要的组织结构和性能。由于轧制中采用乳化液或轧制油润滑和冷却，因此无论是中间退火还是成品退火前，必须先进行脱脂处理，以便去除带钢表面附着的油脂。

（3）酸洗要求高。不锈钢热轧原料带有较厚又非常致密的氧化层，而且氧化层内含有Cr_2O_3等难去除的成分。为了去除表面的氧化层，需要采用化学法或电化学法对带钢进行酸洗。在酸洗前，一般还要进行预处理。原料预处理是采用喷丸或机械除鳞等技术去除松散原料表面氧化层，而不锈钢的成品酸洗主要是用中性盐电解或盐浴法去除表面氧化层，从而为随后的酸洗创造了条件。

（4）精整工序复杂。不锈钢精整工序首先是平整。平整除了改善带钢板形外，依据对产品的需求还有不同的作用。对于2B表面，平整主要是提高表面光洁度；对于要求表面有一定粗糙度的钢板，要采用毛面辊来平整；对于BA板，经多次平整来获得高反光"镜面"；对于部分400系列钢种，通过控制平整延伸率，来改善带钢的加工性能等。不锈钢精整工序其次是拉矫。当生产2D表面的带钢时（如410L），需要采用拉矫对带钢进行矫直，而不能通过平整改善板形。不锈钢的精整还包括带钢的切边和切片。大多数情况下，根据用户需要，对带钢进行切边后成卷交货或切片后交货。此外，对于特殊用户，有时对带钢表面还要进行覆膜。这些都是不锈钢精整工序的主要内容。由此可见，相对于普通碳板精整，不锈钢精整工序要复杂得多。

（5）多机组联合作业。传统的不锈钢生产是通过若干孤立的机组来完成整个作业的。首先是由原料退火酸洗（大部分400系列还需要罩式炉退火）线完成对热轧不锈钢原料的固溶处理和酸洗。然后通过冷轧获得需要的成品厚度卷。轧后的产品再进入成品退火酸洗线进行脱脂、软化处理和酸洗。最后进入精整工序进行平整、切边、切片等。显然，各机组是顺序生产的，但机组之间却是不连续的，需要有中间库缓存。多机组联合作业成为冷轧不锈钢生产的重要特点，也是冷轧不锈钢作业率低、生产周期长的重要原因。现代不锈钢生产把两个或两个以上孤立机组联合成一条生产线，如把轧机+退火酸洗+平整+拉矫+纵切置于一条生产线等，提高了不锈钢冷轧生产率，这也是今后冷轧不锈钢生产发展的趋势。

（6）生产设备多，工艺复杂，技术含量高。无论是原料退火酸洗，还是成品退火酸洗线，由于其生产线较长，为了防止带钢"跑偏"，往往有几套或十几套在线纠偏系统；为连续生产，带卷与带卷之间需要焊接作业，而不锈钢焊接特别是马氏体不锈钢焊接难度大，焊接工艺复杂。再如，为获得较高表面的不锈钢，对原料表面缺陷需要修磨；为防止生产过程对带钢表面破坏，往往在不锈钢生产卷取时，要垫工艺纸（或塑料薄膜）来保护。在高速轧机轧制边部有裂口缺陷的带卷时，为了防止断带，带钢在轧制前需要切边。轧制不锈钢不仅需要高硬度、高强度的特定材质的工作辊，而且必须使用特定轧制油进行工艺润滑与冷却，所以对轧辊的研磨，对润滑冷却的油质都有非常高的要求。不锈钢光亮板（BA板）需要经过专门的生产线来完成，其生产线主要是通过保护气体（如氢气）进行退火处理。不锈钢带表面检查也有专门的检查设备与检查方式。不锈钢生产线上配备专门的废气（油雾、烟雾、酸雾）和废物（废水、废酸、废碱、粉尘）处理。

三、不锈钢冷轧工艺流程与装备

不锈钢冷轧工艺流程为：热轧钢卷准备—热卷退火酸洗—钢卷研磨—冷轧—冷轧带钢退火酸洗—调质轧制—精加工研磨—精整，不锈钢的冷轧生产工艺流程如图2-2-2所示。

经酸洗后的原料表面若有缺陷或成品表面要求极高时，不能直接轧制，需要对原料进行修磨后才能轧制。轧制一般能在一个轧程内完成，需要两个或两个以上轧程时，必须经过中间软化退火，就增加了轧制成本。在一个轧程内完成轧制，往往根据产品厚度来选择原料厚度。

不锈钢冷轧工序的主体装备非常复杂，生产全线主要包括以下设备：

（1）原料退火酸洗设备。原料退火酸洗线又称热线，主要包括退火和酸洗两个功能，主要设备组成有开卷机、焊机、活套、退火炉、冷却段、破鳞机、抛丸机、酸洗部分、卷取机。根据不同的需要，部分原料酸洗线还会配备轧制、平整、切边等功能设备。

（2）轧机设备。一般而言，不锈钢冷轧工艺中用来生产不锈钢的冷轧机主要是二十辊轧机。因其具有良好的刚度，在生产不锈钢过程中有广泛的应用。多采用热轧厚度在3.0~5.5毫米的不锈钢热轧产品，经过冷轧设备的压延加工之后，生产成不锈钢冷轧产品。当前不锈钢冷轧主要生产工艺为三大类：不锈钢单机架冷轧、不锈钢多机架冷轧和不锈钢连续轧制。由于冷轧是在金属再结晶温度以下进行，加工温度低，因此在冷轧过程中，金属变形抗力增大、轧制压力增高、同时金属塑形降低、容易产生脆裂，这种现象被称为加工硬化现象。当钢种一定时，加工硬化程度与变形程度有关，变形量加大，加工硬化程度大。当加工硬化达到一定程度时，就不能继续轧制。因此，冷轧板带材经受一定冷轧总变形后，往往需要经软化热处理（再结晶退火或固溶处理等），使之恢复塑性、降低抗力，以利于继

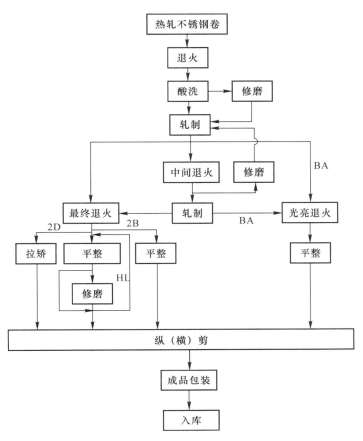

图 2-2-2　430 不锈钢冷轧生产工艺流程

续加工。为实现高效率、高精度生产，必须采用刚性大、小直径工作辊和大张力的多辊可逆式轧机成卷轧制，是不锈钢冷轧的显著特点。最初，不锈钢冷轧多采用四辊可逆式轧机。这种轧机由于刚性不足，轧制精度不高，而且工作辊、支承辊、牌坊都很庞大，针对这种情况开发出了包括八辊、十二辊、二十辊等的多辊轧机。不锈钢冷轧轧机中具有代表性的是二十辊森吉米尔轧机。目前不锈钢的冷轧大多数采用这种轧机。森吉米尔轧机绝大部分都是单机架生产。

（3）成品退火酸洗设备。成品退火酸洗主要是使经冷轧后的不锈钢通过退火软化，得到要求的性能，并通过酸洗消除退火过程中生成的氧化皮等杂质，进一步提高带钢的表面质量。目前世界上成熟的炉型有周期式退火炉和连续式退火炉。连续炉主要有卧式炉和立式炉两种。立式炉（俗称光亮炉）主要用于生产厚度为 0.2~2 毫米的表面等级为 BA 的镜面板，且受现有马弗炉长度的限制，其产量很低。而卧式炉的产量高，且其产品规格范围广，生产表面等级为 2B 或 2D 的普通冷轧产品。近年来酸洗工艺和设备正越来越为适应环保和改善工作条件而不断改进，酸洗工艺先后经历了化学酸洗、H_2SO_4 电解酸洗+化学酸洗、碱液（盐浴）+电解酸洗+化学酸洗、中性盐电解酸洗+化学酸洗等阶段，工艺流程为：1 号电解槽—2 号电解槽—3 号电解槽—1 号刷洗机—4 号电解槽—2 号刷洗机—5 号化学槽—6 号化学槽—预清洗—3 号刷洗机—最终清洗—烘干机。

（4）精整设备。精整是使冷轧板带钢成为交货状态产品的工艺过程，其目的是保证产品的实物要求和质量。精整包括平整、纵切、横切、拉矫等工序。有时根据用户要求还要进行修磨，获得磨砂板、发纹板等。带钢平整主要是改善板形，确保钢板的平直度符合用户要求。对于某些特定的钢种，平整经过一定的延伸能够改善带钢的力学性能。此外，带钢平整还可以按用户需要确保带钢表面光洁度或一定的粗糙度。同时通过平整工作辊面，带钢表面还可以得到一定的花纹图案。横纵切、拉矫主要是把带钢加工成具有用户所需要的尺寸和单位质量的板、带卷材。

四、典型生产厂的冷轧产线

在国家政策支持下，太钢历时七年，建设了世界上产量最大、自动化水平最高的热轧带钢（80 万吨/年）和冷轧带钢（50 万吨/年）连续退火酸洗机组。对不锈钢冷轧带钢流程进行大胆革新，建设了世界一流的不锈钢连轧机组，创造性地把各个独立的生产单元"五机架连轧机、退火、酸洗、平整、拉矫、纵切"等有机地集成在一条线上，建成了不锈钢冷轧带钢"六位一体"的全连续生产线。该生产线经过一次上卷和一次卸卷即可产出成品，减少了生产过程环节，简化了流程，提高生产效率，降低工艺介质消耗。该产线解决了多工序工艺匹配优化设计、铁素体等特殊品种高质量生产、全线高效精准运行及智能控制等一系列难题，实现了不锈钢冷轧带钢全连续生产线技术集成与创新。

太钢不锈钢冷轧带钢全连续生产线有效地提高了冷轧过程的生产效率，缩短了生产周期，降低了资金占用时间，加快订单交付周期；减少了各工序切损造成的带钢损失，提高成材率 4% 以上；节省了以前各工序的上卷与下卷装备，节约设备投资；节省了占地面积，提高土地利用率；减少操作人员数量，降低综合能源消耗。该工程设计工艺先进，布置紧凑，物流高效，装备国产化率高，成本低，质量优，代表了当今世界不锈钢生产的最高技术水平。项目荣获 2016 年度全国冶金行业优秀工程设计一等奖，2016—2017 年度国家优质工程奖，2017 年入选工业和信息化部"智能制造试点示范项目"。该生产线拥有多项自主知识产权，授权专利 48 件，其中发明专利 26 件，企业专有技术 49 件。经专家评价，其总体技术达国际领先水平，为高质量、高效率、低成本的不锈钢冷板制造提供了新模式，成为世界不锈钢冷轧生产技术的标杆，对不锈钢冷轧规模化发展有引领和示范作用。

太钢不锈钢冷连轧工程在工艺技术和装备上实现了一系列重大突破和创新。在工艺技术上，该生产线集成了当今世界上最先进的不锈钢冷连轧轧制、超长连续退火等诸多新技术；配套实施了酸再生、酸净化、污水处理、氮氧化物减排等一系列环保技术。在装备配置上，建成了目前世界上最先进的激光焊机、世界上第一套 5 机架不锈钢冷连轧机、最大的冷轧不锈钢带钢连续退火炉及其酸洗系统，平整机、拉矫机、在线切边剪机实现了在线集成，可以直接生产出成品卷，成为世界第一条工序集成度最全最高、节能环保效果最优的不锈钢冷连轧生产线，将大幅提升太钢不锈钢产品的生产效率和产品质量水平，提高产品的市场竞争力。

第四节　不锈钢线材生产工艺技术

不锈钢产品类型除了用量最大、使用范围广泛的板材以外，还有很多棒、线、丝材产品，该类长型材产品的加工特点和板材不尽一致，其产线布局、生产工艺要点及装备种类也有自身特点。

以用量最多的线材为例，不锈钢线材热轧工艺是以方坯（主要为连铸坯）为原料，经加热后由粗轧机组、精轧机组及减定径机组制成设定规格，经吐丝机形成盘条，采取控制冷却的方式在需求温度成为盘卷。冷却后的盘卷经过退火酸洗，去掉氧化表面，即为"不锈钢白皮盘卷"，不锈钢市场流通的大部分热轧产品为不锈钢白皮盘卷。不锈钢线材热轧是在逐渐成熟的碳钢高速线材轧制基础上发展而来的，通过不断创新轧制机型、轧线布置，我国不锈钢高速线材从无到有，突飞猛进。

一、发展概况

不锈钢线材轧制的特点是高速、单线、无扭、微张力、组合结构、碳化钨辊环和自动化，产品特点是规格范围广、尺寸精度高、表面质量优。

高速轧机可以有效提高线材生产效率。一般将轧制速度大于 40 米/秒的轧机称为高速轧机，1966 年第一台高速无扭精轧机投产保证速度为 43 米/秒。国内第一条以轧制不锈钢为主的高速线材生产线投产于 1994 年，设计速度为 60 米/秒，实际使用速度达到 55 米/秒。

高速线材工艺布置通常包括步进式连续加热炉、高压水除磷装置、连轧机组、飞剪、活套、吐丝机、控制冷却线、成品收集设备和各种运输辊道。连轧机组通常采用全线自动化控制，同时采用在线测温、在线测径、快速换辊等新技术。

20 世纪 90 年代初期，太钢建成国内第一条以轧制特殊钢为主的高速线材生产线，经过实践摸索，随着太钢转型不锈钢，于 1997 年开始生产不锈钢线材。2019 年太钢完成高线改造，建成具有行业领先水平的不锈钢棒线复合生产线。轧线主体设备包括 37 架轧机、延迟冷却控制线、线材立式卷芯架、在线辊底式退火炉、棒材冷床收集系统等，具备主流线棒材规格生产能力，实际轧制速度达到了 70 米/秒。

近年来，国内外新建的线材轧线大都采用平、立交替布置的全线无扭轧机。同时在粗轧机组采用易于操作和换辊的机架，中轧机组采用短应力线的高刚度轧机，电气传动采用直流单独传动或交流变频传动。采用微张力和无张力控制，配合于合理的孔型设计，使轧制速度提高，成品的精度提高，表面质量改善。在设备上，进行机架整体更换和孔型导卫的预调整并配备快速换辊装置，使换辊时间缩短到 5~10 分钟，轧机的作业率大为提高。

二、不锈钢线材的生产工艺技术

不锈钢线材生产流程主要包括坯料准备、加热和轧制、热处理等工序。

（1）坯料准备。不锈钢线材的坯料均以连铸坯为主，某些特殊钢种也使用初轧坯的情况，为兼顾连铸和轧制的生产，目前生产线材的坯料断面形状一般为方形，边长 120~150

毫米,连铸时希望坯料断面大;而轧制工序为了适应小线径、大盘重,保证终轧温度,则希望坯料断面尽可能小。生产棒、线材的坯料一般较长,最长达22米。

当采用常规冷装炉加热轧制工艺时,为了保证坯料全长的质量,对一般钢材可采用目视检查、手工清理的方法。对质量要求严格的钢材,则采用超声波探伤、磁粉或磁力线探伤等进行检查和清理,必要时进行全面的表面修磨。棒材产品轧后还可以探伤和检查,清理表面缺陷。但是线材产品以盘卷交货,轧后难以探伤、检查和清理,因此对线材坯料的要求应严于棒材。

采用连铸坯热装炉或直接轧制工艺时,必须保证无缺陷高温铸坯的生产。对于有缺陷的铸坯,可进行在线热检测和热清理,或通过检测将其剔除,形成落地冷坯,进行人工清理后,再进入常规工艺轧制生产。

(2)加热。在现代化的轧制生产中,线材的轧制速度很高,轧制中的温降较小甚至还出现升温,故一般线轧制的加热温度较低。但不锈钢线材根据合金化程度不同,要制定不同的加热工艺,既要严防过热和过烧、减少氧化铁皮,又要保证烧匀、烧透,保证组织均匀。由于坯料较长,炉子较宽,为保证尾部温度,可采用侧进侧出的方式。为适应热装热送和连铸直轧,有的生产厂采用电感应加热、电阻加热等。

(3)轧制。为提高生产效率和经济效益,适合棒、线材的轧制方式是连轧。连轧时一根坯料同时在多机架中轧制,在孔型设计和轧制规程设定时要遵守各机架间金属秒流量相等的原则。在棒、线材轧制的过程中,前后孔型应该交替地压下轧件的高向和宽向,这样才能由大断面的坯料得到小断面的棒、线材。由于生产轧制道次多且连轧,一架轧机只轧制一个道次,故棒、线材车间的轧机架数多。现代化的棒材车间机架数一般多于18架,线材车间的连轧机架数为21~28架。

线材的盘重加大,线材直径加大。线材的一个重要用途是为深加工提供原料,为提高二次加工时材料的收得率和减少头、尾数量,生产要求线材的盘重越大越好,目前不锈钢线材的盘重普遍在1~2吨。

(4)控制轧制。为了细化晶粒,减少深加工时的退火和调质等工序,提高产品的力学性能,故采用控制轧制和低温精轧等措施,有时在精轧机组前设置水冷设备。线材精轧后的温度很高,为保证产品质量要进行散卷控制冷却,不锈钢线材按照马氏体、铁素体、奥氏体的常规分类,根据产品的用途有缓冷、延迟冷却、快速冷却等方式,以实现晶粒均匀化、避免有害相析出等目的。

(5)热处理。不锈钢线材二次加工以拉拔为主,对线材的力学性能要求越来越高,因此有些不锈钢线材需经过热处理后,方可满足二次加工的需求。

马氏体不锈钢线材通常采用热集或缓慢冷却,再入炉退火,采用罩式炉或其他炉型,在相变温度以上保温,再缓慢冷却,以实现组织转变。目前,也有采用在轧后进行在线等温退火工艺的处理模式,其对轧后的及时入炉、温度保持要求较高。

铁素体不锈钢线材通常采用冷卷入炉退火的工艺,主要目的是实现晶粒长大,消除轧制应力,故采取快速冷却的方式,避开475℃脆性区间。

奥氏体不锈钢线材通常采用冷卷入炉,在高温单相区保温后,快速冷却,实现固溶热处理，以改善线材的塑形和韧性。

三、不锈钢线材轧制的发展趋势

不锈钢线材轧制的发展趋势有：

（1）连铸坯热装热送或连铸直接轧制。随着方坯连铸技术的日益成熟，棒线材生产可以不经过开坯工序。目前，即使是高档不锈钢钢材也可以使用连铸坯生产，今后随着精炼技术、连铸无缺陷坯技术、坯料热状态表面缺陷和内部质量检查技术的发展，不锈钢连铸坯热装热送将会很快应用于生产实践，以充分利用能源。连铸坯以 650～800℃ 热装热送，可将加热炉的能力提高 20%～30%，减少坯料 0.2%～0.3% 的氧化损失，节约加热能耗 30%～40%，同时可减少钢坯的库存量，减少设备和操作人员，缩短生产周期。

（2）高精度轧制。棒、线材的直径公差大小对深加工的影响较大，故用户对棒线材的尺寸精度要求越来越高。棒、线材在轧制时，轧件高度上的尺寸是由孔型控制，可以有保证，但宽度上的尺寸却是计算或者是根据经验确定的，孔型不能严格限制宽度方向的尺寸。另外机架间的张力和轧件的头、尾温差也会明显地对轧件的尺寸产生影响。为确保轧件的尺寸精度，目前常见的办法是采用真圆孔型和三辊孔型严格控制轧件的高向和宽向尺寸，或在成品孔型后设置专门的定径机组及采用尺寸自动控制 AGC 系统等。棒、线材产品的尺寸精度目前可以达到 ±0.1 毫米，发展的目标是使棒、线材产品的尺寸精度达到 ±0.05 毫米，甚至向丝材精度发展。高精度的不锈钢线材可以减少二次拉拔量，甚至实现免拉拔，直接冷镦、打制。

（3）继续提高轧制速度。线材要求盘重大，但是其断面积又很小，因此一卷线材的长度很长。如此之长的小断面轧制产品为保证头、尾温差，只有采用高速轧制，先进线材轧机的成品机架的轧制速度一般都超过了 100 米/秒，高者则超过 120 米/秒。高的轧制速度对轧制设备提出了一些特殊要求，小辊径而又要求高轧速，因此线材轧机的转速很高，高者可达 9000 转/分。随着飞剪剪切技术、吐丝技术和控制冷却技术的完善，线材的终轧速度还有继续提高的趋势。不锈钢由于合金元素较多，在高速轧制时，更易于形成升温轧制，对组织控制产生不利影响，因此不锈钢线材高速轧制对控制冷却技术的要求更迫切。

（4）低温轧制。在棒、线材连轧机上，从开轧到终轧，轧件温降很低，甚至会升温。在生产实践中经常出现因终轧温度过高而导致产品力学性能下降或变形不规律影响咬入等问题，故棒、线材连轧机具有实现低温轧制的条件。低温轧制不仅可以降低能耗，还可以提高产品质量，创造很大的经济效益。除节能外，低温轧制还能明显提高产品的力学性能，效果优于传统的热处理方法。

第五节　不锈钢管材生产工艺技术

管材在国民经济各部门中具有广泛的应用，其产量在钢材总产量中占 8%～15%。因为钢管具有空心断面，可用作液体、气体和一些固体的输送管道，故钢管也称为工业部门的"血管"。同时，钢管的抗弯、抗扭能力比同样面积的实心钢材大，因而成为制造各种机械和建筑结构的重要材料。例如在石油钻井、地质钻探、化工、建筑、锅炉制造、造船、机械制造、飞机和车辆制造及国防工业与日用轻工制品等行业中，均需要大量品种规格各不相同、技术要求不一的钢管。

钢管的种类繁多，性能要求各异。从规格上看，尺寸范围很宽，目前，外径范围为0.1～4500毫米，壁厚范围为0.01～250毫米。为了区分其特点，钢管通常可按用途、断面形状、材质、管端形状、生产方法等进行分类。

不锈钢管是不锈钢产品家族中非常重要的一个分支，主要应用于油气开采、石油化工、能源、核电、航空航天、舰船等领域，它的应用范围广泛、需求量大、品种规格繁多，受到了不锈钢制造者和用户的广泛关注。

不锈钢管是按产品材质区分出来的一种钢管类型。不锈钢制管根据生产工艺的不同可分为焊接钢管和无缝钢管两大类。

一、发展概况

20世纪90年代之前，受不锈钢产业发展的影响，我国不锈钢管产量维持在较低水平，如1990年我国不锈钢管的产量约为5万吨。进入21世纪，迎来了不锈钢管的大发展，我国不锈钢管的产能和产量急剧增加。2001年，我国不锈钢管的产量约50万吨，是十年前的10倍。据不完全统计，我国现有不锈钢无缝钢管生产企业近500家，年生产能力100万吨以上，其中大部分是年产只有1000吨以下的小厂，年产量在10000吨水平以上的企业很少。不锈钢焊管生产线近800条，年生产能力达200万吨。

纵观我国不锈钢管30多年的发展历史，可以将其分为如下四个阶段：

（1）第一阶段（1990年前）。我国在20世纪50年代，就由鞍钢无缝钢管厂在直径140毫米自动轧管机组上开始18-8型不锈钢管的试制；1975年，原长城钢厂四分厂在国内首次使用31.5兆牛卧式挤压机，生产出76～219毫米口径的不锈钢管。但长期以来，我国不锈钢管制造企业数量少、规模小，大多数处于作坊式生产阶段。真正具有一定技术实力，能够全流程生产高品质不锈钢无缝管的企业很少，当时的代表企业是上钢五厂，其生产的不锈钢无缝管主要满足国防军工的特殊需求。

（2）第二阶段（1990—2000年）。20世纪90年代以后，伴随着改革开放大潮，不锈钢管制造企业如雨后春笋般蓬勃发展。这期间，不锈钢管的发展主要集中在数量上，国民经济各行业对不锈钢焊管和无缝管的需求急剧增长。国企、民企齐头并进，国企有上钢五厂和长城特钢、太钢焊管，民企有浙江久立、江苏武进等。总体而言，技术实力国企占优，上钢五厂和长城特钢是代表企业。

（3）第三阶段（2000—2008年）。不锈钢管的发展离不开不锈钢行业的发展。我国不锈钢产业从2000年开始进入高速增长期。不锈钢管产量从1999年的30万吨跃升至2000年的65万吨，生产能力进入集中释放期。在此期间，不锈钢管的产能进一步高速增长，原有的江浙一带的不锈钢管企业兼并重组，发展出了以浙江久立特材、上上不锈、中兴能源为代表的不锈钢管材专业制造企业。各不锈钢生产企业加大对不锈钢管材的投入，新建或新增不锈钢管产能，如太钢新建 5 万吨/年的不锈钢管生产线，久立特材引进当时国内单台挤压能力最大的 3500 吨热挤压机。另外，不锈钢管材的制造水平大幅度提升，越来越多的高品质不锈钢和高合金无缝管、焊管实现国产化，替代进口。如久立的双相不锈钢管用于石化行业，久立特材、宝钢特钢生产的 G3 油井管成功用于油气田，长城特钢生产的 825 耐蚀合金管材成功应用于中石化的加氢炼化装置，446 高纯铁素体不锈钢薄壁管成功应用于海水换热器的制造等。出现了产能/产量上万吨的行业龙头企业，如久立特材、太钢、中兴能源、武进不锈、华新丽华、宜兴银环、华迪、青山等。

（4）第四阶段（2008 年至今）。2008 年以后，不锈钢管材的制造进一步专业化，管材制造技术明显提升，出现了特殊规格管材的专业制造企业。不锈钢无缝管普遍采用挤压工艺进行生产以提升品质。这期间，太钢、宝钢特钢、新兴铸管引进 6000 吨挤压机，久立特材升级 4200 吨挤压机，使我国不锈钢管生产装备进入世界先进制造行列，扩大了高端、特殊钢和镍基合金的开发生产。生产更专业化，甚至出现了以单类产品为绝对产品的企业，典型代表如宝银公司的核电蒸汽发生器传热管，烟台玛努尔核电设备公司的核电整体锻主管道，中兴能源、武进不锈、三洲核能的不锈钢管件等。包括 690 合金传热管在内的多项高精尖产品打破了多年的国际垄断，显著提升了我国高端管材的制造水平。在此期间，出现了世界级的不锈钢管材制造企业。例如久立特材拥有年产 10 万吨不锈钢管的产能，是国内少数几家既拥有品种最全、规格组距最大的不锈钢焊接管生产线，又拥有国际先进的挤压工艺的不锈钢无缝管生产线，并建有与管道相配套的年产 5000 吨的管件生产线。

近 30 年来，我国不锈钢管的生产技术取得了长足进步，产量、质量大幅提高，品种不断扩大，标准进一步完善，市场应用也取得了快速发展，在油气钻采、石油化工、火核电站等能源行业及制造、建筑行业等得到广泛的应用。

随着不锈钢产业的发展，我国不锈钢管材的品种发展大体也经历了早期的单一奥氏体品种和现在的多样化品种阶段。1990 年前，由于不锈钢管材制造水平和工艺装备的限制，不锈钢管品种主要为 304、316 奥氏体不锈钢类型。发展到 2000 年之后，不锈钢管品种几乎涵盖了奥氏体不锈钢、双相不锈钢的绝大多数牌号，以及马氏体不锈钢、铁素体不锈钢的部分牌号。这期间，针对石化、化工行业需求，开发了以 2205 牌号为代表的双相不锈钢管材；针对油气开采和输送，开发了 Cr13 型的超级马氏体不锈钢管材；针对海水电站热交换器，开发了 446 高纯铁素体不锈钢管材；针对第三代核电一回路主管道，开发了 316LN 整体锻管材；针对电站锅炉，开发了超级 304H、T/P91 管材；针对航空油路管道，开发了 S32169（材料号 1.4541，相当于 321H）奥氏体不锈钢管材。

随着化工、化肥、石化等行业对大口径（ϕ159 毫米以上）中低压输送管道的需求越来越多，大口径不锈钢焊管逐步替代进口，应用于特殊需求。油气/化工对超长大口径耐蚀不锈钢管的需求，促进了大口径不锈钢焊管的国产化，如久立 630 自动焊接机组的引进，改变了长度 12 米大口径不锈钢焊管依赖进口的现状。

二、不锈钢管材生产工艺技术

（一）不锈钢焊管生产工艺技术

不锈焊接钢管也称为有缝钢管，指用不锈钢板材或卷材直接卷成管状后，再将接缝焊接而成的不锈钢管。焊管的典型生产工艺流程如图 2-2-3 所示。

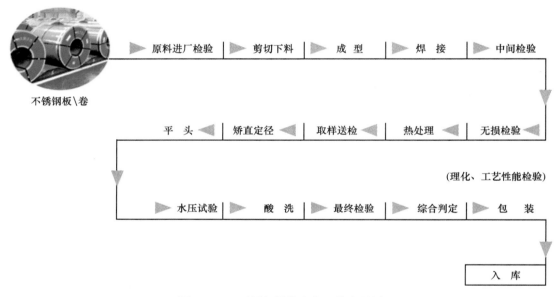

图 2-2-3 不锈钢焊管生产工艺流程图

焊接工艺是不锈钢焊管生产过程中的关键工序，焊接工艺技术的进步推动了不锈钢焊管生产的发展，多种焊接方法的应用进一步提高了焊接质量和生产率。目前，工业上应用的不锈钢焊接方法主要有钨极氩弧焊（TIG）、高频焊、等离子焊和激光焊等，其中使用最多的是氩弧焊和高频焊。

（二）不锈钢无缝管生产工艺技术

和不锈钢焊管相比，不锈钢无缝管对性能要求更高，制造难度相应也大。由于涉及的钢种、产品规格及用途非常多，不锈钢无缝管所采用的生产工艺和装备差别很大，生产专业性非常强。

我国不锈钢无缝管生产中的热加工成型方式有热穿孔、热连轧、热扩和热挤压，冷加工成型方法有冷拔、冷扩、冷轧、冷旋压、冷镗等方式。按热加工路线的不同，无缝钢管的生产路线通常分为穿孔、挤压两类工艺路线。

1. 无缝钢管热穿孔工艺

穿孔工艺是热轧无缝钢管变形的第一道工序，其作用是将实心圆管坯穿轧成空心毛管。穿孔机有立式冲孔机、卧式冲孔机、二辊斜轧穿孔机和三辊斜轧穿孔机等。目前，二辊斜轧穿孔机使用最为广泛。

工艺路线：圆钢—原料验收—剥皮—下料—定心—加热—穿孔—酸洗—平头—检验修磨—冷轧（冷拔）—去油—热处理—矫直—切管（定尺）—酸洗—无损检验（涡流、超声、水压）—包装入库。通常的生产工艺流程如图 2-2-4 所示。

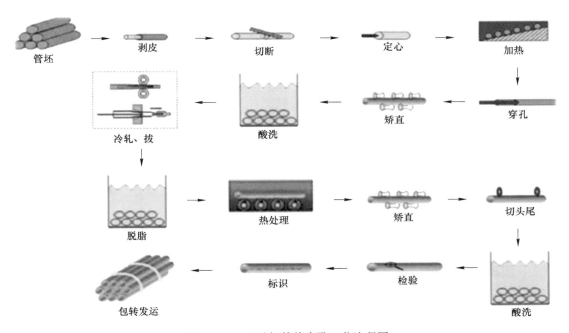

图 2-2-4　无缝钢管热穿孔工艺流程图

2. 无缝钢管热挤压工艺

热挤压工艺是世界当前高质量不锈钢无缝管的主要生产工艺。与之前的穿孔工艺方法相比，挤压法的特点是金属在变形过程中受到三向压应力，在这种最佳状态下，对于变形抗力大、热塑性差的高端不锈钢管可以获得较好的内外表面质量和金相组织，适合生产小批量、多规格不锈钢管，特别适合生产斜轧穿孔机难以加工的高合金管材。虽然我国不锈钢管生产采用"穿孔+冷拔、冷轧"的工艺较多，但采用挤压法生产不锈钢管的优势是可以直接使用连铸坯作原料，产品质量比较稳定，更换品种灵活，可以直接生产热挤压成品管，也可以生产各种异型断面不锈钢管。生产大直径（厚壁）不锈钢管除少量采用"穿孔+皮尔格轧制"工艺外（含顶管机组），基本上采用热挤压工艺。

随着高速化、自动化、大吨位挤压机的应用，高强度、高韧性热作模具等相关技术的发展，用挤压法生产不锈钢管或为冷加工提供荒管，是目前热加工不锈钢管的一种较好且经济的方法。特别是难变形的不锈钢管、高合金钢管、厚壁管的生产得到了迅速发展，如核电蒸汽发生器用 690 合金传热管、G3 油井管等，是斜轧穿孔法无法相比的。目前，在诸如连轧管机组、皮尔格机组、三辊穿孔-轧管机组等机组上无法生产的钢种和合金，可以在挤压机上进行生产。热挤压工艺对于生产高尺寸精度、高表面光洁度的不锈钢管尤其适合，对于超级奥氏体不锈钢、超级双相不锈钢等难变形不锈钢管材的制造有较大的优势。

工艺路线：圆钢—原料验收—剥皮—下料—钻孔—倒角—管坯检查—清洗—预热—感应加热—扩孔—感应加热—热挤压—热处理—矫直—锯切—酸洗—检验修磨—冷轧（冷拔）—去油—热处理—矫直—切管（定尺）—酸洗—无损检验（涡流、超声、水压）—包装入库。通常的生产工艺流程如图 2-2-5 所示。

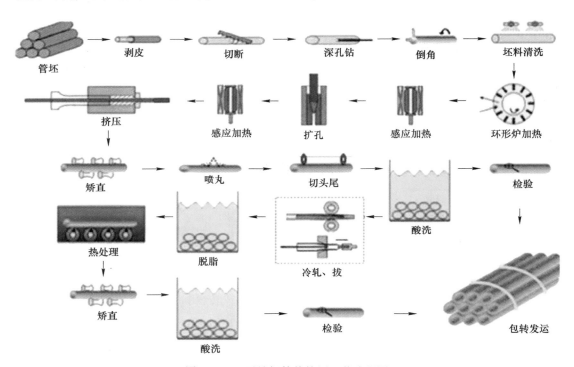

图 2-2-5 无缝钢管热挤压工艺流程图

3. 冷加工

不锈钢管有 65% 以上是通过冷加工制造的，冷加工工艺基本上有三种，即冷拔工艺、冷轧工艺、冷轧+冷拔工艺，其中大多采用冷轧+冷拔生产工艺，且以冷轧为主、冷拔为辅。

目前，世界上冷轧和冷拔工艺技术与装备水平有了很大的发展，冷轧机和冷拔机正向高速、高精度、长行程、多线方向发展，可实现大减径量和大减壁量，轧制变形量的 80% 左右在冷轧机上完成。采用冷轧定壁、辅以冷拔改变规格和控制外径，满足不同品种和规格的要求。

三、不锈钢制管装备的发展与进步

（一）焊接管制管装备的发展和进步

近 30 年来，我国不锈钢焊管生产厂家引进了一批工艺技术先进的生产装备，不锈钢管工艺技术和装备水平得到了明显提高，生产能力有了较大幅度的增长。在品种、质量、产量、规格等方面达到了较高水平。

1986 年，太钢不锈钢管厂从瑞典引进连续成型直缝不锈焊管机组和 ϕ820UOE 成型不锈钢焊管机组。2009 年，久立特材引进日本 FFX 成型的中大口径不锈钢连续焊管生产线（630 机组），结束了长度超过 9 米的大口径不锈钢焊管依赖进口的历史，填补了国内空白。此外，久立特材还从意大利引进壁厚可达 80 毫米的大口径不锈钢厚壁管生产线，满足了 LNG 在储存、运输等方面的需求；顺德华丰不锈钢焊管公司引进德国 ϕ426 毫米不锈钢直缝氩弧焊管机组等。

此外，还有一批企业先后引进（或国产）不锈钢焊管生产装备，如武进不锈钢管、中兴能源、常熟华新、青山不锈、华迪钢业等企业。其产品范围包括中小直径不锈钢管、不锈钢复合管、油井管及大直径不锈钢焊管、厚壁焊管等，为我国不锈钢焊管发展奠定了基础。

焊接管主要的焊接设备是直缝高频焊接设备、直缝双面焊接工艺和螺旋埋弧焊接工艺。成型方法一般采用辊式连续成型，焊接方式采用氩弧焊或高频焊，中小口径的不锈钢焊管一般采用连续辊式成型。

（二）无缝管制管装备的发展与进步

20 世纪 80 年代以来，由于国家改革开放政策的实施，促进了经济快速发展，带动了无缝钢管行业的进步。无缝不锈钢管的生产也得了快速地成长，引进了先进的工艺技术和装备，如长城协和率先引进了 3150 吨挤压机，久立特材也引进了 3500 吨挤压机。对一些重要用途的不锈钢管，如核电站用管（特殊规格）等，用户多采用挤压工艺生产供料为主，高端不锈钢管的生产逐步实现常态化；冷轧、冷拔管生产装备引进或国产化更是举不胜举，这些无缝管机组的引进投产，使我国无缝不锈钢管工艺技术及装备水平提高到了当代国际水平。

2000 年以后，我国无缝钢管生产先进装备的建成速度大大提高。生产过程计算机控制、锥形穿孔机、轧辊全液压压下技术、集中变辊设计、轧辊单传动、限动芯棒轧制等先进技术得到普遍应用。随着我国无缝钢管行业工艺技术与装备水平的不断进步，不锈钢管（含大直径、厚壁）生产方式也呈多样化发展。

在制管成型过程中，冷拔和冷轧在实际生产中效果异曲同工，所生产出的无缝管各有优势。目前，在我国不锈钢制管装备中，YLB100T、YLB150T、YLB250T、YLB550T 等系列高精度冷拔机组较为常见，且口碑良好；而在冷轧管机组当中，LG30-H、LG60-H、LG110-H、LG250-H 等系列机组是应用较多的机型。

四、不锈钢制管工艺的发展趋势

不锈钢管生产领域出现的许多新工艺新技术，促进了钢管质量的提高和生产成本的降低。

（1）焊接+冷拔生产工艺。开发了焊接+冷拔的不锈钢管生产新工艺，即用纵剪后的不锈钢冷带经成型、氩弧焊接成焊管，再经冷拔、精整工序出成品。由于氩弧焊接质量高，焊缝的各项性能与基体一致，因此，这种工艺生产的不锈钢管，比采用热挤压+冷拔（轧）的常用工艺，成本降低10%～30%，生产工艺简化，周期缩短。

（2）温轧技术。温轧技术是将冷轧前的管料通过一感应加热装置加热到150～400℃后进行轧制。这种技术具有轧制力小、一次变形量大的优点，不锈钢钢管进行二、三次温轧无需中间退火，总变形量可达98%。

（3）超声波振动冷拔工艺。拉模在冷拔过程中的超声波振动，能加大每个拉拔道次的减面率，并减少钢管振动现象和表面凹点，提高钢管表面质量。这是因为超声频率使设备振动，减少了拉拔时的摩擦力，钢管承受着拉拔模和芯棒的挤压而减少了拉应力带来的不良后果。

（4）光亮热处理工艺。不锈钢管的热处理，采用带保护气体的无氧化连续热处理炉，进行中间热处理和最终的成品热处理。由于可以获得无氧化的光亮表面，从而取消了传统的酸洗工序。这一热处理工艺的采用，既改善了钢管的质量，又克服了酸洗对环境的污染。根据目前世界发展的趋势，光亮连续热处理炉基本分为三种类型：

1）辊底式光亮热处理炉。这种炉型适用于大规格、大批量钢管热处理，小时产量在1吨以上。可以配备对流冷却系统，以便较快地冷却钢管。

2）网带式光亮热处理炉。这种炉型适合于小直径薄壁精密钢管，小时产量约为0.3～1.0吨，处理钢管长度可达40米，也可以处理成卷的毛细管。使用气体燃料或电加热，可采用各种保护气体。经过这种炉型热处理后的钢管无划伤，光亮度好。

3）马弗管式光亮热处理炉。这种炉型的钢管装在连续的托架上，在马弗管内进行加热，能以较低的成本处理优质小直径薄壁钢管，小时产量在0.3吨以上。可经济地使用保护气体，加热热源可为燃气、油或电。

（5）有机溶剂脱脂工艺。为了去除冷轧、冷拔润滑时残存在钢管表面的油污，提高热处理钢管质量并防止渗碳，采用了除油效果好、技术装备先进的有机溶剂脱脂装置。常用的有机溶剂有三氯乙烯、四氯乙烯、三氯乙烷、氯化甲烷，使用较多的是三氯乙烯。此种溶剂使用效果好、易回收、毒性低。脱脂是在一个密封室内由计算机自动控制进行的，装在筐中的不锈钢管在溶剂槽中脱脂，或者在溶剂蒸气中进一步冷凝脱脂。三氯乙烯脱脂剂可再生和反复使用，并监控使用环境下的溶剂气体含量，避免环境污染。

（6）精整设备现代化技术。配备现代化的精整设备，加强质量控制是当代不锈钢管生产的重要环节。不锈钢管精整工段设置无损探伤工序，是必不可少的质量检验手段。无损检测技术的进步，使更多的厂家采用了涡流、超声波组合探伤机组，并配备激光测径、超声波测厚装置，钢管出厂前，能从多个环节把住质量关。这种组合探伤机组具有先进的信息处理系统，测得的信号全部数据化，经过计算机处理并储存，自动化程度高，生产效率高。

第六节　不锈钢精密带钢生产工艺技术

一般地，我们称厚度在 0.01~0.5 毫米之间、强度在 600~2100 兆帕的冷轧不锈钢带钢为不锈钢精密带钢。但严格来讲，除了厚度和强度方面的要求，其还需综合满足高精度公差、力学性能、表面粗糙度、光亮度、硬度等指标的苛刻精确要求，方能称为不锈钢精密钢带。

一、发展概况

相比于国外 20 世纪 30 年代就起步的生产历史，我国不锈钢精密带钢的生产历史较短，始于 1998 年上海五钢有限公司与美国阿利格尼路德卢姆（Allegheny Ludlum）公司合资组建的上海实达不锈钢有限公司。到 2008 年，我国规模较大（已投产企业）的不锈钢精密带钢生产企业近十家，年产不锈钢精密带钢达 94980 吨。表 2-2-1 为 2008 年国内主要精密带钢公司设备和产量情况。

表 2-2-1　2008 年国内主要精密钢带厂家设备及产量信息

序号	公 司 名 称	主 要 装 备	产量/吨	备 注
1	上海实达精密不锈钢有限公司	2 台 650 宽二十辊森吉米尔及 1 台 1250 宽二十辊轧机	15000	中美合资
2	日矿宇进精密加工（苏州）公司	1 台 650 宽二十辊轧机	4000	日资
3	无锡华生精密材料股份有限公司	3 台 450 宽十四辊及 1 台 650 宽二十辊轧机	9000	
4	北京冶金工程技术联合开发中心	1 台 720 宽十四辊轧机	6000	
5	宁波永正精密箔材股份有限公司	2 台 450 宽四辊轧机及 1 台 650 宽二十辊轧机	3000	中美合资
6	浙江甬金不锈钢集团有限公司	3 台 650 宽十四辊轧机	20000	430/BA 为主
7	宁波奇亿金属有限公司	2 台 650 宽十四辊及 1 台 650 宽森吉米尔二十辊轧机	15000	430/BA 为主
8	永鑫精密材料（无锡）有限公司	1 台 650 宽二十辊森吉米尔轧机	4000	新加坡
9	北京冶金正源科技有限公司	1 台 800 宽十四辊轧机	5000	
10	佛山雄景金属材料加工厂	四辊轧机	4000	
11	东北特钢鞍山东亚精密不锈钢公司	十四辊及二十辊 650 宽轧机	2000	
12	山东乾元不锈钢制造有限公司	1 台 650 宽二十辊轧机（日本）		中韩合资，新泰市
13	三星精密不锈钢（平湖）有限公司	1 台 650 宽二十辊轧机（日本）		韩资，2010 年 1 月投产
14	上海业展实业发展有限公司	2 台 650 宽森吉米尔二十辊轧机		金山区，2009 年 3 月投产

序号	公 司 名 称	主 要 装 备	产量/吨	备 注
15	江苏呈飞精密合金股份有限公司	2 台 650 宽二十辊轧机		丹阳 2010 年投产
16	浙江星辉精密材料有限公司	1 台二十辊 650 宽轧机		2009 年 3 月投产
17	无锡环胜金属制品有限公司	3 台四辊、1 台二十辊 510 宽轧机		
18	南通宏凯精密带钢有限公司	2 台 650 宽十四辊轧机		
19	黄石华亿不锈精密带钢有限公司	1 台十二辊 1250 宽轧机（北冶）		

2008 年以后，我国不锈钢精密带钢行业发展迅速，生产能力和生产水平都实现了跨越式提升。2009 年不锈钢精密带钢产量为 293200 吨，产量为 243500 吨，2012 年我国不锈钢精密带钢产能达到了 70 万吨左右，年增长率达到 23%，国内不锈钢精密带钢企业增至 29 家左右。其中规模较大的产能在 1 万吨以上的生产企业达 14 家。

同时，精密带钢各规格增长开始出现分化，0.3~0.5 毫米带钢的增速逐年下降，0.1~0.3 毫米和 0.1 毫米以下厚度带钢总体依然保持高增长。2012 年我国已投产的不锈钢精密带钢生产企业，能够小批量生产 0.1 毫米以下的精密带钢企业仅有 6 家，上海实达、宁波永正、三星精密、日矿金属（苏州）、无锡华生和鞍山东亚，薄规格精密带钢将会成为企业产品结构优化的方向。

2012 年之后，全国不锈钢精密带钢产量继续呈现逐年增长趋势。表 2-2-2 为 2016—2019 年间国内主要精密带钢厂家产量情况。2018 年国内精密带钢行业以上海实达三期投产、浙江甬金新增轧机为代表，产能进一步释放，行业集中度显著提升。常规电子产品用料转向东南亚、印度等出口市场，行业形成日矿和实达以质量、甬金以规模价格、太钢以品种为特色，三星等其他为补充的产业格局。与此同时，超薄不锈钢箔材研发与量产上也取得了突破性进展。

表 2-2-2 国内主要精密带钢厂家 2016—2019 年产量 （吨）

主要厂家	2016 年	2017 年	2018 年	2019 年
上海实达	54000	55000	65000	70000
浙江甬金	25000	35000	40000	35000
太钢精密	22632	23825	24000	22619
三星精密	13000	13000	15000	15000

2016 年太钢精密带钢公司组建"手撕钢"开发团队，针对"手撕钢"的工艺技术问题进行攻关。于 2018 年初实现了 600 以上宽幅"手撕钢"的量产，太钢精密带钢公司也成为了全球唯一可以生产宽幅软态"手撕钢"的企业。2020 年 8 月，太钢精密带钢公司再次突破了极限尺寸，成功轧出了厚度 0.015 毫米、实际宽度 600 毫米的不锈钢精密箔材。

2021 年 4 月，宁波宝新成功生产 1 米宽幅、0.03 毫米厚度的"手撕钢"。其投产不久的3万吨汽车用钢产线,达到了规格精度极致。这也是目前全球同等厚度中宽幅最大的"手撕钢"产品。

20年来,我国不锈钢精密带钢领域处于蓬勃发展期,无论产量还是产品精度,都取得了很大进步,在支撑先进制造业发展方面发挥了重要作用。精密带钢这颗不锈钢领域里的"明珠",也必将熠熠生辉。

二、不锈钢精密带钢生产工艺技术

不锈钢精密钢带生产工艺对生产设备和生产技术要求相当高,其生产线是一条从轧机到脱脂清洗机、光亮退火炉、拉矫设备、分条剪切设备等设备优化磨合而成的系统生产线。

不锈钢精密钢带一般采用常规冷轧退火后的钢卷作原料,采用2B表面即可。其生产工艺流程如图2-2-6所示,根据产品规格及原料情况,可以采用一个或两个轧程。

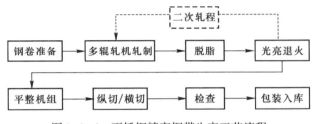

图2-2-6 不锈钢精密钢带生产工艺流程

根据工艺流程,选用的机组主要有:准备机组、多辊轧机、脱脂机组、光亮退火机组、拉伸矫直机、纵切/横切机组等。

(1)准备机组。为了提高不锈钢的冷轧成材率,在轧制前需要在每卷钢带的两端焊接引带,为此需设置准备机组。

(2)轧制机组。不锈钢加工硬化剧烈,难于轧制,采用小直径工作辊和大张力的多辊可逆轧机是不锈带钢冷轧的显著特点。对于轧制不超过0.3毫米的精密不锈带钢,一般采用十二辊、十四辊(国产)、十八辊(国产)、二十辊等轧机。其主要生产流程为:钢卷准备—上料—穿带—轧制过程(卷、垫纸)—卸卷。

(3)脱脂机组。对轧制后的不锈钢带钢要进行化学脱脂处理以除去带钢表面在轧制过程中残留的轧制油。由于轧机在不锈钢带钢的轧制过程中为强化轧制过程,提高轧件表面光洁度,需要采用以矿物油进行冷却润滑。经轧制后,通过轧机刮油器的作用,其表面残留的轧制油在150～200毫克/米² (每面)左右。由于下工序的光亮退火机组一般采用马弗炉,马弗炉不能通过火焰直接把残留的轧制油燃烧掉,为防止带钢表面的残油被带进光亮炉内,影响炉内的气氛和带钢表面的质量,因此轧制后的不锈钢带钢要进行化学脱脂以除去带钢表面在轧制过程中残留的轧制油,然后再进入有保护气体的光亮退火炉(马弗炉)进行光亮退火。硬态交货的在进行精整前也要把带钢表面的轧制油去除掉,也需要进行脱脂处理。单独的脱脂机组还需增设开卷机、焊机、分切剪、卷取机等设备,实现连续生产。

主要生产流程为:开卷—入口剪切—预喷淋—高压喷淋—冷水清洗—热水清洗—烘

干—出口剪切—卷取。

（4）光亮退火机组。光亮退火机组主要有立式和卧式两种型式，为了生产高表面质量的精密不锈带钢，一般选用立式光亮退火机组。目前，世界上比较流行的立式马弗光亮退火炉一般有立式全马弗上行加热式、立式全马弗下行加热式和立式马弗+砌砖电加热混合式三种形式。通常炉内保护气体为99.99%氢气，也有采用75%氢气+25%氮气的氮氢混合气体。

混合型光亮炉由加热段（马弗加热段+电加热段）、缓冷段、冷却段三部分组成。其中马弗加热段、缓冷段和冷却段与全马弗型基本相同，砌砖电加热段为方形结构，内衬高铝砖砌筑炉衬。混合型光亮炉具有产量高、节能效果好的特点。但电加热段是无马弗加热段，采用钼丝加热，用高铝砖砌筑炉衬，耐材等级高，价格贵，而且有可能由于耐材问题影响 BA 板的质量。若要求生产高质量的 BA 板，则全马弗光亮炉使质量更能够得到保证，而且设备维修方便，运行成本比较低；若生产厂偏重于 BA 板的产量，则选择混合型光亮炉更为合适。

生产流程为：开卷—入口剪切—焊接—脱脂—入口活套—光亮热处理—出口活套—出口剪切—卷取。

（5）矫直机组。拉伸弯曲矫直法是一种唯一可满足带钢软化处理及硬化平整的工艺。其目的是提高产品的力学性能和改善产品的最终板形，降低带钢表面残余应力。经过矫直，带钢上应力分布均匀，甚至在板纵切、冲压、锻打、成型加工及研磨等加工后，其应力分布仍是较为理想的。对超薄精密不锈带钢一般采用拉伸矫直机组，并可同时适应硬态和软态材料。常规二辊或四辊平整工艺应用于软态下的退火材料，工业用带钢生产可用此工艺。

主要生产流程为：上料小车—开卷机—CPC—夹送辊—横切剪—收集料斗—四辊制动 S 型张力辊—涂油装置—矫直机—四辊张力 S 型张力辊—板形辊—横切剪—CPC—卷取机—下料小车。

（6）纵切/横切机组。不锈钢的精整包括纵切或横切机组，对超薄精密不锈钢而言，用户需要的是不同宽度的卷带，可根据客户要求裁切各种尺寸。

三、精密带钢典型产线

以太钢不锈钢精密带钢公司为例，列举了精密带钢产品的典型生产设备。

（1）四立柱二十辊轧机。具备先进的 AGC 厚度自动控制功能和板形 AFC 自动控制功能。该轧机的倾斜功能更有利于板形控制，卷取机为双电机驱动，可在轧制中精确地控制张力，为轧制高强度、高精度的精密带钢提供了全方位保证，厚度控制精度可达±0.001毫米，为世界上最先进的精带轧机。

（2）光亮退火线。全氢立式马弗炉退火线，炉内露点控制稳定良好，可实现全氢保护和精确的张力控制，张力精度可达到±3 牛，使带钢退火后表面质量和性能达到最佳状态，有效地保证薄带钢的生产。

（3）二十三辊拉矫机。最小辊径为 12 毫米，独有的工艺张力控制装置，可有效改善精密带钢板形和力学性能，板型最高平直度可达 1IU，同时靠反复弯曲变形消除残余应力。

（4）精密纵切机组。专业化分工生产 3 ~ 650 毫米宽度的带钢，其中 2 条机组可剪切 3~20 毫米宽的带钢，宽度精度高达±0.015 毫米，也可对强度 2100 兆帕硬态钢卷分条，满足用户对不同宽度和强度产品的要求。

总的生产流程如图 2-2-7 所示。

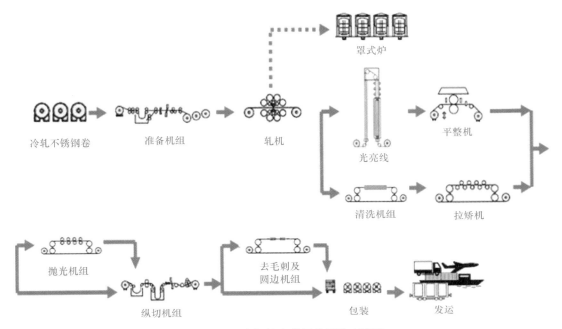

图 2-2-7　太钢精密带钢公司生产流程

第三章　不锈钢应用技术发展

为了满足终端用户使用，不锈钢产品在钢厂完成制造之后，还要进行再加工或配套加工。为了实现异型件的制造，需要进行焊接加工；为了满足最终部件制造所需的尺寸和精度要求，需要进行机械加工；为了满足光洁度等外观要求，需要进行表面处理等。另外，不锈钢产品生产结束后，还需要进行多种应用性能的检测。随着不锈钢产业的发展和专业化分工，原来需要终端用户完成的再加工、配套加工工序，越来越多地转由不锈钢配套企业甚至是不锈钢生产企业直接进行。

第一节　焊接技术

一、不锈钢焊接材料

（一）不锈钢焊条

不锈钢焊条是一种传统的手工电弧焊接材料，应用广泛，有着很长的发展历史。以化学成分进行品种划分，GB/T 和 ISO 标准中有几十个品种。现在我国已形成了覆盖铁素体不锈钢、马氏体不锈钢、奥氏体不锈钢、双相不锈钢和沉淀硬化性不锈钢五大系列不锈钢焊条产品。

一般不锈钢焊条大都用与熔敷金属化学成分相近的不锈钢丝作焊芯，外面涂敷药皮。根据药皮类型不同，不锈钢焊条一般分为以下三类：

（1）药皮类型代号为 15 的焊条。该类焊条通常为碱性焊条，熔敷金属的抗裂性较好，因此可用来配制熔敷金属为奥氏体或马氏体类型等抗裂性较差的不锈钢焊条，适用于焊接刚性较大、中板以上的结构。

（2）药皮类型代号为 16 的焊条。该类焊条具有良好的焊接工艺性能，电弧柔软、飞溅少、焊缝光滑、成型美观，可进行全位置焊接。使用交流或直流电源，但熔化速度较低，且由于不锈钢芯电阻大，交流焊接时焊条药皮容易发红、开裂，后半段焊条工艺性能恶化，因此焊接时尽可能采用直流电源。

（3）药皮类型代号为 17 的焊条。与药皮类型 16 相比，这类焊条焊接时焊条套筒呈深直型，焊接电压较高、焊接电流较低，即使焊条长度增加 50 毫米，仍可采用较大的焊接电流，而不出现因后半段焊条药皮发红、焊接工艺严重恶化现象，因此减少了焊条头损耗，提高了熔敷效率。

（二）不锈钢实心焊丝

目前我国不锈钢实心焊丝的品种涵盖了奥氏体不锈钢、马氏体不锈钢、铁素体不锈钢、双相不锈钢及特殊性能不锈钢等。按焊接方法不同，可用于钨级氩弧焊（TIG）、熔化极气体保护焊（GMAW）和埋弧焊（SAW），有些焊丝可以同时用于气体保护焊和埋弧焊。不锈钢焊丝通常采用电炉或转炉加炉外精炼、电渣重熔等方法冶炼，轧制成线材，经拉拔加工成不同规格的焊丝。

（三）不锈钢药芯焊丝

不锈钢药芯焊丝电弧焊是一种高效、低成本的不锈钢焊接技术。目前国内市场已可以提供 308、309、316、347 等常用类别的不锈钢药芯焊丝，个别厂家已在开发双相不锈钢药芯焊丝等高端产品。

目前不锈钢药芯焊丝的品种有 20 多种，在焊丝分类上，根据焊丝化学成分的不同，有铬-镍不锈钢药芯焊丝，也有铬不锈钢药芯焊丝；根据保护气体的种类，可分为 CO_2 气体保护、$Ar+CO_2$ 或 $Ar+O_2$ 混合气体保护和自保护三种焊丝。根据药粉渣系有钛型、碱型和金属粉型。通常使用的气体保护焊用药芯焊丝直径为 0.8 毫米、1.2 毫米、1.6 毫米，埋弧焊用不锈钢药芯焊丝直径多为 2.4 毫米和 3.2 毫米。

（四）不锈钢焊带

传统的堆焊方法包括手工电弧堆焊（SMAW）、丝极埋弧堆焊（SAW）、等离子弧堆焊（PAW）、药芯焊丝堆焊（FCAW）。其中，带极堆焊具有熔深浅、稀释率低、焊道宽、质量好、效率高等优点。我国从 20 世纪 60 年代开始，主要的科研院所如哈尔滨焊接研究所、钢铁研究院就开展了压力容器内壁不锈钢耐蚀层的堆焊研究；20 世纪 70 年代一重、上海锅炉厂等单位应用带极堆焊方法制造了 300 兆瓦核电站压水堆。在这些工作中，采用的都是带极埋弧堆焊方法。进入 20 世纪 80 年代以后，将带极电渣堆焊技术引入压力容器内壁不锈钢堆焊研究并取得一定成果。20 世纪 90 年代中后期上述科研院所开发的国产不锈钢焊带及焊剂逐步获得应用。近十多年来，随着国内装备制造业的迅猛发展，国内不锈钢内壁带极堆焊技术应用越来越成熟，堆焊材料国产化趋势明显。

（五）不锈钢特种焊材

1. 液化天然气用超低温不锈钢焊接材料

近年来，随着全球范围内液化天然气（LNG）消耗量的持续增长，LNG 设施的建造需求也在不断增长。在 LNG 设施的建造和安装中，不可避免地要涉及大量的管道系统，特别是在超低温下服役的 304L 和 316L 类不锈钢管道系统的焊接。目前 LNG 项目中设计工作温度为 -196℃ 的不锈钢结构的焊接进行了研究，并开发了相应的焊接材料。

2. 石化、电站行业用奥氏体耐热钢焊接材料

目前石化、电站行业不断向装置的大型化、参数的高临界化方向发展。在已有 T/P91、T/P92、TP122 等铁素体耐热钢外，还开发了用于超临界锅炉的超级 304H（Super304H）、

细晶粒 TP347H（TP347HFG）及 HR3C（P310HCbN）等新型奥氏体耐热钢。用于焊接 304H、316H 及 347H 等奥氏体耐热钢的焊接材料，其主要成分均与母材相同。

目前奥氏体耐热钢焊接材料适用于工作温度达 800℃的高温服役。其焊缝成分是一个 308H 和 316H 的稀释混合，可用于焊接所有含碳 0.04%～0.10% 范围的 3××H 系列普通奥氏体耐热钢，其性能满足抗高温蠕变、抗氧化及耐一般腐蚀的综合要求。

二、不锈钢焊接性及焊接工艺

（一）奥氏体不锈钢的焊接

奥氏体不锈钢的焊接性较好，几乎所有的熔焊方法都可以采用。其他一些特种焊接方法，如摩擦焊、电阻焊、缝焊、闪光焊、激光焊、电子束焊及钎焊等也可使用。但是，由于奥氏体不锈钢的线膨胀系数较大，焊接变形较大，并且含合金元素较多，有些合金元素很容易烧损，因此，在选择焊接方法时，要求保护性好、焊接能量比较集中。所以，奥氏体不锈钢的焊接方法常选用焊条电弧焊、钨极氩弧焊、熔化极惰性气体保护焊和埋弧焊。其中最佳的是惰性气体保护焊，如氩弧焊、氢气保护药芯焊丝焊接及工程上常采用的氢弧焊打底、手弧焊填充的焊接工艺。

奥氏体不锈钢焊接材料的选用原则是在无裂纹的前提下，保证焊缝金属的耐蚀性能及力学性能与母材基本相当或略高于母材，尽可能保证其合金成分大致与母材成分一致或相近。在不影响耐蚀性能的前提下，希望焊缝金属含一定量的铁素体，这样既能保证良好的抗裂性能，又有良好的抗腐蚀性能。但在某些特殊介质中，如尿素设备的焊缝金属，是不允许铁素体存在的，否则会降低其耐蚀性。对于长期在高温下运行的奥氏体钢焊件，要限制焊缝金属内铁素体含量不超过 5%，以防止在使用过程中铁素体发生脆性转变。对于在各种腐蚀介质中工作的奥氏体不锈钢，则应按介质和工作温度来选择焊接材料，并保证其耐腐蚀性能。对于工作温度在 300℃以上、有较强腐蚀性的介质，为确保焊接接头的抗蚀性能，要求尽可能降低焊缝金属的含碳量和加入铌、钛等稳定碳化物元素；对于含有稀硫酸或盐酸的介质，常选用含钼或含钼和铜的不锈钢焊接材料；为保证焊缝金属的耐应力腐蚀能力，采用焊缝金属中的耐蚀合金元素（铬、钼、镍等）含量高于母材的焊接材料，如采用 00Cr18Ni12Mo2 类型的焊接材料焊接 022Cr19Ni10 焊件。有时也选用镍基合金焊接材料，如采用钼质量分数达 9% 的镍基焊材焊接 6Mo 型超级奥氏体不锈钢。

选择填充材料时，还要考虑在选定的焊接工艺方法下的焊接材料类型特点、合金元素实际过渡系数及母材熔合比对焊缝金属化学成分等的影响。选用焊条时，由于双相奥氏体钢焊缝金属本身含有一定量的铁素体，具有良好的塑性和韧性，从焊缝金属抗裂性角度进行比较，碱性药皮与钛钙型药皮焊条的差别不像碳钢焊条那样显著。但在实际应用中，从焊接工艺性能方面着眼较多，大都采用酸性药皮类型的不锈钢焊条；只有在结构刚性很大或焊缝金属抗裂性较差（如纯奥氏体组织的铬镍不锈钢等）时，才考虑选用碱性药皮不锈钢焊条。选择埋弧焊丝时，同时要考虑到焊丝和焊剂的配合使用。选择气体保护焊丝时，要考虑到可能产生的渗碳和合金元素的烧损问题。

（二）铁素体不锈钢的焊接

由于铁素体的线膨胀系数较奥氏体的小，其焊接热裂纹和冷裂纹的问题并不突出，而且铁素体不锈钢在加热和冷却过程中不发生任何相变，因此，焊后即使快速冷却也不会产生硬化组织。但铁素体不锈钢不如奥氏体不锈钢的焊接性好，主要是指焊接过程中可能导致焊接接头的塑性、韧性降低即发生脆化的问题。此外，铁素体不锈钢的耐蚀性及高温下长期服役可能出现的脆化也是焊接过程中不可忽视的问题。高纯铁素体不锈钢比普通铁素体不锈钢的焊接性要好得多，其具有优异的耐腐蚀性能和中等的韧度和延性。在焊接这些高纯度钢时要注意避免混入不希望出现的元素，特别是氮和氧，同时要抑制晶粒长大。铁素体不锈钢的焊接还存在晶间腐蚀及焊缝凝固裂纹等焊接缺陷。

普通铁素体不锈钢的焊接通常可采用焊条电弧焊、药芯焊丝电弧焊、熔化极气体保护焊、钨极氩弧焊和埋弧焊。无论采用何种焊接方法，都应以控制热输入为目的，以抑制焊接区的铁素体晶粒过分长大。工艺上可采取多层多道快速焊，强制冷却焊缝的方法，如通氩或冷却水等。该类钢在焊接热循环的作用下，热影响区的晶粒长大严重，碳、氮化物在晶界聚集，焊接接头的塑韧性很低，在拘束度较大时，容易产生焊接裂纹，接头的耐蚀性也严重恶化。为了防止焊接裂纹，改善接头的塑韧性和耐蚀性，在采用同材质熔焊工艺时，可采取预加热、较小的热输入、焊后进行 750～800℃ 的退火热处理等工艺措施。

而超纯高铬铁素体不锈钢的焊接方法有氩弧焊、等离子弧焊和真空电子束焊。采用这些方法的目的主要是净化熔池表面，防止沾污。对于碳、氮、氧等间隙元素含量极低的超纯高铬铁素体不锈钢，高温引起的脆化并不显著，焊接接头具有很好的塑韧性，不需焊前预热和焊后热处理。在同种钢焊接时，目前仍没有标准化的超纯高铬铁素体不锈钢的焊接材料，一般采用与母材同成分的焊丝作为填充材料。由于超纯高铬铁素体不锈钢中的间隙元素含量已经极低，因此关键是在焊接过程中防止焊接接头区的污染，这是保证焊接接头的塑韧性和耐蚀性的关键。在焊接工艺方面应采取增加熔池保护、增加尾气保护、焊缝背面通氩气保护、减少焊接热输入和其他快冷措施。

焊接铁素体不锈钢可以选用很多种类的填充金属，主要有三类：同质铁素体型、奥氏体型和镍基合金。最常用的是成分匹配或成分近似匹配的填充金属，这样可以最适合于母材。在某些场合得不到匹配的填充金属，特别是对含有很高合金元素的第三代铁素体不锈钢，采用的方法是把母材的薄板切成窄条用作 GTAW（钨极氩弧焊）的填充金属，也可以用奥氏体不锈钢填充金属形成奥氏体+铁素体双相组织。相对于铁素体不锈钢熔敷金属，这种双相组织具有更优良的韧度和延性。奥氏体不锈钢填充金属经常被用于第一代和第二代铁素体不锈钢母材。镍基合金也可用于焊接铁素体不锈钢，一般形成全奥氏体熔敷金属。这种填充金属常用于高铬级别的钢，这样既可匹配母材的高耐腐蚀性能，又能提供良好的焊缝金属力学性能。

（三）马氏体不锈钢的焊接

常用的焊接工艺方法，如焊条电弧焊、钨极氩弧焊、熔化极气体保护焊、等离子弧焊、埋弧焊、电渣焊、电阻焊、闪光焊甚至电子束与激光焊接都可用于马氏体不锈钢的焊接。相应的焊接材料也主要为焊条、实心焊丝及药芯焊丝等。焊接时，主要以控制热输入及冷却速度为主。焊条电弧焊是最常用的焊接工艺方法，焊条需经过 $300 \sim 350℃$ 高温烘干，以减少扩散氢的含量，降低焊接冷裂纹的敏感性。钨极氩弧焊主要用于薄壁构件（如薄壁管道）及其他重要部件的封底焊，它的特点是焊接质量高，焊缝成型美观。对于重要部件的焊接接头，为了防止焊缝背面的氧化，封底焊时通常采取氩气背面保护的措施。$Ar+CO_2$ 或 $Ar+O_2$ 的富氩混合气体保护焊也应用于马氏体钢的焊接，具有焊接效率高、焊缝质量较高的特点，焊缝金属也具有较高的抗氢致裂纹性能。

焊接材料的选用主要有以下三个方面：

（1）同材质焊接材料马氏体钢是可以利用热处理来调整性能的，因此为了保证使用性能的要求，特别是耐热用马氏体钢，焊缝成分应尽量接近母材的成分。

（2）奥氏体型焊接材料对于 Cr13 型的马氏体不锈钢焊接性较差，因此除采用与母材化学成分、力学性能相当的同材质焊接材料外，对于含碳量较高的马氏体钢或在焊前预热、焊后热处理难以实施以及接头拘束度较大的情况下，也常采用奥氏体型的焊接材料，以提高焊接接头的塑韧性，防止焊接裂纹的发生。

（3）采用镍基焊接材料，使焊缝金属的线膨胀系数与母材相接近，尽量降低焊接残余应力及在高温状态使用时的热应力。镍基填充金属和马氏体钢在冶金上也是相容的，当母材金属对其稀释不严重时，会形成全奥氏体焊缝金属。无论从性能（强度）还是从价格角度考虑，一般不使用异种金属作为填充金属。然而对于马氏体不锈钢和奥氏体合金之间的过渡接头，也可能用异种填充金属，这是因为过渡接头要求其线膨胀系数也具有过渡性，或者是因为要求其焊缝金属强度只需高于最薄弱的部件。

（四）双相不锈钢的焊接

由于双相不锈钢以 $δ+γ$ 两相存在，其焊接热裂倾向很小，焊前不需预热，焊后不需进行热处理。尽管双相不锈钢的焊接性很好，但也不能全部套用奥氏体不锈钢的焊接工艺。双相不锈钢的高耐蚀性和力学性能除受化学成分的影响外，主要取决于其合理的 $δ$ 相和 $γ$ 相之比。因此，能否保持合理的相组成比例，尤其是维持焊接热影响区必要的 $γ$ 相数量是焊接双相不锈钢的关键。一般认为，双相不锈钢的最佳相比例是 50%/50%，正常情况下焊缝金属含 25% ~65% 铁素体。

所有常用的焊接方法（如焊条电弧焊、钨极氩弧焊、熔化极气体保护焊、埋弧焊等）都可用于双相不锈钢的焊接。电子束焊只能用于焊接含氮量高的双相不锈钢，因为在这种焊接过程中奥氏体化元素氮的损失无法通过填充金属进行补充，会引起焊缝金属中 $γ$ 相的严重不足而使组织性能恶化。通常情况下应该避免不加填充材料的电子束焊。

焊条电弧焊灵活方便，并可以实现全位置焊接，是焊接双相不锈钢的常用方法。钨极氩弧焊焊接质量优良，广泛用于管道的封底焊缝及薄壁管道的焊接。无填充材料的钨极氩弧焊只适用于含氮量高的双相不锈钢（氮含量为 0.4%），当焊接含氮量较低的双相不锈钢时，为了解决 $δ$ 相含量较高的问题，可采用 $Ar+N_2$ 的混合气体代替纯 Ar 作为保护气体。

对于厚板，也可采用实心焊丝或药芯焊丝的气体保护焊。实心焊丝气体保护焊采用的保护气体可以是氩气+2% 氧气，也可用氩气+（20% ~30%）氦气+最多1% 氧气（或最多加2% 二氧化碳），如70% 氩气+29.5% 氦气+0.5% 二氧化碳混合气体。药芯焊丝气体保护焊可以采用氩气+20% 二氧化碳或100% 二氧化碳作保护气体。

埋弧焊可以提高焊接生产率，通常使用直径2.4~4.0 毫米双相不锈钢焊丝，配碱性焊剂，开 V 形或 X 形坡口，热输入最多不超过30 千焦/厘米。单面埋弧焊时，可采用手工焊进行根部封底。

现在国内外已研制出适应于各种双相不锈钢的焊接材料，其特点是焊缝金属组织为奥氏体占优势的铁素体奥氏体双相组织，为了保证焊缝中奥氏体含量，通常是提高镍和氮的含量，即提高2% ~4% 的镍当量。例如，2205 双相不锈钢含镍5% 左右，而配套的 E2209 焊条，其熔敷金属中镍含量则为9% 左右。

（五）沉淀硬化不锈钢的焊接

1. 马氏体型沉淀硬化不锈钢

马氏体型沉淀硬化不锈钢具有良好的焊接性。由于在固溶处理后所得到的马氏体组织是超低碳的，因而没有脱碳现象和强烈的淬硬倾向，一般焊前无需预热，焊后也无需缓冷，在拘束度不大的情况下，不会产生焊接冷裂纹；由于淬火时不需要急冷，因此淬火开裂的危险性较小；又由于超低碳马氏体具有良好的塑性，因此能抵抗较大的应力集中，而且在焊接热影响区形成的马氏体组织对冷裂纹的敏感性不大，比具有相同强度水平的低合金高强度钢热影响区的氢脆敏感性小。

焊接奥氏体不锈钢的方法，如焊条电弧焊、手工钨极氩弧焊、自动钨极氩弧焊、电子束焊、电阻点焊与滚焊、激光焊等均可应用于马氏体型沉淀硬化不锈钢的焊接，以电子束焊、激光焊、脉冲钨极氩弧焊为最佳。为了限制热影响区中逆转奥氏体和焊缝金属中奥氏体相的产生，减少偏析和热裂纹，焊接时热输入越小越好，而电子束焊、激光焊、脉冲氩弧焊能量密度高、热量集中、焊接热影响区小，特别适用于马氏体型沉淀硬化不锈钢的焊接。

马氏体型沉淀硬化不锈钢的主要焊接工艺要点有：焊接时不应预热，当进行多层焊时，层间温度以不超过100℃为宜；焊接角焊缝时，热裂倾向与焊缝的深宽比、根部间隙、拘束度有关，在保证焊透的前提下，尽量限制深宽比；为限制接头的软化和产生热裂纹，采用熔焊方法焊接时必须严格控制焊接热输入，用电阻焊方法焊接时要采用硬规范。

2. 半奥氏体型沉淀硬化不锈钢

半奥氏体型沉淀硬化不锈钢通常在退火状态下进行焊接，由于以奥氏体组织为主，焊接性也与奥氏体型不锈钢相似，焊接性良好，焊接接头不会形成冷、热裂纹。即使这种钢经过相变后转为马氏体组织再进行焊接，对热裂纹也不敏感，这是因为所形成的低碳马氏体的硬度不高,且塑性较好。在近缝区的母材金属也不会出现冷裂纹,因为热影响区在焊接过程中已经奥氏体化,并且焊接接头向室温冷却时残留相当多的奥氏体组织。这类钢的缺口敏感性较强,容易因应力集中引起断裂,如收弧不当可能引起弧坑裂纹。在焊接结构设计中,应尽量避免焊缝应力集中;在施焊过程要避免焊缝咬边,焊缝余高超标及焊缝不能圆滑过渡到母材金属而引起应力集中。

半奥氏体型沉淀硬化不锈钢可采用焊条电弧焊、惰性气体保护电弧焊(TIG 和 MIG)等。惰性气体保护焊是最佳工艺方法,可避免氧化和减少铝的烧损,有利于提高接头效率。该类钢通常在固溶状态下焊接,焊前不必预热,但焊后最好固溶处理,而后按实际需求进行处理。

3. 奥氏体型沉淀硬化不锈钢

奥氏体型沉淀硬化不锈钢可进行手工电弧焊和惰性气体保护电弧焊,推荐在固溶处理条件下进行焊接。A-286 钢虽然含有较多的时效强化合金元素,但其焊接性与半奥氏体沉淀硬化不锈钢的焊接性相当,采用常见的焊接工艺时,裂纹敏感性小,不需要预热和后热,焊后按照母材时效工艺进行焊后热处理,即可获得接近等强的焊接接头。但是在进行厚板焊接时,因高温塑性较差,而且在 1290℃ 以上熔合线附近的晶界达到局部熔融状态,冷却时收缩变形,在收缩应力的作用下引起晶界开裂,产生热裂纹。晶界局部熔融与 $TiFe_2$ 和铁的低熔点共晶有关。因此,焊接厚板结构时,注意采用小热输入的焊接规范,防止热裂纹的产生。

三、不锈钢与异种金属焊接

不锈钢复合钢板是由复层(不锈钢)和基层(碳钢或低合金钢)复合而成的双金属复合材料,广泛用于石油、化工、轻工、海水淡化、核工业的各类压力容器、储罐等结构。

不锈钢复合板由化学成分和物理性能差异较大的材质复合而成,焊接性也有很大差异,因而不可能用单一种焊接材料和焊接工艺进行焊接,应将基层和复层区别对待。为了防止基层成分对复层焊缝金属的不利影响,以保证焊接接头质量和性能,需要进行过渡层焊接(又称隔离层)。

过渡区的焊接就属于异种金属的焊接,其焊接性主要取决于基层和复层的化学物理性能、接头形式和填充金属等,需要选择合适的焊接材料和稳定的焊接参数以保证熔合比基本稳定。

不锈钢复合中厚钢板基层或复层的焊接方法与焊接不锈钢和碳钢(或低合金结构钢)一样,可以采用焊条电弧焊、埋弧焊、CO_2 气体保护焊、惰性气体保护焊等方法。复层更常用的是焊条电弧焊和气体保护焊。

对于大厚度不锈钢复合中厚钢板的焊接构件,焊后热处理可以消除焊接残余应力。但是选择热处理温度不仅要考虑复层不锈钢的耐蚀性,而且还要考虑不锈钢复合交界面上组织的不均匀性。正确进行热处理可以消除焊接残余应力,也不影响复层的耐蚀性。

第二节　检测技术

相比于碳钢和其他特殊钢品类，不锈钢是为了解决和降低钢铁易锈蚀的问题而研发的。随着人们开创性地将铬、镍、钼、氮等元素加入钢铁材料中，各种围绕"不锈性"开发的不锈钢材料及相应的检测技术应运而生，并在国计民生领域得到广泛的使用，深刻地改变着人们的生活和社会的发展。

一、不锈钢的耐蚀性能与检测技术

"不锈"是相对的，是有条件的。不同的环境、不同的介质、不同的时长，不锈钢同碳钢一样也可能会发生锈蚀。

不锈钢钝化处理就是让不锈钢表面与钝化剂反应形成一层稳定的钝化膜，从而保护不锈钢基材不被氧化腐蚀导致生锈。钝化膜的破坏也是不锈钢发生腐蚀的原因，其本质是一种电化学反应。不锈钢表面状态即钝化膜的性能、组成、结构与点腐蚀、缝隙腐蚀、晶间腐蚀及应力腐蚀开裂和腐蚀疲劳等各类局部腐蚀的萌生有关，表面钝化膜结构的完整性与均一性是不锈钢耐腐蚀的重要原因之一。

人们在金属腐蚀电化学测试理论基础之上，围绕钝化膜的形成、破坏行为进行不锈钢钝化行为的研究。通常采用电化学或机械划伤方法除去表面膜后，在介质环境中记录不锈钢表面钝化膜生长的电流密度随时间的变化关系。在金属钝化膜的电化学性能研究方面，我国的曹楚南院士进行了深入系统的研究，他领导和开拓了我国腐蚀电化学领域的发展，专著《腐蚀电化学原理》论述了腐蚀电化学的特殊规律，形成了比较完整的理论体系。他创造性地提出利用载波钝化改进不锈钢钝化膜稳定性的思想并经实验证明。从前国外研究者认为，在直流上叠加交流会使钝化困难、钝化膜稳定性下降，但曹楚南院士分析了国外实验条件后认为这一观点不全面，在适当控制条件下叠加交流应该使钝化膜稳定性提高。后来的实验证实了曹楚南的理论分析，发现对于合金含量低的不锈钢 Cr13 钢经优选条件载波钝化后，钝化膜稳定性可以提高几个数量级。这就为延长不锈钢构件的使用寿命和扩大 Cr13 钢的应用范围开辟了广阔前景。

不锈钢的腐蚀形式多是局部腐蚀，据统计，点蚀约占 23%，应力腐蚀约占 49%，全面腐蚀、晶间腐蚀、腐蚀疲劳各占约 9%。另外，在不锈钢的研发过程中，往往需要采用某种加速腐蚀试验，以测试研发的不锈钢的耐蚀性能到底好不好。各种腐蚀形态有不同的耐蚀性标示方法，均匀腐蚀可用腐蚀率定量表征，如压力容器标准中规定了可采用腐蚀裕量的方法提高安全性，推荐不锈钢的腐蚀裕量一般应不小于 2 毫米。但大多数的局部腐蚀无法直接采用腐蚀率表征，耐蚀性表征方法各不相同，如晶间腐蚀常用通过性试验进行判断；点腐蚀和缝隙腐蚀常用标准试验方法测定其在 6% $FeCl_3$ 溶液中的临界点腐蚀温度（CPT）和临界缝隙腐蚀温度（CCT）来定量标示；耐应力腐蚀性能常用标准的 $MgCl_2$ 或 NaCl 溶液，在规定应力下产生应力腐蚀的时间来标示；腐蚀疲劳常用规定介质中规定振幅和频率的周期应力下具有 107 小时不断裂的腐蚀疲劳强度来标示。

（一）不锈钢的点腐蚀

点腐蚀（点蚀）是不锈钢常见的一种局部腐蚀，在金属基体出现小孔后会急剧腐蚀，严重时可导致穿孔。经过不锈钢腐蚀工作者的长期研究，人们形成了一些耐点蚀当量（PREN）的经验公式用以评价不锈钢成分和耐点蚀性能之间的关系，其中最常用的公式为：$PREN = w_{Cr} + 3.3 \times w_{Mo} + 16 \times w_N$（其中 w 为质量分数）。目前 ASTM A240、A789、A790、A959 及 EN 10088 等标准中均已引用了该经验公式。该公式清晰表征了提高不锈钢耐点蚀性能的元素及其影响系数，冶金企业可以采用标示 PREN 值的方式反映所开发牌号的耐点蚀水平，给设计人员和终端用户的不锈钢等级选用提供了一种粗略参考。

化学成分并不能完整反映不锈钢材料的耐蚀性能。不锈钢的点蚀与缝隙腐蚀与服役介质和服役温度密切相关，相同 PREN 值的材料牌号在不同的介质和温度下耐蚀性能表现不一。可将某一材料在一定腐蚀介质中可正常使用、不产生点蚀的临界温度值称之为临界点蚀温度（CPT），该值对于设计与应用的参考价值更大。如前所述，不锈钢的点蚀、缝隙腐蚀、应力腐蚀等腐蚀过程大多与氯离子的存在及对钝化膜的破坏有关。ASTM G48 标准中 CPT 试验方法中采用 6% $FeCl_3$ 溶液，该溶液具有一定的氧化性，比较适合不锈钢钝化，同时还具有较强的腐蚀性，可以得到较理想的加速腐蚀效果。因此 $FeCl_3$ 溶液的 CPT 试验已广泛用于高耐蚀性不锈钢的开发和应用。

点蚀性能测试：将不锈钢试样放入（35±1）℃或（50±1）℃的 6% 三氯化铁溶液中，恒温连续浸泡后，取出烘干测量试样的质量损失，进而计算出腐蚀率，或测量腐蚀坑的深度，具体见《不锈钢三氯化铁点腐蚀试验方法》（GB/T 17897—2016）。

缝隙腐蚀性能测试：两个圆柱状四氟乙烯塑料夹住试样，在（22±1）℃或（35±1）℃或（50±1）℃ 6% 三氯化铁溶液中浸泡 24 或 72 小时，测量质量损失，计算失重腐蚀速率，及试样上下表面 10 个点的平均腐蚀深度或腐蚀形貌，见《不锈钢三氯化铁缝隙腐蚀试验方法》（GB/T 10127—2002）。

（二）不锈钢的晶间腐蚀

由于不锈钢在 450~850℃温度区间碳与铬易在晶界上形成富铬化合物，发生铬在晶界附近的贫化，导致贫化区的优先腐蚀，进而使晶粒整体从金属上脱离，称为晶间腐蚀。

不锈钢晶间腐蚀的测试和评价方法有多种，从原理上看，晶间腐蚀的各种试验方法都是通过选择适当的浸蚀剂和浸蚀条件对晶界区进行加速选择性腐蚀，通常可以用化学浸蚀和电化学方法来实现，各种方法的评价指标和分析的侧重点不同。

化学浸蚀法是最早用于检测不锈钢或镍基合金晶间腐蚀敏感性的实验方法，现已比较成熟，许多国家都已标准化，如美国的 ASTM A262、日本的 JISG0571-0575、我国的 GB/T 4334 等。上述标准对晶间腐蚀试验的具体方法作了详细的论述，主要方法有：硫酸-硫酸铜-铜屑法、沸腾硝酸法、硝酸-氟化物法、硫酸-硫酸铁法等。随着我国不锈钢的发展，不锈钢产品相关标准也迅猛发展。针对我国的国情，近年来我国相继发布了《金属和合金的腐蚀低铬铁素体不锈钢晶间腐蚀试验方法》（GB/T 31935—2015），《金属和合金的腐蚀高铬铁素体不锈钢晶间腐蚀试验方法》（GB/T 32571—2016）等标准，低铬铁素体不锈钢腐蚀试验标准还被采纳作为 ISO 标准（ISO 3651-3），为我国和世界的铁素体不锈钢发展起到了重要作用。另外，近年我国在 GB/T 4334—2008 的基础上，建立了涵盖奥氏体不锈钢、双相不锈钢的《金属和合金的腐蚀奥氏体及铁素体-奥氏体（双相）不锈钢晶间腐蚀试验方法》（GB/T 4334—2020）。

我国在不锈钢晶间腐蚀机理研究和钢种开发方面也作出了自己的贡献。以尿素用钢为例，我国从 20 世纪 70 年代开始实施尿素用钢国产化，针对 CO_2 气提法尿素生产装置的高压设备用奥氏体不锈钢的晶间腐蚀问题开展了创新性研究。1975 年钢铁研究总院冈毅民教授首次在我国提出了非敏态晶间腐蚀，并在 1983 年中国腐蚀与防护学会化工过程委员会南宁学术交流会上引起热议，该现象也在 1984 年被日本松本桂一所发现。我国尿素工业生产专用尿素级 U 系列奥氏体不锈钢于 1987 年进行技术鉴定，1989 年获国家科技进步奖，通过完成气提管国产化和尿素合成塔采用 U2 板材贴衬修复等任务，推动了我国尿素用钢的发展。

晶间腐蚀性能检测：将试样放入腐蚀液体中加热，并保持标准规定的时间，取出样品后测量试样的质量损失或检测样品晶界有无腐蚀倾向，具体见《金属和合金的腐蚀不锈钢晶间腐蚀试验方法》（GB/T 4334—2008）。

（三）不锈钢的应力腐蚀

人们最早是从 Au-Cu-Ag 合金在 $FeCl_3$ 溶液中观察到应力腐蚀破坏的。随后，黄铜弹壳的应力腐蚀成为最引人注目的实例。那时人们对应力腐蚀破坏还未有认知，仅根据其宏观的破裂特征定义为干裂、季裂等，直到 20 世纪 20 年代才开始把这种破裂同电化学腐蚀联系起来，称为腐蚀断裂。早期由于不锈钢应用的范围也还不广，应力腐蚀断裂事故相对来说不多，人们对不锈钢的应力腐蚀没有引起足够重视，应力腐蚀在人们心目中仅是一种有趣的现象，并未认识到它是一个严重实际工程问题。

随着化学、石油、动力行业向高温、高压方向发展，不锈钢品种的增长、产量的增加和使用范围的扩大，应力腐蚀断裂事故不断增多，不锈钢特别是大量使用的铬-镍系奥氏体不锈钢的应力腐蚀断裂问题才成为化工和其他工业部门的重要问题。国内外的化工、石油、原子能等工业中均出现了不锈钢的应力腐蚀破坏事例，钢铁研究总院陆世英等人在1979—1980 年间的调研发现，应力腐蚀严重的一些工厂同时发现数例以至十例以上的应力腐蚀事故。应力腐蚀开始后没有切实可行的方法使其停止，开裂的形成与扩展相当快，具有很大的危害。

由于金属的应力腐蚀断裂是由应力、腐蚀的共同作用而导致的断裂，它涉及金属、应力和介质环境三个因素。因此，金属物理、金属化学和金属力学工作者，从各自的领域出发对金属的应力腐蚀问题进行了大量的研究工作，做出了各自的贡献。人们采用预裂纹试样，引入断裂力学研究应力腐蚀断裂问题。后来开始采用恒形变速率试验技术研究不锈钢的应力腐蚀行为，采用透射电子显微镜薄膜技术研究微观组织结构参量对不锈钢应力腐蚀断裂的影响，采用扫描电子显微镜观察应力腐蚀断口等。

有关不锈钢表面膜的各种分析测试技术，例如椭圆仪、X 射线显微分析仪、扫描电镜各种能谱、光电/谱仪和俄歇谱仪等也均得到不同程度的应用，推动了不锈钢应力腐蚀机理的研究和钢种的开发。

应力腐蚀检测：将预制微裂纹的试样浸泡在规定色腐蚀液体中，并给试样施加力，测量平均裂纹扩展速率和试验时间之商，具体见《金属和合金的腐蚀应力腐蚀试验》（GB/T 15970.1—2018）。

二、不锈钢的力学性能与检测技术

"不锈"是不锈钢的主要特征，但是最早的一些不锈钢却因为高强度被用来制造不腐蚀的刀具。在美国 20 世纪大萧条开始后的第二年，有人就开始建造了世界上第一架不锈钢飞机——先锋号，其结构件和机身使用了不锈钢，机翼采用纤维织物包裹，建成的飞机重量竟然还比当时木质飞机轻一点，其中不锈钢的厚度只有两张纸那么厚。一个世纪后，2019 年马斯克建造了一艘直径 9 米的不锈钢飞船——星船，马斯克说，尽管不锈钢材质不是最轻的材料，但在温度特别低（如−165℃）的情况下，不锈钢材质的性能和强度都提高 50%，延展性良好、非常坚韧且没有断裂的问题。我国很多建筑也采用了不锈钢材料作为主体结构材料。

从刀具、飞机到飞船、建筑物，可见人们对不锈钢的力学性能也非常感兴趣。根据不同的化学成分和基体组织，不锈钢牌号可覆盖很宽的力学性能范围，如固溶态不锈钢热轧板（GB/T 4237）的室温屈服强度范围从不低于 170 兆帕至不低于 1050 兆帕，抗拉强度从不低于 360 兆帕至不低于 1350 兆帕。在 4K 到 1000K 范围内，都可以找到合适的、满足力学性能要求的不锈钢牌号。

不锈钢的力学性能包括室温和高温拉伸性能、硬度性能、低温冲击韧性、高温疲劳试验等。

室温力学性能检测：在（18±5）℃环境下，按照标准规定的试验速度在拉伸试验机上将试样拉断，以拉断过程中的各种力值除以试样的原始截面积，计算出各种拉伸强度。通过试样断裂前后标距长度的变化计算试样伸长率指标，具体见《金属材料　拉伸试验　第 1 部分：室温试验方法》（GB/T 228.1—2010）。

高温或低温力学性能检测：试样装在炉内加热或冷却，保持一定时间后，按照标准规定的试验速度在拉伸试验机上将试样拉断，测量过程同室温拉伸，具体见《金属材料　拉伸试验　第 1 部分：高温试验方法》（GB/T 228.2—2010）和《金属材料低温拉伸试验方法》（GB/T 13239—2006）。

低温冲击性能检测：将检测试样在低温介质中保温至少 5 分钟，在规定时间内放置于冲击试验装置支座上，试样中心必须对中于支座上，然后释放摆锤打断试样，记录冲击能量值，具体见《金属材料夏比摆锤冲击试验方法》（GB/T 229—2007）。

硬度性能检测（包括布氏硬度、维氏硬度、洛氏硬度）：以硬度计的硬质合金球或锥体给试样表面施加一定的力，通过压痕深度或直径换算出不锈钢的硬度值，具体见《金属材料洛氏硬度试验　第 1 部分：试验方法》（GB/T 230.1—2018）、《金属材料布氏硬度试

验　第 1 部分：试验方法》（GB/T 231. 1—2018）和《金属维氏硬度试验　第 1 部分：试验方法》（GB/T 4340. 1—2009）。

疲劳性能测试：使用疲劳试验机，在指定的温度环境下，对不锈钢试样施加拉-拉或拉-压或扭转形式的一定频率和强度的应力，循环试验，直至试样断裂，绘制出应力/应变-寿命曲线，分析应力-寿命特性结果，包括疲劳强度指数、疲劳延性指数、疲劳强度系数和疲劳延性系数，具体见《金属材料轴向等幅低循环疲劳试验方法》（GB/T 15248—2008）、《金属材料扭应力疲劳试验方法》（GB/T 12443—2007）。

三、不锈钢的物理性能与检测技术

和其他材料一样，不锈钢的物理性能主要包括熔点、比热容、导热系数和线膨胀系数等热力学性能，电阻率、电导率和磁导率等电磁学性能，以及杨氏弹性模量、刚性系数等力学性能。这些性能一般都被认为是不锈钢材料的固有特性，但也会受到诸如温度、加工程度和磁场强度等的影响。

通常情况下不锈钢与纯铁相比导热系数低、电阻大，而线膨胀系数和磁导率等性能则依不锈钢本身的结晶结构而异。如在 600℃ 以下，各种不锈钢的导热系数基本在 10 ~ 30 瓦/（米·摄氏度）范围内。和铝相比，SUS430 不锈钢的导热系数为铝的 1/8，SUS304 为 1/13；与碳钢相比分别为 1/2 和 1/4，不锈钢的导热系数是较低的。这主要是由于不锈钢中的铬和镍阻碍了承担热传导的金属结晶中的自由电子的活动（电子热传导）。

由于导热性差、热膨胀系数大，在进行不锈钢退火需要注意其与普通钢热处理不同的特点。如加热温度较高、加热时间也相对较长，在低温时温度不容易均匀，奥氏体型不锈钢高温膨胀较严重等。

在多种金属之中，不锈钢是比较容易通过电流的材料。与纯金属相比，合金的电阻率一般较大，不锈钢也是如此，与其构成元素的铁、铬、镍相比，电阻率值明显地要大。SUS304 要比 SUS430 大，像 SUS310S 那样，合金元素越多，电阻就越大。

不锈钢的磁性与基体组织密切相关，铁素体、珠光体和马氏体组织在常温下为铁磁性，在磁场中表现出很强的磁化作用，磁导率很高；而具有面心立方结构的奥氏体为顺磁性，磁导率很低。奥氏体不锈钢在残留铁素体、冷加工引起的马氏体相变（SIM）、焊接等影响下也可能表现出一定磁性。

物理性能包括磁性能、耐腐蚀性能、热膨胀系数等。

熔点测试：一般使用 DSC 差热扫描量热法测量熔点，DSC 差热分析仪以不锈钢样品吸热的速率为纵坐标，以温度为横坐标，在样品加热过程中绘制 DSC 曲线，曲线波峰对应的温度为不锈钢样品的熔点，具体见《贵金属熔化温度范围的测定　热分析试验方法》（GB/T 1425—2021）。

比热容测试：一般使用 DSC 差热扫描量热法测量熔点，DSC 差热分析仪以铜作为标准样品。在程序控制温度和一定气氛下，保持不锈钢样品与铜标准样品温度相等时，测量输给样品和标准样品的加热功率与温度或时间的关系，具体见 ASTME 1269—2011 和德标 DIN 51007—1994 等。

导热系数测试：通用测量导热系数的稳态法，用上下平整的两个样品夹住探头，探头加热，通过调节功率和测试时间得到样品最佳（瞬间温升、总体比上特征时间、残差）的数据，通过数学模型拟合得到样品的导热系数、体积比热和热扩散系数，具体见《导热率测试方法》（ISO 22007-2：2008）。

线膨胀系数测试也称为线弹性系数：使用热膨胀仪，测量两个温度间试样长度的变化，计算出线膨胀系数，具体见《金属材料热膨胀特征参数的测定》（GB/T 4339—2008）。

电阻率测试：使用智能电导率仪，采用专用工装夹持试样，根据试样电阻值范围，采用凯尔文电桥或惠思登电桥通过测量电压、电流计算出电阻，电阻率或电导率测量，具体见《金属材料电阻率测量方法》（GB/T 351—2019）。

磁导率的测试：磁导率仪探头由一个磁体（A）和磁场测量线圈（B）组成。磁体产生磁场（C），当接近具有磁导率（E）材料时，磁场（D）产生变化。通过探头中的线圈来检测磁场的变化（F），从而计算出磁导率，见《弱磁材料相对磁导率的测量方法》（GB/T 35690—2017）。

杨氏弹性模量检测：使用拉伸试验机给圆形或矩形标准试样施加轴向力，在不锈钢弹性材料范围内测定的轴向变形和横向变形，用图解法或拟合法计算出 E 值，具体见《金属材料弹性模量和泊松比试验方法》（GB/T 22315—2008）。

刚性系数测试又称为刚度系数：利用静态法扭杆刚度测量法，将试样装夹在象限仪的测量平板上，对好零位示值，转动象限仪和摆动自准直仪，依次测出加载载荷对应的象限仪上试样的转动角度值即可得到试样的刚度系数。

第四章 不锈钢标准技术发展

第一节 中国不锈钢标准的发展历程

我国不锈钢标准演变与我国的技术装备水平和宏观政策密切相关。从中国不锈钢标准的发展历程看，大体可以分为四个阶段。

一、第一阶段——20 世纪 50—70 年代

这一时期中国标准化工作处于起步阶段，主要是在学习、引进苏联标准和总结我国实践经验的基础上，着手建立企业标准、部门标准和国家标准。1973 年对现有不锈钢牌号的系列及标准进行了第一次清理整顿，但尚未形成完整、健全的技术标准体系。

20 世纪 50 年代，国家执行全面学苏联的方针。1952 年重工业部召开了第一次全国钢铁标准会议，共制定部颁标准 24 项，其中包括《高合金不锈钢、耐热钢及高电阻合金品种》（重 20—52）和《不锈及耐酸各种条钢技术条件》（重 21—52）两个不锈钢标准。这两个标准基本上是苏联标准 ГОСТ 5632—51 和 ГОСТ 5949—51 的翻版。重 20—52 是牌号标准，包括不锈、耐热和电阻合金三类，其中包括 18 个不锈耐酸钢牌号。重 21—52 是条钢产品标准，适用于不锈钢热轧或锻制的条钢，有 21 个牌号，包括了重 20—52 标准中的 16 个牌号（Cr14、0Cr18Ni9 除外），另外还有 5 个耐热钢牌号：Cr23Ni13、Cr23Ni18、Cr20Ni14Si2、Cr25Ni20Si2、Cr25Ti（见表 2-4-1）。

1954 年，重工业部发出"关于试制和生产不锈钢的决定"，根据我国不锈钢生产、使用经验和新牌号研究试验成果，在整合重 20—52 和重 21—52 标准基础上，将不锈耐酸钢、耐热钢和电热合金分别制定两部冶金部部颁标准，即《不锈耐酸钢技术条件》（YB 10—59）和《耐热不起皮钢及电热合金》（YB 11—59）。YB 10—59 标准适用于热轧或锻制不锈耐酸钢条钢，共有 36 个牌号，保留了重 21—52 标准中 16 个牌号和重 20—52 标准中 2 个牌号，同时新增牌号 18 个（见表 2-4-1）。此外还包括其他不锈钢品种标准中的 29 个牌号，我国不锈钢标准牌号达到 65 个。YB 10—59 标准主要有两个特点：一是根据用途分为不锈钢（在空气中能抵抗腐蚀的钢）和耐酸钢（在各种浸蚀性强的介质中能抵抗腐蚀的钢）两组；二是增加了以锰或锰、氮作奥氏体化元素的节镍或无镍奥氏体钢，取消了个别相似或相近牌号，调整了部分牌号的化学成分。

20 世纪 60—70 年代，我国对现有不锈钢牌号系列及标准进行了第一次清理整顿。YB 10—59 标准经过修订上升为国家标准 GB 1220—75。GB 1220—75 标准除了保留

YB 10—59 标准中 26 个牌号和其他品种标准中的 12 个牌号外，首次纳入了超低碳奥氏体不锈钢（00Cr18Ni10、00Cr17Ni14Mo3、00Cr18Ni14Mo2Cu2）、奥氏体-铁素体型不锈钢（1Cr21Ni5Ti、0Cr21Ni5Ti、1Cr18Mn10Ni5Mo3N、1Cr18Ni11Si4AlTi 和 0Cr17Mn13Mo2N）和沉淀硬化型不锈钢（0Cr17Ni4Cu4Nb、0Cr17Ni7Al 和 0Cr15Ni7Mo2Al），并按组织类型分为奥氏体型、铁素体型、奥氏体-铁素体型、马氏体型和沉淀硬化型五类，共有 45 个牌号（见表 2-4-1）；同时明确规定了钢材的成品化学成分允许偏差，调整了部分牌号的化学成分和热处理工艺，外形、尺寸、表面质量等均比 YB 10—59 标准规定更加严格和科学。

表 2-4-1 GB/T 1220 历次标准版本中不锈钢牌号的沿革

类型	重 21—52 重 20—52	YB 10—59	GB 1220—75	GB 1220—84	GB 1220—92	GB/T 1220—2007	
						牌号	ICS 代号
奥氏体型	Cr13Ni4Mn9	2Cr13Ni4Mn9	2Cr13Mn9Ni4				
		Cr14Mn14Ni	1Cr14Mn14Ni				
			2Cr15Mn5Ni2N				
				1Cr17Mn6Ni5N	1Cr17Mn6Ni5N	12Cr17Mn6Ni5N	S35350
		Cr17Mn9					
		Cr18Mn8Ni5	1Cr18Mn8Ni5N	1Cr18Mn8Ni5N	1Cr18Mn8Ni5N	1Cr18Mn8Ni5N	S35450
		Cr18Mn10Ni5Mo3			1Cr18Mn10Ni5Mo3N		
				1Cr17Ni7	1Cr17Ni7	12Cr17Ni7	S30110
	2Cr18Ni9	2Cr18Ni9	2Cr18Ni9				
	1Cr18Ni9	1Cr18Ni9	1Cr18Ni9	1Cr18Ni9	1Cr18Ni9	12Cr18Ni9	S30210
				Y1Cr18Ni9	Y1Cr18Ni9	Y21Cr18Ni9	S30317
				Y1Cr18Ni9Se	Y1Cr18Ni9Se	Y12Cr18Ni9Se	S30327
	0Cr18Ni9	0Cr18Ni9	0Cr18Ni9	0Cr19Ni9	0Cr18Ni9	06Cr19Ni9	S30408
				00Cr19Ni11	00Cr19Ni11	022Cr19Ni10	S30403
				0Cr18Ni9Cu3	0Cr18Ni9Cu3	06Cr18Ni9Cu3	S30488
				0Cr19Ni9N	0Cr19Ni9N	06Cr19Ni10N	S30458
				0Cr19Ni10NbN	0Cr19Ni10NbN	06Cr19Ni9NbN	S30478
			00Cr18Ni10				
				00Cr18Ni10N	00Cr18Ni10N	022Cr19Ni10N	S30453
				1Cr18Ni12	1Cr18Ni12	10Cr18Ni12	S30510
				0Cr23Ni13	0Cr23Ni13	06Cr23Ni13	S30908
				0Cr25Ni20	0Cr25Ni20	06Cr25Ni20	S31008
				0Cr17Ni12Mo2	0Cr17Ni12Mo2	06Cr17Ni12Mo2	S31608
					1Cr18Ni12Mo2Ti[①]		
	Cr18Ni12Mo2Ti	0Cr18Ni12Mo2Ti	0Cr18Ni12Mo2Ti	0Cr18Ni12Mo2Ti	0Cr18Ni12Mo2Ti	06Cr17Ni12Mo2Ti	S31668
	Cr18Ni12Mo3Ti	0Cr18Ni12Mo3Ti	0Cr18Ni12Mo3Ti				

续表 2-4-1

类型	重21—52 重20—52	YB 10—59	GB 1220—75	GB 1220—84	GB 1220—92	GB/T 1220—2007 牌号	GB/T 1220—2007 ICS 代号
奥氏体型			00Cr17Ni14Mo2	00Cr17Ni14Mo2	00Cr17Ni14Mo2	022Cr17Ni14Mo2	S31603
			00Cr17Ni14Mo3				
				0Cr17Ni12Mo2N	0Cr17Ni12Mo2N	06Cr17Ni12Mo2N	S31658
				00Cr17Ni13Mo2N	00Cr17Ni13Mo2N	022Cr17Ni12Mo2N	S31653
				0Cr18Ni12Mo2Cu2	0Cr18Ni12Mo2Cu2	06Cr18Ni12Mo2Cu2	S31688
			00Cr18Ni14 Mo2Cu2	00Cr18Ni14 Mo2Cu2	00Cr18Ni14 Mo2Cu2	022Cr18Ni14 Mo2Cu2	S31683
		0Cr18Ni18 Mo2Cu2Ti	0Cr18Ni18 Mo2Cu2Ti				
		Cr18Ni20 Mo2Cu2Nb					
			0Cr23Ni28 Mo3Cu3Ti				
				0Cr19Ni13Mo3	0Cr19Ni13Mo3	06Cr19Ni13Mo3	S31708
				00Cr19Ni13Mo3	00Cr19Ni13Mo3	022Cr19Ni13Mo3	S31703
			1Cr18Ni12Mo2Ti				
					1Cr18Ni12Mo3Ti		
			1Cr18Ni14Mo3Ti				
					0Cr18Ni12Mo3Ti		
				0Cr18Ni16Mo5	0Cr18Ni16Mo5	03Cr18Ni16Mo5	S31794
			0Cr18Ni9Ti				
	1Cr18Ni9Ti	1Cr18Ni9Ti	1Cr18Ni9Ti	1Cr18Ni9Ti	1Cr18Ni9Ti①		
				0Cr18Ni11Ti	0Cr18Ni10Ti	06Cr18Ni11Ti	S32168
		Cr18Ni9Cu3Ti					
				0Cr18Ni11Nb	0Cr18Ni11Nb	06Cr18Ni11Nb	S34778
	Cr18Ni11Nb	Cr18Ni11Nb	1Cr18Ni11Nb				
				0Cr18Ni13Si4	0Cr18Ni13Si4	06Cr18Ni13Si4	S38148
奥氏体-铁素体型			1Cr21Ni5Ti				
			0Cr21Ni5Ti				
				0Cr26Ni5Mo2	0Cr26Ni5Mo2		
			1Cr18Mn10 Ni5Mo3N				
			1Cr18Ni11Si4AlTi	1Cr18Ni11Si4AlTi	1Cr18Ni11Si4AlTi	14Cr18Ni11Si4AlTi	S21860
				00Cr18Ni5Mo3Si2	00Cr18Ni5Mo3Si2	022Cr18Ni5 Mo3Si2N	S21953
			0Cr17Mn13Mo2N				
						022Cr22Ni5Mo3N	S22253

续表 2-4-1

类型	重21—52 重20—52	YB 10—59	GB 1220—75	GB 1220—84	GB 1220—92	GB/T 1220—2007 牌号	GB/T 1220—2007 ICS 代号
奥氏体-铁素体型						022Cr23Ni5Mo3N	S22053
						022Cr25Ni6Mo2N	S22553
						03Cr25Ni6Mo3Cu2N	S25554
铁素体型		0Cr13	0Cr13				
				0Cr13Al	0Cr13Al	06Cr13Al	S11348
				00Cr12	00Cr12	022Cr12	S11203
			1Cr14S				
	Cr17	Cr17	1Cr17	1Cr17	1Cr17	10Cr17	S11710
				Y1Cr17	Y1Cr17	Y10Cr17	S11717
		Cr17Ti	1Cr17Ti				
			0Cr17Ti				
				1Cr17Mo	1Cr17Mo	10Cr17Mo	S11790
		Cr17Mo2Ti	1Cr17Mo2Ti				
	Cr18						
		Cr18Ti					
	Cr23Ni13						
	Cr23Ni18						
	Cr20Ni14Si2						
	Cr25Ni20Si2						
	Cr25						
	Cr25Ti	Cr25Ti	1Cr25Ti				
		Cr25Mo3Ti					
				00Cr27Mo	00Cr27Mo	008Cr27Mo	S12791
				00Cr30Mo2	00Cr30Mo2	008Cr30Mo2	S13091
	Cr28	Cr28	1Cr28				
		Cr9Mn18					
马氏体型				1Cr12	1Cr12	12Cr12	S40310
					0Cr13	06Cr13	S41008
	1Cr13	1Cr13	1Cr13	1Cr13	1Cr13	12Cr13	S41010
					Y1Cr13	Y12Cr13	S41617
				Y1Cr13	2Cr13	20Cr13	S42020
	2Cr13	2Cr13	2Cr13	2Cr13	3Cr13	30Cr13	S42030
	3Cr13	3Cr13	3Cr13	3Cr13	Y3Cr13	Y30Cr13	S42037
				Y3Cr13	4Cr13	40Cr13	S42040
	4Cr13	4Cr13	4Cr13				

类型	重21—52 重20—52	YB 10—59	GB 1220—75	GB 1220—84	GB 1220—92	GB/T 1220—2007 牌号	GB/T 1220—2007 ICS 代号
马氏体型	Cr14	Cr14					
		Cr15					
			2Cr13Ni2				
	Cr17Ni2	Cr17Ni2	1Cr17Ni2	1Cr17Ni2	1Cr17Ni2	14Cr17Ni2	S43110
						17Cr16Ni2	S43120
			7Cr17	7Cr17		68Cr17	S44070
			8Cr17	8Cr17		85Cr17	S44080
			11Cr17	11Cr17		108Cr17	S44096
			Y11Cr17			Y108Cr17	S44097
		9Cr18	9Cr18		9Cr18	95Cr18	S44090
			1Cr13Mo	1Cr13Mo		13Cr13Mo	S45710
		3Cr13Mo	3Cr13Mo	3Cr13Mo		32Cr13Mo	S45830
		Cr14Mo					
		3Cr17Mo					
					9Cr18Mo	102Cr17Mo	S45990
		9Cr17MoVCo					
		9Cr18MoV	9Cr18MoV		9Cr18MoV	90Cr18MoV	S46990
沉淀硬化型						05Cr15Ni5Cu4Nb	S51550
		0Cr17Ni4Cu4Nb	0Cr17Ni4Cu4Nb	0Cr17Ni4Cu4Nb	05Cr17Ni4Cu4Nb	S51740
		0Cr17Ni7Al	0Cr17Ni7Al	0Cr17Ni7Al	07Cr17Ni7Al	S51770
		0Cr15Ni7Mo2Al	0Cr15Ni7Mo2Al	0Cr15Ni7Mo2Al	07Cr15Ni7Mo2Al	S51570

①不推荐使用的牌号。

在此期间，我国在 YB 10—59 标准基础上陆续制定了一批不锈钢品种标准和军工专用标准，标准数量共16项（见表2-4-2），这些不锈钢品种标准中有不锈钢牌号49个，此时我国不锈钢标准牌号达到94个，初步建立了我国不锈钢牌号体系和产品标准体系。

二、第二阶段——20 世纪80—90 年代

这一时期我国标准化工作处于调整转型阶段，对现有不锈钢牌号系列及标准先后进行了第二次和第三次清理整顿。第二次清理整顿，根据1982年颁布的《采用国际标准管理办法（试行）》，实施"采用国际标准和国外先进标准"战略，标准体系和标准结构打破了苏联的框框，与国际先进标准接轨。第三次清理整顿，根据1988年颁布的《中华人民共和国标准化法》，标准按属性（强制性或推荐性）和级别（国家标准或行业标准）进行划分，建立了我国不锈钢牌号体系和产品标准体系。

20 世纪80 年代，为了使我国不锈钢标准达到国际先进水平，我国对现有不锈钢牌号系列及标准进行了第二次清理整顿。1982 年就我国不锈钢系列标准积极采用国际标准和国

外先进标准进行了调查研究。通过对 ISO、ASTM、JIS、DIN、ГОСТ 等国外标准研究分析，认为日本标准通用性较强，其牌号大多数与美国、西欧及国际标准的牌号相对应。因此决定以采用日本 JIS 不锈钢标准体系为主，结合中国国情，对现有标准体系进行修订、补充，共制修订不锈钢标准 34 项，其中新制定标准 28 项（国家标准 23 项、国家军用标准 2 项、冶金部标准 1 项、冶金部推荐性标准 3 项），标准总数共 43 项（见表 2-4-2），从而建立了一套与国际接轨的新不锈钢标准体系，标准水平得到显著提升。

表 2-4-2　20 世纪 80 年代中国不锈钢标准目录

序号	类别	标准编号及标准名称	对应的国外标准	历次版本编号及名称
1	基础	GB 4229—84 不锈钢板重量计算方法	JIS G 4310	
2	型钢	GB 1220—84 不锈钢棒	JIS G 4303	重 20—52 高合金不锈钢、耐热钢及高电阻合金品种
				重 21—52 不锈及耐酸各种条钢技术条件
				YB 10—59 不锈耐酸钢技术条件
				YB/Z 7—75 不锈耐酸钢推荐钢号技术条件
				GB 1220—75 不锈钢棒
3		GB 4226—84 不锈钢冷加工钢棒	JIS G 4318	
4		GB 4234—84 外科植入物用不锈钢棒和钢丝	ISO 5832—1	
5		GBn 189—82 电真空器件用无磁不锈钢 0Cr6Ni14		
6		YB 675—73 航空用不锈及耐热钢棒		
7		GB 5215—85 手表用不锈钢扁钢		
8		GB 4227—84 不锈钢热轧等边角钢	JIS G 4317	
9		GB 4228—84 锻件用不锈钢坯	JIS G 4319	
10	盘条钢丝及制品	GB 4241—84 焊接用不锈钢盘条		部分代替 GB/T 1300—77 焊接用不锈钢丝
11		GB 4356—84 不锈钢盘条	JIS G 4308	
12		GB 4232—84 冷顶锻用不锈钢丝	JIS G 4315	
13		GB 4233—84 惰性气体保护焊接用不锈钢棒及钢丝	JIS Z 3321	
14		GB 4240—84 不锈钢丝	JIS G 4309	YB 252—64 不锈耐酸钢丝
				YB 252—79 不锈耐酸钢丝
15		GB 4242—84 焊接用不锈钢丝	JIS Z 3321	部分代替 GB/T 1300—77 焊接用不锈钢丝
16		GB 10563—89 医用缝合针钢丝	JIS G 4309	YB 549—65 医用缝合针钢丝
17		GJB 714—89 引信用不锈钢弹簧钢丝		
18		YB（T）11—83 弹簧用不锈钢丝	JIS G 4314	
19		YB 471—64 手表用不锈钢及钴基合金圆丝		
20		GB 9944—88 不锈钢丝绳	ISO 2020	

续表 2-4-2

序号	类别	标准编号及标准名称	对应的国外标准	历次版本编号及名称
21	钢板钢带	GB 3280—84 不锈钢冷轧钢板	JIS G 4305	YB 541—65 不锈钢薄板
				YB 541—70 不锈、耐酸及不起皮钢薄钢板技术条件
				GB 3280—82 不锈、耐酸及耐热薄钢板技术条件
22		GB 4235—84 外科植入物用不锈薄板和钢带	ISO 5832—1	
23		GB 4237—84 不锈钢热轧钢板	JIS G 4303	YB 542—65 不锈钢厚板
				YB 542—70 不锈、耐酸及不起皮钢厚钢板技术条件
				GB 3281—82 不锈、耐酸及耐热厚钢板技术条件
24		GB 4239—84 不锈钢冷轧钢带	JIS G 4305	YB 532—65 冷轧不锈钢带
				GB 2598—80 冷轧不锈、耐热钢带（1988 年废止）
25		GB 4230—84 不锈钢热轧钢带		
26		GB 4231—83 弹簧用不锈钢冷轧钢带	JIS G 4313	
27		GB 5214—85 手表用冷轧不锈钢带		YB 317—64 手表用冷轧不锈钢带
28		YB（T）12—83 不锈钢涂层薄钢板和钢带	JIS G 3320	
29		YB 677—71 航空用冷轧薄钢板		
30		GB 8165—87 不锈钢复合钢板	JIS G 3601	
31		GB 8546—87 钛-不锈钢复合板		
32	无缝钢管	GB 2270—80 不锈钢无缝钢管		部分代替 YB 804—70 不锈、耐酸钢无缝钢管
33		GB 3089—82 不锈耐酸钢极薄壁无缝钢管		
34		GB 3090—82 不锈钢小直径钢管	ГОСТ 14162	
35		GB 3642—83 S 型钎焊不锈钢金属软管		
36		GB 5310—85 高压锅炉用无缝钢管	ASTM A 335 ASTM A 106	YB 529—65 锅炉用高压无缝钢管
				YB 529—70 锅炉用高压无缝钢管
37		GB 9948—88 石油裂化用无缝钢管	ASTM A 161 ASTM A 200	YB 237—63 石油裂化用钢管
				YB 237—70 石油裂化用钢管
38		GJB 1140—85 潜望镜镜管用不锈钢管毛坯规范		
39		YB 678—71 航空用不锈钢无缝钢管		
40		YB（T）32—86 高压锅炉用冷拔无缝钢管		

续表 2-4-2

序号	类别	标准编号及标准名称	对应的国外标准	历次版本编号及名称
41	无缝钢管	YB 446—64 手表壳钢管品种		
42		YB 2008—80 不锈钢无缝管管坯		部分代替 YB 804—70 不锈、耐酸钢无缝钢管
43	铸件	GB 6967—86 工程结构用中、高强度不锈钢铸件		

GB 1220—84 标准保留了 GB/T 1220—75 标准牌号 16 个，新增加了易切削不锈钢（Y1Cr18Ni9、Y1Cr18Ni9、Y1Cr13、Y3Cr13 和 Y11Cr17）和当时新研发的牌号，如含氮超低碳不锈钢（00Cr18Ni10N 和 00Cr17Ni13Mo2N）、超低碳铁素体不锈钢（00Cr30Mo2 和 00Cr27Mo）和奥氏体-铁素体型双相不锈钢（0Cr26Ni5Mo2 和 00Cr18Ni5Mo3Si2），共有 55 个牌号（见表 2-4-1）。除 GB 1220—84 标准中 55 个牌号外，其他不锈钢品种标准中还有 62 个牌号，使我国不锈钢标准牌号达到 117 个，其中奥氏体型 71 个、铁素体型 18 个、奥氏体-铁素体型 4 个、马氏体型 21 个和沉淀硬化型 3 个。

20 世纪 90 年代，我国参照日本和国际标准体系，对我国不锈钢管标准进行了调整，分为无缝管和焊接管两大类，同时每个系列又细分为结构用、流体用、锅炉用及热交换器用管，如 GB 2270 标准分为结构用（GB 14975）和流体输送用（GB 14976）。

根据《中华人民共和国标准化法》和《中华人民共和国标准化法实施条例》的有关规定，我国对现有不锈钢牌号系列及标准进行了第三次清理整顿，废止了部分不使用的标准，对保留标准的属性和级别进行划分。除锅炉用和医疗用不锈钢标准为强制性国家标准外，其余均为推荐性标准，并将《不锈钢热轧钢带》（GB 4230—84）、《焊接用不锈钢丝》（GB 4242—84）等 6 项国家标准调整为行业标准（见表 2-4-3）。此外，1990 年国家还将不锈钢材列入生产许可证产品发证目录，对规范标准的实施，促进企业提高产品质量起到了很好的作用。

表 2-4-3　20 世纪 90 年代中国不锈钢标准目录

序号	类别	标准编号及标准名称	历次版本情况
1	基础	GB/T 4229—84 不锈钢板重量计算方法	
2	型钢	GB/T 1220—92 不锈钢棒	重 20—52、重 21—52
			YB 10—59、YB/Z 7—75
			GB 1220—75、GB 1220—84
3		GB/T 4226—84 不锈钢冷加工钢棒	
4		GB 4234—94 外科植入物用不锈钢	GB 4234—84、GB 4235—84
5		GJB 2294—95 航空用不锈钢及耐热钢棒规范	YB 675—73
6		YB/T 5250—93 电真空器件用无磁不锈钢 0Cr16Ni14	GBn 189—82（调整）
7		GB/T 4227—84 不锈钢热轧等边角钢	
8		GJB 2455—95 航空用不锈及耐热钢圆饼和环坯规范	

序号	类别	标准编号及标准名称	历次版本情况
9	型钢	YB/T 5134—93 手表用不锈钢扁钢	GB 5215—85 （调整）
10		YB/T 2008—80 不锈钢无缝钢管圆管坯	
11		YB/T 5089—93 锻件用不锈钢坯	GB 4228—84 （调整）
12	盘条钢丝及制品	GB/T 4241—84 焊接用不锈钢盘条	GB 1300—77
13		GB/T 4356—84 不锈钢盘条	
14		GB/T 4232—93 冷顶锻用不锈钢丝	GB 4232—84
15		GB/T 4240—93 不锈钢丝	YB 252—64、YB 252—79
			GB 4240—84
16		GJB 714—89 引信用不锈钢弹簧钢丝	
17		GJB 3320—98 航空用不锈钢弹簧丝规范	
18		GJB 3526—99 航空用冷顶锻不锈钢丝规范	
19		GJB 3785—99 航空用不锈钢焊丝规范	
20		YB（T）11—83 弹簧用不锈钢丝	
21		YB/T 096—97 高碳铬不锈钢丝	
22		YB/T 5091—93 惰性气体保护焊接用不锈钢棒及钢丝	GB 4233—84 （调整）
23		YB/T 5092—96 焊接用不锈钢丝	GB 1300—77、GB 4242—84 （调整）
			YB/T 5092—93
24		YB/T 5219—93 医用缝合针钢丝	YB 549—65
			GB 10563—89
25		GB 9944—88 不锈钢丝绳	YB（T）49—86
26	钢板钢带①	GB/T 3280—92 不锈钢冷轧钢板	YB 541—65、YB 541—70
			GB 3280—82、GB 3280—84
27		GB/T 4237—84 不锈钢热轧钢板	YB 542—65、YB 542—70
			GB 3281—82
28		GJB 2295—95 航空用不锈钢冷轧薄板规范	YB 677—71
29		GB/T 4239—84 不锈钢冷轧钢带	YB 532—65
			GB 2598—80 （1988 年废止）
30		GB/T 4231—93 弹簧用不锈钢冷轧钢带	GB 4231—83 （调整）
31		GJB 3321—98 航空用不锈钢冷轧弹簧带规范	
32		YB/T 085—95 磁头用不锈钢冷轧钢带	
33		YB/T 110—97 彩色显像管弹簧用不锈钢冷轧钢带	
34		YB/T 5090—93 不锈钢热轧钢带	GB 4230—84 （调整）
35		YB/T 5133—93 手表用冷轧不锈钢带	YB 317—64
			GB 5214—85 （调整）
36		GB/T 8165—97 不锈钢复合钢板	GB 8165—87
37		GB/T 8546—87 钛-不锈钢复合板	
38		GB/T 17102—97 不锈复合钢冷轧薄钢板和钢带	

续表2-4-3

序号	类别	标准编号及标准名称	历次版本情况
39		GB/T 3089—82 不锈耐酸钢极薄壁无缝钢管	
40		GB/T 3090—82 不锈钢小直径钢管	
41		GB/T 3642—83 S型钎焊不锈钢金属软管	
42		GB 5310—95 高压锅炉用无缝钢管	YB 529—65、YB 529—70
			GB 5310—85
43		GB 9948—88 石油裂化用无缝钢管	YB 237—63、YB 237—70
44		GB 13296—91 锅炉、热交换器用不锈钢无缝钢管	
45	钢管②	GB/T 14975—94 结构用不锈钢无缝钢管	YB 804—70
			GB 2270—80
46		GB/T 14976—94 流体输送用不锈钢无缝钢管	YB 804—70
			GB 2270—80
47		GJB 1140—85 潜望镜镜管用不锈钢管毛坯规范	
48		GJB 2296—95 航空用不锈钢无缝钢管规范	YB 678—71
49		GB/T 12770—91 机械结构用不锈钢焊接钢管	
50		GB/T 12771—91 流体输送用不锈钢焊接钢管	
51	铸件	GB/T 6967—86 工程结构用中、高强度不锈钢铸件	

①钢板钢带分热轧和冷轧两个大系列制定标准。

②钢管分无缝管和焊接管两个大系列，每个系列又细分为结构用、流体用、锅炉用及热交换器用管，分别制定标准。

20世纪90年代，我国制修订不锈钢标准共24项，其中新制定16项（国家标准5项，国家军用标准8项，行业标准3项），标准总数达51项（见表2-4-3）。GB/T 1220—92标准保留了GB 1220—84标准中56个牌号，新增加了1Cr18Mn10Ni5Mo3N、1Cr18Ni12Mo3Ti、0Cr18Ni12Mo3Ti、1Cr18Ni12Mo2Ti、4Cr13、9Cr18、9Cr18Mo、9Cr18MoV等8个牌号，共64个牌号（见表2-4-1），加上其他品种标准中26个不锈钢牌号，此时我国不锈钢标准牌号共有90个。另外，GB/T 1220—92首次在标准中明确了1Cr8Ni8Ti和1Cr8Ni12Mo2Ti为不推荐使用的牌号，同时考虑我国资源情况，下调了0Cr18Ni9（原0Cr19Ni9）、00Cr19Ni10（原00Cr19Ni11）、Cr18Ni10Ti（原0Cr18Ni11Ti）等3个牌号中铬、镍含量。

三、第三阶段——21世纪初至2010年

这一阶段我国标准化工作处于快速发展阶段。我国对现有不锈钢牌号系列及标准进

行了第四次清理整顿标准在助推我国不锈钢产业健康发展中起到了基础性和引领性作用。

自 2001 年我国加入 WTO 以后，随着经济发展、工业化战略实施、技术革新及产业结构调整，全球不锈钢生产消费重心逐步向中国转移。当时我国镍系不锈钢占 80% 左右，镍资源短缺及昂贵，成为我国不锈钢发展的瓶颈。同时国家面临着开发不锈钢新材料、新品种的艰巨任务。为了适应国内外贸易的发展，我国对现有不锈钢牌号系列及标准进行了第四次清理整顿。2007 年我国首次制定了《不锈钢和耐热钢牌号和化学成分》（GB/T 20878—2007）国家标准，共纳入牌号 143 个，其中采用现有标准牌号 106 个，并对其中 22 个牌号的化学成分进行了调整；新增 37 个牌号，包括世界通用、当时国内还未生产的先进牌号，如超级奥氏体不锈钢 015Cr20Ni18Mo6CuN（S31254），超级双相不锈钢 022Cr25Ni7Mo3WCuN（S31260）、03Cr25Ni6Mo3Cu2N（S32550）及资源节约型铬系铁素体不锈钢 022Cr11Ti（S40920）、019Cr18MoTi（S43670）等，含氮不锈钢由原来 10 个增加到 51 个，极大地推进国内含氮不锈钢牌号的研发、生产和应用。提高了我国不锈钢标准国际化水平及产品的竞争力。GB/T 20878—2007 标准中首次给出了"不锈钢"及五种类型不锈钢的定义，确定不锈钢化学成分极限值的一般准则。不锈钢牌号表示方法采用了化学元素的牌号表示法和统一数字代号（ISC）法并列表示（见表 2-4-1），增强了标准牌号的国际通用性和可比性。2010 年 GB/T 20878—2007 标准牌号已被列入 ISO 15510《不锈钢 化学成分》附录中，标志着中国不锈钢牌号赢得了世界的认可。

随着我国不锈钢产能的快速增长，镍价不断攀升，大量铬-镍-锰（200 系）奥氏体不锈钢冒充铬-镍（300 系）奥压体不锈钢混入建筑装饰、五金制品、厨房设备、食用器皿等市场，特别是国内一些厂家生产的印度 J1（0Cr15Mn7Ni4CuN）、J4（0Cr15Mn9Ni1CuN）以锰代镍并降低铬含量和一些铬含量更低、无镍和高锰的不锈钢，在使用过程中出现锈蚀和开裂，严重损害了不锈钢产业的声誉。经研究，全国钢标准化技术委员会决定学习德国、日本、美国的经验，自 2007 年起在 GB/T 3280 等不锈钢板带国家标准中全部取消了铬-镍-锰系不锈钢牌号，纳入我国研制成功的资源节约型铬系铁素体不锈钢（如 06Cr11Ti、022Cr11Ti、019Cr18MoTi、019Cr24Mo2NbTi 和 019Cr22Mo2 等），充分发挥了标准的基础性和引领性作用，一方面规范市场，打击假冒产品；另一方面解决"磁"误区，正确引导人们对铁素体不锈钢的认知，大力推动了铁素体不锈钢研发、生产和应用。

从 2000 年至 2010 年，我国共制修订不锈钢标准 46 项，其中新制定了《奥氏体-铁素体双相不锈钢无缝钢管》《承压设备用不锈钢钢板及钢带》《含铜抗菌不锈钢》等 14 项（国家标准 9 项，国家军用标准 1 项，行业标准 4 项），将《不锈钢热轧等边角钢》等 3 项国家标准调整为行业标准，标准总数共 63 项（见表 2-4-4）。

表 2-4-4　2010 年中国不锈钢标准目录

序号	类别	标准编号及标准名称	历次版本情况
1	基础	GB/T 20878—2007 不锈钢和耐热钢　牌号及化学成分	代替 GB/T 4229—1984
2	型钢	GB/T 1220—2007 不锈钢棒	重 20—52、重 21—52
			YB 10—59、YB/Z 7—75
			GB 1220—75、GB 1220—84、GB/T 1220—92
3		GB/T 4226—2009 不锈钢冷加工钢棒	GB/T 4226—84
4		GB 4234—2003 外科植入物用不锈钢	GB 4234—84、GB 4235—84、GB 4234—1994
5		GJB 2294—95 航空用不锈钢及耐热钢棒规范	YB 675—73
			GJB 2294—1995
6		YB/T 5250—93 电真空器件用无磁不锈钢 0Cr16Ni14	GBn 189—82（调整）
7		GJB 2455—95 航空用不锈钢及耐热钢圆饼和环坯规范	
8		YB/T 5134—2007 手表用不锈钢扁钢	GB 5215—85（调整）
9		YB/T 5309—2006 不锈钢热轧等边角钢	GB/T 4227—1984（调整）
10		YB/T 2008—2007 不锈钢无缝钢管圆管坯	YB/T 2008—80
11		YB/T 5089—2007 锻件用不锈钢坯	GB 4228—84（调整）
			YB/T 5089—93
12	盘条钢丝及制品	GB/T 4356—2002 不锈钢盘条	GB/T 4356—84
13		GB/T 4241—2006 焊接用不锈钢盘条	部分 GB/T 1300—77、GB/T 4241—84
14		GB/T 4232—2009 冷顶锻用不锈钢丝	GB 4232—84、GB/T 4232—93
15		GB/T 4240—2009 不锈钢丝	YB 252—64、YB 252—79
			GB 4240—84、GB/T 4240—93
16		GB/T 24588—2009 不锈弹簧钢丝	YB/T 11—1983（2005）
17		GJB 714—89 引信用不锈钢弹簧钢丝	GJB 714—89
18		GJB 3320—98 航空用不锈钢弹簧丝规范	
19		GJB 3526—99 航空用冷顶锻不锈钢丝规范	
20		GJB 3785—99 航空用不锈钢焊丝规范	
21		YB/T 096—1997 高碳铬不锈钢丝	
22		YB/T 5091—1993 惰性气体保护焊接用不锈钢棒及钢丝	GB 4233—84（调整）
23		YB/T 5092—2005 焊接用不锈钢丝	GB/T 1300—77、GB 4242—84（调整）
			YB/T 5092—93、YB/T 5092—96
24		YB/T 5219—1993（2005）医用缝合针钢丝	YB 549—65
			GB 10563—89
25		GB 9944—2005 不锈钢丝绳	YB（T）49—86
			GB 9944—88
26		GB/T 25821—2010 不锈钢钢绞线	

序号	类别	标准编号及标准名称	历次版本情况
27	钢板钢带①	GB/T 3280—2007 不锈钢冷轧钢板和钢带	YB 541—65、YB 541—70、YB 532—65
			GB 3280—82、GB 3280—84、GB/T 3280—92、GB 2598—80、GB/T 4239—84
28		GB/T 24511—2009 承压设备用不锈钢钢板及钢带	
29		GB/T 4237—2007 不锈钢热轧钢板和钢带	YB 542—65、YB 542—70、YB/T 5090—93
			GB 3281—82、GB/T 4237—84、GB 4230—84（调整）
30		GB/T 24170.1—2009 表面抗菌不锈钢　第 1 部分：电化学法	
31		GJB 2295A—2006 航空用不锈钢冷轧薄板规范	YB 677—71
			GJB 2295—95
32		GB/T 21074—2007 针管用不锈钢精密冷轧钢带	
33		GJB 3321—98 航空用不锈钢冷轧弹簧带规范	
34		YB/T 085—2007 磁头用不锈钢冷轧钢带	YB/T 085—95
35		YB/T 110—1997 彩色显像管弹簧用不锈钢冷轧钢带	
36		YB/T 4171—2008 含铜抗菌不锈钢	
37		YB/T 5310—2010 弹簧用不锈钢冷轧钢带	GB 4231—83、GB/T 4231—1993（调整）
			YB/T 5310—2007
38		YB/T 5133—2007 手表用冷轧不锈钢带	YB 317—64、YB/T 5133—93
			GB 5214—85（调整）
39		GB/T 8165—2008 不锈钢复合钢板	GB 8165—87、GB/T 8165—1997、GB/T 17102—1997 整合修订
40		GB/T 8546—2007 钛-不锈钢复合板	GB/T 8546—87
41	钢管	GB/T 12770—2002 机械结构用不锈钢焊接钢管	GB/T 12770—1991
42		GB/T 12771—2008 流体输送用不锈钢焊接钢管	GB/T 12771—1991
43		GB/T 18705—2002 装饰用焊接不锈钢管	
44		GB/T 24593—2009 锅炉和热换热器用奥氏体不锈钢焊接钢管	
45		GB/T 21832—2008 奥氏体-铁素体双相不锈钢焊接钢管	
46		YB/T 4204—2009 供水用不锈钢焊接钢管	
47		YB/T 4223—2010 给水加热器用奥氏体不锈钢焊接钢管	
48		YB/T 5363—2006 装饰用焊接不锈钢管	GB/T 18705—2002（调整）
49		YB/T 5363—2006 装饰用焊接不锈钢管	GB/T 18705—2002（调整）
50		GB/T 3089—2008 不锈耐酸钢极薄壁无缝钢管	GB/T 3089—82

序号	类别	标准编号及标准名称	历次版本情况
51	钢管	GB/T 3090—2000 不锈钢小直径钢管	GB/T 3090—82
52		GB 5310—2008 高压锅炉用无缝钢管	YB 529—65、YB 529—70
			GB 5310—85、GB 5310—95
53		GB 9948—2006 石油裂化用无缝钢管	YB 237—63、YB 237—70
			GB 9948—88
54		GB 13296—2007 锅炉、热交换器用不锈钢无缝钢管	GB 13296—91
55		GB/T 14975—2002 结构用不锈钢无缝钢管	YB 804—70
			GB 2270—80、GB/T 14975—1994
56		GB/T 14976—2002 流体输送用不锈钢无缝钢管	YB 804—70
			GB 2270—80、GB/T 14976—1994
57		GB/T 21833—2008 奥氏体-铁素体双相不锈钢无缝钢管	
58		YB/T 4205—2009 给水加热器用奥氏体不锈钢 U 形无缝钢管	
59		GJB 2296A—2005 航空用不锈钢无缝钢管规范	YB 678—71
			GJB 2296—95
60		GJB 5912—2006 航空航天用小直径不锈钢无缝管规范	
61		YB/T 5307—2006 S 型钎焊不锈钢金属软管	GB/T 3641—83（调整）
62		GB/T 18704—2008 结构用不锈钢复合管	GB/T 18704—2002
63	铸件	GB/T 6967—2009 工程结构用中、高强度不锈钢铸件	GB/T 6967—86

①钢板钢带标准合并制定标准。

四、第四阶段——2010 年至今

这一阶段我国标准化工作从快速发展进入改革转型期，标准制修订的速度、数量、拓展的领域和水平均有长足的进步与发展。自 2015 年开始，我国对现有不锈钢牌号系列及标准进行了第五次清理整顿，全面深化标准化改革，全面落实新《标准化法》，精简强制性标准，优化推荐性标准，培育发展团体标准蓬勃发展。

随着我国不锈钢工艺与装备水平的不断突破和进步，使制造成本大幅下降，加之人们对不锈钢产品全生命周期综合成本的重视程度不断提高，极大地推动了不锈钢在各产业大量使用，进一步提高了不锈钢标准制修订的速度和数量，从 2011 年至 2020 年，我国共制修订不锈钢标准 89 项，其中新制定了核电、汽车、城市轨道车辆、货运车辆、石油、化工、船舶、桥梁、电力、环保、建筑及航天航空等重点领域急需标准 63 项（国家标准 41 项，国家军用标准 10 项，行业标准 12 项），不锈钢标准总数达到 115 项（见表 2-4-5）。这些标准的制修订与实施，极大地推动了铁素体型、奥氏体-铁素体型、超级不锈钢型和高强度不锈钢等新牌号、新品种研发与应用。

表 2-4-5　2020 年中国不锈钢标准目录

序号	类型	标准编号及标准名称	历次版本情况
1	基础	GB/T 20878—2007 不锈钢和耐热钢　牌号和化学成分	部分代替 GB/T 4229—1984
2		GB/T 34472—2017 建筑幕墙用不锈钢通用技术条件	
3		YB/T 4770—2019 绿色设计产品评价技术规范　厨房厨具用不锈钢	
4	型钢	GB/T 1220—2007 不锈钢棒	重 20-52、重 21-52
			YB 10—59、YB/Z 7—75
			GB 1220—75、GB 1220—84、GB/T 1220—92
5		GB/T 4226—2009 不锈钢冷加工钢棒	GB/T 4226—84
6		GB 4234.1—2017 外科植入物　金属材料　第 1 部分：锻造不锈钢	GB 4234—84、GB 4235—84、GB 4234—94、GB 4234—2003
7		GB/T 31303—2014 奥氏体-铁素体型双相不锈钢棒	
8		GB/T 34475—2017 尿素级奥氏体不锈钢棒	
9		GB/T 36027—2018 核电站用奥氏体不锈钢棒	
10		GB/T 37430—2019 建筑结构用高强不锈钢	
11		GB/T 38807—2020 超级奥氏体不锈钢通用技术条件	
12		GJB 2294A—2014 航空用不锈钢及耐热钢棒规范	YB 675—73、GJB 2294—95
13		GJB 7960—2012 火箭用不锈钢热轧（锻）棒材规范	
14		GJB 8268—2014 航空用沉淀硬化不锈钢棒规范	
15		YB/T 4633—2017 电磁阀用铁素体不锈钢棒材	
16		YB/T 5250—93 电真空器件用无磁不锈钢 0Cr16Ni14	GBn 189—82（调整）
17		GJB 2455—1995 航空用不锈及耐热钢圆饼和环环规范	GJB 2455—95
18		GJB 7961—2012 火箭用不锈钢铸造母合金规范	
19		GB/T 33959—2017 钢筋混凝土用不锈钢钢筋	YB/T 4362—2014
20		GB/T 36707—2018 钢筋混凝土用热轧碳素钢-不锈钢复合钢筋	
21		YB/T 5134—2007 手表用不锈钢扁钢	GB 5215—85（调整）
22		YB/T 5309—2006 不锈钢热轧等边角钢	GB/T 4227—1984（调整）
23		YB/T 2008—2007 不锈钢无缝钢管圆管坯	YB/T 2008—80
24		YB/T 4759—2019 酸性油气田用不锈钢无缝钢管圆管坯	
25		YB/T 5089—2007 锻件用不锈钢坯	GB 4228—84（调整）
			YB/T 5089—93
26	盘条钢丝及制品	GB/T 4241—2017 焊接用不锈钢盘条	部分 GB/T 1300—77、GB/T 4241—84、GB/T 4241—2006
27		GB/T 4356—2016 不锈钢盘条	GB/T 4356—84、GB/T 4356—2002
28		GB/T 39033—2020 奥氏体-铁素体型双相不锈钢盘条	
29		GB/T 4232—2019 冷顶锻用不锈钢丝	GB 4232—84、GB/T 4232—93、GB/T 4232—2009

序号	类型	标准编号及标准名称	历次版本情况
30	盘条钢丝及制品	GB/T 4240—2009 不锈钢丝	YB 252—64、YB 252—79
			GB 4240—84、GB/T 4240—93
31		GB/T 24588—2009 不锈弹簧钢丝	YB/T 11—1983（2005）
32		GB/T 28902—2012 电解抛光用不锈钢丝	
33		GB/T 28903—2012 辐条用不锈钢丝	
34		GJB 714—89 引信用不锈钢弹簧钢丝	GJB 714—89
35		GJB 3320—98 航空用不锈钢弹簧丝规范	GJB 3320—98
36		GJB 3526—99 航空用冷顶锻不锈钢丝规范	GJB 3526—99
37		GJB 3785—99 航空用不锈钢焊丝规范	GJB 3785—99
38		GJB 7964—2012 火箭用不锈钢焊丝规范	
39		YB/T 096—2015 高碳铬不锈钢丝	YB/T 096—1997
40		YB/T 4470—2015 不锈钢丝绳用钢丝	
41		YB/T 4642—2018 笔头用易切削不锈钢丝	
42		YB/T 5091—2016 惰性气体保护焊接用不锈钢棒及钢丝	GB 4233—84（调整）
			YB/T 5091—1993
43		YB/T 5092—2016 焊接用不锈钢丝	GB/T 1300—77、GB 4242—84（调整）
			YB/T 5092—93、YB/T 5092—96、YB/T 5092—2005
44		YB/T 5219—1993（2005）医用缝合针钢丝	
45		GB/T 9944—2015 不锈钢丝绳	YB（T）49—86
			GB 9944—88、GB 9944—2005
46		GB/T 25821—2010 不锈钢钢绞线	
47		GJB 7970—2012 飞船用不锈钢丝绳规范	
48		GJB 9656—2019 航空操纵用钢丝绳规范	
49	钢板钢带	GB/T 3280—2015 不锈钢冷轧钢板和钢带	YB 541—65、YB 541—70、YB 532—65
			GB 3280—82、GB 3280—84、GB/T 3280—92、GB/T 3280—2007、GB 2598—80、GB/T 4239—84
50		GB/T 4237—2015 不锈钢热轧钢板和钢带	YB 542—65、YB 542—70、YB/T 5090—93
			GB 3281—82、GB/T 4237—84、GB/T 4237—92、GB/T 4237—2007、GB 4230—84（调整）
51		GB/T 21074—2007 针管用不锈钢精密冷轧钢带	
52		GB/T 24170.1—2009 表面抗菌不锈钢 第1部分：电化学法	

序号	类型	标准编号及标准名称	历次版本情况
53	钢板钢带	GB/T 24511—2017 承压设备用不锈钢钢板及钢带	GB/T 24511—2009
54		GB/T 32955—2016 集装箱用不锈钢钢板和钢带	
55		GB/T 32796—2016 汽车排气系统用冷轧铁素体不锈钢钢板和钢带	
56		GB/T 33239—2016 轨道车辆用不锈钢钢板和钢带	
57		GB/T 34200—2017 建筑屋面和幕墙用冷轧不锈钢钢板和钢带	
58		GB/T 34915—2017 核电站用奥氏体不锈钢钢板和钢带	
59		GB/T 36145—2018 建筑用不锈钢压型板	
60		GB/T 37430—2019 建筑结构用高强不锈钢	
61		GJB 2295A—2006 航空用不锈钢冷轧薄板规范	YB 677—71 GJB 2295—95
62		GJB 3321—1998 航空用不锈钢冷轧弹簧带规范	GJB 3321—98
63		GJB 7963—2012 火箭用不锈钢热轧板材规范	
64		GJB 9445—2018 火箭用不锈钢冷轧板材规范	
65		YB/T 4171—2020 含铜抗菌不锈钢	YB/T 4171—2008
66		YB/T 4333—2013 抗指纹不锈钢装饰板	
67		YB/T 4432—2014 不锈钢精密钢带（片）	
68		YB/T 4571—2016 刀具用控氮马氏体不锈钢钢板及钢带	
69		YB/T 5310—2010 弹簧用不锈钢冷轧钢带	GB 4231—83、GB/T 4231—1993（调整） YB/T 5310—2007
70		GB/T 8165—2008 不锈钢复合钢板	GB 8165—87、GB/T 8165—1997、GB/T 17102—1997
71		GB/T 8546—2017 钛-不锈钢复合板	GB/T 8546—87、GB/T 8546—2007
72		YB/T 4282—2012 压力容器用热轧不锈钢复合钢板	
73	钢管	GB/T 12770—2012 机械结构用不锈钢焊接钢管	GB/T 12770—1991、GB/T 12770—2002
74		GB/T 12771—2019 流体输送用不锈钢焊接钢管	GB/T 12771—1991、GB/T 12771—2008
75		GB/T 24593—2018 锅炉和热换热器用奥氏体不锈钢焊接钢管	GB/T 24593—2009
76		GB/T 21832.1—2018 奥氏体-铁素体型双相不锈钢焊接钢管 第1部分：热交换器用管	部分代替 GB/T 21832—2008
77		GB/T 21832.2—2018 奥氏体-铁素体型双相不锈钢焊接钢管 第2部分：流体输送用管	部分代替 GB/T 21832—2009
78		GB/T 30065—2013 给水加热器用铁素体不锈钢焊接钢管	
79		GB/T 30066—2013 热交换器和冷凝器用铁素体不锈钢焊接钢管	

序号	类型	标准编号及标准名称	历次版本情况
80	钢管	GB/T 30813—2014 核电站用奥氏体不锈钢焊接钢管	
81		GB/T 31929—2015 船舶用不锈钢焊接钢管	
82		GB/T 32569—2016 海水淡化装置用不锈钢焊接钢管	
83		GB/T 32964—2016 液化天然气用不锈钢焊接钢管	
84		YB/T 4204—2020 供水用不锈钢焊接钢管	YB/T 4204—2009
85		YB/T 4223—2010 给水加热器用奥氏体不锈钢焊接钢管	
86		YB/T 4370—2014 城镇燃气输送用不锈钢焊接钢管	
87		YB/T 4513—2017 医用气体和真空用不锈钢焊接钢管	
88		YB/T 5363—2016 装饰用焊接不锈钢管	GB/T 18705—2002 （调整） YB/T 5363—2006
89		GB/T 3089—2020 不锈耐酸钢极薄壁无缝钢管	GB/T 3089—82、GB/T 3089—2008
90		GB/T 3090—2020 不锈钢小直径钢管	GB/T 3090—82、GB/T 3090—2000
91		GB/T 5310—2017 高压锅炉用无缝钢管	YB 529—65、YB 529—70 GB 5310—85、GB 5310—95、GB 5310—2008
92		GB/T 9948—2013 石油裂化用无缝钢管	YB 237—63、YB 237—70 GB 9948—88、GB 9948—2006
93		GB/T 13296—2013 锅炉、热交换器用不锈钢无缝钢管	GB 13296—91、GB 13296—2007
94		GB/T 14975—2012 结构用不锈钢无缝钢管	YB 804—70 GB 2270—80、GB/T 14975—1994、GB/T 14975—2002
95		GB/T 14976—2012 流体输送用不锈钢无缝钢管	YB 804—70 GB 2270—80、GB/T 14976—1994、GB/T 14976—2002
96		GB/T 21833.1—2020 奥氏体-铁素体型双相不锈钢无缝钢管 第1部分：热交换器用管	部分代替 GB/T 21833—2008
97		GB/T 21833.2—2020 奥氏体-铁素体型双相不锈钢无缝钢管 第2部分：流体输送用管	部分代替 GB/T 21833—2008
98		GB/T 24512.3—2014 核电站用无缝钢管 第3部分：不锈钢无缝钢管	
99		GB/T 30073—2013 核电站热交换器用奥氏体不锈钢无缝钢管	
100		GB/T 31928—2015 船舶用不锈钢无缝钢管	
101		GB/T 33167—2016 石油化工加氢装置工业炉用不锈钢无缝钢管	

续表 2-4-5

序号	类型	标准编号及标准名称	历次版本情况
102	钢管	GB/T 34107—2017 轨道交通车辆制动系统用精密不锈钢无缝钢管	
103		GB/T 37578—2019 尿素级超低碳奥氏体不锈钢无缝钢管	
104		GB/T 38810—2020 液化天然气用不锈钢无缝钢管	
105		GJB 2296A—2005 航空用不锈钢无缝钢管规范	YB 678—71
			GJB 2296—95
106		GJB 5912—2006 航空航天用小直径不锈钢无缝管规范	
107		GJB 7962—2012 火箭用不锈钢热挤压管材规范	
108		GJB 9444—2018 火箭用不锈钢冷轧（拔）无缝管规范	
109		YB/T 4205—2009 给水加热器用奥氏体不锈钢 U 形无缝钢管	
110		YB/T 4330—2013 大直径奥氏体不锈钢无缝钢管	
111		GB/T 18704—2008 结构用不锈钢复合管	GB/T 18704—2002
112		GB/T 32958—2016 流体输送用不锈钢复合钢管	
113	铸锻件	GB/T 6967—2009 工程结构用中、高强度不锈钢铸件	GB/T 6967—86
114		GB/T 12230—2005 通用阀门不锈钢铸件技术条件	
115		GB/T 35741—2017 工业阀门不锈钢锻件技术条件	

2016—2017 年，为了贯彻落实《深化标准化改革方案》和《强制性标准精简整合工作方案》的要求，我国对现有不锈钢牌号系列及标准进行了第五次清理整顿。经全国钢标准化委员会清理评估，国标委综合函〔2017〕4 号文批复，将下列 6 项强制性国家标准和 1 项强制性国家标准计划全部转化为推荐性标准：

《高压锅炉用无缝钢管》（GB 5310—2008）、《石油裂化用无缝钢管》（GB 9948—2013）、《承压设备用不锈钢钢板及钢带》（GB 24511—2009）、《核电站用无缝钢管　第 3 部分：不锈钢无缝钢管》（GB 24512.3—2014）、《承压设备用无缝复合钢管》（GB 28883—2013）、《核电站用奥氏体不锈钢焊接钢管》（GB 30813—2014）、《核电站用奥氏体不锈钢棒》（GB/T 36027—2018）。同时，还废止了《磁头用不锈钢冷轧钢带》（YB/T 085—2007）、《彩色显像管弹簧用不锈钢冷轧钢带》（YB/T 110—2011）、《手表用不锈钢冷轧钢带》（YB/T 5133—2007）、《S 型钎焊不锈钢金属软管》（YB/T 5307—2006）等 4 项行业标准（见表 2-4-5）。

近年来，我国不锈钢产能虽受供给侧结构性改革的影响，但产量仍占全球产量的一半以上。我国的不锈钢品种仍以奥氏体不锈钢为主，尤其是铬-锰-镍（200 系）奥氏体不锈钢，2007—2019 年期间其产量翻了将近 10 倍，约占不锈钢总量的 33%。但是在实际的生产、流通和使用中铬-锰-镍（200 系）奥氏体不锈钢出现了诸多问题，有些问题还比较突出，在经济和社会领域造成了不良影响。如何正确引导、规范铬-锰-镍（200 系）奥氏体不锈钢健康有序地发展，是当前急需解决的问题。2018 年 1 月 1 日修订后的《中华人民共和国标准化法》正式实施，团体标准获得法律地位，为解决铬-锰-镍（200系）不锈钢标准化问题提供了很好的载体和平台。中国钢铁工业协会和中国焊接协会先后发布了我国自主研制的08Cr19Mn6Ni3Cu2N高强度含氮奥氏体不锈钢棒、钢板钢带、焊接钢管、盘条、型钢、无缝钢管圆管坯等系列标准（T/CISA 017～022—2019）及焊接工艺评定规范（T/CWAN 0019—2020），以及《铬-锰-镍-氮系奥氏体不锈钢热轧钢板和钢带》(T/CISA 045—2020）和《铬-锰-镍-氮系奥氏体不锈钢冷轧钢板和钢带》(T/CISA 046—2020)等团体标准，解决了当前铬-锰-镍（200系）奥氏体不锈钢标准缺失的问题，有效地规范了市场，得到了主要生产企业和用户的广泛认可。

综上所述，我国不锈钢标准经历了起步、调整、发展和改革等四个阶段，使我国不锈钢标准牌号（见表2-4-6）、数量（见表2-4-7）、标准水平和国际通用性都有长足的进步和发展，体现了我国不锈钢标准由生产型向贸易型的转变，深刻展现了我国计划经济向市场经济的转变。

表 2-4-6　各主要时期不锈钢标准中牌号的分布情况

类别	重 20—52 重 21—52	YB 10—59	GB 1220—75	GB 1220—84	GB 1220—92	GB/T 1220—2007
棒材	23	36	45	55	64	64
其他品种	—	29	49	62	26	138
总计	23	65	94	117	90	202

表 2-4-7　各主要时期不锈钢标准数量的分布情况

类别	细分类	20 世纪				21 世纪		
		50 年代	60 年代	70 年代	80 年代	90 年代	00 年代	10 年代
基础	牌号	1					1	1
	重量				1	1		
	通用技术条件							2
型钢	条钢	1	1	3	5	5	5	13
	其他				3	5	5	9
盘条钢丝及制品	盘条				2	2	2	3
	钢丝		3	4	8	11	11	16
	制品				1	1	2	4
钢板钢带	钢板		2	3	4	3	12	21
	钢带		2	2	4	7		
	复合板				2	3	2	3
钢管	无缝		2	4	11	10	12	23
	焊管					2	9	16
	复合管						1	2

类别	细分类	20 世纪				21 世纪		
		50 年代	60 年代	70 年代	80 年代	90 年代	00 年代	10 年代
铸锻件	铸件				1	1	1	2
	锻件							1
合计		2	10	16	43	51	63	116

第二节　中国不锈钢标准取得的成就

一、建立了支撑中国经济发展的不锈钢标准体系

经过近 70 年的不断制定、修订、补充和完善，我国逐渐建立了科学先进、结构合理、融合开放的不锈钢标准体系（见图 2-4-1）。这种基础牌号+产品标准的两层结构标准体系与国际标准 ISO 和欧洲标准 EN 完全一致，具有结构简单、层次清楚、标准之间关系合理有序和便于使用的特点。现有标准 201 项，包括国家标准 70 项、国家军用标准 20 项、行业标准 26 项和团体标准 85 项；纳入标准中的不锈钢牌号 202 个，其中奥氏体型 101 个、奥氏体-铁素体型 22 个、铁素体型 43 个、马氏体型 26 个和沉淀硬化型 9 个。标准水平总体达到国际先进水平，部分标准水平达到国际领先水平。

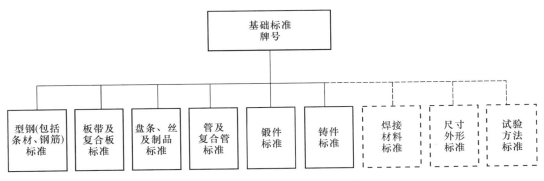

图 2-4-1　我国不锈钢标准体系框架图

二、实施"采用国际标准和国外先进标准"战略，全面提升了标准水平和国际通用性

我国自 20 世纪 80 年代开始实施"采用国际标准和国外先进标准"战略。经过 40 年的努力，全面提升了我国不锈钢标准水平和国际通用性，其主要体现在以下几个方面：

（1）不锈钢牌号及化学成分是产品的重要技术指标，也代表一个国家不锈钢的发展水平。GB/T 20878—2007 标准中的不锈钢牌号及化学成分基本上与美国、日本、国际标准和欧洲标准中的牌号是同一体系，不锈钢牌号采用了化学元素的牌号表示法和统一数字代号法并列表示，前者便于与国际标准（ISO）和欧洲标准（EN）牌号的对照，后者便于与

美国、日本标准牌号对照，增强标准牌号的国际通用性。GB/T 20878—2007 标准实施，助推了我国含氮低碳奥氏体型不锈钢、超纯铁素体型不锈钢、奥氏体-铁素体型不锈钢、沉淀硬化型不锈钢的研发、生产与应用，提高了我国不锈钢国际竞争力。自 2010 年起，GB/T 20878—2007 标准牌号已被列入到《不锈钢　化学成分》（ISO 15510—2014）附录中，标志着中国不锈钢牌号赢得了世界的认可。

（2）不锈钢标准中主要技术要求与国外先进标准一致。在 1975 年以前，我国标准中对奥氏体型不锈钢棒只规定测定经固溶处理的毛坯的力学性能，棒材不进行固溶处理。国外标准一般规定测定经固溶处理的棒材本身的力学性能。为了达到国外标准水平，GB 1220—84 标准率先规定切削加工用奥氏体型不锈钢棒需经固溶处理后交货，测定棒材本体的力学性能，有力地促进了国内生产厂热处理设备的投产和产品质量的提升。另外，对于厚度不大于 3 毫米的不锈钢钢板及钢带，过去 GB/T 3280 标准规定用比例试样测量断后伸长率，而欧标、美标、日标均采用非比例试样测量其断后伸长率。虽然指标相同，但由于比例试样较小测量误差较大，与非比例试样所测定的断后伸长率有明显差别（见图 2-4-2）。GB/T 3280—2015 标准中已将比例试样更改为非比例试样 A_{50mm}。

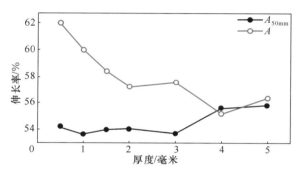

图 2-4-2　比例试样与非比例试样 A_{50mm} 测量数据对比

（3）标准在不锈钢产业发展中发挥了基础性和引领性的作用，为推动不锈钢新材料的发展作出了重要贡献。

纵观我国不锈钢标准的发展历史，可以看出标准化在经济发展中基础性和引领性的作用和地位越来越重要。改革开放以来特别是进入 21 世纪以后，随着国力的增强，人民生活水平的提高，不锈钢消费迅猛增长，我国不锈钢产量得到了快速增长，在世界排名中由 2002 年的世界第八位，迅速提高到 2006 年的第一位，成为世界第一不锈钢生产大国。但我国是一个缺镍少铬的国家，镍价不断攀升，资源问题成为我国不锈钢发展的瓶颈。突破这个瓶颈主要有两种思路：第一，学习德国、日本、美国的经验，即用铁素体的铬钢代替奥氏体钢；第二，印度推广以锰代镍的铬-锰（200 系）奥氏体不锈钢，出现了以锰代镍的假冒铬-镍（300 系）奥氏体不锈钢混入市场的乱象，给我国的不锈钢产业带来了很大的信誉危机，同时还带来了废钢回收和使用方面的问题。大力开发和使用资源节约型铬系铁素体不锈钢和超级不锈钢才是未来我国不锈钢的发展趋势。为了引导社会资源、推动铁素体不锈钢和超级不锈钢研发、生产及推广应用，自 2007 年起在 GB/T 3280 等不锈钢板带和管材国家标准中全部取消了铬−镍−锰不锈钢牌号，陆续制定了铁素体型不锈钢、奥氏体−铁素体型不锈钢、沉淀硬化型不锈钢、超级奥氏体不锈钢等标准，充分发挥了标准在不锈钢产业发展中基础性和引领性的作用。目前国产的铁素体不锈钢已在电梯、汽车和家电等领域广泛应用，产量占比近20%；奥氏体−铁素体型不锈钢已在建筑结构、桥梁、环保、海水淡化、深海油田等领域占据一定的市场份额，产量从2005年828吨增长至2020年的19.14万吨，满足了国家重大工程和重大装备制造的要求，为推动不锈钢新材料的发展作出了重要贡献。

（4）实施中国标准化战略，落实中国标准外文版行动计划，积极推动中国标准转化为国际标准，提升了中国不锈钢标准的国际影响力。

为了促进"一带一路"建设中标准"软联通"，积极落实中国标准外文版行动计划。按照"促进贸易、统筹协作、市场导向、突出重点"的要求，大力推动中国标准走出去，支撑中国产品和服务走出去，服务国家构建开放型经济新体制的战略目标。截止到2020年12月31日，我国已发布下列6项国家标准外文版，即《不锈钢棒》（GB/T 1220—2007）、《不锈钢冷轧钢板和钢带》（GB/T 3280—2007）、《不锈钢热轧钢板和钢带》（GB/T 4237—2007）、《锅炉、热交换器用不锈钢无缝钢管》（GB 13296—2007）、《结构用不锈钢无缝钢管》（GB/T 14975—2002）、《不锈钢和耐热钢　牌号及化学成分》（GB/T 20878—2007），推动中国标准在国际贸易中发挥更大的作用。

耐腐蚀性能是不锈钢产品重要的性能指标之一，其检验方法标准体系也随着产品标准的发展逐步完善。2008年我国承担了ISO/TC 156"金属和合金的腐蚀"国际秘书处。2015年我国以《金属和合金的腐蚀　低铬铁素体不锈钢晶间腐蚀试验方法》（GB/T 31935—2015）国家标准为蓝本，主导制定了《不锈钢耐晶间腐蚀测定　第3部分：低铬铁素体不锈钢晶钢　硫酸介质中的腐蚀试验》（ISO 3651—3：2017），为提高不锈钢耐蚀性能检测与评价提供了"中国智慧"，为我国不锈钢产品、技术和服务"走出去"提供标准支撑和引领。

（5）大力培育发展团体标准，系统解决产业发展对标准的需求，进一步提升了标准化工作在国家经济建设中的整体支撑能力。

2017年11月4日修订后的《中华人民共和国标准化法》规定"标准包括国家标准、行业标准、地方标准和团体标准、企业标准"，标志着我国标准供给从单一的政府向培育发展团体标准二元结构转变，在中国标准化发展历史上具有里程碑的意义，团体标准得到蓬勃发展。截止到2020年12月31日，20家社会团体在全国团体标准信息平台上自我声明公开的不锈钢团体标准有85项，涉及建筑、汽车、家电、日用五金制品等行业，提高了有效供给，规范了市场，得到了行政主管部门、生产企业和用户的广泛认可，进一步提升了标准化工作在国家经济建设中的整体支撑能力。

第三篇
中国不锈钢产品应用

　　我国不锈钢产品的应用演变和国民经济的发展进程息息相关。改革开放前，我国不锈钢产业总体上生产规模小，布局分散，国内生产能力严重不足。20世纪后期，我国不锈钢粗钢产量一直徘徊在20万～30万吨，不锈钢长期严重依赖进口，是世界上最大的不锈钢进口国。进口不锈钢价格昂贵，影响了不锈钢在我国的广泛使用。进入21世纪，随着我国国民经济的快速增长，我国不锈钢产量和消费量迎来爆发式增长，2001年我国超过美国，成为世界上最大的不锈钢消费国。2003～2004年我国不锈钢消费量相当于美国和日本的消费总和，我国人均不锈钢消费量达到了约3.5千克，基本接近当时世界人均不锈钢年消费量。之后我国不锈钢消费量始终保持全球最大规模，并以年均增长率10%以上的速度一直保持到了2020年。到2020年，我国不锈钢消费量占世界总消费量的一半左右，人均不锈钢消费量达到18千克左右，约为世界平均水平的2.5倍。

　　当前，我国作为世界最大的不锈钢消费市场，产品品种质量逐渐实现了高端化、精品化，并开始引领世界不锈钢发展的新潮流。我国不锈钢重点产品广泛进入石油、石化、铁道、汽车、造船、集装箱、造币等重点行业，应用于秦山核电站、三峡大坝、奥运会主场馆、"和谐号"高速列车、长征-2F火箭、"神舟"系列飞船和嫦娥探月工程等重点领域。不锈钢产品日益在国民经济和社会发展中发挥着重要的作用。随着我国不锈钢质量的提升，我国城市和较发达地区对不锈钢产品的消费需要更新换代和升级，拉动了不锈钢中高端产品的需求。伴随着国民经济的快速增长和人民生活水平的持续提高，品质更高、应用更广的不锈钢将更加受到欢迎，我国不锈钢也将迎来更高层次的新发展。

　　在工业方面，不锈钢已广泛应用于石油化工、石油开采、交通运输、核工业、能源、纺织、电子电器、食品、制药、造纸等各工业部门，以及海洋开发、航空航天、新能源开发、节能环保设备等新兴领域。在民用方面，除大量用于五金制品和家电外，还不断扩大在房屋建筑、供水系统等领域中的应用。由于不锈钢具有优良的耐腐蚀性能、力学性能、物理性能及加工性能，且具有耐高温、使用寿命长、对人体健康无害、可百分之百回收等优点，使之处于替代其他材料的优势地位，不锈钢的新用途还在不断扩展。

第一章 石油石化工业

石油石化按照上下游区分可分为油气钻采、集输及石油炼化，是化学工业的重要组成部分，是我国的支柱产业之一。它为农业、能源、交通、机械、电子、纺织、轻工、建筑、建材等产业部门和人民日常生活提供配套和服务，在国民经济中占有举足轻重的地位。

第一节 油气开采

钻采石油、天然气时，除需要钻探机械设备外，还需要专用管材，如钻柱、套管、油管等，统称为"油井管"或"石油专用管"（oil country tubular goods，OCTG）。作为石油、天然气勘探开发过程中的主要耗材和重要的石油装备物资，油井管占油气工业用钢总量的40%，平均占整个建井成本的20%~30%。石油工程能否顺利进行，与油井管材质量密不可分。

20世纪90年代中期，我国生产油井管的数量、品种和质量都还远远满足不了石油工业发展的需要。据不完全统计，1949~1994年的45年间我国共消耗油井管1270万吨，其中进口1150万吨，国产120万吨。1980年我国开始攻关油井管的国产化，经过近30年的艰苦奋斗，我国油套管的生产从无到有，从低价位到高价位，从低钢级到API系列产品再到特殊需求的非API产品，生产工艺技术装备和产品实物质量逐渐接近国际先进水平。目前，除少量高端高钢级油井管、油套管等需要进口外，我国已能生产几乎所有品种的石油、石化用管材，我国油井管的国内市场占有率已经超过80%，自给率达到99.5%。我国已经成为世界油井管生产大国，不仅满足了国内需求，而且部分品种已连续多年净出口。

石油管道消耗大量不锈钢管材，在石油行业的设备制造、采油、炼油以及运输中，不锈钢管材扮演着重要的角色。一般根据油气开采环境的恶劣程度，选择不同耐蚀级别材料的油井管，从马氏体不锈钢、双相不锈钢到铁镍基合金甚至是镍基合金。例如抗H_2S应力腐蚀油套管、耐CO_2腐蚀油套管、超级13Cr系列油套管、镍基合金油套管等。

为支撑国家能源战略，大力开发利用天然气，2006年，中石化牵头多部门组织开展"特大型超深高含硫气田安全高效开发技术及工业化应用"攻关任务，宝钢作为重要的油井管开发单位，承担了镍基合金油管国产化研发工作。通过开展化学成分、冶炼、锻造、热挤压、热处理、冷轧、特殊扣优化设计与加工等系列关键工艺及技术方面的研究和攻关，2008年，宝钢成功试制了125钢级BG2250镍基合金油管，先后有万余米产品在普光2011-5、3011-5等多口气井投入使用，并首次实现国产产品完井使用。经用户严格检验，各项技术性能指标均满足 ISO 13680 标准的要求。镍基合金油管的成功开发，打破了国外技术垄断，大大降低了高腐蚀性气田开发成本，为国家安全高效开发普光气田提供了强有力支撑，并将为加快推动我国高含硫天然气的开发步伐发挥重要作用。2013 年 1 月 18 日，在 2012 年度国家科学技术奖励大会上，由中石化与宝钢等联合开发的"特大型超深高含硫气田安全高效开发技术及工业化应用"获国家科学技术进步奖特等奖。

随着全球陆地浅层石油和天然气资源的日渐减少，油气开发勘探地区已经从单一的陆上浅层，逐渐发展到沙漠、极地等边缘地区，相应的勘探和运输环境也更加恶劣，其所处的强腐蚀环境对油气开采用钢管的要求越来越高，需要更高钢级和更高耐蚀性能的高端油井管。一段时间以来，我国油气开采用低钢级油井管材已经实现自给且产能过剩，但高端油井管仍依赖进口。我国油井管制造企业也在奋力向高端油井管制造迈进。

由宝钢股份、宝钢特钢、中国石油大学和中石化中原分公司合作开展的"铁镍基合金油套管关键工艺技术及产品开发"攻关任务，完成了有害析出相控制的合金化技术、全流程制造技术等研究，开发了可以满足不同腐蚀环境下安全使用的五种合金、六个强度级别、十一个规格的铁镍基合金油套管系列产品，形成了最高端油套管产品的全流程制造技术及全新的选材规范，形成 14 项专利，其中发明专利授权 6 项，技术秘密 18 项。该系列产品先后在国内多个腐蚀性最强的高酸性油气资源开采中应用，并完全替代进口。该项目的成功开发使我国成为目前世界上具备油井管全系列品种全流程制造和供货能力的三个国家之一，整体提升了我国钢管产品的技术水平和国际竞争力。2015 年该项成果荣获冶金科学技术奖一等奖。

久立集团自主研发了双金属复合耐蚀合金油井管产品（见图 3-1-1），2019 年荣获中国产学研合作创新成果奖。该产品技术指标和工艺技术均达到国际先进水平，已应用于国内各油气田项目，对满足我国油气田的开发要求、降低开发成本、确保开发安全、提升中国石油专用管的制造水平提供了有力支撑。

图 3-1-1　耐蚀合金油井管

在经济全球化时代背景下，中国的不锈钢钢管产量和产品质量都有较大的提升。中国钢管产品（特别是高端产品）在国际市场上也得到了认可，国际市场占有率稳步增长，给企业带来相应的效益，彰显了中国不锈钢钢管行业的成熟及在国际市场地位的提升。

我国"十三五"期间启动并实施了一批重大规划项目。根据《全国石油天然气资源勘查开采通报（2019 年度）》显示，我国油气勘查取得多项重要突破，油气探明储量大幅增加，新增 2 个亿吨级油田、3 个千亿方级天然气田、3 个千亿方级页岩气田。同时，油气勘查开采投资大幅增长，勘查投资达到历史最高。从我国国内区域分布来看，油套管的需求已不再集中于东部地区；从国内油气田开发的情况看，从最初开发大庆、辽河、胜利等东部油田后来转向发展四川、新疆等西部油田，到现在重点关注海上油田，从陆地向滩涂、从浅海向深海发展的趋势明显；加之钻井深度越来越深，钻井工作状况日趋复杂，高温、高硫、高氯离子和高二氧化碳等苛刻腐蚀环境的油气田越来越多，对高端油井管的适用性提出了更高的要求。国内不锈钢管材龙头企业纷纷加大了与中石油及中石化之间的合作，以提升市场份额；同时，不断加强与国外石油企业的交流，将中国不锈钢管推向世界。在此背景下，具备高强度、高韧性、高弹性、耐高压高温、高抗腐蚀等优异性能的不锈钢和耐蚀合金材料，将在未来的油井管，尤其是高端油井管的生产中占据越来越重要的地位，迎来更大的发展。

第二节　油气集输

油井管在高温、高 CO_2 分压和高 Cl^-、H_2S 浓度条件下工作时，常被腐蚀并产生应力腐蚀裂纹。输送石油、天然气的管道也是如此，因此也要求具有与油井管材料一样的耐腐蚀性能。以前这种管道管使用的是注入防腐剂的合金管，后来发展到使用双相不锈钢等耐腐蚀钢管。近几年日本厂家又开发出在 CO_2 环境下使用的 11Cr 和在 CO_2 与微量 H_2S 并存环境下使用的 12Cr 管道用马氏体不锈钢管。普通合金管注入防腐剂会提高成本，且在高温下效果也不稳定，一旦泄露还会污染环境。双相不锈钢具有良好的耐腐蚀性能，相对其他材料而言，采用合适级别的双相不锈钢可以保证设备使用寿命长、维修方便，虽然一次性材料成本较高，但从长远来看其性价比较高。

随着我国"西气东输"项目的顺利实施，油气集输技术进入了一个新的发展时期。由于西部地区的部分油气井中，陆续发现含有 H_2S、CO_2。因此，随着西部油气的勘探开发进程，一批用双相不锈钢材料制造的管道、阀门、热交换器和泵等设备发挥了重要作用，如西气东输工程克拉 2 气田管道项目建设中，就采用了 2205 双相不锈钢。另外，双相不锈钢与碳钢的线膨胀系数接近，如能与碳钢复合成高性能钢管其实际使用价值将更大。

上上德盛集团股份有限公司为中石油西气东输气源地克拉苏气田集输工程、LNG 接收站（深圳、宁波）、昆仑能源黄冈 LNG 液化厂、延长石油油田、中化泉州 1200 万吨炼化一体项目等提供 316L、304L、316、304 管材 3250 吨。

宝丰钢业集团有限公司为中石油塔里木油田提供 2205 双相不锈钢油气收集管，为中石油西南气田提供 316L 天然气收集管和净化厂用不锈钢管道。

第三节　石油炼化

石油炼化行业生产具有操作温度范围宽（低温条件时可达-196℃，高温时可达500℃以上）、操作压力复杂（有外压、真空、常压、中压、高压、超高压）、操作环境中介质复杂（存在腐蚀性、磨损性、易燃、易爆、有毒等固态、气态、液态及各种混合介质氯化物、硫化物和其他盐类）的特点。由于石化行业复杂的温度、压力及介质环境，目前使用的多为奥氏体不锈钢（含耐热钢）。双相不锈钢由于具有特殊的耐腐蚀性能，在石化行业中正迅速拓展运用；其他如铁素体、马氏体及沉淀硬化不锈钢、铸造不锈钢等也在石化装置的压缩机缸体、泵壳和搅拌轴等需要高强度、耐磨损的部件上得到应用。

针对石化系统不同的腐蚀环境，应正确合理选用不锈钢。按生产装置设备设计要求，对于普通环境多采用普通不锈钢，以304类奥氏体不锈钢为主；高强度时采用加氮或马氏体、沉淀硬化不锈钢；需耐热时采用含碳较高的高 Cr-Ni 钢，需低温时多采用300系列不锈钢；特别对于有耐腐蚀要求的，如抗晶间腐蚀时采用超低碳或稳定化不锈钢，抗卤素离子点蚀与缝隙腐蚀的采用高 CrNiMo 不锈钢，抗应力腐蚀破裂的采用双相不锈钢、超级奥氏体不锈钢与某些铁素体不锈钢等。

在几个不锈钢钢类中，目前使用的多为奥氏体类不锈钢，特别是在炼油、油气储存及集输、化工等设备中应用广泛。在不锈钢品种的选择上，一般以304为主，其中304（18-8类）牌号的不锈钢板、管锻件用量最大，316、304L、316L的板、管、锻件用量较大，还有 TP321、TP347、TP316 牌号的锅炉管、换热器用量也较大。例如，304不锈钢用于建造聚合物储罐、热交换器外壳等；部分反应器塔内件使用316L、TP347 等；输送冰醋酸的液体汽车（火车罐车）一般使用304和306钢板；在500~600℃使用的石化装置，其设备与管道材料一般以选用各种奥氏体不锈钢为主，如304H、316、321 等奥氏体不锈钢已得到了广泛应用；对于生产尿素的装置，由于存在氨基甲酸铵冷凝液，有较强的腐蚀性，一般在汽提塔、分离器、冷凝器中使用316L不锈钢；在原油勘探和开发中常用含 Cr22 以上的不锈钢无磁钻铤和钻杆。表3-1-1 给出了部分常用于石化行业的304、316类不锈钢管的应用情况。

表3-1-1　部分常用于石化行业的304、316类不锈钢管的应用情况

钢种	性 能 特 点	用 途 实 例
304	一般的抗晶间腐蚀性能和优良的耐蚀性能，对碱溶液及大部分有机酸和无机酸也有一定的抗腐蚀能力	广泛用于输酸管道和化工设备等
304L	良好的抗晶间腐蚀性能	适用于石油化工耐腐蚀设备部件，特别适用于焊后不能进行热处理的焊接管件
316	对多种无机酸、有机酸、碱、盐类有很好的耐腐蚀性及耐点蚀性，高温下有良好的蠕变强度	适用于大型锅炉过热器、再热器、蒸汽管道、石油化工热交换器管件
316L	良好的抗晶间腐蚀性能，对有机酸、碱、盐类均有良好的耐蚀性	适用于制造合成纤维、石油化工、纺织、化肥、印染及原子能后处理等工业设备的重要耐蚀管件

钢种	性 能 特 点	用 途 实 例
317L	耐晶间腐蚀性能比 316L 好，较 316L 具有更强的抗化学腐蚀性，与常规的不锈钢相比，具有更高的延展性、抗应力腐蚀性能及耐高温性能	适用于制造合成纤维、石油化工、纺织、化肥、印染及原子能后处理等工业设备的重要耐蚀构件
321	较高的抗晶间腐蚀能力，对一些有机酸和无机酸（尤其是在氧化性介质中）具有良好的耐腐蚀性能	适用于制造耐酸输送管道，大型锅炉过热器、再热器、蒸汽管道，石油化工的热交换器等
347H	良好的耐腐蚀性能、焊接性能和热强性能	适用于大型锅炉过热器、再热器、蒸汽管道，石油化工的热交换器管件
904L	很好的耐蚀性，良好的抗点蚀、缝隙腐蚀和较好的抗应力腐蚀性能	适用于石油化工中的有机酸环境，无机化工的硫酸、磷酸等介质

石化行业中的还原性介质、强氧化性介质及含卤素离子且温度较高的腐蚀介质，会引起点蚀、缝隙腐蚀与应力腐蚀破裂（SCC）。为解决其局部腐蚀问题，主要通过采用双相不锈钢与高 NiCrMo 合金含量的超级奥氏体不锈钢。例如，海水净化工艺装置用 904L 板材及管材、炼油工艺常减压装置的常压塔塔顶采用 Al-6XN 超级衬里的复合材料、上海石化醋酸回收塔为 904L 塔体。在国外，瑞典选用了 6Mo 超级奥氏体不锈钢 254SMO 制造了湿法工业磷酸储罐及化肥工业氯酸盐结晶器。

双相不锈钢通常含有较高含量的铬、钼、氮，而且具有奥氏体和铁素体各约占一半的双相组织特点，这赋予其优良的耐腐蚀性能（尤其是在含氯环境中优良的耐点蚀及应力腐蚀性能）、较高的强度和良好的焊接性能等。随着国内加工高含硫原油数量的激增，以及原料油直接加氢等新工艺的应用，双相不锈钢在介质腐蚀性较高的石化工业设备、加热炉及管道的应用越来越广。由于具有特殊的耐腐蚀性能，双相不锈钢在石化行业中正迅速得到推广与运用，双相不锈钢管用量逐渐增大。

目前我国石化行业不锈钢材料国产化率水平比较高。如为满足石油、化工行业反应塔、脱硫塔、加氢反应器等大型关键设备对高强度、耐腐蚀、易焊接材料的要求，太钢等企业研发的 316、321、304 系不锈钢中厚板和精密焊带，已应用于中石油大庆石化、中石化浙江镇海、中海油广东惠州、浙江石化舟山、恒力石化大连长兴岛等千万吨级炼油炼化项目，以及神华宁煤集团、伊泰伊犁能源公司、兖矿集团等百万吨级煤制油项目，产品还出口德国、意大利、沙特、伊朗、科威特、印度、巴基斯坦、马来西亚等国家。太钢热卷成功供应 PDO 天然气管道项目、阿穆尔天然气项目，中板成功助力中海油江苏 LNG 配套管道项目、江苏 LNG 气化高端装备项目。

武进不锈开发了具有自主知识产权的高压临氢用大口径厚壁 N08825 合金管，产品的机械、理化性能达到国际先进水平，满足高压临氢用合金无缝管的使用要求。产品用于中化泉州 1200 万吨/年炼油项目（见图 3-1-2），替代进口、节约了成本、缩短了交货期，为项目的按时顺利投产奠定了坚实的基础，受到了中化泉州的表扬。武进不锈还为俄罗斯阿菲普斯基炼油厂（见图 3-1-3）提供油气输送用 TP304/304L、TP316/316L、S31254 不锈钢焊管 12000 余吨，创汇 4700 万美元；为 Horst Kurvers Gmbh 提供双相钢无缝钢管 2500 余吨，创汇 1600 万美元。

图 3-1-2　中化泉州 1200 万吨/年炼油项目

图 3-1-3　阿菲普斯基炼油厂施工现场

　　大明不锈钢服务石化、空分等行业，主要包括大型容器的制作，材料涵盖普通不锈钢、超级奥氏体不锈钢、双相不锈钢、镍基合金等；LNG 项目大型储罐的制造、LNG 等行业小型容器的制造，主要材料为 304、316L 等；同时还涵盖角钢、法兰、封头、结构件等的综合配套，如图 3-1-4 ~ 图 3-1-8 所示。

图 3-1-4 上海洋山港 20 万立方米 LNG 项目大型储罐不锈钢容器壁

图 3-1-5 恒力石化 PTA 项目双相钢和不锈钢超大型塔器

图 3-1-6 百宏石化双相不锈钢塔器

图 3-1-7　福建联合石化不锈钢塔器

图 3-1-8　连云港石化不锈钢塔器

武进不锈开发出了具有优良的抗腐蚀性、低温韧性和良好的低温强度的 LNG 用大口径焊管，助力大型 LNG 装备国产化。2009 年产品供货江苏 LNG 项目，作为国内第一个国产化 LNG 项目，该项目于 2011 年正式投产（见图 3-1-9）。

图 3-1-9　江苏 LNG 项目现场

酒钢、温州地区华迪钢业、浙江丰业、青山钢管、温州经协等，松阳地区上上德盛、宝丰集团等企业也为石油炼化行业提供了大量优质不锈钢产品。

江苏新宏大集团开发的不锈钢制 30 万吨大型磷酸装置搅拌设备和反应釜如图 3-1-10 和图 3-1-11 所示。

图 3-1-10 不锈钢制 30 万吨大型磷酸装置搅拌设备

图 3-1-11 不锈钢制造的反应釜

第二章 电力工业

第一节 核 电

自从 1951 年 12 月美国首次利用核能发电以来，世界核电技术至今已有 70 年的历史。与火电相比，核电不排放二氧化硫、烟尘、氮氧化物和二氧化碳，是电力工业减排污染物的有效途径，也是减缓地球温室效应的重要措施。

不锈钢是用于核电设备制造的关键材料之一（见表 3-2-1），要求材料能够承受一定温度、较高压力、腐蚀介质和强中子辐照，这些都对不锈钢产品性能提出了特殊的技术要求。长期以来，我国核电用不锈钢一直依靠进口。

为适应我国核电事业的发展，我国不锈钢企业自主创新，突破一系列技术难关，成功研发和生产出耐高温、耐高压、耐腐蚀的核电专用不锈钢材料，打破了核电领域关键材料长期依赖进口的局面，为加速推进我国核电材料的国产化进程发挥了重要作用。

表 3-2-1 采用不锈钢制造的部分核电设备

序号	分类	关键零部件	应用不锈钢
1	核燃料生产	浸出塔	耐磨耐蚀 NS-71
		过滤管	粉末轧制不锈钢
		氯化铀还原	316、0Cr23Ni13
2	轻（重）水堆	堆内构件 1、2、3 级设备	0Cr18Ni10N、Z3CN18-10、Z22CN19-10 等
		蒸汽发生器传热管、水室隔板、支撑板等	800 合金、690 合金、TP405 和 Z10C13
		无磁耐磨轴承	14Cr23Ni28Mo0.5Ti3AlV
		紧固件与弹簧	08Cr20Ni4.5Mn10Si3Nb0.55、05Cr13Ni7Cu2、0Cr20Ni25Nb
		一回路泵轴、叶轮	0Cr13Ni4Mo
		中子屏蔽材料部件	2% B 不锈钢
		抗辐射、长寿命堆内构件	细晶不锈钢
		燃料元件升降机构、密封盘	17-4PH、15-5PH
		燃料元件升降机构的定子绕组、耐压壳体、转子磁极	2Cr13 高温导磁不锈钢
		压力容器保温罩	核级 0Cr18Ni10 超薄带
		超超临界水冷堆构件	含 N 的 ODS 310 不锈钢

序号	分类	关键零部件	应用不锈钢
3	高温气冷堆	燃料元件包壳	0Cr20Ni25Nb
4	增殖堆	钠冷堆抗辐射、抗肿胀、耐蚀构件	0Cr11W2Mo0.5VNb 铁素体不锈钢
		钠冷堆构件	ODS 0Cr9W2Ti0.2(Y2O3)0.35
		钠冷堆构件用改进型奥氏体不锈钢	PNC-1250（提 Ni、Ti 加 Nb 特低 Co 的 316）
		钠冷堆包壳用、耐高温、抗辐射、耐应力腐蚀、低碳迁移速度不锈钢	高铬、含钼不锈钢
		Pb-Bi 冷堆包壳用弥散强化不锈钢	Cr15Al4W2Ti0.2(Y2O3)0.35
		支撑环、堆内构件	316H
5	聚变堆	第一壁用抗辐照、抗肿胀、耐腐蚀构件	316、PCA 与 Cr12Mo1、Cr12Mo0.5 等
		低放射性堆内构件	Mn-Cr 奥氏体不锈钢、Cr-W-V-Ta 铁素体不锈钢
		抗辐照性能好、长寿命堆内构件	非晶不锈钢
		超低温无磁用构件	高稳定性奥氏体无磁不锈钢
6	核燃料后处理	脱硝工艺设备部件	耐高温硝酸用 00Cr25Ni20Nb
		乏燃料处理设备部件	不超过 3%B 奥氏体不锈钢

一、蒸汽发生器用材

（一）蒸汽发生器用 800 合金 U 形传热管

蒸汽发生器用 800 合金 U 形传热管主要用于压水堆核电站，是核电站最重要的三道安全屏障之一，过去我国一直依赖进口。我国久立集团等企业研发的核电蒸汽发生器 800 合金 U 形传热管（见图 3-2-1），产品性能达到国际先进水平，部分性能指标优于国外同类产品。目前，该产品已成功用于援外核电机组项目，效益显著。该产品的成功研制，填补了国内空白，其专利成果获第十八届中国专利优秀奖。同时，对保障我国核设施长期有效运行及国家能源安全有着重要意义，推动了我国拥有完全自主知识产权核电技术的对外输出，对支持"一带一路"项目实施发挥了积极作用。

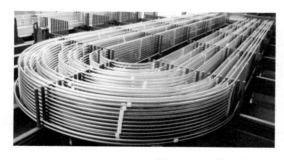

图 3-2-1 核电蒸汽发生器用 800 合金 U 形传热管

（二）蒸汽发生器用690合金U形传热管

核电蒸汽发生器用690合金U形管是百万千瓦级核电机组中需使用的关键特殊材料。2009年之前国内核电站蒸汽发生器用690合金U形管因其极高的技术需求100%依赖进口。世界上只有极少数发达国家的极少数企业（仅法国、日本、瑞典的三家公司）能够生产此类产品。我国把"核电蒸汽发生器用U形管材料及应用性能研究"列为"863计划"和"973计划"项目和国家16个重大科技专项之一，组织宝钢集团、上海核工程研究设计院、中国核动力研究设计院、钢铁研究总院、中国科学院金属研究所、上海交通大学、宝银特种钢管有限公司、银环精密钢管有限公司等企业和高校及科研院所进行联合攻关。

2005年，宝银特种钢管有限公司开始研发生产核电热交换器传热管。2009年取得民用核安全设备核1、2、3级制造许可证。产品涉及核电各个领域，广泛应用在国内已经投产和在建核电项目中。2009年12月该公司690镍基合金管项目正式投产。2012年9月25日，其国产核电690合金U形管在中国防城港核电1号机组1号蒸汽发生器上成功实现穿管，标志着我国核电用690合金U形管从此走向国产化进程，宝银成为世界上第四家能够生产该核电用管的企业，从而打破了国外公司在该领域长期垄断的局面，满足我国在核电重大装备关键材料领域实现国产化的迫切需要，对保障我国核设施长期有效运行及国家核安全具有重大意义，并大大提升了我国民族工业的国际竞争力。

久立集团也于2011年成功研制出满足第三代核电技术标准的蒸汽发生器用690合金U形传热管，替代进口并实现产业化。目前该产品已成功用于CAP1400示范工程项目、首堆K2项目、漳州机组及巴西核电项目等，对保障国家能源安全发挥了重大作用。2019年，该产品成果获中国核能行业协会科学技术奖一等奖。图3-2-2所示为国产第三代核电站蒸汽发生器用690镍基合金U形传热管。

图3-2-2 国产第三代核电站蒸汽发生器用690镍基合金U形传热管

二、堆内构件用材

从2006年起，以太钢为代表的不锈钢企业开始自主研发核电用不锈钢材料。2007年初，太钢首次为岭澳核电站二期项目提供了满足法国RCC-M规范的核2、3级不锈钢材料，填补了国内空白，结束了国内核电站用不锈钢由国外垄断的历史。2008年底，承接了阳江核电站机组堆内构件用核级控氮不锈钢材料生产任务，解决了一系列技术难题，产品质量达到国外进口同类产品水平。2009 年以来，堆内构件用不锈钢材料生产工艺日益成熟，陆续实现了核岛燃料厂房用宽幅不锈钢材料、最大单重 20 吨的蓄势器筒体板用核级不锈钢材料的国产化，打破了该类产品长期依靠进口且进口难的局面。目前，已为岭澳二期核电站项目以来所有国内在建核电项目提供了核 1、2、3 级不锈钢材料，满足了国内核电发展需求。

日本福岛事故以后，我国开始发展安全性更高的第三代核电技术。2011 年 8 月，太钢研发出全球第一支使用挤压机生产的 W 型钢，主要用于第三代先进压水堆（AP1000）核电站裂变反应堆的余热排出系统。此后，又成功开发并批量生产国内首套 CAP1000 机组堆内构件用不锈钢板、安注箱用不锈钢复合板，且全部机组堆内构件用不锈钢材料由太钢制造。目前，太钢已经成为国内唯一一家具有 CAP1000 第三代核电机组堆内构件用特种不锈钢材料供货资质和批量生产能力的企业，并成功开发我国自行设计的第三代核电示范堆 CAP1400 项目水池覆面板模块用双相不锈钢板材，该产品已成功应用于山东荣成石岛湾 CAP1400 示范堆核电站项目建设，加快了中国第三代核电站用钢关键材料的国产化进程。之后，国产不锈钢材料陆续用于我国首台"华龙一号"示范电站"防城港 3 号、4号"核电机组核岛堆内构件建设。中兴能源装备有限公司作为国内核电大口径无缝不锈钢管供应商，2019 年顺利通过工业和信息化部复核的"核工业无缝钢管"制造业单项冠军名单，成为第一批单项冠军培育企业。其产品广泛应用于包括快中子反应堆在内的国内核工业领域。从"华龙一号"项目启动建设开始，中兴装备就着力研发适应项目的新技术和新产品。联合南京航空航天大学、北京科技大学、上海大学等高校，经过近五年的研发、试验，终于成功研制出第三代核电"华龙一号"机组核岛设备用管。一共提供了 16 个规格的核 1、2、3 级不锈钢无缝管道，总计 1600 米；18 个规格的核 2、3 级碳钢无缝管道，总计 1300 米。此外，还间接提供了新峰管业有限公司需要的母材，华都公司控制棒驱动机构需要的材料等，都是用于"华龙一号"。

快堆，即"快中子反应堆"，是世界上第四代先进核能系统的首选堆型，代表了第四代核能系统的发展方向，其可使铀资源利用率提高至 60% 以上，也可使核废料产生量得到最大程度的降低，实现放射性废物最小化。福建宁德霞浦 600 兆瓦快堆核电项目，作为我国首个快堆核电示范工程项目，是国家重大核能科技专项，是我国核能战略"三步走"的关键环节，也是新时代中国核工业发展的重点标志性工程，对于实现核燃料闭式循环、促进我国核能可持续发展具有重要意义，也将开启我国核能发展的新篇章。

600 兆瓦示范快堆是由我国自主设计、自主建设、自主运营的第一座第四代核电项目，由于快堆堆容器、堆内构件等主设备工作在高剂量中子辐照和 250～650℃ 的温度环境下，材料要具有很好的持久、抗蠕变、抗疲劳等高温长时性能，以应对高温和温度大范围波动工况下的设计和使用要求。经过联合攻关，在美标 SA-240 牌号 316H 的基础上，充分优化了化学成分、力学性能、晶粒度、耐蚀性等技术指标，开发出满足快堆更高标准要求的 316H 不锈钢系列材料，用于示范快堆主要设备的制造。示范快堆 316H 不锈钢材料在金属纯净度、钢板力学性能、耐腐蚀性能等方面要求极高，对于传统不锈钢板制造技术提出了新的挑战。

太钢早在2010年就加入中国快堆产业技术联盟，针对该项目主要关键装备用的特殊性能不锈钢材料进行了先期介入和研发准备。2018年12月，我国首个第四代核电机组——福建霞浦600兆瓦快中子反应堆用316H不锈钢板研发成功，打破了该材料"卡脖子"的难题，满足了项目设备制造单位的急需。2019年3月，316H高纯净不锈钢材料用于制作我国首个第四代核电机组——福建霞浦600兆瓦快中子反应堆核心部件支撑环，作为整个堆容器的"脊梁"，该巨型环形锻件直径15.6米，重达150吨，要求结构上能承受7000吨重量，耐受650℃高温，并且连续运行四十年（见图3-2-3），它是世界上直径最大、最重、无焊接整体不锈钢环形锻件。2019年4月，由太钢承担的示范快堆堆容器支撑裙、锥顶盖和堆内构件用50～91毫米的316H不锈钢厚钢板实现了批量工业化生产。

图3-2-3　600兆瓦快中子反应堆核心部件支撑环

宝银特种钢管有限公司于2010年加入快堆产业技术联盟，为快堆建设先后突破了多项技术难题，作出了突出贡献。

三、热核聚变用材

人类重要的核能利用形式之一是聚变能，即应用氢同位素氘、氚聚变发出能量，其原理与太阳相同，俗称"人造太阳"，是资源无限、无污染、无温室气体排放、无长寿命放射性核废料的理想能源。

国际热核聚变实验反应堆（ITER）计划是人类为了应对能源危机，由中国、欧盟、印度、日本、韩国、俄罗斯、美国七个国家和地区参加的大科学项目，计划在2008年至2018年完成，总投资约100亿欧元，是目前全球规模最大、影响最深远的国际科研合作项目之一。与国际空间站、人类基因组共称为当今世界三大科技工程计划，也是我国平等参与的最大国际科研合作项目。

"人造太阳"是通过超高温条件下原子核聚变反应而产生巨大能量，其核心温度超过1亿摄氏度，因此对相关建造材料的要求极高。太钢在国内率先开发成功超低温下（4K，-269℃）用不锈钢钢板、锻件、钢管、异型挤压件等材料，与中科院合作开发出超低温4K环境下ITER装置的校正场线圈、磁体馈线、磁体支撑系统用奥氏体不锈钢钢板、挤压异型钢、大厚度铜+不锈钢复合板等特种材料，并通过欧洲粒子中心权威认证，实现批量供货，为 ITER 项目提供了配套材料（见图3-2-4）。

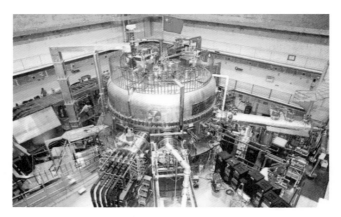

图3-2-4　国际热核聚变实验反应堆

久立集团研发的核聚变实验堆（ITER）用 PF/TF 导管（见图3-2-5），通过了新产品鉴定，打破了国外对此领域的垄断，特别是 4.2K 超低温伸长率全部达到32% 及以上，远超日本、韩国同类产品的性能指标，处于国际领先水平。久立集团是全球唯一的核聚变装置用 PF/TF 导管的中国供应商。

图3-2-5　核聚变装置用 PF/TF 导管

四、其他应用

宝钢开发的 TP405 是第三代核电 AP1000 与 CAP1400 指定用材，Z10C13 是华龙一号及 EPR 核电指定用材。在宝钢研发成功 TP405 和 Z10C13 之前，中国核电建设的这两种不锈钢均 100% 依赖进口，成为了核电工程的一个"卡脖子"零件，为此中国国核的领导多次与宝钢沟通，要求必须研发成功。

宝钢 2014 年全球首发了应用于 CAP1400 的核电蒸汽发生器支撑板用不锈钢 TP405，产品力学性能与国外产品相当，钢板的板形及加工性能优于国外的唯一供应商

INDUSTEEL。更重要的是中国自主设计的 TP405 的产品直径超过了 4000 毫米,超出了 INDUSTEEL 的供货能力。2015 年,华龙一号、EPR 核电用核电蒸汽发生器支撑板用不锈钢 Z10C13 实现了国产化,宝钢是该产品国内唯一的供应商,如图 3-2-6 所示。

图 3-2-6　Z10C13 不锈钢应用于核电蒸汽发生器

AP1000 及 CAP1400 单台机组(100 万千瓦或 140 万千瓦)所需 TP405 为 70~100 吨,华龙一号单台机组所需 Z10C13 为 50~70 吨。按新增 2500 万~3500 万千瓦装机容量计算,总需求约 3000 吨。

太钢高耐蚀性超纯铁素体不锈钢国内首次替代进口材料用于核电汽水分离器换热管,为核电关键设备国产化贡献了力量。

酒钢开发的核用不锈钢应用于国内田湾、秦山、福建霞浦、福建福清核电站及金塔乏燃料后处理项目等多个核电项目和工程并出口国外。

第二节　火电和水电

不锈钢在火电装备中的应用包括:

(1) 超超临界火电机组用 Cr12、304、310 不锈耐热钢系列;

(2) 透平机组叶片用 Cr13 型、1Cr12Ni3Mo2Nb、17-4PH,阀杆、滑阀、套筒用渗氮 1Cr13,弹簧用 3Cr13、4Cr13,罩壳用 CF8C 等,转子用 X12CrMoWVNbN10.1.1;

(3) 发电机恒压弹簧用 17-7PH。

不锈钢在水电装备中的应用包括:

(1) 耐气蚀不锈钢系列:1Cr13、1Cr13Ni4、06Cr12Ni3Cu、0Cr13Ni6Mo、0Cr18Ni9、ZG0Cr13Ni4Mo 等;

(2) 水电设备零部件用 00Cr14.5Ni6.5Ti0.8 高强不锈钢;

(3) 多泥沙海水电站循环水泵叶片用 10Cr16Mn4Cu3RE。

一、超临界和超超临界电站锅炉用不锈钢管

超临界压力锅炉特别是超超临界压力锅炉的汽压、汽温都很高，因此在锅炉受压元件的设计时需要采用高等级的材质，特别是要求钢材具有耐高温强度和抗高温氧化的良好性能，以保证锅炉安全经济运行。在锅炉的重要受压部件中，工作温度最高、工作环境最为恶劣的部件是过热器和再热器。超超临界锅炉用不锈钢管是制造超超临界发电机组锅炉的过热器、再热器等核心部件的关键材料，其制造流程复杂，冶炼、制管技术难度高。以前该类材料全部从国外进口，且国际上此类材料缺口较大，进口价格昂贵，采购困难，严重影响了我国超超临界锅炉的生产与发展。目前我国不锈钢企业批量生产的超临界锅炉用管347HFG 和 304H、超超临界锅炉用管 HR3C，以及 600℃、620℃、630℃级别系列超超临界电站锅炉用不锈钢锅炉管，有效替代了进口（见图 3-2-7）。成功开发的汽轮机叶片用不锈钢棒材系列产品，批量供应东方汽轮机有限公司、上海汽轮机有限公司、成都发动机有限公司、无锡透平叶片公司等高端客户。研发成功的耐腐蚀、耐磨损、焊接和成型性能优异的双相不锈钢复合板材料，应用于长江三峡水利枢纽、金沙江向家坝等国家水电重点工程。

图 3-2-7　先进超超临界电站用无缝管 C-HRA-5

材料一直是我国 700℃超超临界机组自主研发的制约因素，久立集团通过自主研发、联合开发等方式对多种适用于先进超超临界的 Ni-Cr-Co 高温合金无缝管进行了研发生产。产品具有高组织稳定性及良好的高温持久性能，通过了省级工业新产品（新技术）鉴定，相关技术处于国际先进水平。久立集团具有可靠的加工设备、固化的生产工艺、批量化的生产能力，为我国先进超超临界机组的建立提供了有力支持。

在电站锅炉行业，武进不锈是第一家国产化 S30432 的供应商，在超超临界机组上供货数量为国内同行业首位。其中河南大唐信阳发电有限责任公司 3 号 660 兆瓦超超临界机组，是首台采用国产 S30432 不锈钢无缝钢管的超超临界机组（见图 3-2-8）。

武进不锈为印度巴拉特重型电气有限公司提供电站锅炉用 S30432、TP347H 等不锈钢无缝钢管 8000 余吨，创汇 4800 万美元（见图 3-2-9）。

图 3-2-8 大唐信阳发电有限责任公司 2×660 兆瓦超超临界机组

图 3-2-9 印度莎圣燃煤电站

2018 年 9 月 24 日，由永兴特种材料科技股份有限公司联合北京科技大学、江苏武进不锈股份有限公司等单位联合开发的国产超超临界不锈钢锅炉管 SP2215 奥氏体耐热不锈钢入选工信部《重点新材料首批次应用示范指导目录（2019 年版）》"先进钢铁材料"。

二、水电站用双相不锈钢复合板

双相不锈钢复合板是由双相不锈钢与碳素钢以爆炸的方式结合在一起的一种新型复合材料。国产双相不锈钢复合板应用于大型水利工程的排沙管钢衬、金属结构埋件，具有双相不锈钢的高强度、良好的耐泥沙冲刷、耐高水位的气蚀等性能，同时具有碳钢低成本的特征，解决了大面积 100% 结合的全天候爆破、异种钢焊接、高界面结合强度、保持性能优越的热处理等一系列技术难题。应用于长江三峡、紫坪铺、向家坝等国内大型水利工程中，在国内首先实现了不锈钢复合板在水利工程领域的批量应用。国产双相不锈钢材料还先后在南水北调、钦州大炼油、江汉油田、大庆石化、日本仙台地铁、南美地区水电项目等工程建设中得到广泛应用。

太钢不锈钢水电板主要应用在白鹤滩水电站水轮机组导水系统、尾水椎管等过流部件上（见图3-2-10）。在水利工程作业环境中，需要长期承受泥沙冲刷，因此对不锈钢材料的性能要求极为严格。太钢采取特殊工艺控制，不锈钢产品除具备高强度、高韧性和良好的焊接性能外，硬度、屈服强度等指标的波动范围远低于国标要求，为"世纪精品工程"建设提供了关键而稳定的材料支撑。

图3-2-10 太钢不锈钢水电板用于白鹤滩水电站水轮机组

第三节 太阳能发电和风电

随着世界经济的发展及石油等不可再生能源的日益枯竭，新兴的可再生绿色能源正越来越受到广泛的关注，引起了世界各国的重视。我国新能源产业呈现强劲发展势头。以水能、太阳能、风能、地热能、海洋能、生物质能和核能等为代表的新能源又称非化石能源，不但取之不尽、用之不竭，而且低碳、清洁、环保，既有利于保障能源供给，又可极大地减少温室气体的排放。新能源被认为是能够同时解决能源危机、金融危机和气候危机的战略性支点，因而成为新一轮国际竞争的热点。

一、太阳能发电用不锈钢

太阳能发电是利用大规模阵列镜面收集太阳热能，储存在流体熔盐中，通过管道送入蒸汽发生器制造蒸汽，结合传统汽轮发电机实现全天候发电。太阳能光热发电技术相比硅晶光电转换工艺成本大大降低，同时解决了以往新能源发电对风、光等条件过度依赖的问题，在太阳落山后几个小时仍然能够带动汽轮机发电，有效缓解了电网压力，是重要的前沿清洁能源技术。

在甘肃省敦煌市向西约 20 千米处，被称为"超级镜子发电站"的首航高科敦煌 100 兆瓦熔盐塔式光热电站在戈壁滩上闪耀（见图 3-2-11）。电站内约 1.2 万面定日镜以同心圆状围绕着 260 米高的吸热塔，镜场总反射面积达 140 多万平方米，设计年发电量达 3.9 亿千瓦时，每年可减排二氧化碳 35 万吨，是我国目前建成规模最大、吸热塔最高、可 24 小时连续发电的 100 兆瓦级熔盐塔式光热电站。太阳能光热发电被认为是具备成为基础负荷电源潜力的新兴能源应用技术，敦煌 100 兆瓦熔盐塔式光热电站借助良好的电网基础优势，将新能源不断输往全国各地。

图 3-2-11　敦煌 100 兆瓦熔盐塔式光热电站

塔式熔盐光热电站使用了大量的熔盐，这些熔盐具有一定的腐蚀性，而且还必须在 500 多摄氏度的高温下运行 25～30 年，这要求与它们接触的必须是高性能的不锈钢材料。久立集团研发的不锈钢集热管有效克服了熔盐介质的腐蚀问题，同时配合光热涂层使其能最大程度地吸收太阳能，又能防止热能散失。经实践证明，配合光热涂层的久立集热管完全满足在高温下长期连续工作的条件，大大提高了电站效率。目前久立集团生产的 TP321、TP347、N06625 等材料已经成功应用于迪拜、敦煌、南通、浙工大等多个光热项目。

不锈钢在光热电站的另一个重要应用领域是熔盐储罐。熔盐储罐一直要与高温熔盐接触，并且使用温度往往可以达到 $500 \sim 600℃$ ，这就要求罐体具有长期的耐腐蚀性和抗蠕变性，同时还要有长久的支持结构。目前，TP 347H 不锈钢已经成为很多光热电站熔盐罐加工时的首选材料，我国多年来一直依赖从奥托昆普等企业进口。目前熔盐储罐已经实现国产化，2019 年国家光热发电示范项目——甘肃玉门市郑家沙窝 5 万千瓦光热发电项目 1 号模块太阳岛安装基本完成，该项目的储热器使用太钢耐高温不锈钢材料建造，产品达到了设计院和用户的要求，已经陆续使用在青海、甘肃、河北、内蒙古、新疆等省市及自治区的光热发电项目。此外，光热电站蒸汽发生系统的换热器与水传输系统及其配件和法兰等也是不锈钢材料使用的重点区域。

二、多晶硅制备用不锈钢

多晶硅是光伏（太阳能）电池的主要组件。冷氢化是多晶硅工业中一种新兴的技术，其反应温度大致在 $500 \sim 600℃$ ，压力在 2 兆帕左右，对材料要求比较高。

800H 作为耐高温合金，在 $500 \sim 600℃$ 下有非常好的高温强度和一定的耐腐蚀性能，有效的晶粒度控制可以有效地保证材料的强度，也可以保证压力容器设备、管材的承压使用要求。久立集团生产的大口径 800H 焊接管通过对碳、铝、钛的控制可以提高焊接性能和耐腐蚀性能，生产的 800H 多晶硅用管材、管件，目前在国内的 2 套装置中得到了应用，都非常成功。设备用管大部分是小口径无缝管，久立集团采用国际先进的热挤压+冷加工+热处理工艺，在保证材料晶粒度要求的前提下，有效地保证了管材的耐腐蚀性能，通过了综合的晶间腐蚀性能评价，产品质量达到国际先进水平。

三、风电设备用不锈钢

风能是一种清洁的可再生能源，指由于太阳辐射地球表面受热不均，引起大气层受热不均匀，从而使空气沿着水平方向运动所形成的动能，是太阳能的一种转化形式。风能发电具有无污染、发电成本低、风力发电场建设工期短等优点，当前风电技术日趋成熟，风电装备产品质量可靠，可用率已达 95% 以上。

根据国家统计局数据，2020 年我国并网风电装机容量 28153 万千瓦，占全国发电装机规模总量的 12.79%；2020 年全年，全国风电新增装机容量 7167 万千瓦，累计装机规模达到 28172 万千瓦。

我国三北地区（西北、华北、东北）及东南沿海地区有丰富的风能资源。据统计，我国水深 $5 \sim 50$ 米海域，100 米高度的海上风能资源开放量为 5 亿千瓦。然而，与陆地风电相比，海上风电所处的高湿度、高盐雾、长日照、海水、海泥、漂浮物、浮冰等恶劣的海洋环境，使海上风机面临严峻的腐蚀考验。

除了采用传统的镀锌、防腐涂料、阴极保护等技术进行腐蚀防护以外，在塔架和机舱-风轮组件、海上升压站等海上风机部件中需采用不锈钢材料。例如，海上风电设备用不锈轴承钢采用 9Cr18Mo、不锈齿轮钢 00Cr10Ni2Mo2AlNb 及经济型不锈钢。海上风电设备还选用含钼高强不锈钢如 PH13-8Mo。海上风电用管材口径大、耐腐蚀要求高，需要高强度不锈钢管。另外，深海漂浮式风电也需要用到不同类型的不锈钢。

四、其他应用

磁流体发电设备中的燃煤磁流体发电通道阳极用 00Cr26Mo1、0Cr27、02Cr27.5Al6.5RE 不锈耐热钢；冷壁材料用不锈钢与 Fe-Cr-Al 钢；超导磁流体框架、磁流体发电机转子、输电设备用超低温无磁不锈钢。

海洋能中的波浪能发电用耐海水腐蚀不锈钢、高强度不锈钢；潮汐能发电海水坝控制滚轮及履带用 06Cr17Ni7Ti0.8Al2 与 00Cr13Ni8Mo2Al 高强不锈钢；耐含砂海水气蚀用不锈钢系列。

地热能的应用中有耐硫化物、氯离子酸性高温地热水热交换器用含钼经济型不锈钢；耐蚀性较弱、高温地热水热交换器用 0Cr13、1Cr13 不锈钢；地热电站汽轮机转子用 0Cr13Ni5Mo 马氏体不锈钢。

废弃物发电中的垃圾焚烧发电用不锈耐热钢与耐磨蚀不锈钢系列；植物质能发电用不锈钢耐热钢；高效废弃物发电锅炉过热管用 0Cr25Ni20、0Cr25Ni20Nb0.4N、0Cr22Ni25Mo1.5Nb0.15N、0Cr25Ni13Mo1W 等。

燃料电池领域中的熔融碳酸盐燃料电池用 Cr22Al10 不锈耐热钢；高分子电解质燃料电池分离器用超级不锈钢；固体燃料电池用经薄膜技术处理的不锈钢；质子交换膜燃料电池双极板用 XlNiCrMoCu25.20.5、XlNiCrNiMoCu25.20.7、X2CrNiMnMoN25.18.6.5 超级不锈钢；500～700℃燃料电池支架板用 AISI430；聚合物作为电解质的低温燃料电池用不同类型不锈钢；固体氧化物燃料电池用 RMG、232J3 不锈钢；燃料电池互连杆用第三代铁素体不锈钢；非晶硅太阳能电池衬底用不锈钢；微型扣式电池用无氧铜/不锈钢/电子管级镍的 0.3 毫米复合板材料等。

第三章　海洋工程

世界造船业向中国的迅猛转移及国内造船业的快速发展，带动了船用不锈钢需求的迅速增长。国内不锈钢企业研发和生产的耐腐蚀、高强度、耐低温、大厚度、耐疲劳不锈钢材料，广泛应用于大型和特殊性能船舶制造及海上石油开采和海水淡化工程建设。

第一节　化学品船

在船舶制造中，化学品船因其液体货物的特殊性，要求货舱整体采用耐腐蚀、高强度的不锈钢材料制造。但因其生产技术难度大，长期以来被进口产品垄断。

一、双相不锈钢

据称，因腐蚀造成的损失约占世界 GDP 的 1/3，其中约 1/3 是海洋环境腐蚀。因此，为了防止海洋腐蚀需要大量低合金耐蚀钢、不锈钢乃至耐蚀合金。高技术船舶、化学品船舶制造多采用双相不锈钢，双相不锈钢制化学品船舶属高技术、高附加值船舶，正在朝着大型化（主流是 3 万~5 万吨）稳步推进，且不锈钢货舱是未来发展方向。使用双相不锈钢使各舱所装化学品不易互相渗透，提高了航行安全性和使用寿命。

为加快化学品船用不锈钢材料的国产化进程，国内不锈钢企业加强市场调研与开发。经过努力，太钢在国内率先成功开发出化学品船用高强度、高耐蚀不锈钢材料，打破了国外技术垄断。之后，开发出性能更优、材料更省、成本更低的造船用双相不锈钢系列品种，替代含镍高的奥氏体不锈钢。因双相不锈钢的高强度和优良的耐腐蚀性能，制作化学品船可减轻船体重量、降低造船成本，实现了船东、船厂和钢厂的三方共赢。国产造船用双相不锈钢材料先后通过了中国、英国、法国、美国、德国、挪威等多国船级社认证。目前，国内制造的 200 多艘不锈钢化学品船全部使用国产不锈钢材料，其中 59 艘为双相不锈钢材料制造。国产双相不锈钢还在国内首次进入 6 万吨级世界最大、最先进的化学品船制造领域。用国产不锈钢材料制造的化学品船还出口英国、法国、挪威、新加坡、土耳其等国家（见图 3-3-1）。酒钢也开发出 2205 等双相不锈钢用于江西华东船业化学品船等造船工业。

2017 年，中船工业沪东中华造船（集团）有限公司为世界某著名船运公司承建 4 艘全球在建的最大吨位——49000 吨级化学品船（见图 3-3-2），其中首艘化学品船用 2500 吨双相不锈钢板由大明重工进行加工后已于 2018 年顺利交付。这批船采用了太钢提供的双相不锈钢。这是太钢双相不锈钢制造技术与产品首次应用于世界顶级化学品船舶制造领域，标志着我国双相不锈钢制造技术打破国际长期垄断，跻身世界先进行列。

图 3-3-1　化学品船所使用的部分不锈钢产品

图 3-3-2　49000 吨双相不锈钢化学品船"宝·奥利安"号

其他方面还有航母阻拦索用高品质无磁不锈钢等。航母阻拦索用高强高韧耐海洋腐蚀无磁不锈钢丝制造，具有高抗冲击性，又保证具有符合阻拦要求的结构伸长，不发生断裂；无磁性，可防止铁磁颗粒吸入绳内发生磨损而降低使用寿命；耐高温，可以适应战时甲板起火造成高温带来的影响。国内虽已有成熟钢号。

东方特钢的海洋工程用不锈钢项目在优化新成分配方的基础上，研究和突破了关键生产技术，大幅提高产品性能，降低产品成本，并形成了我国的自主知识产权。该项目已授权发明专利 6 项，制定团体标准 1 项。产品广泛应用于海洋平台、海水淡化设备、化学品船舶等领域，推动了我国海洋工程用不锈钢进入国际先进行列。

二、LNG 船用殷瓦合金

殷瓦合金，是一种镍铁合金，其成分为镍 36%、铁 63.8%、碳 0.2%，它的热膨胀系数极低，能在很宽的温度范围内保持固定长度。

在 LNG 海上运输行业，船是连接天然气液化厂和 LNG 接收站的重要工具，必须能在常温、常压下安全运输 -163℃ 液化天然气。货舱维护系统是 LNG 船的核心，主要由绝热绝缘层和殷瓦合金保护膜组成。由于殷瓦合金具有特殊的物理性能和化学成分，其热膨胀系数接近于零，疲劳性能和冲击性能均十分优越，是最适合运输和储存 LNG 的金属材料，但长期被国外企业垄断。

宝钢开发了 LNG 船用殷瓦合金带材的特殊制造工艺，在全球范围内率先成功研制出厚度 0.5~3.0 毫米、宽度 1000 毫米以上、单重 20 吨的 LNG 船用殷瓦合金冷轧带材，各项性能均满足 LNG 船用维护系统要求。

2017 年 9 月 18 日，法国 GTT 公司为宝钢特钢现场颁发了认证证书，中国船级社也同时在现场为宝钢特钢颁发了 LNG 船用殷瓦合金板带认证通过证书。随后，英国劳氏船级社（LR）也向宝钢特钢颁发了 Ni36 带材认证证书。宝钢特钢成为我国首家拿下三家世界级权威机构认证的 LNG 船用 Ni36 LNG 供应商，这意味着宝钢特钢向着该高端材料在我国 LNG 船的实船运用又迈进了一大步。宝钢特钢在 LNG 船用殷瓦合金国产化工程中取得了重大突破，使我国成为全球具有薄膜型 LNG 船用殷瓦合金供货能力的国家。

第二节　桥　　梁

建设跨海大桥面临台风大、海水盐度高等不利因素，特别是海水中的氯离子渗透到桥梁的混凝土结构中，会加快钢筋锈蚀，使混凝土出现裂纹，严重时会导致桥梁失效。

针对抗腐蚀要求，2009 年起，太钢就开始了不锈钢钢筋的研发。在国家启动港珠澳大桥规划设计前期，太钢在对国际知名跨海大桥进行调研分析后，向设计部门提出使用双相不锈钢钢筋的建议。经过多次技术交流和论证，大桥管理局和设计部门最终将双相不锈钢钢筋列入港珠澳大桥设计规范。之后，太钢组成了强有力的产销研协同开发团队，并与国内钢筋连接加工权威机构联手，先后在多项关键生产工艺技术上成功实现突破，具备了不锈钢钢筋全套生产和服务能力。2012 年 9 月，港珠澳大桥管理局项目考察组分别对欧洲知名不锈钢企业和太钢进行了现场考察，对太钢的整体优势和产品质量给予认可。2012 年 11 月，太钢双相不锈钢钢筋通过英国 CARES 认证（钢筋混凝土产品专业认证机构），成为国内唯一一家具备按英标生产双相不锈钢钢筋资质的企业。

2013 年，太钢自主研发的双相不锈钢钢筋成功中标港珠澳大桥工程，替代了传统钢材，实现了双相不锈钢钢筋首次在国内桥梁上的批量化应用。太钢的中标总量占到港珠澳大桥国内段钢筋总量的 87%，达 8200 吨，主要应用在大桥的承台、塔座及墩身等多个部位。同时，太钢还向港珠澳大桥工程提供不锈钢套筒、绑丝等，实现不锈钢钢筋施工的全套服务。2014 年，太钢不锈钢钢筋成功应用于港珠澳大桥（香港段）工程建设（见图 3-3-3）。

图 3-3-3　港珠澳大桥

在众多国际知名不锈钢企业同台竞标的情况下，太钢成为唯一一家在港珠澳大桥工程双相不锈钢钢筋中标的企业。这是中国大陆桥梁建设中首次使用不锈钢钢筋，将大幅延长桥梁使用寿命，推动我国跨海大桥建设材料的升级。

国产不锈钢还应用在武汉青山长江大桥、文莱淡布隆跨海大桥、马尔代夫马中友谊大桥、香港将军澳隧道、丹麦胡耳凯斯海洋工程等大型建筑中。沿海、高寒地区（经常需要用到除冰盐）的建筑工程中将越来越多地应用到不锈钢钢筋。

第三节　海洋牧场

我国大陆海岸线 18000 多千米，海洋水产品养殖装备是近年来发展较快的产业，不锈钢浮台、不锈钢新型网箱、渔排装备具有高强度、耐腐蚀、寿命长、防滑性好、通透性强、抗弯性强、不变形、无污染、可回收利用等诸多优点，提升了海洋循环经济效益。不锈钢材料制作的水产养殖不锈钢浮台装备，将推动海洋渔业改造升级、改善海洋环境，助推不锈钢产业迈向深海。

青山资源节约型高氮高强度高耐蚀不锈钢"QN2109Mo"已经走进深海渔业。2020 年，青山实业旗下青拓集团有限公司生产的含钼高耐蚀不锈钢"QN2109Mo"通过了客户的水产养殖不锈钢浮台装备的耐腐蚀、抗风浪、抗海浪和防滑等测试，并与客户签订了长期供货合同，开始批量供应。

水产品养殖装备制造发展迅猛，采用316L、317L、2205含钼高耐蚀不锈钢制作，装备材料成本较高，部分水产养殖场为追求低成本，采用泡沫、木质及耐腐蚀性较低的不锈钢，致使养殖装备被海水严重侵蚀，所填充的泡沫泄露等造成海洋固体垃圾污染。青拓集团针对这一现状，联合福建省机械科学研究院、福建省水产研究所和福安市海荣不锈钢制品有限公司，研发并推广深水抗风浪不锈钢网箱、养殖不锈钢渔排和不锈钢浮球等新型环保养殖设施。

青拓集团从不锈钢原材料着手研发，通过数字化研发平台Thermo-Calc热力学相图计算软件和实验数据分析，调控各相组分合金元素，最终研发出QN2109Mo新型奥氏体不锈钢材料。该新型奥氏体不锈钢与317L相比，镍、钼含量更低，氮含量大幅提升，并确保在耐点腐蚀能力不亚于317L的基础上，显著提升屈服强度，降低综合合金成本。

水产养殖不锈钢浮台装备以不锈钢材料制作框架，依凭不锈钢浮体提供浮力，用于水产养殖网箱支撑的回字形平台。框架由不锈钢型材和不锈钢网板焊接而成，具有高强度、耐腐蚀、寿命长、防滑性好、通透性强、抗弯性强、不变形、无污染、可回收利用等诸多优点。QN2109Mo不锈钢合金成本下降近25%，是资源节约型高氮、高强度、高耐蚀不锈钢。QN2109Mo材料本身的高强度可以在保证同等安全强度下，减薄材料使用厚度、减轻自身重量、增加装备整体浮力。同时在牧场装备达到使用寿命后，不锈钢及填充泡沫又能被全部回收利用，从而提升了海洋循环经济效益（见图3-3-4和图3-3-5）。

图3-3-4　海水养殖用不锈钢浮台

图 3-3-5　三都澳牧场的新型不锈钢材料试验用渔排

第四节　海水淡化

水是人类生活和生产必不可少的基本物质，是一个国家国力的重要组成部分。我国的人均水资源量只有 2220 立方米，仅为世界平均水平的 1/4，是全球人均水资源最贫乏的国家之一。据有关部门预测，中国缺水高峰将在 2030 年出现（人口或将达到 16 亿人），沿海城市若不加紧海水资源开发和综合利用，届时或将因缺水带来巨大的社会和经济问题。

海水淡化技术经过半个多世纪的发展，比较成熟的、适合大规模工业应用的有以下 3 种：多级闪蒸（MSF）、多效蒸发（MED）和反渗透（RO）。无论采用哪种海水淡化技术，其装置及管线主体材料的选择都将以提高装置使用寿命、实现海水利用的规模化并尽可能降低海水淡化总成本为目的。

在这些海淡装置中的不同位置，均采用了各种等级的不锈钢材料。例如，在反渗透设备中使用了不锈钢管道、阀门和水泵等；在多级闪蒸和多效蒸发换热器中使用了不锈钢传热管、不锈钢复合板和不锈钢的壳体等。

近年来，随着国产不锈钢冶金和加工技术的进步，不锈钢逐渐替代传统铜材、钛材在海水淡化设备中使用。根据不锈钢组织的不同，海水淡化设备中的不锈钢可分成三大类：超级铁素体不锈钢、奥氏体不锈钢和双相组织不锈钢（见表 3-3-1 和表 3-3-2），超级铁素体不锈钢是指高铬高钼且点蚀指数（PREN）≥37 的纯铁素体组织不锈钢，如 26-3-3 和 29-4。奥氏体不锈钢包括合金化程度较低的 316L 和 317L，以及合金化程度高的 904L 和 254SMO。双相不锈钢由于铁素体和奥氏体组织各占 50%，具有比前两类材料更多的优点。例如 2507 和 254SMO 具有相近的耐腐蚀性能，但 2507 具有更高的强度和更优的性价比。

表 3-3-1　可用于海水淡化装置的不锈钢材料

组织结构	材料	UNS	主要化学成分（质量分数）/%						PREN
			Cr	Ni	Mo	C	N	Ti+Nb	
铁素体①	26-3-3	S44660	27.8	2.1	3.6	0.01	0.013	0.41	39.7
	29-4	S44700	30	0.15	4.2	0.01	0.02	0.20	43.9
	29-4-2	S44800	30	2.0	4.2	0.01	0.02	—	43.9
奥氏体②	316L	S31603	17.2	10.2	2.1	0.02	—	—	23.5
	317L	S31703	18.2	13.7	4.1	0.02	0.14	—	34
	904L	N08904	20.0	25	4.3	0.01	—	—	34
	254SMO	S31254	20.0	18	6.1	0.01	0.20	—	43
双相②	2304	S32304	23.0	4.8	0.3	0.02	0.10	—	25.6
	2205	S32205	22.0	5.7	3.0	0.02	0.17	—	34.6
	2507	S32750	25.0	7.0	4.0	0.02	0.27	—	42.5

①$PREN=w_{Cr}+3.3w_{Mo}$；②$PREN=w_{Cr}+3.3w_{Mo}+16w_N$。

表 3-3-2　不锈钢材料的力学性能

组织结构	材料	UNS	力学性能		
			抗拉强度/兆帕	屈服强度/兆帕	伸长率/%
铁素体	26-3-3	S44660	≥585	≥450	≥20
	29-4	S44700	≥550	≥415	≥20
	29-4-2	S44800	≥550	≥415	≥20
奥氏体	316L	S31603	≥485	≥170	≥35
	317L	S31703	≥515	≥205	≥35
	904L	N08904	≥515	≥200	≥35
	254SMO	S31254	≥580	≥295	≥35
双相	2304	S32304	≥600	≥400	≥25
	2205	S32205	≥640	≥450	≥25
	2507	S32750	≥800	≥550	≥15

不锈钢的耐点蚀能力主要和铬、钼、氮的含量有关。如表 3-3-1 所示，从三大类各种牌号不锈钢的耐点蚀当量（PREN）中可以看出，超级铁素体不锈钢、超级奥氏体不锈钢和超级双相钢的 PREN 值均在 39 以上。因此它们均有优异的抗点蚀性能和缝隙腐蚀性能。

国内不锈钢企业成功研制开发的双相不锈钢应用于海水淡化装备的外壳、输送管道制造，已应用于沙特阿拉伯、科威特等中东地区以及我国天津、浙江等多个海水淡化工程中，具有耐氯离子腐蚀、强度高等优点，得到了国内外用户的认可，打破了海水淡化项目用钢长期依赖进口的局面，为推进我国海水淡化行业发展发挥了积极作用。

宝钢整合了宝钢不锈、宝钢特钢、宝钢股份的技术和资源优势，完成了双相不锈钢多系列全规格的产品开发和应用。其中典型应用如 2013 年宝钢湛江海水淡化工程双相不锈钢的整体供货，该工程装备是国内首套全部采用国产双相不锈钢系列产品制造的热法海水淡化蒸发器。工程应用了双相不锈钢 2304、2205、2507，产品规格涵盖 1 毫米的冷轧板到 70 毫米的中厚板。宝钢不仅提供了产品，还在工程前后提供了选材、焊接、腐蚀、表面清洗一系列整体技术解决方案（见图 3-3-6）。

图 3-3-6　宝钢湛江海水淡化工程设备的制造现场

2020 年，太钢为目前国内最大海水淡化项目——浙江石化 4000 万吨炼化一体项目配套海水淡化工程提供双相不锈钢。太钢为该大型海水淡化项目提供了从选材到制造的整体解决方案，进一步丰富了太钢双相不锈钢产品的品种结构，有力支持了我国高端制造业的健康发展。

久立集团不锈钢管及钛管产品应用于国内外海水淡化及水处理的众多项目，包括中石化北海炼化水处理项目、西门子技术有限公司海水淡化项目、印度海水淡化项目。

太原维太新材料公司和太钢公司联合研发出海水换热器用超纯铁素体 00Cr27Ni2Mo3（相当于海酷 1 号 S44660）焊接钢管，从冶炼、热轧、冷轧到专用的焊管生产线已经全线畅通，并批量生产，产品力学性能均已达到或超过美国普利茅斯的 SEA-CURE 钢管水平，成为全球第二家可以生产该产品的企业，产品已经出口美国。

第五节　钻井平台

2021 年 5 月，我国自主设计、建造的最大海上原油生产平台——陆丰 14-4 中心平台（见图 3-3-7）和陆丰 15-1 中心平台，在南海东部海域顺利完成浮托安装，标志着我国大型海洋油气装备建造和安装能力得到进一步提升。

中海福陆陆丰 14-4 中心平台由上部组块和导管架两部分组成，矗立在 145 米水深的大海上，总高度达 218 米，相当于 70 层楼高，总质量近 3 万吨，超过 3 个埃菲尔铁塔的质量。中海福陆陆丰 14-4 中心平台采用一体化模式建造，各功能模块在陆地"搭积木"式地完成拼接，预计 2021 年底投产，为粤港澳大湾区提供更多油气资源。

中海福陆陆丰 14-4 中心平台和 15-1 中心平台的组块井口区采油竖管线是由上上德盛集团股份有限公司提供的。

图 3-3-7　中海福陆陆丰 14-4 中心平台

第四章 交通运输业

第一节 汽车制造

随着我国经济的跨越式增长，我国汽车制造业经历了从无到有的发展，并已在国民经济的发展中占据举足轻重的地位。据中国汽车工业协会数据统计，2013 年，我国汽车产销量均突破 2000 万辆，全面超越美国成为全球第一大市场；2020 年我国汽车产销量更是双双突破 2500 万辆，销量多年蝉联全球第一。虽然近年受到新冠肺炎疫情影响，汽车产销量增长有所放缓，但随着我国疫情防控的成效显现，"十四五"期间国内汽车产销仍有望获得增长（见图 3-4-1）。

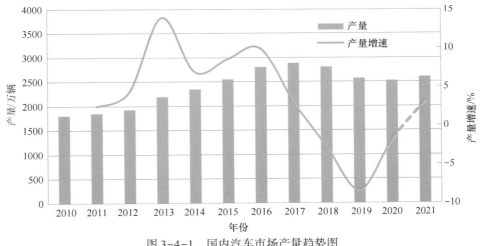

图 3-4-1 国内汽车市场产量趋势图

汽车用钢约占汽车总质量的 70%，钢种以优质碳素结构钢和合金结构钢为主。汽车车身以深冲压成型为主，要求材料压延性好、刚度强、不回弹，但不锈钢冷加工硬化明显、回弹性高，达不到汽车深冲要求，一般不作为汽车车体材料。不锈钢所具有的抗腐蚀、耐高温特性，使其更适合用于一些特殊功能部件，如汽车排气系统、汽车燃油箱、汽车车架、汽车零部件等，以及汽车内部装饰。据统计我国每辆汽车不锈钢用量从 20 世纪 80 年代的 10 千克逐渐增长到当前的 20～30 千克，而欧美国家单车不锈钢用量已超过 40 千克，未来我国汽车行业用不锈钢的市场潜力巨大。

一、汽车排气系统

随着全球环境问题的日益突出，汽车尾气排放给环境带来的危害越来越引起广泛重视。国际上从 20 世纪 70 年代起，就针对汽车尾气排放提出了严格的强制措施。在道路/非道路汽车尾气排放法规升级更新过程中，欧盟（EU）国家发展较快，先后发布了欧 I 到欧 Ⅵ 排放标准。2013 年颁布的欧 Ⅵ 标准，是目前全球最严格的汽车排放法规之一。我国汽车尾气排放法规制定较晚，但能够紧随欧盟步伐，积极承担国际义务。从 2001 年至 2020 年，国内道路/非道路排放法规已经历六个阶段的跨越发展，迭代频率加快。我国兼顾地域大、区域发展不平衡的经济特点，因地制宜，阶段性实施标准。2016 年 4 月率先在东部沿海 11 省主要大城市执行更严格"国五"标准。2018 年 1 月始，已在全国范围内执行"国五"标准，随后"国六"标准于 2020 年实施，"国六"标准对机动车尾气排放提出更高要求，进一步降低尾气污染物限值。

　　汽车尾气主要产生于发动机，并通过排气歧管、总换热管、前置管、挠性管、催化器、中心管、消声器和尾管排出。汽车排气管道几乎纵贯前端发动机到车尾整个底盘，温度从高达 1000℃ 一路减低至约 100℃，这条纵贯线好比从地球的赤道延伸到南北极，如图 3-4-2 所示。热端的排气歧管和前置管，所处环境温度可达 700~1000℃，对材料的耐高温性能要求较高；汽车尾气中的水分在消音器部位冷却凝结产生冷凝液，其中含有氯离子、硫离子等，对排气系统部件腐蚀严重，这部分（冷端）零部件对材料的抗腐蚀性能要求较高。

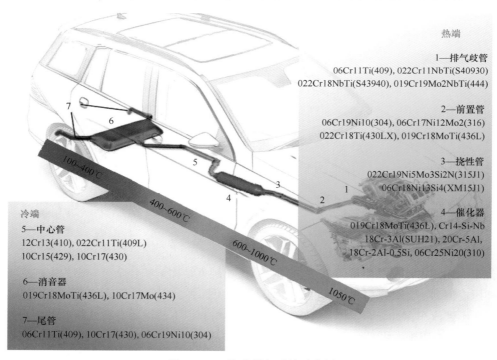

图 3-4-2　汽车排气系统示意图

　　在汽车轻量化及日益严格的尾气排放标准背景下，传统排气系统用铸铁和镀铝碳钢材料已经不能满足温度不断提高的排气系统要求。目前排气系统用不锈钢主要为铁素体和奥氏体不锈钢两大类，约占轿车整车不锈钢总用量的 50%~60%。铁素体不锈钢的热膨胀系数小，热导率高，加热冷却交变时，耐高温性能好，同时抗点腐蚀性良好；而且与奥氏体不锈钢相比，具有更好的耐氯化物、应力腐蚀和晶间腐蚀性能，使其在汽车排气管上受到青睐。目前铁素体不锈钢在排气系统不锈钢中已占80%以上，而欧洲、美国、日本汽车厂商几乎全部使用超纯铁素体不锈钢用于排气系统零部件制造，产品牌号主要是409L、436L。得益于各国在汽车尾气限制中采用了强制性措施，汽车用不锈钢成为不锈钢发展最快的领域之一。

我国汽车排气系统用不锈钢过去长期依靠进口。为满足我国汽车工业发展和"国五"排放标准要求，国内不锈钢企业不断加大排气系统不锈钢的开发力度，充分考虑了不锈钢的冶炼、冷/热成型、焊接、耐腐蚀等因素，不断提高耐热性、抗氧化性、高温强度、抗震性和抗热疲劳性，已逐渐积淀下先进技术和丰富经验，大大缩小了与欧美发达国家的差距，其发展模式符合质优价廉、轻量化和长寿命的理念。宝钢、太钢也相继研发成功了耐高温、耐腐蚀、高成型性的超纯铁素体不锈钢材料，应用于汽车排气净化装置，满足了发动机高温燃烧对排气材料的要求，有害气体排放减少90%以上、寿命延长2倍以上，助力节能环保。国产汽车排气管用系列不锈钢材料替代了进口材料，成功应用于奔驰、大众、通用、福特、丰田等世界知名品牌，还应用于一汽、长城、奇瑞等国内自主品牌，为汽车的轻量、节能、环保提供了关键材料支持。

和其他高端材料的国产化进程相似，我国汽车用不锈钢的国产化也是始于进口材料的消化吸收，国内钢铁企业经历了多年的技术攻关。汽车用不锈钢的国产化离不开产业链的协同，通过发挥品牌汽车头雁的影响带动作用，共同推进我国汽车专用超纯铁素体不锈钢的认证和应用推广之路。

从2006年起，太钢着手研发汽车排气系统用不锈钢材料。经过几年的攻关，开发成功生产排气系统用不锈钢材料，并形成了包括SUH409L、429、439M、441等在内的系列牌号，不同的牌号根据其特点被应用到排气管的不同部位，打破了国外在该领域的垄断，填补了国内空白。太钢生产的汽车排气系统用超纯铁素体不锈钢材料具有良好的高温强度、抗蠕变性、热疲劳性、耐高温氧化性和耐蚀性，一方面，有效减轻了汽车的自重，减少了燃油消耗和污染物排放；同时，扩大了不锈钢材料在汽车行业的使用量，有效节约了钢材消耗，节约了宝贵资源。太钢汽车排气管用系列不锈钢材料替代了进口材料，成为奔驰、大众、通用、福特、丰田等世界知名企业的材料供应商，还应用于一汽、长城、奇瑞等国内自主品牌企业，为汽车的轻量、节能、环保提供了关键材料支持。

从2005年初开始，宝钢联合国内主要零部件制造企业及汽车主机厂，启动汽车专用超纯铁素体不锈钢系列产品的研发及国产化应用工作。同步启动与国内主要合资主机厂和国际知名汽车零部件厂开展汽车用不锈钢的认证及国产化替代。

2006年，由中信金属、宝钢、太钢、北京科技大学、钢铁研究总院及一汽集团等联合成立了"439M不锈钢国产化"六方工作组，发挥产业链协同作用，推进产品国产化。宝钢还与上海通用汽车泛亚技术中心及天纳克公司以联合开发团队模式启动排气系统系列不锈钢的国产化，共同努力打破进口不锈钢材独占汽车排气系统领域的神话，努力实现国产不锈钢在上海通用全系列车型排气系统上的应用，实现多方共赢。

2007年，宝钢汽车不锈钢系列产品SUH409L、B409M、B439M、B436L、B441、B425等实现全工序稳定生产制造，与进口同类产品对标分析，基本达到了进口同类产品质量。

产品率先通过佛吉亚及天纳克的技术认证。

2008年，宝钢实现部分铁素体不锈钢在上海通用汽车的认证并批量应用。在通用汽车认证推进同期，宝钢启动三大日系汽车及奔驰、宝马汽车排气系统不锈钢认证工作，经过三年时间多批次的认证评价，宝钢于2011年成为国内第一家完成通用汽车、奔驰、宝马及三大日系汽车排气系统用不锈钢认证的钢铁企业，实现欧美日等主要合资品牌汽车专用不锈钢的全面国产化，部分产品性能优于进口同类产品。宝钢与上汽通用汽车针对宝钢不锈钢进行了全面的涉及材料及加工的认证与评价。在此基础上，形成了通用汽车针对宝钢汽车用铁素体不锈钢的全球技术标准《排气装置用不锈钢》（STMA 029—2011），宝钢不锈钢技术标准纳入通用全球供货标准体系。

宝钢汽车排气系统用不锈钢的国产化替代根据汽车用户的使用特点和需求特点，围绕着两条主线推进汽车排气系统用不锈钢的国产化进程，第一条主线是重点聚焦汽车主机厂，以项目合作的方式和主机厂从上至下推动零部件厂的材料国产化工作，并力求在主机厂车型设计之初就能够参与对排气系统的选材设计之中，和主机厂同步发展，不断满足主机厂变化的需求。第二条主线则是重点聚焦具备自主设计能力并占据较大市场份额的一级排气系统总成厂，通过排气系统总成厂推进其上游主机厂的进口替代，并借助一级总成厂实现产品出口，进入海外市场。

目前，我国汽车排气系统用不锈钢已经实现了产品系列化。根据汽车排气系统零部件因所处环境不同，以及对材料的性能要求各不相同（见表3-4-1），国内企业推荐使用相应的钢种。目前针对汽车排气系统所采用的低铬和中铬铁素体不锈钢，宝钢已经完成了超纯铁素体不锈钢8个钢种如SUH409L、B409M、B429、B432L、B436L、B439M、B441及B444M2等批量工业化生产，并在欧美日及自主品牌汽车中得到广泛应用。

表3-4-1 汽车排气系统不同部位性能要求和推荐钢种

| 零部件 | 歧管 | 前管 | 柔性管 | 催化转换器 | | 中管 | 消声器 | 尾管 |
				壳体	支撑件			
温度/℃	950~750	800~600			1200~1000	600~400	400~100	
特性要求	高温强度 热疲劳 高温氧化 成型性	高温强度 热疲劳 高温盐蚀 成型性	高温强度 高温盐损		高温氧化 热冲击	高温盐损	冷凝液腐蚀 晶间腐蚀	
推荐钢种	B429 B441 B444M2 SUS304	SUS304 SUS321 SUSXM15J1 （0Cr19Ni13）	SUH409L B409M B429 B432L SUS304		20Cr-5Al 陶瓷	SUH409L B409M B439M B432L B436L B441 B425NT	SUH409L B409M B439M B432L B436L SUS304 B425NT	

为实现产业链高效协同推进新技术、新工艺、新产品的开发应用，国内钢企与汽车主机

厂、零部件总成厂及高校通过建立联合实验室，利用各自的优势共同推动超纯铁素体不锈钢材料的开发、产品性能评价、评价方法的建立和产业化快速应用。目前已建立的联合实验室有"宝钢-埃贝赫-上海大学"联合实验室、"宝钢-通用-天纳克"联合实验室和"宝钢-吉利汽车"联合实验室。上海大学针对超纯铁素体不锈钢的腐蚀环境建立了专有的尾气腐蚀和尿素腐蚀评价方法，试验结果获得用户的高度认可。同时，利用宝钢与科技部的钢铁联合基金平台，推进宝钢汽车排气系统用不锈钢的失效机理及合金化机理研究，分别于2012年及2018年推出两个钢铁联合基金重点项目"汽车排气系统用超纯铁素体不锈钢的高温疲劳行为和冷凝液腐蚀机理研究"和"新一代汽车用耐高温铁素体不锈钢合金化机理及关键性能研究"，利用高校研究资源发挥产学研用一体化优势，强化汽车排气系统专用不锈钢合金化及腐蚀失效机理研究，对推动我国在该领域的产品开发及应用发挥了重要作用。

鉴于我国汽车排气用不锈钢产品的开发及国产化认证，并在国内主要合资主机厂及国际知名零部件公司大批量应用，为引导用户合理、正确地选材，满足市场需求，促进国产化应用，宝钢于2012年完成起草上海市企业标准《汽车排气系统用冷轧铁素体不锈钢钢板及钢带》（Q/BQB 4403—2012）。在此基础上，六方联合攻关组经广泛交流研讨后形成了中国汽车工程学会技术规范《汽车用冷轧铁素体不锈钢钢板及钢带》。

2015年，在冶金工业信息标准研究院组织下，宝钢不锈钢有限公司、冶金工业信息标准研究院、宁波宝新不锈钢有限公司共同主持起草了汽车排气系统国家标准《汽车排气系统用冷轧铁素体不锈钢钢板及钢带》（GB/T 32796—2016）。该标准的执行，为中国汽车排气系统不锈钢选材提供了选材依据，并进一步推进了国产化汽车出口。

宝钢汽车排气系统专用高性能节镍超纯铁素体不锈钢系列产品源于宝钢汽车团队的自主设计开发，产品性能国内领先，达到国际先进水平。以宝钢汽车排气系统专用系列不锈钢为主的系列铁素体不锈钢产品开发及应用还获得"2018年度中国钢铁工业产品开发市场开拓奖"。相关技术还先后获得宝钢集团重大技术创新成果一等奖、冶金科学技术奖二等奖、中国优秀发明专利奖、第26届上海市发明专利金奖等。开发的系列汽车专用不锈钢累计受理发明专利超过20项，50%以上获得授权，其中B436L不锈钢还获得了2014年中国专利优秀奖。发表包括SCI论文、国际会议论文等几十篇。宝钢成为国内第一家覆盖三大日系、宝马及大众等欧系、通用等美系汽车和自主品牌供应商，市场占有率最高时期达到45%，年销量达到18万吨，年效益超过4亿元。宝钢汽车排气系统用不锈钢的国产化积极支撑了国内汽车行业的快速发展，同时，宝钢系列产品替代进口也为汽车主机厂降低了材料成本，为国家节省了大量的外汇，实现了企业、行业、社会的多赢。同时，汽车专用超纯铁素体不锈钢的开发及市场化推广也为其他超纯铁素体不锈钢产品的开发及应用提供了可借鉴的技术，推动了中国超纯铁素体不锈钢在建筑、家电、制品等行业的快速推广应用。

二、汽车高压共轨喷油系统

减少环境污染和提高燃油效率是世界汽车制造行业亟待解决的两大问题。经过100多年的技术变革，三菱汽车在日本和欧洲推出了汽油缸内直喷（gasoline direct injection，GDI）技术，这项技术在提高发动机输出功率、增大扭矩及降低燃油消耗和污染物排放方面取得巨大成功，目前已经成熟使用在 VAG（Audi）、BMW、Mercedes – Benz、GM、Toyota（Lexus）等及众多国产车系上。

高压共轨喷油系统是 GDI 发动机的最关键系统。为实现高压共轨喷油系统缸内直喷，需要高压共轨喷油器（见图3-4-3）。这种功能和结构复合的器件承担高频电磁转换、毫秒响应、喷油通气的角色，主要采用电磁不锈钢制作。电磁不锈钢不仅具有良好的耐腐蚀和力学性能，而且具有优异的软磁特性等综合特性，综合性能比铁钴合金、铁镍坡莫合金、电工纯铁、硅钢等磁性材料优异，而且低铬无镍、材料成本低，还被大量用于燃油泵、ABS 传感器及悬挂自动调节系统、螺线管铁芯及车载空调等关键部件，还可用于含腐蚀性流体的电磁阀、电磁泵，还有家电和车载电气装置中的电磁开路器、空调四通阀芯、电磁枢纽等。

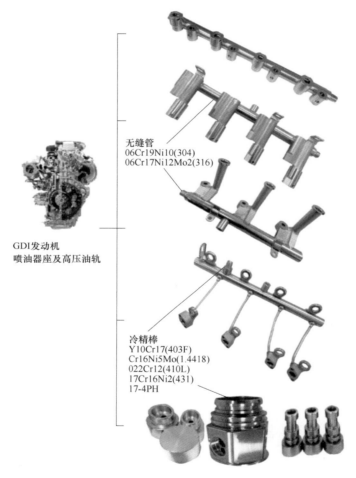

图 3-4-3　GDI 发动机喷油器座及高压油轨

这类具有优软磁性的电磁不锈钢是在 410 和 430 基准不锈钢基础上发展起来的。国外开发了众多牌号的电磁不锈钢，如美国卡本特公司铬芯 "Chorme Core" 8 – 18FM 系列、430FR 及硅芯 "Silicon Core" B – FM（FM 为易切削）等耐蚀电磁不锈钢；日本大同特钢开发了含 13% Cr 的 MER1F（13.5Cr–0.25Al–Pb）、MER1FA 和含 18% Cr 的 MER2F 易切削电磁不锈钢；日本东北特钢的"K-M"系列和 430F 电磁不锈钢；爱知公司的 AUM25（10Cr-3Al-Pb）易削电磁不锈钢；山阳特钢的易削电磁不锈钢 QMR1L（7Cr-2Si-0.6Al-Pb）、QMR2L（7Cr-1.2Al-Pb）及 QMR5L（15Cr-1Al-1.5Si-Pb）；意大利研制的"MG"系列和 430F 电磁不锈钢；法国的 Perminox14 和 Perminox18 系列；德国萨普 ZAPP 的 1.4003、1.4005IL 及 1.4113IM 电磁不锈钢。

中国对应相似牌号为铁-铬系耐蚀电磁合金 1J116 和 1J117，与国外相比牌号及类型都较少。以往在国内这种成分的不锈钢通常不被认为是一种软磁材料，以至于此类不锈钢不在磁性材料标准收录之列。因无市场需求，走进技术迭代更新很慢的恶性循环。在汽车 GDI 时代来临，这种被埋没的不锈钢材料又重新绽放光芒。

经过多年的发展，华新丽华等国内企业在 GDI 高压共轨喷油器不锈钢方面相继开发了多个不锈钢品种和牌号。其中包括纯铁素体电磁不锈钢、铁素体-马氏体双相电磁不锈钢、马氏体电磁不锈钢和沉淀硬化电磁不锈钢等。主要牌号有低碳铁素体型 022Cr12（SUS410L）、Y10C17（SUS430F）和马氏体型 17Cr16Ni2（SUS431）、Cr16Ni5Mo（1.4418）。以上大多为标准牌号，可针对不同客户需求的软磁性能调整成分设计。

Y10C17（SUS430F）为提高铬含量至 16%～18% 成为全铁素体不锈钢，是从 430 基准铁素体衍生出来的牌号。通过提高硫含量形成短棒状和球状 MnS 已促使车削屑碎断不缠绕，提高车削性。因含有很多降低软磁性能的元素，其磁性能自然没有 022Cr12 高，但仍能保证广泛应用作喷油器铁芯等部件。

17Cr16Ni2（SUS431）通常用作高压油泵外壳，是一种高强度马氏体不锈钢，由于马氏体不如铁素体对提高软磁性能有帮助，其磁性能比铁素体低很多。高压油泵不锈钢首先满足高温强度，其次为软磁性能。油泵内压力 20 兆帕要求油泵壳体具有很高的高温强度，通过 QT 热处理组织为回火马氏体，屈服强度高达 900～1000 兆帕完全可以满足要求。为降低材料成本，从高镍 Cr16Ni5Mo 逐渐替换为低镍的 17Cr16Ni2。

共轨油管、喷油器导管、分油管通常选用 06Cr19Ni10 奥氏体不锈钢。此类部件必须选择顺磁性奥氏体不锈钢，防止管套部件的磁场对内部铁芯运动部件阻碍和干扰。06Cr19Ni10 经过矫直、弯曲、切削冷变形后，产生磁性，机加工诱发马氏体相变，因加工程度而异，马氏体含量增加，磁导率呈不同程度增大，通过增加镍含量以保证奥氏体不锈钢无磁性。此类部件对纯净度要求高，特别需炼钢控制极低的 S/P 含量，防止夹杂物缺陷导致高压燃油泄漏。之前选用经过淬火—回火调质处理的碳素钢和合金钢，后被奥氏体不锈钢逐渐代替，虽奥氏体不锈钢材料成本较高，但不需要淬火—回火调质热处理高能耗成本，全生命周期内总成本反而较低。

废气再循环（EGR）技术结合 GDI 缸内直喷技术对提高燃烧效率和减少污染物排放可谓相得益彰。废气再循环系统将排气歧管的一部分废气送回至进气歧管再到气缸，废气对进气量的稀释降低燃烧速度，延长滞燃期，降低最高燃烧温度，同时最高压力形成过程放缓。由于不具备生产 NO_x 的高温高压条件，从而达到减少 NO_x 排放量的目的。EGR 电磁阀是实现废气再循环的关键部件，电子控制单元（ECU）根据发动机缸内工况来控制 EGR 电磁阀的开合，精确控制废气循环通量和时机。这里不得不提的是 EGR 电磁阀芯不锈钢，这种不锈钢首先具备优异的软磁性能，才能精确地电磁控制。阀芯置于高温且腐蚀性很强的废气蒸汽中，须有优良的高温强度、抗氧化性和耐腐蚀性。另外，冷成型性和高温钎焊性也需要满足要求。华新丽华还开发出应用于 EGR 阀芯的不锈钢 019Cr19Mo2NbTi（SUS444）、019Cr18MoTi（SUS436L），钼改良性 022Cr18NbTi（SUS441）不锈钢。特别地，在成分设计上降低碳和氮含量，添加钼提高耐点腐蚀性。经过三步 EAF—AOD—VOD 精确控制成分并提高钢水纯净度，碳、氮及铬含量精确控制铌和钛稳定化元素配比，以提高抗晶间腐蚀性。在连铸结晶器外施加电磁搅拌器，增加连铸坯原始等轴晶率，抑制成分偏析和中心缩孔等缺陷。

三、汽车发动机阀门

阀门钢（气阀钢）作为一种耐热钢是特殊钢领域中专业性很强的分支，广泛用作以汽油机和柴油机作为输出动力的汽车、摩托车、舰船、坦克及农用机械等的进排气阀门材料。阀门钢的工作环境极其恶劣，需承受高温高压腐蚀燃气的反复冲刷及频繁的摩擦冲击，因此对阀门钢性能的要求也非常苛刻。阀门钢须有良好的热强性、抗氧化性、耐腐蚀性、抗热疲劳及耐磨性，还要求膨胀系数低，以实现高温密封。当排气温超过材料极限温度，阀门强度将急剧下降并可能严重烧蚀、断裂或磨损，轻则降低发动机输出功率，重则酿成发动机报废事故。

我国对阀门钢的研究和产业化在较长时期内没有形成系列，流行的阀门钢材料基本为俄罗斯和日本引进牌号国产化。国外阀门钢随发动机技术革新经历了碳钢—低合金钢—铬硅不锈钢—奥氏体耐热钢—镍基合金多个阶段。我国众多单位联合攻关，成功研制了 MF811 高碳马氏体阀门钢，该钢性能介于 4Cr10Si2Mo（SUH3）和 53Cr21Mn9Ni4N（21-4N）之间，由于工艺简单，成本低廉，符合中国汽车国产化条件，已经大部分取代 4Cr10Si2Mo 阀锥面堆焊钴基堆焊阀，一部分取代马氏体与 21-4N 焊接阀。

汽车阀门分为进气阀门和排气阀门，鉴于不同部位应采用不同钢种。杆端要求耐磨耐冲击，应选用马氏体型。盘颈部及盘锥面要求耐腐蚀、耐磨、耐高温等，应选用沉淀硬化奥氏体耐热钢。进气阀常用马氏体耐热钢，而排气阀常采用沉淀硬化奥氏体耐热钢，也有摩擦焊接杆头（马氏体）与盘颈部（奥氏体）组合气阀。中空或中空充钠阀门常用于赛车，起到导热和减重的双重作用。钠熔点低、导热性高，一直以来作为中子快堆的液态冷却剂。液态钠填封到中空阀门杆内可有效降低阀门温度和提高阀门热硬度。在相同工况下，中空充钠气阀可有效防止盘颈部积热，比实心气阀的盘部最高温度约降低 110℃。焊接和中空阀门如图 3-4-4 所示。

华新丽华盐水厂等企业早在 20 世纪 90 年代便涉足汽车阀门钢领域，开发的阀门钢有中碳马氏体 42Cr9Si2、45Cr9Si3（SUH1）、51Cr8Si2（SUH11）。通过成分降低 51Cr8Si2 的铬、硅含量，无论在热塑性、抑制回火脆性、提高淬硬性还是降低成本方面均有优势。通过球化退火切断粗晶遗传，获得均匀分布的珠光体组织。华新丽华烟台厂采用连铸方式大量生产马氏体 45Cr9Si3（SUH1）方坯，奥氏体 50Cr21Mn9Ni4Nb2WN（21-4NWNb）、53Cr21Mn9Ni4N（21-4N）铸锭，提供原料给宝钢等热轧和冷镦阀门钢下游客户。

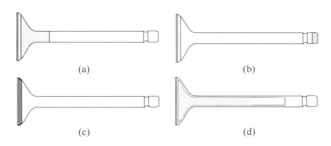

图 3-4-4 焊接和中空阀门结构示意图

（a）奥氏体-马氏体摩擦焊接；（b）杆端焊接耐磨片；（c）盘锥面堆焊；（d）中空充钠

四、汽车装饰

近年来，随着我国汽车产业的快速发展，中高档汽车比例不断提升，不锈钢用于汽车装饰部件越来越多，如汽车门窗的外装饰亮条等（见图 3-4-5）。汽车装饰用不锈钢对表面质量要求非常高，不但需要很高的光亮度，还需满足近乎零缺陷要求，生产难度极大。该钢种在我国尚未国产化前价格很高，以汽车装饰用不锈钢 SUS430J1L 为例，进口价格约 5 万元/吨，而生产成本不到 2 万元/吨。

图 3-4-5 汽车外装饰亮条部件

宝钢于 2010 年成功开发出两种汽车装饰用高等级表面超纯中铬铁素体不锈钢冷轧光亮薄板产品，牌号为 B442D 和 B436D。通过研究化学成分对材料各项性能的影响规律，制定出合理有效的化学成分。在掌握该材料化学成分的基础上，研究材料的关键制造工艺，制定出工业生产可行性强的一贯制制造技术，在产品炼钢、热轧和冷轧等工序的关键技术方面取得新突破。产品的各项使用性能和表面质量达到了国内领先、国际先进的水平，且生产成本明显低于进口产品。形成专利 5 项、技术秘密 2 项。

目前 B442D、B436D 已通过福特、一汽大众、东风、通用、起亚、长安、吉利、长城、上汽、奇瑞等十几家汽车厂的技术认证，并已批量使用。新产品的生产和推广，打破了国外产品的长期垄断，为汽车装饰部件生产企业节约材料成本，还为用户降低了产品采购周期长、资金压力大等风险，实现了宝钢和下游用户双赢。从 2010 年开发之初至今该产品累计生产 4 万余吨，产品吨钢价格比进口材料低约 2 万元，为用户节约材料成本约 8 亿元。我国国产汽车装饰用不锈钢年销量与市场占有率有了大幅提升。

五、其他部件

除了以上部件外，不锈钢还广泛用于制造汽车燃油箱、零部件等。

用不锈钢制造的燃油箱除了没有燃油渗漏的危险且具有很好的耐腐蚀性和良好的成型性能外，还可以省去或简化涂装过程，而且易于回收。304L、JFE-SX1 等都是常用的不锈钢钢种。

汽车不锈钢零部件主要有不锈钢密封圈和热交换器，密封圈一般采用 301 不锈钢；热交换器一般使用 SUS304、SUS430 和 SUS409L 等不锈钢材料，在部分零部件上也使用 Cr-Ni 奥氏体不锈钢；0Cr17、0Cr18Ni9 用于油冷却器板式换热器，0Cr17 一般可用于头灯护圈、大型客车扶手、安全栏杆等。汽车上的安全装置也经常使用不锈钢。例如安全带紧线器采用 SUS301 不锈钢，安全气囊的传感器和增压泵主要使用 SUS304 和 SUS304L 不锈钢，ABS 感应环采用 SUS434、SUS444 等钢种。节能风扇、缓冲装置、净化器调节装置用形状记忆合金与不锈钢（省油 30%，减少污染 70%）；反馈刹车系统、自动调整悬挂系统部件用 02Cr17.5Mo1.75Si1Nb 软磁不锈钢及 Cr13Si2 软磁不锈钢；汽车密封垫圈用 0Cr17Ni7 不锈钢；汽车燃油管用阳离子电沉积的 AISI436 不锈钢；车载充电器系统用双相不锈钢；汽车压力和流量控制阀用兼顾高强度和耐蚀性的高氮（0.5%）马氏体不锈钢；以 AISI301 为基础兼顾高强度与良好加工性能的降碳、加铌、细晶化、通过形变诱导马氏体的汽车发动机的密封垫圈（如 00Cr17Ni6.5NbN）；满足 10 年、16 万千米质保期的汽车排气、催化系统用不锈钢耐热钢、镀铝不锈钢、高铬含铌不锈钢；汽车悬挂系统、轮毂（易受雪熔化剂腐蚀）用减振不锈钢；轿车后视镜支架（410、430、434）、防抱制动系统传感器齿圈（434L）、排气管法兰（409L、434L）用粉末不锈钢；汽车安全气囊用注射成型 17-4PH 烧结不锈钢；汽车排气系统触媒用 50 微米厚蜂窝结构 Cr19Al7.5 钢箔。

新能源汽车比传统汽车对轻量化的要求更高，因此对采用高强高韧、制造工艺性能良好的高强度、超高强度钢的要求更为迫切。新能源汽车的发展以纯电能驱动作为战略目标，当前则以混合动力汽车为主。以氢为动力的新型能源汽车用抗氢脆性能优异的高洁净度奥氏体不锈系列，如 00Cr12Ni9、00Cr10Ni13 等，以及马氏体时效不锈钢，如 00Cr10Ni10Mo2Ti0.8Al、00Cr10Ni10Cu1Mo2Ti0.8。用甲醇、乙醇为燃料的汽车，虽然是低污染但耐蚀性要求高，因而采用较多的不锈钢。混合动力汽车排气系统、催化系统用经济型不锈耐热钢系列；在汽车底盘、车轮轮毂上采用高强高韧加工制造工艺良好的高强不锈钢。纯电动汽车与混合动力汽车电池用不同类型的不锈钢系列。燃料电池充氢站的高压氢气阀门用改进型高耐氢脆性的 AISI316L 不锈钢；镍、钼型双相不锈钢 SD（韩国）用于车载充电器代替必须粉末喷涂的冷轧普钢板，以适应环保电动汽车的发展，节能汽车无人驾驶系统用功能不锈钢系列；燃料电池充氢站用高强度（≥800 兆帕）、可焊接、抗氢脆性优良的 HRX19（01Cr22.5Ni13Mn5V0.2Nb0.2N0.32）不锈钢（镍当量不低于 32）。

第二节 轨道交通

轨道交通是指具有运量大、速度快、安全、准点、保护环境、节约能源和用地等特点的交通方式，包括铁路、城市地铁、轻轨、快轨、有轨电车等。

轨道车辆基本构造包括车体、车门、车钩缓冲装置、转向架、制动装置等。不锈钢以其良好的抗蚀性、强度、可焊性，已广泛应用在铁路货车、地铁客车的制造。据统计，日本时速 200 千米以下的轨道车辆不锈钢车厢占 40%，碳钢车占 40%，铝合金车占 20%；北美时速 200 千米以下的轨道车辆不锈钢车厢占 70%，其他占 30%。

一、铁路货车

铁路货车车体是运输货物的载体。我国气候条件复杂，尤其是低温下焊接部位的韧性对货车的寿命有很大影响，这就要求制造车体的钢材必须具有高强度、高耐蚀性、高焊接性和轻型化等特点。过去，铁路货车车体制造所用的钢材耐腐蚀性较差，使用一段时间后，车体的墙板、地板、门板等部位腐蚀严重，不得不经常检修，造成铁路货车使用效率降低，检修费用和运营成本升高。

大秦铁路是一条流动的黑色动脉，承担着"三西"（山西、陕西和内蒙古西部等煤炭主产区）煤炭外运的主要任务，是中国西煤东运的主要通道。大秦铁路具有重（开行重载单元列车）、大（大通道、大运量）、高（高质量、高效率）特点。铁路货车专用不锈钢板的制造技术长期被国外少数几个钢厂垄断，以前我国一直依靠进口来满足国内的需求，但进口价格十分昂贵。2003 年，太钢在国内首先研发生产的 T4003 不锈钢板用于大秦铁路和集通铁路 C80 型 3 万多辆不锈钢运煤专用敞车制造，打破了国外厂商技术垄断，标志着我国不锈钢企业在专用不锈钢板制造技术领域取得了零的突破，填补了国内市场空白，极大地推动了铁路运输领域不锈钢需求的快速增长。由于该材料具有不需涂漆、结构简单、自重较轻的特点，从根本上为铁路运输实现"多拉快跑"提供强有力的支持。产品还出口到澳大利亚等国。

宝钢不锈 2005 年开始货车用不锈钢 TCS345 的研发试制，首批试制的 TCS345 用于制造大秦线上的运煤货车。随着铁路货车车辆运行可靠性要求的增加、维护周期的延长，TCS345 材料焊接接头耐低温冲击性能不能很好地满足重载、高速的要求。为此研发了焊接性和低温冲击韧性更好的货车用不锈钢 T4003，以满足货车车辆发展的需要。宝钢开发的用于铁路货车的不锈钢 T4003，主要耐蚀合金成分为 12% 的铬，焊接性能优良，-40℃的低温冲击功达到 34 焦耳以上，母材和焊缝的抗疲劳寿命可以达 25 年以上，并具有良好的耐大气腐蚀、耐磨损等特点。

通过低碳氮和微合金化的材料设计保证了货车用不锈钢 T4003 的强度、耐蚀性、焊接性和低温冲击韧性，精细化的工艺控制保证了货车用不锈钢 T4003 对表面质量、板型和平整度的要求。宝钢不锈能提供（3 ~ 10）毫米×（900 ~ 1580）毫米范围的热轧成品。

2010 年，宝钢不锈向铁道部申请认证，通过认证后开始批量生产，向中车集团提供 T4003 热轧不锈钢用于 C80B 货车（大秦线使用）制造。同年，按出口标准向中车提供 T4003 不锈钢，经第三方认证获得 BHP 公司认可，用于澳大利亚 BHP 矿石货车的制造，（见图 3-4-6）。后续与中车相关技术人员不断地交流，开发了 T4003 热轧极薄、极宽规格带钢，按照出口货车用不锈钢标准实现了出口整车材料规格的配套，实现了宝钢 T4003 大批量用于出口货车的制造。

图 3-4-6 不锈钢制造的 C80B 货车和出口 BHP 的矿石车

二、客车车辆

国民经济的发展和工业化、城市化进程的加速，带动了城市轨道交通业的迅速发展。同时，在日常生活出行中，人们也越来越重视城市公共交通。公共交通可以极大地减少温室气体和其他有害气体排放，使出行更加环保。

城市轨道车辆主要包括地铁客车和轻轨客车。在诸多材料当中，不锈钢材料成为城市轨道车辆制造用材料的最佳选择。一方面是因为不锈钢材料的长寿、耐用、轻量、节能等特性，使得轨道车辆维护起来更加方便、经济；另一方面，不锈钢材料还具有时尚、明亮的外观特性，增加了人们对轨道车辆的好感，在乘坐时更觉舒适和惬意。

过去，因质量原因，国内轨道客车车体用不锈钢材料全部依靠进口。从 2003 年起，国内不锈钢企业开始研发客车用不锈钢材料。2004 年，中国南车四方机车车辆公司用太钢提供的 380 吨客车用不锈钢材料，生产北京八通线地铁客车，结束了中国客车用不锈钢全部依赖进口的历史。2005 年起，不锈钢材料开始批量使用在北京地铁 5 号线、10 号线等线路的车厢制造和时速 200 千米动车组车厢制造，并先后扩大应用于北京地铁 1 号、2 号、4 号、9 号线客车车体制造（见图 3-4-7）。目前，使用国产不锈钢材料制造的北京地铁客车已达 800 多辆，并在成都、西安、沈阳、深圳、天津、大连等城市轨道客车车体制造上得到了广泛应用，不锈钢复合板成功用于广州轨道交通 4 号、5 号线直行电机转子磁条感应板，填补了国内城市轨道交通的一项空白，不锈钢米粒板应用于成都 6 号线列车，用于波浪形座椅制作，被誉为八项"黑科技"之一，实现了客车车体制造材料完全国产化。

图3-4-7　北京地铁亦庄线地铁客车

宝钢于2005年试制了一炉301L，经宝新冷轧试制了HT强度等级1.0毫米、DLT强度等级BG80表面1.5毫米和LT强度等级1.5毫米产品，通过了长春轨道客车股份有限公司的工艺评定。2008年试生产了5个强度等级共17个规格的B301L供南京浦镇车辆厂试制整车。2009年开始给新金享冷弯型钢厂和长春轨道客车股份有限公司批量供货，并相继开发了BG80、DF和DU表面产品，累计生产已有6万余吨，解决了国内车辆制造企业进口原料周期长、成本高的难题，有力地保障了不锈钢车辆制造的原料供应，使中国的车辆制造企业彻底摆脱了关键材料受制于人的局面，为中车集团等国内车辆制造单位提高国际市场竞争力提供了有力支撑，制造的客车不仅应用于北京、西安、沈阳等国内地铁线路，还出口至澳大利亚、巴西和土耳其等国家（见图3-4-8）。

久立集团为国内和谐号、复兴号、首套时速600千米磁悬浮列车及上海、广州、青岛、厦门、哈尔滨、西安高铁项目提供高性能的不锈钢管材，并出口新加坡、美国芝加哥地铁项目。

三、集装箱和冷藏箱用不锈钢

集装箱是指具有一定强度、刚度和规格，专供周转使用的大型装货容器。近年来，随着全球物流行业不断壮大，集装箱行业发展迅速。国内不锈钢生产企业凭借产品的良好性能，为全球集装箱行业发展提供了强有力的材料支持。

20世纪初，由于镍价的大幅上涨，导致了304产品终端用户成本大幅度上升。由于集装箱领域的竞争日趋白热化，中集、马士基等用户的利润被进一步压缩，用户迫切地需要市场提供一种力学和腐蚀性能同304匹配，售价要明显低于常规304的产品。基于此，宝钢开发出集装箱专用节镍型奥氏体不锈钢新产品BN4，具有较好的耐蚀性、可加工性及优良的深冲性能，替代304不锈钢。

BN4不锈钢产品通过用户需求调研、工业化试制、用户使用质量信息反馈等，前后历经三年时间。产品开发期间，宝钢不锈钢体系的三个基地协同合作，立足于自我技术突破、自我技术集成，突破了高锰、含氮、低镍奥氏体不锈钢产品的冶炼、连铸、热轧、热

图 3-4-8 出口澳大利亚的双层车、巴西 EMU 项目和土耳其安卡拉项目

退酸洗、冷轧、冷退酸洗技术,产品目前已经可以在整个生产线高质量顺利生产,尤其是产品的高质量板坯控制技术、热轧边裂控制技术为降本增效作出了很大贡献。此外,节镍奥氏体不锈钢的成功应用为中集实现了吨钢降本 3 千元以上,不仅满足了战略用户各方面的认证,也丰富了我国节镍奥氏体不锈钢的冶金学理论体系。氮合金化奥氏体不锈钢在中集的应用如图 3-4-9 所示。

图 3-4-9 氮合金化奥氏体不锈钢在中集的应用

冷藏集装箱作为食品、水果、蔬菜等易腐产品运输的载体,具有运输温度稳定、减少

物品装卸和暴露时间、减少污染和损耗等优点，使冷藏集装箱在未来发展应用中越来越广泛。目前，冷藏集装箱主要分为航运、海运及铁路运输三类，其中海运集装箱在我国的冷藏集装箱运输行业中占据主要地位。

运输过程的恶劣气候、装卸及集装箱本身的机械需求，要求冷藏集装箱不但要有良好的力学性能，还要具有良好的抗腐蚀性和焊接性。经过不断的实验与应用，冷藏集装箱用不锈钢以其价格低廉、稳定的力学性能、良好的防腐性和焊接性，逐渐成为冷藏集装箱的主要使用材料。

太钢自 1999 年开始研发冷藏箱专用不锈钢，并于 2000 年成功应用于冷藏箱行业，替代进口不锈钢产品，近几年，市场供应份额一直稳定在 45% 左右，产品出口量累计约为 50 万吨。2007 年，太钢开始研发罐式集装箱专用不锈钢，并于 2008 年应用于罐式集装箱行业，成功实现国产化，近几年，市场份额一直稳定在 70% 以上，其中 2021 年达到 87%，产品出口量累计约为 36 万吨。

中国不锈钢企业已具有世界最先进的设备与稳定成熟的冷藏集装箱用钢生产工艺，产品主要用于制造冷藏集装箱的外侧板、外顶板和框架，应用于中集集团、上海胜狮、青岛马士基、新华昌集团、中国海运集团等知名企业，有效替代了进口。

罐式集装箱（简称集装罐）是一种带有国际标准集装箱外部框架的不锈钢容器，专用装运散装水泥、石油、燃料油、酒类、食用油类、液体食品及化学品等。与传统码垛圆桶的标准海运集装箱相比，可提高 45% 的装运量，同时简化装卸过程，增加物流安全性，更有利于国际环保要求，因此是未来物流行业的发展趋势。因其集装介质的特殊性，对制造集装罐材料的耐腐蚀性、强度性能有很高的要求。2007 年，国内不锈钢企业成功开发出罐式集装用 2 米宽幅冷轧不锈钢，与传统窄幅材料制造的罐箱相比，可有效减少焊接工作量，降低制造成本，因此受到罐箱制造企业的一致青睐。国产 2 米宽幅的集装罐用不锈钢产品的成功开发，结束了国外钢厂在该行业供应链上的长期垄断，为国内罐箱制造企业提供了重要的材料保障，极大地推动了罐箱制造行业的发展，同时还出口到南非、欧洲、美洲等多个国家和地区。

第五章　建筑和装饰行业

早在 20 世纪 30 年代，建筑师们就使用不锈钢材料建造各种永久性建筑和进行各种名胜古迹的修复工作。世界上很多经典建筑物上都有不锈钢材料的影子，比如位于纽约的克莱斯勒大厦就使用了很多的不锈钢材料，利用不锈钢材料建造的楼体不管在白天还是在晚上均闪闪发光，绚丽夺目，使克莱斯勒大厦成为了地道的"纽约地标"。

近年来，不锈钢凭借其环保的特征，在建筑装饰方面的应用得到了越来越多的认可和青睐，人们发现它拥有优良的耐腐蚀性、结构的经济性、长期的耐用性，还具有百分之百可回收、可重复使用、服役周期长及环境友好等优势。不锈钢材料在建筑装饰行业的应用涵盖了室外装修和耐腐蚀屋顶、电梯、不锈钢薄壁管道、雕塑等方面。在建筑领域，作为展现建筑安全可靠现代化的优良材料，不锈钢一直是低成本、高收益和环境友好型的选材。

据统计，目前在我国不锈钢消费结构中，建筑业是仅次于金属制品的最重要的不锈钢需求行业。用于建筑装饰和公共工程的不锈钢比例已达到 20% 以上，而且还保持着快速增长趋势。目前由于受到价格、产量、品种及加工水平等诸多因素的影响和制约，我国建筑行业对不锈钢的应用远远落后于欧美发达国家水平。随着钢铁产业及建筑材料行业的转型升级，我国装饰建材需求将继续增长。

第一节　屋面系统

不锈钢由于具有寿命长、强度高、重量轻、免维修、防火性能好、寿命周期成本低、百分之百可回收等特性，作为屋顶材料已经在欧洲、美国、日本等发达国家和地区广泛使用。比如著名的德国不来梅 Universum 科技中心、美国西雅图音乐体验馆等。日本东京天主教堂建造的不锈钢屋顶设计寿命是 500 年。我国不锈钢屋顶虽然起步较晚，但是发展较快。

一、超纯铁素体不锈钢首开国内应用先河

沿海地区建筑物金属屋面的主要问题是氯离子点腐蚀，而点腐蚀起因于空气中的海盐在钢表面的沉积。在带有海盐成分的凝滴因干燥而蒸发后，氯离子的浓度不断增加，当氯离子浓度增加到某一临界值时，就会萌生点状腐蚀。受高温和高湿度的影响，点腐蚀还会进一步加剧。其用材主要需考虑耐氯离子点蚀性能。

我国宝钢等团队从 2008 年开始此类沿海地区建筑用不锈钢的实验室研发工作，主要涉及 22Cr-(1.5~2)Mo 含量的超纯铁素体不锈钢。为满足焊接和加工性能要求，尽可能地降低了钢中杂质元素碳、氮含量以改善钢的韧性、成型性和耐腐蚀性能。同时也添加了铌稳定化元素，目的是通过形成稳定的碳化物和氮化物 Nb(C,N)，抑制铬的碳氮化合物

的析出，从而避免晶间腐蚀的发生。一般地，若满足（Nb+Ti）≥8（C+N）这一条件，就可以实现稳定化。但是，考虑到建筑工程应用中采用焊接时会不可避免地导致增氮，为实现焊缝部位的完全稳定化，必须添加更高含量的钛和铌，即满足（Nb+Ti）≥16（C+N）这一条件。从改善韧性角度看，选择添加铌更有利，因为铌可以降低韧脆转变温度，而钛含量过高时，会提高韧脆转变温度。

2010年广州亚运会综合体育馆开始建设，该体育馆位于广州市番禺区，总建筑面积为50194平方米，其中屋面和幕墙面积分别为42000平方米和6000平方米。虽然广州远离中国南海75千米，但由于高湿度和工业污染，金属屋面的腐蚀仍是一个很重要的问题。按设计要求，不锈钢装饰板安装在广州地区室外且使用寿命须达到50年，故主材化学成分含量需完全支持所选的高耐候性能，确保在大气污染及潮湿环境中具有长期的优秀的防腐蚀性，不锈钢装饰板主材的铬含量不低于22%，铌和钛成分比例总和至少是碳和氮成分比例总和的16倍以上，不锈钢装饰板主材的碳含量不得高于0.010%且不能对周围环境造成反射性炫目光污染，须经消光防炫处理，确保不锈钢装饰板具有优秀的漫反射性能、符合建筑专业要求，规定粗糙度R_a为0.9～1.6微米，45°光泽度40～120；屈服强度大于300兆帕，抗拉强度不低于470兆帕，伸长率22%～35%，热膨胀系数不超过$12×10^{-6}$。

宝钢产销研团队在了解上述情况后，立即与该工程设计单位广东省建筑设计院、屋面施工单位霍高文建筑系统公司联系，宝钢开发的超纯铁素体不锈钢B445R产品最终获得了合同订单。在获得订单后，宝钢在15天之内即生产出了B445R冷轧毛面产品，产品的力学性能、表面粗糙度及防炫性能及耐腐蚀性能经国内权威第三方机构测试均满足设计和交货技术要求。

广州亚运会综合体育馆屋面采用了0.5毫米厚度304不锈钢直立锁边防水屋面板上面装夹1.0毫米厚度B445R装饰板的双层不锈钢屋面。先将B445R钢板折边后加工成长度各异、宽度一致的装饰板，再用不锈钢螺栓将装饰板固定在L形铝合金龙骨之上，L形龙骨又通过铝合金夹具与咬合直立锁边的板肋相连接。在屋面板的安装过程中对色差问题给予了特别的关注，由于B445R钢板在不同方向的光反射能力有所不同，因此有必要按同一个方向安装屋面板。另外，由于不同生产批次的B445R钢卷有可能存在非常轻微的颜色差异，安装以后可能会出现颜色不一致的情况。为避免出现这一问题，在同一个订单中提出全部技术要求以便统一生产，或者按组安装。亚运综合体育馆屋面工程是国内大型公共建筑首次采用国产高铬超纯铁素体不锈钢作为建筑屋面装饰材料，其成功应用开创铁素体不锈钢在大型公共建筑屋面工程应用的先河（见图3-5-1）。

二、超大型不锈钢屋顶采用国产超纯铁素体不锈钢

世界最大不锈钢金属屋面——青岛胶州国际机场航站楼屋面，为我国大型公共建筑应用新材料、新技术起到了良好的示范引领作用。

青岛胶东国际机场一期22万平方米屋面工程最终采用我国太钢研发生产的超纯铁素体不锈钢445J2。它是目前我国最大的不锈钢金属屋面工程。445J2超纯铁素体不锈钢具有强度高、焊接性能好、热膨胀系数低、耐海洋性气候腐蚀和寿命长等特点。生产该材料对冶炼、热轧、冷轧等工艺都有非常高的技术和工艺装备配置要求（见图3-5-2和图3-5-3）。

图 3-5-1 广州亚运会综合体育馆

图 3-5-2 青岛胶州国际机场全景

图 3-5-3 青岛胶州国际机场航站楼屋顶

三、国产不锈钢在屋面系统的应用拓展

近年来，在设计院、施工企业、钢铁生产企业、高校院所等相关方的共同努力下，国产不锈钢产品扩大了在建筑屋面的应用范围。

太钢不锈超纯铁素体不锈钢在大型公用设施上不断取得创新应用，自青岛胶东机场首次应用以来，陆续中标福建平潭国际会展中心、三亚体育中心、汕头亚青会体育馆、珠海机场及海南保利 C+博览中心金属屋面项目。酒钢生产的超纯铁素体不锈钢用于延安机场屋面和汕头亚青会场馆（见图 3-5-4）。

图 3-5-4　汕头亚青会场馆

不锈钢屋顶瓦是近几年兴起的一种新兴屋面建筑材料。2016 年以来我国不少企业开发出了不锈钢屋顶瓦。不锈钢制造屋面瓦，使用年限大大延长，就目前的测试看，"不锈钢屋面瓦可以和厂房同寿命"。彩涂不锈钢做屋面瓦，不仅保证了材料的耐蚀性，还解决了纯色不锈钢光污染的问题。各种彩色不锈钢屋面瓦，也更加符合现代人的审美。从成本看，投入不锈钢屋面瓦仅仅增加了总投资大约 30% 的成本，但是带来的却是更长使用周期和长期保值价值。近几年，不锈钢屋面瓦正在因为其抗腐蚀性、抗氧化性、经久耐用、美观实用等众多特点，迅速成为建筑屋面领域新宠。我国青山实业畜牧厂房就使用了 QN1701 不锈钢屋面瓦，产品厚度 0.35～0.45 毫米；湖南帮浓畜牧厂屋内采用 QN1701 吊顶瓦，产品厚度 0.3 毫米（见图 3-5-5）。

图 3-5-5　畜牧厂房使用 QN1701 不锈钢屋面瓦

第二节　围护系统

建筑围护结构把建筑的内部和外部隔开。它最重要的作用是抵御环境的侵袭（冷、热、雨和风）。作为围护结构的一部分，立面既是建筑的公众形象也是城市整体景观的组成部分。和其他材料一样，不锈钢最初主要用在工业建筑物上，现在广泛应用于民用建筑甚至是著名项目中。技术的快速发展有了更多应用的可能性，建筑创新精神进一步巩固了这种趋势。我国不锈钢材料在建筑围护结构方面取得了长足的进步。

一、316L 米粒纹压纹板在大疆无人机总部大楼幕墙中的应用

不锈钢压纹板具有靓丽的表面及独特的建筑美学效果；其较低的光反射率和光泽度，可有效降建筑的光污染；独特的制造工艺赋予更高的表面耐蚀性和成型性；易清洁，长寿命，少维护，寿命周期成本低。宝钢开发的 2 毫米厚度的 316L 压纹板首次成功应用于大疆创新科技有限公司总部大楼幕墙工程（见图 3-5-6）。产品花纹尺寸及深度与进口压纹板相当，颗粒饱满，立体感强，表面光泽度远低于国内同类产品，具有良好的光漫散射特性；且采用独特的无氧化制造工艺，减少了钢板表面的贫铬现象，具有更好的耐蚀性；产品屈服强度和伸长率适中，具有更优成型性。

二、经济型不锈钢彩涂板在建筑中的开发与应用

塞班岛为热带海洋气候环境，氯离子沉降量高，常规彩涂板几年后即锈穿。在塞班岛气候条件下使用的金属材料，需要耐腐蚀达到 ISO 12944-2 中的 C5-M 级，以及 GBT

图 3-5-6　大疆创新科技有限公司总部大楼幕墙

15957—1995 中强腐蚀Ⅵ级。2018 年，宝钢利用经济型不锈钢加适当（低成本）的表面处理工艺（罩面、彩涂），获得高耐蚀性彩涂不锈钢板，满足了用户需求（见图 3-5-7）。

图 3-5-7　宝钢彩色不锈钢墙体和屋面

不锈钢彩涂板解决了不锈钢裸板颜色单调的问题，同时兼具高耐蚀性。与彩涂铝板相比，不锈钢基板耐蚀性更好，强度更高，厚度可减薄，耐火性能较好。塞班岛项目采用不锈钢彩涂板用于屋面和墙面，使用效果良好。该项目承受住了 2021 年第 26 号超强台风"玉兔"的袭击，在当地许多房屋屋面被风掀掉的情况下，示范项目的屋面及墙面安然无恙。

宝钢不锈钢材料还应用在许多其他大型建筑中，比如宝钢大厦的不锈钢立柱和幕墙（见图 3-5-8）。

图 3-5-8 宝钢大厦不锈钢幕墙和立柱

三、不锈钢用于建筑承重结构

2020 年 7 月，由中国城市科学研究会、远大可建科技有限公司和湖南大学主编，清华大学、东南大学、同济大学和青拓集团等共同参与编制的《不锈钢芯板建筑结构技术标准》顺利通过专家组评审。青山全球首发的几百吨高强度 QN 系列不锈钢成功应用于全球第一座不锈钢芯板建筑——湖南远大 F 楼，实现了历史性突破（见图 3-5-9）。

图 3-5-9 湖南远大 F 楼

　　湖南远大 F 楼位于长沙经开区的远大城内，因建筑造型似"F"故命名为"F楼"，该楼是远大公司 2019 年倾力打造的产品，100% 使用不锈钢材料，是全球第一座不锈钢芯板办公楼。青拓集团和远大可建组成的集建筑设计、材料设计、制造和技术服务高效率协同团队，在最短时间内供应了几百吨 QN 不锈钢，用于这座不锈钢大楼的主体承重梁柱等结构。

　　这种全不锈钢建筑的核心材料是不锈钢芯板。不锈钢芯板是一种超轻超强结构材料，由两块不锈钢板中间夹薄壁芯管阵列组成，用 1083℃ 无氧铜钎焊焊接成一个牢固整体，空隙填充岩棉隔热隔音，标准芯板长 12 米、宽 2 米、厚 0.15 米，可直接用作建筑的柱、梁、楼板，也可根据建筑设计任意切割。其质量是同尺寸钢筋混凝土的 1/10，但强度却高 3 倍，耐腐蚀性比碳钢高 100 倍以上。可以实现 12 米超大悬挑的巨大挑战，从占地 150 平方米扩展到空中单层 1150 平方米，而且可以抵抗地陷和 9 级地震。100% 的工厂化预制，可以实现一天建成三层，让建筑施工零垃圾成为可能，大大节约了施工周期和人工成本的同时，建筑使用寿命可达 50 年以上，完成了节能环保的使命。这座 100% 采用不锈钢的建筑打破了人们对于传统钢筋水泥建筑的固有认识，开创了建筑领域的新纪元。

　　图 3-5-10 和图 3-5-11 为青山 QN 系列不锈钢用于周宁不锈钢产业园和阳江宏旺不锈钢厂房维护结构。

图 3-5-10　周宁不锈钢产业园

图 3-5-11　阳江宏旺不锈钢厂房

四、445J2 不锈钢用于普陀山观音圣坛幕墙

　　普陀山观音法界项目核心建筑——观音圣坛（见图 3-5-12）是目前世界上唯一将佛教造像原型作为建筑形态意象的佛教建筑，也是全球拥有面积最大穹顶场馆的佛教建筑。其建筑高度达到 91.9 米，建筑总体量 61900 平方米，幕墙面积达到 8 万多平方米。观音

圣坛幕墙采用的就是海防级不锈钢材料 445J2。舟山地处浙江沿海地区，正常建筑材料容易被当地气候腐蚀，445J2 不锈钢材料就是针对防范沿海周边建筑的腐蚀而研发的一种新型材料。观音圣坛整栋建筑中 3.5 万平方米的外立面基层都包裹着大明集团为其提供的 445J2 不锈钢材料，工程设计方设计要求该材料防腐有效性能达到 100 年。大明集团采用国产材料，以一体化配套加工服务模式，完成了从开平、切割、折弯、焊接到最后的物流配送，很好地满足了客户的需求。

图 3-5-12 普陀山观音圣坛

第三节 供水供气管路系统

一、供水供气管路需求

供水供气系统用配管首先需要解决安全、可靠、耐久要求，配管应与建筑物同寿命，达到 50 年、100 年，甚至更长。另外，供水供气管路还要有防地震、火灾、水灾和风灾，抗击打，抗沉降，防毒害等性能。同时尽量免维护、不产生终身垃圾、在满足使用条件下应尽量少用材料，体现节约环保理念。

不锈钢材料与目前所有制作管道的材料相比，最具优势，耐久性可超过 100 年，同时也是最经济、最卫生、最可靠、最耐久、最环保的。新的建筑燃气管道规范规定为寿命不低于 30 年，优质不锈钢管可确保在潮湿恶劣环境下的长久使用，寿命不低于 70 年。

在水资源日益紧张的当今世界，保护节约水资源、降低漏损率，已经成为全球共识。我国城市供水系统需要解决的重要问题是管网漏损。根据我国 654 个城市的统计数据，目前我国自来水平均漏损率约为 18%，欠发达地区最高可达 70%。

我国不锈钢水管产业经过 20 多年发展，主要生产企业集中在浙江、江苏、广东、四川、山东等地。全国目前统计到的不锈钢水管企业有 650 家左右，以深圳雅昌、广州美亚、四川共同、温州正康、四川民乐、山东华烨、山东金润德为代表的不锈钢水管企业快速发展，联塑、日丰、金牛等传统的生产 PPR、PE 水管企业通过转型、跨界等方式也进入不锈钢水管生产行业。不锈钢水管安全可靠、卫生环保、经济适用。据统计，2020 年我国不锈钢水管行业需求量在 20 万吨左右，并且以每年 10% 左右增速增长，行业前景广阔。不锈钢管已经成为世界各国在给水排水、消防、燃气等领域首选产品。目前二次供水管、家装和工装已开始推广不锈钢，预计未来将逐步推开。

二、不锈钢管路系统的立法与推进

早在 1999 年 4 月，中国特钢企业协会不锈钢分会就与国际镍协会合作到各地推广不锈钢在水工业等领域使用。2003 年 10 月，与国际镍协会合作，编写了《不锈钢水管——21 世纪真正的绿色管材》宣传资料，组织翻译了日本《不锈钢管路的设计与施工须知》等资料。2006 年 7 月中国特钢企业协会不锈钢分会举办了北京薄壁不锈钢管道论坛。分会的所有宣传媒体和重要会议、活动，都把宣传推动水管应用作为主要内容，使业内外对不锈钢水管有了越来越清晰的认识，为不锈钢水管的逐渐普及打下了基础。广东省不锈钢材料与制品协会等行业组织也为不锈钢水管燃气管的推广做了大量有效的工作。许多企业家在地方人大会议和政协会议上提出立法建议，推动不锈钢管使用。

2017 年住建部发布了《建筑与小区管道直饮水系统技术规范》，强调管材宜优先选用新型不锈钢钢管；2019 年 3 月住建部、市场监管总局联合发布的《绿色建筑评价标准》和《建筑给水排水设计规范》中明确要求室内给水系统采用铜管或不锈钢管。福建、江苏海门、四川乐山、湖南长沙、深圳、武汉等地方政府，正在积极推广不锈钢水管和燃气管的使用。例如，武汉市启动了 2019～2021 年中心城区二次供水改造工程，用不锈钢管更换原来的管道。两年来，该项目已使 24.9 万户约 87 万居民受益。据报道，作为二次供水改造的收官之年，2021 年武汉中心城区计划改造 559 处，涉及 22.1 万户、73 万人。武汉市水务局统计显示，2019～2021 年武汉中心城区共计已完成改造 601 处，更换楼顶水箱 4850 座。

武汉市江岸区塘新社区是典型的老小区，8 栋 8 层居民楼均始建于 20 世纪 80 年代，用水难的问题已经困扰 422 户居民多年。武汉市自来水有限公司对于地下庭院管道和楼栋单元立管全部进行了更换，原先不同程度锈蚀的管道换成了球墨铸铁和不锈钢材质管道，二次供水设施得到了全面更新。

三、不锈钢水管和燃气管的推广应用

现在，国内许多住宅和公用建筑，医院、宾馆、学校、机场、地铁、车站、展馆、运动场及高档楼盘都使用薄壁不锈钢管材，比如奥运场馆、北京大兴机场、上海虹桥机场、北京地铁等。

从 2003 年起，随着《城镇燃气设计规范》（GB 50028—2006）、《城镇燃气室内工程施工与质量验收规范》（CJJ 94—2009）的实施，薄壁不锈钢管开始应用于国内燃气行业。中石油、新奥、华润、深圳燃气、重庆燃气、新疆燃气及港华等大型燃气公司都开始用薄壁不锈钢管替代传统镀锌管。

《细水雾灭火系统技术规范》（GB 50089－2013）规定，细水雾灭火系统钢管只能采用不锈钢管材。消防用不锈钢水管将普及。国内大型机场屋面雨水系统为虹吸式排水系统，大多数采用不锈钢管。

（一）国产不锈钢水管的应用

在工程应用方面，北京城市副中心行政办公区综合管廊、红塔集团生活区供水系统改造、广州大学城供水系统改造等项目都大量使用了不锈钢管。特别是北京城市副中心行政办公区综合管廊中的给水管全部为不锈钢管，总质量超过 1000 吨，长度 16500 多米，管径最大为 630 毫米，最小为 168 毫米，在我国输配水干线的不锈钢管应用方面具有典范意义。此外，深圳逐步将生活饮用水地下管网更换为不锈钢管，广州在旧城区水管改造中推广应用不锈钢管，长沙规定自来水管首选不锈钢管，武汉在安置小区建设中普遍应用不锈钢管，昆明在"一户一表"改造中大规模使用 304 不锈钢供水管道，珠海逐步将露天水管改为不锈钢管。

建设北京城市副中心是调整北京空间格局、治理"大城市病"、拓展发展新空间的需要，也是推动京津冀协同发展、探索人口经济密集地区优化开发模式的需要。规划范围为原通州新城规划建设区，总面积约 155 平方千米。中央明确提出，北京城市副中心要构建蓝绿交织、清新明亮、水城共融、多组团集约紧凑发展的生态城市布局，着力打造国际一流和谐宜居之都示范区、新型城镇化示范区、京津冀区域协同发展示范区。地下综合管廊是当今世界先进的市政管理设施，旨在通过集中敷设电力、通信、广播电视、给水等市政管线，让技术人员在管廊中就可迅速对各类管线进行抢修、维护、扩容改造等工作，可有效杜绝"拉链马路"现象，是城市建设的百年大计。北京城市副中心地下综合管廊项目作为高起点、高标准推进北京城市副中心建设的标杆性工程，对入廊设施、设备提出了严苛要求，给水管道就是其中之一。相较于碳钢、铸铁、塑料等传统的供水管材，不锈钢管强度高、耐腐蚀、寿命长、免维护、绿色环保，在大大降低综合成本的同时，还能有效保证水质，无疑是优质水系统的首选材料。为了确保这一标杆性工程能使用上更安全、更经济、更环保的不锈钢材料，太钢集团围绕用户需求，先期介入，提供翔实的国内外同类项目不锈钢材料应用情况及与传统材料对比的分析报告，与设计院和业主单位及行业专家多次进行深入细致的交流，提出了涵盖不锈钢选材、规格定制、后续不锈钢管焊接加工技术指导等一揽子解决方案，最终采用了国产不锈钢材料。此外，国产不锈钢管材还在广州大学城、2008 奥运配套工程、中央电视台总部大楼、首都国际机场 T3 航站楼、301 医院等得到广泛应用。

（二）双面不锈钢轧制复合板运用于煤气管道

世界首条用双面 316L 不锈钢轧制的复合煤气管道在宝钢股份宝山基地成功安装，标志着我国钢铁企业在采用安全环保新材料、实践绿色冶金的道路上迈出了重要一步。该煤气管道绿色解决方案，基于"全生命周期管理"的指导方针，大规模采用了宝钢股份自主研发的双面不锈钢轧制复合板，它利用碳钢的强度，保证了管道的基本结构性要求，而内层不锈钢可以防止煤气等相关腐蚀，外层不锈钢还可以抵御（临海）大气腐蚀。在它的守护下，管道整体运行更加安全、可靠，常规煤气管道后续所需的清理、防腐、修补、更换等维护成本也得到了大幅降低（见图 3-5-13、图 3-5-14）。

图 3-5-13　高炉煤气管道 316L+Q345B+316L

图 3-5-14　安装中的高炉煤气管道

（三）超薄壁不锈钢无缝管开创民用不锈钢水管、气管先河

2021 年，中兴能源装备研发的超薄壁不锈钢无缝管正式下线，无缝管壁厚 0.2 毫米，几近纸张厚度。整个工艺流程缩短 50%，能耗大幅降低，生产过程无需涂油去油，更绿色环保，目前已经应用在上海高端住宅。在换热器管、输气管等应用领域使用不锈钢无缝管也将成为可能。

第四节　电　梯

电梯作为办公、生活中常用到的垂直方向的运输工具，在高层楼房和公共场所已经成为不可或缺的建筑配备。技术的发展及人民的生活消费水平的提升，也带动了电梯产业的迅速发展。2020 年中国电梯保有量 800 万台，占全球电梯保有量的 40% 以上，2020 年中国电梯产量 105 万吨，占全球电梯总产量的 70% 以上。受全球疫情的影响，2020 年中国电梯出口量大幅下降为 7.5 万台。

一、不锈钢在电梯行业的应用

自 1887 年美国奥的斯公司制造出世界上第一台电梯以来，电梯已成为各种建筑及住房设施不可分割的一部分。不锈钢轿厢表面美观，易于清洁维护，安全卫生；表面可通过真空镀膜工艺（PVD）实现多种金属化合物镀层而呈现靓丽的色彩；通过蚀刻实现个性化美观图案；不锈钢强度高、塑性和韧性优良，易于加工成型和焊接；耐蚀性优良，长时间使用表面无生锈之虞，且百分之百可以回收。基于上述优点，不锈钢已成为电梯轿厢装饰的主要材料。

不锈钢主要用于门板、轿厢壁板、扶梯侧板及层站召唤和轿内操纵箱面板，表面类型主要为 HL、No. 4、2B、BA（抛光成 8K）、蚀刻等。奥氏体不锈钢 304 具有良好的成型性和耐蚀性，表面加工适应性强，因此，在 2010 年之前广泛应用于电梯装饰行业。但是，由于 304 含有较多金融属性很强的金属镍，产品价格高、波动大，导致电梯原材料成本难以控制，制约了不锈钢在电梯行业的进一步应用。开发价格低、波动小的不锈钢成了电梯企业的迫切需求。超纯铁素体不锈钢具有耐蚀性优良、不含镍、价格低且波动小等特点，因此，开发电梯面板超纯铁素体不锈钢，不仅可以降低不锈钢生产企业的经营风险，而且可以显著降低电梯生产企业的原材料采购成本，实现上下游共赢。

目前电梯的不锈钢使用量约为整部电梯用钢量的 30% ~ 40%，80% 电梯需要使用不锈钢，行业平均用量为 320 ~ 350 千克/台。根据大致估算，中国电梯行业不锈钢总需求量 50 万吨左右。

电梯制造商为降低生产成本，也一直在推进价格相对较低的 400 系替代 300 系，如 430、439、443 等。2009 年，浙江元通不锈钢配合太钢 443 的成功研发，进行了有力的市场推广，与西子奥的斯成功推进了 443 替换 304 的合作，曾一举拿下奥的斯当年全球创新项目金奖，为行业大面积实现 443 材料的替换拉开了序幕。

目前电梯用不锈钢牌号主要集中在 304、439、430、409L、316L 及目前 443 同类型产品，如宝钢 B443NT、太钢 TTS443、浦项 445NF 等。表面主要使用 HL、No. 4、2B、BA（8K 镜面）、蚀刻等。产品厚度主要采用 0.5 ~ 3.0 毫米。0.5 毫米、0.6 毫米厚度主要使用在扶梯阶梯；0.7 毫米、0.8 毫米、1.2 毫米、1.5 毫米材料厚度主要用于门板、轿厢面板、扶梯侧板等；2.0 毫米、3.0 毫米厚度用于电梯升降按键基板。在电梯层门、轿厢面板、扶梯侧板等部位主要使用 304、439、443 等产品。根据钢种不同性能，沿海地区、腐蚀性强的地区一般以 304、443 为主，439 产品用于相对腐蚀性较弱的区域，316L 主要使用在腐蚀环境比较恶劣的区域，430、409L 产品使用在扶梯阶梯。

二、电梯用不锈钢产品的开发与应用

基于电梯行业需求，宝钢自 2007 年开始，分别与国内知名电梯品牌广州日立电梯、上海三菱电梯一道，联合开发了电梯轿厢用超纯铁素体不锈钢 BX439 和 B443NT 产品。前期三菱电梯对 B443NT 研磨拉丝面板开展了中性盐雾、加速腐蚀试验等耐蚀性评价及螺柱焊接、落料、冲孔、折边等加工评价。评价结果表明，B443NT 耐蚀性能与 304 相当，加工性能完全符合钣金件流水线加工设备要求。

针对含钛超纯铁素体不锈钢 BX439、B443NT 不能用于磨抛镜面电梯板的问题，2014 年宝钢与中科院沈阳金属所、三菱电梯一道，开展了中信-CBMM-宝钢技术合作项目"电梯用高等级表面含铌铁素体不锈钢开发及关键技术研究"，联合开发了可用于研磨 8K 的超纯铁素体不锈钢 B443Nb。上海三菱电梯于 2016 年开始对宝钢试制 B443Nb 样板（BA 大板）开展了钢板研磨、耐蚀性能和加工性能测试。镜面研磨加工结果显示，B443Nb 与 304 的镜面板外观效果基本一致，表明 B443Nb 对高质量表面加工的适应性达到了预期的效果；循环盐雾测试表明，B443Nb 8K 样品耐蚀性好于 SUS304 发纹，与 SUS304 8K 镜面接近；加工性能方面，在钣金件流水线上进行了制作电梯轿厢壁的落料、冲孔、折边等常规加工，并对小样进行了激光切割，结果表明加工性能完全符合钣金件流水线加工设备要求。在钢板测试结果全面满足性能要求的基础上，试制了两个电梯轿厢，分别考察了镜面、镜面镀钛、镜面蚀刻镀钛、和纹镀钛 4 种表面处理，以及镜面、和纹镀钛、和纹蚀刻镀钛、砂纹镀钛 4 种表面处理。从表面质量上看，试制的轿厢已基本覆盖了上海三菱电梯常用的不锈钢表面处理种类，且壁板表面质量令人满意。该产品的成功开发，填补了电梯镜面板用超纯铁素体不锈钢产品的空白，促进了宝钢超纯铁素体不锈钢在超低碳氮冶炼、纯净化冶炼、热轧辊迹表面缺陷控制等关键技术的提升。

宝钢生产的电梯面板用超纯铁素体不锈钢产品耐蚀性与奥氏体不锈钢 304 相当，价格比 304 更低，且价格稳定，深受电梯行业欢迎。三菱电梯对 B443NT 及 B443Nb 铁素体不锈钢需求量占其不锈钢用量的 70% ~ 75%，2014 ~ 2018 年累计采购 5.7 万多吨，比奥氏体不锈钢 304 节省成本 10619 万元。同时，节约贵重镍金属资源 4500 余吨。

酒钢建筑装饰用超纯铁素体材料在西奥、迅达、三菱、日立电梯得到应用。

第五节　景观建筑

不锈钢遍布城市各个角落。比如市政基础设施的街道和过街天桥护栏、灯杆、灯箱、供热设施、水箱、垃圾箱、广告牌、候车厅、宣传栏、雕塑、旗杆、隔音墙、交通指示牌、旅游纪念品等。国产材料已经完全满足需求。

图 3-5-15 ~ 图 3-5-19 为不锈钢在城市建设中的使用案例。

图 3-5-15　不锈钢过街天桥

图 3-5-16　不锈钢水箱

图3-5-17 不锈钢隔音墙

图3-5-18 不锈钢雕塑

图3-5-19 不锈钢彩钢制造现代家居和装潢

第六章　家电、厨卫和食品加工行业

改革开放初期，我国不锈钢产量少，工艺装备落后，产品成本高，主要用来满足重要工业领域使用，民用领域很少见到。随着我国不锈钢生产水平的提升，不锈钢产品逐渐出现在人们的日常生活中并越来越普遍，不锈钢产品数量、品种、质量、成本都可以满足人们的需求。今天，从不锈钢锅碗瓢盆、刀叉盘筷，到烟机灶具、微波炉电水壶，从冰箱洗衣机，到食品加工、厨卫洁具用品等，不锈钢在多数家庭已经普及。旧时王谢堂前燕，飞入寻常百姓家，不锈钢产品已经成为人们日常生活不可或缺的亲密伙伴。

据有关资料显示，家用电器、厨卫用具及其相关的五金制品，是最大的不锈钢消费领域，占不锈钢总消费的 40% 以上。该领域门类繁多，本章主要介绍国产不锈钢材料在家用电器、厨卫用具方面的情况。

第一节　家用电器

目前，全球 77% 的家用电器在中国生产，中国已成为全球家电产品制造中心。根据国家统计局数据显示，2020 年中国空调产量为 21064.59 万台，微波炉产量为 9321.57 万台，冰箱产量为 9014.71 万台，洗衣机产量为 8041.87 万台，冷柜产量为 3042.38 万台。全行业实现主营业务收入 1.48 万亿元，全年累计出口额 837 亿美元，出口额规模保持历史同期最佳水平，且增速为近 10 年来最高。

从消费端来看，目前我国一二线城市家电产品普及率已达到世界先进国家水平，并步入以更新为主的阶段，未来二三线城市及农村市场家电普及率有待进一步提升（尤其是空调），还存在较大的刚性需求。从出口角度来看，依托于中国家电行业正在逐渐掌握世界领先的核心技术，国内家电企业生产的产品不仅能满足多个国家的需求，而且能够为世界顶端的家电品牌开发创造新的家电产品。中国家电在国际市场中将迎来新的发展，尤其是在"一带一路"相关发展中国家，白色家电需求与人口规模并不匹配，三大白色家电都处于低保有量，缺口很大。

作为白色家电用钢中的不锈钢，其应用主要涉及洗衣机和烘干机内筒、热水器内胆、微波炉内外壳和冰箱内衬等。按照 2020 年主要白色家电生产台数及主要白色家电生产用钢数据（平均每台洗衣机用 21 千克钢，每台冰箱用 34 千克钢，每台空调 30 千克钢）估算，2020 年三大白色家电用不锈钢量将近 70 万吨。

一、家电用铁素体不锈钢

用于白色家电的不锈钢牌号主要为 304、316 等奥氏体不锈钢，以及 409L、430 等铁素体不锈钢。在20世纪初，我国的家电产业主要使用304和430铁素体不锈钢，而国外发达国家则以铁素体不锈钢为主。和奥氏体不锈钢相比，铁素体不锈钢不含镍或者含镍少，可以节约资源、降低成本，对国际市场镍价的波动不敏感。另外，通过控制有害元素和添加合金元素，铁素体不锈钢可获得比奥氏体不锈钢更好的抗点蚀、缝隙腐蚀和高温氧化性能，并可改善自身的耐晶界腐蚀性、冷成型性和焊接性；通过添加铜和银，还具有一定的抗菌能力。但同时，铁素体不锈钢对制造工艺的技术要求也比奥氏体不锈钢高。随着我国不锈钢冶炼和精炼水平的提高，碳、氮、硫的超低含量控制和稳定生产成为可能，提高了铁素体不锈钢的可制造性。铁素体不锈钢在我国家电行业的用途越来越广泛，包括从微波炉内外壳、洗衣机内桶、电饭煲、电热水器内胆、电热水瓶等种类繁多的家用电器，到洗碗机、烤箱、灶具、消毒碗柜等厨卫设备、餐具、五金产品等，以及其他各种箱、柜、台、架等。

自2004年起，宝钢不锈全面对标国外先进铁素体不锈钢生产企业，依托三步法冶炼工艺，开发了超纯铁素体不锈钢430和B430LNT。宝钢从2009年开始，与海尔合作开展洗衣机用B430LNT产品开发，先后完成了产品基本力学性能认证、二氧化碳激光焊接产线认证、光纤激光焊接产线认证，以及多条光纤激光焊接自动线的开发建设及产能爬坡；制定了430LNT内筒焊缝标准，改善了内筒腐蚀问题。国产铁素体不锈钢产品在板型、表面状态、力学性能、成型性、焊接性和耐蚀性等诸多方面做到了国际领先保持了钢板产品质量的长期稳定性，完全实现了国产化替代。

在海尔的示范效应带动下，在我国生产的合资品牌松下、三洋、惠而浦、博西华、GE、三星等欧美韩日系厂家的洗衣机也陆续采用了国产铁素体不锈钢产品。

经过十多年的摸索及改进，国产400系铁素体不锈钢已经广泛应用于我国家电制品的方方面面，产品进入千家万户。如宝钢还开发了B443NT，该钢铬含量高达21%，超低碳、氮、铌、钛双稳定化，不含镍、钼，价格比SUS304低，具有和SUS304同样优异的抗腐蚀性，焊接后也能保持良好的抗腐蚀性，深冲性能优于SUS430和SUS304，胀形性能不如US304，但优于SUS430，具有比SUS430更好的成型性；可应用在冷冻箱、洗碗机、电饭煲、微波炉等家电，以及洗碗池、煮食炉、抽油烟机、烹调锅、烧烤架。宝钢开发的B445J1M，耐蚀性与304相当，可用于水箱、太阳能热水器；B430LR，耐蚀性优于430，抗起皱性能良好，可用于冰箱面板等（见图3-6-1）。太钢还开发了耐蚀性超纯铁素体用于制造特种空调中的不锈钢换热管。

2020年，酒钢成功研发6Cr13超高碳马氏体不锈钢并具备批量生产能力，产品各项性能可以比肩同类进口产品，打破我国高端剃须刀用钢大部分长期依赖进口的局面。目前酒钢已累计为国内剃须刀生产厂家供应6Cr13-2B马氏体不锈钢近1000吨，并向国内外高端剃须刀制造厂家拓展。

二、家电用抗菌不锈钢

随着生活水平的提高，人们对生命健康的关注度上升，拉动了对抗菌产品的需求，而抗菌不锈钢制品及设施刚好可以满足这方面的需求。近年来有一些餐厨具、家电等用户多

图 3-6-1　铁素体不锈钢在家电制品行业的应用

次与宝钢联系，希望宝钢能够生产出抗菌不锈钢。抗菌不锈钢是在常规不锈钢的基础上添加铜、银等抗菌金属元素，并经过特殊的抗菌生产工艺，使金属基体中形成细小、均匀弥散分布的抗菌金属颗粒，部分抗菌金属颗粒裸露于金属表面，遇水会形成抗菌金属离子，抗菌金属离子与细菌或病毒接触起到杀菌和抗病毒的效果。抗菌不锈钢既保持了原有不锈钢的基本性能又具有良好的抗菌性能。

　　抗菌不锈钢特别适合用于洗衣机滚筒、洗碗机内板等家用电器部件，并可用于餐具、水槽等厨房设备，以及食品存储设备等，甚至可以用于电梯面板、扶手等建筑装饰。宝钢从 2009 年起先后成功开发出两种抗菌不锈钢产品：含银奥氏体抗菌不锈钢 B304Ag、含铜铁素体抗菌不锈钢 B430KJ。

　　宝钢生产的抗菌不锈钢的实物质量达到了国际先进水平，打破了国外钢厂在该领域的垄断。经国际权威机构检测，依照《抗菌加工制品—抗菌性能试验方法和抗菌效果》（JIS Z2801—2000）标准和《塑料和其他非多孔表面抗病毒活性的测定》（ISO 21702—2019）标准，B304Ag 抗菌不锈钢的抗菌性和抗病毒性均远优于普通 SUS304 不锈钢。

目前，宝钢的抗菌不锈钢产品已批量用于海尔洗衣机滚筒、空调配件等（见图3-6-2），用户反映抗菌效果良好，能够满足各项使用性能要求。酒钢开发的 430DQA 被海尔、老板、格兰仕、美的等用于洗衣机、油烟机、微波炉、冰箱等家电制品；430FRA 已供应上海实达、苏州日矿、浙江甬金等国内知名精密带钢加工企业。

图 3-6-2　抗菌不锈钢洗衣机滚筒

第二节　厨卫用具

不锈钢产品凭借其耐腐蚀、耐热、清洁等特性，大量用于制造燃气灶具、暖气设备、配管及储水箱、橱柜产品、食用器皿等日用品。餐厨具行业是日用制品领域不锈钢消耗最大的子领域，根据中国五金制品协会烹饪器具分会分析测算，全国不锈钢锅具及餐厨具制品 2020 年产值共约 430 亿元。

经过多年发展，我国已经形成了门类齐全的不锈钢厨卫制品产业。早在 2015 年底，中国已经成为全球不锈钢餐厨具产品的主要生产基地，其中 90% 以上的产品出口到海外市场。

随着我国人民的消费品质提升，越来越多的不锈钢用品走进千家万户。这些年我国家庭结构发生的变化，新生代和银发群体消费力量的崛起催生出多样化需求，健康、智能、设计与技术创新方面的用户需求将驱动供给端不断升级。人们对于高层次厨卫生活的升级诉求更为明显，具体表现为强烈的品牌意识和健康安全意识。目前，全部用不锈钢建造的大型公共厨房，家用整体厨房及其餐具不锈钢需求也大增（见图3-6-3～图3-6-5）。

图 3-6-3　全部用不锈钢建造的大型公共厨房

图 3-6-4　太钢产品制造的不锈钢整体厨房

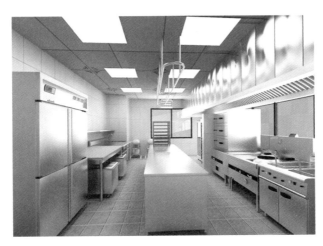

图 3-6-5　青山 QN 系列不锈钢应用于冰箱、洗碗机、灶台等厨房设备

整体厨房要同时具备"洗、切、烧、储"的几大功能，为了真正实现厨房功能性，就需要将水槽、水龙头、吸油烟机、燃气灶具、整体橱柜、各种管道连接件及厨房配件等各种产品有机结合，共同管理。不锈钢材料的应用成为了一种有效、可靠的解决方案，高强度不锈钢板、宽幅不锈钢板、具有抗菌功能不锈钢板等在整体厨房、整体卫浴领域都有很广阔的应用前景。

一、刀具用不锈钢

我国不锈钢刀具主要生产基地之一——广东阳江，每月生产刀具的不锈钢用量就在3000吨以上。在潮汕地区，聚集了大量不锈钢器皿生产企业，生产品种琳琅满目，十分齐全，绝大部分以出口为主，遍及家用电器、家具制品、餐具制品、厨具制品、卫浴制品、办公用品、日用产品、工艺制品等多个领域，各个领域都有数百至数千款规格、品种和花色，出口遍及世界各地。

酒钢开发的马氏体不锈钢20Cr13HN、30Cr13、40Cr13、50Cr15MoV等产品已进入宜家家居、阳江十八子、金石、金辉、海联等国内高端刀具制造企业，并逐渐扩展到模具、量具、火电、水电等领域。

广青联合阳江市五金刀剪研究院及下游刀具企业，共同研发"304Cu抗菌不锈钢熔覆刀"，为服务地方特色产业找到突破口，促成了广青科技的原材料与阳江市传统刀剪行业无缝对接。

二、厨具用不锈钢

在我国，"中国厨都"——山东滨州博兴县兴福镇，有着全国最大的不锈钢厨房用品生产基地之一。该地区产出的厨具用品不仅走进了星级宾馆、大学校园、绿色军营以及世界杯、奥运会的场馆，覆盖了全国三十多个省、市、自治区，并出口韩国、新加坡、俄罗斯等二十多个国家和地区。酒钢开发的430DQA被瑞典宜家、北美韦伯指定用于餐厨具制品。

日常生活中，附着在餐具上的大肠杆菌和金黄色葡萄球菌，极易引发肠胃疾病，影响人体健康。1996年致病性大肠杆菌O-157对日本社会的冲击，2003年"非典"疫情对全球的影响，使人们的卫生意识大大增强，健康环保的需求也大幅增加。因此，抗菌不锈钢在厨房用具里崭露头角。

目前国内很多企业和科研单位致力于抗菌不锈钢的研制。太钢于2005年成功研制生产出铁素体抗菌不锈钢（TKJF系列）和奥氏体抗菌不锈钢（TKJA系列），填补了国内抗菌不锈钢材料的空白。经中国科学院理化研究所抗菌检测中心检测，太钢抗菌不锈钢对大肠杆菌和金黄色葡萄球菌的抗菌率均大于99%，成为强抗菌材料。广青科技抗菌不锈钢广泛应用在五金厨卫、医疗和市政设施。中科院金属研究所、青山钢铁、宏旺集团等单位也正在研制含铜铁素体和奥氏体等抗菌不锈钢。

目前，太钢、宝钢生产的抗菌不锈钢应用到天津石泰餐勺、筷子、碗等餐具，以及浙江永康保温杯内胆等（见图3-6-6）。2009年，宝钢还向上海世博会赠送2010套"抗菌宝"不锈钢系列餐具。

图3-6-6 抗菌不锈钢餐具

第三节 食品机械

不锈钢也被广泛用于食品加工机械（饮料、果蔬、烘焙）、肉类机械设备（深加工、屠宰）、食品通用设备（罐装、杀菌、干燥）、商用厨房设备（工程炉灶、洗漱、净化）、食品包装机械（通用、贴签、封口）等（见图3-6-7～图3-6-11）。直接接触食品的机械用不锈钢材料，耐腐蚀性能最低不能低于304，常用材料为304、304L、306、316L，抗菌不锈钢是首选材料。

图3-6-7 啤酒生产设备和瓶水罐装设备

图 3-6-8　不锈钢酒类罐装生产线

图 3-6-9　大型电磁炒锅

图 3-6-10　酒钢不锈钢材料制造的西凤酒厂储酒罐和海天罐体

图 3-6-11　酒钢紫萱酒业不锈钢葡萄酒发酵罐和储罐

太钢 300 系产品相继中标宜宾五粮液储酒库及待包酒库工艺设备集成项目、今世缘酒业智能物流包装项目和汾酒中国汾酒城酒罐及发酵槽项目，为制酒行业提供保障支持；热卷、中厚板中标宁夏泰瑞制药老厂搬迁、合成药、发酵药项目。

第七章　医疗和制药领域

人类的历史也是一部与疾病的抗争史。现代医药的发展离不开医疗器械和生物制药水平的提升。医疗器械和生物制药设备或直接或间接与我们人体相接触，因此材料的选用尤为重要。

医院的很多医疗器械或设备要和人体接触，甚至要刺透人体的皮肤组织和接触人的血液器官，在重复处理的过程中，也会受到化学消毒剂或者高温的侵蚀，所以对其材料的化学性能要求极高。不锈钢具有易清洁、易消毒、耐腐蚀、美观轻便和抗菌等优异性能，医疗装备器械及耗材，像常见的手术台、手术车、手术刀、供氧系统、医疗车、注射针头、医用不锈钢毛细管、医用包胶线等或其他卫生条件至关重要的领域都广泛应用不锈钢制作。

随着国际产业加速转移，中国将成为全球医疗器械的重要生产基地，我国医疗器械市场规模已跃升至世界第二位，尤其在多种中低端医疗器械产品方面，产量居世界第一。2020年，受新冠肺炎疫情影响，我国医疗器械行业市场迅速增长，预计其市场规模将超过8500亿元。

制药领域也对不锈钢有需求。近年来，我国制药设备行业市场规模一直保持20%以上的速度增长，市场规模从2018年的450亿元增长至2019年的近千亿元。2020年，国内制药装备行业的市场规模为1300亿元。

未来，随着部分原来依赖进口的医疗器械和生物制药装备逐步实现国产化，国产不锈钢在我国生物医疗领域将得到越来越广泛的应用。

第一节　医　　疗

近年来，随着我国经济的不断发展以及生活水平的不断提高，人们的医疗保健意识逐渐增强，对医疗器械产品的需求也在不断地攀升。骨科手术器械工具中不锈钢应用量最大，尤其是一些需要植入人体内的不锈钢人造关节、不锈钢支架等，更是不锈钢大显身手的场所。用于手术、麻醉、急救、监护及专科、理疗、体疗、放射、影像、检验、病理、消毒、质控等医疗设备中不锈钢材质不断增多。其中，以麻醉为主体的手术室装备由于消毒要求标准严苛，不锈钢使用量也很大。总体看，医疗器械市场需求将持续增长，不锈钢需求潜力大。

一、植入式医用不锈钢

医用不锈钢由于具有良好的生物相容性、良好的力学性能、优异的耐体液腐蚀性能，以及良好的加工成型性，已经成为临床广泛应用的医用植入材料和医疗工具材料，是目前生物医用金属中应用量最大、范围最广的一种材料。

医用不锈钢被广泛用来制作各种人工关节和骨折内固定器械，如各种人工髋关节、膝关节、肩关节、肘关节、腕关节、踝关节和指关节，各种规格的截骨连接器、加压钢板、鹅头骨螺钉、脊椎钉、骨牵引钢丝、人工椎体以及颅骨板等。在齿科方面，医用不锈钢被广泛应用于镶牙、齿科矫形、牙根种植及辅助器件，如各种齿冠、齿桥、固定支架、卡环、基托等，各种规格的嵌件、牙齿矫形弓丝、义齿和颌骨缺损修复等。在心脏外科方面，使用医用不锈钢制作心血管支架等。

医用不锈钢与工业结构用不锈钢相比，由于要求其在人体内保持优良的耐腐蚀性，以减少金属离子溶出，避免晶间腐蚀、应力腐蚀等局部腐蚀现象发生，防止造成植入器件失效断裂，保证植入器械的安全性，因此其化学成分要求相对更加严格。医用不锈钢特别是植入用不锈钢，其中的镍和铬等合金元素含量均高于普通不锈钢（通常达到普通不锈钢的上限要求），硫和磷等杂质元素含量要低于普通不锈钢，并明确规定钢中非金属夹杂物尺寸要分别小于115级（细系）和1级（粗系），而普通工业用不锈钢标准中并不对夹杂物提出特别要求。

医用不锈钢常采用316L或317L奥氏体不锈钢，其中316L不锈钢一般是制作医用人工关节（关节柄和关节头等）的金属材料（见图3-7-1）。由于奥氏体不锈钢在固溶状态下的强度和硬度均偏低，因此临床使用的外科植入用不锈钢通常是冷加工状态（冷加工变形量为20%左右），以满足植入器械要求的高强度和高硬度。

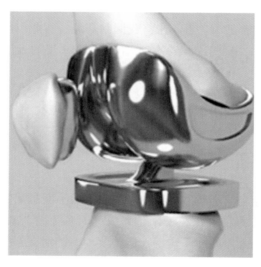

图3-7-1　植入式医用不锈钢材料心脏支架和关节

心血管支架中也可以使用不锈钢材料。考虑到生物相容性和抗凝血性能，在国家"863计划"和"973计划"等项目支持下，中科院金属研究所与中科益安医疗科技（北京）股份有限公司合作开发了无镍不锈钢心血管支架产品，并于2021年1月4日获得了欧盟认证机构颁发的CE证书。无镍不锈钢心血管支架产品具有支架网丝细（0.07毫米）、柔韧性好、抗凝血等特点，并可以扩大应用到镍过敏人群，为更多患者提供安全有效的治疗（见图3-7-2）。

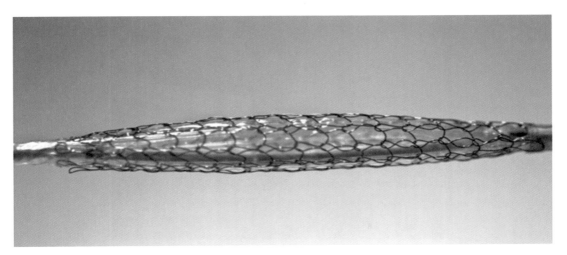

图 3-7-2 不锈钢心脏支架

二、医疗器械用不锈钢

除用于加工各种外科植入器械外，医用不锈钢还用于加工各种各样的医疗手术器械或工具，早在 1925 年，外科器械目录就将不锈钢作为替代镀镍碳钢器械的一种昂贵的替代方案。外科器械刀具中最常采用的材料是含镍 304 奥氏体不锈钢（在不要求高硬度时）或 431（S43100）、420F（S42020）、440C（S44004）、17-4PH（S17400）等马氏体不锈钢（当有硬度要求时）。

目前国内主要不锈钢企业都可以生产医用奥氏体不锈钢和马氏体不锈钢材料。酒钢还制定了医疗体系用马氏体不锈钢的标准规范，并在亚洲最大的医疗器械厂——上海医疗器械有限公司试用，并开始批量供货（见图 3-7-3）。

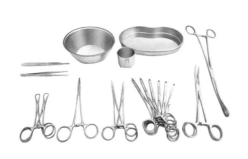 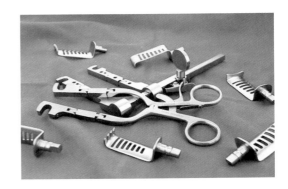

图 3-7-3 不锈钢制手术器械

不锈钢还被用于制造针头等一次性耗材，其使用量越来越大，如一个区域中心医院一年仅不锈钢一次性针头的使用量就以吨计。另外，不锈钢还用于制造心肺机等医疗设备（见图 3-7-4）。

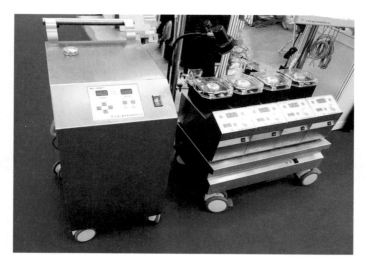

图 3-7-4　全部用不锈钢材料制作的心肺机

第二节　制　　药

制药设备是用来生产药品的机械，按照用途的不同，可分为原料药设备及机械、制剂机械、药用粉碎机械、饮片机械、制药用水设备、药品包装机械、药物检测设备、制药辅助设备等八种类型。近年来，随着医药产业的不断发展，我国制药设备行业也保持着较为快速的发展。

不锈钢是生物制药行业的首选材料，有利于保持清洁高效的药品生产（见图 3-7-5 ～图 3-7-7）。316L（S31603）不锈钢一直是制造生物制药生产设备的主要材料，被生物加工设备（BPE）等纳入标准规范。近年来，随着更多含氯化物环境的制药设备采用不锈钢材质，人们开始越来越多地使用 6% 钼型超级奥氏体不锈钢甚至镍-铬-钼系的镍基合金。

图 3-7-5　中药浓缩提取设备

图 3-7-6 不锈钢制药机械

图 3-7-7 双效酒精回收浓缩器

指定用于生物制药用的大多数设备都要求高的表面质量，表面不能有凹点，以免污染药品。常常通过电解抛光和钝化来改善 316L 不锈钢的表面质量和耐腐蚀性能，以保证设备的清洁。

第八章　不锈钢界的"明星"产品

不锈钢的应用领域如此广泛，除了本篇前几章介绍的在国民经济和人们生活几个主要领域的大宗应用以外，不锈钢界还有众多的"明星"产品。

在航空航天、军工等领域，国产不锈钢已有近二十种牌号产品应用于"神舟"系列飞船，"嫦娥"月球探测器的关键部位、"东风"系列导弹、"长征"系列运载火箭的发动机关键部件及尾喷管、火箭核心燃烧室、亚洲最大的宇航员失重训练用浮力水槽，以及模拟太空环境训练设备等国之重器。

在节能降碳、环境保护、循环利用领域，国产不锈钢大量应用于烟气回收脱硫塔塔内核心部件烟气脱硫阳极板、阳极管，循环脱硫筛网、细微颗粒拦截设备，废水回收处理的管道、泵阀、污水处理槽，固废处理的处理器、叠螺式污泥脱水机，垃圾分选、焙烧炉设备等部件和装置，为我国碳达峰、碳中和提供了有力支撑。

除此之外，"造币钢""笔尖钢""手撕钢"也是不锈钢界的翘楚，可谓家喻户晓。

作为近百年来全世界范围内少数一直保持较大使用量增长幅度的材料、新发展理念的全面贯彻实施、我国经济长期稳定快速发展、人民对高品质美好生活的不断追求，不锈钢材料必将得到各行各业的青睐，在我国实现第二个百年宏伟目标——建成社会主义现代化强国的进程中，发挥出更加独特的作用，绽放更加绚丽的光彩。

第一节　造　币　钢

人民币，被称为"共和国的名片"，象征着国家的尊严。硬币是人民币中的一种，对制作材料有着很高的要求。一直以来，我国的一角硬币采用铝材制造，在流通过程中，容易氧化、污损，影响美观。保持硬币的环保、清洁，对于保证身体健康具有重要意义。太钢开发出具有世界领先水平和防伪技术的不锈钢造币钢，填补了我国造币领域的空白，实现了造币用不锈钢的国产化，太钢不锈钢产品走进了人们的日常生活。用太钢造币不锈钢制造的新版1角硬币，不管用多久都是"锃亮如新"。小小的1角硬币，看似简单，但其中蕴涵的工艺十分复杂。

从2004年起，经过数十次研究与试验，太钢攻克了一个个关键技术难题，成功开发出了具有世界领先水平的造币不锈钢材料。2005年8月16日，由太钢不锈钢生产的1角硬币正式发行。如今，在市场上流通的新版1角硬币，均采用太钢生产的造币钢制造，具有美观大方、绿色环保、防锈耐磨等诸多优点。目前，太钢已经和欧洲两个最大的造币厂——荷兰、芬兰造币厂形成良好稳定的批量供货关系。

第二节　笔　尖　钢

我国每年生产 400 多亿支圆珠笔，是世界上最大的圆珠笔生产国。笔头用钢分为笔尖球珠和球座体用钢两个部分。其中，球珠用材料不仅可以满足国内需求，还大量出口。但球座体结构精密，加工性能要求极高，无论是生产设备还是原材料，长期以来一直依赖进口。

早在"十二五"期间，我国就针对笔头用不锈钢材料进行了大量的基础性研究试验。太钢与国内主要制笔企业和相关科研院所共同实施"十二五"国家科技支撑计划项目——"制笔行业关键材料制备技术研发与产业化"，经过 5 轮近百项的试验，太钢先后在笔头用不锈钢材料的易切削性、性能稳定性、耐锈蚀性等 7 大类工艺难题上取得重大突破，掌握了贵重金属合金均匀化、夹杂物无害化处理等多项关键技术，为关键材料的国产化并实现批量化大生产奠定了基础。

2016 年 9 月，太钢成功生产出第一批切削性好的直径 2.3 毫米的不锈钢钢丝材料，经过国内知名制笔企业实验室近千次的极限测试，用国产原料生产出来的笔芯实现了不同的角度下连续书写 800 米不断线。测试结果表明，圆珠笔出水均匀度、笔尖耐磨性基本稳定，产品质量与国外产品相当。

首钢吉泰安新材料公司多年来坚持走产学研用和产品创新的发展道路，研发并转化了一批在国内外具有领先水平的高端合金材料，继 2016 年研制出含铅圆珠笔头用超易切削不锈钢丝材料后，2018 年，又研发成功环保型无铅圆珠笔头用超易切削新一代不锈钢材料。

2019 年年底，我国青拓集团也成功生产了一种全新的基体合金设计、环保型易切削超纯铁素体不锈钢笔尖材料。2020 年其生产的圆珠笔头用环保易切削超纯不锈钢通过了客户的综合性能评估，为客户批量供应圆珠笔笔头材料。

在前期大量的试验和实践基础上，我国还起草编制了《笔头用易切削不锈钢丝》行业标准，该标准填补了我国该类产品标准的空白。通过国内企业的努力，改变了笔尖钢原材料由国外进口的格局。

第三节　手　撕　钢

"手撕钢"是媒体或老百姓对"宽幅超薄精密不锈带钢"的一种通俗叫法，属于不锈钢板带领域中的高端产品。不锈钢精密带钢，是一种具有高强度、耐腐蚀、抗氧化、易加工、耐磨损、外观精美等特点厚度很薄的不锈钢带钢。由于不锈钢精密带钢是不锈钢中尺寸精度最高、性能要求最为严格的高技术含量产品，对原料及装备要求极高，工艺技术复杂，生产控制难度大，世界上只有极少数国家能够生产，因此长期以来，其工艺技术和产品被国外垄断，我国重点行业和关键领域用高强度不锈钢精密带钢全部依赖进口。

为了改变这种状况，2008 年，太钢开始投资建设高强度不锈钢精密带钢生产线，产品定位于高端精密加工行业，最薄达 0.05～0.02 毫米、最窄 3 毫米，强度达到 2100 兆帕的不锈钢精密带产品，满足用户对各种性能和尺寸精度产品的要求。从 2008 年建设、投产、试产、量产，到 2012 年太钢精密带钢有限公司已经可以量产厚度在 0.05 毫米以下的一定幅宽的高强度精密不锈带钢。为了不断满足市场对高端宽幅超薄精密不锈带钢的需求，以及引领先进生产技术，从 2016 年起，太钢组成创新研发项目团队开展联合攻关，先后历经 700 多次的试验失败，攻克 170 多个设备难题、450 多个工艺难题，实现了一系列关键工艺和生产制造技术的重大突破，于 2018 年成功生产出厚度仅 0.02 毫米、宽度达到 600 毫米的不锈钢精密带材，产品实物质量达到国际领先水平，可谓"十年磨一剑"。

"手撕钢"产品 0.02 毫米的厚度相当于一张 A4 纸厚度的 1/4，其在如此薄的情况下的 600 毫米宽度是领先于其他国家的。太钢也因此成为全球唯一可批量生产宽幅超薄精密不锈带钢的企业，引领世界不锈钢超薄带钢发展方向，代表了钢铁行业尖端制造水平。该宽幅超薄精密不锈带钢产品成为航空航天、军工核电等尖端制造领域的关键核心基础材料，广泛应用于航空航天、电子、计算机、家电、医药、医疗卫生、汽车、纺织、石油化工和精密机械加工等行业（见图 3-8-1），不仅填补了国内生产高端不锈钢精密带钢的空白，成功替代了进口，而且对于延伸不锈钢产业链，提高产品附加值具有重要意义。

2020 年 5 月 12 日，习近平总书记到太钢精密带钢公司考察时，高度评价"手撕钢"工艺先进、技术领先，称赞企业把"百炼钢化成了绕指柔"。习近平总书记强调"产品和技术是企业的安身立命之本"，要求太钢精密带钢公司"再接再厉，在高端制造业科技创新上不断勇攀高峰，在支撑先进制造业方面迈出新的更大步伐"。

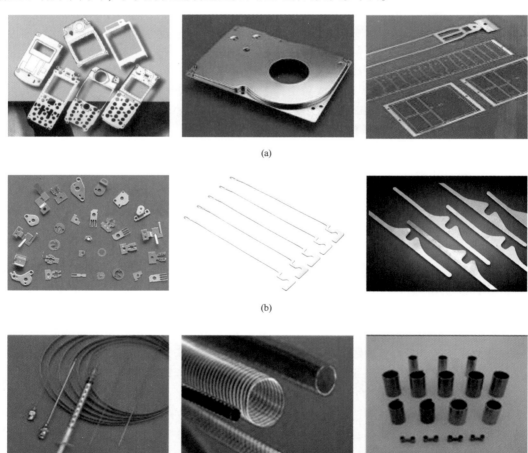

(a)

(b)

(c)

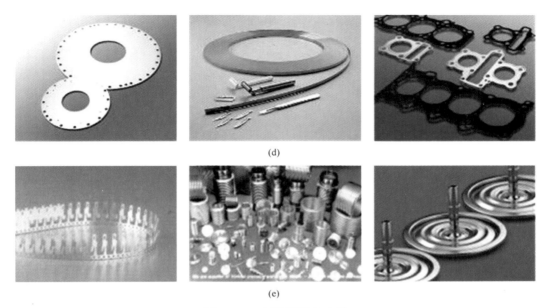

图 3-8-1 精密带钢的应用

（a）手机外壳磁盘开关器蚀刻件；（b）子冲压件纺织综片纺织钢箔；
（c）针头带心脏手术导管支架恒力弹簧；（d）金刚石内圆锯刀具汽缸垫；
（e）航空用涡轮紧固件和精密不锈钢膜盒汽油滤清器端盖

太钢精密带钢公司牢记习近平总书记殷殷嘱托，在新产品、新技术、新材料等方面持续发力，成立了 7 个高端市场急需的关键材料及技术创新攻关组，其中 5 个项目产品已形成量产，推向市场，在高端电子、新能源等领域拓展了应用市场。2020 年 8 月，太钢精密带钢公司经过对现有轧制核心技术的攻关、特殊辊系的开发、超薄带钢厚度自动控制系统的改进，以及对热处理工艺的优化，把已经是世界最薄最宽的 0.02 毫米不锈带钢推向了新的纪录，实现了厚度 0.015 毫米（仅为一张 A4 纸厚度的 1/7）、宽幅 600 毫米不锈钢箔材的生产，现已小批量投放市场，应用于新能源行业电池包覆材料。基材厚度的减薄使得相同体积下的新能源电池电容量增加，这将助力新能源行业发展。除此之外，更薄的"手撕钢"在精密加工、高端电子得到了新的应用。

5G 通信、高端电子、航空航天、核电等领域对"手撕钢"都有需求，太钢与华为 2012 实验室、华星光电、领益、京东方等知名企业创新研发平台紧密协作，同时与上海交通大学、北京科技大学、太原理工大学、武汉科技大学建立产学研联合攻关团队，以山西省企业技术中心、山西省精密带钢工程技术研究中心为平台，正在涉及 5G 通信领域用高强超薄带材、超导领域特殊合金、新能源领域用特殊表面特殊性能材料等多个国内空白领域开展基础材料研发与创新。

2021 年，宁波宝新和甬金科技也分别生产出厚度为 0.025 毫米和 0.05 毫米的超薄不锈钢精密带，广泛应用在电子、汽车、医疗、食品等领域。

2021 年 9 月 15 日，青山实业成功轧制 0.03 毫米"手撕钢"，进一步丰富了产品结构，是产品拓展迈出重要一步、满足市场新需求、提升产品附加值的新举措，也为制造强国建设贡献一份青山力量。

第四篇

中国不锈钢
重点单位及产业集聚区

中国不锈钢的发展历史，是一部国内相关不锈钢生产、科研、加工、贸易、应用各个环节，与行业组织一起凝聚力量、奋发图强取得伟大成就的历史；是一部多种所有制结构取长补短、兼容并蓄、同心勠力推动中国不锈钢事业快速发展的历史；是一部改革开放、博采众长、与全球不锈钢企业和组织合作共赢取得丰硕成果的历史。

改革开放以前，我国不锈钢的研发生产主要靠钢铁研究总院、太钢、抚钢等企业承担，应用主要集中在国防和工业领域。改革开放带来了国内不锈钢市场的巨大需求，在国家支持国企、鼓励民企、引进外资政策的指引下，给中国不锈钢的发展提供了巨大的内生动力。这期间，我国不锈钢行业组织——中国特钢企业协会不锈钢分会应用而生，组建专家队伍，大力宣传和推广不锈钢，开发不锈钢市场；为政府提供决策支持，为会员提供咨询服务；搭建上下游、国内外合作交流平台，为我国不锈钢行业高质量、健康发展起到了重要作用。

在科研领域，作为我国不锈钢工业新材料研发基地、共性关键技术开发基地和产品分析测试权威机构的钢铁研究总院，始终为不锈钢行业创新发展输出强大动力。以我国著名不锈钢材料专家陆世英、吴玖、胥继华等为代表的专家队伍，为我国不锈钢事业的发展作出了杰出贡献。

在生产领域，中国宝武太原钢铁（集团）有限公司70年不锈钢生产历史的积淀，是全球不锈钢行业的领军企业。青山实业，历经三十年的风雨兼程，敢为人先，缔造了全球不锈钢企业发展的传奇。浦项（张家港）不锈钢股份有限公司是国内最早引进的不锈钢合资企业，产品和服务誉满国内。专业从事高品质不锈钢棒线材、特种合金材料的永兴特种材料科技股分有限公司、致力于为全球工业提供高性能材料的浙江久立特材科技股份有限公司、深耕不锈钢冷轧领域的浙江甬金金属科技股份有限公司，都是"专精新特"的代表。

在浙江温州地区，云集了以华迪钢业集团有限公司等为代表的600多家不锈钢企业集群。在浙江松阳，集中了上上德盛集团股份有限公司等为代表的48家不锈钢管企业。在江苏兴化戴南，形成了以江苏星火特钢有限公司等企业为代表的1200多家、产业链齐全的产业集聚区。

在加工配送和流通领域，大明国际控股有限公司已经成长为全球规模最大和技术领先的高端制造配套服务商。佛山、无锡已经成为全国主要的不锈钢集散中心。广东阳江刀具厨卫、潮汕五金制品、河北安平丝网等形成了各具特色的、产业链健全的不锈钢产品制造基地，极大地带动了我国不锈钢行业的发展。

在国际合作领域，国际镍协会、国际钼协会、国际铬发展协会等国际组织，与我国不锈钢行业组织合作，开展形式多样的不锈钢材料的宣传推广活动，促进了我国不锈钢行业的发展。

由于本书篇幅有限，还有许多为我国不锈钢事业作出突出贡献的组织和人物的事迹未能在本书中记载。中国不锈钢事业取得的伟大成就，包含了所有为这一事业奋斗的同仁的心血和汗水，这是值得我们永远牢记的。

中国特钢企业协会不锈钢分会

一、中国特钢企业协会不锈钢分会介绍

中国特钢企业协会不锈钢分会（Stainless Steel Council of China Special Steel Enterprises Association，CSSC，以下简称分会）是中国特钢企业协会的分支机构，是非营利的全国性民间组织，服务于中国不锈钢行业。

（一）分会历史

1998 年 2 月，经冶金工业部党组和民政部批准，中国特钢企业协会不锈钢分会在北京正式成立。

2002 年分会加入中国钢铁工业协会，成为该组织的团体会员。

2005 年经外交部批准，分会加入 ISSF（国际不锈钢论坛），成为组织团体会员，并和世界上其他不锈钢协会一样成为 SSDA（世界各国不锈钢发展组织）的一部分。

分会现有注册会员单位 238 家，包括了国内主要的不锈钢生产和营销企业，科研院所，不锈钢原料、下游用户及国外不锈钢企业驻中国代表处等。

（二）分会宗旨

分会沟通不锈钢行业与政府主管部门、其他相关行业组织、国际不锈钢组织、国际和国内知名不锈钢企业和科研机构、相关院校等，发挥行业协会的桥梁纽带作用，以服务为宗旨，对不锈钢信息进行收集和分析研究，为发展不锈钢提供科学的导向，促进不锈钢生产、科研、开发、应用和市场流通领域的联系，沟通信息，组织专家咨询指导，开发不锈钢市场，促进中国不锈钢工业的健康发展。

（三）分会服务

宣传贯彻国家有关不锈钢方面的方针政策、法律法规。定期召开年会，总结工作、沟通信息，协调处理不锈钢行业有关问题。向政府主管部门及时反应不锈钢行业的意见和要求，努力寻求国家和社会对不锈钢行业的关心和支持。遵循 WTO 的基本规则，积极协助企业维护我国不锈钢行业的合法权益。汇集、统计、加工整理各会员单位和国内外不锈钢的生产、设计、科研、应用及市场需求的信息和资料。根据需要举办不锈钢讲座、学习研讨会及培训班，开展技术咨询，技术服务和信息服务。积极开展与国际不锈钢行业组织、相关行业组织、国际知名企业和各社会团体的合作交流活动。

分会组织的主要活动：400 系不锈钢国际会议、双相不锈钢国际会议、超级奥氏体不锈钢及镍基合金国际会议、国际不锈钢管大会、不锈钢行业年会，以及定期的不锈钢应用

推广会及知识培训。

(四) 主要工作

1. 做好政府与行业的桥梁与纽带

分会先后为政府相关部门完成我国加入 WTO 后不锈钢对策研究调查报告；提出关于维护和规范不锈钢市场，提高不锈钢产品质量的建议；与海关总署共同进行打击走私调查和反倾销调查；配合财政部对进口补贴排除等工作；提出限制进口伪劣不锈钢产品建议；配合卫生部和国家标准化委员会修订《食品安全国家标准不锈钢食具容器》国家标准；配合国家钢铁去产能、打击"地条钢"有关工作，与中国钢铁工业协会等部门提出"关于支持打击'地条钢'、界定工频和中频感应炉使用范围的意见"等。分会组织专家参与不锈钢标准的编制审定工作，及时向有关部委提供相关企业申请上市、专项资金、专项荣誉等方面资料，反映行业有关国际贸易、"三废"处理等方面的诉求，为政府决策提供支撑。

2. 组建专家队伍，及时为行业健康发展提供咨询指导

2001 年成立不锈钢分会专家委员会。为尽快提高我国不锈钢生产技术水平，专家奔赴各地组织各种类型的培训和专题研讨会，比如召开民营企业不锈钢精炼、连铸、连轧技术研讨会，举办石化工程建设双相不锈钢制造技术培训班、不锈钢炉外精炼和标准培训班、森吉米尔技术与装备优化培训班、不锈钢标准与专业知识培训等。专家委员会对许多地方和企业的不锈钢进行项目和工艺技术方案的论证、产品开发和质量提升咨询，为行业健康发展提供了科学指导。

为提高国内不锈钢生产应用水平，分会组织专家著书立说，供业内外学习。比如陆世英教授 2007 年著《不锈钢概论》（2013 年再版）、2012 年著《超级不锈钢和高镍耐蚀合金》；2010 年黄嘉琥著《压力容器用镍及镍合金》；2012 年康喜范著《超级铁素体不锈钢》；2015 年李天宝等编著《现代铁素体不锈钢的性能及应用》等。并翻译了许多国外著作，介绍国外先进不锈钢加工制造技术和历史知识，如《铬冶金学》《镍提取学》《不锈钢的损伤及其防止措施》《不锈钢的表面加工——制造方法与用途》《伴随不锈钢 50 年》《不锈钢历史》等。

3. 搭建产学研用平台，共同推进我国不锈钢持续健康发展

分会在国际上首创双相不锈钢国际会议，组织召开 400 系不锈钢国际会议、超级奥氏体不锈钢及镍基合金国际会议和国际不锈钢管大会。这些会议搭建了国内外的产学研用平台，邀请国内外著名企业和一流专家进行研讨，对改善我国不锈钢品种结构，提高我国不锈钢产品的生产应用水平起到了非常重要的积极作用。我国双相不锈钢产量从无到有，年产量不断突破；铁素体不锈钢比例已经由不足 5% 上升到 20%；超级奥氏体不锈钢及镍基合金生产应用也有了非常大的进步。

4. 加强与国际相关组织合作，加快我国不锈钢工业赶超世界水平的步伐

分会先后与中国贸促会冶金行业分会主办了中国国际不锈钢大会和展览会。与国际镍协会（NI）、国际钼协会（IMOA）、国际铬发展协会（ICDA）以及中信金属有限公司（CITIC）建立了密切合作关系，共同组建了国际非正式合作组织"中国不锈钢合作推进小组"（CSCPG），其目的是：共同开发中国不锈钢市场，科学引导不锈钢品种的发展、合理选择和正确使用，密切关注不锈钢及其组成元素对人体健康和生态环境的影响。合作组织编写翻译不锈钢在各个领域推广使用的资料，邀请国外专家来华交流，在国内各地经常举办不锈钢在建筑结构、桥梁、供水、汽车、换热器等领域的应用推广研讨活动，推广不锈钢使用。与国际不锈钢论坛（ISSF）共同召集，于2007年6月在佛山召开首届世界各国不锈钢发展组织（SSDA）会议。2012年5月，分会作为中国主办方之一，协助ISSF第十六届年会在北京召开，同期举办不锈钢100周年的展览，会后组织中外代表参观太钢。

5. 办好会刊等媒体，讲好不锈钢故事，宣传不锈钢应用

分会成立之初，急需面向广大消费者普及不锈钢基本知识，提供市场信息，1998年10月分会会刊——《不锈》创刊。会刊内容主要介绍国内外不锈钢新工艺、新技术、新装备、新应用（至2020年已经发行89期）。2001年1月，分会《不锈—市场与信息》创刊，及时向读者推送国内外不锈钢行业市场动态信息（至2020年已经发行了420期）。

2000年分会网站上线，2016年分会微信公众号上线，及时宣传党和国家有关方针政策，发布行业最新动态信息，宣传不锈钢在各领域最新应用实例，讲好不锈钢故事，积极推广不锈钢在各领域的应用，做大不锈钢市场。

二、中国不锈钢行业发展的贡献者和推动者

李成是誉满中外的不锈钢专家，教授级高级工程师、北京科技大学兼职教授，享受国务院政府特殊津贴，曾获全国五一劳动奖章、全国优秀企业家金球奖。1954年，李成怀着"到祖国最需要的地方去"的工业报国理想，从北京钢铁学院（现北京科技大学）毕业奔赴太原钢铁公司参加工作，一直到2015年离开中国特钢企业协会不锈钢分会领导岗位，他为中国不锈钢事业整整奋斗了60年。

1997年，中国不锈钢产量只有25万吨，占世界产量的1.56%，消费量却有70万吨，而国内不锈钢产量、质量、品种等都无法满足国内需求，大量不锈钢材需要进口。不锈钢生产、消费的各个环节与世界发达国家相比有很大的差距。为了尽快改变我国不锈钢工业落后局面，满足国民经济、社会发展需要，推动我国不锈钢行业持续健康发展，借鉴发达国家的经验，经冶金工业部党组批准，李成筹建了第一个全国性不锈钢行业组织——中国特钢企业协会不锈钢分会，于1998年2月20日在北京正式成立。李成担任常务会长，主持工作。

（一）普及不锈钢知识，创立会刊等宣传媒体

分会成立之初，急需面向广大消费者普及不锈钢基础知识，提供市场信息，1998年

10月李成创办分会会刊——《不锈》（季刊），并任主编。会刊内容主要介绍国内外不锈钢新工艺、新技术、新装备、新应用。每篇文章，包括大量外文资料，都是他亲自挑选定稿（至2020年年底已经编发了89期）。2001年1月，分会《不锈——市场与信息》创刊，及时向读者推送国内外不锈钢行业市场动态信息（至2020年底已经编发了420期）。2000年，分会建立网站，及时宣传党和国家有关方针政策，发布行业最新动态信息，宣传不锈钢在各领域最新应用实例。

（二）尊重知识和人才，组建专家队伍

不锈钢分会为了承担起政策咨询、行业发展、推广应用、国际合作等重任，李成会长牵头组建一支覆盖不锈钢各个领域的专家队伍。2001年5月6日，分会专家委员会正式成立，主任陆世英（原钢研总院合金钢研究部副主任），副主任林企曾（原太钢集团总工程师），成员包括李成，钢铁研究总院知名专家赵先存、康喜范、杨长强、吴玖、韩怀月等专家；专业包括了冶炼、不锈钢种开发、项目规划、耐蚀合金、双相钢、钢管、压力容器、冷轧、复合板、棒线丝材、焊接、标准、信息等。

专家委员会成立之后，为了尽快提高国内不锈钢生产制造水平，帮助下游用户解决正确选择、合理使用不锈钢的难题，2003年9月，李成任主编，组织专家编写了出版国内第一本《不锈钢实用手册》，中国工程院原院长徐匡迪作序。该书内容覆盖了常识、统计、国内外企业、标准、性能、焊接与表面加工内容，共计160万字。

2000年8月，专家委员会完成了《我国加入WTO后不锈钢对策研究调查报告》。2001年7月，专家委员会提出"关于维护和规范不锈钢市场，提高不锈钢产品质量的建议"。2005年专家委员会提出限制进口伪劣不锈钢产品建议，被国家有关部门采纳。2011年10月，专家委员会就在市场上采购的苏泊尔不锈钢器皿的质量检验结果，召开新闻发布会，并写了专题报告提交。2011年11月，李成、陆世英等专家多次到卫生部反映修订《食品安全国家标准　不锈钢制品》国家标准的意见，坚持要求在新修订的国家标准中明确主体材料须符合国家现行标准，最终被2011年12月21日新的强制性国家标准《食品安全国家标准　不锈钢制品》（GB 9684—2011）采纳。

为了尽快提高国内不锈钢生产制造水平，组织专家开展培训、调研、会议等各项活动，2002年10月，在上海举办不锈钢炉外精炼和标准培训班；2004年8月，在太原举办森吉米尔技术与装备优化培训班；2012年12月，分会和国际镍协会在邢台钢厂联合举办不锈钢专业培训等。

为了调动全行业科技人员的积极性，2008年，在分会成立十周年之际，李成策划组织对中国不锈钢产业作出突出贡献的专家进行表彰和奖励，授予分会专家委员会中十位专家陆世英、林企曾、吴玖、康喜范、韩怀月、江永静、刘尔华、杨长强、朱诚、徐效谦"金鼎荣誉奖"；授予原张家港浦项总经理郑吉洙、原宝钢不锈钢分公司总经理刘安等"特别纪念奖"；授予已逝不锈钢专家田定宇"终身奉献奖"。2012年7月26日，以"铭记历史，展望未来，再创辉煌"为主题的纪念中国不锈钢工业化60周年大会上，李成组织了对60年来为我国不锈钢工业作出重要贡献的专家、单位的表彰活动，大会授予陆世英等6

人为"中国不锈钢发展杰出贡献专家";授予康喜范等48人为"中国不锈钢发展突出贡献专家",授予中国钢研科技集团有限公司等4家企业为"中国不锈钢发展杰出贡献企业",授予酒钢集团天风不锈钢公司等10家企业为"中国不锈钢发展突出贡献企业",授予国际镍协会北京办事处等5家单位为"中国不锈钢发展突出贡献单位"。

这些表彰活动,对进一步调动了广大科技人员的积极性和创造性,对推动我国不锈钢事业高质量发展起到了重要作用。

(三)加强国际合作交流,促进我国不锈钢工业高质量发展

作为知识渊博的学者和履历丰富的企业家,李成始终把学习引进国际先进技术和成果作为加快我国不锈钢高质量发展的战略性任务。走出去学习国外新技术、新工艺和先进装备。2003年8月和2005年10月,分会与国家冶金规划设计研究院两次组团赴乌克兰学习交流协商引进GOR不锈钢生产技术。在乌克兰专家的指导下,这种新工艺很快在国内四川、山东、福建等地企业成功落地。2006年10月,分会组团赴乌克兰学习无缝管生产研发技术。在分会工作期间,李成先后访问古巴、日本、韩国、俄罗斯、美国、德国、英国、南非等国家,拜访欧洲不锈钢协会、日本不锈钢协会和国际不锈钢论坛等国际协会。

2005年在外交部的批准下,不锈钢分会加入国际不锈钢论坛,为了加强与各国不锈钢行业组织的合作交流,2007年6月20—22日,由分会和国际不锈钢论坛共同召集,在佛山召开了世界各国不锈钢发展组织会议。

与国际镍协会等相关国际组织建立密切合作关系,共同举办相关会议和活动,邀请国外专家来华交流。2013年9月17日,由李成建议发起,不锈钢分会、国际镍协会、国际铬发展协会、国际钼协会和中信金属有限公司共同发起的国际非正式合作组织"中国不锈钢合作推进小组"在北京正式成立。

2001年5月,分会与中国钢铁工业协会、中国贸促会冶金行业分会在上海举办首届中国国际不锈钢大会和展览会(共举行了八届)。国际会议和展览的召开和举办对引进国外先进的技术和管理理念,对促进我国不锈钢工业的快速发展起到了积极的促进作用。

(四)洞察国际不锈钢发展趋势,推进不锈钢工业科学发展

1. 调整钢种结构,合理利用资源

针对我国缺镍少铬的资源现状,李成等专家提出,调整钢种结构,合理利用资源是关系我国不锈钢行业可持续健康发展的战略问题。参照欧美、日本等国家和地区钢种比例,学习国际先进经验,大力研发、生产和推广较低镍含量或无镍的现代铁素体不锈钢、双相不锈钢等节镍品种。利用国际会议,搭建产学研用交流平台,推动中国不锈钢品种结构调整和品种开发。2003年10月,第一届北京国际双相不锈钢大会顺利召开。2004年12月,首届北京国际铁素体不锈钢大会举行(到2020年底,这两个会议已经召开了六届)。

2. 加快工业用不锈钢材料的开发步伐

随着工业现代化的不断发展,高端制造业对不锈钢耐热及耐蚀合金材料的要求也在不

断的提高，如超临界、超超临界发电设备，环境恶劣的采油设施，LNG 船的建造等，都要求不锈钢行业加快开发能够满足特殊使用要求的高等级不锈钢。2001 年 2 月，李成会长组织专家与国际钼协会在北京举办"钼应用技术推广国际研讨会"，同年 10 月在上海、南京、北京等地召开双相不锈钢设备制造研讨会。2002 年 9 月，在南京举办石化工程建设双相不锈钢制造技术培训班。为了尽快满足高端装备制造业的需求，借鉴国际先进工艺，结合企业当前的工艺水平和装备情况，提高基础研究、钢种开发水平，提高产品质量和服务能力，为搭建产学研用的国际交流平台，2014 年 10 月，第一届超级奥氏体不锈钢及镍基合金国际研讨会在北京召开（到 2020 年底，已经召开了三届）。

3. 大力宣传推进不锈钢在建筑结构、桥梁和水管中的使用

利用会议、报刊、媒体见面会、培训等机会，宣传不锈钢长寿命、耐腐蚀、免维修、美观、寿命周期成本低等优点，推广不锈钢在建筑、桥梁等领域的应用。组织专家到设计院所进行宣讲，编写翻译大量的宣传资料，介绍国内外成功案例。2002 年 6 月 26 日，分会在北京举办了面向奥运工程和建筑业的"不锈钢优质产品、优秀企业推荐会"。2015 年 3 月，分会在北京举办了"不锈钢助力绿色建筑"论坛和"为建筑节能、增绿的不锈钢产品"展览。

为宣传不锈钢在水管领域的应用，2003 年 10 月，与国际镍协会合作编写了《不锈钢水管——21 世纪真正的绿色管材》宣传资料，详细介绍了不锈钢水管与其他管材比较的优点、国内外成功案例、寿命周期成本分析、如何选材、连接方式等内容，广泛向业内外特别是建筑设计单位宣传不锈钢水管的优点。2006 年，分会与中国建筑金属结构协会给水排水设备分会、国际镍协会及国内主要生产薄壁不锈钢管的优秀企业在北京成立了"薄壁不锈钢管道应用推进组"。同年 7 月 5 日，分会举办了北京薄壁不锈钢管道论坛。通过媒体宣传，使业内外对不锈钢水管有了越来越清晰的认识，为今天不锈钢水管的逐渐普及点燃了星星之火。

4. 引导不锈钢流通领域的变革

改革开放初期，我国不锈钢流通领域是经销商占主导地位，生产企业直销为补充，大量中间商赚差价，秩序混乱，效率低下。在分会成立之初，李成会长就提出，要在生产和使用环节中间，建立钢材加工配送中心，以加快流通速度，降低资金成本，提高材料使用效率，规范市场秩序。最先接受这一建议的是无锡大明金属制品公司的创始人周克明。2000 年，该公司从普通钢材经销商转型，开始建立加工配送中心。如今大明已在国内设立了无锡、武汉、杭州、天津、太原、淄博、靖江、泰安、无锡前洲和嘉兴 10 个加工服务中心，并于 2010 年 12 月在香港上市，成为国内不锈钢加工制造行业第一家上市企业。目前我国已经建立起了加工配送、钢厂直供和中间商经销三位一体的流通格局。这一变革，对推动我国不锈钢行业健康发展起到了重要作用。

钢铁研究总院

一、企业概况

翻开新中国波澜壮阔的冶金与金属材料科技发展史，钢铁研究总院这个名字引人瞩目。钢铁研究总院一直是我国科技改革大潮中的排头兵，在砥砺前行中与共和国钢铁工业共同成长，几代人不忘初心，追求卓越，谱写下科技报国华美篇章。

钢铁研究总院是我国金属新材料研发基地、行业共性关键技术开发基地和冶金分析测试权威机构，研发领域主要包括金属功能材料、先进钢铁材料、金属基复合材料、焊接材料、冶金流程工艺及装备技术、资源综合利用技术、分析测试技术等；承担了大量的国防军工新材料研发任务，先后研制了近千种高技术新材料，满足了我国"两弹一星"、长征系列运载火箭、神舟系列飞船、探月工程、核动力装置、先进战机、舰船、主战坦克及装甲车辆等国防军工重点型号建设需求；面向国家重大工程和国民经济重点行业需求，围绕材料品质提升、产品用户技术、资源综合利用与节能环保等领域，开发了一批新产品、新工艺、新技术、新装备，为能源石化、交通建筑、海洋工程、电子机械等提供了强力材料技术支撑，引领支撑了冶金及用户行业转型升级和创新发展。

钢铁研究总院现拥有两院院士7人，国家级奖励200余项、省部级奖励800余项，授权专利300余项；国家级技术创新战略联盟、工程（技术）研究中心、重点实验室7个；拥有2个博士后科研流动站，2个一级学科授权点，10个博士学位授权点和11个硕士学位授权点。

多年来，钢铁研究总院始终围绕钢铁生产工艺技术、先进钢铁材料品种开发等深耕细作，打造了一支特别能战斗的科研精英团队，培育了一批"高、专、特、精"的技术成果和专有产品。

二、历史沿革

1952年11月，重工业部决定成立钢铁工业试验所，从全国选调了一批有经验的专家和技术骨干进行充实，这标志着我国第一个全国性钢铁科学研究机构的诞生。之后，历经发展和调整，1979年1月定名为钢铁研究总院。

1952—1966年间，在党中央"向科学进军"的号召和《1956—1967年科学技术发展远景规划》的推动下，钢铁科学技术事业得到迅速发展。钢铁研究院开展了当时在一些先进国家也只是刚刚起步的连铸、真空处理、氧气顶吹转炉、电渣焊、热压焦、高炉炭砖等新技术、新工艺的研究，同时，结合我国资源，进行了系列新钢种的开发，并按照国家要求，根据国内生产与使用情况，吸收国外成熟经验，于1959年起草制定了我国钢铁材料

图 1　冶金工业部钢铁研究院（1961 年）

的第一套合金钢标准，涉及 245 个钢号，初步解决了国家对合金钢的需要，为我国的合金钢生产奠定了基础。

1978 年，全国科学大会召开，迎来了科学的春天。特别是党的十一届三中全会之后，钢铁研究总院遵照"科学技术要与经济社会协调发展""科学技术必须面向经济建设"的原则，坚决贯彻"调整、改革、整顿、提高"的方针，加强技术服务和成果推广。

1984 年，根据国家科委、国家体改委〔84〕262 号文的精神，钢铁研究总院开始实行由事业费开支改为有偿合同制（承包责任制）的改革试点。1985 年开始全面试行有偿合同制。在改革中，钢铁研究总院始终把完成国家重点科研项目放在首位，同时大力开展成果推广、技术服务和新产品试制，实行承包责任制，把事业费改为专题合同制，并在人事、干部、机构等方面进行改革。

1992 年以来，全国工业类科研机构评定结果，钢铁研究总院综合科技实力和运行绩效始终名列前茅。1999 年，国务院对经贸委管理的 10 个国家局所属 242 个科研院所实施管理体制重大改革，钢铁研究总院转制为中央企业工作委员会直属的大型科技企业，从此，钢铁研究总院由事业制的科研院所彻底转变为全面所有制企业，致力于建立全新的现代企业制度。

2000 年 5 月，钢铁研究总院下属安泰科技股份有限公司成功上市，并创下了沪、深股市的三项第一：由科研院所转制为中央直属大型科技企业后作为主发起人设立的第一家上市公司；创下沪深股市最高发行市盈率，加权市盈率 44.27 倍，全面摊薄市盈率 50.94 倍；创"双高"认证企业一次募集资金量新高。

2006 年 12 月，钢铁研究总院更名为中国钢研科技集团公司，冶金自动化研究设计院并入中国钢研科技集团公司成为其全资子企业。2009 年 5 月，设立董事会，更名为中国钢研科技集团有限公司。

2007 年 1 月 31 日，为继续保留、使用和发扬"钢铁研究总院"这一知名品牌，由原钢铁研究总院的全资子公司更名，并将中国钢研科技集团公司下属的研究所机构和国家级研究中心整合组成"钢铁研究总院"，下辖有九个研究所、室，五个国家级研究中心。

2012 年，根据中国钢研科技集团有限公司"十二五"战略规划要求和改革总体思路，经研究决定，重组钢铁研究总院（中央研究院）。重组后的钢铁研究总院由特殊钢研究所、工程用钢研究所、功能材料研究所、工艺所、国家重点实验室、焊接材料研究所、中心实验室、科技信息与战略研究所和舟山所组成，是中国钢研科技集团有限公司的科技创新核心，主要承担国家和行业纵向科研任务、前瞻性和基础性研究任务、战略性新兴产业等新领域研究任务。

2012 年至今，钢铁研究总院秉承原有研发力量，在材料、工艺、测试三大领域不断创新与实践，致力于成为冶金行业国际一流研发中心。

三、重大科技成果

以"新一代钢铁材料的重大基础研究""超超临界火电机组钢管创新研制与应用"和"压水堆核电站核岛主设备用钢关键技术"为代表的技术开发工作，为钢铁工业技术进步及国民经济发展作出了突出的贡献。

（一）新一代钢铁材料的重大基础研究

"新一代钢铁材料的重大基础研究"作为国家首批"973 计划"项目。翁宇庆院士带领团队通过晶粒细化和洁净化提高微合金钢的强度和韧性开展了基础研究，研究发现了奥氏体热变形可以诱导（强化）铁素体相变（DIFT），提出了形变诱导铁素体相变理论；分析了厚板坯连铸连轧工艺中出现纳米尺寸析出物促进超细晶现象，对贝氏体钢提出了形变诱导析出和中温转变控制理论；对高强度合金结构钢移除了抗延迟断裂理论。工艺技术上介绍了实现超细品钢强韧性的相应工艺，如超细钢的化学冶金、凝固冶金、电磁冶金、焊接技术等。该项目 2004 年荣获国家科技进步奖一等奖。

为了解决钢铁材料在高强度条件下获得优异塑性和韧性问题，董瀚教授带领团队提出了"高性能钢的 M3 组织调控理论和技术"，阐明了 M3 组织强化和韧塑化机理，解决了强度提高导致塑性和韧性下降的问题。通过研究亚稳奥氏体在变形过程中的演变规律，发现随亚稳奥氏体含量提高和稳定性降低，材料动态加工硬化率逐步提高，推迟了颈缩产生，大幅提升了塑性和抗拉强度，从而明确了亚稳奥氏体含量与稳定性是强塑积调控的关键因素，为高强塑积第三代汽车钢研发提供了理论基础；基于界面增强和增韧原理，提出通过调控层状超薄奥氏体及其相变后形成的超薄马氏体板条块，能够同时提高强度和韧性，为屈服强度 1000 兆帕级、冲击功 200 焦低合金钢研发指明了方向。

在该项目 M3 组织调控及强韧塑化机理研究基础上，创新发明了高强塑积第三代汽车钢和新一代高强高韧塑性低合金钢，实现了在汽车、管线、桥梁等领域的应用。该项目研发成果创新发展了钢铁物理冶金理论，为未来高性能钢铁材料研发提供理论指导。

2018 年"基于 M3 组织调控的钢铁材料基础理论研究与高性能钢技术"获得国家技术发明奖二等奖。

（二）超超临界火电机组钢管创新研制与应用

600℃超超临界技术是迄今世界最先进商用燃煤发电技术，其研发瓶颈是 25Cr、18Cr

和 9Cr 高压锅炉管。主要技术难点：（1）我国不掌握材料成分最佳配比和生产过程控制技术；（2）国外 25Cr 管高温持久强度低、韧性差，18Cr 管晶间腐蚀倾向严重、抗蒸汽腐蚀性能差，9Cr 管含 δ 铁素体，持久强度低，这是世界性难题。

钢铁研究总院刘正东院士带领团队经二十余年研究和实践，通过半定量化解构强韧化机制研究，发现关键元素在高温加力长时过程中随强韧化单元变化规律，建立其固溶度积和热力学曲线，丰富和发展了耐热钢"多元素复合强化"设计理论；提出服役环境下优先失稳源问题和耐热材料的"选择性强化"设计观点，为耐热材料最佳成分范围确定和生产工艺研发提供了理论基础；突破了通过适度粗晶和强化晶界兼顾持久强度及抗蒸汽氧化性能关键技术，研发 1250℃ 控温控冷工艺调控析出相和晶粒尺寸；发现晶界碳化物粗化机理并利用硼晶界偏聚减缓其粗化速率，解决了持久强度和抗氧化难以兼顾难题，形成耐热钢管成套制造技术集成。

钢铁研究总院研发了高强韧 25Cr 钢管成套生产技术，使持久强度提高的同时韧性提高 3 倍；确定了 18Cr 钢管窄成分范围和 7～8 级晶粒度控制方法，在保持持久强度和抗氧化性能的同时消除了晶间腐蚀；研发了 9Cr 钢管无 δ 铁素体成套技术，打破国外产品垄断，十余年间国产高压锅炉管国内市场占有率从 27% 跃升到 86%、国外市场占有率从无到 25%，彻底改变了世界耐热钢管市场格局，使我国电站耐热钢管采购费降低 45%，电站单位造价降低 20%。至 2016 年底，我国已建 600℃ 电站约 200 吉瓦（占全球 90% 以上），节煤减排效果非常显著，中国已成为燃煤发电技术领先的国家。

钢铁研究总院自主研发了低合金耐热钢 G102、马氏体耐热钢 G115®、耐热合金 C-HRA-1®、C-HRA-2® 和 C-HRA-3® 等，成功建立了 630～700℃ 超超临界燃煤锅炉管耐热材料体系，并完成了电站锅炉建设所需上述新耐热材料全部尺寸规格锅炉管的工业制造。

（三）压水堆核电站核岛主设备用钢关键技术

压水堆是核电主体，我国已建 56 台核电机组中 53 台为压水堆。世界最先进第三代压水堆首堆均在我国建设，其高安全、长寿期、大型一体化设计对核岛主设备（包括压力容器、蒸发器、主管道、传热管等）材料技术提出前所未有挑战，其成分优化和制造工艺是世界性工程科技难题。

经长期探索和工程实践，钢铁研究总院发现影响核岛大锻件韧性和退火后强韧性的本质因素，突破 300～600 吨级钢锭超大锻件韧性提升和退火后强韧性优化匹配控制关键技术，确定了满足安全、长寿、大型一体化核岛超大锻件综合性能要求的极窄成分范围。研究冶炼—浇注新方法，改善了大钢锭偏析和夹杂，自主研制超大特厚异形大锻件研究专用装置，建立制造过程热-力-组织-性能对应关系，解决了锻造开裂、晶粒控制和性能均衡提升难题，形成核岛主设备材料成套生产技术集成。

钢铁研究总院成功研制压力容器和蒸发器全套 508-3 钢大锻件、世界首批异型整锻 316LN 钢主管道大锻件、世界首批堆内 F6NM 钢压紧弹簧环锻件和 690U 传热管等，保障了先进三代压水堆核电首堆建设，国内市场占有率从零跃升到 90% 以上，主导了我国核岛主设备材料市场定价权，使其采购价降低 60%，核电工程单位造价降低 30%，全面实现了压水堆核岛主设备材料技术产业化，推进我国成为世界核电技术和产业中心。

四、科技先驱事迹

几十年来，钢铁研究总院在不锈钢科技创新领域培养了一批具有多年专业研究、经验丰富、有扎实理论基础的科技队伍，为我国不锈钢的研发应用和发展壮大作出了重要贡献。

（一）我国不锈钢和耐蚀合金材料的开拓之路

作为我国著名的不锈钢科学技术专家，陆世英（1932—2020 年）和同事们一起建立并发展了我国的不锈钢和高镍耐蚀合金系列。在从事不锈钢和高镍耐蚀合金材料及工程应用方面的研究 40 余年中，他先后担任中国核学会理事会理事、国家核安全局安全专家委员会委员、国家科学技术委员会核能源专业组成员和中国特钢企业协会不锈钢分会专家委员会主任等职，为我国不锈钢和核工程用高镍耐蚀合金及工程用不锈钢的失效分析等领域做出了开创性的工作。

在我国工程用不锈钢失效分析领域开拓方面，陆世英在参与我国某核反应堆用 4Cr14Ni14W2Mo 不锈耐热钢立管螺栓断裂、国内某发电厂大型锅炉过热器高温段蛇形排管 347 不锈钢管泄漏，以及 816 大口径管道、802 蒸发器、电厂锅炉再热器、海水冷却器等用不锈钢破裂或泄漏的失效分析中，进行了大量调研和深入研究，发现并确定了氯化物应力腐蚀是不锈钢的重要失效形式，对国内预防工程用不锈钢的应力腐蚀工作和研究起到了重要指导作用。

在核工程用高镍耐蚀合金研究与应用方面，面临 1960 年苏联撕毁协议、撤退专家、拒绝向我国提供核燃料生产过程中的关键设备的困难条件，钢铁研究院承担了湿法生产某种核物料的干燥炉和煅烧炉装备任务，陆世英研发成功了能满足干燥炉和煅烧炉炉筒使用要求的低钼含量和适宜铬、硅、碳、钛含量的新型耐蚀合金（新一号合金），并与有关钢厂、机械厂共同努力，成功生产出数套干燥炉和煅烧炉，所生产的核物料质量完全满足使用要求。此外，钢铁研究总院还先后自主研发成功了新二号、新三号、新五号和新十三号合金等新材料，其中用新十三号合金制成的蒸发器，解决了我国某型号的急需，自 20 世纪 80 年代正式投入使用至今，运行情况良好。

在不锈钢技术推广应用方面，20 世纪 50 年代末，陆世英与同事们一起发现微量稀土元素能强烈细化铁素体不锈钢的晶粒并能消除铁素体不锈钢钢锭中的氢致气泡和钢材中的发纹。80 年代，研发了超低碳、氮和高纯（$C+N \leqslant 0.015\%$）00Cr18Mo2 不锈钢，用于印染设备厂。2003 年以来，陆世英通过发表论文、会议报告和出版《不锈钢概论》等方式，在国内大力提倡发展与应用现代铁素体不锈钢，以节约不锈钢中的镍。针对某军工厂从国外进口的 1Cr18Ni9Ti 不锈钢材大量存在晶间腐蚀敏感性的问题，陆世英提出建议并与同事发现对钛/碳比值不小于 6.7 的钢材经稳定化热处理后晶间腐蚀倾向可以消除。为了改变有诸多缺点的含钛 Cr18-Ni8 钢，陆世英提出并完成了"低碳、超低碳奥氏体不锈钢及经济不锈钢技术开发"项目。根据我国某核反应堆立管螺栓断裂主要是由于应力腐蚀和少量以点蚀为起源的腐蚀疲劳所致，陆世英提出了研制 $\alpha+\gamma$ 双相不锈钢的方案，先后研制成功了 00Cr25Ni5Ti、00Cr26Ni7Mo2Ti 双相不锈钢，制成大量立管螺栓，经长期使用后未发现过断裂。陆世英等人还共同负责了以碳、锰代镍，以铝、钼代铬等研究，推动了无镍无铬和无镍节铬不锈钢的发展。

在陆世英和其同事们开拓不锈钢和耐蚀合金材料的历程中，收获了诸多荣誉："新一号耐蚀合金及其制造工艺"1965 年获国家发明奖，"新 13 号合金研制"1990 年获国家科学技术进步奖一等奖，"低碳超低碳奥氏体不锈钢及经济不锈钢技术开发"1992 年获国家科技进步奖二等奖。还有多项科研项目获全国科学大会奖及部级重大科技成果奖。他本人是国家人事部首批（1984 年）授予的"中青年有突出贡献专家"之一，1991 年获国务院颁发的政府特殊津贴。此外，他独著、合著出版了《稀有元素在炼钢中的应用》（1960 年）、《不锈钢应力腐蚀破裂》（1977 年）、《不锈钢应力腐蚀事故分析与耐应力腐蚀不锈钢》（1985 年）、《镍基和铁镍基耐蚀合金》（1989 年）、《不锈钢概论》（2007 年）等书籍，为我国不锈钢知识普及生产应用作出了巨大贡献。

（二）我国双相不锈钢材料的开创历程

在我国双相不锈钢材料的开创历程中，吴玖（1930—2011 年）作出了重要贡献。她于 1949 年考入清华大学化工系，1953 年到苏联乌拉尔工学院冶金系学习，毕业后同年被分配到钢铁研究院合金钢研究室不锈钢组工作。从 1973 年开始，她将主要精力用于我国双相不锈钢开创性的研究开发工作。作为我国最早从事双相不锈钢材料研究和工程应用的创业者和先行者之一，她与其他同志一起建立了我国含氮双相不锈钢系列。吴玖曾先后担任三届中国化工机械学会理事，1991 年获得国务院政府特殊津贴，是中国特钢企业协会不锈钢分会首批特聘专家之一。

利用所积累的不锈钢的综合学识和经验，吴玖深入生产企业和用户，解决钢厂质量问题和化工、石化等使用领域的难题，为生产和推广双相不锈钢作出了重要贡献。到 20 世纪 90 年代中期，她领导的双相不锈钢课题组基本完成了含氮双相不锈钢系列的开发研制工作，所开发的 5 个钢种在炼油、化肥、基本化工原料、石油化工生产的多种关键设备上得到推广应用。她所负责的"炼油、石油化工用双相不锈钢的开发和应用"获得 1990 年国家科技进步奖一等奖；"60 万吨氨碱厂用双相不锈钢中板试制"获得冶金工业部科学技术进步奖二等奖；"应力腐蚀环境和力学因素影响及控制方法的研究"获得国家教育委员会科学技术奖二等奖；"化肥技术改造用双相不锈钢冶金制品的开发"为"八五"国家重点企业技术开发项目，获得重庆市人民政府科学技术进步奖二等奖；"抗腐蚀疲劳双相不锈钢甲铵泵缸体材料的应用研究"获得中国石油化工总公司科技进步奖三等奖。她还在 1979 年、1983 年两次获"全国三八红旗手"的光荣称号，1979 获"全国冶金劳动模范"称号，1991 年获"冶金巾帼立功标兵"称号。

我国第一部双相不锈钢专业技术书籍《双相不锈钢》是吴玖的呕心之作，也成为我国一代又一代双相不锈钢研发人员的必读书籍，为我国双相不锈钢的研发和推广应用作出了重要贡献。

五、未来展望

在今后，钢铁研究总院将继续秉承"科技报国、服务社会"的理念，突出国家战略导向，服务行业发展，致力于成为国家金属材料技术及重大共性关键技术的引领者和金属材料全生命周期解决方案一体化服务的提供者，努力建设成为世界一流的金属材料研究院，在社会主义现代化新征程中作出新的、更大的贡献。

中国宝武太原钢铁（集团）有限公司

山西太钢不锈钢股份有限公司

山西太钢不锈钢股份有限公司（以下简称"太钢不锈"）是由太原钢铁（集团）有限公司（以下简称"太钢集团"）于 1997 年 10 月独家发起、公开募集设立的股份有限公司。1998 年 6 月，太钢不锈对不锈钢生产经营业务等经营性资产重组后注册成立，在深圳证券交易所上市并发行 A 种上市股票。2006 年 6 月，太钢不锈完成对太钢集团钢铁主业资产的收购，拥有了完整的钢铁生产工艺流程及相关配套设施。2020 年 12 月，持有太钢集团 100% 股权的山西省国有资本运营有限公司向中国宝武钢铁集团有限公司（以下简称"中国宝武"）无偿划转其持有的 51% 股权，由此，中国宝武通过太钢集团成为太钢不锈间接控股股东，实现对太钢不锈的控制，太钢不锈直接控股股东仍为太钢集团，实际控制人由山西省国有资产监督管理委员会变更为国务院国有资产监督管理委员会。

太钢不锈自成立以来，加快建设全球最具竞争力的不锈钢企业，历经多年发展，形成年产 1200 多万吨钢（其中 450 万吨不锈钢）的能力，成为全球不锈钢行业的领军企业。2020 年，太钢不锈产钢 1068.86 万吨，其中不锈钢 418.84 万吨；实现营业收入 674.19 亿元，实现利润总额 17.29 亿元，在 2020 年中国上市公司 500 强排行榜中列第 147 位，钢铁行业列第 8 位。

太钢始建于 1934 年，前身是民国时期创立的西北实业公司所属西北炼钢厂。新中国成立之初，太钢被国家定位于发展特殊钢，生产出中国第一炉不锈钢，也是中国第一台不锈钢精炼炉、第一台不锈钢立式板坯连铸机、第一条冷轧不锈钢生产线、第一条冷轧宽带不锈钢光亮退火线、第一条不锈钢冷热卷混合退火酸洗线的诞生地。

进入 21 世纪，适应新的形势，国家从产业政策等多方面加大对不锈钢发展的支持力度。2001 年 6 月出台的《冶金工业"十五"规划》明确提出，要重点建设好太原钢铁（集团）有限公司和上海宝钢集团公司两个不锈钢冶炼、热轧中心。按照国家确立的不锈钢发展战略格局，太钢在对国内外钢铁行业特别是不锈钢发展趋势进行系统研究的基础上，确立了建设全球最具竞争力的不锈钢企业的战略目标，充分利用世界不锈钢工艺技术装备发展新成果，自主集成，实施了两轮大的不锈钢改造和建设项目，实现了工艺技术装备的大型化、现代化、集约化和高效化。2000—2003 年，实施 50 万吨不锈钢系统改造工程，形成了年产 100 万吨不锈钢的能力，跨入世界不锈钢八强行列。2004 年 9 月—2006年 9 月，实施新 150 万吨不锈钢工程及配套项目，实现了不锈钢主体工艺技术装备的整体升级换代和生产全线的大型化、自动化、现代化，不锈钢产能从 100 万吨跃升到 300 万吨，成为当时全球产能最大、工艺技术装备最先进、品种规格最全的不锈钢企业。太钢新不锈钢工程获"国家优质工程金奖"，并成功入选新中国成立 60 周年"百项经典暨精品工程"，新炼钢工程获"鲁班奖"。太钢利用世界不锈钢工艺技术装备发展最新成果，实现不锈钢的跨越式发展，是我国钢铁企业坚持自主创新的重大成果，对推进我国不锈钢产业结构调整，提高我国不锈钢产业集约化水平和国际竞争力具有重大而深远的意义。

21 世纪以来，太钢确立了"建设全球最具竞争力不锈钢"的战略目标，明确走专业化发展的路子，在普钢与特钢之间选择发展特钢，在特钢中，集中力量发展不锈钢。围绕企业发展战略目标，太钢不锈深入实施创新驱动发展战略，大力弘扬"闻新则喜、闻新则动、以新制胜"的创新理念，塑造"鼓励创新、宽容失败、反对守成"的创新文化，持续加大创新投入，每年研发费用占销售额的比例始终保持在 5% 左右，每年在预算中安排 3000 万元资金，重奖有突出贡献的优秀创新人才和创新团队，先后建设了国家级理化实验室、博士后工作站、中试基地、16 个科研实验室，先后与国内外 40 多所高等院校、科研院所建立技术创新战略联盟，建成 14 个产学研联合实验室，拥有了国家级技术中心、先进不锈钢材料国家重点实验室、国家级理化实验室、山西省不锈钢工程技术研究中心、山西省铁道车辆用钢工程技术研究中心等创新平台，形成了 800 多项以不锈钢为主的具有自主知识产权的核心和专有技术，主持或参与完成我国超过 70% 的不锈钢板带类产品标准，多项不锈钢技术开发与创新成果获国家科技进步奖。

太钢大力实施精品战略，加快研发生产独有、独创、首发和领先的高端与特色产品，着重发展高附加值、高技术含量、绿色环保的不锈钢产品，形成了以不锈钢为核心，包括冷轧硅钢、高强韧系列碳素钢在内的高效、节能、长寿型产品集群，一大批高强度、高耐磨损、高抗腐蚀、抗冲击韧性新型钢铁材料进入石油、化工、造船、集装箱、铁路、汽车、城市轻轨、大型电站等重点领域和新兴行业，市场竞争力和品牌影响力迅速提升，为国民经济重点行业和关键领域转型升级作出了重要贡献。"太钢牌"不锈钢材获"中国名牌产品"和"中国不锈钢最具影响力第一品牌"称号，太钢不锈先后两次获得"全国质量奖"和"中国质量奖"提名奖。

2008 年，全球金融危机爆发，钢铁行业面临严峻挑战。太钢围绕做强做精不锈钢，坚持创新驱动，加快转变发展方式，推进结构调整和优化升级，再造新的竞争优势，不锈钢无缝钢管、不锈钢精密带钢、不锈钢冷轧宽幅光亮板生产线等一批结构调整重点工程项目建成投产，实现了不锈钢生产的品种、规格全覆盖，进一步增强了企业的发展后劲和国际竞争力。同时，发挥自身在品牌、规模、管理等方面的优势，实施延伸战略，加快建设资源保障基地，先后与中国有色集团共同投资开发缅甸达贡山镍矿资源，先后建成世界先进、亚洲最大的铬铁生产线和亚洲规模最大、工艺装备最先进的现代化铁矿山——吕梁岚县袁家村铁矿，有力地支撑了不锈钢的持续发展。

近年来，太钢持续推进结构调整和优化升级步伐，先后实施不锈钢棒线材生产线智能化升级改造项目和 4300 毫米中厚板智能化升级改造项目，以更好地满足国民经济和社会发展需求，持续提升不锈钢的核心竞争力。继"太钢不锈钢开发与应用"项目获 2011 年中国工业大奖表彰奖之后，2014 年 5 月，太钢荣获第三届"中国工业大奖"；2020 年 12 月，太钢"宽幅超薄不锈精密带钢工艺技术及系列产品项目"获第六届项目类中国工业大奖。

　　太钢本部地处山西省会太原市区，主厂区占地8.51平方千米，是典型的城市钢厂。面对党和国家环境保护的新要求，面对居民和公众对美好生活的新追求，建设绿色钢厂，成为太钢的重大责任。长期以来，太钢坚持把绿色钢厂建设作为生存的前提、发展的基础，作为企业新的竞争力和效益增长点，将绿色发展纳入企业的发展战略、业务流程、运营管理的全过程，以科技创新和管理创新为支撑，加快实现工艺装备绿色化、制造过程绿色化、产品绿色化，全力建设冶金行业节能减排和循环经济的示范工厂，打造"创造价值、富有责任、备受尊重、绿色发展"的都市型钢厂，实现了向都市型绿色钢厂的深刻转变，走出了钢厂与城市和谐发展的绿色之路。太钢确立了"1124"绿色发展模式，即树立一个理念（钢厂与城市是和谐发展的"共同体"理念）、确立一个目标（建设冶金行业节能减排和循环经济的示范工厂）、依靠"两个创新"（技术创新和管理创新）、拓展"四大功能"（产品制造、能源转换、废弃物消纳处理、绿化美化），抓住结构调整机遇，高起点实施技术改造和项目建设，淘汰了所有的旧焦炉、小高炉、小电炉及落后冶炼、轧钢装备，建成当今世界工艺技术最先进的生产线，实现了工艺技术装备的集成创新和升级换代，实现了全流程工艺技术升级和主体装备的大型、高效、节能和环保，彻底改变了太原市城北工业区高消耗、重污染的面貌。率先在国内应用推广世界最先进的循环经济工艺技术，形成了固态、液态、气态废弃物循环经济产业链，推动太钢实现了节能环保水平在行业的领先。加快实现由企业内部小循环向社会大循环的转变，不断拓展企业在高能效产品制造、能源转换、废弃物消纳处理、先进循环技术输出、绿化美化等方面的功能，加快推进由企业自身的小循环向城市的大循环转变，形成更加完整的循环经济产业链，通过向城市提供清洁能源，回收生产余热，消纳处理城市废弃物，大力开发"城市矿产"，对城区居民生活污水进行处理，实现与城市和社会的功能互补、和谐共融，提升钢厂与城市、与社会的和谐发展水平，走出了一条内陆型钢厂与中心城市和谐发展的新路子。太钢不锈先后获"中国钢铁工业清洁生产环境友好企业"、山西省钢铁行业"资源节约型、环境友好型企业"和山西省"节能突出贡献企业"特别奖。党的十八大以来，太钢不锈自觉践行习近平生态文明思想，坚持"绿色发展是生存的前提、发展的基础"的理念，不断厚植"环境保护、人人有责、从我做起"的绿色文化，持续提高绿色发展水平，先后成为国家第一批"绿色工厂""清洁生产环境友好型企业"和"绿色发展标杆企业"。2018年，生态环境部发布《钢铁企业超低排放改造工作方案》，明确提出，到2020年10月底前，重点区域钢铁企业基本完成超低排放改造。身处京津冀及周边、汾渭平原"双重"重点区域，太钢审时度势提出实施绿色发展升级版，力争在2019年，比国家要求提前一年完成超低排放改造。由此，环保攻坚大会战在全公司展开。2020年，太钢大气污染物排放总量与2018年相比，下降了71.8%，厂区空气质量综合指数优于城区20.5%。当年，太钢通过评估监测验收，成为首批全流程超低排放A级钢铁企业。

　　太钢的发展始终得到了党和国家的重视和关怀。2017年6月22日和2020年5月12日，习近平总书记先后两次视察太钢，对太钢工作特别是科技创新予以肯定，寄予厚望。在高端碳纤维生产线视察时，习近平总书记勉励太钢要奋起直追、迎头赶上，在创新方面再加把劲，为中国制造作出更大贡献。在山西太钢不锈钢精密带钢公司视察时，习近平总书记勉励太钢再接再厉，在不锈钢领域不断勇攀高峰，在支撑先进制造业发展方面迈出新的更大步伐。习总书记的重要讲话和重要指示，为太钢的发展指明了前进方向，提供了根本遵循。太钢深入学习贯彻习近平总书记考察调研太钢的重要讲话和重要指示精神，以强烈的责任感和使命感，大力弘扬创新文化和创新精神，不断提高自主创新能力，在创新上发挥主力军和示范带动作用，产品研发力度不断加大，产品实物质量显著提高，港珠澳大桥工程用双相不锈钢螺纹钢筋、核电专用不锈钢、化学品船用双相不锈钢、笔尖钢、手撕钢等一大批高端和特色不锈钢产品批量进入高端市场，助推我国不锈钢产业实现高质量发展，为推动中国制造向中国创造转变贡献太钢力量。2020 年 8 月 21 日，中国宝武与山西省国有资本运营有限公司签署太钢集团股权划转协议，山西国有资本运营有限公司将太钢集团 51% 股权无偿划转给中国宝武。中国宝武与太钢集团的联合重组正式启动。2020 年 12 月 23 日，太钢集团完成了 51% 股权工商变更登记，控股股东变更为中国宝武，太钢集团正式成为中国宝武大家庭的一员，中国宝武与太钢集团联合重组进入实质性运作阶段。由此，太钢走上了更高水平的发展平台，迎来了更为广阔的发展空间，掀开了历史发展的新篇章。2021 年 1 月 1 日，太钢集团受托管理中国宝武旗下宝钢德盛不锈钢有限公司和宁波宝新不锈钢有限公司。在中国宝武战略指引下，太钢确立了新的发展战略目标，到 2023 年，不锈钢规模达到 1500 万吨，实现不锈钢生产规模"三年翻两番"；到 2025 年，不锈钢规模达到 1800 万吨，把太钢建设成为中国宝武旗下不锈钢产业一体化运营的旗舰平台公司和全球最具竞争力的不锈钢全产业链企业，成为全球不锈钢的引领者。

面向未来，太钢将以习近平新时代中国特色社会主义思想为指引，进一步深入学习贯彻落实习近平总书记考察调研中国宝武太钢集团和马钢集团重要讲话和重要指示精神，牢记嘱托，勇于担当，以"成为全球不锈钢业引领者"为目标，以"支撑先进制造、创造美好生活"为使命，聚焦"绿色、精品、智慧、国际化"，加速构建全球化的不锈钢现代产业体系，奋力建设中国宝武不锈钢产业一体化运营的旗舰平台公司和全球最具竞争力的不锈钢全产业链企业，引领全球不锈钢业的发展。

宝钢德盛不锈钢有限公司

宝钢德盛地处依山傍水的福州市罗源湾畔，坐落在罗源湾开发区金港工业区，坐北朝南，东距罗源湾华能码头 6 千米、西接罗源县城 13 千米、南濒罗源湾海域滨海新城，占地面积 4170 余亩，注册资本 42.53 亿元人民币，主要从事镍合金及不锈钢材料生产，集烧结、炼铁、炼钢、热轧、固溶、冷轧等完整的不锈钢生产工艺，目前有员工 2300 余人，已具备年产 200 万吨钢的能力。

宝钢德盛不锈钢有限公司（简称"宝钢德盛"）的前身为福建德盛镍业有限公司。2005 年，德盛镍业有限公司成立并开始建设，2009 年，高炉、炼钢、热轧等主要工序建成并投入试生产。炼铁工序主要装备有 126 平方米烧结机 3 台，600 立方米高炉 3 座；炼钢工序主要有 80 吨转炉 4 座、80 吨 LF 炉 2 台，连铸机 2 台；热轧工序主要有 1150 毫米 8 机架热连轧机组一条，步进式加热炉 2 台。2011 年 3 月，福建省人民政府与宝钢集团签订战略合作协议,宝钢德盛不锈钢有限公司正式揭牌成立,宝钢集团入资控股。2015年,宝钢德盛冷轧DRAPL产线热负荷试车。2018年,冷轧黑卷轧制退火酸洗工程(HRAPL机组)成功轧制第一卷黑皮卷。2018年,宝钢德盛以福建省大力支持罗源湾钢铁产业发展为契机,积极践行精品、绿色、智慧发展理念,开工建设精品不锈钢绿色产业基地,依托现有产线,新建360平方米烧结机、2500立方米高炉、1780毫米热轧、1600毫米酸洗及公辅配套设施项目,总投资约136亿元,2021年全面建成投产。2020年9月28日,宝钢德盛1780毫米热轧成功热负荷试车,2020年12月22日,1600毫米HAPL机组热负荷试车成功,标志着宝钢德盛精品不锈钢绿色产业基地建设取得关键性进展。项目全面建成投产后,宝钢德盛将形成年产470万吨钢的能力,产品覆盖200系列、300系列、400系列不锈钢及优特钢等品种。宝钢德盛2012年、2013年度连续两年跻身福建企业50强,2013年被评为福州市级企业技术中心,2015年被评为福州市直机关文明单位,2016年荣获福州市知识产权示范企业,2017年被评为福州市诚信用工企业、福建省科技型企业,2018年荣获福州市2015—2017年度市级文明单位、福建企业100强,2019年被评为福建省级企业技术中心、福建企业100强、福州市劳动关系和谐企业,2020年被评为福州市平安企业、福建企业100强,2021年荣获福州市2018—2020年度市级文明单位。2021年1月1日起,中国宝武将宝钢德盛委托太钢集团管理,由此,宝钢德盛开始了发展的新征程。

宝钢德盛紧跟国内外不锈钢技术发展动向,加强对新产品、新工艺、新技术的前瞻性研发和应用,不断拓展不锈钢产品的市场空间,提升产品附加值和竞争力。2014年10月,宝钢德盛BN1TP(管料产品)、BD11(中镍产品)研发成功;2016年,成功开发400系铁素体产品、低碳奥氏体产品。之后,宝钢德盛开发出具有低碳、节能、环保、美观等特点的绿色不锈钢产品,如高氮不锈钢BN2R、马氏体不锈钢系列、双相不锈钢、抗菌不锈钢及新一代汽车用高强钢BFS系列产品,"红土镍矿冶炼镍铁及冶炼渣增值利用关键技术与应用"项目获2019年国家科技进步奖二等奖。宝钢德盛依托沿海区位优势、灵活多变的销售手段和稳定的产品质量赢得市场。随着制造能力的提升,产品不断拓展,宝钢德盛不锈钢产品由最初单一的铬-锰系奥氏体不锈钢,逐渐实现不锈钢各系列产品全覆盖;产品质量提升由最初的表面质量提升发展为产品表面质量、性能等全方位提升,更好满足用户对产品越来越高的质量需求。

宝钢德盛坚持绿色发展,大力推进环境保护和节能减排。2011—2013年,宝钢德盛先后投入2.974亿元,对原工艺落后、设计能力不足、处理效果差的废气和废水治理设施进行了整改,并新增原料场雨污排水回用系统、烧结机烟气湿法脱硫设施、10万平方米烧结封闭原料大棚、烧结配料室脉冲布袋除尘器、除尘灰气力输送系统、500吨废酸水处理系统、净车出厂装置等多套环保治理设施,环保水平有所提升。从2014年起,宝钢德盛制定和实施《环境保护改造三年行动规划》,分别从废水、废气、固体废弃物、环境监测设施和总图道路等五个方面进行环保改造。2014—2018年,宝钢德盛先后实施规划内环保改造项目22项,规划外环保项目11项,完成环保投资5.17亿元。从2019年起,遵循国家《关于推进实施钢铁行业超低排放的意见》,按照中国宝武"三治四化"要求,宝钢德盛在新产线绿色制造的基础上,聚焦老产线的绿色转型升级,制定了老产线转型升级超低排放改造方案，总体规划，分步实施，有序推进超低排放改造。通过十年不懈努力，宝钢德盛现有环保设施配套完善，污染物排放浓度符合现行标准，排放总量受控，并实现废水零排放及固废不出厂的规划要求，环境绩效大幅提升。宝钢德盛正规划建设 3A 级智慧工业体验式生态旅游项目，内容主要包括钢城门户广场、智慧运营中心等特色场景体验，凭借区域内的优质资源，围绕"钢铁是怎样炼成的"主题，通过工艺流程、5G 智慧运营中心等展示，建设具有冶金行业特色的产学研一体化基地，打造集生产办公、科普教育、生态旅游为一体的综合性特色产业园区，塑造区域新标杆、新名片，展现宝钢德盛凤凰涅槃、浴火重生般的新变化，打造罗源湾畔的"生态明珠"。

宝钢德盛以创建一流不锈钢精品智造基地为发展目标，坚持技术、规模、效益引领，抓住国家供给侧结构性改革机遇，坚持价值创造、坚持绿色发展、坚持技术创新和发展模式创新，为汽车、机械、家电、能源、船舶、海洋工程、核电建设、交通等下游行业提供精品不锈钢等钢材，助力中国不锈钢行业转型升级。目前，宝钢德盛制定了"十四五"规划，确定了新的发展战略：第一步，2021 年建成年产 470 万吨精品不锈钢绿色产业基地，规模做大，实现 200 系、300 系、400 系不锈钢产品全覆盖；第二步，2022 年完成老产线超低排放及转型升级技术改造，实现生产超低排放，不锈钢绿色、精品、成本、智造全方位领先；第三步，2025 年不锈钢综合竞争力稳居世界一流地位。

围绕上述目标，宝钢德盛将坚持通过对标找差、内部挖潜，持续降低产品制造成本；优化品种结构，提高高技术及高附加值产品销量比例；依托协同支撑，提高管理能力、经营能力和抵御风险能力；对接中国宝武钢铁生态圈战略，共享优质资源，拓宽物资采购渠道，降低采购成本；借助销售平台，提升产品附加值，提升市场占有率，实现商业模式新突破；加强人才队伍建设，着力推进员工素质工程，优化员工队伍结构，大力培养优秀青年人才，为后续规划发展奠定基础，做优做强做大不锈钢产业。

宁波宝新不锈钢有限公司

宁波宝新不锈钢有限公司（简称"宁波宝新"）成立于 1996 年 3 月，由原宝钢集团有限公司、浙甬钢铁投资（宁波）有限公司、日本日铁不锈钢株式会社、三井物产株式会社、阪和兴业株式会社组建而成，坐落于宁波经济技术开发区，占地面积约 74 万平方米，紧邻我国四大深水良港之北仑港，距宁波城区约 35 千米，交通、物流便利，是一座现代化花园式工厂。2021 年，宁波宝新冷轧不锈钢板卷年设计总产能为 66 万吨，精密不锈钢带钢年设计产能 3 万吨。

宁波宝新按照"一次规划，多期建设"的思路，先后实施了一期、二期、三期、四期建设项目以及新增光亮平整工程、精密带钢项目建设，通过引进德国、法国、日本等国家国际一流先进技术装备，发挥自身优势，迅速扩大再生产。一期工程于 1998 年 12 月建成投产，形成年产 8 万吨冷轧不锈钢板卷规模，可生产 2B、2D、No.3、No.4、HL 表面加工等级的产品，缓解了国内对高端不锈钢冷轧卷板的进口压力，是当时中国装备水平最高、中国宝武第一家现代化冷轧不锈钢企业，开创了我国冶金发展史上的奇迹。二期工程于

2003 年 1 月建成投产，形成年产 16 万吨冷轧不锈钢板卷规模，其中光亮板卷 4.8 万吨/年，具备生产 BA 表面加工等级产品的能力，填补了国内空白。三期工程于 2003 年 12 月建成投产，新增一套二十辊冷轧机及磨辊设备、一条拉矫机组和一条修磨抛光机组，形成年产 24 万吨冷轧不锈钢板卷规模。四期工程于 2005 年 12 月建成投产，新增罩式炉 6 座、热带退火酸洗机组、冷带退火酸洗机组、修磨抛光机组、拉矫分卷机组、重卷机组、横切机组各 1 条，多辊冷轧 4 台，平整机 1 台，轧辊磨床 8 台，平整辊磨床 1 台，形成年产 60 万吨冷轧不锈钢板卷规模。2010 年 7 月，宁波宝新以 EPC 模式，由上海宝钢工程技术有限公司自主集成，新建了光亮退火机组和平整机，2011 年 12 月新增光亮平整工程投产，冷轧不锈钢年产能提升到 66 万吨，其中 BA 产品提升到 12 万吨。2020 年 12 月 17 日，宁波宝新年产 3 万吨精密带钢项目投产，项目包含多辊轧机、光亮退火机组、清洗机组、张力拉矫机组、重卷纵切机组及轧辊磨床及表面加工设备，进一步拓展了宁波宝新不锈钢市场，扩大产品的覆盖面和增强风险承受能力，提高了品牌和市场竞争力。

依托先进、成熟、可靠的不锈钢生产工艺和装备，宁波宝新具备厚度为 0.15～5.0 毫米、宽度为 650～1320 毫米的冷轧不锈钢板卷，厚度为 0.03～0.6 毫米、宽度为 15～1000 毫米的精密不锈钢带钢生产能力，产品品种全面扩充至 300 系列和 400 系列，如 SUS304、316L、SUS321、SUS304CU、SUS304Ni8.5、SUS304Ni9、SUS430、SUH409L、AIS300、AIS400 等；表面加工等级也扩展为 2B、2D、No.3、No.4、HL、BA、毛面、压花、精密硬态等；产品具备与国际先进技术水平相当的表面光洁、耐蚀性优良、厚度精度高、板形良好以及良好的可焊性、易成型性等特性，广泛用于电梯、城轨、集装箱、精密电子、太阳能、汽车配件、家电制品、化工设备、建筑装潢等行业。BA 产品、430、研磨品和薄规格产品在市场上为标杆产品，LB、压花、毛面产品填补国内空白，有效替代进口。2021 年 3 月，宁波宝新成功量产 1 米宽幅、0.03 毫米厚度的"手撕钢"，这也是目前全球同等厚度中宽幅最大的"手撕钢"产品，标志着宁波宝新精密带钢产线达到规格精度极致。

宁波宝新坚持发展循环经济，努力打造资源节约型和环境友好型企业。在项目工程建设全过程追求高起点、高标准，采用了当时国际先进的生产设施和节能环保装备，严格执行"三同时"制度，生产工艺和设备充分考虑节能、源头产生废物少，实现了污染治理技术与设备、设施配套同步引进，技术装备先进、成熟，普遍高于国内水平。宁波宝新一至四期工程用于环境保护方面的投资约 6 亿元，投入酸雾净化、含尘废气净化、油雾废气净化、酸性废水（包括含铬废水）处理、含油废水处理、含油雨水处理、混合废酸再生、噪声控制等环保设施 43 套。宁波宝新不断提高环保运行效果，始终将环境友好理念和技术渗透到生产经营建设活动的各个方面，不断改进工艺技术，改善环境管理，持续提升环境绩效，能源消耗指标超过或达到世界先进企业标准。

宁波宝新始终以建设世界一流的不锈钢精品基地为己任，贯彻"高技术、高水平、高效益"原则，采用世界成熟、先进的不锈钢加工工艺和装备，借鉴世界先进管理经验，不断攀登不锈钢技术高峰。1996 年建厂初期，宁波宝新践行"技术领先、产品领先"的建厂战略，引进日本不锈钢生产技术，招募部分不锈钢冷轧板带方面的技术人才，高起点构建起不锈钢冷轧技术的基础。历年来，多批次派遣管理、技术、操作人员赴日研修，日新制钢分批派遣专家现场指导，技术质量水平稳步提升，培养了各类中高级专业技术人才120 多名，建立完善了各类标准类文件，建立了完备的质量保证制度，配备了产品质量在线检测、实验室测试分析等高精度仪器设备，形成了国内领先的冷轧不锈钢产品和质量优势。宁波宝新先后获得"北仑区工程技术中心""科技型创新企业""北仑区科技创新团队"及国家"高新技术企业"称号；涌现了全国劳动模范、全国五一奖章获得者、全国优秀工会工作者、中央企业"优秀共青团员"、全国"工人先锋号"、浙江省"工人先锋号"等先进个人和先进集体；先后获得国家科学技术进步奖二等奖、冶金科学技术进步奖一等奖、冶金产品实物质量金杯奖、冶金行业品质卓越产品、浙江省质量奖、上海市质量奖、浙江省名牌产品等荣誉，先后参与制定了 5 个国家标准和 1 个行业标准。"宝新"牌冷轧不锈钢板、卷先后被认定为宁波市名牌产品、浙江名牌产品、上海市质量技术奖、中国钢铁工业协会冶金产品实物"金杯奖"和"特优质量奖"。

2021 年，宁波宝新加入太钢集团不锈钢产业一体化运营旗舰平台。面向未来，宁波宝新将通过新建高质量冷轧不锈钢项目，到 2023 年不锈钢精品产量超百万吨规模；通过新建（或收购），到 2025 年不锈钢精品产量达到 200 万吨规模，打造百亿级营收、十亿级利润的优秀不锈钢企业，努力成为全球不锈钢冷轧行业引领者。

青山实业

一、企业简介

（一）竭力打造受人尊敬的世界一流企业

20 世纪 80 年代，青山企业诞生于浙江温州，历经三十年的风雨兼程，秉承"敢为人先 廉洁敬业"的青山精神，一路披荆斩棘，敢思人所未思、敢为人所未为、敢至已所未至，缔造了不锈钢企业发展的行业传奇。

青山实业董事局总部设在上海，旗下拥有青拓集团、永青集团、青山控股集团、上海鼎信集团、永青科技等五大集团，下辖 300 余家子公司，员工超过 8 万人。2020 年青山实业（以下简称"青山"）不锈钢粗钢产量超过 1000 万吨，镍金属产量超过 40 万吨，销售额达到 2908 亿元人民币。青山荣列 2021 年世界企业 500 强第 279 位，2021 年中国企业 500 强第 80 位、中国民营企业第 14 位。

（二）创新驱动发展，专注成就卓越

青山不断创新生产工艺、拓展产业领域，目前在印尼、福建宁德、浙江丽水、广东阳江等地建立了四大镍铬合金冶炼、不锈钢冶炼、轧钢生产基地，形成了从不锈钢上游原材料镍铬矿开采、镍铬铁冶炼、不锈钢冶炼，到下游棒线板材加工、钢管制造、运输物流、大宗商品交易、国际贸易等完整的产业链。近年来，青山奋斗足迹同样延伸到非洲、印度和美国等地，为进一步整合全球资源探寻空间。

1. 完善的不锈钢产业链

从原矿到不锈钢成品、从远洋运输到全流程原料及产品营销、从实业生产到金融投资，青山的产业链环环相扣、节节贯通。在印尼，青山拥有 10 万公顷的高品质镍矿，印尼青山工业园已建成世界上首个集采矿—镍铬铁冶炼—不锈钢冶炼—热轧—退洗—冷轧一体化产业链的大型工业园区，形成了 220 万吨镍铁、30 万吨铬铁、300 万吨不锈钢、发电装机容量 285 万千瓦的产能规模，印尼纬达贝工业园也已开工建设，占地面积 1400 公顷，将形成年产 10 万吨镍当量的氢氧化钴、160 万吨镍铁的生产能力；在福建和广东，青山建成了中国首条 RKEF+AOD 一体化生产线，完成了把镍矿直接冶炼成不锈钢的生产工艺，建成了拥有年产能数百万吨的不锈钢板材生产基地和百万吨级的不锈钢棒线材生产基地；在印度古吉拉特的一体化的不锈钢厂已经投产；在美国，与世界知名的高温合金和不锈钢制造商 ATI 公司组建合资公司；在温州和上海，青山尝试向新能源电池、汽车和智慧电力

储能领域探索，研发机构和生产基地已经投产。

青山的生产工艺先进，是国内外不锈钢行业的领军企业之一。青山发明的移动式 AOD 炉，优化了不锈钢精炼的生产流程，减少了能耗，提高了钢水的收得率，获得了国家级专利。同时，这种移动式的不锈钢精炼流程在当时也堪称世界第一。青山是中国第一家采用 RKEF 工艺生产镍合金的企业，该工艺具有高产、高效、节能环保的优点，符合镍行业发展趋势。青山 RKEF 工艺的成功标志着中国镍合金行业由高炉炼镍进入矿热炉炼镍时代。青山也是世界第一家将 RKEF 与不锈钢生产对接的企业，这种对接是有色金属行业与钢铁行业的联合，实现了将镍铁水直接热送 AOD 炉冶炼不锈钢，极大地提高了生产效率，降低了能耗与成本。

2. 绿水青山就是金山银山

青山时刻以环境保护为己任，首创全球第一条 RKEF—AOD 全程热送一体化不锈钢生产线，不仅降低了能源消耗，更减轻了各类排放对环境的影响。多年来，青山回收上千万吨废不锈钢，将循环经济的理念贯彻至每一道工序；为最大化利用矿产资源，提炼低品位镍矿中的镍、钴、锰，用于研发新能源汽车电池和智慧电力储能系统，助推新能源产业的升级和生态文明的进步。

（三）企业文化引领企业高质量发展

青山在三十余年的发展中形成了"敢为人先 廉洁敬业"的企业文化。青山的企业文化体现在敢为人先、廉洁敬业、讲正气、公平正义、危机意识、开放创新、合作共赢、公益慈善等思维与精神上。

新的征程已经开启，新的蓝图已经绘就，新的精彩篇章正徐徐展开。广大青山人将依旧不忘初心、砥砺前行，持续巩固在不锈钢行业的地位，把不锈钢改变生活、提高人们生活品质的理念融入实际行动中，并尝试向绿色新能源领域探索，旨在为人类的绿色可持续发展贡献力量。炼百年不锈，筑绿色未来！

二、工艺和产品创新

（一）青山首创移动式 AOD 炉

传统不锈钢工艺中使用电弧炉熔化钢水，将钢水加入中间钢包，然后由行车再将中间钢包内的钢水兑入不可移动的 AOD 炉进行冶炼。而青山实业董事局主席项光达在创业初期针对资金不足、AOD 炉小等情况首创了中频炉+移动式 AOD 的炼钢工艺，成功克服了小型民营企业生产不锈钢的瓶颈，开辟了小型民营企业高效冶炼不锈钢的先河。青山在创业初期独创中频炉+移动式 AOD 的炼钢工艺，既是当时小型民营企业在资金紧张背景下不得已而为之的写照，更是项光达敢为天下先、具有创新思维的体现。

（二）RKEF 工艺的引用与创新——RKEF 与 AOD 炉双联法问世

2010 年，青山率先在国内攻克了 RKEF 生产工艺技术难题，利用进口红土镍矿，在福建建设了国内首条全封闭式 RKEF 镍铁生产线，青山还在世界范围内率先实施跨领域技术创新，独创"RKEF 与 AOD 炉双联法"冶炼不锈钢生产工艺引起国内外业界的瞩目和效仿。RKEF+AOD 双联法炼不锈钢，对中国不锈钢产业带来非常良性的推动，促进中国不锈钢产业发展，对世界不锈钢产业的技术创新与发展也起到了巨大的推动作用。同时这种工艺对于节能环保、行业的可持续发展作出了重要的贡献。

（三）硫化镍矿在 RKEF 工艺中的成功应用

RKEF 生产工艺的主要原料是红土镍矿，但青山人却首创将硫化镍矿作为原料成功应用到 RKEF 生产工艺中。硫化镍矿经过焙烧后在 RKEF 工艺中的成功应用，开辟了劣质镍精矿的应用领域，改变了硫化镍精矿的工艺流程，拓宽了 RKEF 工艺的原料范围，更是放宽了 RKEF 工艺对红土镍矿的品位要求。该工艺是循环经济、节能环保的典型案例。

（四）新产品创新

1. QN1803 新产品研发

近年来，随着不锈钢产量的增加，镍消耗量不断增长。另外，高镍三元动力电池也发展迅速，使镍资源越发紧缺，镍价格随之大幅上涨，Cr-Ni 系不锈钢的成本进一步增加。受镍价格上涨影响，为了降低生产成本，全球不锈钢生产企业都在大力开发和推广低成本的节镍不锈钢。

为了持续提高青山国内工厂不锈钢生产竞争优势，青拓集团研发出新产品 QN1803，并将产品成分设计和制造技术申请了发明专利。QN1803 具有以下几个特点：点蚀当量在 19.0 以上，拥有与 S30408 相当的耐腐蚀性能，在折弯、冲压、硬态等各种冷加工成型后的实际使用状态下，QN1803 的耐蚀性甚至优于 S30408；屈服强度和抗拉强度均显著高于 S30408，并且有不低于 45% 的伸长率；拉深成型性能优异，形变诱导马氏体量少，制品时效开裂风险远低于 S30408。

新产品 QN1803 在保证与 S30408 不锈钢相当的耐腐蚀性能基础上，提高了材料的强度、硬度，同时降低了材料成本，使之具有比 S30408 不锈钢更高的性价比和更强的市场竞争力。2018 年 6 月，青山实业 QN1803 新产品成功研发并正式投入市场使用。

2018 年 11 月 1 日，青山实业在上海新国际博览中心举办了全球首发高氮、高耐蚀、高强度节镍奥氏体不锈钢 QN1803 产品发布会，青拓集团江来珠博士详细解读了 QN1803 全球首发产品的合金设计和性能特点，以及在板材和长材领域的应用案例。复旦大学蒋益明教授通过大量试验论证了 QN1803 的耐腐蚀能力可与 S30408 钢种媲美。目前，QN1803 产品已投放市场 20 多万吨，在板材和长材领域拓展应用，其技术性能和成本优势正逐步显现。

2. 巍巍"青山""笔尖"报国

目前，国内笔尖钢和进口料在连续车削、钻削时间等技术指标方面存在较大差距，导致市场占有率不到 20%。2020 年是国家"十三五"规划的收官之年,青拓集团积极响应政府号召,深入贯彻落实创新驱动发展战略,进一步提升企业技术创新能力。

2020 年青山实业发布笔尖钢 QF24Sn,饱含青山人"科技报国"的情怀。

QF24Sn 属于环保型易切削超纯铁素体不锈钢,采用创新的基体合金设计、环保型易切削相设计和生产工艺,通过了多道次高速精密切削加工考验,大批量生产圆珠笔头。笔尖钢要求优异的切削加工性能、稳定的出墨量、良好的耐蚀性和耐磨性。QF24Sn 切削性能良好,刀具使用寿命明显优于国产材料,显著缩短了和国外进口料的差距。所生产的圆珠笔书写出墨量稳定,耐腐蚀和耐磨性能良好,总体质量处于国内领先水平。

同年 6 月,青山实业旗下青拓集团有限公司生产的圆珠笔头用环保易切削超纯不锈钢通过了客户的综合性能评估,并与客户签订了长期供货合同,开始批量供应,用以生产圆珠笔头。

青拓集团通过短短一年多时间,成功试制并批量生产笔尖钢,以满足国内制笔业对环保易切削超纯不锈钢材料的需求,减少进口材料的依赖。青山也在用小小的"青山笔尖"不断书写着青山人的"工匠精神"和"报国情怀"。

3. 青山手撕钢

2021 年 9 月 15 日,青山实业成功轧制 0.03 毫米"手撕钢",进一步丰富了产品结构,是产品拓展迈出重要一步、满足市场新需求、提升产品附加值的新举措,也为制造强国建设贡献一份青山力量。

"手撕钢"项目攻关团队依托集团冶炼优势,进行大量的理论分析和讨论,对各个环节可能出现的问题充分分析,不断减少试生产时间,同时通过设备及工艺创新,逐步提高工艺技术水平,经过多次试生产,最终攻克精密轧制、退火、高等级表面质量控制和性能控制技术难题,于 2021 年 4 月底试轧第一卷 0.05 毫米"手撕钢",并在不到 5 个月的时间又成功轧制厚度为 0.03 毫米的"手撕钢",实现超薄"手撕钢"目标。

4. 软磁不锈钢和易切削不锈钢

青山实业下属浙江青山钢铁有限公司是一家集研发、生产、销售、服务于一体的特种不锈钢棒、线材生产企业。拥有先进的不锈钢冶炼、轧制、热处理等装备,具有钢 35 万吨、材 60 万吨的生产能力,产品涵盖 300 系特殊不锈钢、双相不锈钢、400 系不锈钢、易切削钢、焊材用钢、工模具钢和气阀钢等高端产品。

软磁不锈钢主要用于制冷、气动、小家电、汽车电喷及流体控制等行业,用做电磁阀、气动阀与电磁泵等自动化控制器产品。QT-F901 产品在化学成分设计上,提高 Si、Cr、Mo 的含量,并添加适量的 Ni、Cu,使材料具有优异的磁性能和耐腐蚀性能;在生产工艺上,采用 EAF+AOD+LF+连铸的冶炼工艺,降低钢中的 C、N(C+N<0.05%)含量,并加入适量的 Nb 进一步降低 C、N 的有害影响,并通过合理的热处理工艺,溶解材料中的析出物,使材料的耐腐蚀性能及塑韧性提高;同时将硫含量精准控制在 0.015% ~ 0.025% 之间,既保证材料的耐腐蚀性能,同时也优化材料的车削性能。

易切削不锈钢主要用于食品、办公、通信器材、数码产品等机械精密零部件。303Cu产品通过优化炼钢工艺，将钢中 S 含量精准控制在 0.27% ~ 0.29%，并通过微合金化手段，改善硫化物的形貌及分布，大幅度提高材料的切削性能；在生产工艺上，采用双模块轧制，环形固熔炉进行热处理，并进行酸洗去除氧化皮，生产的盘条尺寸精度高，表面光滑无缺陷，能很好地满足后续的拉拔、研磨及车削加工要求。

三、"一带一路"绘新篇

青山实业积极响应国家"一带一路"倡议，全面实施"走出去"发展战略，并快速建设和投产，向世界诠释了青山速度。

为进一步整合全球资源，近年来，青山实业坚持做大做强优质产能，不断创新生产工艺、拓展产业领域。青山实业以谋求战略性资源保障为出发点，聚焦资源丰裕国寻求投资机遇，并基于此，实现了青山实业全球产业链布局的不断升级。目前，青山实业在印尼布局了两个综合性产业园区。

（一）印尼青山园区的开发

位于印尼中苏拉威西省莫罗瓦利县的青山园区项目，是目前世界上不锈钢上下游产业链及配套项目最齐全的综合产业园区，被列为"一带一路"示范合作项目。

该项目是 2013 年 10 月 3 日，在访问印尼的习近平主席和时任印尼总统苏西洛共同见证下签署的，2015 年 5 月 29 日，现任印尼总统佐科来园区视察，并宣布项目正式投产。2015 年，印尼青山工业园区被印尼工业部评为"工业园区新秀奖"，2016 年 8 月被国家商务部和财政部联合确认为中国境外经济贸易合作区。

印尼青山园区总规划用地逾 2000 公顷，已形成年产 220 万吨镍铁、30 万吨铬铁、300 万吨不锈钢钢坯、300 万吨热轧、350 万吨普碳钢、11 万吨镍当量的镍钴中间品，2850 兆瓦自备电厂发电总装机量的产能规模；并建成世界首条集采矿—镍铬铁冶炼—不锈钢冶炼—热轧—退洗—冷轧及下游深加工的产业链，此外还有火电、焦电、焦炭、兰炭、制酸、硅铁、硅锰、物流码头等配套项目。至此，印尼的不锈钢粗钢产能一下子从零提高到了全球第二。

印尼青山园区在国家"一带一路"倡议引导下，抓住海上丝绸之路建设的发展机遇，充分利用园区所在地丰富的红土镍矿资源优势与天然的区位优势，结合青山企业国内几大镍铬合金冶炼、不锈钢冶炼、轧钢生产基地建设和生产经验，就地将镍资源优势转化成经济优势，逐步构建镍铁和不锈钢生产、加工、销售的完整产业链，打造境外镍铁资源供应基地、不锈钢及制品生产基地和不锈钢产品国际营销基地。印尼青山园区已经建设成为中印尼矿产资源开发合作的标志性项目，带动当地乃至印尼经济发展，打造成为双边国际产能和装备制造合作的示范区和产业合作平台，发展成为中国"镍铁+不锈钢"企业实现全球产业布局、实现产业聚集的重要基地。

1. 红土镍矿开发的布局

2009 年 6 月 13 日，上海鼎信集团和印尼八星集团以 55%、45% 股比合资设立苏拉威西矿业公司（简称 SMI，注册资本 2000 万美元）收购八星集团持有的 BDM、BDW、BDE 全部股权并合作投资 600 万美元开发上述三家公司拥有的 4.7 万公顷镍矿矿山，协议在温州青山苑签署。

2009 年 10 月 7 日，印尼政府批准 SMI 设立，青山实业董事局主席项光达、八星集团董事长郑汉烈在雅加达幕丽亚大酒店分别代表鼎信集团与八星集团正式签订了 SMI 投资合作协议，中国驻印尼大使馆公使衔参赞等到会见证。SMI 驻地在雅加达，将开采位于印尼中苏拉威西省和东南苏拉威西省的面积约为 4.7 万公顷的红土镍矿。首期投资 2 千万美元，开采区为 200 公顷，预计每月出矿 20 万吨，未来月出矿将随投资及开采面积逐步增加。

此次两家公司签署投资合作协议，实乃互利共赢之举，也有利于推进中印尼矿业及工业领域的合作。

2. 镍铁冶炼厂建设的决策

印尼 2009 年通过了《煤炭与矿物法》，规定 2014 年 1 月 12 日起禁止原矿出口。鉴于此，青山未雨绸缪，做出把冶炼厂建在矿山上的决定。

2015 年 5 月 29 日印尼苏拉威西矿业投资有限公司（SMI）正式投产，年产 30 万吨镍铁，该项目总投资 6.4 亿美元，由国家开发银行提供项目融资，用地 95 公顷。项目建设有 4 条 φ4.6 米×100 米回转窑、4×33000 千伏安矿热电炉，同期配套建设 2×65 兆瓦燃煤发电厂及项目公辅配套设施，年产 30 万吨含镍 10% 的镍铁。该项目建成，有利于缓解中国镍资源紧缺状况，也有助于中国的产业升级，对促进印尼矿业发展和产业升级、加强中国与印尼经济合作具有重要意义。

2014 年 5 月 2 日，青山联合广东省广新集团等投资方投建的印尼广青镍业有限公司（GCNS）年产 60 万吨镍铁冶炼厂及配套电厂项目，在项目所在地——印尼中苏拉威西省 Morowali 县的中国印尼经贸合作区青山工业园区内隆重举行开工典礼。印尼广青镍业项目将采用国际先进技术——回转窑+矿热炉（RKEF）工艺建设数条镍铁生产线，年产 60 万吨含镍量约 10% 的镍铁，同时建设一座 2×150 兆瓦的燃煤发电厂以满足项目用电。该项目的投建积极响应了印尼政府鼓励在其国内建设金属原矿冶炼加工厂的政策以及 2013 年 10 月习近平主席访问印尼时与苏西洛总统签订的关于建设中国印尼经贸合作区的合作框架协议；同时，该项目的投产将会有效缓解印尼原矿出口禁令给中国国内带来的镍铁供应短缺的困难局面。

3. 不锈钢厂的建设

2014 年 1 月 12 日，印尼原矿出口禁令正式生效。青山建设镍铁厂的进度走在了同行之前，且仍在布局从原材料到成品的不锈钢全产业链。

2016 年 6 月 17 日，印尼广青镍业有限公司（GCNS）建设的不锈钢连铸坯项目成功试生产，该项目年产 100 万吨，总投资 1.2 亿美元，用地 9 公顷，年销售收入约 22 亿美元。由此开启了中国不锈钢的海外生产之路。此外还建设年产 300 万吨 1780 毫米热轧项目。

印尼青山不锈钢有限公司（ITSS）及其配套 2×350 兆瓦火力发电厂项目，总投资逾 8 亿美元，用地 90 公顷，建成投产后年产不锈钢连铸坯 100 万吨，销售收入约 22 亿美元。2016 年 3 月 6 日 ITSS 打下第一根钢柱。2016 年 12 月 11 日，印尼青山不锈钢镍铁项目矿热炉开始通电烘炉试生产。

4. 工业园区的建设

2013 年 10 月 3 日，在访问印尼的中国国家主席习近平和印尼总统苏西洛共同见证下，青山实业董事局主席项光达和印尼八星董事长郑汉烈、中国国家开发银行行长郑之杰在雅加达签署合作建设 SMI 项目备忘录；中印尼两国政府签署在印尼建立中国印尼经济合作区备忘录。2013 年 11 月印尼经贸合作区青山园区开发公司在印尼获批设立，印尼经贸合作区青山园区开始建设、运营。

工业园区是在印尼设立中国印尼合作综合产业区的协定中的第一个实质性开工项目，位于印尼中苏拉威西省 Morowali 县 Bahodopi 镇，建设开发总规划用地约 1200 公顷。园区紧靠省际公路，离海岸约 1 千米，主要以整个不锈钢产业链为主导，辐射带动上游矿产开发、镍铁冶炼至下游不锈钢冶炼及不锈钢制品加工等整个产业的集群。

入园项目给印尼带来的不仅是巨大的经济效益（矿业出口额扩大了 6.6 倍），还有繁荣地方经济、增加人民就业、扩大财政税收、提升政府形象等一系列积极影响。

5. 中国印尼经济合作区升级为国家境外经济贸易合作区

2016 年 8 月 4 日，中国商务部、财政部向上海鼎信投资（集团）有限公司颁发了《境外经济贸易合作区确认函》，评定由上海鼎信投资（集团）有限公司投资建设的中国印尼综合产业园区青山园区全面符合中国境外经济贸易合作区的各项考核指标要求，予以正式确认。

青山园区现已具备海、陆、空齐全的进园通道和约 285 万千瓦的发电装机容量，已建成 4 座二级基站、10 套卫星电视接收系统、2 个 10 万吨码头泊位、1 个 5 万吨码头泊位、1 个 3 万吨码头泊位和 70 余幢生活用房。园区筹建前就已实现与青山在中国福安生产基地码头的海运航线，现更扩展到与中国各大沿海口岸的直航，口岸间物流、清关顺畅。截至 2020 年底，园区及入园项目实际完成投资额合计约 70 亿美元。

青山实业在印尼的投资项目是积极践行"走出去"战略，坚持走国际化布局拓展之路的重要体现，也对加强中国与印尼经济合作具有重要意义，不仅带动了园区周边经济发展，而且更重要的是促进了印尼矿业发展和产业升级，有利于缓解中国镍资源紧缺状况。园区升级为国家性园区，充分展现了示范效应，是中印尼合作的典范。

（二）印尼纬达贝工业园区的开发

印尼纬达贝工业园区，位于印尼北马鲁古中哈马黑拉县，占地 1400 公顷，园区将建设年产 160 万吨镍铁、10 万吨镍当量的镍钴中间品产能规模，是打造双边国际产能和装备制造合作的示范区和产业合作的又一平台。2017 年 6 月 8 日，青山企业与法国埃赫曼集团在印尼哈马黑拉岛签署最终合作协议，共同开发世界级的纬达贝镍矿，计划建设年产 3 万吨纯镍当量的镍铁合金项目。2018 年 8 月 30 日，纬达贝工业园区项目破土动工，来自印尼政府、投资方、施工单位的领导，以及员工代表、周边村民共计 600 余人一同见证动工仪式举行。

纬达贝工业园正在建设多条 RKEF 生产线，同时以园区矿山红土镍矿中钴含量高的特点，着手建设湿法冶炼厂，生产新能源材料，实现"把红土镍矿投进去，把三元材料炼出来，把新能源电池造出来"的镍钴资源新能源材料全产业链，助力印尼汽车电动化进程。

（三）锁定津巴布韦

中国铬矿资源缺乏，高碳铬铁作为战略物资，很大程度上依赖进口，而高碳铬铁是冶炼不锈钢的必要原料，为了努力破解发展瓶颈，青山积极践行"走出去"战略，面对诸多困难和挑战，毅然选择在津巴布韦投资高碳铬铁项目，该项目是青山在海外建成投产的第一个项目，是青山发展之路上一次有益的探索和尝试。

2011 年 4 月，津巴布韦政府为了提高铬矿附加值，增加就业，发布了禁止铬矿出口政策，鼓励投资建设冶炼厂。在此背景下，青山在多次考察之后决定在津巴布韦投资建设高碳铬铁冶炼项目。历时 12 个多月，项目于 2013 年 11 月 22 日正式投产，青山从一片荒芜的灌木丛中建成了津巴布韦标杆式的现代化铬铁冶炼厂。2018 年 4 月 5 日，青山实业董事局主席项光达在杭州和津巴布韦总统姆南加古瓦就中非冶炼在津巴布韦的发展建设进行沟通与探讨。2018 年 6 月 11 日，浙江省委书记车俊、中国驻津巴布韦大使黄屏一行实地考察了中非冶炼公司。为扩大产能，新增的 4 号、5 号炉正在紧张建设中。

四、混合所有制经营模式新典范——广青科技

青山实业继在福建成功上马 RKEF 生产线后，又在广东阳江与国企合作，将这一生产线模式迅速复制加以推广。有媒体报道称广青科技的诞生开创了混合所有制经济的先河，同时也是青山民企与国企成功合作的新典范。

2008 年，广新集团旗下广东省轻工业进出口集团与青山签署了合资协议，入股了青山全资子公司——清远市青山不锈钢有限公司，随后双方陆续合作了河南青山金汇不锈钢产业有限公司、河南青浦合金材料有限公司等项目，合作日益加深。广新集团要向上游发展，实现从贸易到实业的转型升级，需要借力；青山看重华南区不锈钢市场发展的巨大潜力，希望寻找当地的大型国有企业助力其在华南区的发展；两者一拍即合，合作水到渠成。

2009 年下半年，青山决定在广东建设 10 万吨镍合金及其配套加工基地。集团领导考察阳江决定把项目落户在阳江。同年 9 月，青山联手广新集团与阳江市高新区签署了一期 5 万吨的合作协议。

为抢抓市场机遇，加快项目建设，广青科技快马加鞭、极速前进。管理团队铆足干劲，与工人们日夜奋战在工地现场。2012 年 1 月，广青科技成功实现了两条镍合金生产线的投产试运营。同年 5 月，公司完成全部四条镍合金生产线及其配套不锈钢精炼项目的投

产和试运营。仅奋战了 400 多天（13 个月），广青科技就完成了建成投产，创造了全球同类项目建设工期最短的"超速度"。

广青科技作为国有企业与民营企业共同投资成立的混合所有制企业典型代表，其成功并非偶然，其意义也绝不仅仅是两家大型企业之间经济层面上的联合；更是在中国特色社会主义理论指导下，国有资本与民间资本两种不同所有制携手共进的积极探索，是两种不同企业文化机制融合的努力实践。广青科技股东双方秉承"合作共赢""求同存异"的指导方针，实现了管理团队的和谐共处、合资企业的快速发展。股东双方合作几年下来，做到了和平共处，互惠互利，真正实现混合所有制经济的强强联合和优势互补。

2020 年 1 月 10 日，北京人民大会堂举行 2019 年度国家科学技术奖励大会。由中南大学和广青科技主要完成的"红土镍矿冶炼镍铁及冶炼渣增值利用关键技术与应用"项目荣获 2019 年度国家科技进步奖二等奖。该项目从镍铁制备新工艺开发、现有工艺技术革新、镍铁渣增值利用等方面，对镍铁生产进行技术创新，为我国镍铁和不锈钢工业的绿色、可持续发展提供了坚实的技术支撑。

混合所有制的企业背景，让国有和民营双方在交融中取长补短、发挥更大优势，互相的学习和融合形成新的一派企业文化，有利于最终实现"国民共进"、公平竞争，打造更具国际竞争力的大企业。广青科技公司在 2014 年 8 月 22 日上了南方都市报题为《广青："西裤"混搭"牛仔裤"》的经济版新闻，广青科技国企和民企的合作模式成为了广东省混合所有制模式的典型，被誉为混合型经济的典范。

酒泉钢铁（集团）有限责任公司
不锈钢分公司

一、企业简介

酒泉钢铁（集团）有限责任公司（以下简称"酒钢"）不锈钢分公司成立于 2005 年 10 月，是国内第三家拥有从炼钢、热轧到冷轧完整配套的全流程不锈钢生产企业，是酒钢宏兴钢铁股份公司下属的分公司。酒钢不锈钢建设工程是酒钢"十一五"期间进行产品结构调整，实现产品升级换代，形成核心竞争力产品的重点建设工程之一。

酒钢始建于 1958 年，位于甘肃省嘉峪关市，经过 63 年的建设发展，已初步形成钢铁、有色、电力能源、装备制造、生产性服务业、现代农业六大产业板块协同发展的新格局。钢铁产业具备年产粗钢 1100 万吨（其中不锈钢 120 万吨）的生产能力；有色产业已形成年产电解铝 170 万吨、铝板带铸轧材 60 万吨的生产能力，跨入国内大型铝企业第六位；电力能源产业已形成电力总装机 3446 兆瓦的自备火电装机容量。

酒钢不锈钢产品有普通奥氏体系列、耐热奥氏体系列、普通铁素体系列、超纯铁素体系列、马氏体系列、双相不锈钢系列几大板块。目前可生产国内外不锈钢标准牌号 32 个，企业标准牌号 25 个，并根据产品特性细化出差异化产品 20 多个。普通奥氏体系列产品代表 304 和普通铁素体系列产品代表 430 以及马氏体不锈钢质量在国内同行业中处于上流水平，品质国内领先，质量稳定性好，终端客户群固定，产品用途管控有效，质量分级和个性化控制精准。

结合当前不锈钢行业的发展趋势及酒钢不锈钢的经营形式，发挥酒钢不锈钢的优势，"十四五"期间酒钢不锈钢将继续加大产品结构调整步伐，依托酒钢地域资源及条件，调结构、补短板，实施资源保障、创新驱动，做强做精不锈钢产业，突出生产绿色化、装备精良化、企业智能化、产品精品化，提高全要素生产率，促进质量变革、效率变革、动力变革，实现酒钢不锈钢产业高质量发展。常规产品向差异化、高端化和品牌化发展，产品质量达到国内一流水平，进入知名企业和高端用户；同时依靠先进装备和技术特点，发挥自产铁水和能源的优势，将 400 系列产品培育成拳头产品，力争成为国内主导产品和知名品牌，形成 430 铁素体不锈钢、超纯铁素体不锈钢、马氏体不锈钢三大品牌产品；加大行业取证和市场准入的开拓力度，扩大不锈钢中厚板产品市场应用推广，使中厚板产品广泛应用于核电、石化、环保、船舶、光热发电、设备制造、其他工程等领域；加大不锈钢功能性材料的市场调研和工艺储备，重点进行高强、高耐蚀、LNG 储罐、QA1 级核电材料的研发和试制工作；继续提升钛（锆）材加工能力，将钛（锆）带材打造成酒钢不锈钢的一张名片。

二、企业发展历史及现状

酒钢不锈钢是我国西北地区最大的不锈钢生产企业，拥有从炼钢、热轧到冷轧完整配套生产线及当今世界一流的不锈钢生产装备和先进的工艺技术。

（一）生产历史及产能、产品变化

1. 生产历史及发展

2004 年不锈钢热轧分厂建成投产，设计年产能不锈钢 60 万吨，2010 通过工艺优化和设备改造，产能达到 100 万吨；2005 年不锈钢炼钢分厂一期项目建成投产，年冶炼产能 60 万吨，二期项目 2010 年建成投产，使年冶炼产能提高到 120 万吨；2007 年不锈钢冷轧一厂建成投产，具备年产 30 万吨热轧酸洗、年产 20 万吨冷轧产品的生产能力；2010 年不锈钢中厚板厂建成投产，年不锈钢中厚板生产能力 15 万吨；2012 年不锈钢冷轧二厂建成投产，不锈钢冷轧产品生产能力 50 万吨；2014 年 11 月 21 日 VOD 热负荷试车成功，具备了年 30 万吨超纯铁素体不锈钢的生产能力；2018 年建成投产一条年产 40 万吨的铬钢酸洗线。

2. 产能

酒钢不锈钢经过 17 年的发展建设，现已形成 120 万吨不锈钢板坯、100 万吨不锈钢热轧黑卷、95 万吨不锈钢热轧和冷轧酸洗产品（其中冷轧酸洗产品生产能力为 70 万吨）、15 万吨不锈钢中厚板产品的生产规模。

酒钢不锈钢的产量在 2014 年达到顶峰，后续受到 300 系列原料资源及市场、盈利能力的影响进行产品的转型升级，降低 300 系列的产量、提高 400 系列产品，并着手开展高端奥氏体不锈钢、超纯铁素体不锈钢、马氏体不锈钢、双相不锈钢等产品的研发，产、销量稳定在 100 万吨左右。

经过近几年的转型发展和结构调整，酒钢不锈钢的盈利能力、市场影响力和美誉度均得到明显提升，酒钢不锈钢已经成为国内重要的高精尖不锈钢产品生产基地之一，立志成为全球领先的高端不锈钢材料生产企业。

3. 产品变化

酒钢不锈钢早期仅生产 304、430 和 410S 三个牌号，随着企业转型升级和产品的差异化战略，现已形成普通奥氏体系列、耐热奥氏体系列、超级奥氏体不锈钢系列、普通铁素体系列、超纯铁素体系列、马氏体系列、双相不锈钢系列、钛带材加工等 8 大板块 70 多个钢种牌号。

（二）工艺技术提升历程

2008 年电炉投产后，采用以铁水为主要原料的电炉+AOD 转炉两步法不锈钢冶炼工艺；2009 年底实现电炉全冷料冶炼 300 系列不锈钢，所有固体冷料在电炉内进行熔化生产不锈钢母液。

2008 年随着一期罩式炉的投产，先后开发了 430、410L、410S 铁素体不锈钢以及 20Cr13、30Cr13 等马氏体不锈钢的罩式炉退火工艺，产品表面质量、力学性能达到国内外同等水平。同年开发了钛卷的热轧生产工艺，填补了中国不能在连续生产线上生产冷轧宽带钛卷的空白，改写了中国长期只能进口冷轧宽带钛卷的历史。

2010 年炼钢分厂二期投产后，形成了专门生产 400 系列不锈钢的工艺路线：脱磷转炉—AOD 转炉—LF 炉—连铸。国内不锈钢企业第一台专门进行铁水脱磷的转炉，利用顶枪系统喷吹石灰粉技术，可将铁水磷含量脱至 0.005% 以内。

2012 年合理地设计 C、N、S 等化学成分，精炼工艺、浇注工艺不断优化、调整；成功生产铸坯质量优良的双相不锈钢 2205。通过电炉配料优化，并实现 5 炉连续浇注，有效降低生产成本；进一步拓展开发超级双相不锈钢 2507 和经济型双相不锈钢 2101。

随着 VOD 投产，2015 年可稳定冶炼低铬、中铬、高铬的 SUH409L、SUS436L、441、SUS439、J442D、443、SUS444、SUS445J2 等各系列超纯铁素体不锈钢；并实现多炉次连续浇注。通过有效降低 C、N 含量、控制合理的炉渣碱度、精确的 Ca 处理工艺，轧制板材的冶炼缺陷控制良好。

2018 年在稳定生产 20Cr13HN、30Cr13、40Cr13 等马氏体不锈钢的基础上，成功开发了高端刀具用 50Cr15MoV、高端剃须刀用 60Cr13 的高碳马氏体不锈钢，成为国内首家通过连铸机生产此类钢种宽幅铸坯的不锈钢企业，并实现多炉连续浇注。

（三）装备提升历程

1. 炼钢装备提升历程

不锈钢炼钢工序于 2005 年 12 月 16 日热负荷试车，2006 年 1 月 26 日举行投产仪式。不锈钢炼钢采用脱磷—AOD 转炉—LF 炉—连铸等工艺。

2008 年电炉投产后，采用以铁水为主要原料的电炉+AOD 转炉两步法不锈钢冶炼工艺，2009 年底实现电炉全冷料冶炼 300 系列不锈钢的工艺。

2010 年 5 月 12 日不锈钢炼钢二期投产后，形成了专门生产 400 系列不锈钢的工艺路线：脱磷转炉—AOD 转炉—LF 炉—连铸。

2014 年 11 月 21 日由达涅利设计建造的不锈钢 VOD 真空精炼炉（双工位）热负荷试车成功，酒钢不锈钢具备年产 30 万吨超纯铁素体不锈钢的能力。

2. 热轧装备提升历程

不锈钢热轧是国家经贸委于 1999 年批准立项的国家财政债券贴息项目，也是酒钢"十五"期间重点建设项目之一。2001 年 4 月 25 日开工建设，2004 年 1 月 25 日投产，设计年产能不锈钢 60 万吨。

2009 年配合产能攻关任务，投资建设了 1 座步进梁式预热炉，同期为炉卷轧机配置了轧制润滑，改善了热轧板的表面质量和轧制稳定性。使热轧不锈钢产能达到100万吨，可稳定轧制2.8～12.7毫米厚热轧带钢。

投产初期400系列产品主要为外销黑卷，2008年建设了一期罩式炉，配套一条重卷切边横切机组，成功开发出430的No.1和2B产品。为实现酒钢不锈钢转型升级、增400系列减300系列不锈钢的构想，2016年建设了二期罩式炉，430冷轧板产能由前期的年产10万吨增至目前的20万吨。

2018年对热轧在线表面检查装置进行了升级，提高了钢板缺陷的在线识别，有效避免了热轧批量缺陷的发生。

目前热轧主要产品覆盖有奥氏体、铁素体、马氏体、双相、超纯铁素体、超级奥氏体等不锈钢以及承接外委钛、锆板的加工，产品质量达到了国内领先水平。

3. 冷轧装备提升历程

酒钢不锈钢冷轧主体装备主要是由国内外领先相关设备制造商提供，具有当今世界一流的不锈钢生产装备和生产工艺技术。

从2010年至今，酒钢不锈钢的冷轧装备一直在不断地进行升级和改造。未来酒钢不锈钢随着产品结构升级的需要，还会不断更新改造装备，比如已经在计划的光亮退火线等。

不锈钢冷轧一期于2005年建设，2007年11月投产。设计年产55万吨热轧酸洗和冷轧酸洗产品（其中冷轧酸洗产品生产能力为20万吨）。主要设备包括热带连续轧制退火酸洗机组1条、二十辊可逆冷轧机组2条（森德威格四立柱轧机）、冷带退火酸洗机组1条、平整机组1条、修磨和抛光机组1条、切边和分卷机组2条。

不锈钢冷轧二期于2010年4月开工建设，2012年10月投产，设计年产不锈钢冷轧产品50万吨，包括4台森吉米尔二十辊轧机（3～6号CRM）、1条产能50万吨的冷轧退火酸洗机组（2号CAPL）、一条张力拉矫机、1台离线平整机（2号SPM）、1台重卷剪切机组（3号EDTL）及上述工艺机组配套的辅助设施、公辅设施区的所有公辅设施。

不锈钢铬钢酸洗线于2017年7月15日开工，2019年1月15日通过了交工验收，年酸洗能力40万吨。

4. 中厚板装备提升历程

酒钢不锈钢中厚板厂于2010年12月建成投产，设计生产能力15万吨。该生产线为全连续生产线，具备生产宽、厚规格不锈钢中厚板的生产能力，酸洗段采用立式酸洗，有酸洗效率高、酸洗均匀、钢板表面质量好的特点，是国内第一条不锈钢立式酸洗线。

（四）在环境保护中的建设及成效

1. 环境保护项目的投资建设

近几年，酒钢不锈钢公司在生产经营规模不断发展的同时，十分注重环境保护和污染治理工作，先后已投资 5699.8 万元，实施 8 个污染治理项目，取得了经济和环境双重效益，已投资 8500 万元正在建设冷轧酸再生循环利用项目，计划投资 1.35 亿元完成不锈钢炼钢超低排放改造。

2. 危废管控成效及评价

酒钢不锈钢公司积极参加了《工业企业环境保护标准化建设》第二轮评定，再次获得全省大型国有企业工业企业环境保护建设 A 级企业的荣誉称号，同时也获评嘉峪关市信用评级等级良好企业，并被嘉峪关市政府命名为"花园式工厂"。

三、企业的研发能力、创新产品与科技创新

（一）研发能力

酒钢不锈钢研发主体力量来自不锈钢研究所研发人员和不锈钢公司的技术人员。不锈钢研究所（隶属钢铁研究院）有专职研发人员 22 人，其中研究生以上学历占比 70% 以上，副高以上职称占比超过 80%，主要从事不锈钢产品开发、基础研究和前沿技术跟踪等工作；不锈钢公司有各类工艺技术人员 50 多人，主要从事现场技术质量管控和改进。近年来酒钢不锈钢开发新钢种 60 多个，承担完成 5 项省部级科技重大专项，承担完成市级科技重大专项多项，现拥有中国授权专利 54 项，其中发明专利 19 项。

2012 年，依托酒钢技术中心、酒钢不锈钢公司和不锈钢研究所成立了甘肃省不锈钢工程技术研究中心和甘肃省不锈钢工艺装备及新材料开发工程技术研究中心省级工程中心。2017 年，甘肃省不锈钢工程研究中心获得省级优秀工程研究中心，以及固定资产价值超 3000 万元的专业实（试）验设备。

（二）创新产品

近年来，酒钢不锈钢负责或参与了甘肃省重大科技专项嘉峪关市科技重大专项多项。酒钢不锈钢开发的多款创新产品诸如：双相不锈钢 2205、2507，核用不锈钢 316H，EGR 冷却器用钢 J444E，中高端汽车装饰条用钢 J442D，抗菌不锈钢 430KJ，抗电子屏蔽用钢 316Li，剃须刀用马氏体不锈钢 6Cr13，超级奥氏体不锈钢 904L、254，建筑装饰用 443、445J2 和汽车尾气管用 439、436L、444、441 超纯铁素体不锈钢等在相关行业占据一定份额，并远销欧亚等地区，质量获得国内外客户的认可。

（三）科技创新

酒钢与东北大学完成的"高等级中厚钢板连续辊式淬火关键技术、装备及应用"项目荣获 2014 年度国家科技进步奖二等奖，项目攻克了大型钢板高强度均匀化淬火、系列喷嘴、工艺模型等关键技术；自主研制成功我国首套中厚板辊式淬火机和系列高等级不锈钢产品；在淬火方法、装备和工艺控制等方面实现创新，使我国在高等级特种钢板淬火技术方面处于国际领先水平。该项目的完成，填补了多项国内空白，打破了国外垄断，提升了

我国高端热处理产品的技术水平和生产能力，有力地支撑了我国大型工程机械装备、能源战略储备、国防军工等行业的发展。

酒钢与东北大学、太钢集团等合作的"多功能中厚板辊式淬火机成套技术装备及高等级钢板热处理工艺研发"项目，获得中国机械工业科学技术奖一等奖。

另外，酒钢不锈钢在自主产品研发过程中获省部级科技进步奖一等奖1项、二等奖4项、三等奖4项；获省级工业新产品奖1项；获省部级专利二等奖1项、三等奖1项；获省行业协会及地市级奖多项。

四、酒钢不锈钢品牌产品与应用

（一）主要产品规格及产量

酒钢不锈钢目前可生产国内外不锈钢标准牌号32个，企业标准牌号25个，并根据产品特性细化出差异化产品20多个，涵盖奥氏体、铁素体、马氏体和双相不锈钢等全系列。产品类型以不锈钢热轧黑卷、热轧酸洗卷、冷轧酸洗卷和酸洗中厚板为主。

酒钢不锈钢产品结构以铁素体不锈钢为主，占比超过产品总量的70%；奥氏体系列产品约占比25%；马氏体和双相不锈钢系列产品约占比5%。

（二）产品市场应用情况

酒钢不锈钢产品主要销往华东、华南、华北和西南等地区，部分出口欧亚等地区，被广泛应用于化工、核电、光热发电、环保、家电、汽车、装潢、机械制造、食品加工、餐厨具等行业，并以钢质纯净、质量优良稳定、性价比高被行业所认可。

五、今后的发展及规划

（一）发展面临的问题

酒钢不锈钢的资源保障能力不足，所需镍、铬等缺乏自有资源，全部依靠外购，影响产品的成本竞争力；工艺装备水平有待提高和填平补齐；产品竞争力有待进一步提升；绿色智能发展水平较先进企业存在差距。

通过以上分析，酒钢不锈钢产业应实施精品战略，做高精尖、高附加值产品，服务一流企业，打造高效、智能、绿色的现代化钢厂，做精做强不锈钢产业，推动酒钢不锈钢高质量发展。

（二）酒钢不锈钢发展规划

"十四五"期间，酒钢不锈钢以实施提质增效战略、创新驱动发展、推进绿色低碳发展、调整优化产品结构、加速信息化、自动化建设和发展智能制造为任务，紧跟市场加大产品结构调整步伐，进一步加大新品开发力度，使新品年产量在"十三五"基础上翻一番以上，达到30万吨；逐步解决中厚板生产与质量的限制环节，使中厚板产能稳定在15万吨以上；做大做强酒钢钛（锆）材加工，成为一个持续盈利板块。

六、创新创业人物

潘吉祥，1968年生，现任酒钢宏兴股份公司钢铁研究院院长、不锈钢分公司总工程师。参加工作以来，他不忘钢铁报国初心，扎根戈壁钢城、深耕生产一线，主持省级科技重大项目21项，负责的科技项目获省部以上科技进步奖项13次、市级和酒钢公司奖项10余次，个人专利9项，在国际、国内重要期刊发表论文20余篇，并荣获"甘肃省拔尖人才""陇原骄子"等诸多殊荣，是享受国务院政府特殊津贴的专家。

2005年酒钢不锈钢分公司成立，曾在碳钢生产一线摸爬滚打了12年的潘吉祥，硬是靠着一股钻劲和对酒钢不锈钢事业的执着，带领技术人员，稳扎实打，在摸透了各项设备技术要领的基础上，带领团队逐步攻克了一个个技术瓶颈和质量难题，同时开发了一系列不锈钢产品。2013年，潘吉祥带领团队立项甘肃省重大科技专项"双相不锈钢产品研究与开发"项目。面对工业化生产难度较大等一系列难题，他围绕炼钢、热轧、冷轧酸洗、二十辊轧机等，逐道工序梳理技术要点和攻克方向，全力开展技术攻关。经过两年多的不懈努力，酒钢成为国内第二家成功开发出2205双相钢系列产品的企业，产品质量达到国内一流水平；2018年潘吉祥带领他的团队向超高碳高端手刮剃须刀用钢这一"卡脖子"技术发起攻关，打通了60Cr13马氏体不锈钢采用连铸的全流程工艺，改变了我国超高碳高端手刮剃须刀用钢大部分依赖进口的局面；潘吉祥带领团队紧跟市场不断地进行产品研发和技术质量攻关工作，通过十多年的不懈努力，使不锈钢分公司从最初只能生产普通304钢种和410钢种的企业，成为国内钢种覆盖面大、涵盖品种全、产品牌号达70多个的精品不锈钢生产基地，"酒钢不锈"产品也成功进入国内外军工、核电、电子等领域，"酒钢不锈"的品牌效应也在行业内显现出来，尤其400系列产品质量达到国内领先水平。

"在努力实现中华民族伟大复兴中国梦的新时代，我们要一棒接着一棒，把钢铁报国的接力传承下去。"而今，已年过半百的潘吉祥，带领团队实现了酒钢不锈钢分公司在行业中由"跟跑""并跑"向部分领域"领跑"的转变。初心永不忘，奋力续华章。作为钢铁战线的技术工作者，他争当创新先锋，矢志钢铁报国，立志为促进我省钢铁行业转型升级作出新的更大的贡献。

鞍钢联众（广州）不锈钢有限公司

一、企业简介

鞍钢联众（广州）不锈钢有限公司（以下简称"鞍钢联众"）是鞍钢集团公司与中国台湾义联集团合资组建的一流不锈钢企业，投资总额约 83 亿元人民币，占地面积 120 万平方米，是华南地区重量级的专业不锈钢生产企业，实现炼钢、热轧、冷轧退火酸洗、光亮一贯化作业。

鞍钢联众前身系中国台湾义联集团烨联钢铁股份有限公司 100% 投资企业，于 2002 年奠基，十余年中见证了中国不锈钢产业的发展、壮大。2014 年 12 月，鞍钢集团公司以增资入股方式持有鞍钢联众 60% 股权。鞍钢联众将充分发挥鞍钢集团、烨联钢铁各自优势并继续秉持"创新、成长、责任、永续"的经营理念，推行精益管理；着力技术创新；提升核心竞争力；扩大区位和品牌优势；延伸与完善上下游产业价值链作为发展战略，努力成为国内不锈钢行业中的"排头兵"，打造"世界顶尖的不锈钢专业制造企业"。

二、企业发展历程

2001 年 12 月 30 日，由中国台湾烨联钢铁有限公司投资建设的联众（广州）不锈钢有限公司正式成立；2002 年 12 月 17 日，联众（广州）不锈钢有限公司奠基；2004 年 12 月 23 日，冷轧厂投产；2006 年 6 月 20 日，热轧厂投产；2007 年 2 月 8 日，炼钢厂投产；2007 年 7 月 9 日，瀚阳（广州）钢铁有限公司成立；2009 年 11 月 17 日，瀚阳（广州）钢铁有限公司奠基；2014 年 10 月 17 日，鞍钢集团与中国台湾义联集团签署投资协议与合资合同，鞍钢集团以增资入股方式认购并持有义联集团所属的联众（广州）不锈钢有限公司 60% 股权和瀚阳（广州）钢铁有限公司 60% 股权，重组为鞍钢联众（广州）不锈钢有限公司和鞍钢瀚阳（广州）钢铁有限公司；2017 年 12 月 22 日，鞍钢瀚阳（广州）钢铁有限公司正式并入鞍钢联众（广州）不锈钢有限公司。

三、企业的装备水平、产品种类及体系认证

（一）装备特色

鞍钢联众的装备、技术和工艺均达到世界先进水平，并以环保为己任，秉承可持续发展的理念，从产线设计开始，不惜成本地对环保节能设备投入大量资源。生产线均由世界知名钢铁设备供应商（奥地利奥钢联公司（VAI）、日本石川岛播磨重工业（IHI）、奥地利安德里兹（Andritz）、德国西马克（SMS）、日本东芝三菱电机产业（Temic）等）设计

建造，其中多条产线具有世界第一、国内第一等殊荣。

（1）鞍钢联众炼钢厂使用电炉炼钢。据 2021（第十二届）中国钢铁发展论坛上的研究披露，电炉吨钢碳排放量仅有高炉的 1/4，随着钢铁行业碳中和的实施，钢铁工业受到政策刺激，走转型升级、低碳绿色发展之路是必然趋势。电炉炼钢短流程将成为国家钢铁行业"十四五"期间重点的政策鼓励方向之一，而鞍钢联众已率先一步实现了电炉炼钢。

（2）热轧退火酸洗线（HAPL）是国内第一条可以生产宽度为米尺、四尺、五尺，厚度为 1.8~10.0 毫米的不锈钢 No.1 钢卷的热轧卷酸洗线。

薄板轧延退火酸洗线（RAPL）是国内第一条可轧延黑皮不锈钢卷，可生产宽度为米尺、四尺，厚度为 1.0~4.0 毫米的不锈钢 No.1、2E 钢卷的黑皮卷轧延酸洗线。该线突破了黑皮卷硬度高、性能不均匀，轧延时容易断带的难题，首次在不锈钢黑皮卷轧延工艺中填补了国内空白，加快了不锈钢 2E 钢卷进入下游市场的产业化历程。

（3）连续冷轧线（WRAP）是世界上第一条集传统四大生产线（轧延线、冷轧退火酸洗线、调制轧延线和张力整平线）于一体的不锈钢连续冷轧线。连续冷轧线可生产宽度为米尺、四尺，厚度为 0.3~3.0 毫米的不锈钢 2B、2D 钢卷；将传统四大生产线集于一体，极大提升了冷轧不锈钢钢卷的生产效率和产出率。该产线投产并稳定运行以后，标志着连轧连退的不锈钢生产工艺在全球首次获得成功，逐渐成为当时行业标杆，受到国内外同行竞相模仿。

（4）废酸全回收再生系统（ARP）是具有世界领先技术水平的废酸回收系统，鞍钢联众也是国内最早投入废酸全回收再生系统的企业。该系统采用国际最先进的喷雾焙烧技术，在降低能耗、再生酸浓缩、提高硝酸回收率的同时，既减少了污染排放，又获得了可回收资源，同时提高了混酸的利用率。

（5）率先在国内建立全套可以处理高浓度硝酸盐氮废水的废水生化脱硝系统、含酸废气脱硝系统、粉尘回收利用系统、所有产线均使用清洁能源等各项污染防治设施。

（6）鞍钢联众在建厂阶段，就设计并建立了数据整合系统，基于工业大数据和互联网的智慧结晶，打造全流程智能化控制生产线并建立了集管理、生产、销售、研发的数据平台。该平台为后续创建从炼钢原料到最终成品一键式的智慧工厂提供了坚实的基础，并将会是中国制造 2025 的发展趋势。

（二）产品种类

鞍钢联众目前主要生产不锈钢扁钢坯、不锈钢中厚板、热轧黑皮不锈钢卷、热轧白皮不锈钢卷、冷轧 2E/2D/2B/BA 不锈钢卷等产品。炼钢产能 200 万吨/年，热轧产能 240 万吨/年，冷轧产能 90 万吨/年，光亮产能 15 万吨/年。钢种涵盖节镍奥氏体不锈钢、300 系不锈钢、400 系不锈钢及双相不锈钢等四大类产品，累计 161 个子产品，实现钢种和表面等级全覆盖。产品广泛应用于民生用品、厨具刀具、家电行业、石油化工能源、食品医药、纺织设备、汽车零部件、轨道交通、集装箱、电梯、建筑装潢材料、海洋工程、国防、核电、船舶等众多领域。

（三）体系认证

鞍钢联众从投产开始就十分注重标准体系建设工作，制定和完善了各相关作业标准，并先后通过各项体系认证。鞍钢联众公司产品及其设计、生产、销售和服务主要依据 ISO 9001：2015、IATF 16949：2016、AD2000-WO&PED 指令等标准运行。全公司各部门的各项作业按照法律法规、标准和管理体系文件的要求施行。全公司的生产能力和产品品质稳定，潜在的质量、环境和职业健康安全风险也得到了较好的控制，较好地满足了顾客和相关方的需求。鞍钢联众每年定期举行内外部审核，审核包含了公司生产作业相关全过程，可以很好地及时发现问题，并进行改进。

同时，为满足市场需求，每年定期送样到第三方测试机构进行中国食品级等项目测试。

四、科技创新及成果

鞍钢联众一直高度重视科技创新对企业发展的重要作用，为此鞍钢联众建立了以企业为主体，市场为导向，高校、科研院所为补充的"产学销研"体系，以及多层次的科技创新激励制度，实现创新研发内外循环，持续推动试产新产品、破除技术瓶颈、改善生产设备和工艺、促进产品客制化。鞍钢联众重视人才队伍建设，倡导敢为人先、宽容失败的创新文化。多年来持续的高研发投入，收获了一大批科研成果，形成了一批得到用户认可的重点产品，促使鞍钢联众从一个以 200 系为主的不锈钢生产企业成长为国内可生产品种和规格最全的专业不锈钢企业。

重点产品包括以下八大系列：

（1）核电用不锈钢系列，如中国核电装备"卡脖子"材料 316H、2101、405、304、316 等。

（2）双相不锈钢系列，如 2205、2507 等。

（3）超纯铁素体不锈钢系列，如 409、436、439、441、430J1L、429、443、444、445 等。

（4）超级奥氏体不锈钢系列，如 310S、309S、309Si、317L 等。

（5）马氏体不锈钢系列，如 420、420N、425 等。

（6）硬态板不锈钢系列，如 304、301、301L、430 等。

（7）车体用不锈钢系列，如 T4003、1.4003 等。

（8）高耐蚀节镍奥氏体不锈钢系列，如 204C2、204C3 等。

五、企业发展规划

鞍钢联众以坚持绿色发展，打造清洁化、可持续发展的绿色生态工厂，不断适应和满足市场和客户的需求，成为不锈钢材料供应商和解决方案服务商为使命。实施技术优势驱动的精品战略和差异化竞争策略。围绕市场需求，聚焦汽排不锈钢、双相不锈钢、马氏体不锈钢和家电厨电不锈钢等领域，突出产品专业化及多样化的市场竞争优势地位。深化市场化改革，释放变革创新内生新动力；强化创新创效，培育转型升级新动能；坚持绿色发展安全发展，构建稳健可持续发展新格局。成为具有较强创新能力和创效能力的国内一流不锈钢企业。

浦项（张家港）不锈钢股份有限公司

一、企业简介

浦项（张家港）不锈钢股份有限公司（以下简称"浦项不锈钢"）成立于1997年，是由韩国POSCO和江苏沙钢集团共同投资建设的中国国内最早的专业研发、生产和销售不锈钢的中外合资企业，主营高品质不锈钢钢板及镀层板。从1997年至2003年，浦项不锈钢投资3.72亿美元建设第一、二期工程，主要产品为冷轧板卷，年产量40万吨。2004年，在一、二期工程的基础上开展STS一贯制铁所的扩建工程，该工程包括不锈钢冶炼、连铸、热轧三大主体工程，设计生产能力为年产热轧不锈钢钢板60万吨，产品主要为300系和400系高附加值的热轧不锈钢。2009年12月1日，投资建设了宽幅板冷轧不锈钢生产线，产品厚度为0.3～5.0毫米，宽度为1000～1600毫米。浦项不锈钢现可年产不锈钢产品110万吨，是目前国内生产能力最大的不锈钢生产企业之一。

二、历史沿革

浦项立足张家港25年，是稳健发展的25年，也是风雨兼程、砥砺前行的25年。1999年一期工程顺利竣工投产后当年便实现了盈利，开创了中国不锈钢市场新局面。2002年二期工程开工，2003年竣工后又马不停蹄地展开三期工程建设，2006年三期工程正式竣工，标志着浦项不锈钢正式成为了从制钢到冷轧的一贯制铁所体系。随后产品在市场一路奋进，先后通过ISO质量管理及高新技术产品等权威认证，2009年被评为中国最具竞争力五大STS生产商，2013年获"江苏省名牌产品"称号，2020年疫情期间分别研发出"环境友好型不锈钢"及"抗菌不锈钢"，2021年浦项不锈钢成为国内首家通过RCS（Recycled Post-Consumer Stainless Steel）回收声明标准的不锈钢企业，标志着浦项不锈钢环境友好型产品获得国际认可。

三、企业的工艺技术、特色装备及杰出成果

（一）产品工艺及装备

相比同行企业，浦项不锈钢拥有最先进的生产设备和技术：一、二期工程所有设备全部从美国、日本、瑞士等国具有世界领先技术水平的公司进口，生产过程采用国际领先的网络技术控制；宽幅板冷轧不锈钢生产线引进法国DMS二十辊森吉米尔轧机，退火酸洗生产线设备全部从德国、荷兰等欧洲国家引进。近年来不断加大研发和设备投入，在张家港浦项高品质不锈钢工程技术研究中心建设过程中，新增了电子探针、金相显微镜、碳硫

测定仪、氧氮测定仪等多台（套）研究开发设备，在新产品开发、改进生产工艺、解决客户在产品应用环节出现的问题发挥极其重要的作用。

目前拥有授权的发明专利 50 余项、实用新型专利 100 余项，是本行业拥有核心自主知识产权最多的企业之一，产品的核心技术均有知识产权保护，具有较强的市场竞争力。产品已通过 PED 压力容器认证、船级社认证、多国食品级认证、多家车企排气管用材认证等，在质量等各方面达到世界领先水平，产品广泛应用于食品卫生工业、核电工业、船舶工业、压力容器、汽车零部件、餐具、厨房设备、电梯、建筑物内外装饰等领域，是业内的知名品牌。

（二）突出成就

浦项不锈钢始终坚持走技术创新的发展路线，以研发创新促进不锈钢行业创新能力的提升，以先进的产品引领不锈钢制造行业的科技进步，以工艺和设备创新，树立不锈钢制造企业转型的标杆。

多年来，在高纯净不锈钢、高耐蚀性不锈钢、高成型不锈钢、特种不锈钢等方面拥有专业的技术人员，与韩国浦项技术研究院建立了长期的合作关系，研究院专家多次对研发实验人员进行技术培训和指导，并协助开发了多款先进产品，同时与沙钢研究院、苏州大学、江苏科技大学、东北大学等国内科研院所合作，联合开发了高纯净不锈钢品质技术提升，超级奥氏体不锈钢性能改善及制备、超级双相钢生产及性能提升等多品种钢种的研发及量产，产品质量稳定，且各项指标领先行业水平，畅销于国内外市场，深受客户好评，市场竞争力强。产品销售收入每年以较快的速度增长，为带动国内不锈钢企业赶超欧美及日本先进不锈钢企业起到了不可替代的作用，同时为国家创收和发展地方经济作出了贡献。

未来技术中心计划加大研发投入，对现有设备进行全方位的改造，准备引进全自动的高、大、精生产和检测设备，以进一步提高产品性能；通过全新的工艺创新提高生产效率，全面提升产品的质量和档次，引导产品向质量效益转变，提高整体竞争能力。

四、企业发展规划

（一）发展愿景及使命

根据发展规划目标以及国内外不锈钢应用市场、技术的发展，以提升企业竞争力为目标，以技术创新为核心，以研究开发高新技术产品和加工工艺为突破口，不断增强企业自主创新能力，努力建成国内一流的研发、生产基地，让企业的产品和技术标准达到国际先进水平，成为国内行业标杆。通过研究与开发，使产品品种和技术的创新能力达到国际水平，实现对不锈钢制造领域的关键技术进行研究以及产业化推广。

（二）战略定位

实施技术优势驱动的产品专业化、差异化发展战略。以市场为导向，聚焦开发超高纯净度、高表面抛光性能、高成型性能、高耐蚀性能不锈钢及不锈钢绿色环保减排加工技术开发，突出"耐高温、抗腐蚀、高强韧"不锈钢产品品种的市场竞争优势地位。

（三）阶段性发展目标

在 5～10 年内力争开发的项目 85% 以上国内领先，20% 以上国际先进，10% 以上国际领先，成为国内一流的不锈钢生产研发基地，带动我国不锈钢生产行业共同发展与进步。

（四）重要举措

强化技术创新意识，每年完成自主研发项目 20 个以上。积极申报并完成国家和省、市级重大研究课题，争取每年完成国家、省、市重点项目至少一项。

每年提供具有国内先进水平以上且技术成熟的新产品 10 个以上。高新技术产品销售收入占公司总销售的 70% 以上，年创利润占公司总利润的 80% 以上。

结合发展规划，每年新招聘高层次技术人才不少于 3 名，不断引进各类技术人员，到 2022 年技术中心科技人员达到 250 名以上。进一步与高校、科研院所及配套企业合作，努力建设好研究开发联合体。

广西北港新材料有限公司

一、企业简介

广西北港新材料有限公司（以下简称"北港新材料"）是广西北部湾国际港务集团有限公司旗下全资子公司，地处广西北海市铁山港临海工业区，占地4500多亩，员工4200余人。

北港集团公司为提高港口吞吐量，以参股方式引进了一批以"大进大出"为特征的临港工业企业，北海诚德镍业有限公司（北港新材料前身）就是当年引进的企业之一。2009年，选址落户北海市铁山港临海工业园区；2016年北港集团公司实施股权重组后，实现了对公司控股，使其成为国资控股的混合所有制企业；2019年北港集团公司再次实施股权变更，成为全资国有企业，同年根据发展需要变更名称为广西北港新材料有限公司。

目前，北港新材料具备年产340万吨镍铬合金板坯、310万吨热轧板卷、310万吨固溶板卷、150万吨方圆坯和150万吨冷轧板卷的生产能力，年产值超500亿元，是国内一家从红土镍矿冶炼到镍铬合金宽板冷轧成品全流程覆盖的不锈钢企业；已形成流程复合、产品多元、成本集约、高附加值的镍铬合金产业链，拥有200系、300系、400系等生产线，生产涵盖工业级和食品级等多领域高端系列不锈钢产品；生产规模在中国不锈钢企业中名列前茅。

2013—2020年，北港新材料连续7年被评定为广西壮族自治区"高新技术企业"，2017年被评定为"企业技术中心"，2018年获得"院士专家工作站"等荣誉。

经过十余年的艰苦创业，北港新材料产业已经发展成北海市三大支柱产业之一，成为广西不锈钢产业龙头企业。北港新材料成为国有企业以后，公司管理和技术取得长足进步，企业党建工作不断完善，生产效率和竞争力不断增强，开创了独具特色的沿海地区冶金工业发展改革创新之路。

二、历史沿革

2009年，作为北港集团以参股方式引进的以"大进大出"为特征的临港工业企业，北海诚德镍业有限公司从广东佛山西迁至广西北海。2009—2011年建成从红土镍矿到不锈钢小板坯长流程60万吨/年生产线；2011—2014年建成160万吨/年宽板坯生产线，1700毫米热轧带钢厂也于同期投产；2014—2016年完成连铸窄改宽、固溶生产线、冷轧生产线等"填平补齐"项目，产品覆盖200系、300系固溶卷和冷轧卷，奠定国内大型不锈钢生产企业基础，并于2016年实施股权重组，成为北港集团国有控股的混合所有制企业；

2016—2019 年冷轧五连轧、固溶五线（国内首条五尺三机架连轧连退连洗生产线）、五机五流方圆坯连铸项目、矿渣微粉项目相继投产，公司技术装备达到国内领先水平，并于 2019 年完成国有全资的股权变更；2020 年实现年产热轧板卷产量 300 万吨、冷轧板卷 120 万吨的历史性双突破；2021 年更名为广西北港新材料有限公司。

三、企业的工艺、装备及突出成就

（一）产品工艺及装备

北港新材料拥有初炼、回转窑—矿热炉（RKEF）两套生产工艺，是国内较早实现从红土镍矿冶炼到镍铬合金宽板冷轧成品全流程覆盖的不锈钢制造企业。整个生产过程布局紧凑，全程热送热装，热能利用效率高。

北港新材料各项工艺技术和装备均达到国内外同行业先进水平，环境保护及节能降耗均达到国家环保标准。金压钢材公司 1700 毫米热轧系统于 2012 年 11 月投产，1～5 号固溶酸洗生产线于 2013—2018 年间相继投产；其中 3 号、5 号固溶酸洗线在国内率先采用直接轧制退火酸洗技术；5 号固溶酸洗线还实现在线切换不同表面等级和不同材质不锈钢带材生产，在国内首次实现连轧连退连洗工艺直接生产 2B 板面不锈钢冷轧板卷。不锈钢公司于 2015 年投产的冷轧十八辊五连轧处于国内领先水平，年产量达 70 万吨；同年投产的 4 套二十辊单轧机，用于高端冷轧板和精密板轧制，年产量达 50 万吨；配备两条冷轧退火酸洗线，运行速度高达 200 米/分，居国内前列，单条产线年产量达 60 万吨；同时，冷轧以电力、天然气为能源，生产的工业废水采用深度处理循环回用技术和零排放系统，实现"零排放"。

北港新材料目前主要生产不锈钢、环保建材两大类材料，涉及节镍型奥氏体不锈钢、奥氏体不锈钢、铁素体不锈钢、马氏体不锈钢、不锈结构钢、环保建材等六大项专业产品和品种。

（二）突出成就

1. 获得的奖项

北港新材料十多年来为中国不锈钢的发展作出了重要贡献，在传统不锈钢生产领域共获得了 12 项自治区级、市级科技成果奖，其中省（市）及行业协会科技进步奖一等奖 3 项，重点奖项见表 1。

表 1　北港新材料奖项名录（省级、行业级）

年份	名称及奖项
2018 年	"低品位红土镍矿资源高效利用关键技术开发及应用"获中国有色金属工业科学技术奖一等奖
2018 年	"超洁净不锈钢冶炼关键技术及应用"获中国产学研合作创新成果优秀奖
2020 年	"冷轧不锈钢带轧退洗一体化柔性生产关键技术研发及应用"技术成果被中国金属学会评为国际先进水平

2. 标准制定

北港新材料共参与国家标准、团体标准制定 5 项，见表 2。

表 2 北港新材料标准制定

序号	标准编号（计划号）	标准名称	标准类型
1	GB/T 39733—2020	再生钢铁原料	国家标准
2	T/CISA 045—2020	铬-锰-镍-氮系奥氏体不锈钢热轧钢板和钢带	中钢协团标
3	T/CISA 046—2020	铬-锰-镍-氮系奥氏体不锈钢冷轧钢板和钢带	中钢协团标
4	T/SSEA 0010—2018	绿色设计产品评价技术规范 厨房厨具用不锈钢	特钢协会团标
5	T/SSEA 0059—2020	炼钢用工业废渣制镍铬铁合金	特钢协会团标

注：北港新材料正在积极参与制订《不锈钢精密箔材》国家标准、《铬-锰-镍-氮系奥氏体不锈钢热轧钢板和钢带》和《铬-锰-镍-氮系奥氏体不锈钢冷轧钢板和钢带》工信部冶金行业标准，上述标准预计 2022 年发布。

3. 质量体系及专业认证

近年来北港新材料在通用材料研发制造行业初露锋芒，得到了国内外各组织机构及合作商的一致认可，在此基础上，北港新材料从不锈钢坯到冷轧板卷所有工序流程及中间产品全部通过了 ISO 9001 质量管理体系认证，见表 3。

表 3 北港新材料质量体系认证

序号	证书编号	认证范围
1	04521Q30549R1M	不锈钢钢坯的设计开发、生产、销售和服务
2	04520Q30439R0M	不锈钢板带材的设计开发、生产加工和服务
3	04521Q30543R1M	不锈钢冷轧钢带的设计开发、生产和服务

注：上述质量管理体系认证符合 GB/T 19001—2016 和 ISO 9001：2015 相关要求。

四、企业未来规划

（一）优质高性价比不锈钢开发应用

节镍、无镍型不锈钢始终是北港新材料的战略性品种，未来的发展方向应朝着优质高性价比不锈钢行业领导地位前进，开发一批基于红土镍矿冶炼低镍铁水工艺路线的奥氏体不锈钢、铁素体不锈钢、马氏体不锈钢品种（不限于传统的 200 系和 400 系），同时在成本管控、质量提升、细分市场、产品服务上取得新突破。

（二）优特钢品种研发

大力推进优特钢的研发，对整个产线进行柔性化改造。不锈钢市场相对于整个钢铁市场来说，还是一个小众市场，仅占钢铁市场 2.8%，因此不锈钢市场之外有更广阔的空间。目前先进的电炉生产流程的成本管控完全可以和传统的长流程媲美，利用现有电弧炉，通过高效化改造，配合新建不锈钢棒材及高速线材生产线，打通电炉—LF—五机五流方圆坯—棒线材短流程工艺路线，形成200万吨不锈钢及优特钢棒线材年产能，在不锈钢和优特钢之间进行灵活转换，实现北港新材料由单一不锈钢板卷制造企业向多元型钢铁制造企业转型。

（三）废钢资源循环利用

大力发展存量不锈钢废钢资源的高效利用，在不锈钢废钢全流程进行详细的研究，成立并完善专业性的工作团队，提前应对涉镍资源突发涨价市场风险，控制红土镍矿限购甚至断供的国际博弈风险。

（四）固废资源循环利用

建设北港新材料固废资源循环经济中心，实现不锈钢冶炼过程中固废资源100%再利用，推进循环经济建设，助力企业绿色、清洁、环保生产和高质量发展。

（五）打造全产业生态链

构建50万吨冷轧精密带钢、冷轧精密箔材、结构管、饮用水管、装饰板、镜面板、食品接触器具、医疗器具、五金件等下游深加工产业链，配套开发定制产品，推进专钢专用，大幅度提升制品附加值，实现上下游全产业链的互利共赢。

五、创新创业人物

潘料庭现任广西北港新材料有限公司党委书记、董事长、总经理，2002年6月本科毕业于武汉科技大学矿物加工工程专业，毕业后一直从事冶金技术工作，立足基层实践专业技术扎实，对红土镍矿冶炼技术领域有深入研究，十多年来为红土镍矿冶炼不锈钢生产技术产业化应用做了大量工作。

红土镍矿由于其镍、铁元素含量比正好适用于生产不锈钢，自2006年被发现可以用于生产不锈钢以来，红土镍矿因其合适的元素配比和相对简单的元素提取过程，得到了世界各国不锈钢制造企业的青睐。但是红土镍矿的处理也具有较大的困难，它具有外表水、结晶水含量高的特点，在处理过程中会出现粘在设备上的情况，在烧结的过程中不容易成块，除此之外杂质多也是红土镍矿处理的一大难题。

"技术是企业发展的根本。"潘料庭认为一个企业需要有先进的技术才能长久发展下去。经过多年的学习和积累，他将宝贵的经验带回了北海诚德镍业有限公司。当时国内的红土镍矿处理技术都不太成熟，对很多公司来说处理红土镍矿是一个非常大的困难。与其他的同行不同，已经拥有丰富经验的潘料庭对处理红土镍矿非常有信心，从项目设计到产品生产潘料庭全程参与、指导。经过他与团队的不懈努力，取得的成果得到了公司的认可与信赖，填补了多个广西第一，经院士专家鉴定达到国际领先水平，引来全国同行学习与借鉴。

2017年，潘料庭在公司里创办了《北部湾科技》杂志并出任主编，与其他科技杂志不同，《北部湾科技》里除了先进技术论文，更多的是刊登企业内工人们的文章。潘料庭认为技术发展不是无源之水、无根之木，每一位科技人员都需要一个思想交流的阵地，学术论文虽然有许多值得学习的理论知识，但是距离一线的科技工作者们还是有一定的距离。他创办《北部湾科技》就是想拉近理论知识与工作人员的距离，不论技术人员还是一线的工人都能够发表自己的创新思路和创新技术以供同事学习借鉴，从而达到整个企业一起学习、一起进步的目标。《北部湾科技》是工人和技术人员、新同事和老同事沟通的平台。未来，潘料庭打算将《北部湾科技》从企业内刊转型为专业刊物，为提高企业的核心竞争力打好基础，在企业的创新实践当中，激励、培养更多的创新人才。作为一名创新型的技术人才，潘料庭将在自己的岗位上把创新理念发扬光大，为企业甚至是行业走出一条崭新的道路。

山东泰山钢铁集团有限公司

一、企业简介

山东泰山钢铁集团有限公司（以下简称"泰山钢铁"）位于济南市莱芜区，始建于1969年，1984年从下马企业上恢复生产，2007年转型发展不锈钢，是一家以不锈钢为主营，以精品板带材为主体，集新材料、高端装备、清洁能源、国际贸易、资本运作、物流运输、房产开发等多业并举和产学研协同发展的现代化企业集团。

泰山钢铁主要产品有不锈钢、普碳热轧和普碳冷轧三大系列，是全国重要的400系不锈钢生产基地、山东省唯一一家全流程不锈钢生产企业，也是国家第一批"绿色工厂"、国家新材料产业化基地骨干企业、全球钢铁百强企业、中国500强企业。

泰山钢铁是山东省仅有的两家钢铁行业国家级企业技术中心之一，拥有世界领先的"铁水预处理+TSR精炼炉+炉卷轧机+三连轧"绿色智能制造生产工艺，有殷瑞钰院士工作站团队和韩国浦项不锈钢专家团队指导生产，装备先进、产业链完备、节能环保。承担了"低镍铁素体不锈钢板带材关键技术开发""高效节能铁素体不锈钢冶炼新工艺"等多项国家级攻关课题，截至2020年，486项技术获得国家专利，参加制定国家标准13项，37项不锈钢领域的技术达到国际先进水平，创造了中国钢铁工业史上的十多项第一。

围绕建设全球一流不锈钢企业的目标，泰山钢铁在高端钢种研发上下功夫，多次荣获冶金产品实物质量金杯奖、冶金行业品质卓越产品、中国不锈钢行业名牌产品等称号，产品广泛应用于交通运输、石油化工、建筑装饰、海水淡化、能源发电、环保设备、医疗器械及家电厨具等领域。核心产品400系不锈钢占全国重要的市场份额，制品畅销日韩、东南亚、欧洲等国家和地区，为打造不锈钢产业集群奠定了基础。

泰山钢铁始终把党的领导作为企业发展进步的核心理念，连续12年进入中国企业500强，是全国非公有制企业双强百佳党组织、山东省先进基层党组织、山东省直机关党性教育基地。当前，泰山钢铁围绕企业高质量、可持续发展，坚定不移地走专业化、品牌化发展道路，加快不锈钢制品产业链的延伸，加快氢能产业链的发展，加快工业互联网示范企业的建设，深度实施"产城融合"发展，建设泰山品牌，全力打造全球最具竞争力的不锈钢生产企业，用实际行动为国家民族品牌争光！

二、企业发展历史

2007年，在各地钢铁产能呈井喷式发展的时候，泰山钢铁把发展重点转向市场供应短缺、技术要求高的不锈钢产业，瞄准"国字号"和"世界级"，高起点规划、高标准建设，填补了山东地区无大型不锈钢高档产品的空白。2020年，泰山钢铁又乘着供给侧结构性改革和新旧动能转换的东风，建成了泰嘉不锈钢冷轧深加工项目，不锈钢产业链条更为完整，价值链更加突出。由普碳钢转型不锈钢，再到不锈钢深加工，这也成为泰山钢铁发展史上最为华丽的一次跨越。

（一）生产历史及产能、产品变化

2008 年不锈钢投产，产品以 200 系、300 系为主，主要钢种有 TS21、J1A、304、316L 等。2010 年不锈钢退火酸洗线投产，主要生产 200 系、300 系退火酸洗白皮卷。2012 年不锈钢炼钢系统进行工艺流程改进，开始生产 400 系，实现 400 系、300 系、200 系等全系列不锈钢的生产。2013 年不锈钢产能提升改造，产品以高附加值的 400 系和双相不锈钢为主。2020 年 12 月 12 日泰嘉不锈钢冷轧板材深加工项目正式投产，年可生产高端不锈钢冷轧产品 80 万吨。

（二）工艺技术提升历程

不锈钢自投产以来，一直坚持工艺技术创新与提升，增强自身技术软实力，提高竞争能力。工艺技术提升主要经历下列阶段：2008—2012 年，工艺技术优化阶段，主要在原工艺装备下进行工艺优化；2013—2018 年，工艺持续升级阶段，主要对工艺装备进行升级改造；2019 年至今，工艺持续提升、国际对标阶段，主要是对标国际先进的不锈钢生产企业，提高产品质量和降低生产成本，提升综合竞争力。

（三）装备提升历程

2007 年，泰山钢铁进行产品结构调整，从普碳钢转型升级为不锈钢，建成了世界第一座集群式 GOR 转炉、全国第一条"炉卷+三连轧"热轧生产线。2012 年，泰钢将槽式电炉改为 EBT 电炉，增加中频炉 2 套。2013 年，不锈钢渣处理项目建设并投产，完成 GOR 炉升级改造，新增步进梁式加热炉一座、精轧机三架和地下卷取机一座。2016 年，新增 4 座德国洛伊罩式退火炉。2018 年，完成酸洗线酸洗机组改造。2020 年，新增表面质量检测系统，完成粗轧除尘系统改造、废硫酸回收装置、酸洗重刷改造项目。

（四）产品质量提升历程

泰山钢铁集团不锈钢事业部经过一系列的质量改进措施，努力将"泰山不锈"打造为国内不锈钢知名品牌。质量提升主要措施和历程：（1）实施窄成分控制，提高产品质量稳定性；（2）提高钢水纯净度，改善铸坯内外部质量；（3）提高钢卷成材率和产品尺寸达标率。

（五）成本管理发展成效

泰山钢铁集团不锈钢事业部通过工艺流程优化，高效冶炼及提高连浇炉数，新技术、新设备、新材料应用，工艺优化，速度提升，流程转变等措施不断降低生产成本、增加经济效益。

（六）环境保护中的建设及成效

基于"关注民生"这一环保理念，泰山钢铁集团坚定不移地走产城融合、绿色发展的"城市钢厂"之路。近几年，泰山钢铁集团在环保提升上不断加大投入，通过实施40余项节能、高效用能项目，使泰山钢铁集团守住了绿水青山，也收获了"金山银山"，被工信部确定为全国第一批绿色工厂，连续多年被评为山东省绿色低碳十大领军企业、山东省资源综合利用先进单位等。

泰山钢铁秉着绿色发展理念，走绿色发展之路，在不锈钢的生产工艺和环保设施方面不断改造和投入，2020年10月不锈钢厂顺利通过了济南市生态环境局及省厅的钢铁行业超低排放核查验收。

三、研发能力与创新产品

在国家供给侧结构性改革和钢铁去产能的大背景下，泰山钢铁抓住钢铁行业正处在加速新旧动能转换的历史机遇期，坚持走"质量品种效益型"的路子，率先培育发展了新动能。2020年，泰山钢铁建成了泰嘉不锈钢冷轧深加工项目。

目前，泰山钢铁702项关键技术申报国家专利，486项获得授权，参与制定国家标准13项，多个项目列入国家科技支撑计划、科技部国际科技合作专项、火炬计划和国家创新能力建设专项。

（一）企业研发能力

1. 国家级企业技术中心介绍

泰山钢铁依托自身创新基础与创新实力，先后建立起国家级企业技术中心、国家认可实验室、院士工作站、不锈钢工程技术研究中心及中俄铁素体不锈钢关键技术国际合作研究中心等创新平台，为国内外先进适用技术的融合应用、为泰山钢铁核心技术的自主创新奠定了创新基础与条件，为创新工作的持续良性发展营造出良好氛围。

泰山钢铁技术中心是集团公司技术创新的核心，成立于1997年，1999年被认定为市级企业技术中心，2001年被认定为省级技术中心，2009年被认定为国家级企业技术中心，2010年国家创新能力建设项目正式立项实施。

泰山钢铁与中国工程院殷瑞钰院士专家团队合作，建立了院士工作站；与钢铁研究总院共建了"绿色智能城市钢厂产业技术研究院"；与北京科技大学、山东大学、乌克兰国立钛研究院等科研院所建立起长期稳定的人才培养与技术交流关系，开发出的一系列冷、热轧带钢产品和系列不锈钢精品填补了国内空白，达到国际先进水平。

2. 实验室介绍

泰山钢铁理化检测中心为2010年4月通过CNAS能力认可的检测实验室。检测中心配备化学分析、仪器分析、金属材料及制品的机械性能检测、微观结构检测等相关设备设施一百余台（套），试验和检测设备原值达 2.84 亿元。

3. 专利介绍

为提升企业核心竞争力，泰山钢铁坚持创新发展之路，通过多年来的不断探索，形成了"二步法不锈钢冶炼方法""一种马氏体不锈钢及冶炼工艺""低铬高硅钒氮硼多元强化耐磨厨房刀具用钢带"等不锈钢生产核心专利技术。其中"二步法不锈钢冶炼方法"获山东省专利奖二等奖，并在第十二届全国发明展览会上荣获金奖。

4. 质量和技术方面所获奖项

（1）质量方面。泰山钢铁的"不锈钢热轧钢板和钢带（06Cr13）"被中国钢铁工业协会授予冶金行业品质"卓越产品"、产品实物质量"金杯奖"。

（2）技术方面。泰山钢铁不断总结技术创新工作经验，完成的技术创新成果多项获国家级、省部级奖励。"低镍铁素体不锈钢板带材关键技术开发"被科技部列入国家重大科技支撑计划；"高效节能铁素体冶炼新工艺技术开发"被列入了科技部对俄国际合作专项；"高效环保不锈钢板带材关键技术集成创新与应用研究"获中国钢铁工业协会冶金科学技术奖；炉卷轧线高效节能技术改造项目被山东省政府评为了"第二届山东工业突出贡献奖"，并在 2015 年德国杜塞尔多夫国际冶金展上向全世界展示。

（二）企业创新产品

泰山钢铁先后与中国工程院、清华大学、北京科技大学、东北大学、山东大学、北京钢铁研究总院等 20 余家科研院所建立起了全方位的战略合作伙伴关系。其中，与钢铁研究总院、乌克兰国立钛研究院、北京科技大学等进行强强联手，独创国际先进的二步法生产铁素体不锈钢核心技术，实现专业技术与大型技术装备的国产化，该项目列入国家科技支撑计划和国际合作计划项目。

2011 年，泰山钢铁成功开发出高性能、低成本的刀具用不锈钢 TSCr9LP。项目攻关过程中，突破多项关键核心技术，获得各种技术专利 13 项。

四、品牌产品与应用

当前，我国正处在加快新旧动能转换、推动实现更高质量发展的关键机遇期。国家战略，泰钢担当。泰山钢铁更加专注于不锈钢产品向高端化、特色化、精品化发展，努力把产品质量做到极致，把产品开发做到市场前沿。

06Cr19Ni10、06Cr13 不锈钢热轧钢带为中国钢铁协会冶金实物质量"金杯奖"产品，06Cr13 不锈钢热轧钢带为中国冶金行业品质"卓越产品"，不锈钢热轧钢带被评为山东省名牌产品称号，泰山钢铁品牌效应逐渐显现。

（一）主要产品规格及产量

泰山钢铁实施"差异化、专业化、精品化"的发展战略，成功开发了 200 系、300

系、400系和双相不锈钢，可生产厚2.5～12.0毫米、宽800～1600毫米的热轧或退火黑卷，厚3.0～8.0毫米、宽800～1600毫米的酸洗白皮卷，厚0.25～3.0毫米、宽800～1600毫米的冷轧板，百余个品种规格的卷板及工业用板，满足不同行业需求。

为进一步服务客户，在揭阳、无锡等不锈钢各大主流市场设立合作的外地库，为各区域市场客户提供方便稳定货源，稳定客户供应，稳定客户群体。

（二）产品市场应用情况

泰山钢铁以其多样化的产品规格和优质的产品质量，在国内外拥有巨大的市场，其中在国内重点行业及装备方面应用广泛，包括厨房设备、餐厨具、家电行业、电梯行业、轻工机械、交通运输及工业领域等，出口国外的不锈钢产品主要是400系，特别是410S和430深受海外客户的青睐，在韩国、土耳其、印度、越南等国家和中国台湾地区每年的销量约有20000吨。

（三）企业的商业模式

泰山钢铁主要采用大宗原料长协采购、辅料招标采购和一单一议为补充的采购模式，年度协议销售、一单一议、联合销售、招标销售和网上销售等销售模式。

五、今后的发展及规划

（一）发展面临的问题

（1）发展规模受到制约。在2030年"碳达峰"和2060年"碳中和"的目标下，钢铁规模受到环境和生态约束，同时在限产能和限产量的双重制约下，发展规模将受到较大影响。

（2）行业竞争日益激烈。2021年国内其他400系不锈钢投产，产量增加导致市场竞争更加激烈，利润空间将进一步压缩。

（3）产业链前端受限。原材料价格上涨，企业盈利空间缩小，合金全部外购，供应量及价格极易受到市场的波动，是影响产业链供应稳定的核心因素。

（二）今后的发展规划

（1）加快不锈钢集群推进工程。重点发展铁素体、超纯铁素体、超级奥氏体、双相等高端不锈钢产品，打造世界一流、国内领先、创新引领的"泰山不锈"400系高端不锈钢新名片，形成引领不锈钢行业发展的千亿级精品不锈钢生产及精深加工产业聚集区。

（2）打造氢能源示范应用基地。以济南市建设"中国氢谷"为契机，利用氢能发展以氢固碳和低碳冶金技术，打造"氢能源-冶金耦合应用示范基地"。到2025年，新建氢能相关技术研发平台2个以上，新建氢气检测平台1个以上，年产值力争突破20亿元。

（3）构建产城融合综合体。以"绿色智能城市钢厂产业技术研究院"为支撑，发挥钢铁企业钢铁产品制造功能、能源转换功能和大宗社会废弃物消纳功能，为民用和其他产业供热供冷 860 万平方米以上；开发有益资源的利用率；消纳城市污水年均达到 300 万立方米以上，为济南"无废城市"和"宜居宜业、绿色新城"建设提供重要保障，实现钢铁与城市共生共融。

（4）发展循环经济产业。规划至 2025 年，济南市钢铁产业资源综合利用产值规模和固废利用附加值明显提升，主要固废综合利用率达 100%，建成固废资源建材化利用产业链及金属铁素资源再生利用产业链，实现年营业收入 100 亿元。

2015 年，金融危机余波刚过，钢铁寒流强势袭来，整个钢铁行业和产业链上下游跌跌不休，一波波银行抽贷使钢铁企业陷入殊死搏杀之中。就是在这样举步维艰的大形势下，泰山钢铁董事长、党委书记、总裁王永胜毅然决然地接过泰山钢铁的发展大旗，带领泰山钢铁踏上了突出重围、迎接光明，全力打造泰山钢铁不锈品牌的新征程。

六、创新创业人物

自 2007 年泰山钢铁不锈钢项目建设之初，时任副总经理的王永胜就天天摽到项目施工现场，在他的带领下，泰钢人历时两年，在一无生产技术，二无熟练工人的条件下，完成了项目从谋划到筹建，从施工到投产。

时至 2014 年下半年，祖国大江南北、各行各业越来越认识到不锈钢作为钢铁行业最为重要的组成部分，未来的发展前景将更加广阔。国内以青山集团、北海诚德镍业为代表的钢铁企业开始采用"镍铁水"热装工艺，斥巨资在不锈钢领域迅速扩张。面对市场竞争洪流，经过综合考量和分析，王永胜果断放弃 300 系、200 系"红海"，转战 400 系"蓝海"，最终确定以打造具有绝对竞争优势的 400 系拳头产品，作为今后不锈钢发展的主攻方向。

一直以来，对于泰山钢铁的不锈钢的发展，王永胜都有他自己的考量：一是坚持创新驱动，提质量树品牌；二是坚持在产业链延伸上做文章，建设不锈钢产业集群；三是坚持产城融合，发展循环经济、建设配套产业。

十三年来，在王永胜的带领下，泰山钢铁从摸着石头过河，逐步发展成为了全国重要的 400 系不锈钢生产基地。2012 年，以泰山钢铁不锈钢为依托，地方政府规划成立了不锈钢生态产业园，2020 年的 12 月 12 日园区内的"泰嘉不锈钢冷轧板材深加工项目"正式竣工投产，打通了泰山钢铁链接下游制品的关键环节，泰山钢铁的不锈钢全产业链条效能得到进一步发挥。当前，在碳达峰、碳中和背景下，泰山钢铁又紧紧抓住机遇、先试先行，在 2021 年 5 月 23 日，顺利建成了山东省首个加氢母站，这也是"氢进万家"科技示范工程首个落地的子项目，为进一步培育"钢铁—氢能—城市"发展新模式奠定了基础。

如今，在王永胜的科学决策和团结带领下，泰山钢铁经过持之以恒、精益求精的不懈发展，山东泰山不锈已与山西太原不锈在长江以北自然形成了东西相望的"双子塔"布局，形成两个中心的不锈钢经济圈，共同为北方不锈钢产业的发展夯实基础。

振石集团东方特钢有限公司

一、企业简介

振石集团东方特钢有限公司（以下简称"东方特钢"）是由中国民营企业 500 强及中国制造业 500 强企业的振石控股集团有限公司控股成立的一家不锈钢板生产制造商。地处长三角交通中枢、江河湖海交会之地——嘉兴，始建于 1972 年，历经数十载，享改革开放之先机，沐红船奋斗之精神，熠熠生辉！

东方特钢具有年产 70 万吨不锈钢的生产能力，始终致力于为用户提供"高、精、稀"的不锈钢板材，主要产品有 300 系列奥氏体不锈钢、超级奥氏体不锈钢、耐热奥氏体不锈钢、马氏体不锈钢、双相不锈钢等高品质不锈钢中宽板卷和不锈钢中厚板，产品广泛应用于压力容器、特种船舶、石油化工、食品机械、造纸印染、汽车家电、能源交通、建筑装潢等领域。

东方特钢的技术装备及配套设备均居同行业领先地位，拥有意大利引进 Consteel 电炉、AOD 炉、精炼炉、板坯连铸机、1800 炉卷轧机及中板精整设备、连续退洗生产及开平机组。先进的工艺与技术装备为节能、减排、低耗、安全、高质生产奠定了坚实的基础。

东方特钢坚持"绿色特钢"发展之路，积极履行社会责任，以构造绿色循环经济为发展目标，率先在不锈钢行业开展钢渣处理和综合利用，避免钢渣对环境的污染，变废为宝，提高了钢铁的绿色制造水平。

"炼不锈精品，铸不朽辉煌"，东方特钢坚持以"绿色智能制造，传承百年不锈"为使命，以"品行、创新、责任、学习、激情"核心价值观为指引，建立健全"产、供、销、研、用"五位一体化运营体系，打造绿色循环经济示范企业，行业领先、品质卓越、绿色智造型企业，努力成为不锈钢优势技术引领者，致力成为高端装备特材制造商而阔步前行。

二、发展历程

东方特钢的前身为 1972 年成立的嘉兴市东方钢铁厂；1988 年与浙江省经济建设投资公司合资成立嘉兴钢铁股份公司；1995 年合并嘉兴第二冶金机械厂成立浙江嘉兴钢铁集团公司；2003 年更名为嘉兴市东方钢铁有限责任公司；2007 年股权转让给振石集团等股东改名为振石集团东方特钢股份有限公司；2009 年 8 月 8 日东方特钢炼钢生产线正式投产；2009 年 11 月 8 日东方特钢轧钢生产线正式投产；2011 年 11 月 8 日退火酸洗生产线正式投产；2015 年振石控股集团有限公司取得了东方特钢 100% 的股权，公司更名为振石集团东方特钢有限公司；2020 年东方特钢年产 12 万吨退火酸洗中板线正式投产。

三、生产装备、产品类型及体系认证

(一) 生产装备

1. 炼钢分厂

炼钢分厂是东方特钢的主要生产分厂之一，原为嘉兴市东方钢铁厂普碳钢迁建项目，2008 年初重启建设并改建为不锈钢冶炼生产线。占地面积约 7 万平方米，2009 年 8 月 8 日电炉—LF 炉—板坯连铸机热负荷试车，2009 年 9 月 16 日，90 吨 AOD 炉顺利投产。主要设备包括 1 台意大利引进的 75 吨节能环保型 Consteel 电炉、1 台 90 吨 AOD 炉、1 台 90 吨精炼炉、1 台 220×1600 板坯连铸机和 2 台全自动板坯修磨机，装备水平国内同行业领先。可生产奥氏体不锈钢、双相不锈钢、马氏体不锈钢等多种类不锈钢。炼钢分厂现有员工 300 余人，以高质、低耗、安全、环保为目标，以管理体系为保障，实现了安全生产、质量稳定，吨钢综合能耗行业领先，废渣、废水、粉尘达标排放。东方特钢炼钢分厂正在努力朝技能、环保、质优、高效的现代化不锈钢厂稳步前进。

2. 轧钢分厂

轧钢分厂占地约 5 万平方米，主要设备包括 1 座步进式加热炉，天然气作为燃烧介质，节能环保；1 架由立辊轧机和 1800 毫米四辊可逆式轧机构成的粗轧机组，此机组立辊轧机采用全液压压下，具有自动宽度控制、短行程控制 SSC 功能，保证了中间坯宽度的精度，粗轧机采用电动+液压压下，保证了中间坯尺寸精度；1 架 1800 毫米四辊可逆现代炉卷轧机，此炉卷轧机采用了液压 AGC、工作辊弯辊等技术，保证了热轧钢卷厚度公差小，尺寸精度高；拥有国内首套中厚板在线固溶系统，可实现不锈钢中厚板在线固溶处理，填补了行业空白；1 台具有自动踏步功能的三助卷辊地下卷取机，1 条配套全过程的中厚板生产处理线。轧制及卷取过程控制系统均采用西门子二级控制，具有较高的自动控制和精度控制水平。轧钢分厂正在不断开拓进取，努力成为节能环保型、品质优良型、管理先进型的现代化轧钢车间。

3. 退洗分厂

退洗分厂主要负责对不锈钢热轧卷进行退火酸洗及切边开平加工。分厂于 2011 年 11 月 8 日正式投产，可加工不同系列、不同规格不锈钢卷。全厂占地面积约 5 万平方米，全线总长 747 米。分厂主体装备包括全自动氩弧焊机、高效节能卧式连续退火炉，大伸长率的破鳞机、高效表面处理的抛丸机、环保低耗的化学酸洗设备、高强度切边圈盘剪等。全线采用国际化先进生产工艺，绿色环保。先进的装备及科学的生产工艺为东方特钢高产、低耗、节能、环保奠定了坚实的基础。

4. 退火酸洗中板线

退火酸洗中板线于 2020 年正式投产。主体设备包括 1 座采用天然气作为燃烧介质的室式固溶炉；1 套全自动中板淬火机组，可实现连续淬火工艺；1 台配置除尘设备的中板自动抛丸机；1 台 3500 毫米的单向可逆矫直的十一辊矫直机，全液压压下辊缝调节；1 台 400A 高精度等离子切割机；1 套 4×20 米配置漂洗、清洗功能的化学酸洗设备和 1 台中板修磨机等。退火酸洗中板线秉承以提高品质、降低成本、严抓安全、节能环保为根本目标，以各项管理要求为基本保障，充分实现安全生产、品质提升的发展目标。

（二）产品种类

东方特钢目前主要生产各牌号的不锈钢卷、卷板和中厚板。炼钢产能 70 万吨/年，热轧产能 100 万吨/年，退洗卷产能 80 万吨/年，中厚板退洗产能 12 万吨/年。钢种涵盖奥氏体不锈钢（304、304L、316L、321）、耐热奥氏体不锈钢（304H、253MA、316H、321H、309S、309Si、310S、310Si、347/347H）、马氏体不锈钢（17-4PH）、铁素体不锈钢（1.4589）、双相不锈钢（2101、2304、2205、S31083、2507）、超级奥氏体不锈钢（904L、254SMO、8367、825、800、840、840Mo）等系列产品。

（三）体系认证

东方特钢自成立之日起就特别重视公司的体系建设，先后通过了 ISO9001：2015，GB/T 24001—2016 idt，ISO14001：2015，ISO45001：2018，GJB 9001C—2017 等体系认证，同时还取得了中国、美国、法国、挪威-德国、英国六国船级社认证。东方特钢始终秉持用户满意是承诺，产品一流是追求，安全环保为准则，持续改进作保障的管理方针。

四、工艺与技术创新

（一）工艺创新

1. Consteel 电炉冶炼不锈钢母液技术

Consteel 电炉常用来冶炼碳钢，在东方特钢应用之前从未有利用其进行不锈钢冶炼的实践，东方特钢通过技术攻关、工艺实践，在全球率先开发出了利用 Consteel 电炉冶炼不锈钢母液的先进技术，并取得了多项自主知识产权。

该技术通过特殊的在线运输机向电炉连续加料，原料通过预热段被逆向流动的烟气加热，提高原料入炉温度，实现了原料的快速熔化。其特点是冶炼电耗低，钢水收得率高，预热过程中炉内保持负压、熔池平稳、噪声低、工作环境清洁，是一种高效的短流程炼钢技术。随着不锈钢市场的竞争越来越激烈，更多的趋势在于通过降低各种消耗来降低生产成本。低价原料的使用，迫使企业在工艺设备上进行改进，而 Consteel 电炉冶炼不锈钢母液，所使用的原料和传统工艺相比较，有非常大的不同，传统工艺一般使用不锈钢废钢，而 Consteel 电炉的原料主要为含镍生铁，原料通过输送机预热后连续加入到炉内。由于有在线预热系统，大颗粒除尘灰在 Consteel 输送机沉积后回收使用；Consteel 电炉进料不用打开炉盖，降低了能量损失；熔炼过程中熔池较常规电炉平稳，一方面提高镍收得率，另一方面熔炼过程电气干扰和闪变比常规电炉低，对电网的冲击较小；变压器容量小，输入的功率小，且电极不直接和原料接触，噪声小，环境友好；不打开炉盖，电炉内部处于负压状态，避免了传统顶装料进料时产生的大量烟尘向外排放；钢渣反应时间长，冶炼钢水质量好；使用的原料为镍生铁，相对于不锈钢废钢而言，有害元素含量比较低，使得最终产品的性能得到保证。

2. 全氧燃烧技术

全氧燃烧是指用工业氧气代替空气来燃烧燃料，可以使燃料燃烧更加完全。全氧燃烧相较于空气燃烧有诸多优点：全氧燃烧过程与空气燃烧相比，空气中约79%的氮气不再参与燃烧，可以提高火焰温度，烟气中不存在氮气，燃烧产物为三原子产物，三原子物质的传热效果高于双原子的物质，提高加热效率；而且氮气不再参与排烟，可以大幅减少烟气量，减少排烟热损失。全氧助燃直接带来的经济效益就是能够节约燃料，减少氮氧化物的排放，达到净化环境的要求。

东方特钢将全氧燃烧技术应用于钢包烘烤，采用了先进的内循环式 FGR 技术解决火焰局部高温问题，通过独特的结构设计使高温烟气在烧嘴中自循环，同时将整个燃烧过程人为区分为燃气和氧气配比不同的若干阶段，使燃气的燃烧分别在燃气过浓、燃气过淡和燃尽三个区域分阶段完成，有效控制燃烧区域的氧浓度和反应速度，达到稳定高效的燃烧效果。该技术取得了可观的经济效益并拥有自主知识产权。

3. 不锈钢中厚板在线固溶处理工艺

目前，奥氏体不锈钢中厚板固溶处理均采用离线方式，必须等待钢板冷却到室温后再重新加热至固溶温度，轧制及热处理的时间通常在 24 小时以上，不仅能源消耗大，而且生产周期长。

东方特钢技术团队联合东北大学通过优化加热和轧制工艺，攻克了奥氏体不锈钢中厚板在线冷却工艺下性能超标及板形不良等技术难题，成功开发出国际首创的不锈钢中厚板在线固溶处理工艺技术，可充分利用轧制余热，中厚板在 1050℃ 以上高温终轧后直接进入在线固溶冷却装备冷却至 150℃ 以下。与传统的不锈钢离线固溶热处理工艺相比，不锈钢中厚板在线固溶工艺装备具有如下技术优势：

（1）热处理装备在线布置，省去再加热工序，利用中厚板轧制后的余热温度，直接进行在线热处理，大幅度节约能源消耗，降低生产排放；

（2）省去再加热工序，减少产品线上传输时间，将不锈钢板材产品的生产周期由原来的 24 小时以上减低至 5 小时以内，提高了生产效率，大幅度缩短产品生产周期。

（二）技术创新

东方特钢研发中心基于全球化的战略定位，立足中高端市场，积极参与国家和省级重点项目，与先进企业、国内高校开展产学研合作，并邀请顾客、供应商的技术代表参与公司的技术研发工作，逐步提升自主创新能力，营造技术创新良好氛围。2011 年，承担了省级技术创新项目"Consteel 电炉冶炼不锈钢母液的技术研究项目"；2012 年承担了浙江省重大科技专项"特殊不锈钢中宽板卷关键生产技术与产业化";2015年,承担了国家火炬示范项目"资源节约型压力容器用不锈钢中宽板卷";2019年承担了浙江省重点研发计划项目"高性能耐海水腐蚀双相不锈钢板的关键技术开发和产业化",并多次获得省部级以上科学技术奖励。

东方特钢拥有浙江省企业研究院、浙江省企业技术中心、省级博士后科研工作站等多个研发平台,积极开展产学研合作创新,与浙江大学建有产学研中试基地、联合研发中心,与上海大学建有材料基因组联合研发中心。

东方特钢牵头起草并制定了4项不锈钢产品团体标准,分别为:《奥氏体-铁素体型双相不锈钢热轧钢板及钢带》(T/SSEA 0025—2019)、《发酵容器用不锈钢热轧钢板及钢带》(T/SSEA 0026—2019)、《深冷设备用不锈钢热轧钢板及钢带》(T/SSEA 0027—2019)和《钟表用不锈钢钢板及钢带》(T/SSEA 0028—2019)。

目前拥有授权专利110余项,其中发明专利20余项,涵盖了新产品、新工艺、检测技术、工艺改进、装备优化等方面。

五、企业愿景

东方特钢始终坚持绿色制造,可持续发展的理念,通过科技、管理创新,不断适应市场的变化和客户的需求。未来的东方特钢,将坚持走差别化发展,打造技术专长领域;坚持创新提产降本,打造成本比较优势;坚持生产供销一体,实现联动高质运营;坚持全面提升管理,实现环境友好高效;坚持引才培用统筹,实现队伍快速提升;坚持文化创新传承,实现动力持续强劲,致力于成为不锈钢优势技术的引领者,高端装备特材的制造商。

连云港华乐合金集团有限公司

一、企业简介

连云港华乐合金集团有限公司（以下简称"华乐合金"），位于江苏省政府关于钢铁行业转型升级优化布局的沿海钢铁基地之一——江苏省连云港市连云区板桥工业园。始建于2009年3月，是连云港市政府通过招商引资引入而建，是一家以生产、销售、经营不锈钢为一体的综合型金属制造企业，占地1500余亩，总投资约60亿元人民币；分两期建成投产，第一期工程投资约20亿元人民币，一期占地780亩，建筑面积30万平方米，于2009年1月开工建设，2010年3月建成投产，形成了烧结—炼铁—炼钢—轧钢—热处理的全流程生产，是江苏省首家全流程生产的不锈钢民营企业。2018年30万吨冷轧项目投产。

目前华乐合金形成了含镍生铁50万吨、不锈钢粗钢100万吨、不锈钢带钢100万吨的综合生产能力，年销量达100万吨，年销售额达80多亿元。

二、历史沿革

华乐合金的历史可以追溯到20世纪90年代，创始人陆大淦于1995年在浙江省宁波市创立宁波海曙不锈钢厂；在2003年，又投资新建宁波合众不锈钢有限公司；为了更加贴近中国最大的不锈钢市场，于2006年在江西省成立全南盛达建材有限公司，公司是江西省唯一的专业不锈钢生产企业；为了进一步壮大公司，于2009年落户于江苏省连云港市连云区板桥工业园成立连云港华乐合金有限公司；2010年3月，华乐合金建成投产。

2014年9月，华乐合金二期连铸生产线投产，设计年生产能力达到72万吨；2014年10月，二号加热炉投产，热轧生产能力达100万吨。

三、装备规模与优势产品

（一）装备规模

华乐合金现已形成集1台132平方米带式烧结机、1座450立方米高炉、3座70吨精炼转炉、2座LF精炼炉、2台2机2流不锈钢板坯连铸机、1条不锈钢热轧生产线、6台固熔退火炉、12条酸洗线、8台高速冷轧机于一体的不锈钢专业化生产企业，员工人数近2000人。

（二）优势产品

华乐合金产品有热轧带钢和冷轧带钢，宽度为485～620毫米，产品规格300余种，主要生产钢种包括奥氏体不锈钢、马氏体不锈钢、铁素体不锈钢等。产品主要应用于不锈钢装饰管、装饰板、拉伸制品、刀具等。其中马氏体不锈钢目前可生产 8 个钢种，实现了低碳—中碳—高碳—超高碳马氏体不锈钢全覆盖，最高马氏体不锈钢做到了 68Cr17，耐用性非常好。

值得一提的是马氏体不锈钢市场占有率全国最高，华乐合金连续多年被评为中国不锈钢先进生产企业，产品连续多年被评为中国不锈钢名牌产品。

四、重大事件及特色创新

（一）重大事件

华乐合金在发展过程中有许多重大事件，在技术创新上：2007 年，高炉冶炼红土镍矿成功（在江西盛达建材有限公司），打开了原料利用新模式；同年，含镍铁水热送二步法冶炼不锈钢工艺成功（在江西盛达建材有限公司），大幅度降低了成本，增强了产品竞争力。在生产规范性及环保方面：2014 年，通过工信部《钢铁行业规范条件》审核；2019 年 7 月，实现生产全流程超低排放。

华乐合金在发展中，受到了各级领导的关怀，2016 年工信部辛国斌副部长来公司考察。在企业产品推广和技术方面：2019 年，承办了"首届不锈钢屋顶推广大会"；2020 年，参与制定了中国钢铁工业协会和冶金工业信息标准研究院主导《铬-锰-镍-氮系奥氏体不锈钢热轧钢板和钢带》《铬-锰-镍-氮系奥氏体不锈钢热轧钢板和钢带》两项团体标准。

（二）工艺创新

作为全流程的不锈钢生产企业，生产技术创新始终是竞争力的重要方面。在红土镍矿利用方面，形成了全球首创的回转窑烘干技术、红土镍矿高效成矿技术、红土镍矿高效冶炼技术。在不锈钢冶炼工艺上，形成了含镍铁水+AOD 冶炼奥氏体不锈钢技术。在产品开发关键技术方面，形成了高碳、超高碳马氏体不锈钢连铸技术。在控制系统方面，自主研发了 850 全自动液压伺服控制系统。

（三）创新产品

华乐合金在产品创新与研发上大量投入，形成了一系列创新型产品，如不锈钢制管基材 J3A；高强度耐腐蚀优良的不锈钢屋面瓦 Q18-1；成功替代进口的优质刀具料 50Cr15MoV，锋利不锈钢刀片 6Cr13，打破国外垄断；锋利持久性刀具料 68Cr17 等。

五、企业的社会贡献

（一）红土镍矿高炉冶炼热送二步法创新工艺

传统的二步法工艺是通过电炉熔化镍板等合金制得不锈钢母液，再通过后续精炼炉设备进行冶炼，得到不锈钢。华乐合金集团创新性地将高炉铁水热送转炉炼钢，把高炉冶炼含镍铁水热送精炼炉直接冶炼不锈钢。

红土镍矿高炉冶炼热送二步法创新工艺的开发成功，开创了不锈钢冶炼新模式，极大推动了行业发展。尤其是冶炼低镍系不锈钢，成本大幅度降低，为整个行业作出了不可磨灭的贡献，也是目前该系列不锈钢生产全球最领先的工艺。该创新使得我国不锈钢产品竞争力加强，也使得产品价格可以更低，满足老百姓日益增长的不锈钢需求。

（二）不锈钢品种的拓展

不同的使用场所对材料的性能要求不一样，把价格昂贵的中高镍不锈钢用在腐蚀环境不强的场所，是对资源的一种浪费。华乐合金集团参考300系奥氏体不锈钢，经过反复研究，创新性地开发了低镍高强度制管用半铜奥氏体不锈钢，该材料占到当年制管材料的80%。也正是由此，该类产品销量大增，为不锈钢的广泛应用奠定了基础。

（三）高强度不锈钢屋面板的推广

相较于传统彩钢瓦，不锈钢是作屋面更理想的材料。工艺技术及产品设计的创新使不锈钢生产成本大幅度降低，价格不再昂贵。并且不锈钢的回收价格很高，可以近100%循环回收利用，符合国家绿色发展的道路。从回收成本和投入成本及使用周期来考虑，不锈钢做屋面成本是低于彩钢瓦的。

早期用的不锈钢屋顶材料都是以06Cr19Ni10为代表的奥氏体不锈钢和以10Cr17为代表的铁素体不锈钢，不仅价格较贵，而且强度较低，考虑风载、雪载等因素，其使用受限。基于此，华乐合金团队大力推广高强度不锈钢，主要代表有自主开发的J3A和Q18-1。J3A可以用作涂层不锈钢基材使用；Q18-1属于奥氏体不锈钢，该钢种耐腐蚀性优良，耐腐蚀性比430好。两者的共同点是强度非常好，因而同样工况设计下，可使产品更薄，降低使用成本。

华乐合金在2018年开始推广不锈钢瓦，并订制高强度不锈钢专用压瓦机；2019年，由集团承办的首届不锈钢屋顶推广大会在连云港召开；同年推出专为不锈钢屋顶设计的不锈钢新材料Q18-1。

六、企业发展规划

在发展规划上，华乐合金致力于打造全球最大的马氏体不锈钢生产企业，开发和生产各类马氏体不锈钢新产品，推动国内刀剪产业高质量发展。在生产中，以笃志冶炼，绿色制造，匠心品质，筑梦未来作为发展理念，同时以打造不锈钢一流品质作为质量目标。

此外，华乐合金将进一步融入"一带一路"建设中去，布局东南亚，在印度尼西亚进行投资。利用其丰富的镍矿资源，进行矿石开采冶炼得到镍铁，镍铁将运回国内进行300系不锈钢的制造。项目投产后，工业产值将大幅度增加，预计可新增工业产值250亿元。

七、创新创业人物

提到华乐合金的发展，离不开创始人陆大淦先生。陆大淦先生从事不锈钢行业 25 年，一直专注于不锈钢的生产，把全部精力都奉献给了不锈钢。在带领企业发展壮大的同时，陆大淦先生也热衷于公益事业，并响应习近平总书记"万企帮万村"的号召，与张艒村合资建立了连云港市旺和新型建材有限公司，使张艒村摆脱贫困，成为连云港市十强村。

陆大淦先生 2018 年获得连云港市政府颁发的"2018 年度连云港市优秀企业家"荣誉称号，为中国不锈钢行业发展作出了突出贡献。

永兴特种材料科技股份有限公司

一、公司简介

永兴特种材料科技股份有限公司（以下简称"永兴材料"），成立于 2000 年 7 月，是国家级高新技术企业，获评"全国五一劳动奖章""全国钢铁工业先进集体获得者"，位列中国民营企业制造业 500 强、浙江省工业行业龙头骨干企业、浙江省制造业百强企业。坐落于太湖南岸的湖州市南太湖新区，现拥有湖州永兴特钢进出口有限公司、湖州永兴物资再生利用有限公司、湖州永兴投资有限公司、永兴特种不锈钢股份有限公司美洲公司、江西永兴特钢新能源科技有限公司、江西永诚锂业科技有限公司、湖州永兴新能源有限公司 7 家全资或控股子公司。

永兴材料致力于打造"新材料+新能源"双主业发展格局，专业从事高品质不锈钢棒线材、特种合金材料、锂电材料和特种锂离子电池的研发和生产。在特钢新材料领域，与国内知名院校和科研机构深度合作，拥有 86 项专利，棒线产品市场占有率已经连续多年位居全国前三。产品在石油化工、电站高压锅炉、核电能源、装备制造、航空航天、海洋工程、军工等高端制造和装备领域的关键部位、关键零部件上得到广泛应用。在新能源领域，拥有自己的矿产资源，已完成从锂矿资源选定、采矿、选矿到电池级碳酸锂生产的产业链布局，拥有自矿产资源开采至卤水生产、电池级碳酸锂制备、超宽温区超长寿命锂离子电池的完整新能源锂电产业链。

二、发展历史

（一）历史沿革

1998 年 4 月，湖州市老牌国有企业——湖州钢铁厂经市政府通过破产方案。1999 年 4 月 9 日，久立集团签订收购老湖钢部分资产的协议，2000 年 6 月，湖州久立特钢有限公司成立。同年 9 月 1 日，久立特钢冶炼出第一炉不锈钢，并实现当年盈利。2001 年 9 月，企业负债上 2 号电炉，与 1 号炉形成两座电炉对一座 AOD 精炼炉冶炼，大幅度提高炼钢生产效率和产量，从此浙江不锈钢市场进入新格局。2002 年 4 月，久立集团将大部分股权转让给管理层团队，高兴江成为控股股东。2007 年，久立特钢经过二次股改，管理层收购其他法人股份，变成全自然人持股，公司正式更名为"永兴特种不锈钢股份有限公司"。2015 年 5 月 15 日，永兴在深圳证券交易所上市，股票简称：永兴特钢，股票代码：002756。2017 年，着手布局新能源产业链。鉴于"特钢"+"新能源"双主业发展格局，2019 年 8 月 18 日，公司名称由"永兴特种不锈钢股份有限公司"变更为"永兴特种材料科技股份有限公司"，证券简称相应由"永兴特钢"变更为"永兴材料"。

（二）产能、产品变化

目前永兴材料（不锈钢事业领域）专业从事高品质不锈钢和镍基铁镍基合金棒线材的研发和生产，钢种超过 200 个。产能从 2000 年的 2 万吨增至 2020 年的 35 万吨（实际销售 29 万吨）。不锈钢棒材（管坯）经下游加工后主要应用于石油化工、电站高压锅炉、核电能源、装备制造、航空航天、海洋工程、军工等工业领域。永兴材料是中国不锈钢棒线材龙头企业，不锈钢棒线材国内市场占有率自 2007 年以来已连续 12 年位居前三，其中双相不锈钢管坯国内市场占有率第一。

（三）工艺技术及装备提升历程

2000 年 9 月 1 日恢复生产，9 月，新购置的 2 号电炉竣工投产。2002 年，改造和修复从德国进口的水平连铸机，实现了部分不锈钢水浇成连铸坯。2003 年 12 月 28 日，特钢厂的连轧线轧制出第一根棒材。2004 年，连轧线轧制出第一卷盘条和管坯。至此，永兴特钢真正实现了电炉冶炼—AOD 氩氧炉精炼—连铸—连轧"四位一体"短流程生产线。不锈钢连轧厂建立后的年轧钢能力可达到 20 万吨棒材、线材和管坯，产品精度和质量可达到当时国内最先进水平。

2010 年 10 月，投资 4 亿元建设的"现代化熔炼技改项目"正式投产，采用超高功率电弧炉 UHP-EAF、顶底复吹氩氧炉 AOD-L、$R10m$ 弧形连铸机 CCM 等装备技术，配置了智能化控制系统。2015 年，新建一条酸洗钝化线。2020 年 1 月 16 日，公司投资 8 亿元建设的"年产 25 万吨高品质不锈钢和特种合金棒线项目"顺利完成试运行，对现有不锈钢浇铸系统进行升级改造，将钢锭模铸升级为智能连铸系统。

（四）环境保护建设与成效

永兴材料投资八千多万元建立污水处理装置、线回转脉冲袋式除尘器、空冷式换热器、节能型离心通风机、酸洗废气净化系统、酸洗废水处理系统、辐射检测仪、袋式除尘器烟尘自动在线监控设备、电炉能耗监控系统、轧钢循环水处理车间。

永兴材料将低碳发展纳入公司战略规划，遵循绿色循环发展方向，以"城市矿产"——不锈废钢为主要原料，采用低碳的电炉、精炼、连铸炼钢和轧制的短流程钢铁工艺生产特种不锈钢及特殊合金棒线材，主要用于油气开采及炼化、电力装备制造、交通装备制造、人体植入和医疗器械等高端装备制造领域。生产过程紧紧围绕"节能减排、低碳发展"主线，推行清洁生产，以更低的能耗和更少的碳排放实现优质产品。

三、研发能力与创新产品

（一）企业研发能力

永兴材料自成立以来，始终把特种不锈钢和特种合金材料核心技术研发工作摆在企业发展的首要位置。2000 年，永兴材料创建之初，就由朱诚、杨辉、陈根保等技术专家组建成立技术研发中心。2007 年，"永兴技术研发中心"被认定为"市级企业技术中心"。2008 年，"永兴材料技术研发中心"被省科技厅认定为"永兴特种不锈钢省级高新技术企业研究开发中心"，同年被认定为"省级企业技术中心"。2010 年，"永兴理化检测实验室"依托"永兴材料技术研发中心"，被中国合格评定国家认可委员会评定为国家级实验室。2011 年，"永兴材料研究院"被浙江省科技厅认定为"永兴特种不锈钢省级企业研究院"。同年 4 月，永兴材料作为发起单位成立了"不锈钢长材产业技术战略创新联盟"，并担任理事长单位。2016 年，"永兴材料研究院"被批准设立"永兴特种不锈钢省级重点企业研究院"。2016 年 12 月，中国科协认定"永兴特钢技术中心"为"国家企业技术中心"。

企业研究院在建设期内，成功研发出 N08825、N08020、N06625、N08367、SP2215、A286 等耐腐蚀、耐高温不锈钢及特种合金材料，大力支持了高端装备制造业对先进材料的需求，产品广泛应用于核电装备、能源装备、海洋工程、航空航天等领域，为多个重大重点工程的建设提供了关键支撑。

永兴特钢省级重点企业研究院建设期间，还承担了"能源装备用耐蚀耐热高品质特种合金材料研发及产业化"新材料产业技术创新综合试点任务，项目已通过验收。

（二）企业创新产品

永兴材料目前产品主要用于核电、锅炉、石化、重大项目、工程应用，为国家积极发展基础原材料（进口替代）。研发出的新产品广泛应用于能源装备、海洋工程、航空航天等领域，为多个重大重点工程的建设提供了关键支撑，价格比进口材料降低 20% ~ 30%，为国家和应用单位节约了大量外汇。

2010 年，永兴材料自主研制开发的 TP347H（HFG）等为代表的超超临界高压锅炉用耐热不锈钢管坯，被科技部等四部委联合评定为"国家重点新产品"。

2012 年，永兴材料研发了 309L 焊接用奥氏体不锈钢线材和 S32750 超级双相不锈钢管坯。这两样产品的工艺技术都达到了国内领先水平，并填补了国内空白，经多家下游客户试用后反响良好，产生了较好的经济和社会效益。

2012 年，永兴材料率先自主研制开发的尿素级奥氏体不锈钢 S31050（25.22.2）、316LMOD（316L UG），其各项技术指标优于进口产品，不仅在国内应用广泛，还实现我国首次出口，应用于国外化工项目。

2013 年，永兴材料研发出 N08825 耐蚀合金材料，替代进口材料，经下游客户制成不同规格成品管，先后应用于多个重点项目。

2016 年，永兴材料在北京召开超宽幅双相不锈钢 S32101 板材产品发布会，会上与国核研究院签订了《战略合作框架协议》。此次研制成果成功填补了宽幅 3.1 米以上热轧不锈钢板的空白，奠定了 AP/CAP 系列不锈钢大规模使用的基础。

2016 年，永兴材料联合北京科技大学、江苏武进开发的高压锅炉管材料 SP2215 进入高温持久试验阶段。这是一种具有创新性的、我国自主知识产权的高性能奥氏体耐热不锈钢，具有更高的高温持久强度以及优良的抗蒸汽氧化性能，填补了相关材料在国内的空白，解决了620℃乃至650℃超超临界机组建设选材问题，提升火电机组运行效率并降低能源消耗和污染排放，对行业发展具有积极的影响。

2017年，永兴材料成功研发耐高温浓硫酸高硅不锈钢S38815，填补了国内空白，推进了硫酸生产装备升级，提升了装备制造水平，改变了该产品主要依赖和受限于进口的局面，并向全球知名化工企业实现批量供货。

2018年1月，永兴材料成功研制直径700毫米超大直径锻制奥氏体不锈钢无缝管坯，广泛应用于能源装备等工程领域，突破了重大工程高端装备制造的原材料瓶颈。

2019年6月，永兴材料研发成功"大盘重高端装备堆焊用镍基耐蚀合金N06625盘条"，各项检测指标均优于国内产品，并获得市场认可。

2019年9月，永兴材料成功研发GH2132高温合金材料，替代进口。

永兴材料研发的我国首个具有自主知识产权的高压锅炉管材料630℃电站机组用SP2215新型高强耐热钢，有效解决了当前超超临界电站锅炉设计参数提升材料稀缺问题。该项目于2017年被国家发改委、工信部列入2019年技术改造专项中央预算内投资计划项目，形成发明专利3件，团体标准1项。

永兴材料在研发能力、创新机制、关键技术等方面取得显著成果，有力地推动了企业自主创新能力的提升，支撑企业高质量发展。

四、品牌产品与应用

经过多年持续开拓发展，永兴材料成为国内特种不锈钢长材三大企业之一，与另外两家共占据国内50%左右的市场份额，且永兴材料市场占有率连续十多年稳居全国前三。其中，双相不锈钢长材占据国内市场50%以上份额，得到客户和市场的认可和好评。同时，也积极开拓国外市场，得到国际市场的认可和好评。目前，主导产品不仅可以按照企业标准研发生产，还可按照发达国家的标准组织定制化的研发生产，主导产品已经远销美国、意大利、加拿大、瑞士、韩国、新加坡、马来西亚等十几个国家。

永兴材料作为特种不锈钢和特种合金行业领军者，一直以来积极承担和参与国家重大项目的建设，并提供优质的产品和服务。生产出的多款优秀终端产品被广泛应用，其中N08825耐蚀合金，应用于多个重大重点工程，替代进口；尿素级奥氏体不锈钢S31050、316LMOD各项技术指标优于进口产品，不仅应用于国内多个重大重点工程，还出口国外；核岛反应堆堆内构件用不锈钢、不锈钢锻件应用于阳江核电站5号和6号机组；双相不锈钢管坯主要应用于克拉2气田工程、扬子石化巴斯夫二期工程；奥氏体不锈钢管坯主要应用于福清5号、6号核电机组和巴基斯坦卡拉奇K2/K3核电机组项目等；还有超宽幅（S32101）双相不锈钢应用于AP1000与CAP1400等第三代核电站的模块化建造，替代进口，填补国内空白。

永兴材料以行业领先的技术水平和产品品质，已取得了多领域终端用户的供应商认证。在石油化工领域，永兴材料成为国内通过认证的三家（永兴特钢、太钢、宝钢）企业之一，且是唯一一家民营企业；大型火电领域，永兴材料是唯一一家同时取得三大锅炉厂供货资质的民营企业，承担了"TP347H（HFG）高压锅炉用耐热不锈钢管坯"国家火炬计划项目，并于 2013 年被评为国家重点高新技术产品；核电能源领域，永兴材料凭借优异的性能和良好的稳定性在核电领域实现了广泛应用，为众多国内外核电项目提供重要母材；海洋工程领域，永兴材料生产的双相不锈钢系列产品在耐海水点腐蚀、应力腐蚀等方面具有优异的性能，在海洋工程装备领域得到了广泛的应用；汽车制造领域，永兴材料研发生产的汽车制造用材已被广泛应用；医疗器械材料领域，永兴材料研制开发的人体植入物用特种不锈钢材料，已广泛应用于多地骨科医疗器械单位。

五、今后的发展规划

2021 年是我国"十四五"规划开启的第一年，永兴材料乘势而上制定《永兴材料2021 年经营预期目标和五五战略》，总任务是坚持新发展理念，推动企业转型升级。

（1）产品定位新材料。特种不锈钢及镍基合金棒线材，部分产品延伸至银亮棒。

（2）供应链定位新材料。选择建设镍铁自供工厂。

（3）项目规划新材料。除完成 2021 年转型升级项目外，择机在印尼建设年产 20 万吨镍铁工厂。

（4）计划总投资额约 20 亿元，其中新材料 15 亿元、新能源 4 亿元、其他 1 亿元。

（5）保持行业龙头地位，推动高质量发展。新材料：控总量调产品结构，高附加值产品占比每年有提升，要达到 50% 以上。

华新丽华股份有限公司

一、企业简介

华新丽华股份有限公司（以下简称"华新丽华"）成立于 1966 年，以投资生产电线电缆起步，1972 年于证券交易所挂牌上市，至 2018 年合并营收约 780 亿元。旗下 12 家上市公司，员工约 5 千人。目前华新丽华是全球最具竞争力与影响力的电线电缆及特殊钢产业厂商，并集光电、半导体、触屏及商贸地产于一体，多元发展的跨行业、跨领域的综合型跨国集团。

华新丽华主营不锈钢坯、盘圆及电线电缆等工业产品。1993 年与美国卡本特（Carpenter）科技合资，成立华新-卡本特特殊钢厂，致力于合金材料设计与制程技术研发，正式进入不锈钢领域。2012 年兴建不锈钢钢卷厂，构建不锈钢板材上下游完整生产体系。步伐迈进 21 世纪，一个甲子逝者如斯，随着全球贸易一体化加深，华新丽华抓住历史机遇在多地投资建厂，生产不锈钢管材、长材类产品，成为亚洲专业的管材、长材不锈钢厂。华新丽华下辖烟台华新不锈钢有限公司、江阴华新特殊合金材料有限公司、常熟华新特殊钢有限公司。

（一）烟台华新不锈钢有限公司

烟台华新不锈钢于 2007 年收购烟台黄海钢厂，主要生产多规格连铸方坯、圆坯、模铸锭及电渣重熔钢锭，年生产能力 30 万吨以上，为其他分公司提供钢锭毛坯。采用 EAF-AOD-VOD 三段式纯净炼钢，钢种品类齐全，主要以奥氏体不锈钢为主，同时专注于双相钢、高纯铁素体不锈钢、沉淀硬化不锈钢、超临界锅炉用钢、高强度钢、电磁不锈钢、易切削钢等不同性能的不锈钢。陆续完成船用传动轴、深水泵用轴、核电/锅炉用管的研发生产，使用范围涵盖穿制管、精密加工、精密锻造等加工领域，涉及交通、民生、食品、医疗 3C、建筑等下游产业。

烟台华新制定了顺应后工业化时代的发展战略，把具有战略性、全局性项目布局在烟台，将各地的不锈钢上下游企业集中，最大程度延伸产业链条、形成集聚效应。按照"工业 4.0"模式，以智能化、工业物联网为规划理念，计划第一期建设世界最先进的新材料智能化深加工项目。在烟台投资 10 亿美元引进先进的智能设备及工艺，目标是建成世界先进的不锈钢轧钢生产线。至 2022 年计划建成年产约 45 万吨不锈钢棒线长材，品种涉及各系不锈钢、镍基合金及耐热钢等。不锈钢轧线引进自德国西马克（SMS）、柯克斯（KOCKS）及三菱-西门子普锐特（Primetals）精轧机，实现高度不锈钢线棒材的自动化、智能化生产。不锈钢产品包含 $\phi5 \sim 18$ 毫米线材，$\phi18 \sim 40$ 毫米盘圆，$\phi40 \sim 130$ 毫米棒材。在轧线上安装温度、轧速、张紧力和尺寸等自动测量装置和传感器，建立大数据采集系统，可自动调整各区炉温和压力、空燃比、NO_x浓度；自动测量始轧和终轧温度、轧速、轧制变形量等参数；自动调整在线淬火和喷淋系统冷却强度，保证轧材的淬透性。不锈钢轧线支持智能5G网络通信，通过手持移动终端HMI界面实现智能化控制，可对热送及加热炉、热轧及在线冷却、飞剪、棒材冷床收集、高线收集等控制，实现线棒材的自动控轧和控冷等。整条产线智能诊断并反馈故障，协助工程师快速查找文档和异常诊断。实现设备相关的程序块诊断、电气自动化诊断、样本诊断及机械图纸诊断等功能。同时为配合企业数字化，采用云平台+NCCloud+信息服务为基础，开展数字化落地。不仅在产品方案层面进行深度合作，而且强化与IT战略伙伴的生态互融，确保华新丽华在新时期引领同行业工业互联网化，以支撑全球范围内业务提升和快速创新。

（二）江阴华新特殊合金材料有限公司

江阴华新特殊合金材料有限公司于2017年搬迁至江阴，其前身为上海白鹤华新丽华特殊钢。2019年占世界不锈钢长材市场第二大份额，力争2025年成为亚洲最大冷精棒制造商。江阴冷精棒厂传承精良工艺、因稳定性高、加工精度在中高端市场广受好评，产品使用范围涵盖CNC车床、船轴、泵轴、精密锻造、军工、仪表精密、五金、交通/汽车结构件等各家居领域。华新积极调整产品组合，增加下游直棒钢等产品、开发新钢种及扩增产品尺寸，朝高值化汽车、通信、医疗用冷精棒材发展。迁厂伊始，便把冷精棒推向中国汽车市场，为博世、电装、德尔福、联合汽车电子、卡本特等汽车客户提供高性能不锈钢棒材。可供应钢种包含铬锰系、铬镍系、双相不锈钢、马氏体沉淀硬化不锈钢及超级铁素体、超级奥氏体、镍基合金在内的全系列上百种不锈钢和耐热钢棒冷精产品，并同时提供四六角棒、扁棒、异型棒材等，以满足客户一站采购，降低采购成本的需求。

（三）常熟华新特殊钢有限公司

常熟华新特殊钢有限公司坐落在江南丰沃之地，于1997年开始生产和销售不锈钢无缝管，年产各规格无缝管两万吨。2006常熟二厂扩建完成，并安装当时先进的36兆牛双筒热挤压机，产能突破至4万吨/年。2009年常熟厂以出色的管材品质进入中国汽车市场，先后开发出多种车系的汽车油轨管及油路连接管。2020年常熟冷精建厂启动，承担一部分冷精棒生产业务，与同在长江上游不远的江阴厂呈现冷精版双城记。常熟厂近年来产品主要有精密仪表管、换热器管、汽车管、锅炉管、流体输送管、核一/二/三级核电管、石油裂化管、耐腐蚀耐高温不锈钢无缝管、镍基合金无缝管等。产品被广泛使用于电力（核电、火电、光能电站）、石化（油气、炼化、煤化工）、交通运输（汽车、三航、铁路）、精密仪表（机加工、仪器仪表）等关键领域及重大工程，并远销本特勒、臼井、莲南、富特玛科等美国、东南亚及中东国家的高端客户群。

二、企业规模及发展历程

2018年华新丽华及分公司不锈钢炼钢近80万吨，其中纯镍需求6.4万吨。2019年炼钢量近 60 万吨，2020 年各分公司不锈钢销量达 70 万~80 万吨。华新丽华为提升不锈钢原料避险能力，稳定掌握上游镍资源，与不锈钢巨头青山不锈钢合作"一带一路"建设项目，在印尼苏拉威西岛开设镍生铁矿并建立发电厂。华新丽华出资 5000 万美元，该项目总投资额达 5 亿美元。预计 2021 年第三季正常投产后年产能为 3.5 万吨镍。其中第一台 NPI 镍铁产线点火烘炉调试并投产，至 2020 年 2 月初第二台 WNII 已投产出镍铁，其余 3 台生产线正常生产后进一步增加镍铁产量。为配合这项投资案，华新丽华强化采购及避险能力，取得与金港国际等多家国际资本的合作，进一步发展镍生铁及开展不锈钢原料采购业务。

华新丽华在冶金与材料领域里累积了深厚的技术与研发实力，除与国际技术一流的先进厂商合作外，更通过产学研界合作共同研发新产品，并且获得多项钢种专利。得到了国内外各组织机构及合作商的广泛认可，在此基础上，获得了众多质量体系及专业认证。通过了 ISO 9001 质量管理系统、ISO 14001 环境管理系统、中美英法挪威多国船级社协会（DNV）、劳氏船级社协会（LR）工厂认可证书、ISO/IEC 17025 实验室认证-测试领域认证、ISO/IEC 17025 实验室认证-测试领域认证、PED/AD2000 欧盟压力设备指令材料制造商认证。齐全的实验室设备与多项国际认证，确保一流产品质量。华新丽华全面使用 SAP/MES 的企业制造管理系统，从投料到生产包装出货一站式追踪，所有数据完全按体系要求执行，产品履历完整质量可追溯性高。

浙江甬金金属科技股份有限公司

一、企业简介

浙江甬金金属科技股份有限公司（以下简称"甬金股份"）始创于 2003 年 8 月，前身为兰溪甬金不锈钢有限公司，深耕冷轧不锈钢领域十八载，已成为集冷轧不锈钢板带的研发、生产、销售和服务于一体的行业内知名企业，产品覆盖精密冷轧不锈钢板带和宽幅冷轧不锈钢板带两大领域，广泛应用于电子信息、医疗器械、环保化工、汽车交通等领域，为国内外各知名企业提供优质产品。2019 年，甬金股份首次跻身"中国制造企业 500 强""中国民营企业制造业 500 强"，同年在上交所主板上市。

甬金股份是国家高新技术企业和国家火炬计划项目承担单位，自成立以来十分注重生产工艺的改进、技术装备的研发和新产品的开发，设有省级高新企业研发中心和浙江省博士后工作站。目前，获得了超百项专利，其中"具有光亮表面的奥氏体不锈钢带制作方法"获得中国专利优秀奖，"超宽极薄精密光亮不锈钢带关键技术及产业化"获江苏省科技进步奖一等奖。以子公司江苏甬金为牵头人的超薄精密不锈钢带（钢管）项目联合体成功中标工信部"2017 年工业转型升级（中国制造 2025）——重点新材料产业链技术能力提升重点项目"。甬金股份是国内少数几家能够自主设计研发不锈钢冷轧自动化生产线的企业之一，自主设计研发的二十辊可逆式精密冷轧机组等全套不锈钢冷轧自动化生产线已达到国际先进水平。甬金股份在严格进行全流程质量管控的基础上，不断优化产品结构、提升产品性能，优化现有生产工序体系，进行 16949 体系认证，为打造更具竞争力的产品做好准备。

二、发展历史及现状

2003 年 8 月，兰溪市甬金不锈钢有限公司注册成立，同年 11 月，公司更名为浙江甬金不锈钢有限公司。2004 年，浙江甬金不锈钢集团正式成立，经过四年的发展，"精密冷轧不锈钢超薄板钢带"项目荣获国家火炬计划项目证书。2009 年 6 月，完成股份制改革，更名为浙江甬金金属科技股份有限公司，并于 12 月通过审核成为国家级"高新技术企业"。

目前，公司已在国内最具经济活力的沿海地带，浙江、江苏、福建、广东设立了多个生产基地，构筑了面向全国的生产经营和服务网络，同时，海外项目越南甬金、泰国甬金也正在建设当中。经过多年努力，甬金股份已发展成为年产能超过 180 万吨的专业不锈钢冷轧企业。

三、产品工艺及装备技术发展

经过长期研究和实践积累，甬金股份掌握了热、力作用对不锈钢板带组织性能的演变规律，据此设计了不同种类不锈钢板带的轧制工艺和退火工艺，建立了大压下量时组织应力均匀的精密不锈钢板带成套冷轧工艺技术。

自主研发的生产线采用了成套板形精确控制新技术与装置，创新设计了凸字形辊箱结构，发明了侧向间隙消除技术和一中间辊对推技术，实现了宽幅冷轧轧机生产效率和精度控制水平的提升。

甬金股份掌握的高压对喷清洗—挤干高效脱脂技术和轧制油分级净化技术，显著提高轧制油洁净度和过滤滤芯的使用寿命，保证了板带表面光洁度。生产中使用了光亮退火炉内氢气循环净化—分子筛干燥技术，满足了光亮热处理工艺对炉内氢气纯度、露点及氧气含量的苛刻要求，显著提高了板带表面光泽度。另外，还研发了不锈钢无硝酸表面处理技术，解决了传统酸洗工艺氮排放的环境污染问题。

甬金股份从氧化还原、形变与相变基本原理出发，研究并突破了不锈钢带光亮表面和超宽极薄关键技术瓶颈，发明了超宽极薄精密光亮不锈钢带关键技术与装备，实现了规模化生产，替代进口并出口创汇，形成了从基础理论、关键技术、核心装备到产业化的原创性重大突破。

2010 年设立甬金股份装备研发中心，专门从事不锈钢冷轧生产装备的设计和研发，致力于提升国产冷轧生产装备的技术水平。自主设计研发出二十辊可逆式精密冷轧机组、连续退火酸洗机组、可逆式不锈钢带平整机组、清洗机组、准备机组和分卷机组等不锈钢冷轧主体装备，形成了具有自主知识产权的全套不锈钢冷轧自动化生产线解决方案，使甬金股份成为国内少数几家能够自主设计研发冷轧不锈钢自动化生产线的企业之一。自主研发生产装备，大大降低了投资成本，提高了产品竞争力。

自主研发的新型可逆式二十辊冷轧机组还出口印尼、越南等国，实现了出口创汇，打破了国外技术封锁和产品垄断，扭转了精密不锈钢带及专用制造装备长期依赖进口的局面，有力推动了我国钢铁冶金行业和高端制造领域科技进步，促进了产业转型升级。甬金股份冷轧生产装备的对外销售，反映出自主设计研发的冷轧主体装备已达到行业先进水平，也体现了在冷轧不锈钢行业的核心竞争优势和市场竞争力。

甬金股份及子公司均建立了全面有效的 ISO 9001 质量管理体系，制定了高于国家标准的《甬金股份企业标准》及 22 项质量控制文件，并在实际生产过程中严格遵守公司相关制度和文件的规定，从原材料采购、入库、生产和质量检测到销售和客户服务等环节均进行有效的全流程质量管控。

此外，在进行多品种、多规格的冷轧不锈钢板带生产过程中，甬金股份对生产工艺不断进行技术革新，优化生产流程，所生产产品具有精度高、强度高、板形平直度高、高耐蚀性、表面光洁度优越等特性，从而满足了下游客户对品种、规格、用途及产品质量等的特殊要求。

四、研发能力与创新产品

甬金股份是国家高新技术企业和国家火炬计划项目承担单位，设有浙江省企业技术中心、浙江省级高新技术企业研究开发中心以及浙江省博士后工作站。子公司江苏甬金设有江苏省认定企业技术中心和两个江苏省级工程技术研究中心。甬金股份自成立以来十分重视工艺技术的改进和生产装备的研发。截至 2020 年，共获得 145 项专利，其中发明专利 19 项，实用新型专利 125 项，PCT 专利 2 项。

甬金股份积极参与行业相关产品标准的制定，截至 2020 年，共制定 12 项产品企业标准和 1 项二十辊冷轧机组设备企业标准，入选 2017 年浙江省"浙江制造"标准制订计划并已发布环保设备专用精密不锈钢板产品标准，对本行业共性技术和产业化的发展起到了示范和带动作用。

为了保持在冷轧不锈钢行业和市场中的竞争优势，甬金股份非常注重新产品的开发，开发的"精密冷轧不锈钢超薄板钢带""家用电器面板用精密不锈钢板带""300 系列奥氏体光亮面精密不锈钢板带"和"车用特宽超薄不锈钢板带"四项产品先后被认定为高新技术产品。精密冷轧不锈钢超薄板钢带入选为国家火炬计划项目。另外，开发的精密冷轧不锈钢超薄中宽板带被认定为浙江名牌产品，"YJBX"牌精密不锈钢带被认定为江苏省名牌产品，环保设备专用精密不锈钢板被评为 2016 年浙江省优秀工业产品，No.4S/K 精密不锈钢面板（家电类）被认定为浙江省省级工业新产品（新技术）。

2018 年 1 月，参与完成的"超薄精密不锈钢板带关键技术"项目，经中国金属学会组织召开的科技成果评价会认定，该项目成果达到国际领先水平。"超宽极薄精密光亮不锈钢带关键技术及产业化"项目于 2020 年荣获了江苏省科技进步奖一等奖。

2019 年 300 系高质量镜面外观精密不锈钢板、USB 接头专用精密不锈钢板、手机背光板专用精密不锈钢板三项产品列入浙江省重点高新技术产品。江苏甬金"车用特宽超薄不锈钢板带""300 系硬态超薄精密不锈钢带""300 系奥氏体 DQ 深冲材料专用精密不锈钢带产品"三项产品被评为高新技术产品。

甬金股份的"具有光亮表面的极薄奥氏体不锈钢带的制作方法""具有光亮表面的极薄铁素体不锈钢带的制作方法"分别获得第二十届、第二十一届中国专利优秀奖。

五、品牌产品与应用

甬金股份主要产品分为两大类，宽幅冷轧板带由于其产品定位更加基础、市场流通量更大、下游加工流通环节更多等特点，被广泛应用于各个行业；而精密冷轧板带生产工艺较为复杂，技术性较强，具有更高性能、更高尺寸精度、更优板形和更优质表面等特点，被广泛应用于家用电器、环保设备、电子信息、汽车配件、厨电厨具、化工、电池等下游行业领域。

具体细分产品、产量及应用领域，公司生产的不锈钢产品有 200 系、300 系、400 系，其中以 300 系和 400 系产品为主。以 2020 年为例，200 系产品主要应用于手机背光源等手机配件上，市场需求不大；300 系产品主要应用于白色家电、电子产品；400 系产品应用于洗衣机内筒、纽扣电池等领域。

甬金股份始终秉承"团结、高效、务实、发展"的企业精神,致力于成为行业领跑者,立足于全球市场,紧密结合各行业特点,深挖客户应用,依托强大的研发实力,融合行业前沿的技术理念,快速响应客户的变化需求,通过开放式创新、卓越运营管理、人力资源发展等战略的实施,以一流的服务、一流的技术和一流的产品,全面打造公司的核心竞争力,成为全球最具竞争力的企业。

六、发展规划

从近几年的不锈钢表观消费量来看,不锈钢需求稳步增长,2019年总量达2405万吨,增长率12.8%。下游应用分布广泛,随着近些年国民经济的快速发展和人民生活水平的不断提高,以及城镇化建设、制造业升级、消费水平升级,不锈钢应用领域拓展了更多新的需求增长点,并且将会朝着更加高端化、定制化的方向发展。甬金股份未来发展规划如下:

(1)主动重点发展精密产品,提高市场份额,提高盈利能力。通过2~3年的发展,各子公司的募投项目逐步完工,精密产品的产能将大幅提高,增加市场份额并提高竞争力。

(2)根据上游热轧产能扩张速度合理发展宽幅产品,确保稳定的市场份额和规模效应。宽幅产品的产能目前已达170万吨,规模效应初显,相较精密产品虽毛利率较低,但其高周转、低成本的优势,使得公司仍能保持较强的竞争优势。未来将根据上游热轧产能扩张速度稳健发展宽幅产品。

(3)积极发展产业链的向下延伸,开拓更多靠近消费端的不锈钢产品,丰富产品结构和盈利水平。目前不锈钢复合材料公司已成立并将开工建设,其他利于主业发展的相关产业正在考察中。

(4)加快海外项目建设,开拓海外市场。海外发展有一定的成本优势和市场优势,希望打破欧美市场反倾销壁垒,把先进的技术和优质的产品带到国外,实施全球发展的战略。

未来,甬金股份将继续坚持"聚焦主业""做精主业",做好精密冷轧不锈钢业务,逐步提高细分市场份额。同时,关注不锈钢产业链上的相关行业,在市场和时机都成熟的情况下,充分发挥资本市场的优势,使公司产品多元化,并提高盈利能力。

七、创新创业人物

2019年12月24日,我国首家主营为冷轧不锈钢的企业浙江甬金金属科技股份有限公司成功在上海证券交易所挂牌上市。从创立到上市,甬金股份搭上了快速行驶的高速列车。

2002年,正值盛年的虞纪群来到兰溪投资创业,次年,甬金股份的前身——兰溪市甬金不锈钢有限公司成立,专业从事精密冷轧不锈钢的生产制造。正所谓万事开头难,甬金作为一个行业的追赶者,前有生产出中国第一个冷轧卷的老牌国企太钢不锈,后有外资企业代表上海实达，竞争环境激烈。人才、技术、供应链等各种问题需要逐一排解。缺少人才，那就去竞争对手那挖人，虞纪群从宁波奇亿挖来了现在甬金股份的总经理周德勇，从无锡华生精密请来了现在江苏甬金的总经理董赵勇。有了人才、技术，甬金生产出了公司史上第一个冷轧卷板。

在行业浪潮的推动下，起步虽晚的甬金由于对行业发展趋势的准确把握，顺势而为，迅速在行业内脱颖而出并占领市场制高点。2010 年是甬金走向快速发展的元年，先后在江苏、福建、广东成立了子公司，并完成了产业链上下游的多起并购。甬金股份完成了在国内最重要沿海经济带的完美战略布局，通过以点带面，形成了辐射全国的产业集群。

牢牢占据了国内头部市场后，甬金将目光投向了越南、泰国等东南亚国家，全力践行国家"一带一路"倡议。2019 年 4 月，甬金模式首次踏出了国门，首家海外生产型子公司越南甬金设立，甬金的出海开启了从国内走向国外发展的第二篇章。

虞纪群说道："十多年一路走来，甬金始终坚持在自己熟悉的领域做自己擅长的事，即便后来的上市，也依然沿着不锈钢产业链在布局，因为我们对行业有着特殊的情结和理解，坚守实业，深耕主业，是我们自始至终的选择。"无疑，甬金的专注为它赢得了行业内良好的口碑，也获得了不少客户的青睐。

十年磨一剑，固然重要。除了专注，用技术说话的企业创新力，才是发展的动能源泉。如今的甬金，是国家高新技术企业、国家火炬计划项目承担单位，拥有博士后工作站和省级技术研发中心，每年都能拿出属于自己的创新发明和增长点。

青山遮不住，毕竟东流去。专注、坚持、敢为人先的虞纪群带领着团队将甬金从行业的追赶者变成了行业的领跑者。逐梦未来，再启征程。甬金人带着对未来的满怀期待，继续秉承开放包容的心态，迎接它的第三个十年。

宏旺控股集团有限公司

一、企业简介

宏旺控股集团有限公司（以下简称"宏旺"）下辖肇庆宏旺金属实业有限公司、四川宏旺不锈钢有限责任公司、河南宏旺金属材料有限公司、福建宏旺实业有限公司、山东宏旺实业有限公司、阳江宏旺实业有限公司、宏旺科技服务有限公司、广东宏旺金属材料有限公司、无锡宏旺不锈钢有限公司等子公司，是专业生产冷轧不锈钢卷板和彩钢精加工产品的企业集团。位列2020年中国企业500强第485位，中国制造业企业500强第231位；中国民营企业500强第244位，中国民营企业制造业500强第138位。宏旺获评"中国不锈钢行业先进企业"称号，相关子公司为国家高新技术企业，产品品牌荣获"中国驰名商标"称号，产品被评为"中国不锈钢行业名牌产品"，产品质量荣获"质量诚信放心单位"。

宏旺拥有专业技术人员2000余人，装备有国内先进的四尺和五尺五连轧、三机架和四机架连轧连退酸洗联合机组、850六连轧机组、二十辊冷轧等生产设备，以及拥有自主知识产权的整卷磨砂、8K、黑钛、无指纹、PVD镀膜等精加工设备。核心产品为200系、300系、400系冷轧不锈钢卷板及整卷、平板彩钢精加工产品，广泛应用于餐饮厨具、医疗器械、家用电器、汽车配件、建筑装潢等领域，凭借优良的产品质量、良好的信誉、创新的营销理念畅销国内外。

宏旺与著名钢企建立战略伙伴关系，实现产供销资源的有效整合，进一步提升了产品质量。宏旺通过研究开发满足客户需求的产品，以提高生产效率、提升成本控制和资源管理实现公司价值增长。在关注设备与效率的同时，宏旺更不断探索科学的经营管理之道，正在向一流的不锈钢企业集团迈进。

宏旺秉承"打造最具竞争力的不锈钢冷轧企业"的公司愿景，以"尊重客户、善待员工、诚信经营、持续发展"作为企业的核心价值观，发扬"勇于创新、廉洁敬业；认真生活、快乐工作"的企业精神，以诚实守信、高效健全的管理和高素质的员工队伍，为客户提供优质的产品和优良稳定的服务。

二、发展历史及现状

2005年宏旺作为国内第一家宽幅冷轧卷材民营企业，首次实现了零的突破。2010年广东宏旺投资集团有限公司成立，开启集团化运作管理模式，优化资源配置，强化技术创新。2014年肇庆宏旺1450五连轧及配套连续退火酸洗机组顺利投产，在随后的6年内，先后投产了福建宏旺、山东宏旺五连轧及配套连续退火酸洗机组。2019年肇庆宏旺精加工中心整卷彩钢项目顺利投产，同年阳江宏旺四机架连轧连退酸洗联合机组试产。2020年9

月宏旺集团首次进入中国企业 500 强榜单，位列中国企业 500 强第 485 位，位列中国制造业企业 500 强第 231 位。2021 年 8 月公司名称由"宏旺投资集团有限公司"变更为"宏旺控股集团有限公司"。

（一）生产历史及产能、产品变化

1. 冷轧产品

宏旺采用国内先进的十八辊五连轧，三、四机架连轧连退酸洗联合机组，850 六连轧机组，二十辊冷轧生产设备，生产核心产品为 200 系、300 系、400 系冷轧不锈钢卷板，目前经各子公司的高速发展，宏旺冷轧产品的年产量达到近 400 万吨。

2. 精加工产品

宏旺依托冷轧不锈钢的稳定化生产，率先在肇庆宏旺建立精加工中心，并且于 2019 年 6 月正式投产，建成华南地区最大的不锈钢生产加工中心，目前已具备实现 10 万吨/年的不锈钢表面处理等深加工产品产能。精加工项目通过自主创新，在磨砂拉丝面和 8K 面板基础上采用行业首创的整卷加工模式，现精加工的这一系列产品已投放于市场，彰显了精加工产品的短、平、快生产节奏，辐射于中、高端装饰加工行业。

（二）工艺技术提升历程

宏旺于 2014 年在肇庆建成国内最先进的五连轧生产线，这是国内第一条 200 系列不锈钢采用五连轧及连续退火电解酸洗拉矫的全自动生产工艺线，引进世界最先进的多辊轧机、智能电控技术，整合国内退火、电解、酸洗工艺最知名的设备供应商，在 2016 年经科技部门鉴定，达到国内领先水平。

黑钛产品的工艺提升是在其原有的基础之上增加电解装置，此不仅能在化学着色前活化其表面，加速其生产效率，还能缓解 8K 卷磨工艺对黑钛产品表面质量的影响。

（三）设备提升历程

目前宏旺冷轧设备包含偏八辊轧机，三机架、四机架连轧连退酸洗联合机组，四尺和五尺五连轧，850 六连轧机组，冷酸退火线，二十辊冷轧，光亮退火线。

2014 年宏旺开启年产 70 万吨的三机架连轧连退酸洗联合机组和年产 30 万吨的二十辊冷轧薄板及配套连续退火酸洗机组的建设。

2018 年年初福建宏旺五尺五连轧机组投产，填补了中国民营五尺冷轧产品的空白，实现各系列不锈钢冷轧卷板产品全覆盖。

阳江宏旺一期年产 70 万吨的四机架连轧连退酸洗联合机组于 2019 年 10 月顺利试产，创新性引入智能化技术，成为国内首条冷轧不锈钢行业"智能化"机组。二期年产 50 万吨的不锈钢热轧酸洗白皮卷板和年产 30 万吨的不锈钢冷轧薄板成品项目于 2020 年 8 月完成热负荷试车。

三、研发能力与创新产品

（一）研发能力

宏旺集团始终将技术创新视为企业发展的关键驱动力，依托集团雄厚的资源优势，在各个子公司成立研发检测中心，致力于新产品、新工艺、新检测方法等开发。2019年成立了宏旺科技服务有限公司，宏旺科技是一家集分析检测、研究开发、技术咨询于一体的现代化技术型服务企业。

宏旺科技作为集团科技创新的桥头堡，高度重视科研创新工作，把创新驱动作为集团效益增长的内生动力，自成立以来，不断加大对不锈钢彩色板新工艺、新产品的研发力度，针对新难题和不同领域的应用需求展开调查和研发工作，目前正在申请CNAS、CMA等资质。

2020年7月，宏旺成立了产品实验检测中心和研发中心，并获批设立广东省博士工作站。2021年申请企业技术中心、高新技术企业、新型研发中心等平台。

（二）创新产品

2013年，宏旺率先打造国内第一条不锈钢五连轧及配套连续退火酸洗机组，开启了国内不锈钢冷轧行业由可逆式轧制到全连续轧制时代的转变，树立了中国装备制造水平的新标杆。

宏旺采用自主设计开发的创新性整卷磨砂、整卷8K、整卷黑钛、整卷无指纹、整卷PVD镀膜等先进生产工艺，实现了彩色不锈钢卷板的规模化生产，大幅提升了色彩稳定性和品质可控性。2019年6月，肇庆宏旺第一卷彩钢顺利生产，填补了彩钢市场整卷生产新工艺、新技术的空白。

2020年3月，宏旺集团研发的具有自主知识产权的一种新型抗菌功能性不锈钢产品投入试产，产品经广东省微生物分析检测中心权威检验，对常见的大肠杆菌、金黄色葡萄球菌、肺炎克雷伯氏菌等细菌抗菌率均达99%以上，具备优良的广谱抗菌性。

2020年9月，宏旺新技术、新工艺单张连续镀玫瑰金系列产品又一次突破性地解决了玫瑰金真空镀膜行业环境差、人员密集、质量不稳定、交货不及时等行业痛点。这一项突破，是全新的升级换代，使单张玫瑰金产品真正做到了"零色差"、无打孔、多品种、多规格、切换自如、大批量的"无人化"连续生产模式。

宏旺通过不断的技术攻关，各类创新产品相继面世。主要分为原板系列产品，钛金、玫瑰金系列产品，黑钛系列产品，整卷无指纹系列产品，整卷纳米色油无指纹系列产品及单张连续镀玫瑰金产品六大类。

未来，宏旺整卷彩钢精加工团队将继续走技术创新之路，立足市场需求和未来发展，深入整卷彩钢领域的探索、研究，不断开创行业发展新高度。

四、品牌产品与应用

（1）原板系列产品包括镜面类产品和砂面类产品。镜面类产品有普通镜面和精磨镜面，镜面类较之传统玻璃镜子有不可替代的装饰特性，可直接应用于装饰面板及各类加工，如门窗、电梯、广告牌等装饰板材基材，8K色板、蚀刻等深加工的不锈钢基材。钢砂面系列产品是一种常见的表面加工建筑材料，经整卷磨砂后也可作为色板系列加工基材，广泛应用于家具家电面板、设备组件、门窗电梯、广告牌等。

（2）钛金、玫瑰金系列产品主要有：整卷镜面钛金、砂面钛金、镜面玫瑰金、砂面玫瑰金。宏旺率先实现了钛金、玫瑰金系列产品整卷自动化生产，产品广泛应用于装饰装修领域及家具电器面板、门窗电梯、广告牌、工艺品、汽车零部件、五金建材等。

（3）黑钛系列产品。整卷镜面黑钛、砂面黑钛是宏旺的另一自主创新系列产品，受到国内外设计师和消费者的欢迎，成为彩色不锈钢板装饰用材的主力，在国内外装饰装修行业需求大、适用范围广。

（4）整卷无指纹系列产品。主要产品涂层有亮光、半哑光和哑光。整卷无指纹不锈钢磨砂板加工工艺，具有新颖、环保、耐用、外观质感强、卫生健康等优点。使用无指纹技术的产品具有耐指纹和抗污效果，历久犹新，减少了日常维护并大大提高了产品使用寿命。产品广泛应用于对彩色不锈钢表面持久光滑性能有特殊要求的领域。

（5）整卷纳米色油无指纹系列产品。无指纹色油系列作为装饰装修行业的新宠，主要应用于庭院大门、电梯、广告牌及有特殊颜色和纹理要求的装饰装修领域。

宏旺将提升生产技术和效率以满足消费者的需求；优化生产工艺给客户提供更多的产品选择，以及在贴近市场为客户实现高端定制化生产等诸多方面继续努力。宏旺将与广大从业者一道让不锈钢变得五彩缤纷，时尚而有温度，共同携手开启五彩缤纷的"不锈"未来。

五、发展规划

（一）发展面临的问题

近年来由于新型材料的冲击，市场对于不锈钢的需求正在逐步的降低，国内不锈钢产能过剩日益严重。此外，由于假冒伪劣产品的泛滥，造成镍、锰等贵重金属、稀缺资源的浪费，污染不锈钢废钢资源，严重危害了不锈钢的健康发展。

从普通的冷轧产品来看，随着精加工产线对2B原料数量和质量需求的不断提升，冷轧产线也面临很多新的挑战：（1）冷轧的特材达成率不断提升；（2）冷轧缺陷管控更加严格。

从深加工彩色产品来看，宏旺的深加工产品处于起步阶段。

（二）今后的发展规划

在保持目前核心生产基地的基础上，宏旺将依据上游热轧企业的原料进一步调整企业目前的生产架构，大力发展精加工产品并进一步扩张精加工产线，提升市场占有率。此外，在目前的销售基础上，宏旺的重心向国内中西部地区倾斜，建立属于自己的销售基地，将产品更加全面地投放到整个西南地区，打造覆盖中国东西南北中的全方位生产基地及配套的销售体系，打造从冷轧产品到精加工产品再到销售的一体化产业链。

宏旺将从201钢材的改造升级入手，进一步提升300系的技术水平，实现300系在精加工的产品应用和8K黑钛的使用。未来宏旺也将通过扩大生产及产线改造等方式逐步提升400系产量、质量，迎接兼具挑战与机遇的新业态。

六、创新创业事迹

（一）创新引领发展

从 2003 年成立至今，宏旺深耕行业十余年，始终秉承"勇于创新"的企业精神。2013 年，宏旺率先打造国内第一条不锈钢五连轧及配套连续退火酸洗机组，开启了国内不锈钢冷轧行业由可逆式轧制到全连续轧制时代的转变，树立了中国装备制造水平的新标杆。

宏旺五连轧项目上马前，不锈钢冷轧行业多以单轧机为主。业内突然传来宏旺要新建五连轧，从单轧提升到五连轧，同行们都投来怀疑的目光。最终历经 16 个月的拼搏奋斗，2014 年 1 月，宏旺五连轧项目全线正常运行，整线工艺达到预期效果，成品质量达到理想水平。这是国内第一条十八辊五连轧机组，宏旺五连轧项目的成功，填补了国内多辊冷连轧技术的空白，把不锈钢冷轧行业带上了高速发展的快车道！

（二）艰难方显勇毅

经过十余年的发展沉淀，宏旺在不锈钢冷轧领域走在了行业前列，也开始了向产业链下游延伸，正式进军整卷彩色不锈钢板领域。

以五连轧建设骨干为主体的攻关团队把"实验室"搬进产线，从 8K 研磨镜面开始入手。整卷 8K 表面质量直接影响着后续整卷彩钢的品质，大家通过模拟实验，最终确立了彩钢的最佳生产工艺。同时，技术质量团队积极深入市场，收集市场上流通的各种彩色板的质量要求与色值标准，结合产线生产的实际情况，制定出属于宏旺的整卷彩钢精加工质量标准。

2019 年 6 月，肇庆宏旺第一卷彩钢顺利生产，填补了彩钢市场整卷生产新工艺、新技术的空白。同年 12 月，宏旺制定了整卷彩钢系列产品各项性能参数标准并建立了完善的质量管理体系。宏旺采用自主设计开发的创新性整卷磨砂、整卷 8K、整卷黑钛、整卷无指纹、整卷 PVD 镀膜等先进生产工艺，大幅提升了色彩稳定性和品质可控性，大大激活了彩色不锈钢精加工行业的发展潜力。

（三）彩钢逐梦未来

宏旺整卷彩钢以创新立足，也必然在创新中发展。2020 年 7 月，宏旺成立产品实验检测中心和研发中心，并获批设立广东省博士工作站，为持续提升整卷彩钢的研发能力打下了坚实的基础。

从"整卷彩钢""抗菌不锈钢""耐候不锈钢"到"自清洁不锈钢"，一批批创新技术和产品持续引领行业创新发展。未来，宏旺整卷彩钢精加工团队将继续走技术创新之路，与广大从业者共同携手开启五彩缤纷的"不锈"未来。

五矿发展股份有限公司

一、企业简介

五矿发展股份有限公司（以下简称"五矿发展"），股票代码：SH.600058，于1997年5月28日在上海证券交易所挂牌上市，主要从事资源贸易、金属贸易、供应链服务三大类业务，业务范围涵盖冶金原材料贸易、钢材贸易、仓储加工配送、口岸物流服务、供应链金融、招标服务、电子商务等黑色金属产业链的各个环节，形成供应链贯通、内外贸并进的经营格局，是国内经营规模大、网络覆盖广、综合服务能力全的大宗金属矿产品流通服务商，在主要原料商品进出口和钢材工程配供业务领域保持国内领先地位。

其中，资源贸易涉及铁矿石、煤炭、焦炭、铁合金等冶金工业原料，主要通过长协采购、代理销售等方式获取上游资源，向钢厂客户提供冶金原料集成供应服务；金属贸易包含各类钢材和制品，依靠雄厚的网络分销、仓储管理和加工配送等服务能力，构建以建筑央企和大型国企为核心客户的全国性工程配送体系，为终端客户提供从钢材产品到物流配送、仓储加工、套期保值等综合服务；供应链服务包含仓储加工、保险经纪、船/货代、电子商务、小额贷款、保理、招标代理等，主要通过布局完整的仓储、加工、物流等网络，结合金融手段为实体企业提供支撑，获取服务费及贸易增长带来的双重收益。

目前，五矿发展在国内拥有分销公司、加工中心、物流园区口岸公司等形式的营销、物流网点百余个，覆盖全国大部分地区。五矿发展受托管理多家海外公司，遍布亚洲、欧洲、美洲、非洲、大洋洲等多个国家和地区，形成了海内外一体、全球化运作的营销网络；受托管理中国五矿曹妃甸国际矿石交易暨矿石期货中心项目，项目集保税、混矿、融资监管、交割堆存及矿石交易服务功能于一体，进一步提高了五矿发展大宗商品港口综合服务能力。

五矿发展积极发挥行业示范与引领作用，担任中国物流与采购联合会副会长、中国报关协会副会长、中国金属流通协会副会长职务，并被中国金属流通协会评为钢铁流通企业经营管理5A级企业，荣获"2015—2020年度钢铁产业链发展功勋企业""2019年度中国钢材销售十强企业"称号；五矿发展及下属子公司五矿物流均被中国物流与采购联合会评为5A物流企业资质。

二、不锈钢业务介绍

五矿发展下属五矿贸易有限责任公司（以下简称"五矿贸易"）不锈钢事业部作为五矿发展专业从事不锈钢的营销服务平台，在国内主要市场设有三家分支机构，分别为北方、华东和东莞分公司。主营全系不锈钢冷轧和热轧产品、双相钢、复合板及特种钢材料，配套加工和仓储配送，是国内唯一具有央企资质的不锈钢类产品综合服务商。北京总部主要从事不锈钢进出口贸易及国内大宗流通业务，三家分公司身处市场一线，信息来源丰富，市场灵敏度高，具备为客户提供高效优质的不锈钢加工配送等综合服务能力。

主要合作钢厂有太钢、江苏德龙、宝钢德盛、北部湾新材料、张家港浦项、鞍钢、东方特钢等知名不锈钢生产企业。其中与太钢、鞍钢为战略合作伙伴关系，旨在资源技术与商务配套方面加强深度合作，为客户提供一站式服务。五矿贸易与大连恒力、虹港石化及冬奥会项目等知名企业及国家重点工程保持长期合作，为其提供优质不锈钢材料和专属配套服务。终端用户涉及石油化工、建筑工程、压力容器、装备制造、食品深加工及民用机械等众多行业。

五矿贸易不锈钢事业部致力于以优质服务为不锈钢行业提供双赢方案，与业界共创美好未来。

三、未来发展规划

"十四五"期间，五矿发展将以数字化转型为使命，以贸易物流为主体，以物流产业园和产业互联网平台为两翼，大力发展新模式、壮大新业态、构建新生态，持续增强竞争力、创新力、影响力和抗风险能力，坚定不移地打造大宗商品产业生态的组织者、供应链安全可控的维护者、产业链服务价值的创造者、现代流通服务体系的引领者，努力成为具有全球竞争力的金属矿产集成供应商和产业综合服务商。

大明国际控股有限公司

一、企业简介

大明国际控股有限公司（以下简称"大明"）的前身于1988年成立于无锡，是国内金属加工领域的龙头和领先的高端制造配套服务企业，具备材料加工、零部件制作和成品制造、专业技术服务等全流程产业链。大明"秉持钢性，固本发展"，凭借着30多年的专心、专业和专注，成就了如今的行业领军地位，并连年入选"中国制造业企业500强""中国民营企业500强""中国上市企业500强"及"中国500最具价值品牌"等榜单。

目前，大明已在中国制造业发达的地区设立了无锡总部、武汉、杭州、天津、太原、淄博、靖江、泰安、无锡前洲和嘉兴10个加工服务中心，以及长江沿江制造服务基地（靖江），客户覆盖众多行业的头部企业。至2020年年底，总占地面积177万平方米，厂房面积108万平方米，拥有员工6000多人。2010年，大明国际（01090.HK）在香港联交所主板上市；2020年，大明实现不锈钢产品销量192万吨，碳钢产品销量267万吨，销售收入351亿元。

二、发展历史及服务模式

（一）发展历史

大明成立于1988年，2000年以前单纯做不锈钢贸易，2000年后，大明谋划转型，开始从不锈钢贸易走向加工。2002年开始，大明投入巨资引进欧洲先进的加工设备，开始进行简单的不锈钢开平分条的加工。2006年后，大明不锈钢年销售量和加工量（简单加工）开始持平，为寻求进一步发展的空间，大明开始向深加工转型，开始引进表面研磨、切割、折弯及一系列深加工设备。2010年12月1日，大明国际成为中国钢铁加工业第一家在香港上市的企业。2013年大明进行业务横向拓展，进军碳钢市场。2015年，大明进出口公司正式成立，标志着大明开始走向国际，布局海外市场。研判市场形势，大明瞄准深加工服务开始用功。2015年11月28日，作为大明制造板块的中国大明重工正式开业，标志着大明向制造配套领域又跨出了一大步。2020年，大明物流码头工程岸线通过合理性评估，通航安全通过专家评审。2021年2月，大明嘉兴加工中心千吨级码头获得试运行经营许可。

资本市场情况：2010年12月1日，大明国际在香港联交所主板挂牌上市；2015年宝钢参股大明国际；2017年太钢参股大明国际；2019年11月，大明与日本阪和兴业合资的嘉兴加工服务中心正式开业；2021年8月，阪和兴业参股大明国际。

（二）大明服务模式

大明以建设"国际领先的制造业配套企业"为战略目标，致力于打造自动化、智能化的先进加工服务中心集群和高端制造配套服务基地，将充分发挥钢铁材料资源和十大加工工艺平台"一站式"服务的优势，为先进制造业提供"一揽子"配套服务解决方案，不断拓展延伸产业链，提升产业链价值。

大明从欧、美、日等发达国家和地区引进了众多"高精度、高效率"的先进加工设备集群，在大明第三代 ERP 系统的支持下，可提供裁剪、切割、研磨、坡口、折弯成型、焊接、热处理、机加工、喷涂、总装等菜单式加工，以连贯生产的方式，为客户提供从原材料采购到加工、零部件及半成品制造配套的"一站式"服务。

大明还拥有技术中心、CAD 中心等专业的综合性技术支撑平台，拥有专业技术人员240 人、专利 46 项，通过国际国内专业资格认证 24 项。在资深技术专家和骨干团队的支撑下，通过对材料性能的专业把握，提供严格规范的体系保障、成熟的技术支持，为客户提供选材、工艺优化等方面定制化、专业化的解决方案。

三、工艺技术装备及突出成就

大明积极推进工业化和信息化"两化"融合，以智能化、自动化的生产，信息化的管理，追求高效率、高质量、低碳化的运营。

大明与金蝶于 2014 年 8 月签署项目实施合同，10 月金蝶团队正式进入大明现场，并于2020 年 12 月完成大明国际 ERP 系统整体交付验收。通过"金蝶云·星空"ERP 项目的实施，建成大明国际五大信息化系统，完善集团和分子公司 2 层管理架构。得益于 ERP 系统的有力支撑，大明集团销售当量从 2015 年的 208 万吨（不锈钢 138 万吨、碳钢 70 万吨），增长到 2019 年454 万吨（不锈钢 183 万吨、碳钢 271 万吨），交付周期也得到有效缩短，其中简单加工业务订单至提货的交付周期，不锈钢约 4.7 天，碳钢约 3.2 天。ERP 系统中信息技术的应用，大大提高了供应链业务运行效率，让客户获得优质高效服务，享受数字化服务体验。

2019 年 11 月 19 日，《钢铁电子商务平台用户评级规范》团体标准在上海浦东发布，大明国际作为标准的起草单位应邀出席发布大会。

2021 年 5 月，大明无锡加工中心二期智能车间，凭借综合技术实力入选《2021 年无锡市智能制造标杆拟认定智能工厂和智能车间公示》。这标志着大明无锡加工中心在智能设备和智能制造方面得到政府相关部门的一致肯定与认可。大明无锡加工中心二期智能车间，目前共有 4 条高精度智能化产线，各产线借助于西门子 SCADA 系统，实现对产线的设备信息的采集，计划人员通过 ERP 系统销售订单数据在系统内进行交期分解，生产线的实时生产状态信息与 PES 系统进行无缝集成，通过中控系统对生产过程实时监测、动态分析、优化决策以及精准执行。同时，ERP 中仓储模块实现与行车控制调度系统的无缝对接，保证物料存储过程和配送过程的平滑过渡。通过引用动力设备智能服务（DbPE-CPS）云平台的工业 APP服务，对设备运行状态实现实时监测，及时发现、排除故障等。接下来，大明的智能化生产管理系统还将向更多加工中心复制推广，以达到更好的服务效果。

作为制造板块的大明精工，依托集团强有力的支持，建设基于自动装备及信息化的平台，融合各类先进应用软件系统，将打造出一个信息化的立体全方位数字化工厂。大明联手德国通快，在大明靖江基地联合打造了一条智能化、自动化生产线，于 2021 年三季度投产。这条生产线以料库为中心，配备了多种钣金加工设备，包括 TruMatic 6000 复合机、八台 TruBend Cell 5000 全自动折弯中心、六台 Trulaser Weld 全自动焊接中心，还有 TruLaser Center7030 全自动激光切割加工中心（国内仅两台，亚洲也只有四台）可以全自动完成激光切割整个环节，从全自动上料，全自动切割，然后分拣、堆垛，再回到料库的全流程激光加工、激光切割工序。该生产线的建成投产，将使大明借自动化升级之力，插技术腾飞的翅膀，必将助力中国制造向高端化迈进。

在物流方面，2021 年 5 月 18 日，（第十三届）中国物流与供应链信息化大会在福州举行，大明钢联物流荣膺"物流企业信息化应用案例奖"。大明钢联获得此奖项，这是业界对大明钢联物流成立以来在智慧供应链领域做出突出成绩的肯定。大明钢联储运联动项目是通过流程优化、数据在线储运信息共享，建立了快速、高效、协同的储运模式，为大明出厂物流提高了管理透明度及作业效能，实现了卓越运营，提升了行业竞争力。大明钢联物流作为大明集团智慧供应链的重要一环，为大明 JIT 物流目标向前迈出了关键一步。

四、研发能力与创新产品

大明拥有由资深的金属材料专家和经验丰富的加工技术人员组成的团队，在钢铁材料加工工艺上不断革新、创新，在多项重要加工工艺上填补了国内空白。其中"一种多厚度金属板材拼焊折弯方法"因为符合"对产品、方法或者其改进所提出的新的技术方案"的认定标准而获得发明专利，为大明提升在船板加工领域的影响力增加了一块沉甸甸的砝码。

目前，大明已经拥有 120 多项自主的发明和实用新型专利，覆盖了机加工、钣金、模具板、焊接等领域，并且还有多项专利正在审批中。专利技术使大明的深加工竞争力大为增强，而一系列的认证体系的通过则进一步为大明提升产品质量、打开国际市场提供了强力保障。通过国际国内专业资格认证 24 项，仅大明重工就已经取得 ASME（U 钢印）、德国 TÜV、俄罗斯 GOST、劳氏、ABS、中国船级社等国际认证，为打入国际市场奠定了基础。大明还制定了电梯、家电、汽车等行业的加工服务企业标准。通过巴斯夫、西门子等 150 多家国际知名企业的供应商认证，获得徐工、东电、维美德等众多客户颁发的"优秀供应商"荣誉。

大明技术团队不仅可在提高材料利用率，解决加工难题上帮助客户，还可参与客户的产品联合研发，利用专业优势，从前端帮助客户解决成本、工艺、加工难题，为客户提供增值服务。

2017 年 1 月，大明集团技术中心成立，标志着大明加快了技术领先的前进步伐。

2020 年 12 月，大明重工获得国家级高新技术企业认定，本次被评定是大明重工发展史上的又一个里程碑。

2021 年 5 月 25 日，"太钢集团—大明国际共建先进不锈钢材料国家重点实验室成形及应用技术研究中心"在大明靖江基地成立，这不仅是双方发展史上的一个里程碑，也是行业内的一个重要事件。中心必将助力双方不断提高不锈钢材料及加工制造服务的水平，并为行业的高质量持续发展做出示范和积极贡献。

大明联合钢厂、科研院所等，推进"产学研用"一体化，加快实现材料和零部件的国产化替代，协同攻关共同服务了众多国内外重大工程和重点项目。重点项目如下：

（1）2016年，大明重工联合太钢承接了沪东中华4.9万吨全球最大化学品船项目，该船采用的双相不锈钢材料由太钢研制并提供，这是太钢双相不锈钢制造技术与产品首次应用于世界顶级化学品船舶制造领域。这次应用于万吨级化学品船，对于国产双相不锈钢材料具有里程碑意义。由于此批化学品船体结构特殊，船板板幅超宽，需要完成纵缝拼接、焊后折弯一次成型等特殊工艺。太钢与大明重工紧密配合，从原料到加工过程的切割、刨边、焊接、折弯再到焊缝射线探伤检测各个环节作出针对性部署，确保了零部件的整体精度，产品的预制加工指标满足了设计要求，赢得了船东和造船企业的认可。

（2）国际热核聚变实验堆（ITER）"人造太阳"计划是当今世界规模最大、影响最深远的国际大科学工程，我国于2006年正式签约加入该计划。作为一直"与制造业共成长"的大明国际，也参与了这一重大项目。2017年初，大明重工就为"人造太阳"真空室预研部件的制造设备提供了重要的配套部件。2018年，大明重工再次配套测试用真空杜瓦部件，还曾配套热核聚变实验堆本体部件等，赢得了科研机构的充分信任。

大明以"品牌"理念打造所加工的产品，从剪切、切割、成型、焊接等多个工艺推出自己的企业标准和行业配套标准，让"货真价实""多、快、好、省"的烙印打在客户心里，探索出了一条加工企业品牌塑造和推广的道路。另外，专业化生产的扁钢、管板、封头、钣金、冷作件等产品也受到众多行业客户的欢迎，逐渐成为特色化的大明品牌产品。

五、品牌产品与应用

大明"一站式"钢铁加工制造服务新模式的内涵、意义和能力，并提出构建钢铁产业利益共同体、打造优质生态链的建议，受到行业代表的一致认同。大明重工倾力打造的"一站式"制造新模式，有效贯穿起了"钢厂—制造厂—工程公司—业主"完整的产业链条，促进了产业链"你中有我、我中有你"的深度融合，为"后钢铁"时代的发展探索出了一条道路。

大明的配套服务模式为我国的"大国重器"项目、装备大型化、国产化替代项目、"一带一路"项目，推动实现"碳中和、碳达峰"目标等作出了自己的贡献。

目前，大明服务的领域已经涵盖石油化工领域，为美国UOP、FLUOR工程公司、日本东洋工程公司设计制造石油化工压力容器；为中石化、恒力石化、盛虹石化、浙江石化、万华化学、恒逸石化、卫星石化、百宏石化等提供大型反应器、塔器等配套，为大型压力容器企业提供超大直径及超厚度管板的加工配套；为大型罐体预制大型工程项目预制，协助宝钢、兴澄特钢、南钢、日铁制钢等钢厂为多处LNG基地储罐提供了钢板预制配套服务；为化工、储油、冶金、矿山、纸浆、粮食储仓、食品饮料等项目进行罐体预制配套服务；以及为环保及工业气体设备进行加工配套等。

大明还与宝武集团、浦项（张家港）、广西北港新材料、酒钢、甬金等主流的不锈钢厂，三井、阪和等国际商社，以及GE、西门子、福伊特、安德里茨、奥图泰、维美德、中石油、中石化、一重、二重、中船、徐工、中集等下游企业建立了战略合作伙伴关系，与 Wood 工程、东洋工程、福陆工程、惠生工程、东华工程、中化建、中交建、中核建等设计院和工程单位建立了紧密合作关系，与哈工大、东北大学、中国矿大等高校建立了产学研深入合作关系。

六、未来发展规划

未来，大明将以全球化视野，进一步深耕客户需求，以技术创新引领，继续深入推进信息化、自动化、智能化制造和网络化服务，在中国制造业密集地区和沿江地区不断完善网络布局，深入行业细分领域，提升零部件、制造配套技术与品质，增强服务能力。为加速实现"国际领先的制造业配套企业"的战略目标注入澎湃动能，与员工、股东、社会共创、共享，与制造业共成长。

大明将不断深耕产业链，加强与下游各行业企业的深度合作，在中国制造业密集地区不断完善网络布局，提升零部件、制造配套技术与品质，增强服务能力。坚持"以客户为中心"，大明不断创新服务模式，强化领先技术，完善管理机制，赋能客户，推进产业发展新模式及产业链现代化。

大明集团信息化建设将致力打造钢铁供应链数字化全流程服务，夯实信息系统基础应用，深化供应链协同模式，试点工业物联网应用，探索数字化增值场景，以数字科技手段为客户创造更多价值，助力中国制造业向高端化迈进，与制造业共享、共创、共成长。

七、创新创业人物

1988 年，沐浴着改革开放的春风，大明的前身——一家不锈钢供销经营部在当时的无锡前洲镇印桥村成立了。在创始人周克明的带领下，经过 30 多年的发展，小小的经营部成长为一家年销售额突破 350 亿元，多年位列中国制造业企业 500 强和中国上市企业 500 强的集团化企业。

刚成立的大明，在工商业氛围浓厚、乡镇企业发达的无锡地区并不起眼，如何实现生存、壮大和发展，这是企业创始人一直在思考的事。经过分析判断，周克明确立了以不锈钢贸易的主业，搭乘着中国经济快速增长的快车，瞄准客户需求，抢抓市场机遇，获得快速发展，企业规模不断扩大。

30 多年的发展历程中，大明始终立足于钢铁行业，秉承着创始人"专心、专注、专业"的精神，创新模式，不断助力制造业转型升级。

大明积极顺应制造业转型升级发展趋势，打造出"钢厂—加工中心—制造工厂"制造新模式，凭借技术创新竞争优势，为下游企业提供材料加工、制造配套的"一站式"解决方案，以及"高品质、快交期、成本优化"的服务。

作为企业创始人和领导人，周克明的个人精神也开始外化为企业精神，大明以"秉持钢性，固本发展，尽职尽责，追求卓越"为企业精神，正是凭借着专心、专业和专注，成就了如今的行业地位，实现了与中国制造业共成长，书写了中国不锈钢流通及加工行业的一段华彩篇章。

浙江元通不锈钢有限公司

一、企业发展历程

（一）企业简介

浙江元通不锈钢有限公司（以下简称"元通不锈钢"）隶属于"世界500强企业"物产中大集团股份有限公司旗下重要成员企业物产中大元通实业集团有限公司，是一家专业从事不锈钢原材料加工贸易的企业，是山西太钢不锈钢股份有限公司（以下简称"山西太钢不锈"）核心配套服务商，中国特钢协会不锈钢分会副会长单位（贸易企业唯二之一），年销售规模超50万吨，已成长为浙江省内不锈钢贸易加工服务龙头企业，主营400系、300系、200系不锈钢材料及矿产炉料、优特钢产品。

公司于2014年11月入驻浙江省杭州市临平区物产中大实业园区，现具有2000平方米的现代化办公管理场地，14000平方米的配套加工中心，拥有整卷油磨机、平板油磨机、800开平机、停剪机、分条机等设备，其中油磨加工技术在行业内具有较高的美誉度。公司通过过硬的生产技术、严格的现场管理和良好的企业氛围，于2011年获得由浙江省安全监督管理局颁发的"二级企业"称号。2013年，通过ISO 9001：2008质量体系认证，多项技术取得国家实用新型和发明专利，且长期为方太厨具、西奥电梯、老板电器、美的电器、银都餐饮、浙江石化等知名企业提供加工配供服务。

元通不锈钢始终秉承"诚信经营、价值服务、合作共赢"的经营理念，将产品定位为载体、将服务定位为产品，以客户需求为导向、以服务品质为依托，优化供应链、延伸产业链、提升价值链，立志将公司打造成为国内一流、国际知名的不锈钢集成供应服务领先者。

（二）历史沿革

元通不锈钢最早涉足不锈钢起源于1991年初，主要以经营不锈钢板、管、元、丝等产品为主。1998年，成为山西太钢不锈在浙江地区的特约经销商，开启了与山西太钢不锈长达20多年的合作，一直保持至今。2005年，正式改制成立浙江元通不锈钢有限公司，注册资金1000万元，员工仅30多人，其中国有占股70%，自然人占股30%，兼具国有企业的实力及民营企业的灵活，踏上了公司化发展的快速通道。2006年，元通不锈钢成立加工中心，是最早介入终端个性化加工服务的企业之一，开始大力推进下游终端企业的开发，加工中心的设立改变了传统贸易的经营业态，形成了集加工、配送、销售、服务四位一体的营销模式。2012年，开始涉足国际业务，将产品远销至韩国、越南、土耳其和东欧等数十个国家及地区。2017 年，开始涉足工程项目配供，为石化领域提供不锈钢卷、板、管的一站式配供服务。至此，形成了"供应集成、工程配供、国际业务、终端配供"等四大核心业务板块，开启了年复合增长率超 25% 的快速发展，目前元通不锈钢已经下辖四家成员企业，分布在杭州、嵊州、无锡、昆山等地，注册资金已达 7000 万元，员工近 200 人，发展势头强劲。

二、产品服务能力与工艺装备

（一）专业的服务能力

元通不锈钢以产品为依托，长期致力于为下游客户提供集中采购、个性加工、仓储物流、配套金融等系列个性化服务，以解决行业痛点为先导，多年来，元通不锈钢依托山西太钢不锈的产品资源，通过技术与营销的优势互补，有效配合山西太钢不锈进行了下游市场的拓展。通过元通不锈钢的作用发挥，一是将上游产品配送到下游诸多领域，如材料、厨电、电梯、空分、石化、机械设备、环保、水务等，为钢厂品牌知名度的提升发挥了应有的作用，也提升了自身在产品配供方面的综合服务能力；二是切实想客户之所想，以合作共赢的思维，切实为客户提供产品与服务的解决方案，如集约化采购、厂库前移，家门口一站式仓储配供服务等的提供，从客户角度考虑为其降本的同时，也进一步锻造了公司配供服务的核心优势。经过多年的经营，400 系列产品经营规模、出口规模均已在华东区域贸易企业中位列前茅。未来，元通不锈钢将继续发挥产品配供的专业服务能力与优势，布局新区域、新品种，创新新模式，为客户带来更多的价值服务。

（二）加工装备及加工能力

2006 年，元通不锈钢开始投建加工中心，先后投资上线了冷轧飞剪线，纵剪分条机、冷轧停剪横切机、表面研磨机（平板磨）、冷轧飞剪横切机、整卷油磨机等近 10 条生产线，配备了年 10 万吨的加工能力，已连续五年通过老板电器、西奥电梯等客户的核心供应商年度 SGS/BV 审核，被列入这些客户的合格供方名单，多次获评优质供应商称号。同时，在此期间以"李卫诚技能大师工作室"为依托，元通不锈钢配备了专门的场地及研发费用支持，针对加工暴露出来的问题，进行了系列专项的技改攻关，截至目前共计取得"去锐边工装""整卷不锈钢带油磨超薄板""油磨表面色差祛除研发技术""不锈钢板去毛刺装置""切削液循环处理装置""超薄板磨砂设备"等 2 项发明专利及 15 项实用新型专利，其中油磨表面加工技术行业领先，在业内享有较高美誉度，也填补了行业超薄板油磨技术的空白，为终端客户的开拓奠定了坚实的技术及加工服务基础。2020 年 12 月，承载加工服务的全资子公司——浙江元畅不锈钢科技有限公司也因此荣获"国家高新技术企业"资质。2020 年，元通不锈钢还获批成为行业内首个"剪切工"工种自主职业等级鉴定的单位，可以进行初、中级"剪切工"工种的职业等级鉴定，为技术型产业工人队伍的培养提供了更多的可能，为技改研发提供了更多的人力支持。

三、品牌产品与应用

（一）主要产品种类

元通不锈钢主营400系、300系、200系不锈钢卷、板、管等材料、矿产炉料及优特钢产品。

（二）产品市场应用情况

1. 建筑装饰行业

元通不锈钢在建筑装饰领域目前主要涉足了电梯行业，从最初奥的斯的合作开始，元通不锈钢精耕电梯领域十余年，其中对元通不锈钢来讲，最具有历史意义的是，配合山西太钢不锈400系新品种的研发，进行了有效的市场推广，将443成功推广到了电梯领域，掀起了当时主要以304为主材的电梯领域用材切换浪潮，为行业的发展做出了一定的贡献。十多年来，元通不锈钢一直致力于为电梯领域客户提供电梯轿厢、轿臂等材料的剪切及表面油磨加工服务，经验丰富，品质过硬。

2. 厨电行业

厨电行业是继电梯领域，元通不锈钢涉足最多的终端领域，与业内诸多行业大咖客户（如方太厨具、老板电器、美的集团）建立了配供合作。长期为厨电领域客户提供灶具、油烟机、洗碗机、蒸箱、咖啡壶等产品（包含但不仅限于）部件、面板原材料的剪切、表面处理，仓储、配送等系列个性化服务。全品类产品的集采服务、过硬的加工品质、"美团外卖式"的售后响应速度，仓储物流的配套服务，为厨电领域的客户提供了可供菜单式选择的个性化服务，坚持长期主义，始终践行为客户创造价值的初心。

3. 石化工程领域

2017年，元通不锈钢开始涉足工程项目，借助石化行业基建兴起的东风及山西太钢不锈的鼎力支持，聚焦石化行业集中力量进行了大型工程客户的开发，浙江石化投资建设的"4000万吨/年炼化一体化绿色石化基地项目"是元通不锈钢石化领域项目配供的典型案例，也为石化行业的开发奠定了良好的基础。随着三年多时间的发展，公司先后为浙江石化、卫星石化、大连逸盛大化、万华化学等诸多石化领域大型工程提供储罐、换热器、反应釜等设备所需卷、板、管等原材料的配供服务。配供业务已经遍布浙江省内外诸多地区，元通不锈钢在石化工程配供领域积累了丰厚的经验，也逐渐崭露头角。

四、企业发展目标

集成服务与定制加工互促、现货销售与期货对冲互补，国内市场与国际市场并行，成为具有鲜明品牌影响力的不锈钢产业集成服务领导者，力争"十四五"规划期末，实现"双百"目标，即达成销售实物量100万吨，实现营业收入100亿元。

五、创新创业人物

王开明，元通不锈钢创始人，曾任元通不锈钢公司总经理、董事长，从事不锈钢行业近 30 年。2009 年，元通不锈钢面临生死存亡的关键时刻，是继续做擅长的 300 系还是转型去做陌生的 400 系是一个难题。元通不锈钢开始做不锈钢的时候，几乎没有 400 系，只有 300 系，因此转型意味着去走完全未知的路子。经过深思熟虑，王开明带领元通不锈钢与太钢合作转型做 400 系列。在做 400 系列的过程当中，开发了做汽车排气管的客户，建立了与浙江甬金的合作等，最终转型成功。目前，元通不锈钢已经做到了年销量 50 多万吨，400 系列占比 70% 左右。山重水复疑无路，柳暗花明又一村！

郑光良，曾任元通不锈钢公司总经理、董事长，现任元通不锈钢母公司——浙江中大元通实业有限公司总经理。2007 年，太钢新研发了超纯铁素体 443 材料，这个品种不含镍，较当时流行的 304 不锈钢成本低很多，且耐腐蚀性能也非常好，非常适合在装饰、电梯行业应用，但由于是新研发出来的产品，还没有找到合适的应用场景。郑光良与时任太钢副总的张志方一同去拜访杭州西子奥的斯（电梯行业的龙头企业，世界知名品牌）负责采购的虞衡，成功推广超纯铁素体 443 材料在电梯产业上的应用。彼时，虞衡还很有顾虑，担心将 304 产品替换 443 后会产生很多的不确定性，尤其是品质方面，郑光良保证元通不锈钢会承担使用 443 材料产生的任何损失。经过交流，郑光良一心"为客户创造价值"的理念打动了对方。后续经过一系列的试样工作，包括耐腐蚀、力学性能测试等，一个季度后，443 材料成功应用在了电梯产业上，并在当时的奥的斯全球创新评选中获得了金奖。这次合作为电梯行业带来了革命性的创新，截至目前，电梯行业面板已经全部使用 443 材料，一年使用量超过了 30 多万吨，每吨节省成本最少 2000 元。郑光良认为从事贸易行业也需要时刻创新，推广新材料应用，同时要秉持"坚持为客户创造价值"的理念，才能真正将企业做大做强，为不锈钢产业发展作出贡献。

杨哲昕，元通不锈钢现任总经理，2000 年入行，至今已从事了 20 多年的不锈钢相关工作，他非常喜欢这个行业，认为不锈钢是一个比较有挑战的一个行业。杨哲昕认为，企业经营要立足行业，不断拓展边界抵御风险。元通不锈钢经过这些年的发展，已经转型成为根基扎实，手里有很多忠实客户的企业。元通不锈钢 2012 年转型，成立国际业务部（中国的钢材物美价廉，走出国门是一个必然的过程），将不锈钢出口定位为未来的发展方向之一，通过几年的努力，在 2015—2016 年逐渐成形，通过本地化的招聘、中信保的金融服务，在国外发展了一批忠实的客户，在 2020 年全球疫情的背景下，出口量不降反增，增幅达到 30% 以上，月均出口规模近 5000 吨。2017 年元通不锈钢看准了国家石油战略转型的风口，大量石化项目上马，成立了工程业务部，不断服务华东地区的大型项目，在这服务的过程中，原来的储罐产品使用较多的是复合板这些相对低端的材料，通过元通不锈钢的推广，材料逐渐转换到不锈钢材料。经过努力，在工程项目领域上也取得了一些业绩，2020 年的配供量超 3 万吨，在华东地区打响了元通不锈钢的知名度。杨哲昕认为作为不锈钢经营企业：一是要立足本身，发展一些优质高端的客户，做好本职的服务工作；二是要随着行业的变化，不断拓展自身的业务边界，不断开拓业务范围，从而抵御行业周期带来的风险。不锈钢行业波动剧烈，一定要有新的触角伸出去拓展业务边界，提升盈利能力，抵御跌价和价格波动的风险。

无锡市不锈钢电子交易中心

一、企业简介

在我国不锈钢行业快速发展的历程中，不锈钢生产与消费出现不均衡，市场价格时常急涨急跌，给国内生产企业和下游消费者带来极大的不确定性与风险。国内生产企业所需的主要炼钢原料更是绝大多数需要进口，导致我国的钢铁产品定价权缺失，受制于人已成为现实。2020 年在新冠肺炎疫情的影响下，中国多产品进口受到威胁，原料进口甚至已提升至国家安全层面。在此背景下，中国作为全球最大的不锈钢生产与消费国，第三方的交易平台，作为供需双方的参考结算依据尤为重要。同时，随着钢铁与大宗产品买卖量的剧增，线下业务走到线上也是大势所趋。无锡市不锈钢电子交易中心（简称"无锡不锈钢"）正是在传统商品市场发展起来的大宗商品产业互联网平台。

无锡市不锈钢电子交易中心成立于 2006 年，十四年来以年均 20% 以上的速度持续、快速增长，逐步成为具有国际影响力且服务实体经济成效显著的全国民营企业 500 强和中国互联网百强企业，是国内大宗商品交易市场与现代供应链的标杆企业，现任董事长兼总裁郁晓春也成为产业互联网领域的领军人物。无锡不锈钢的电解镍、钴、铟的货物交收量占国内消费量的 40% 以上，其平台上形成的电解镍、钴等价格已经取得了国际认可的定价权。

无锡不锈钢先后获得商务部百家百亿重点联系市场、工信部电子商务集成创新试点工程项目、江苏省工业和信息产业转型升级专项支持、江苏省 2017—2018 年度电子商务示范企业、智慧江苏建设重点示范工程、江苏省互联网平台经济"百千万工程"重点企业、江苏省级商务发展专项资金项目支持等国家、省、市级的荣誉几十项。

二、主要业绩

（一）服务实体经济

无锡不锈钢始终坚持为实体经济服务的宗旨，积累了全国近 3 万家产业客户，如金川集团、新鑫矿业、江西铜业、荷兰托克贸易、瑞士摩科瑞、加拿大矿业集团、五矿、诚通、上海物贸、方正集团、厦门国贸、宝武（太钢）不锈钢、浦项不锈钢、酒钢宏兴、东方特钢、青山集团、北部湾新材料、佛山诚德、德龙镍业、泰山钢铁、苏泊尔电器、美的、海尔、小天鹅、海门森达、威孚集团，以及期货公司的现货子公司，如广发商贸、南华资本、永安资本、渤海融幸、华泰长城、国泰君安等。

2020 年初全球新冠肺炎疫情爆发，影响到不锈钢及其他产品现货市场的正常交易，而无锡不锈钢率先打通渠道，有力保障了上下游企业的正常交易。面对疫情，国家相继出台各项政策，提倡促进和带动行业快速复苏，企业复工复产。中国物流与采购联合会与国务院办公厅电子政务办组建的大数据联合分析团队，为行业复苏企业复工复产保驾护航，无锡不锈钢作为新型交易模式的引领者，为大数据联合分析团队提供有力数据支撑，并很好地完成了国家交付的工作，上交国家有关部门，得到了政府相关领导的赞扬。

无锡不锈钢以服务实体经济为核心，向产业链上下游拓展服务，实现商产融合，构建了商流、物流、资金流、信息流四流合一的一体化服务体系，是实现产业协同、供销匹配、综合服务的大宗商品产业互联网平台。2020 年再次被评为全国工商联中国民营企业 500 强、中企联中国服务业企业 500 强、工信部"中国互联网百强企业"。同时 2020 年无锡市首届互联网大会召开，无锡市不锈钢电子交易中心应邀出席，并入选"2020 年度无锡互联网名企汇榜单"。

（二）推动现货贸易形式的转型升级

通过无锡不锈钢平台线上交易、交收，已经成为现货贸易的重要形式，平台简化了贸易流程、提升了贸易效率。同时，随着贸易模式的转变，也促使众多中小贸易企业从贸易型逐步向加工型和服务型的转变，传统行业向平台化、数字化一步步迈进。通过无锡不锈钢平台进行交收的不锈钢货物量占国内 300 系消费量的 5%，电解镍、钴、铟的货物交收量占国内消费量的 1/3 左右。无锡不锈钢已成为全球最大的镍、钴、铟和不锈钢现货电子交易市场。

（三）平台价格成为现货贸易的基准价格，具有国际认可的定价权

无锡不锈钢平台价格已成为国内电解镍、电解钴的定价依据，现货市场已经形成以参考无锡不锈钢平台价格进行升贴水报价的贸易模式。无锡不锈钢平台交易价格被央视财经频道、汤森路透采集，伦敦金属交易所、芝加哥商品交易所计划增加以无锡不锈钢平台价格作为结算价的镍和钴指数合约。

在 2019 年 5 月 7 日伦敦金属交易所亚洲年会上，港交所和无锡不锈钢签订了合作备忘录，港交所的"商品通"计划以无锡不锈钢的价格在国际市场推出"中国镍""中国不锈钢""中国钴"的指数交易，并以无锡不锈钢的价格结算交割，同时约定无锡不锈钢与港交所、伦敦金属交易所在衍生品业务、新品种研发等多方面开展合作，并建立了长效的沟通与合作机制，开辟了中国金属价格走向国际化的新路径。

（四）建立覆盖全国的配套服务体系，提供一体化综合服务

无锡不锈钢产业企业客户覆盖全国 32 个省市、2 个特别行政区，在全国 4 个主要贸易集散地区共设立了 26 个交收仓库，交收库容约 100 万平方米，为所有产业客户提供公共库存，同时与全国 50 余家物流配送企业达成合作。无锡不锈钢为上下游客户提供交易、结算、仓储、质检、融资、资讯和大数据服务等供应链一体化综合服务，资源整合能力强。

（五）线上交易带动线下贸易，线上商流带动线下物流，促进产业融合

无锡不锈钢通过综合服务提供和生态圈打造，改变了传统的行业贸易流通模式，与产业客户建立了更加紧密的合作关系，线上交易带动线下贸易，线上商流带动线下物流，促进产业融合，为客户提供一体化现代供应链解决方案。

无锡不锈钢通过基准价+升贴水报价、点价、月均价等方式为客户提供个性化的现货贸易结算方案；不锈钢及镍等产品的生产厂家直接把产品明细发布到平台，下游贸易商和生产企业直接通过平台进行采购，不仅提高了流通效率，而且节约了流通成本；通过对数据的分析评估和趋势判断，为不锈钢上下游企业量身定制供应链流程优化方案，提高流通效率，实现零库存生产；通过平台汇总的品牌、价格、使用地等信息，形成厂家的生产订单，厂家实现按需生产，提高了不锈钢产业上下游的协同水平，提高供应链柔性，提高了厂家的供应效率，减少了生产不确定性和长鞭效应影响；平台的流通库存规格型号齐全、货源充足，大大减少了贸易商的自备库存，形成了"共享库存"，减少了社会整体库存，提高了现货效率、减少了贸易风险；平台对交收货物提供入库检验和售后质量跟踪服务，发生质量问题后，用户不用直接面对电钻厂家而是由平台直接面向用户解决问题，解决了用户特别是中小用户及时、妥善、合理解决质量问题的需要，提升了用户体验，赢得了用户信任，同时也减轻了厂家的售后服务压力，使得用户、厂家、平台实现共赢。

无锡不锈钢线上申报系统内有每日的卖方、买方需求明细，买卖双方可通过"应邀"操作实现需求匹配，展现价格公开透明、信用风险低等优势，同时供需方的升贴水波动也对现货贸易有指导性作用。

无锡不锈钢提供的是针对特定行业的精准化、个性化服务，重点解决一个月以内的现货订货及贸易需求。因此无锡不锈钢对期货市场的服务范围和功能起到了有效的补充。无锡不锈钢有效连接期货、现货市场，辅助期货市场满足产业链上下游企业的个性化需求，同时发挥了稳定价格、抑制金融风险，促进金融产品对接实体经济的功能。无锡不锈钢形成的经验也被交易所借鉴。

当前，中国网民规模达9.4亿人，中国的互联网基础设施建设、网民数量及产业规模已远超欧美，互联网让中国在诸多领域实现了"弯道超车"。5G网络的发展与应用，以及消费互联网前端积累的海量数据，将更好地赋能传统产业，推动产业互联网的发展。对于无锡市不锈钢电子交易中心来说，利用产业互联，势必将为传统实体产业更好地发展添砖加瓦，数字化、平台化也将是钢铁行业发展的必然。

浙江久立特材科技股份有限公司

一、企业简介

浙江久立特材科技股份有限公司（以下简称"久立特材"）创建于1987年，是一家专业致力于工业用耐蚀耐温耐压不锈钢及特种合金材料、管制品（管道、双金属复合管、管配件）等系列产品研发与生产的上市企业，2009年在深交所挂牌上市。久立特材位于湖州市，下辖两个制造基地——吴兴园区和镇西园区。这两大园区紧靠申嘉湖杭、申苏浙皖两条高速公路入口处，交通十分便利，陆路、水路交通发达。

久立特材现为中国产学研创新示范企业、全国制造业单项冠军示范企业、工信部"绿色工厂"、国家技术创新示范企业、国家知识产权示范企业、中国民营制造500强企业、国家重点扶持高新技术企业、国家两化融合管理体系贯标试点企业、浙江省高端装备制造业龙头企业、浙江省首批"雄鹰行动"培育企业（母公司）等。

久立特材始终致力于为全球工业提供高性能材料，产品覆盖无缝钢管和焊接钢管两大系列，以及管配件和法兰等近千个品种，尺寸多样、规格齐全。无缝钢管生产采用世界先进的热挤压工艺，并结合热穿孔、冷轧/冷拔工艺联合成型技术，一跃成为世界上为数不多的采用先进挤压工艺生产不锈钢无缝钢管的企业之一。同时，焊接钢管通过小口径、中口径和大口径三种类型协同发展，极大地满足了客户多样化、全方面应用需求。目前，产品材料覆盖（超级）奥氏体、（超级）双相钢、镍基合金、（超纯）铁素体、马氏体、钛、锆等。广泛应用于航空航天、核能、电力、化工、环保、海洋工程等高端领域及其装备制造业。管道产销量已连续十二年居国内同行业首位。

二、发展历史

久立特材从1987年最初的四间简易厂房和六间辅助工序油毛毡棚屋到如今总占地面积1800余亩，建筑面积超40万平方米的现代化厂房，从1988年投入第一条冷拔机、1997年第一台冷轧机投产到现在的国际一流的产业化中试条件，这一切均得益于久立将装备水平和技术质量水平瞄准国际最新发展趋势，对淘汰落后的不锈钢无缝钢管和焊接钢管生产线进行大规模技术改造，先后从发达国家引进现代化生产线，并结合中国国情在消化吸收的基础上再创新，同时组建高层次人才研发团队进行重点技术攻关，自主创新和自我发展成就了如今强有力的核心竞争力。

三、工艺装备及创新成果

(一) 工艺及装备

久立特材不锈钢及特种合金无缝钢管的生产从最初的单一热穿孔+冷轧/冷拔工艺发展至如今的采用热挤压/热穿孔+冷轧/冷拔工艺联合技术,甚至部分不锈钢管可以直接热挤压成品的先进生产工艺,接轨世界先进水平。目前,久立特材是世界上为数不多的采用先进挤压工艺生产不锈钢无缝钢管的企业之一。

不锈钢及特种合金焊接钢管从单一生产小口径焊管扩展到小口径、中口径和大口径三种类型焊接钢管协同发展,满足客户多样化、全方面应用需求。目前,大、中、小型不锈钢焊管的生产工艺技术主要紧紧围绕焊管的成型技术及焊接技术两方面展开,不锈钢管焊接方法也从自动氩弧焊升级到氩弧焊、埋弧焊、等离子焊和激光焊等各种先进焊接方法同步发展、相互结合,通过几种焊接方法组合,形成新的焊接工艺,研究开发出各种成型工艺和焊接技术的不同组合。

久立特材始终致力于先进工艺、技术的自主研发,通过引进行业领军人才、形成强有力的创新团队,攻克一个又一个的技术难题,已形成具有自主知识产权的重点先进工艺技术成果。

(1) 特殊合金焊接管技术。以进一步提高成型工艺和焊接工艺技术为中心,重点突破了以 UOE、JCOE 等先进成型方式制造超厚壁的高压用途焊接管的厚壁管成型技术以及激光焊、组合焊等先进焊接技术。

(2) 热处理工艺技术。通过对热处理温度、速度、冷却速率工艺参数的调整等,提高了不锈钢管和特殊金属管材的热处理工艺和精整工艺,既保证产品特性满足使用条件的要求,又达到节能减排目标,为成为资源节约型和环境友好型企业提供支撑。

(3) 采用先进复合加热等温热挤压技术。对于超级双相钢,镍基合金等难变形合金和异型材,主要采用热挤压技术,获得内在性能均匀、外观质优的高质量产品。

(4) 酸洗脱脂清洗工艺。通过对设备和脱脂方法的改进、优化及升级,攻克了长度超过 35 米的钢管脱脂清洗这个世界性难题,形成自主研发、自主设计的超长管脱脂清洗工艺技术。目前,该工艺技术水平为国内首创、世界先进,并已形成自主知识产权。

(5) 高精度超声波探伤检测技术。科研团队通过中间管表面加工技术、冷变形工艺对表面质量控制影响研究,结合超声波探伤样管刻伤技术、探伤方式和工艺的研究,开发出适用于核电用等高端特殊合金管材高精度超声探伤技术,有效探测出深度 0.025 毫米的缺陷,达到国际领先水平,解决了行业高端特殊合金管材探伤检测的技术瓶颈。

(6) 精密数控弯管工艺技术。合理设计弯管模具、优化弯管工艺是保证成品管质量的最后一道关键技术。重点研究弯管工模具选材与设计以及弯管工艺,确定不同弯头半径的弯转角速度和回弹角。久立特材弯管工艺技术已达到国际先进、国内领先水平。

(7) 其他关键创造性技术取得突破。通过重点技术攻关,针对多种核电用关键结构材料的"晶界工程"(GBE)核心技术获得突破;围绕进一步提高成型工艺和焊接工艺技为中心,重点攻克了特殊异型管材的焊接成型技术;通过自主设计自主制造,自动化连线设计与智能化在线表面检测技术集成获得重大突破等。

久立特材将装备水平和技术质量水平瞄准国际最新发展趋势,对淘汰落后的不锈钢无缝钢管和焊接钢管生产线进行大规模技术改造,先后从发达国家引进现代化生产线,并结合中国国情消化吸收再创新,进行配套完善,从而实现了装备与国际先进水平接轨,一跃成为国内工业用不锈钢管装备水平最先进的企业。

目前,久立特材拥有国际一流的技术装备水平,拥有国内最先进、最齐全的特殊合金管材制造装备——全自动热挤压机组、长行程高速数控冷轧管机、FFX 柔性成型数控全自动连续焊管机组、保护气氛热处理炉、真空热处理炉、组合式高精度数控弯管机、特殊异型管材自动成型焊接机组、35 兆牛快速锻压机、18 兆牛径向锻压机等各类国际先进装备300 余台(套),建有多条专业化生产线,包括热挤压、大口径厚壁 JCO 成型和核电蒸汽发生器用 U 形传热管全自动生产线,绿色酸洗生产线及国内首条数字化智能制造不锈钢换热管与 C 形管流水线、换热管"数字工厂"和智能立体仓库等,装备数控化率达到国际一流水平;并建有以 SAP、MES 为核心的信息管理平台,以及各种嵌入式软件、PLC、DSC 系统支撑自动化装备实现全流程的无缝连接和精益控制,同时创建开发运维一体的数字化平台,推动数字化转型,打造智慧园区、数字化工厂。为工业用各种断面复杂、变形难的耐蚀合金、高温合金、钛合金和不锈钢等特殊合金管材提供研发及生产,为工业管道系统提供安全可靠和高性能、耐蚀、耐压、耐高温的不锈钢管和特殊合金材料的一站式解决方案。

(二) 创新成果

1. 技术创新成果

久立特材不断调整、优化产品结构,提升产品品质,使产品类别遵循"长特优、高精尖"的战略指导思想进行规划,推动高附加值产品的进一步协调发展。承担并完成了国家级各类专项 9 项、省级各类专项 7 项(其中省重大科技计划专项 3 项),成功开发了 100多项新产品、新技术,其中有 40 余项新产品通过省、部级鉴定。

由久立特材主导研发、生产的各种不锈钢高端管材被相继评为安徽省科学技术奖一等奖、浙江省科技进步奖二等奖、中国核能行业协会科学技术奖一等奖、中国民营科技发展贡献奖二等奖等奖项。生产出的不锈钢管及配套产品在核电、油气、海洋工程、航空航天等国家重大工程项目中得到广泛应用,实现了国产化,为我国工业的多元化发展提供了重要保障。

(1) 核电蒸汽发生器用 800 合金 U 形传热管。久立特材自主设计和研发的核电蒸汽发生器 800 合金 U 形传热管,产品性能达到国际先进水平,部分性能指标优于国外同类产品,成为我国首个掌握该技术的企业。目前,该产品已成功用于援外核电机组项目。该产品的成功研制,填补了国内空白,其专利成果获第十八届中国专利优秀奖。

(2) 第三代核电站蒸汽发生器用 690 镍基合金 U 形传热管。久立特材采用具有自主知识产权的先进管材加工制造技术,成功研制出满足第三代核电技术标准的蒸汽发生器用

690U 形传热管，产品各项性能指标达到国际先进水平，产品已成功替代进口，实现产业化。目前该产品已成功用于 CAP、华龙示范工程项目，对保障国家能源安全发挥了重大作用。2019 年，该产品成果获中国核能行业协会科学技术奖一等奖。

（3）核聚变实验堆（ITER）用 PF/TF 导管。久立特材研发的核聚变实验堆（ITER）用 PF/TF 导管，通过了新产品鉴定，打破了国外对此领域的垄断地位，特别是 4.2K 超低温伸长率处于国际领先水平。久立特材是国内唯一的核聚变装置用 PF/TF 导管的供应商，彰显了其在行业内的领先地位。

（4）油气输送用耐蚀合金油井管。久立特材通过自主研发，成功研制了高端耐蚀合金油井管产品，特别是双金属复合管材，成为国内第一家具备油气开采用高端耐蚀合金管材生产能力的企业，2019 年荣获中国产学研合作创新成果奖。产品技术指标和工艺技术均达到国际先进水平，产品已应用于国内各油气田项目，对于满足我国油气田的开发要求、降低开发成本、确保开发安全、提升中国石油专用管的制造水平提供了有力支撑。

（5）先进超超临界电站用无缝管。材料一直是我国 700℃ 超超临界机组自主研发的制约因素，久立特材通过自主研发、联合开发等方式对多种适用于先进超超临界的 Ni-Cr-Co 高温合金无缝管进行了研发生产。产品具有高的组织稳定性及良好的高温持久性能，通过了省级工业新产品（新技术）鉴定，相关技术处于国际先进水平。

2. 知识产权成果

久立特材是国家知识产权示范企业，现已申请专利 180 余项，其中发明专利 80 余项。有效授权专利 120 余项。三项发明专利荣获中国专利优秀奖，一项发明专利获浙江省专利优秀奖。

在保持现有产品标准体系的基础上，久立特材始终与国际先进标准体系保持一致，甚至高于国际标准。截至目前，由久立特材主持、参与起草的国家、行业、团体标准共计 50 余项，其中国家标准 36 项、行业标准 5 项、团体标准 7 项、外文版标准 3 项。同时，在各大期刊、杂志上共计发表论文 140 余项。

久立特材拥有国家级企业技术中心、CNAS 认可国家钢铁实验室、国家级博士后工作站和省级重点企业研究院、浙江省工程技术研究中心（重点实验室）、浙江省级院士专家工作站，以及海外腐蚀与完整性中心、材料技术创新中心、金属材料研究院等科研平台。

此外，经过 30 多年的发展，已陆续成功完成开发液化天然气（LNG）输送管、特殊合金传热管、精密仪表管等 16 项具有自主知识产权的高端特殊合金管材产品，实现了国产化，在一批国内、国际重大工程中得到应用，产品替代进口，同时产品还成功应用于炼油一体化工程、西气东输等上百个国家和中外合资重点项目，填补了国内空白，并出口到欧美、中东、亚洲 70 多个国家和地区。不但为我国节约大量外汇，而且为我国的能源装备安全提供了安全保障，同时极大地提升了我国高端不锈钢管和特种合金管材的国际竞争力，带动行业实现了产能输出，为推动产业升级作出了贡献。

四、企业发展规划

30 多年来，久立特材一直坚持以企业文化为引领，推动各方面发展，一手抓发展，一手抓文化建设，使久立特材始终保持健康、可持续发展态势。久立特材不断坚持"艰苦创业、以质取胜、以信为本"的企业精神和"服务用户、贡献社会、发展自己"的经营理念，以"智能制造、绿色制造"为手段，贯彻创新、协调、绿色、开放、共享的发展理念，不断推动转型升级，为全球工业提供高性能材料，不断提升创新能力和研发实力，为持续的高质量高水平的发展提供强有力的支撑。

久立特材将紧跟国家发展政策，结合打造国际一流品牌的战略目标，围绕公司"十四五"发展战略规划的总体部署，以促进核心关键技术产业化、发展先进节能环保技术和工艺为目标，紧紧围绕核电、航空航天、新能源、油气、海洋等领域不断提升的市场需求，充分利用现有资源、优化产品结构、加大创新研发力度，开展重大技术和重要产品研发，积极承担国家、省、市重大科学、技术与工程项目任务，并将技术创新成果转化为公司自主知识产权，推动知识产权升级，加大国际市场推广力度，形成持续创新和运营能力，提升国际品牌影响力，打造公司持续竞争力。

五、创新创业人物

周志江，1950年10月出生于湖州市南浔区双林镇，中共党员，现任久立集团股份有限公司董事会主席，先后荣获全国优秀乡镇企业董事长、全国钢铁工业劳动模范、浙江省优秀社会主义建设者、浙江省优秀共产党员浙江省杰出民营企业家、浙商社会责任奖、2017湖商发展大会银杏奖等荣誉。

1987年，创业伊始，面临诸多创业艰辛，启动资金不足、镇上交通不便、人才匮乏，周志江四处筹得145万元创立了湖州金属型材厂（久立前身），将该厂定位于生产不锈钢管和耐火电缆。20世纪末，面临已经盈利的耐火电缆厂和发展前景看好，但需要大量资金支持的不锈钢管产业之间的艰难抉择，周志江经过反复思量，在2003年，决定"以退为进"，卖掉了正在盈利的耐火电缆厂，专心搞他的不锈钢管事业。同时，国内尚未有成功案例的情况下，周志江力排众议，于2004年引入挤压机，并投入数亿元，建设3500吨钢挤压机项目。周志江做出的集团产业大调整，让久立能够沉下心来专注于不锈钢管事业，使久立的不锈钢管事业迈向高端、前沿的市场需求方向，逐步涉入核电和航空航天领域，目前应用在我国第一个援外国产化项目上的产品就来源于久立。

2009年久立特材登陆中小板，走进资本市场，在周志江看来，久立的上市不是目的，而是又一个新的起点，坚定不移发展自己，不负社会。34年来，久立从一家名不见经传的乡镇企业逐步成长为不锈钢管制造业的领航企业、同行业中的佼佼者，一切成绩的取得都离不开周志江的英明决策和正确领导。如今，在"一带一路"倡议的大力推动下，久立产品逐渐在国际舞台上大放光彩，各类国际级项目都有久立的身影。全球排名前十五的巨头集团，都已成为久立长期合作的友好伙伴。事实上，"久立"早已是国际上知名的不锈钢管品牌，实至名归！

展望未来，周志江认为久立作为战略性新兴产业——新材料的研发和生产企业，要继续坚持走"专、精、特、新"的发展道路，为国家的高质量发展和社会进步作出自己的最大贡献！

江苏武进不锈股份有限公司

一、企业简介

江苏武进不锈股份有限公司（以下简称"武进不锈"）是国内最大的不锈钢和耐蚀合金无缝管、焊管、管件和法兰的制造商之一，是国家高新技术企业、上海主板上市企业。产品广泛应用于石油、化工、核电、火电、海工等领域，是中石化、中石油、中海油等石化企业及各大锅炉厂的优质供方，是浙石化、恒力集团、盛虹炼化的主力供应商，惠生工程（中国）有限公司合格供应商，神华宁煤集团的三星级供应商，以及中核集团、CTCI、Sabic、BHEL、EIL、Sasol、Petrobras、KOC、KNPC 等单位的合格供方。

武进不锈的前身是在 1987 年 2 月 9 日成立的"武进县郑陆不锈钢管厂"，主营业务是不锈钢管；1998 年 12 月，组建焊管业务并成立"江苏武进不锈焊管有限公司"；2001 年 9 月，创建"常州市武进世纪不锈钢管有限公司"；2003 年 10 月，创建"常州天能金属穿孔有限公司"；2006 年，成立集团公司，更名为"江苏武进不锈钢管厂集团有限公司"；2016 年 12 月，武进不锈上海主板上市。LG530、LG720 等冷轧机组、SG406 自动焊管机组、JCO 大口径直缝焊管生产线相继投入使用，武进不锈已具备更加完备的生产能力。

二、工艺装备及技术成果

（一）工艺及装备

武进不锈经过多年的发展建成了具有国际先进水平的不锈钢及耐蚀合金无缝管、焊管及管件和法兰的生产线。主要生产设备有 ϕ60 ~ 720 型系列热穿孔机组、五机架定径机组、LG30 ~ LG720 系列冷轧机组、YLB5T ~ YLB1000T 系列冷拔机组、天然气辊底式固溶炉、天然气箱式炉固溶炉、天然气旋转式固溶炉、光亮退火炉、SG25 ~ SG711 不锈钢自动焊管机组、数控折弯机组、JCO 大口径直缝焊管生产线、LT100 ~ LT700 弯头成型机、WGJ－426 中频弯管机、YXST-1000T 三通成型机、500T ~ 3000T 四柱万能液压机等。

（二）技术成果

武进不锈多年来为中国特殊钢及耐蚀合金的发展作出了重大贡献。在电站锅炉、石化、核电、海工等领域研制开发出数十种新产品，获得国家部委、省及行业协会科技进步奖。重点奖项如下：

（1）2018 年，超超临界火电机组用特种不锈钢管研发及产业化获中国工业大奖提名奖；

（2）2018 年，大口径高性能不锈钢无缝管冷轧生产技术与成套装备的研发及应用获冶金科学技术奖一等奖；

（3）2020 年，高端装备用双相不锈钢无缝钢管系列关键工艺技术开发及工程应用获冶金科学技术奖一等奖；

（4）2020 年，能源用大口径不锈钢无缝管研发及产业化获中国工业大奖提名奖；

（5）2020 年，能源大口径不锈钢无缝钢管获工信部"制造业单项冠军企业"。

武进不锈共主持或参与制定国家标准、行业标准 43 项，其中 7 项为第一起草单位。在特种材料研发制造行业深耕多年，武进不锈得到了国内外各组织机构及客户的广泛认可，在此基础上，武进不锈获得了众多质量体系及专业认证。

武进不锈在民用工业领域特别是重大国家工程配套材料产品方面作出重大贡献。

2001 年，试制成功 HDR 双相不锈钢无缝钢管（应用海军舰船），同时大口径铁素体/奥氏体双相不锈钢获科技部中小企业科技创新基金支持项目，江苏省、国家火炬计划项目，江苏省高新技术产品。

2004 年，武进不锈研制出 ASTM A213 S30432 不锈钢无缝管。产品的各项性能均符合标准要求，达到国外同类产品的先进水平，不仅填补当时我国 S30432 不锈钢无缝管生产的空白，同时也填补了国产超超临界电站锅炉用管的空缺，解决了超超临界电站锅炉用管国外采购价格高、采购难度大、交货期长，远不能满足市场需求的局面。

2006 年，武进不锈开始试制 HR3C 不锈钢无缝管。经过数年的试验开发，制成的 TP310HCbN 电站锅炉管于 2013 年、2014 年先后通过了东锅和上海成套所进行的检测，产品的各项性能均符合标准要求，达到国外同类产品的先进水平。

2008 年，在 LNG 行业，围绕 LNG 用焊管性能要求，在加工制造过程中的焊接和热处理关键技术，开发出具有优良的抗腐蚀性、低温韧性和良好的低温强度的 LNG 用大口径焊管。产品可以替代进口，打破了 LNG 工程国际垄断，推进了大型 LNG 装备国产化，对于推进我国 LNG 项目建设具有重大的战略意义。

2012 年，武进不锈采用热穿孔+冷轧工艺，成功开发出大口径厚壁 N08825 合金无缝钢管。该产品的成功试制，为国产化大口径厚壁 N08825 合金无缝管积累了生产经验和检测数据，经中国特钢企业协会不锈钢分会鉴定，该产品填补了国内空白，达到了国际先进水平。

2015 年，武进不锈与北京科技大学、永兴特钢达成产学研合作，共同将具有自主知识产权的新型耐热不锈钢 07Cr23Ni15Cu4NbN（SP2215）冶炼和制管，以期运用于高效超超临界火电机组的过热器和再热器。经多家第三方和设计院单位全面的性能测试和评估，表明 SP2215 奥氏体耐热钢具有比 S31042 和 S30432 高的持久强度；650℃和 700℃高温长期时效后组织稳定，无有害相析出，且冲击韧性比 S31042 高，具有良好的抗氧化/腐蚀性能（基本与 S31042 相当），冶金生产工艺稳定，焊接性能良好，综合性价比优于 S31042 和 S30432。

2016 年，武进不锈投资新建了 $\phi720$ 穿孔机组和 LG720 冷轧机组，在此基础上，采用大口径热穿孔，大变形冷轧工艺，成功研制出高压临氢装置用大口径厚壁不锈钢无缝管

TP347H-ϕ711×88 毫米，2018 年经中国特钢企业协会不锈钢分会鉴定，该产品填补了大口径厚壁冷轧不锈钢无缝管的国内空白，生产工艺国内领先，产品性能达到了国际先进水平。

三、企业的发展规划

加大技术创新力度，建设创新型不锈钢管企业。技术创新是不锈钢管企业用之不竭的发展动力，也是不锈钢管行业由不锈钢管大国走向不锈钢管强国的必由之路。企业的技术创新，首先是观念创新。武进不锈将培养一大批具有创新精神和创新能力的员工队伍。鼓励员工开展管理创新、技术创新和产品创新。在未来的不锈钢管行业中，具有创新能力，拥有自主知识产权的特色产品，装备水平高、管理先进、成本低廉的企业才会发展壮大。

转变销售增长方式，加快品种调整步伐。在当前不锈钢管产能远大于市场需求的情况下，武进不锈将转变销售增长方式，加快品种结构调整步伐，逐渐减少常规产品的生产和销售，增加能满足特殊介质腐蚀环境下使用的管线管、高参数大容量电站锅炉用管、核电用管等高等级专用不锈钢管。

推进能源综合利用，实现可持续发展。节约能源、保护环境是实现我国不锈钢管行业可持续发展的基础，也是不锈钢管企业生存和发展的必要条件。目前，我国不锈钢管企业在能源综合利用，实现企业与环境的和谐发展方面还存在较大差距。为了响应国家提出的坚持科学发展、可持续发展的要求，武进不锈将会不断优化生产工艺，节约资源和能源，采用蓄热式加热炉加热管坯，对热处理过程产生的余热进行回收利用，对工业用水进行循环利用等。通过采取以上措施，使武进不锈真正成为资源节约型、环境友好型企业。

提高不锈钢和耐蚀合金管的实际产品质量水平，促进与国际接轨。不断提高不锈钢管的质量水平和国际认同度，使之适应国内、国外两个市场的需要将成为今后武进不锈的奋斗目标。

四、创新创业人物

20 世纪 70 年代，武进不锈前身为武进县水利局下属的水泥制品厂，80 年代初，随着改革开放的浪潮，水泥制品厂进行体制改制，朱国良年富力强愿闯、敢拼、勇于担当，他接手后使企业蒸蒸日上，2016 年武进不锈主板上市，公司服务于能源、高端装备制造等行业，提供不锈钢及耐蚀合金无缝管、焊管和管件。

（一）技术创新

多年来，朱国良坚守以保障国家重大装备制造为重点，以民族责任为己任，加快技术创新，不断满足国内超超临界发电、核电、石化、化工、船舶、高铁、海工、军工等重大装备和重点工程需要，不断开发出 S30432、HR3C、高压加氢装置大口径厚壁管道等长期被国外垄断的产品，自主知识产权形成一贯制管理体系，实物质量达到国际先进水平，进入钢铁产品"工艺品"国家队行列，满足国家重点工程需求，为国家经济转型、产业结构调整、绿色能源环保起到基础性保障作用。

（二）回馈社会

在企业快速发展的同时，不忘回报社会。多年的学习与修养，亦使他树立并坚定这样一个信念：达则兼济天下，要做一个勇于担当社会责任的企业家，更多的社会责任意识融入企业文化中，连续多年保持员工工资 10% 以上增长。还采取股权激励，调动员工积极性，使公司的事业追求与员工个人的事业追求高度统一，成为江苏省模范劳动关系和谐企业。多年来，他还热衷于社会公益事业，前后捐建郑陆镇医院门诊大楼、光彩基金、慈善捐款等，近年来，各项捐款累计数千万元。

（三）攀登高峰

武进不锈在朱国良的带领下，放眼全球，提高公司产品出口比重，不断提升国际影响力，扩大"武进"不锈钢管在高端国际市场份额，把公司"武进"牌不锈钢管发展为全国品牌的基础上，向世界性品牌转变。

武进不锈站在全球这个大市场、时代大发展的前沿，坚持向产业链高端攀升的发展思路，加大技术创新，提升产品质量、培育企业文化、推进产品结构调整和产业升级的战略布局，努力强化企业自身实力，夯实基础业务，积极开拓进取，使武进不锈能够走得更稳健、更长远，也能提供更好的服务，实现企业和上下游的共赢，共发展。

浙江青山钢管有限公司

一、企业发展历程

21 世纪初，面对竞争日益激烈的市场环境，青山实业董事局从全局战略布局，整合优势资源，在"专业化经营、多元化发展，走品牌发展路线"的经营思路下，成立信拓实业集团有限公司。

信拓实业集团有限公司是青山实业董事局旗下的集团，实施以集团、子公司双层责任主体的集团化管理体制和运行模式，下辖福建盟信集团有限公司、浙江青山钢管有限公司、浙江瑞浦精密金属制品有限公司、丽水青山特材有限公司、世亚特材（浙江）有限公司（中韩合资）、上海众山管件有限公司、浙江信拓重工制造有限公司、浙江青山精线有限公司等子公司，总资产 18 亿元。

信拓实业集团有限公司致力于为全球顾客提供一流的不锈钢产品和服务，致力于在不锈钢行业不断寻求突破，以实现国际化、科技化、专业化的企业发展战略。

（一）企业简介

浙江青山钢管有限公司（以下简称"青山钢管"），创建于 2003 年，注册资本 3.2 亿元，员工近 900 人，是一家集研发、生产和销售于一体的国家级高新技术企业，主要产品包括不锈钢无缝钢管、焊管、管件、光亮管和光亮棒，产品广泛应用于航空航天、石油、化工、炼油、化学、机械、电力、造船、造纸、制药、食品等领域。

近二十年一路走来，青山钢管一直秉持"以市场为导向，客户为中心"的经营理念，实事求是，脚踏实地，由弱到强，在不断总结、学习和探索中成长。

青山钢管始终致力于为全球客户提供优质的产品和专业的服务，产品生产规格覆盖不锈钢无缝钢管、不锈钢焊管和不锈钢管件等近万个品种，尺寸多样、规格齐全，年生产能力达 6.5 万吨。下辖三个制造基地，分别是浙江青田青山工业园区、浙江松阳生产园区和福建周宁深加工园区。这三大园区紧靠金丽温、宁上两条高速公路入口处，交通十分便利，陆路、水路交通发达。

青山钢管自 2003 年成立以来，先后获得 CCS、ABS、BV、DNV、GL、LR、RINA、KR 等船级社认证，TS、API、GOST 和 PED+AD2000、AMSE、NORSOK M-650 证书，以及 ISO 9001 质量管理体系、ISO 14001 环境体系认证和 ISO 45001 职业健康安全体系认证，实验室获得 CNAS 国家认可委员会认证，被评定为国家高新技术企业。凭着母公司的品牌影响力、先进的生产设备和生产工艺、优质的产品和服务，先后成为诸多知名企业的合格供应商或合作伙伴，如中石油甲级供应商，中石化框架协议单位/优秀供应商、中海油合格供应商，东方电气集团东方汽轮机有限公司优秀供应商，宝山钢铁股份有限公司优秀指定供应单位，与 BP、ExxonMobil、TOTAL、Petrobras、KOC、GS、BASF、Reliance、ADNOC 和 Sabic 等终端公司和 Saipem、TechnipFMC、LINDE、TR、Petrofac、CB&I、KBR、EIL、L&T、CHIYODA、JGC、Samsung Engineering、Hyundai、DOOSAN 和 Daewoo 等工程公司合作。

青山钢管积极参与各领域重点项目的供货，不断地成长、积累经验。现拥有提供不锈钢无缝钢管、不锈钢焊管、不锈钢管件一站式工程配套服务的能力。营销网络遍布全球，产品主要销往北美、南美、欧洲、非洲、东南亚、中东等地区，产品质量稳定、可靠，深受国内外客户的认可和好评。

（二）历史沿革

浙江青山钢管有限公司是青山实业董事局旗下的信拓实业集团旗下的子公司，是优质不锈钢管道产品"一站式"工程配套服务专业生产企业。

2003 年 11 月 17 日，在青山实业董事局的战略布局下，青山钢管扬帆起航；2005 年 3 月，成为丽水市第一批通过不锈钢无缝管质量管理体系认证的企业；2006 年 12 月，组建成立泰朗管业集团有限公司；2007 年 8 月，投资 2000 多万引进大口径冷轧机组；2009 年 9 月，成为中海油一级合格供应商；2009 年 9 月，成为中国五环工程有限公司合格供应商；2010 年 5 月，成为中石化不锈钢框架采购协议单位；2012 年 6 月，双相不锈钢无缝管生产技术开发成功；2012 年 9 月，通过双相不锈钢 S32205、S32507 无缝钢管的 PED 和 TUV 产品认证；2013 年 4 月，φ930 毫米大口径奥氏体不锈钢无缝管研发成功；2014 年 9 月，青山实验室正式通过中国合格评定国家认可委员会（CNAS）认可；2015 年 2 月，通过 API 美国石油协会认证；2016 年 6 月，信拓实业集团重组泰朗管业集团不锈钢管道业务；2016 年 8 月，青山钢管不锈钢焊管项目上线；2017 年 1 月，通过 BP 英国石油的工厂认证；2017 年 3 月，大口径 3200T JCO 折弯成型焊管项目投产；2017 年 3 月，成为中国石油天然气集团公司一级供应商；2017 年 5 月，通过 Exxon Mobil 美孚的工厂认证；2017 年 9 月，青山钢管合并吸收浙江泰朗钢管有限公司，注册资金变为 3.2 亿元；2018 年 1 月，组织架构调整，成立无缝事业部、焊管事业部、管件事业部；2018 年 2 月，通过 API 美国石油协会扩项认证；2018 年 10 月，投资 4000 多万元的智能全自动密闭式酸洗系统项目投产；2018 年 11 月，荣获国家级高新技术企业荣誉称号；2019 年 9 月，成立浙江青山钢管有限公司福建分公司，启动青山钢管福建不锈钢深加工项目；2021 年 4 月，通过"浙江省级高新技术企业研究开发中心"认定；2021 年 6 月，成为巴斯夫（中国）有限公司（BASF）合格供应商。

在过去的近二十年的时间里，青山钢管荣获过丽水名牌产品、浙江名牌产品、中石化框架协议单位、中石油甲级供应商、东方汽轮机有限公司优秀供应商、宝钢钢铁股份有限公司优秀供应商、浙江省工商企业信用 AAA 级守合同重信用单位、中石化 2019 年度优秀供应商、天俱时工程科技集团 2019 年度优秀供应商、中集来福士集团 2020 年度优秀合作伙伴、东方汽轮机有限公司 2020 年度供应商质量 Q1 奖等荣誉。

二、工艺装备及技术成果

(一) 工艺及装备

经过近二十年的发展,青山钢管建成了具有国内先进水平的不锈钢无缝管、焊管及管件的生产线。主要生产设备有 ϕ60～240 系列穿孔机组、LG15～LG280 系列冷轧机组、6-813 系列冷拔机组、辊底式天然气固溶处理炉、连续式保护气氛热处理炉、全固态高频感应加热机、真空热处理炉、光亮退火炉、液压十二辊矫直机、不锈钢 ϕ6～426 型连续在线自动焊管机组、3200 吨 JCO 大口径直缝焊管生产线、弯头成型机、中频弯管机、三通成型机、500～3000 吨四柱万能液压机、数控自动化密闭式不锈钢管酸洗系统、超声涡流联合自动探伤机、射线探伤机、大型水压机组等。

产品尺寸多样,规格齐全,产能实力雄厚。其中,无缝管规格为 (ϕ6～813)×(0.5～60)毫米,年产能为 3.5 万吨;焊接管规格为 (ϕ12～2500)×(0.5～55)毫米,年产能为 2.5 万吨;管件规格为不大于 DN1500 毫米,年产能为 5000 吨。

(二) 技术成果

青山钢管 2008 年组建了自己的研究开发中心,被评为浙江省高新技术企业研究开发中心,国家级实验室 CNAS 认证的实验室,占地面积 450 平方米,三层共 1350 平方米;实验室通过了中国合格评定国家认可委员会 CNAS 认证,具备国内、国际标准检测能力,拥有高级工程师 5 人,技术人员 12 人的专业技术团队,可以进行常规物理性能检测、化学分析检测、金相分析、晶间腐蚀、高低温冲击试验等。荣获过 2 项浙江省科技技术成果,拥有自主产权专利技术包括发明专利 5 项,实用新型 36 项,已在申请中发明专利 4 项,实用新型 6 项,具体情况见表 1。

表 1 产品专利、技术成果证书一览表

序号	专利 (技术成果) 名称	类别	专利号	备注
1	一种钢管内扩张倒角机的内扩张	实用新型	ZL 2013 2 0116408. 6	
2	用于钢管耐压检测装置上的夹料机构	实用新型	ZL 2015 2 0036123. 0	
3	用于钢管耐压检测装置上的夹料机构	实用新型	ZL 2015 2 0036732. 6	
4	用于钢管耐压检测装置上的夹料机构	实用新型	ZL 2015 2 0035863. 2	
5	用于钢管耐压检测装置上的夹料机构	实用新型	ZL 2015 2 0035342. 7	
6	一种钢管刻伤制样装置的控制机构	实用新型	ZL 2013 2 0116388. 2	
7	一种钢管刻伤制样装置的控制机构	实用新型	ZL 2013 2 0116407. 1	
8	一种钢管刻伤制样装置	实用新型	ZL 2013 2 0116406. 7	
9	一种钢管内扩张倒角机的内扩张	实用新型	ZL 2013 2 0116403. 3	
10	一种钢管内壁清洗装置	实用新型	ZL 2013 2 0116402. 9	
11	一种钢管内壁清洗头	实用新型	ZL 2013 2 0116401. 4	
12	一种多支钢管水压试验机	实用新型	ZL 2019 2 0116281. 5	

序号	专利（技术成果）名称	类别	专利号	备注
13	一种多功能焊管设备	实用新型	ZL 2019 2 0116716.6	
14	一种多支钢管水压试验机的夹紧装置	实用新型	ZL 2019 2 0111883.1	
15	一种多功能焊管设备的滑台装置	实用新型	ZL 2019 2 0116692.4	
16	一种焊管设备的芯管支撑装置	实用新型	ZL 2019 2 0116691.X	
17	一种气密性试验机	实用新型	ZL 2019 2 0126344.5	
18	一种夹持方便的气密性试验机	实用新型	ZL 2019 2 0125285.X	
19	一种用于气密性试验机的上料机构	实用新型	ZL 2019 2 0127027.5	
20	钢管耐压检测装置及其检验方法	发明专利	ZL 2015 1 0025936.4	
21	一种冷轧轧机可更换管径刮油装置	发明专利	ZL 2016 1 0303112.3	
22	一种多支钢管水压试验机	发明专利	ZL 2019 1 0061798.3	
23	一种管件连续分路机构	发明专利	ZL 2019 1 0896024.2	
24	一种用于管件传送的导管推送机构	发明专利	ZL 2019 1 0984861.0	
25	一种大口径钢管对焊装置	发明专利	ZL 2019 1 0622794.8	

1. 自主创新成果

具体所获奖项见表2。

表2 创新成果表

年份	名称及奖项
2012年	00Cr23Ni5Mo3N型双相不锈钢无缝钢管生产技术开发，浙江省科技技术成果
2013年	"φ930大口径奥氏体不锈钢无缝管研发"，浙江省科学技术成果

2. 国家标准制定

青山钢管共主持或参与国家标准、行业标准制定4项，均为第一起草单位。具体标准明细见表3。

表3 参与制定标准明细

序号	标准编号	标准名称	主持或参与
1	GB/T 21833.1—2020	奥氏体-铁素体型双相不锈钢无缝钢管 第1部分：热交换器用管	参与
2	GB/T 21833.2—2020	奥氏体-铁素体型双相不锈钢无缝钢管 第2部分：流体输送用管	参与
3	GB/T 40297—2021	高压加氢装置用奥氏体不锈钢无缝钢管	参与
4	GB/T 40317—2021	氧气管线用不锈钢无缝钢管	参与

3. 质量体系及专业认证

青山钢管在不锈钢管道制造行业深耕近二十年，有健全、完善的质保体系，得了国内外各认证机构及客户的广泛认可，并获得了诸多质量体系及专业认证，具体明细见表4。

表4　质量体系及专业认证明细

序号	体系标准	认证名称
1	ISO 9001：2015	质量管理体系认证
2	GB/T 24001—2016　ISO 14001：2015	环境管理体系认证
3	GB/T 45001—2020　ISO 45001：2018	职业健康安全管理体系认证
4	GB/T 19022—2003　ISO 10012：2003	测量管理体系认证
5	TS2710792—2021	特种设备生产许可证
6	欧盟 PED 指令	欧盟压力设备 PED 认证
7	API -5LC-0055	API 美国石油协会
8	ASME	ASME 美国机械工程师协会认证
9	ISO/IEC17025	国家认可实验室认证
10	CCS	中国船级社工厂认证
11	DNV+GL	挪威船级社/德国船级社认证
12	BV	法国船级社认证
13	LR	英国船级社认证
14	RINA	意大利船级社认证
15	KR	韩国船级社认证
16	GOST	俄罗斯符合性认证
17	CUTR	俄罗斯压力容器 CUTR
18	NORSOK-M650	挪威国家石油标准认证
19	GJB 9001C—2017	武器装备质量管理体系认证
20	GB/T 23001—2017	两化融合管理体系认证

4. 国家及行业标志性、影响力成果

创新是引领发展的第一动力，是建设现代化经济体系的战略支撑。对于企业来说，抓创新就是抓发展，谋创新就是谋未来。近二十年一路走来，青山钢管一直秉持"以科技创新，引领高质量发展"的经营理念，实事求是，脚踏实地，在不断总结、学习和探索中成长。不断加大科研投入，引进高端人才，扩大产学研合作，加大专项资金投入，也让青山钢管在科技研发上面走得更快更稳。青山钢管生产综合能力位居全国第三，技术水平和产品质量在各大企业中处于领先位置，形成了几个关键成果：

（1）00Cr23Ni5Mo3N 型双相不锈钢无缝管生产技术开发。双相不锈钢兼具奥氏体和铁素体不锈钢的优点，具有优良的耐恶劣介质腐蚀能力、良好的强度、韧性和焊接性能，广泛应用于使用环境苛刻的领域。2016 年，青山钢管收获中东石油管道用超级双相不锈钢管订单。中东地区气候条件恶劣，需要管道满足耐压、耐冷热交换、耐腐蚀等条件，青山钢管联合上游青拓研究院和青拓镍业精准控制从原料到成品的各项细节，历经 30 多个工序流程，最终产品得以顺利交付，这意味着青山钢管在超级双相不锈钢产品开发领域取得重大突破。双相不锈钢产品生产技术渐趋成熟，已成功应用于俄罗斯、中东、美洲、非洲等

各个领域的项目，包括石油、天然气、化工、炼油和海上油气开发。海上油气开发自盈亏平衡点逐渐降至低于美国页岩油供应水平，目前正回暖向好，大有重振雄风之势。自 2013 年起，青山钢管积极参与了巴西石油、英国石油、埃尼等知名业主的 FPSO FLNG 项目，同时不断深化与业主和承包商的合作。通过与业主和承包商的直接对话，青山钢管终于得以初窥海工项目堂奥，更加直观全面地了解其运作流程和对青山产品的要求。

（2）产品在极端气候条件下的成功应用。2014 年，青山钢管成功通过业主及承包商实地考察，得以参与号称"北极圈上的能源明珠"的中俄能源合作液化天然气的重大项目。该项目位于俄罗斯境内的北极圈内，是全球最大的 LNG（液化天然气）项目，也是"一带一路"倡议提出后实施的首个海外特大型项目，对中国海外能源合作、提升中国在世界能源市场话语权具有重要意义。因项目位于俄罗斯西伯利亚平原，最低温度低至−52℃，极大地考验了施工设备和材料的韧性。超低温度环境下设备往往容易发生脆性断裂，因此青山钢管经 CNAS 认证的自有实验室采用−196℃低温冲击试验对材料的超低温韧性进行检验，确保产品满足服役要求。

（3）ϕ930 毫米大口径奥氏体不锈钢无缝管的研发，填补国内大口径奥氏体不锈钢无缝管的生产及技术的空白。

（4）新材料（QN 系列高强度含氮奥氏体不锈钢）的不锈钢产品及下游产品的生产工艺及技术的开发及应用，通过青拓集团公司研发的先进基础材料（双相钢、超级双相钢、镍基合金、耐高温耐腐蚀金属材料等）、前沿新材料（QN 系列不锈钢），主要应用于房地产、建筑、汽车、机械、家电、电力设备等行业，青山钢管积极参与配合青拓研究院新材料的不锈钢产品及下游产品的生产工艺及技术的研发。在应用端，找到终端需求企业，由终端发起，通过"上游、中游、下游"共同组建开发应用团队，及时反馈和沟通问题，解决终端在海洋应用环境下的疑难杂症，既为企业实现了经济效益，又为推广新材料打下了良好的基础。

"信立天下，智造钢管"，展望未来，青山钢管要以品牌为旗帜，以技术为核心，以营销为龙头，以人力资源为根本，以不锈钢管为基础，努力打造依靠科技创新提速增效的新常态，打造国际一流不锈钢品牌，成为国际一流品牌不锈钢管生产基地，致力于发展绿色循环经济，打造高端不锈钢产业链，走绿色发展之路，创造社会价值。

中兴能源装备有限公司

一、企业简介

中兴能源装备有限公司（以下简称"中兴装备"）始建于 1987 年的南通市特种钢厂，主要从事核电、石油、炼化、煤制油等大型能源工程特种管件用不锈钢、合金钢、碳钢、高镍耐蚀合金等无缝钢管的研发及生产销售。

中兴装备为工信部第一批"制造业单项冠军"培育企业，获得国家级守合同重信用企业、江苏省质量信用 AAA 级企业、江苏省企业信用管理示范单位、江苏省科学技术进步奖一等奖等荣誉。

二、工艺技术

中兴装备拥有从熔炼、精炼、锻造、穿孔、热轧、冷加工、热处理、机加工到成品检测等一体化产业链，采用优质铁合金作为炼钢原料，通过电炉、AOD、LF 等冶炼设备对成分进行有效控制，降低有害元素含量，再采用 ESR 电渣重熔炉进行重熔精炼，降低钢中夹杂物含量，提升钢锭质量，可以实现特殊定制。

三、研发能力

中兴装备有较强的自主研发能力、一体化的产业链优势、完善的质量管理及广泛的客户认可，是国内最早取得国家核安全局颁发的钢管制造资格许可证企业，拥有完整的制造能源工程特种管件高端产品的核心技术，产品各项技术性能指标均达到国际标准，部分指标领先国外指标。

2019 年秦山核电一期到达设计寿命时，客户对站内关键部件进行检测，发现中兴装备提供的产品还可以延期服役 10 年以上，因此对中兴装备的产品给予了高度评价。2020 年 9 月 21 日中兴能源 23.5 毫米×0.2 毫米×8000 毫米不锈钢水管正式下线，这标志着中兴装备不锈钢无缝管领域生产制造技术又迈向了新的里程碑。"中兴制造"助力"大国重器"，核电产品成功用于"华龙一号"。

中兴装备拥有国家博士后科研工作站、省企业院士工作站、省企业技术中心、省核电材料及制品工程技术研究中心，以及先进钢铁材料技术国家工程研究中兴能源装备分中心等高层次创新平台。同时，还是全国钢标委钢管分技术委员会能源装备用不锈钢无缝钢管工作组（SAC/TC183/SC1/WG1）承担单位。

产品广泛运用于核电、石油炼油、煤化工、国防军事等诸多领域。目前，国内已建和在建核电站及大型石油炼油、煤化工等工程项目所用耐高温、耐高压高端大口径不锈钢无缝管,其中70%由中兴装备生产提供,核电驱动机构特殊用管(棒)供应量占主导地位。"以质取胜,以精立业"的创业理念,更紧密了中兴装备与客户之间的合作,中兴装备是中国石油天然气集团公司的"一级供应商网络成员单位"、中国石油化工集团公司的"优秀供应商"和神华集团有限责任公司的"特殊贡献供应商"等。产品远销欧美,在国际市场创下良好口碑,赢得赞誉。

作为全球领先的化学工程公司,陶氏化学对材料的品质要求可谓严苛之极。而中兴装备对技术创新的执着和在高端产品上的不断推陈出新,使得两家企业的合作水到渠成,高度契合。陶氏化学要采购一批不锈钢及镍基合金无缝管,并在全球范围内寻求合格供应商。先后接触美国、德国、日本等国家的知名钢企,但他们出产的产品均未通过陶氏化学的产品验收测试,辗转多次找到中兴装备。这批无缝管的技术难度大,要求高,为了满足陶氏化学的这些技术条件,中兴装备做了以下工作:针对非金属夹杂物的要求,重新建立了冶炼过程的气体控制与分析的数学模型,搜集了大量的实际控制和产出数据,使模型更加贴近于实际生产,取得了令人满意的效果,该成果不单应用于陶氏化学该批次订单,还使得中兴装备在特种材料非金属夹杂物控制能力上取得了飞跃性进步;在此之前,超声波探伤检验非金属夹杂物仅仅应用于定位和定性,现在却要求精准定量。经过努力,攻克了从样管的制造(精密微小盲孔的加工)、特种超声波探伤探头的研制到精准定性和定量等多个技术难关;表面质量"零缺陷"的根本解决方案还是取决于材质本身的高纯净度,中兴装备在材料本身纯净度上下功夫,辅以合适的生产加工工艺,最终实现这种"零"缺陷。

当中兴装备提供了自己的解决方案,客户又亲自到厂考察了公司的科技研发实力、类似产品的质量水平、团队管理能力后,无任何悬念地将订单全部交给中兴装备,中兴装备也因此成为陶氏化学在国内获得冷拔不锈钢无缝管供应商资质的企业之一。

四、创新创业人物

(一)以敢为人先的信心,不断提升企业科研水平

1990年,南通特钢成立,2005年,企业进行了改制。面对国内不断涌现的不锈钢企业,董事长仇云龙深知,企业要立于不败之地,必须做大做强,在保持传统产品优势外,科技取胜,创新发展。为此,中兴装备专门成立了技术中心,仇云龙亲任组长,他带领技术中心人员深入车间,不断钻研开发新品。在不懈努力下,科创小组成功研制出用于核电项目的核Ⅰ、Ⅱ、Ⅲ级无缝不锈钢管,多次填补了国内空白,经专家鉴定,其各项技术指标达到国际标准,成为国内率先通过核级钢管产品鉴定的厂家。中兴装备获取了国家核安全局颁发的首张核承压设备制造许可证,技术中心也被评为省级技术中心。目前,国内所有在建的核电站都有中兴装备的产品,并出口至美国、意大利、法国、巴基斯坦等国家。

2001年,022Cr19Ni10N核电驱动机构用锻棒成功应用于秦山核电二期。此前,这一领域长期被国际巨头垄断。没有现成的资料参照,没有成熟的经验借鉴,必须研究自己的核心技术,科创小组跨越一个又一个技术壁垒,从炉火点燃,开始试产,到第一根合格的

钢管从生产线上下来，仇云龙同技术人员一起坚守在生产一线，终于，核电驱动机构用锻棒研发成功。经检测，产品十多项指标全部优于进口材质，而价格比国外同类产品低了一半。目前，防城港、田湾、三门海阳等国内所有核电站都运用了中兴装备生产的棒材，实现了核电站驱动机构用棒全覆盖。

2005 年 8 月，石化炼油企业的"心脏"——石油加氢裂解炉用的不锈钢管又被成功开发，仅一套装置即可为国家节约成本 600 万元。通过近几年的后续研发，这类产品已形成系列，并在 2008 年，以"炼油用加氢裂化装置高温高压不锈钢无缝管的研制"项目为正式名称，获南通市科技进步奖一等奖。

从此以后，中兴装备新品开发的脚步从未停过。与中国原子能科学研究院签订的相关 CFR600 钠管道标准库研发，与上海大学材料学院合作开发的乏燃料储运、小堆及移动堆等用新型高性能中子吸收材料硼钢的前期材料研发，腾龙芳烃 1000×55 大口径双相钢试制成功，制定不锈钢螺旋波纹管申请产品行业标准，"核岛用高性能关键金属构件精密塑性成形技术及装备"获得江苏省科学技术奖一等奖等。2017 年公司被工信部、中国工业经济联合会列为制造业单项冠军培育企业。

（二）以振兴民族产业的决心，全力打造装备制造业基地

近几年，中兴装备的产品广泛运用于核电、石油、炼化、煤制油等国家能源工程，面对成绩，仇云龙运筹帷幄，他以大口径厚壁优势产品为支点，以振兴民族工业为己任，不仅要做国内最大的，同时要将中兴装备打造成国际一流的、具有较高声誉的无缝钢管生产基地，提升我国无缝钢管的国际地位。从 2008 年起，中兴装备在设备上做了大手笔投入，从国内最大的 800 皮尔格热轧机组到 1200 穿孔机组，到单嘴炉、抽锭式电渣炉等，为做大规格，做全钢种打下坚实基础。

中兴装备的发展，引来了众多投资者的目光，许多国外的知名公司及财团纷纷找上门来，开出优厚的条件要求合作。合作的前提是要中兴装备卖出自己的知识产权，使用他们的商标。对此，仇云龙毫不心动，他继续坚持自主研发，弘扬国产品牌。通过努力，AST 牌不锈钢无缝管被评为"中国名牌""驰名商标"。

浙江中达新材料股份有限公司

一、企业简介

浙江中达新材料股份有限公司（以下简称"中达新材"）是中达联合控股集团股份有限公司（以下简称"中达集团"）的全资子公司，中达新材旗下有海盐中达金属电子材料有限公司（以下简称"中达材料"）和嘉兴市中达进出口有限公司（以下简称"中达进出口"）两家全资子公司。

中达新材前身为浙江华阳金属制业有限公司，成立于1992年，主要生产不锈钢管；1997年12月成立海盐中达特种钢有限公司；2007年11月更名"浙江中达特钢股份有限公司"（以下简称"中达特钢"），同年控股中达材料；2020年7月更名为"浙江中达新材料股份有限公司"。

中达新材坐落于浙江百步经济开发区，是一家三十多年专业生产不锈钢，特种合金无缝管，镍基合金焊带，精密合金，双金属组元层用冷轧合金钢带，高温、耐蚀合金等产品的国家火炬计划重点高新技术企业，产品可广泛应用于石油炼化、核电、军工、海洋工程、机械制造、电子电器部件和仪器仪表部件等领域，目前在不锈钢热交换管行业中排名全国前三，生产的耐蚀合金带极堆焊带材受到客户广泛好评，年产量和年销售情况位列全国同行业前三，热双金属组元合金带材在国内市场占有率排名第一。占地面积160亩，厂房面积7万平方米，注册资金1亿元，在册员工613人，现拥有年生产能力约为4万吨，年产值近15亿元。

二、发展历史及现状

中达新材建有国内先进水平的不锈钢、耐蚀合金、高温合金无缝管（穿孔+冷轧/冷拔+热处理）生产线和带极堆焊带、精密合金、钛及钛合金、镍基合金、耐蚀高温合金、锰基钎焊材料、超级奥氏体不锈钢及双相钢等生产线。

中达新材建有较完备的网络基础设施，包括核心、汇聚、接入三层架构的内部局域网络，标准化的数据机房。企业信息化建设中实现资源配置，逐渐实现对生产制造、品质管理、产品研发、供应链管理等主要生产经营活动环节的信息化覆盖。2018年，中达新材成为海盐县首家通过信息化和工业化融合管理体系评定的企业。

（一）生产历史及产能、产品变化

中达新材的不锈钢生产历史基本可以划分如下几个阶段。

1. 管材生产历史

1993 年浙江华阳金属制业有限公司正式投产，整个生产流程依托上海钢铁五厂不锈钢无缝钢管分厂模式建立，当年产量在 200 吨左右；1995—1996 年致力于锅炉、热交换器用管的生产及 U 形管弯制的研究；1998—2005 年，中达特钢主要产品还是以普通流体输送管、热交换器产品为主。

2005 年中达特钢与北京宝五特钢、上海华意房地产三方共同出资组建嘉兴市中宝特种钢管制造有限公司，正式进入大口径不锈钢无缝钢管的生产，2006 年正式投产，当年度综合产量突破 3000 吨；2006 年，中达特钢正式成立嘉兴市中达进出口有限公司，当年度钢管出口突破 1000 万美元。

2013 年中达特钢获得民用核安全设备制造许可证，年底首次为中国核电工程公司提供核级仪表管，首次实现 M310 堆型核级仪表管的国产化；2014 年 7 月取得武器装备科研生产许可证，为中国科学院电子学研究所供应不锈钢无缝管原材料，主要用于多个重点型号的国土防空雷达装备配套器件。

2016 年，从韩国进口全套精密管生产流水线，2018 年正式投产，生产半导体 EP 管。

2020 年 7 月，公司名称变更为"浙江中达新材料股份有限公司"，截至 2020 年，主导产品及基本产量包括热交换器用管 1.8 万吨、核电军工用管 0.2 万吨、造船用管 0.3 万吨、半导体用管 0.2 万吨、流体用管 0.6 万吨、电站锅炉用管 0.5 万吨。

2. 带材生产历史

中达新材全资子公司海盐中达金属电子材料有限公司的前身是 1984 年由百步镇和三联村创办的海盐合金厂，后引进上钢三厂技术团队开始生产不锈钢带。

海盐中达金属电子材料有限公司发展过程中的三个重要阶段：

（1）1994 年扩建了现在的厂房，添置设备，年产量约 2500 吨。

（2）1999—2010 年是夯实基础、发展壮大的 10 年。由乡镇集体企业转制为民营股份制企业，2006 年投入约 1500 万元，技改炼钢车间，从美国进口了智能 AOD 精炼操作系统，添置了 AGC 自动可逆冷轧机、带恒张力的全自动光亮退火炉等高端设备，产量达到 4000 吨左右。产品结构调整，逐步淘汰 200 系、300 系普通民用、化工材料，开发双金属及焊接堆焊材料。

2011 年至今加快产品转型升级，开始涉及军工核电高端材料领域。突出以冶炼核心生产技术为导向，向"高、精、尖、特"延伸。

（二）工艺技术及装备提升历程

中达新材作为高新技术企业始终把技术创新和工艺提升放在重要的战略地位，为了提高企业产品的质量和生产效率，不断对生产装备进行更新换代和技术改造。

1. 管材工艺及装备提升历程

1993 年，主要采购荒管，以煤气发生器作为固溶热处理，以 HF+HNO$_3$ 作为酸洗处理,以牛油混合石灰作为润滑剂进行冷拔;1996 年装备 65 吨冷拔机,流体输送用管引入扩径工艺、引入焊头工艺;2001 年,引进冷轧生产线,装备 LM50 冷轧机及 LG30 冷轧机,产品生产由冷拔改变为轧、拔相结合生产模式;2006 年,流体管生产引入 800 吨精密液压冷拔机,采用扩、拔相结合的生产工艺;2009 年,添 LG60、LG30、LD30 冷轧机,光亮热处理产品开始规范化进入热交换器用管行列;2016 年,韩国进口 EP 管生产线,引入油润滑游动芯棒冷拔及全氢光亮保护气氛热处理;2018 年,对酸洗工艺进行装备技术改造,采用架空、密封环保型酸洗处理技术,有效控制酸洗过程氮氧化物挥发;2019 年,引入全自动切管设备;2020 年,引入全自动高速 G60、G40、G30 冷轧管机组,配套辊底式光亮处理生产线。

产品检测技术方面:2016 年实验室通过 CNAS 认证。在线监测引入超声、涡流探伤测径一体机,可同步对产品实现超声波内外纵横伤分层探测及涡流探测。引入气密性试验机,针对特殊用户对换热管产品进行水下气密性试验。

2. 带材工艺及装备提升历程

1984 年,第一次转型升级,由原来生产电热丝转型生产不锈钢带;1994 年,新建厂房投入使用,陆续增加设备,期间开始进入热双金属组元层合金带材、不锈钢带极堆焊材料的开发生产;2007 年,引进了美国北美冶金生产的 AOD 精炼炉和生产技术,配套了烟尘净化、处理系统;2008 年,引进了具有辊缝自动控制系统的六辊 AGC 轧机一台;2010年,引进了气体保护高温连续光亮退火炉;2011 年,引进真空感应炉、气体保护电渣炉并完成安装、调试、生产;2013 年,引进 600 毫米可逆式热轧机,生产的镍基耐蚀合金、精密合金的最大宽度由 180 毫米增加到 280 毫米;2014 年,引进了热轧钢带、冷轧钢带表面抛光设备;2017 年,引进天然气加热气体保护连续光亮退火炉,使钢带的可用最大热处理温度从 1120℃提高到 1200℃。

中达新材已规划引进特种冶炼装备(真空感应炉、真空自耗电渣炉、气体保护电渣炉),采取两联及多联提纯冶炼工艺技术,控制钢种的杂质元素及气体含量,来提升钢液内在质量,获得高纯、超高纯合金材料,满足高端航空航天、核电军工领域用的特殊性能要求,替代进口,使高端新材料国产化。

(三) 产品质量提升历程

产品质量控制从原来的终端把关阶段转变为过程控制阶段。钢管的最终合格率不断提高,1992—2002 年平均合格率为 90.5%,2003—2008 年平均合格率为 93.7%,2009—2017 年平均合格率为 94.5%,2018—2020 年平均合格率为 97.8%。

(四) 环保建设及成效

从 1993 年正式投产时无环保设备及设施,到 2004 年 10 月污水处理设备投入使用、2006 年日处理量 50 吨酸洗废水处理站运行及 2016 年日处理酸洗废水 250 吨级的污水处理站正式运行,中达新材一直以"节能减排、绿色发展"为宗旨在努力,坚持环境方针——

减少环境污染，确保持续改进；遵守法律法规，减少资源消耗，并不断改进工艺和设备，逐步完善环保设施，提高清洁生产水平。

三、研发能力与创新产品

（一）研发能力

中达新材具有良好的产学研基础，与北京钢铁研究总院特钢研究所、功能材料研究所及一些著名的金属材料专家保持紧密的技术工作联系。"中达高品质特钢技术研究院"获评浙江省企业研究院。牵头联合哈尔滨焊接研究院有限公司和哈尔滨威尔焊接材料有限责任公司共同组建了"特种合金焊材联合研发中心"和"高合金焊材工程中心"两个焊材研发平台，主要研究方向为高端单层堆焊焊带、焊剂和特种高合金焊材。

2016年中达新材获评企业研究院，具有研发所需较为完善的软硬件条件，每年研发费占销售收入的比例都超过4.5%，在企业创新战略的支持和创新制度的保障下，各项创新项目取得了实质性进展，每年新产品产值占公司总产值超50%。

（二）创新产品

中达新材积累了丰富的技术和生产经验，承担的浙江省重大科技专项"核级无缝不锈钢管"，达到核一级、二级技术指标要求；研制的铁镍基耐蚀无缝合金管，通过专家评审；Fe-Ni36热双金属组元合金带材2002年列入国家火炬计划项目，通过省级新产品鉴定和省级高新技术产品认证，达到了国内领先水平；自主开发的不锈钢带极堆焊材料，解决诸多生产难点，其产品取代进口，生产的超级双相不锈钢S32750和镍基高牌号耐蚀合金Incoloy 825分别通过浙江省鉴定及全国锅炉压力容器标准化技术委员会的技术评审；研制的高强度耐高温核电军工用无缝不锈钢钢管产品明显优于国外产品基准；提升耐腐蚀船舶用无缝不锈钢钢管产品耐腐蚀性，使产品使用寿命达40年以上。

中达新材与北京钢拓冶金技术研究所开展产学研合作，共同开发超级奥氏体不锈钢254SMO（S31254）管材，完成了冶炼及热加工等方面的研究，从而实现了国产化。

中达新材在行业领域关键技术中拥有核心自主知识产权41项，其中2项发明专利："小容量AOD炉冶炼不锈钢添加B、Ce技术"和"小容量AOD炉双渣法冶炼脱硫、氧工艺"，在方法和技术上为小容量AOD炉冶炼高难度双相不锈钢填补了国内空白。

四、品牌产品与应用

中达新材产品销售遍及海内外，以卓越的品质，获得了嘉兴市市长质量奖。拥有核安全设备制造许可证，是中石油、中石化、中海油一级供应商，生产的核级仪表用精密不锈钢无缝钢管、热交换器用精密不锈钢无缝钢管获评浙江制造"品字标"。

在国内市场，中达新材积极参与国内项目建设。核心产品带极堆焊材料已在核电领域国产化首台（套）产品（核容器）推广示范项目中及大型石化工程不锈钢带极堆焊（加氢反应器）项目中应用；其中压力容器用单层堆焊不锈钢带309LNb（H347LF）的研制及应用通过中国焊接协会组织的鉴定，为国际先进，填补国内空白；核心产品双金属组元合金带材在热过载保护特种材料领域，占据了国内40%以上的市场份额，其中的T36热双金属组元层合金带材列入了国家重点新产品计划和国家火炬计划项目，并通过了高新技术产品认定；高稳定性低膨胀合金材料及高膨胀组元合金材料列入了省级新产品计划，实现了特殊精密合金的原材料国产化替代。近两年正在研发航空精密模具用宽幅薄板等多种功能合金材料，致力于打造细分领域特种高合金堆焊及功能合金材料生产商。

中达新材的特色产品主要分为管材和带材两类。管材产品主要包括奥氏体不锈钢、双相不锈钢、镍基合金、马素体/铁素体等，产品可广泛应用于石油炼化、化工、锅炉、热交换器、核电、军工、船舶、海洋工程等领域；带材产品有镍基焊材、锰基合金、精密合金、高温和耐蚀合金，品种达200多个，承接了宝钢特钢有限公司的部分精密合金类如2J11、1J21、高温合金GH4169和部分军工用材的外协加工任务，研发的压力容器用单层不锈钢堆焊焊带H347LF、H309LNb已批量出口俄罗斯、韩国等国际市场。功能合金类热双金属组元合金出口到欧洲、南亚等地区。

五、发展规划

中达新材将坚持以技术创新为核心的经营理念，拟通过上市迅速提高生产和技术能力，同时拓宽产品的应用领域和市场。提升作为"国内一流"企业在不锈钢领域整体方案解决能力，逐步实现满足国内外高端客户的产品技术要求，成为"国际知名"的全方位不锈钢、功能合金产品供应商。

中达新材未来的战略规划是：打造具有持续发展潜力、综合实力排名前五的企业，进一步提升行业知名度、信誉度，打造中达自己的企业文化及客户认可的价值观，未来重点发展方向为核电、军工及石化加氢反应器和电工电器使用的高端不锈钢产品和热双金属组元合金等功能材料，倾力打造国内外知名特材制造商。

上上德盛集团股份有限公司

一、企业简介

上上德盛集团股份有限公司（以下简称"上上德盛"）是一家制造和销售不锈钢无缝钢管、不锈钢焊管、不锈钢光亮管、超级双相不锈钢管、镍基合金管和不锈钢管件等工业耐高温、耐低温和高防腐特种管道产品的公司。上上德盛始终遵循"诚信经营"的原则，以专业的研发制造能力、一流的营销服务体系和过硬的产品质量深受油气开采、炼化化工、化纤、核电电力、LNG、动车刹车管道、潜水艇船舶制造、压力容器装备制造、航空航天、生物医药、造纸、多晶硅、半导体和环保等领域广大客户的认可，是广为人知的全球特种管道制造企业，也是中国不锈钢行业国家标准起草制定单位之一。

上上德盛总部位于上海嘉定，制造基地则在浙江丽水。上上德盛产销量近20年来一直居行业前列，创立的"上上"品牌是上海市著名商标与名牌产品。在全体员工的不懈努力下，产品一直在不断创新，不仅是中石油、中石化第一批不锈钢管合格供应商，还成功成为某现代化核潜艇用钢管、长征大功率火箭燃料管道、某坦克装甲车刹车管道、某尖端武器系统高压管路、中车集团高铁动车刹车总成管道等国家重大战略项目的供应商。另外还为秦山核电、岭澳核电和大亚湾核电等多个核电站提供了高标准的不锈钢无缝钢管。目前已是中石油、中石化、中海油、中车集团、中核集团、中广核、中国化工、Shell、ExxonMobil、BP、Fluor、BASF、中东石油公司、俄罗斯石油、英国石油公司和加拿大国家石油公司等世界级企业的合格供应商。

凭借完善的内部质量管理体系和有效执行，上上德盛取得了各种行业认证，如特种设备生产许可证、法国船级社认证、挪威-德国船级社认证、美国船级社认证、中国船级社工厂认证、德国压力容器认证、英国劳氏证、欧盟 PED 认证、俄罗斯国家石油认证、核电认证、ISO 9001 认证、ISO 14001 认证和 OHSMS 18001 认证等，并建立了浙江省新材料研究院、国家 CANS 实验室和院士工作站。

经过三十年的不断奋进，上上德盛如今已成长为一家具有强大工业互联网能力的数字化智能制造企业，以"状态感知、实时分析、自主决策、精准执行"实现工业4.0，达到了无人智能透明工厂水平，客户可足不出户、远程网上进行订单进度实时监造、质量全方位监控、物流实时跟踪、完工手册一键下载。

二、发展历程

1991年，以季学文为法人的瓯海县金属材料制品有限公司在温州成立，即浙江永上不锈钢产业有限公司（以下简称"浙江永上"）的前身。浙江永上是温州地区不锈钢管行业第一家走进上海建工厂、第一家进行现代广告营销、第一家获得进出口许可证、第一家出口产品到美国的公司。

早在 1997—1998 年间，因为过硬的产品质量，浙江永上中标中石油－苏丹炼油厂项目，为项目提供了全部不锈钢无缝钢管。

2001 年，上海上上不锈钢管有限公司成立，法人季学文，同时创立"上上"品牌。2004 年，上上德盛成功生产出某现代化核潜艇用 2507 材质不锈钢无缝管；2006 年，销售额突破 11 亿元，成为不锈钢管行业龙头企业之一。2014 年，为扩大规模，在浙江丽水松阳新建 2 个生产基地。2016 年，自主研发的智能制造数字工厂成功上线。2018 年，荣获工信部"两化融合管理体系贯标试点企业"。2019 年，入选浙江省"隐形冠军"培育企业，并成功进行股份制改造。2020 年，AI EHS 项目入选"2020 年浙江省重点技术创新项目"，智能制造数字工厂项目入选"数字浙江基础设施建设项目"。2021 年，入选"浙江省服务型制造示范企业"及"浙江省数字化车间智能工厂名单确认项目"。

三、工艺技术发展

（一）工艺技术

三十年来，从浙江永上到上海上上再到上上德盛集团，季学文带领企业一直致力于不锈钢管生产的技术创新，首创了许多新工艺新技术，如不锈钢无缝管生产工艺中的扩孔、焊头、架空平台式水密封酸洗酸雾治理、工业废水零排放等，也培养了许多技术、管理和营销人才。

如在大规格不锈钢管生产旧工艺中，扩孔后钢管冷拔时要打头，母材损耗很大，成本也很高。为解决此行业痛点，多次改进工艺，采用焊头工艺，最后成功使得母材可反复使用，大大提高了成材率，降低了行业生产成本。

又如，早在 1995 年，在专家的指导下，采用直径 180 毫米连铸坯，扒皮（车削）直径达 160 毫米的圆坯，通过 100 型穿孔机穿出了直径 165 毫米的荒管，在国内首次实现了连铸坯直接穿孔的技术实践。另外，首创直径 160 毫米扩孔生产大管的工艺，成功生产出直径 219×6 毫米的不锈钢无缝成品管，从而打破此产品的国外垄断，实现国产化。这项研发成果开启了国产不锈钢管逐步代替进口，并广泛应用于国内大型项目的先河。

这些首创的工艺一定程度上促进了整个行业的发展，至今也还在行业中普遍使用。

（二）数字化智能制造工厂

上上德盛积极践行"中国制造 2025"国家战略，开启了不锈钢行业智能制造之旅：以生产、产品、装备、管理智能化为基础，实现个性化定制且可大规模生产，由纯生产制造转型为生产服务并重。

凭借多年的工业制造经验积累、优秀的信息技术人才和持续及时的系统优化，上上德盛成功开发了 13 套信息化系统，累计取得了 12 项软件著作权及 5 项软件发明专利。如 AI EHS 智能识别安全生产系统、ECO 智能环保执行系统、DES 大数据驾驶舱管理决策系统和人才绘制地图系统、APS+MES+WMS 智能高级算力的制造执行系统和 AI 人机结合的装备评估系统，为生产制造、仓储物流、市场战略营销解码、运营管理、组织决策赋能，达到经营管理自动化、智能化、预警化和防错化。

（三）低碳生产、节能减排和安全生产

上上德盛非常重视企业的社会责任，特别是低碳生产、节能减排和安全生产方面，积极践行"绿水青山就是金山银山"的生态发展战略。

低碳生产、节能减排方面，为解决酸洗工序中的废气、废水严重污染问题，上上德盛发明了不锈钢无缝钢管表面去氧化皮钝化酸洗处理工艺，实现了中水全部回收再利用和废气废水零排放的重大成果，得到了国家认可，获得了国家发明专利。季学文董事长还将此工艺无私地在不锈钢管行业积极推广，大大促进了整个行业的低碳生产和节能减排，为此受到了省市多次重大奖励。

安全生产方面，上上德盛自行研发的 AI EHS 智能安全管理系统具有 AI 智能识别技术优势，重构制造业在工业互联网下的智能安全管理，提升了安全生产数字化、网络化、智能化水平。该系统能够达到安全快速感知、安全实时监测、安全超前预警、安全联动及时处置、安全人员能力自动评估和工厂安全管理能力自动评估，以及加速安全生产从静态分析向动态感知、事后应急追溯向事先超前预警、单点防控向全局联防联动处置的转变，大大提升安全管理水平。目前该系统已在上上德盛所属的两个工厂成功运行 2 年，实现安全生产零事故。

（四）企业文化

上上德盛成立了自己的工学院，通过"请进来、走出去"方式培养员工，不但请专家来进行授课培训，还花费重金把中高层管理人员送到清华、复旦、交大、盛景网络和中欧国际等名校及其他机构培训。

上上德盛视产品质量和服务质量为生命，提出了"上上钢管让世界管道更安全"的理念，严格执行"不能把任何一支不合格的产品卖给客户，否则会受到道德和良心上的谴责"的企业管理理念与生产标准，由此使得公司做到 100 万根出厂钢管没有一根瑕疵的纪录，多年的工匠精神使得上上德盛的不锈钢管在客户手里没出现过任何质量问题。

四、未来发展战略

未来，上上德盛将继续沿着科技创新的道路前进，不断实现"有利于生态，有利于客户，有利于员工，有利于社会，有利于股东"的企业发展宗旨。

坚守绿色发展，追求止于至善，上上德盛集团将以坚实有力的步伐迈向未来！

五、创新创业人物

上上德盛季学文董事长 30 年来一直专注于不锈钢管行业，一直致力于推动行业的发展，先后作为多个行业协会成立发起人之一，并毫无保留地将自己宝贵的管理经验在高校及企业家中传授，曾任上海钢管行业协会两届会长、中国金属材料流通协会不锈钢分会常务副会长、中国金属学会不锈钢和耐热钢学术委员会委员、中国金属学会特殊钢分会理事会理事、上海市金属学会副理事长、上海重型装备制造行业协会副会长、浙江省浙商研究会副会长、中国特钢协会不锈钢分会钢管技术委员会副主任、不锈钢无缝钢管和焊接钢管国家标准制订审核者及中国管理科学研究院客座教授。

江苏星火特钢有限公司

一、企业简介

江苏星火特钢有限公司（以下简称"星火特钢"）成立于1991年，坐落于"中国·戴南"不锈钢产业集群内，是专业研发生产高性能不锈钢、特种合金材料及制品的国家高新技术企业，是国家火炬计划兴化特种合金及制品产业基地骨干企业、中国特钢企业协会不锈钢分会常务理事单位、江苏省冶金行业协会常务理事单位。星火特钢占地面积8万多平方米，总资产近3亿元，建有国家级博士后科研工作站、江苏省不锈钢材料及制品工程技术研究中心、江苏省企业技术中心、江苏省特种合金材料及制品工程中心，先后荣获国家知识产权优势企业、江苏省科学技术奖三等奖、江苏省创新型企业、江苏省百家优秀科技成长型企业、江苏省科技小巨人企业、江苏省服务型制造示范企业等荣誉称号。

星火特钢拥有先进的真空感应炉、电渣重熔炉、AOD精炼炉、非真空感应炉、高速线材生产线、热轧棒线材生产线、精密钢丝生产线、冷精型材生产线、精细钢丝绳生产线，生产的"高耐牌"不锈钢制品先后获得过江苏省著名商标、江苏省质量信用产品、江苏省名牌产品等荣誉，产品进入了国防军工、航空航天、石油化工、海洋能源、机械电子、医疗食品等领域，在国内声誉越来越高，高质量的用户越来越多，并有产品出口到欧美、东南亚及中东等地区。

星火特钢牢记以质量求生存、靠科技谋发展、凭诚信走天下的企训，以苛刻的质量要求致力于提供卓越的产品、贴身的服务；坚持走精品战略，在不锈钢、特种合金领域精心打造具有专业特色的科技竞争型企业。

二、发展历史及现状

1991年8月，星火特钢成立于戴南丁家泊村，注册名"兴化市戴南星火金属制品厂"，1992年4月，更名为"兴化市星火不锈钢制品厂"，成立之初依靠两台租来的设备，以不锈钢边角料为原料改制生产不锈钢丝，钢丝产品销售给安平生产不锈钢网和标准件厂生产螺丝螺帽，后来开发自行车用不锈钢辐条丝。1995年后以购买不锈钢小盘圆为原料生产不锈钢丝。

1999年8月，厂址由丁家泊村迁至戴南镇人民南路，购买了原巾被厂的部分厂房，改造后用于扩大生产规模。为提升质量，新上非真空冶炼，进入了扩产阶段，同时也逐渐向企业运营转变，并确立了"以质量求生存，靠科技谋发展，凭诚信走天下"的企业理念，实现了由单一拉丝到拥有冶炼、热轧、冷拉的全程流水线。

2001年3月，在戴三工业区建设新的厂区，与北京科技大学合作投资建设了一条不锈钢棒材连轧生产线，该生产线采用获国家科技进步奖一等奖的"短应力轧机"，实现了不锈钢一火成材，取代了戴南棒材需要两火成材的生产工艺，提升了产品的档次，为区域不锈钢产业占领全国市场作出了应有的贡献。

2004 年 3 月，更名为"江苏星火特钢有限公司"。2005 年 5 月，星火特钢在戴南科技园区新征了 100 多亩用地，建设新的生产基地，掀起了第三次创业的高潮。2007 年 12 月，自主设计建设的"不锈钢棒线材高速连轧生产线"正式投产，大盘重不锈钢线材从此诞生，为戴南不锈钢产业提升作出了巨大贡献，填补了江苏省在这一领域的空白。

2009 年 6 月，建设了独立研发大楼——星研楼，成立了江苏省唯一一家省级不锈钢材料及制品工程技术研究中心，并上了中试生产线，建设了真空冶炼、电渣重熔、AOD 精炼等特种熔炼设备，同时建成不锈钢检测中心，购置了直读光谱仪、金相显微镜、万能试验机、高温拉伸试验机、冲击试验机、疲劳试验机、氧氮分析仪、碳硫分析仪等检测设备，逐步形成集特种冶炼、高速轧制、精密加工等为一体的全流程特种合金材料及制品生产体系。

2010 年 7 月，星火特钢与南京理工大学陈国良院士团队合作成立了江苏省企业院士工作站，2011 年 10 月成立江苏省企业技术中心，加强高温合金、耐蚀合金、精密合金的研制和开发，先后完成国家火炬计划项目、省级科研项目 10 多项，参与制定了 6 项国家标准、5 项冶金行业标准。

2015 年 4 月，不锈钢丝绳生产线正式投产，获得了国家质检总局颁发的钢丝绳生产许可证，目前不锈钢丝绳已进入汽车行业，通过了 IATF16949 管理体系认证，星火特钢成为合格供应商，目前正在参与钢丝绳国际标准制定。2015 年 10 月，博士后科研工作站正式揭牌，为地区第二家国家级博士后科研工作站。工作站先后引进博士后科研人员 3 人，开展了一系列新产品新技术研发，取得了良好的效果。博士后科研工作站的建设，有力提升了星火特钢的研发创新能力，同时对促进当地不锈钢产业集群技术更新及转型升级起到了重要的推动作用。

2017 年 3 月，星火特钢与东北大学姜周华教授合作建设了多功能空心电渣炉，并承担了"江苏省科技成果转化项目"，为石化工业、核电工业提供大口径管坯，该项目的建成投产为我国的大口径高端合金管的生产作出了贡献，打破了国外在这个领域里的垄断。

目前，星火特钢共拥有 2 个生产基地，下设特种冶炼厂、高线厂、型钢厂、钢丝厂、钢丝绳厂 5 个生产厂区，拥有国内领先的特种冶炼生产线、高速线材生产线，以及国内先进的热轧棒线材生产线、精密钢丝生产线、冷精型材生产线、精细钢丝绳生产线，具备了材料选材设计、母材冶炼、热轧加工、拉拔捻股、冷精成型、检验检测一系列全流程研发制造能力。

三、研发能力与创新产品

（一）企业研发能力

科技是第一生产力，星火特钢于 2000 年 6 月成立了星火研究所，经过 20 多年的发展和建设，已成为集科研管理、产品开发、技术攻关和生产检验的综合性技术管理开发机构。2008 年经江苏省科技厅批准建立了"江苏省不锈钢材料及制品工程技术研究中心"，2010 年与陈国良院士团队共建了"江苏省企业院士工作站"，2011 年经江苏省经信委认定为"江苏省企业技术中心"，2015 年经国家人社部批准建立了"国家博士后科研工作站"，2015 年经江苏省发改委批准成立了"江苏省特种合金材料及制品工程中心"，江苏省不锈钢材料及制品工程技术研究中心连续 2 次考核优秀，江苏省企业技术中心连续 4 次评分优秀。

星火研究中心拥有独立的研发办公大楼，建筑面积 9600 平方米，其中办公楼 1600 平方米，中试实验基地 8000 平方米，中试生产线配备了真空感应炉、电渣重熔炉、AOD 精炼炉、非真空感应炉等设备，并建设了独立的检测中心，设有光谱分析室、金相分析室、化学分析室、耐蚀试验室、力学试验室等，配有德国斯派克直读光谱仪、钢研纳克氧氮分析仪、倒置金相显微镜、碳硫分析仪、拉伸试验机、硬度计、低温冲击试验机、超声波探伤仪、盐雾试验机等设备，能准确分析各种钢材的力学性能、金相组织、化学元素等指标，满足产品研发生产各项需求。

多年来，星火特钢陆续通过了相关管理体系认证；通过了江苏省企业知识产权管理和江苏省企业信用管理贯标；主导及参与修订了 6 项国家标准及 5 项冶金行业标准，其中以第一起草单位主导修订了《镍铬电阻合金丝》（YB/T 5259—2012）、《焊接用高温合金冷拉丝》（YB/T 5247—2012）2 项冶金行业标准；累计获国家专利授权 81 件，其中发明专利 15 件；先后开发出 2 项国家重点新产品、11 项江苏省高新技术产品；承担了 10 多项省级以上科技项目，获得了多项省市级科技奖项。

（二）企业创新产品

2013 年，星火特钢自主开发的"高强韧超低碳控氮奥氏体不锈钢"被泰州市人民政府授予泰州市科技进步奖一等奖。通过一系列的研究试验，突破了高强韧超低碳控氮奥氏体不锈钢的生产技术难关，最终形成了一套完整的先进的生产工艺，实现了超低碳控氮奥氏体不锈钢强度和韧性的良好结合，并保持优异的耐腐蚀性能，其力学性能与标准型 304 和 316 不锈钢相当，耐晶间腐蚀性能不低于超低碳奥氏体不锈钢。项目成果有效促进了我国核电装备行业的发展，提升我国高端不锈钢产业的技术水平和核心竞争力。

2016 年，星火特钢自主开发的"韧性铁-铬-铝铁素体电热合金"被江苏省人民政府授予江苏省科学技术奖三等奖。该产品从根本上解决了铁-铬-铝铁素体电热合金的脆性问题，与镍铬奥氏体合金相比，其密度小、线膨胀系数低且热导率高。同时产品对铬资源使用相对较少，不使用稀有金属镍，减少稀有金属的浪费，符合我国循环经济发展战略，有效推动了电热合金行业的发展。

四、品牌产品与应用

目前星火特钢主要产品为各种材质、各种型号的不锈钢及特种合金棒材、型材、丝材、线材、钢丝绳等，产品标准执行美标、德标、日标、欧盟标准及国家标准。另外星火特钢还可根据客户的要求定制研发生产客户需要的材质型号，最大限度地满足客户的需求。

星火特钢生产的"高耐牌"不锈钢制品先后获得了江苏省著名商标、江苏省名牌产品等荣誉，产品进入了核电（中核集团）、化工（南通中集集团）、电子（浙江三花集团）、机械（美国斯普瑞喷雾公司）、电力（上海电机厂）、餐厨具（广东市场）、汽车（上海大众）等领域，同时通过与有资质的科研院所合作，产品间接进入了核电、航天等尖端领域。

五、今后的发展规划

星火特钢一直致力于高性能不锈钢及特种合金材料的研制和生产，具有较强的科技研发和制造能力，掌握并具备了高性能不锈钢及特种合金冶炼、轧制、冷加工、拉丝、捻股合绳等多个领域的核心技术，生产的高性能不锈钢、特种合金产品具有广泛的国内外市场前景。

星火特钢时刻关注社会经济条件、国家产业政策、市场需求、行业发展趋势、企业资源等相关因素，通过全面分析，提出企业发展方向就是要围绕高性能不锈钢、特种合金领域，以做大做强高性能不锈钢棒型材、丝绳类产品为核心业务，伺机向高温合金、耐蚀合金等高端特种合金材料方向前进，最终成为行业乃至世界著名的优秀特种合金材料及制品研发生产供应商。

星火特钢的发展方向是：研发和提供各种具有特殊功能的合金材料和制品，向功能化、专业化、尖端化方向发展。稳步扩大股份制，吸引外部资本投入，向企业集团方向发展，按上市公司要求规范企业，力争培育出上市公司，不断创新体系结构，努力做成百年老企。

星火特钢的宗旨是：研发和提供各种具有特殊功能的合金材料和制品，实施个性化服务及开发，紧跟时代发展，满足社会需求，通过强化自身的研发实力，不断培育信任和依赖的客户，以满足客户的要求为己任，为客户创造价值，为社会进步尽力。

星火特钢的战略方针是：实施蓝海战略，避开无序竞争，走创新之路；推行品牌战略，以质取胜，走常胜之路；贯彻人才战略，广招纳贤，集慧融智，凝心聚力，打造高品质企业文化，走强身固本之路。

星火特钢的战略措施是：加强企业的核心竞争力，培养和引进专业人才，购置先进的生产、研发、检验设备，建立、健全现代企业管理制度，推行先进的管理方法，确保具有技术领先的研发能力和制造精品的生产能力。做好公司品牌规划，全面实施品牌战略，使公司品牌在行业内形成一定影响力。同时与国家科研机构紧密合作，与高等院校共建产学研基地，鼓励科研人员参股入股，充分调动科研人员的积极性。积极寻求与国企央企研究院所的合作，形成优势互补、业务稳定的合作关系。尝试在海外设点销售或设立公司，建立海外原料供应基地，寻求与国际著名企业的多方面合作，向国际化不断迈进。

六、创新创业人物

"勇为世间先，逐梦天地宽"是江苏星火特钢有限公司创始人翟世先的格言，他与不锈钢打交道的历史正是一部戴南不锈钢产业的发展史，用他自己的话说："我就是为不锈钢而生！"

20世纪70年代初，翟世先在家乡——江苏省兴化市戴南镇丁泊村作为知识青年进了村办厂做工，村办厂的主要业务是用不锈钢边角料拉丝，凭着苦干加巧干的工匠精神，最终制成一支支针灸针。在星火特钢的展厅，50多年前的"银针"依旧闪亮如初。

1978年，翟世先作为村办厂的技术骨干，远赴广东揭阳学习制作不锈钢手表带。回村后因陋就简，逐步攻关解决机械、控制电路、模具一系列难题，如愿造出了款式各异的不锈钢手表带，成为当时市场上的畅销货。技术和设备方面的从无到有，由粗及精，迫使翟世先成了厂里的多面手，这种锻炼极大地提高了他的技术才能。20世纪70年代的农村，遇到技术问题根本找不到专业人员请教，翟世先都是自己啃书本找答案，由此形成了翟世先好读书的习惯，尝到学习的甜头，钻研的劲头更足。

1991年，个体私营经济开始蓬勃发展，翟世先因为刚翻建了新房，创业资金成了最大的问题。"有条件要上，没有条件创造条件也要上"，靠着东拼西凑，用800元钱到邻县租了两台老掉牙的拉丝设备，又充分发挥动手能力强的优势，自制了一些配套的设施，就在自家院落干了起来。他白天生产，晚上读书，调研市场需求，谋求技术创新，以"人无我有，人有我优"的经营思路积极参与市场竞争。他针对拉丝过程中"加工磁"的问题进行技术攻关，最终生产出"光亮电解无磁丝"，结果这种"四星"牌的专利产品在广东市场一货难求。

1999年，翟世先从交通闭塞的丁泊村进军到戴南镇区，注册成立了"兴化市星火不锈钢制品厂"。不久，又在戴南人民路兴建了新厂房，现在位于兴达大道上的星火主厂区已是第四代。

星火发展的核心归根结底是技术上的不断创新。2001年，针对戴南地区不锈钢轧制的难点，翟世先组织人员进行技术攻关，于2002年6月研制成功"一火成材"的棒材生产线，填补了市场空白，将不锈钢的加工工艺向前推进了一大步。

2005年，星火升级版的"一火成材"高速轧制线在新厂区成功投产，将我国的不锈钢加工能力和水平又推向了一个崭新的高度，这项创新，业内专家高度评价其是"袖珍型复合式高线轧机"的典范。

翟世先在多年经营管理当中悟出"一个人可能走得很快，但一群人才能走得更远"，他"聚人汇才"的用人之道使得星火不仅拥有超级"智库"，还打造了一个极具活力的"星火团队"，越来越多的志同道合者加入星火，将星星之火衍生为燎原之势。

"以质量求生存、靠科技谋发展、凭诚信走天下"则是星火特钢的成功法宝，"做一个行业及至世界著名的特种合金材料及制品研发生产供应商"是星火的愿景，也是翟世先毕生的追求。

浙江永上特材有限公司

一、企业简介

浙江永上特材有限公司（以下简称"永上"）是一家专业生产不锈钢及特材无缝管和有缝管制造企业，"永上"品牌专注不锈钢管制造已有三十年，集不锈钢及耐蚀合金钢管生产、销售、高新产品的研发为一体。拥有自营进出口权，经济技术实力雄厚。一、二期项目达产后年产值 6 亿元以上，三期项目完成后年产值 10 亿元，占地面积 185 亩，总建筑面积 10 余万平方米，注册资本 10680 万元，一、二期固定资产投入 1 亿余元，资产总额 3 亿元，现有员工 296 人。

二、发展历程

永上的前身瓯海不锈钢材料有限公司于 1993 年 5 月成立，当时得到了上钢五厂的大力支持，是当时温州单体最大的不锈钢无缝管生产企业，1996 年更名为浙江永上不锈钢产业有限公司并注册"永上"商标沿用至今，是温州最早进行穿孔、冷拔一体化的生产企业，同时也是温州不锈钢行业第一批拿到冶金部工业产品生产许可证的企业，是第一批获得 ISO 9000 质量管理体系证书的企业，第一批获得不锈钢管自营进出口许可证的企业。1998 年加入首批中石油天然气集团一级供应商网络，并成为了温州不锈钢协会常务副会长单位，中国流通协会常务副会长单位，中国特钢企业协会不锈钢分会常务理事单位。2001年，由于不锈钢市场需求的快速发展，国际出口急剧增长，为了适应市场发展的需要，增加企业及产品的国际视野，永上在上海嘉定南翔镇投资设厂，成立上海上上不锈钢管有限公司，使得产品、品牌、规模、视野得到了一次大的飞跃。2004 年为了完善公司的上下游产品供应链，投资浙江正圆不锈钢有限公司主要生产不锈钢圆棒以满足几个不锈钢管厂的需求。次年在嘉兴港区投资建厂，成立了浙江嘉上不锈钢管有限公司。

2016 年 5 月在丽水遂昌成立了浙江永上特材有限公司，通过五年的发展，一、二期已达产，产值近 6 亿元，荣获了国家高新技术企业，产品通过浙江制造品字标认证，获得了 8 个国家船级社工厂认证，美国石油 API-5LC 认证，以及两化融合工厂认证。使得永上从品牌到管理更上一层楼，也使得产品从单一的无缝管生产转化成无缝有缝管都能生产的综合型企业，适应了市场发展的需要。

永上是 20 世纪 90 年代初期国内第一批生产不锈钢无缝管的私营企业，历经风雨，为我国不锈钢管从国内紧缺到大批出口的转型作出了自己贡献。也为我国不锈钢管初期粗放型生产管理到逐步规范有序文明生产，以及参与或主导制定规则并拥有自主知识产权做出了示范作用。下一步永上将加大科研投入，研发新产品，提倡科技创新、管理创新、产品创新，努力使公司成为高度数字化、信息化、智能化的现代化企业。

三、工艺装备及技术成果

（一）工艺及装备

永上拥有 76、90、150（3500kW）穿孔线三条，生产荒管 65~320 毫米，年穿孔产量 8 万余吨，冷轧生产线 11 条，分别有 LG50-H、LG60-H、LG90-H、LG120-H、LG250-H 机组，生产外径组距 32~273 毫米，冷拔生产线 8 条，生产组距 6~813 毫米，JCOE 焊管生产线 5 条，1600×2 吨折弯机 1 台，卷板机 2 台，X 射线检测 1 套，生产外径组距 219~3000 毫米，年产奥氏体不锈钢、超级奥氏体不锈钢、双相钢及超级双相钢、耐蚀合金镍基合金等不锈钢管及特材 3 万吨。

永上是温州最早进行穿孔冷拔一体化生产的企业，早期从上钢五厂引进德国 100 曼内斯曼穿孔机组。1996 年投资 100 余万元引进辊底式煤气发生固溶炉。

永上主要产品有结构用不锈钢无（有）缝管、流体输送用不锈钢无（有）缝管、锅炉热交换器用不锈钢无缝管、高压锅炉用不锈钢无缝管、石油裂化用无缝管、液化天然气用不锈钢无缝管、氧气输送用不锈钢无缝管、船舶用不锈钢无缝管、洁净卫生级不锈钢管、电力核电用不锈钢无缝管、加氢用不锈钢无缝管、双相不锈钢无（有）缝管、超级奥氏体不锈钢无（有）缝管、尿素级超低碳不锈钢无缝管、耐蚀合金无（有）缝管、异型不锈钢管等。

（二）技术成果

经历了 30 年的沉淀积累，永上形成了以奥氏体三系列不锈钢管为主导的，双相不锈钢以及超级双相不锈钢、超级奥氏体不锈钢管、耐蚀合金管、镍基合金管、高温合金、特种用途专用不锈钢管为发展导向的生产厂家。

1994 年永上引进 100 德国曼内斯曼穿孔机组顺利投产，为先期温州不锈钢行业管坯的供应作出了不可磨灭的贡献。

1996 年永上创造性地开发了大口径管的焊头工艺，引领了行业工艺变革，大幅提高了成材率，结合扩拔工艺，填补了国内大口径无缝管的空白。

1997 年引进永得利 LG60-2 国内首台双线两辊的冷轧机，开创了不锈钢管温州不锈钢管冷轧的先河，为以后不锈钢管冷轧或冷轧冷拔结合批量生产奠定了基础。

2001 年开发了 2205 双相不锈钢管，克服了双相不锈钢强度大、变形难、酸洗难。形成了成熟的生产工艺，开发了全新不锈钢系列产品。

2007 年研发了 S32750 超级双相不锈钢管，解决了该钢种热加工和冷加工的技术工艺难题，进一步完善了双相钢家族产品，并出口美国。

2008 年研发了 904L 不锈钢管，出口越南。

2011 年开始朝耐蚀合金管、镍基合金管方向进行技术研发。

2017 年至今相继开发了超级奥氏体钢管 S31254，尿素级不锈钢管 316MOD，高硅 C4

钢，耐蚀合金 Incoloy800、N8825、Inconel600、Monel400、N8020、N2200、C10276、C22、GH3030、GH3039 等，替代了进口高端耐蚀合金管，并参与了《耐蚀合金无缝管》等三项国标的制订，为国家重点工程项目作出了自己贡献。

2020 年经生产技术人员潜心研究，反复试验，克服了双相不锈钢强度大、变形难、生产工艺复杂等难题，成功开发了 2205（250 毫米×150 毫米×10 毫米）大口径双相不锈钢矩形管，试验数据完全满足客户提供的技术条件要求，填补了空白。

经过技术人员不懈的努力，超级奥氏体不锈钢 254SMO、N08367、哈氏合金 C276、耐蚀合金 800H 等八项无缝管通过浙江省省级工业新产品（新技术）鉴定，理化实验室荣获浙江省级重点实验室。

永上参与制定了团体标准四项、国家标准九项，荣获了国家高新技术企业和政府质量奖，取得了多项发明专利四项和三十余项新型专利，还荣获省级新产品十余项，特别是近几年在新产品的研发取得了跨越式的进步，研发的很多新产品代替了国外进口产品，填补了空白，满足了客户的需求。

四、品牌产品与应用

永上产品被广泛用于石油、化工、核工业、军工、电力、船舶、动车、航天航空、海洋工程、锅炉热交换器、冶金、机械、电子、医药、食品、建筑等行业。"永上"系国内不锈钢行业知名品牌，产品远销国内外，出口欧洲、美国、南美洲、澳大利亚、中东、东南亚、非洲等国家和地区，秉承"卓越品质、务实诚信、永远向上"的经营理念，为客户提供优质的产品和满意的服务。

"永上"是温州不锈钢管行业中佼佼者，也是中国不锈钢管知名品牌，很早就注重广告投入，1996 年开始每年投入大量资金在专业杂志（如《钢管》《不锈》《不锈钢市场》等）、网络（如阿里巴巴、中国制造网、环球资源等）、电视、机场、火车站、高速公路、街道等进行广泛宣传，为"永上"品牌深入人心，得到用户认可打下了良好的基础，也是行业内较早对品牌及形象进行 CIS 策划的企业，较早注册自己商标的企业。不忘初心，方能始终。永上始终坚持"客户在我心中，质量在我手中"的品质理念，继承前辈们的优良传统。

五、企业的发展规划

作为温州不锈钢行业领头企业，永上为不锈钢行业的发展壮大作了重大贡献。作为温州不锈钢行业的领军企业，亦是温州不锈钢管业"黄埔军校"，永上为温州不锈钢行业发展培养出一大批专业人才，为温州取得中国不锈钢管生产基地立下了汗马功劳，为我国不锈钢管出口国外拉开了新篇章。

2017 年永上被认定为浙江省科技型中小企业，通过了清洁生产审核验收，安全生产标准化三级达标，2018 年 3 月荣获高新技术企业证书，2017 年至今获得了发明专利 4 项，实用新型专利 30 余项，开发了省级新产品 8 项，2020 年 12 月荣获了浙江制造认证，已参与制定了浙江制造标准 2 个、团体标准 1 个、国家标准 7 个。2021 年 7 月永上主导起草的浙江制造团体标准《高腐蚀流体输送用不锈钢无缝管》通过了浙江省品牌建设联合会立项，8 月通过了初次评审。2017 年开始，永上制定了全面信息化战略规划。分四个阶段全面推进公司的文化建设、制度建设、信息系统建设，打造行业领先的智能化数字工厂，用数据管理、用数据考核、用数据决策。信息化基础设施、ERP 系统、OA 系统、MES 系统是第一阶段的主要建设内容。通过上述系统的建设，将构成永上的核心资源数据库，形成数字资产。将办公流程、业务流程、生产流程全部纳入系统化管理。加快交货期，提高了客户满意度。2021 年 9 月永上通过了浙江省智能制造一期数字化部分验收。

节能高效、清洁环保、安全健康是我国工业发展的方向，下一步永上将在三期项目朝着符合国家产业政策鼓励的方向发展建设新工厂新车间，开发新产品，建设高度数字化、智能化生产车间，如：提高轧机自动化程度，减少人工；轧机轧制钢管朝着大变形量方向发展，减少加工道次；用保护气氛光亮热处理代替燃气热处理，减少酸洗，从而减少废水、废气排放；钢管轧制利用水润滑代替油润滑，减少脱脂去油；用 ERP、MES、OA 等软件系统代替人工原始手工数据传递，工厂数据上云，利用大数据云服务作为现代企业管理基础；在"三废"环保处理方面提高排放标准，尽量做到废水、废气回收再利用，少排放或零排放。总之，建设节能减排，绿色环保，清洁健康，高度数字化、信息化、智能化的新型现代化工厂是永上人努力追求的方向。

永上在三期规划布局的产品有：无氧化光亮热交换器及锅炉用管；耐蚀合金精密管；洁净卫生级精密管、BA 管、EP 管等高端高附加值产品。这样有利于永上产品更新迭代，转换升级，在激烈的市场竞争中立于不败之地。

永上企业的质量方针是：

以顾客满意为宗旨，精心生产，精心控制，精心服务；

以安全高效为目的，确保质量，确保安全，持续改进。

"知行合一，追求卓越，永远向上"是永上人永远不变的价值观，历经三十年永上不锈钢情怀依旧，前辈们的努力创业激励着新一代永上人不畏艰辛，团结一致，坚定不移地把不锈钢及特材事业一直走下去。

中钢不锈钢管业科技山西有限公司

一、企业简介

中钢不锈钢管业科技山西有限公司坐落于山西综改示范区晋中开发区，占地面积 500 亩，毗邻太原武宿国际机场、石太高速、大运高速，交通便利。致力于研发生产销售有关核电、火电、石油、煤炭、化工、天然气等能源工程用管材及配件，有关城市饮用水、食品卫生、制药、电子工业、环境工程、生物工程、海洋工程、超低温工程等气体及液体管道输送设施用高性能、高耐腐蚀管材及配件，有关机械结构、锅炉、热交换器和冷凝器用等耐高温、耐高压管材及配件。

产品规格及钢种齐全，可生产各类不锈钢及特殊钢材质焊管，可满足不同领域对工业焊管的多样化需求，产品广泛应用于石油炼化、煤化工、核电、船舶、造纸、生物化工、食品、制药、LNG、军工等行业，钢种涵盖了奥氏体及超级奥氏体不锈钢、双相钢及超级双相钢、铜合金、钛合金、镍基合金、哈氏合金、双金属复合材料等，年生产能力达 15 万吨。

建立了完善的产品质量体系，以优质的产品质量、完善的售后服务，成功入围中国石油天然气集团有限公司合格供应商、中国化学工程集团有限公司不锈钢管合格供应商等，建立了与中石化洛阳工程有限公司、东华工程科技股份有限公司、华陆工程科技有限责任公司、赛鼎工程有限公司等企业的长期合作关系。同时，产品远销北美、南美、中东、东南亚、非洲等地区。依靠先进的制造装备和强大的研发团队，不断加大新材料、新品种的研发，助推产品立足国内、走向国际。

二、发展历史

（一）生产历史及产品变化

2013 年，中钢不锈钢管业科技山西有限公司建立 JCO 大口径单支成型生产线，购置了大型板材数控机械手自动作业的剪切下料机组、3600 吨数控成型机组、1600 吨双机联动成型机组、九头全环形架数控合缝预焊机组、具备激光跟踪能力的数字化焊接设备、全自动大口径焊管固溶炉、高精度精整矫直设备、新型无污染酸洗钝化设备等，主要生产大口径不锈钢工业焊管。

2014 年，增加了 FFX 连续成型自动焊接生产线、螺旋焊管连续生产线，产品涉及热交换器用管、煤化工行业用螺旋焊管等。

（二）工艺技术提升历程

中钢不锈钢管业科技山西有限公司自成立之初便组建了技术研发中心，由在不锈钢行业领域具有丰富经验的专家担任技术工程师。通过对产品研发过程的组织、计划指导、控制及开发流程的优化，满足相关行业对焊管的技术、质量需求。在项目实施过程中，从多种材料的机理、化学成分、焊接工艺及各项力学性能、组织结构变化、基础研究到装备配置、检测手段配置、焊接工艺评定打通工艺路线小批量试生产，最终实现为终端客户批量提供优良特殊性能的合格产品。

（三）装备提升历程

中钢不锈钢管业科技山西有限公司长期以来不断强化生产、研发、设计和装备四位一体的工程集成能力，提高创新综合实力，实施人才强企战略，为实现发展战略目标提供有力的保障。

2018 年在原有 JCO 大口径单支成型生产线、FFX 连续成型自动焊接生产线、螺旋焊管连续生产线基础上，新增 426 连续生产机组，可进行 φ325～426 毫米规格连续生产。

（四）产品质量提升历程

2016 年以来，中钢不锈钢管业科技山西有限公司先后取得了 ISO 9001 质量管理体系认证、GJB 9001C—2017 军工质量管理体系认证、ISO 14001 环境管理体系认证、ISO 45001 职业健康安全管理体系认证、压力管道元件制造许可、PED 欧盟承压设备指令、美国石油协会 API 5LC/API 5LD 认证、俄罗斯海关联盟 CU-TR 认证、中国船级社工厂认可 CCS、法国船级社工厂认可、美国船级社工厂认可等多项认证证书。

（五）成本管理发展成效

围绕"做大做强、绿色发展、和谐发展"的战略布局，中钢不锈钢管业科技山西有限公司以转型升级为主题，以改革创新为主线，先后对降成本工作做出了一系列的部署安排，创新提出全流程成本管理模式。通过设立专门的成本核算组，对各工序生产成本进行核算，合理评价各工序成本完成情况，根据上年运行情况及来年预测修改循环。

（六）环境保护建设及成效

环境保护是企业生存和发展的首要前提，中钢不锈钢管业科技山西有限公司通过建立健全环境监测体系，安装了废水超滤反渗透装置，通过采用超滤反渗透方式对生产废水进行进一步的深度处理，以确保达到纯水标准后回用于生产切实做好环境保护工作。

三、研发能力与创新产品

（一）研发能力

中钢不锈钢管业科技山西有限公司以先进的生产设备及完善的检验检测设备为纽带，

积极在高附加值、特殊性能产品上开展项目研发，定位于特殊材料的产品开发。

与太原科技大学、中船重工研究所等多家高等院校、科研单位合作，把高校、研究所的人才优势和企业的装备生产工艺优势结合起来，针对不同用途、不同领域的材料开展项目研究。建有设施完善的理化检测中心，拥有完善的检验检测设备，覆盖了从原材料、半成品到成品的各项理化性能实验及各种无损检测项目。从原材料到生产工艺到检验检测方法都进行严格、有效的控制，完全满足国标、美标、欧标、日标等产品的生产、检测及质量控制能力。

近年来，中钢不锈钢管业科技山西有限公司为开发新材料、研发新产品、提升技术工艺，以企业技术中心为核心，组织实施了多项研发项目。在项目实施过程中，从多种材料的机理、化学成分、焊接工艺及各项力学性能、组织结构变化、基础研究到装备配置、检测手段配置、焊接工艺评定打通工艺路线小批量试生产，最终实现为终端客户批量生产出优良特殊性能的合格产品。

（二）创新产品

依托与太原科技大学联合成立的技术研发中心，结合企业性质及发展规划，旨在通过项目合作与开发，具备 UNS N08367 超级奥氏体、铜合金 B10、钛合金、镍基合金等新材料焊接管的制造能力，进入军民融合、国防建设、船舶等高端装备供应序列，同时在新材料领域填补省内技术与产业空白。

近年来中钢不锈钢管业科技山西有限公司完成海洋领域用特种合金焊管工艺研发及制造、B10 铜合金焊管制造工艺研发、超级奥氏体不锈钢焊管制造工艺研发、镍基合金厚壁管材强力成型工艺技术研究与开发、2205 双相不锈钢焊管工艺研发、复合管生产新工艺等，并组织实施了"海洋油气输送用超长大口径特种高性能不锈钢焊管研发""年产 5000 吨海洋用高强度不锈钢焊管生产线技改""大口径厚壁镍基合金直缝焊管 JCO 精密成型制备关键技术，JCO 精密成型有限元仿真研究""军民融合海洋领域用特种合金焊管工艺研发及制造""超厚不锈钢焊管制备技术""超长小口径薄壁不锈钢焊管研制技术""精密薄壁管材连续成型工艺优化技术""固溶处理焊管高效整形"等多项研发项目。

四、品牌产品与应用

（一）主要产品规格

经过多年的发展，中钢不锈钢管业科技山西有限公司目前可生产外径为 φ8～3048 毫米，壁厚为 0.2～60 毫米的各类不同钢号的奥氏体及超级奥氏体不锈钢管、铁素体不锈钢管、双相钢及超级双相钢管、镍基合金管、钛合金管、铜合金管、复合管等，是国内不锈钢焊管品种齐全、规格组距涵盖范围广的制造企业，年生产能力达 15 万吨。

（二）产品市场应用情况

1. 国内重点行业及装备应用情况

中钢不锈钢管业科技山西有限公司自成立之初，即将石化领域市场作为市场开发的主阵地，先后承接了中石化洛阳工程延安煤油气资源综合利用项目、盛虹集团江苏斯尔邦石化有限公司二期丙烷产业链项目、浙江卫星石化连云港石化 320 万吨/年轻烃综合加工利用项目、陕煤集团 180 万吨/年乙二醇工程项目、山东鲁清石化 120 万吨轻烃综合利用项目、新疆库尔勒中泰石化年产 120 万吨 PTA 项目、内蒙古伊泰集团 120 万吨/年精细化学品示范项目、俄罗斯 JSC Shchekinoazot 硝酸硝铵项目等 50 余项重大项目。

国内客户主要分为：工程设计院、500 强企业、驰名商标企业、上市企业、国有企业及其他化工单位等。将通过多种渠道并用，提升企业的品牌效应，扩大产品市场份额。

2. 国外应用情况

中钢不锈钢管业科技山西有限公司建立了遍布全球的营销网络，产品远销加拿大、马来西亚、伊朗、摩尔多瓦等国家，应用于石油、化工等行业。随着全球经济一体化的到来，作为国内不锈钢生产企业，将从抓好增加品种、提高质量、改进服务，使不锈钢生产和技术达到国际要求水平。

五、"十四五"规划及今后发展规划

（一）"十四五"规划

中钢不锈钢管业科技山西有限公司在全面完成《"十三五"科技发展规划》的基础上，正着手《2021—2025 年企业科技发展规划》的编制工作，并规划企业技术中心的未来发展战略目标。

不断完善企业科技创新体系，自主创新能力大幅提升，围绕国家产业发展未来需求，在关键技术方面取得重大突破，全面掌握高性能不锈钢管和特种合金管系列的核心技术和关键技术。重构技术创新体系，打造技术创新新业态，完善与国际接轨的开放、协动创新体系架构，形成以创建国家企业技术中心为主体的核心层自主创新机构，与合作伙伴共建共创国家地方联合工程研究中心的紧密层创新机构，完善常态化合作机制的外部产学研用松散层创新机构的布局。

到 2025 年，形成与国内产业发展相适应的完善的不锈钢及特种合金焊管的技术创新体系，自主创新能力全面提升，不锈钢及特种合金管的技术制造水平达到国际先进水平，支撑能源、海洋工程和船舶、高端装备制造等产业对高端金属管材的需求，从而使中钢不锈钢管业科技山西有限公司成为科技进步与技术创新的辐射源与技术供给中心，进入我国不锈钢和特种合金制造企业第一方队。

（二）今后发展规划

中钢不锈钢管业科技山西有限公司长期以来坚持自主创新和产学研、产销研合作开发体系的科技发展战略，不断强化生产、研发、设计和装备四位一体的工程集成能力，以稳定提高和精准运营管理的持续改进体系，提高创新综合实力，实施人才强企战略，为实现发展战略目标完成提供有力的保障，未来将在以下几方面做好企业发展规划。

（1）提升基础能力，促进企业转型升级。通过整合现有优质资产，逐步增添设备、设施及相关的辅助检测检验仪器、设备，集中完善建设试验与检测中心、新品开发部、新材料研究开发室等，为企业全面实施生产装备的技改升级和生产工艺的技术创新打下坚实的基础。

（2）产出成熟的新产品技术成果，保障企业技术进步。将围绕国家能源、高端装备制造等领域对新材料需求，以企业技术中心为依托，积极开发新产品，为企业提供一流的、成熟工程化和产业化技术成果。依托企业技术中心的平台和成果，通过与有关科研院所展开深度的产学研合作模式，开展镍基合金、双相不锈钢等高品质不锈钢和特种合金管的研发和产业化，形成大口径厚壁镍基合金直缝焊管 JCO 精密成型制备关键技术、双相不锈钢焊管酸洗钝化机理及产业化应用等技术。加速开展能源、海洋工程等用高端不锈钢及特种合金管的研发和产业化的中试过程，研发中试基地的建设对于加速发展和完成公司产业链、提高经济效益、增强企业抵御风险的能力，提高企业产品质量、降低生产成本、实现规模经济效益，巩固和扩大市场占有率，促进地方经济等都有着重要作用。

（3）为企业提供全方位的优质开放服务。围绕企业发展战略需求，为企业提供技术辐射和服务功能。第一，充分发挥技术中心的技术产品优势，在技术成果、新技术、新产品的资源共享运行机制，以技术服务和技术合作的方式实现技术转移，使中心成为辐射高新技术产品的技术研发创新和成果转化平台。第二，通过实验室的材料检验、检测和验证等开放服务功能，为企业制造过程和成果转化提供的检验、检测和验证服务与信息咨询、培训行业人员提供技术服务等。第三，在企业产业化过程中的专业化高效生产、产线自主集成、全流程一贯制质量精确控制、产销研快速协动提供必要的技术支撑，从而推动企业整体技术进步。第四，在企业节能减排方面，作为企业节能减排方面的主要技术来源，中心不断跟踪国内外行业节能减排绿色发展先进节能减排技术，应用于企业节能技术改造中，促进企业节能减排技术不断进步，实现企业可持续发展。

（4）为企业培养高水平的各类技术管理人才。以太原科技大学创新实验基地和校企联合技术研究中心为载体，通过承担项目、技术合作、技术辐射、学术交流、进修培养等活动，举办以开展专题学术交流培训、质量意识讲座，参加行业技术发展交流等活动为内容。选派技术管理骨干到国内知名高校深造等，为技术骨干学习提高提供良好条件，为中心科技人员成长、成才创造机会，逐步形成中青年高级人才为带头人的专业技术队伍。

华迪钢业集团有限公司

一、企业简介

华迪钢业集团有限公司（以下简称"华迪"）创建于 1992 年，从一个家庭作坊式的小企业，经过三十年发展，已成为一家集生产镍铁、冶炼、轧钢、穿孔、冷拔冷轧、检测、国际国内贸易为一体的不锈钢无缝管生产大型民营企业。公司"华钢"牌无缝不锈钢管国内设有 20 多个销售公司和联营公司，产品远销德国、意大利、英国、加拿大、奥地利、美国、新西兰等 30 多个国家和地区，拥有自主进出口权，近年来出口贸易保持增长势头。

华迪创业二十多年，经历了几次跨越发展至今。1992 年在上钢五厂、钢管分厂等单位的技术帮助下，温州东海钢管厂（华迪钢业集团有限公司的前身）建立，初始创立资金 200 万元，占地 2.9 亩是全国最早进行不锈钢钢管穿孔生产的民营企业。

华迪努力奋斗不断创造新的业绩，从 2001 年开始连续多年进军全国行业 500 强，2004 年开始连续多年进军全国民营企业 500 强，先后获得"中外名牌产品"、中国驰名商标、浙江省"著名商标""名牌产品""诚信示范企业""知名商号"、温州市"百强企业"、自营生产企业"出口 20 强单位"等荣誉。为了企业更好更稳健的发展，华迪还从 2017 年开始筹备向美国纳斯达克交易所申请企业上市，经过几年的努力，已于 2021 年 1 月 22 日正式在美国纳斯达克交易所挂牌上市。

二、发展历史

华迪发展过程中全体员工共度时艰，实现了四次跨越：第一次跨越是在 1996 年，华迪审时度势，并购了海滨纸箱厂，新建了华迪厂，并投资 3000 万元，进行了第一次技改，增加了两台大型穿孔机组、四台拉机和两台检测设备，这样一来，大大地增加了生产能力和检测水平，开始了华迪的新起点。第二次跨越是 2002 年华迪征地近 100 亩，建成了标准厂房和行政办公大楼，2007 年 3 月底，二期工程竣工交付使用，公司行政管理人员 12 个部门科室集中办公，企业生产近 20 个车间配置崭新设备，从家族管理模式向现代化模式转化，进一步提升了企业管理水平和生产体系，当年首创产值超 10 亿元，政府为华迪钢业集团有限公司赠送"做强做大，勇攀高峰"牌匾。第三次跨越是 2007 年华迪在台州临海上盘北洋工业区新开辟了"台州华迪实业有限公司"，占地 506 亩，建立建设生产精密高端的生产流水线，使华迪产品从中低端向高端发展。第四次跨越是 2013 年华迪开始向国外拓展，在印尼建立"印尼华迪镍业有限公司"拥有近 2 万公顷镍矿，同时建立印尼华迪工业园，规划面积 6000 亩工业用地，规划 20 条镍铁冶炼生产线，产能 120 万吨镍铁，现已建成 6 条生产线，年产 36 万吨镍铁，使华迪集团向着综合性大型企业发展。

三、技术装备及成就

2001 年华迪投入 1000 多万元，从国外相继引进超声波探伤、水压试验金属光谱仪等检测设备，以及力学实验、配套理化分析等设施，现已成为国内同行业中生产和检测设备最为齐全的企业之一。2008 年华迪被认定为浙江省"高新技术企业"。

近年来，华迪更是不遗余力的组建了华迪技术研发中心、质量检测中心、先后有"双相钢"科研项目和"耐酸耐腐蚀 TP347H 不锈钢无缝管"科研项目分别被列为区、市级重大科研项目，尤其是 TP347H 新产品又于 2008 年被列入"浙江省科技新产品"。这两个研发项目通过改进工艺，研发出来的产品附加值高、使用范围广、符合国家节能环保政策，在一定程度上填补了国内空白。从而华迪也实现了研发、生产、检测、销售的一条龙经营模式。

四、社会贡献

华迪的发展离不开国家政策的扶持，离不开各级领导和各界人士的关心、支持。吃水不忘挖井人，华迪在把企业做大做强，做精做专并带动行业发展的同时，没有忘记那些还处于社会底层的弱势群体，时刻不忘回馈社会、服务社会，时刻关注着那些需要帮助的群体，将社会公益事业作为自己责无旁贷的责任。华迪热衷于慈善工作，2007 年在龙湾区成立社会公益委员会组织，是当时浙江省工商联界内首创，公司联合 20 多家企业，募集资金 144 万元，设立了民生扶助基金。

多年来华迪一直挂钩帮扶泰顺县雪溪乡、苍南县桥墩镇脱贫致富。同时还参与"千村千企结对共建新农村"活动，与永中街道新莒村进行挂钩接对，发挥民企的资本与市场优势和农村的自然资源、劳动力优势，以实现共赢互利为宗旨，对新莒村进行帮扶。数年来华迪投入数百万元资金，参与"五水共治"和环境治理；并积极参与社会慈善、救灾募捐。华迪也得到了社会的认可，获得"温州市纳税百强企业"及"全国就业与社会保障先进民营企业""全国守合同重信用单位""全国劳动就业先进单位"、2009 年度中国钢铁行业"劳动模范"称号和荣誉。一路走来，华迪靠的是坚忍不拔的韧劲、不达目的决不罢休的执着、吃苦耐劳的精神和视诚信为生命的守信经营理念，华迪人坚信明天的华迪事业会更加辉煌。

五、发展规划

华迪根据实际出发将抓住机遇推进企业智能化技术改造，具体措施有：（1）加强人才培训，结合公司实际情况，成立职业技能等级认定领导小组，培养一线和特岗的技术人才，有效提高公司整体技术素质；（2）进行设备智能化改造使产能升级，确保产品的质量和提高产品的产量；（3）进行技术开发，成立专门科研队伍，有效改变公司产业长期处于产业链中低端的状态，现在开发氢能源使用的材料技术已进入实际性阶段；（4）做好企业内部净化，"诚信廉洁、守法经营"的企业发展理念，有效地营造了充满和谐与活力的工作环境，激励了员工的工作热情。

华迪将加快企业向国际市场发展、向产业链上游拓展的步伐，在完善国内市场的同时发展印尼华迪工业园，目前该项目已升级为：规划用地 400 公顷，最终实现 25 条镍铁生产线，同时计划将部分产能转化为新能源电池级硫酸镍产品。现在印尼华迪工业园正在运行满负荷生产的 6 台矿热炉，年产镍铁实物 30 余万吨，在建 6 台矿热炉，全部建成后，总产值将超过 100 亿元人民币。印尼华迪工业园临海边公路，自建驳船码头，同时可停靠 10 艘万吨级驳船，计划明年继续扩建码头，实现 3 万吨母船可以直接靠泊作业。印尼华迪工业园现建有两座变电站，容量分别为 35 兆瓦和 65 兆瓦，可以配套 25 台矿热炉生产线，目前由印尼电网（PLN）供应电源。为了节约成本，提高竞争力，华迪工业园计划 2023 年启动自备电厂建设，一期规模为两台 13.5 兆瓦机组，届时将大幅降低生产成本。另外新能源汽车是大势所趋，而其电池正极材料三元前驱体自然成为行业趋势，印尼华迪工业园已着手计划建设硫酸镍项目，利用火法冶炼高冰镍工艺优势，采用环保节能的先进工艺，开发硫酸镍产品，先期建设一万吨金属镍生产线，用于新能源汽车电池的前端材料。

六、创新创业人物

华迪经过二十多年的发展，从一家民办工厂，从一个小乡村的钢铁企业，发展成为今天温州市不锈钢行业龙头企业，位居中国民营企业 500 强前列。是什么成就了今天的华迪，从董事长王迪身上或许可以找到答案。

创新敢为天下先。1992 年，在改革春风吹拂下，王迪辞去了时任的永中街道衙前村党支部书记一职，开始了艰辛的创业之路。当时永强的几家拉管厂的原材料（荒管）是向上海浦东穿孔厂买的，上海的管坯又很紧张，要先付钱，后按次序供应，王迪决心创办穿孔产业。在只身一人花费半年时间进行市场调查、经验摸索、技术学习后，王迪于 1992 年 6 月返乡创办温州东海钢管厂，带领兄弟三人开始了创业之路。经过二十多年的艰苦创业，成功地将一家只有一条小口径的穿孔生产线的小作坊发展成集冶炼、轧钢、穿孔、冷轧冷拔、国际国内贸易为一体的大型民企。

不畏困难超前发展。华迪钢业二十多年的发展有苦也有甜。在创业生产过程中面临的"限量供地""限量供电"等问题，华迪人不怕困难在董事长带领下，迎头而上冲过难关。生产运转正常后，开始生产不锈钢产品荒管。时值 1994 年，又遇国家经济"宏观调控"，荒管产品销不出去、银行贷款到期，企业面临倒闭的危机。王迪以祖业房屋为抵押，向银行贷款，经过全家族的共同努力，终于渡过了难关，使企业逐步好转，慢慢扩大。

注重科技投入。华迪坚信企业的生存发展，关键在于人才，自公司成立以来，就非常注重人才的培养和科技投入，几十年来，陆续引进和培养了各类中高级专业技术人才，同时还向宝钢、太钢、抚钢、太重等国内相关行业大企业诚心相邀和高薪聘请了高级人才。正是华迪坚持"以人为本"的企业经营理念，"平等竞争、严格考核、择优录用、双向选择"的聘用原则，"建立竞争和考核机制、启用优秀青年人才"的使用原则，"针对性地为员工组织各类基础培训、专业培训、深化培训"的培育原则，"分析需要、满足需求"的激励原则，"想员工之所想、急员工之所急"的留人原则，才得以聚集了一大批的优秀管理、技术人才，拥有一支高素质、高水平的职工队伍，同时也使公司的产品质量得到不断改进、完善和提高，新产品不断出现，市场竞争力不断增强，产品所占市场份额不断提高。"科学技术是第一生产力"，正是华迪认准了这个道理，深信质量是企业的生命、科技创新是企业的发展动力，现在科技兴厂作为一种企业理念，已深入华迪人的骨髓。二十多年来，华迪集团以"不断创新产品，打造一流企业"为奋斗目标，扎扎实实地推进"科技兴厂"战略。

发展壮大产业。王迪认为：企业要发展就必须不断的投入，企业不发展就等于后退。在现代经济高速发展的大形势下，华迪没有安于现状，不断地为企业寻找新的发展方向，企业要发展就必须再上一层楼，华迪有着自己更大的胸怀，于 2005 年底在龙湾高新技术园区征地 50 亩，开始筹建二期工程，该工程固定资产投资 5000 万元以上，新增厂房建筑面积 2 万多平方米，并购置先进设备，在原有基础提高产品科技含量，开发新品种，提升产品档次，项目建成后华迪的规模将再次翻一番，实现炼钢、连铸、连轧、穿孔、冷轧、冷拔、检测等一条龙生产，年生产不锈钢无缝管、棒等材料 6 万余吨，年总产值可望达 20 亿元。随着华迪不断的发展，相继发展了华迪上海钢业公司、华迪临海钢业公司、华迪轧钢厂、印尼华迪工业园。作为温州不锈钢行业的领路人，王迪相继担任温州不锈钢行业协会会长、名誉会长，带动着整个温州不锈钢行业的发展，提升行业产品档次，提高市场竞争力。现在龙湾已成为全国闻名的不锈钢材产业市场。

华迪人坚信华迪钢业集团在集团董事会的正确领导下，在全体华迪人共同努力下，明天的华迪事业会更加辉煌。

浙江丰业集团有限公司

一、企业简介

浙江丰业集团有限公司（以下简称"浙江丰业"）创建于1995年，是一家专业致力于能源行业、中高端制造等各领域的不锈钢管产品研发、制造、销售的企业。浙江丰业位于中国不锈无缝钢管生产基地——温州龙湾。厂区邻近温州龙湾国际机场、温州甬台温高速复线入口处，交通运输和地理优势十分突出。产品广泛应用于石油、石化、电站、锅炉、煤化工、压力容器、机械制造等行业。钢管畅销全国各地，产品出口欧盟地区及俄罗斯、韩国、巴西等20多个国家。

浙江丰业建有现代化先进水平的无缝钢管生产线，具有年产5万吨工业用不锈钢管的能力，占地面积300余亩，分别为本部、上海金山、青岛三大厂区，建筑面积近9万平方米。

浙江丰业建有完善的质保体系，于1998年获得国家不锈钢生产许可证，1999年通过ISO9001质量体系认证，2007年通过特种设备压力管道元件制造许可证，2009年通过欧盟PED、德国AD2000产品认证，浙江丰业注重环保和职业安全管理，是国内同行业中较早取得ISO14001环境管理体系认证和ISO 45001职业健康安全管理体系认证的企业。

浙江丰业早在20世纪90年代就建有不锈钢独立完整的生产体系，可以根据用户需要按GB、JIS、ASTM、DIN、ГОСТ等标准生产各种不锈钢锭、棒、角钢和丝材及$\phi 8 \sim 530$毫米的奥氏体不锈钢无缝钢管。

二、发展历史

浙江丰业1988年起航成立"瓯海联营实验厂"至1995年改组浙江丰业集团有限公司，期间经过创办初期多次的股权转让和资产重组。改组后的浙江丰业在发展过程中又实现三次跨越：第一次，于2004年在上海金山区成立了上海丰业不锈钢有限公司，占地近百亩，建立生产中高端的精密无缝钢管生产流水线，使丰业无缝钢管产品品牌从中低端向中高端发展；第二次，2010年本部新建不锈钢产业园落户空港新区永兴南园，年产近5万吨特种、优质不锈钢，项目总投资34062万元；第三次，2019年浙江丰业在青岛成立了青岛丰业不锈钢有限公司，占地百余亩，建立生产高端的精密无缝钢管生产流水线，使丰业无缝钢管产品品牌再次从中高端走向高端发展。

浙江丰业于2009年7月开发特种锅炉、压力容器和热交换器用耐高温、高压、耐腐蚀不锈钢管生产工艺，253MA无缝钢管的成功研发填补了国内空白，为广大用户提供了一种具有更好抗氧化性能和高温蠕变强度，具有更好性价比的耐热不锈钢管。2008年，局部金融风波重创了温州的发展，浙江丰业主动进行战略调整，停建 10 万吨不锈钢炼钢、连铸、开坯、高速线轧机轧制等工序，毅然投资温州空港新区的新建项目建设。2015 年后，温州空港新区的年产 5 万吨工业用不锈钢管的生产线通过竣工验收并投产使用，浙江丰业率先在同行中实行水循环利用、热处理炉余热利用二效蒸发系统，实现无废水排放工艺，不仅提升了丰业集团的产能和效率，也进一步提高了公司的整体实力。

三、主要业绩

经过 26 年的历史洗礼，在激烈的市场竞争中，浙江丰业保持了健康发展的势头。多年来为中国石油、中国石化、中国海油、中国华能集团、中国化工集团、中国航天电子、中国化学工程集团等大型企业供应产品。先后获得全国总工会模范职工小家、浙江省知名商号、浙江省名牌产品、温州市工业百龙企业、温州市优秀企业、纳税百强企业、温州市制造业纳税五十强、温州市"十一五"节能先进集体等荣誉称号，被评为 2021 年温州高成长型工业企业和省级高新技术企业。

浙江丰业在发展的同时，努力做到人与社会、环境的和谐发展。发展循环经济：废水方面，投入大量资金，兴建污水处理站，进行废水治理设施改造，不但提高了自动化控制系统，减少了工人劳动强度，还提高了综合水回用率，确保了废水处理后循环利用；废气方面，投入大量研发资金，开发酸雾抑制品，降低因酸洗等工作流程中造成的废气组织排放，保护自然，改善员工工作环境；危险固废方面，委托有资质的单位定期回收，杜绝二次污染的产生；太阳能发电方面，与能源公司合作投资 2000 多万元建设 3600 千瓦分布式光伏发电机组，以自发自用余电上网的光伏项目。围绕"清洁生产、预防污染、绿色制造、节能减排、实现可持续发展"的环境保护方针，依靠技术改造，推行清洁生产和节能降耗工艺，有效降低生产成本。2020 年，浙江丰业在环境保护方面累计投入共计 2000 余万元。新建自动化在线清洗设备，提升了生产效率；新建了污水处理系统，大大降低了污泥、废渣的产生，提高水资源循环利用，为企业创造了良好的经济效益与社会环境效益。

四、发展规划

面对挑战，展望未来，浙江丰业将持续不断推进丰业品牌建设，逐步确立专、精、强、新的企业经营方向与发展思路，专业生产以多钢种、多规格型号，兼具生产部分具有高附加值、高性能、高质量的特殊钢无缝管产品。以创新驱动发展之路，进一步增强企业发展内生动力；继续走质量效益型发展之路、安全环保型发展之路、国内国际双轨发展之路。浙江丰业将以成熟的技术和可靠的产品质量服务用户，贡献社会，发展自己，为客户提供安全可靠的产品。

浙江丰业紧跟国家发展政策，以促进关键技术实现产业化、发展先进节能环保技术和先进工艺为目标，围绕石油、石化、电站、锅炉、煤化工、压力容器、机械制造等行业不断提升的市场需求，充分利用现有资源、优化产品结构、加大创新研发力度，开展重要产品研发，加大国内外市场推广力度，形成持续创新和营运能力，提升品牌影响力，打造企业持续竞争力。

水发华烨不锈钢制品集团有限公司

一、企业简介

水发华烨不锈钢制品集团有限公司（以下简称"水发华烨"）始创于 2001 年，注册资本 2.337 亿元，占地 500 亩，是一家集不锈钢产品制造和国际贸易于一体的综合型企业集团，是省属国有企业控股公司。

二、发展历程

从 2001 年注册成立蒙阴县第一家民营外贸公司，20 年来，华烨集团从蒙阴到青岛办农副产品加工厂、贸易公司，到宁波办炼钢厂、佛山开设贸易公司，再到莱芜、蒙阴创办不锈钢实体企业，一路留下了不懈的创业和拼搏足迹；20 年来，华烨集团参与地方行业标准制定，推动地方行业协会成立、全产业链合作等，在业界的影响力不断提高。华烨集团 2018 年进军不锈钢给水管道领域，并借助华烨品牌优势迅速在市场占据一席之地。

2021 年 6 月，华烨集团与山东省属国有企业水发上善集团完成国企混改，成为国有企业，这次混改可以最大限度实现企业优势互补，为水发华烨发展带来新的生机和机遇。

三、主要设备、产品与业绩

（一）设备与产品特色

水发华烨现拥有精密高速轧机 6 台，制管机 160 多台，管件生产设备 60 多台（套），可年产各种规格不锈钢带 10 万吨、不锈钢管材 15 万吨、管件 3 万吨。拥有从冷轧、装饰管到水管、管件、工业管等较长的产业链条，主要产品为不锈钢带、高档不锈钢装饰管、新型不锈钢给水管及管件、燃气管、工业管等。产品广泛应用于建筑装饰、水务、石油、化工、电力、造船、制药等行业，畅销国内并出口到十多个国家和地区。

（二）企业业绩

2016 年成立山东华鑫利华新材料科技有限公司，实现了制管设备与管材产量两个翻番；2017 年华烨制管厂新车间启动，成为长江以北最大的装饰管生产企业，奠定了行业细分市场领先地位；2018 年，进军新型不锈钢给水管道、燃气管道领域；2020 年，高端不锈钢水管项目被山东省新旧动能转换综合试验区建设办公室确定为省重点建设项目。

2017 年 11 月华烨集团为主要参编单位的《装饰用奥氏体不锈钢焊接钢管行业标准》正式发布，2018 年 1 月 1 日正式实施。

2019 年 4 月，山东省不锈钢行业协会正式成立，成为全国第一家省级不锈钢行业协会，华烨集团担任常务副会长。在 2020 年 9 月山东省不锈钢行业协会制管分会成立大会暨一届一次代表大会上，华烨集团成为会长单位，充分体现出华烨在制管业界的号召力和影响力。

四、未来发展规划

借助水发集团这个大平台，依靠国企背景，充分利用好水发品牌、资源、资金、人脉及水务业务优势，利用好华烨集团 20 年来全产业链参与、熟悉了解不锈钢制品行业及具有的水管、工业管产能优势，聚焦冷轧、装饰管工业管、水管管件、外贸出口四大业务板块，做大做强做优水发华烨不锈钢管等业务。同时，水发华烨还积极承担社会责任，捐款捐物助力乡村振兴、疫情防控、体育发展、教育事业等，以实际行动回报社会。

五、创新创业人物

姚兴海，山东蒙阴人，1962 年生，水发华烨集团名誉董事长，山东华烨集团创始人。他曾任蒙阴县农机公司总经理、外贸公司总经理和外经贸局局长，是个有名的"外贸通"。2001 年，他注册成立蒙阴县第一家外贸公司——山东蒙阴华润进出口有限公司，出口农副产品；2003 年他在青岛成立青岛恒盈食品有限公司，实现了贸易与实体并举，使之成为山东省最大的欧盟花生产品生产出口基地。当看到农副产品加工、出口业务一夜之间铺天盖地、恶性竞争的形势后，他未雨绸缪，毅然转战不锈钢出口，2003 年完成第一单不锈钢带出口业务，公司成为国内第一家出口不锈钢的民营企业，姚兴海本人被不锈钢业界同仁称为"中国民企不锈钢出口第一人"。2005 年，他在青岛成立青岛海润兴国际贸易有限公司，工作重心开始转向不锈钢出口业务。2008 年公司出口到越南的不锈钢带占越南不锈钢市场进口量的 59%，姚兴海也受到越南国家领导人的高度重视并被亲切接见。

在不锈钢出口业务做得风生水起的时候，姚兴海再次未雨绸缪，于 2008 年到宁波注册成立了宁波华蒙合金材料有限公司，进行不锈钢冶炼，完成了不锈钢生产和贸易并举的转型。2010 年后，他又响应政府招商引资号召，转战家乡，先后成立山东鑫锐盛不锈钢有限公司、山东铭威不锈钢制品有限公司、山东华烨不锈钢制品有限公司等实体企业，业务向下游不锈钢板材和管材扩展。十几年来，在姚兴海的带领下，公司始终站在不锈钢产业链下游行业领航者的位置，顺势而为，一路向前。2014 年，姚兴海组建山东华烨集团，实现集团化运作，建立了以三家不锈钢实体公司为主体的不锈钢冷轧和不锈钢管材制造基地，以两家外贸公司为主体大力开拓国内外市场。自 2003 年始，华烨集团不锈钢板材、管材年产量连年位居国内同行业前十强，也成为江北最大的不锈钢装饰管生产企业。2018 年，华烨集团进军不锈钢智慧管道领域，以打造不锈钢水管管件领域的"富士康"为目标，完成了新一轮的转型升级。2020 年年底，华烨集团被认定为国家级高新技术企业。姚兴海并没有满足于眼前成绩，而是一直不断地在寻找更新更优的发展方向，他又将思路定在了与国企进行混改上，2021 年 6 月中国 500 强企业水发集团与华烨集团完成了国企混改，华烨又实现了一次新的升级，企业迎来了新的发展机遇。

在业内，姚兴海凭借着超前的意识、敏锐的洞察力、诚信经营及个人人格魅力等赢得了业界的一致好评和肯定，影响力不断提高。对业界同行的困难，他也是当作自己的事情，倾注精力去帮助，由他穿针引线、多方协调最终由"僵尸企业"复活的浙江友谊特钢案例，成为浙江省供给侧结构性改革以来首例钢铁制造企业破产重整成功案例，也是全国第一个通过司法程序对钢铁产能成功转移的经典案例。在他的努力下，2017 年 11 月中国不锈钢装饰管的第一个行业标准正式发布实施；2019 年 4 月全国第一家省级不锈钢行业协会——山东省不锈钢行业协会成立；2020 年 9 月山东省不锈钢行业协会制管分会成立。

姚兴海常说，世界上最快乐的事，莫过于为理想而奋斗。在未来的道路上，他将继续执着追梦，永不停歇，为他所热爱的不锈钢事业发光发热，贡献力量。

浙江正康实业股份有限公司

一、企业简介

浙江正康实业股份有限公司（以下简称"正康"）始创于1999年，于2017年在纳斯达克主板成功上市，是温州地区22家上市企业之一。正康专注于研发生产聚集核心技术的新型管道产品，是国际前沿的新型管道解决方案提供商。

正康注册资本为1亿元，分别在浙江温州和山东临沂开设南北两个生产基地，拥有先进的生产设备200多套，高效满足市场客户需求，可为国内各城市便捷地提供产品服务。本着"为世界奉献新型科技好管"的企业使命，正康20年磨一剑，专注为世界奉献新型科技好管。正康在建筑给水、水务、燃气、家装、消防、暖通、虹吸排水等领域，竭诚为客户提供具有竞争力、安全可信赖的管道系统产品，以及相关解决方案与服务。

二、发展历程

1999年，中国不锈钢产业正处于发展初期，董事长黄建聪和初创团队深入国内国际市场全面考察，发现很多世界工业发达国家都在应用不锈钢作为建筑给水管道。然而，国内当时大部分给水管道仍然使用塑料管等。差距就是机遇，他敏锐地捕捉到这将是极大的商机。在钢带业务红火发展的同时，果断引领公司进军不锈钢管道行业。

三、科研创新与质量体系

作为行业连接技术的核心研制单位，正康敬畏产品质量，犹如敬畏正康的生命。正康始终认为，产品质量才是企业生存之道。2008年，全国不锈钢管道连接技术实验室在正康公司成立，2018年浙江省不锈钢管道连接技术研究院在正康设立。通过持续科研创新，在市场竞争格局中，正康能够始终立于市场潮头。目前，由正康公司主编和参编的国家标准或行业标准多达40余项。拥有国家认证专利达40余项。正康要求出厂的每一件产品不仅要符合国家标准，而且要高于国家标准，产品检测项目超40余项。

四、创新产品与产品应用

为满足不同应用领域的需求，正康研发生产了不锈钢管道的多种连接方式，如焊接式、卡凸式、卡压式、沟槽式不锈钢管道的连接方式，还研发了多种材质的系列管道产品。通过20多年的技术开发和积淀，目前正康旗下产品主要包括卡压式、卡凸式、沟槽式、焊接式等四大市场主流连接方式的不锈钢管道，以及压接式碳钢管道和管道系统周边配套产品。

正康勠力同心，栉风沐雨，二十年如一日，始终秉承"正道厚德，康源惠生"的品牌理念，坚持"产品＋服务＋系统"的品牌发展战略，全心全意专注为水务、建筑、燃气、消防、地暖、家装等领域客户服务，与众多国内外知名企业、国内大中专院校、行业科研院所及一百多家水务公司、燃气公司等建立了战略合作关系。通过成立相应的独立项目事业部门，竭诚为全球客户提供匠心独具、技术领先的产品和五星级的服务，以及完美的项目系统解决方案。正康的客户满意率高达99%，尤其在水务、建筑等领域已成为行业标杆品牌。正康在国内配置了500多个运营中心，拥有2000多个服务网点，在全国已拥有5000多个项目案例，产品已应用于鸟巢、水立方、中国世博馆、亚运城、地铁、机场、医院及高端建筑等众多重点工程项目，并远销20多个国家和地区。

五、企业荣誉

正康先后荣获40多项国家专利认证、德国DVGW认证、美国ICC-ES认证，获评国家高新技术企业，创建省级管道技术研究院，并有诸多研发成果等多项资质认证。企业已获得100余项资质荣誉，包括ISO 9001认证、ISO 14001认证、OHSAS 18001认证、知识产权管理体系认证、售后服务认证、特种设备制造许可证、环球GMC认证、饮用水卫生许可证、绿色建筑节能推荐产品等。

六、未来发展规划

正康始终坚持在新型管道领域不断研究创新，抵制一切外来诱惑，排除一切干扰和杂念；始终坚持以客户为中心，以技术为动力，以产品为导向，以人才为根本，心无旁骛做管道；始终坚持不断挑战自我和超越自我，勇扛行业大旗，努力为行业树立新标杆。

本着"为世界奉献新型健康好管"的企业品牌使命，正康满怀"坚忍不拔，一往无前"的企业精神，向着更高更强的目标努力前进，致力于打造国际新型管道标杆品牌。为了让世界人民都能够享用中国制造的健康好管，正康，正在奋进的路上。

七、创新创业人物

浙江正康实业股份有限公司创始者、董事长黄建聪是典型的60后，20岁进入温州市制针厂，后被调到中外合资温州宝生针织器材有限公司。期间，他先后参加浙江省轻工厅、温州市企业管理和技术专业学习与培训，见识与能力得到很大提升，他预测未来市场对不锈钢有巨大的需求，1999年，毅然下海与几位伙伴创办了正康，领导企业选择了不锈钢钢带冷轧领域深耕，并延伸至薄壁不锈钢管道系统制造。

创业初期，黄建聪就把"为世界奉献新型健康好管"确定为企业的目标，并牢牢把住产品质量与产品品牌的牛鼻子。经过一次次新产品研发与改进，正康做出了让市场信服的高端不锈钢管道产品，包括任何一个设计元素，以及营销策略、包装细节与产品的融合，企业得以一路健康快速发展。

经过三年的研发生产、设计院推广、市场应用，正康产品得到了全国行业专家、设计院和用户的认可，由此正康成功承揽了2008年奥运会、2010年上海世博会、亚运会等国家标志性重点工程的管道项目。

为了进一步满足下游用户对产品质量越来越高的要求，控制产品质量和服务质量，提高客户满意度，黄建聪指导正康制定了一套完善的质量管理体系。

黄建聪秉承了温州人敢于创新和诚信经营的企业家精神，专注于不锈钢给水管道领域，将"打造百年企业"作为正康长期目标。

一路走来，在黄建聪的带领下，正康经历了从研发到推广，从标准制定到市场普及应用，硕果累累，用扎扎实实的业绩成为行业标杆。

今天，黄建聪再一次敏锐把握市场时机，将目光聚焦于饮用水不锈钢管领域。居民饮用水管道升级换代不锈钢管道已成为中国人民对美好生活的期望，更是关系到民生的健康工程，也受到各地各级政府关注，并积极给予支持与推动，行业呈现出良好的发展趋势。

黄建聪正带领正康，积极响应国家政策号召，立足自身，把环保和创新作为发展动力，遵守行业规则和秩序，积极培养行业人才，使正康朝着高精尖企业的目标全力奋进！

国际镍协会

国际镍协会（Nickel Institute，NI）是一个代表全球镍生产商的非营利行业协会，由全球领先的主要原镍生产商组成。其使命是推广镍的科学、可持续应用，促进各国市场的健康发展，支持镍（包括含镍不锈钢、镍合金等）在传统领域和新兴领域，如新能源电池中的应用和发展。同时，致力于推动镍相关知识的科普、加强行业风险管理，建立公共政策和监管的基础，以此提升社会效益和经济效益。

国际镍协会是镍及含镍材料相关资讯的汇总中心，协会网站是全球镍行业技术应用的权威"图书馆"。协会分别在亚洲、欧洲和北美洲多国立办，其中在美国设立的科学研究部——"镍生产商环境研究组"（简称 NiPERA，网站：www.nipera.org），几十年来从事了大量镍与人类健康和环境有关的前沿科学研究，其研究成果为行业内相关法律法规的制定提供了科学、可靠的依据。国际镍协会中国代表处于 1997 年在北京设立，立足于中国市场，着重推动含镍材料的应用，促进镍在中国公共政策的制定和科学监管，并共享其技术专长，从而推动镍行业的可持续发展。镍协会北京代表处设有中文网站、微信公众号等资讯平台，为中国镍行业同仁打造了技术应用传播和交流的优质渠道。

国际镍协会的宗旨如下：

（1）国际镍协会是世界主要镍生产商的全球性协会组织；

（2）与其他国际金属协会及不锈钢研发协会合作推动镍在全世界的安全使用；

（3）通过高素质专家的全球性网络进行市场拓展，并发布关于镍及其性质和用途的免费技术知识，以保证最佳性能发挥以及安全操作和使用；

（4）积极发起和资助科学研究计划，从而探索镍在人类健康和环境中的作用；

（5）免费共享知识，不从事任何类型的商业或交易活动；

（6）不对镍市场、价格或供需做出预测或评价；

（7）不断推动镍的长期使用，从而促进未来可持续发展。

国际镍协会拥有由全球资深技术专家组成的顾问网络，回答有关含镍材料的选择和应用问题，提供相关技术信息，涉及的领域包括建筑、化工、石油、石化、电力、环保、食品、水、市政、交通运输和电子等几乎涵盖所有镍的应用领域，为大家提供关于镍及含镍材料（如不锈钢、镍合金等）的性能、用途和加工制作方法等方面的知识，帮助行业实现性能优化、安全处置和使用。

可通过以下方式获得免费的支持与服务：

（1）关注微信公众号：NIBJ1997，点开"技术交流"里面的"技术咨询"，可用中文直接填写需要咨询的问题，将有相关行业的专家通过邮件形式免费解答。

（2）登录英文技术支持平台获得技术帮助：登录技术平台请访问 https：//inquiries. nickelinstitute. org/user/register。完成简单的注册程序（输入电子邮件地址、名、姓、单位、电话、验证码，点击创建新账户，设定密码）后，即可在网上直接就各种含镍材料及其应用提出技术问题并获得解答。

（3）中英文网站：www. ni-china. org，www. nickelinstitute. org。

戴南不锈钢产业

一、千年的水乡古镇与不锈钢产业的渊源

江苏省兴化市戴南镇地处苏中平原里下河腹地，既没有沿江达海的地理优势，以前也没有便捷顺畅的交通环境，更没有发展不锈钢产业的资源优势。但是勤劳智慧、敢闯敢干的戴南人却能"无中生有"，变不可能为可能，化不现实为现实，打造中国不锈钢重镇的区域经济品牌。

回顾戴南不锈钢的发展，从 20 世纪 60 年代开始萌芽，源于戴南以打铁为生的手艺人，一条又一条打铁船走南闯北。这些手艺人一方面向外输出了精湛的铁匠手艺和铁制品，另一方面也将不锈钢这种特殊而神奇的材料带回了家乡。经过五十多个春秋的发展壮大，戴南已经形成了一条从废旧不锈钢的收购到熔炼、锻打、轧制、深加工、流通销售等一系列较为完整的产业链条，也成了全市多年产值居于首位的支柱产业，得到地方政府的重视和支持。戴南不锈钢已经成了本地区响当当的一张经济名片。

20 世纪 60 年代初，戴南集镇居委会用县民政局发放的 600 元社会救济金，办起了戴南第一家集体企业，厂名定为戴南社会福利厂，安排了社会上的一些闲散劳力和无业青年进厂务工。起初以收购包装用的蒲包为主，1965 年又从武进小河引进了不锈钢拔丝工艺，以重金聘请了技术人员，并从北方大工业城市购进苏联和日本进口的电焊条，将焊条芯碰焊后冷拔，使戴南有了第一批真正意义上的不锈钢产品。

由于不锈钢制品的利润丰厚，嗅觉灵敏的戴南人闻风而起，一批投资少、见效快、工艺简单粗放的不锈钢制品在戴南蓬勃而起，这一重大变革标志着戴南金属制品工业由铁制农具向不锈钢产品的转变，这一转变为戴南不锈钢产业的发展迈出了坚实的第一步。

戴南的不锈钢产业和我们国家经济改革的步伐基本上是一致的，党的十一届三中全会之后，戴南的经济发展迎来了春风，戴南人民创业致富的热情空前高涨，一些原本名不见经传的村队办工业和手工作坊纷纷脱颖而出，蝶变成一批初具规模的社办厂、队办厂。"不锈钢热"开始席卷戴南，推动了全镇不锈钢产业的又一波高潮。

善于一手借鉴一手创新的戴南人，在"苏南模式"和"温州模式"之间巧妙地走出了一条自我发展的道路。民营企业如雨后春笋般蓬勃兴旺起来，他们的优势在于以其清晰的产权关系和"权责利统一"的机制，把调动人民群众的积极性、创造性和市场经济的体制优势有机地结合在一起，使蕴藏在广大人民群众中的活力极大地释放出来，从而使其成为戴南经济快速发展进程中最活跃、最强劲的中坚力量。同时，民营企业不断自我扬弃，通过制度创新和组织革命，不断积聚社会资源，使规模和实力不断扩大，成为戴南经济发展的动力。在激烈的市场竞争压力和"求先、求新"的内在发展双重驱动下，戴南的民营

企业逐步形成了集群化，他们自由组合，相互协作，以"一村一品""前店后厂"的特色，形成产、供、销一条龙，科、工、贸一体化的协作关系，不断提高技术创新能力，加强品牌打造力度，进而成为提升戴南经济地位的重要力量。

戴南镇党委、政府也及时出台了一系列政策性意见和措施，积极扶持个体私营经济的发展，政府出台了"放水养鱼"的相关优惠政策，同时鼓励戴南的民营企业主"借船出海"以图发展壮大。政府部门为此抽调了一批骨干充实镇工业公司的领导力量，专门成立了个体私营工业股；后来随着私营经济的发展，又组建了镇第二工业公司。为了进一步为私营企业搞好服务，大开绿灯，他们对私营企业实行"五代、三帮、一挂靠"（即代发工作证、代开介绍信、代订合同、代开发票、代记账，帮助组织原辅材料、帮助企业进行技术指导、帮助推销产品，挂靠工业公司），为私营企业插上了腾飞的翅膀。1986 年，戴南镇的三业产值总量突破亿元大关，成为苏北地区的第一个亿元镇。

二、"贩钢"产业的兴起

在戴南镇，个体工商业的发展与专业市场的发展实现了"互动"，以不锈钢制品为龙头的专业市场，把数以千计的个体工商户连接在了一起。"兵马未动，粮草先行"，不锈钢产业的发展，首先要解决原材料的供应问题。戴南镇不锈钢原材料采购第一人是北朱村民姚立龙。早在 20 世纪 70 年代，趁农闲期间，他只身一人到浙江收购废品，发现不锈钢废料，悄悄带回卖给私人打螺丝。为了使身份合法化，他与当时的村主任姚立彪一起找到戴南供销社废品收购站合作，到兴化物资回收公司开出准运证明，慢慢地把生意越做越活，越做越大。到了 80 年代，在他的带领下，一些亲戚朋友也做起了"贩钢"的生意。麻团滚芝麻，后来全村 160 多户人家受他影响，离家外出，到全国各地收购不锈钢废料。

1998 年，永丰村民翟根顺第一个跨出国门，从新疆阿拉山口出境，到俄罗斯、塔吉克斯坦收购不锈钢废料。他先后从国外收购了一百多架报废的小型战斗机，被戴南人誉为"飞机大王"。之后，翟根顺的生意做得更大，不仅在戴南开设了公司，还在俄罗斯成立了境外公司。另外，他还在南京开了一家网络商务贸易公司，通过网络将不锈钢销往全世界。

更多的贩钢户则是平凡而默默无闻的，正是这些众多的贩钢户组成了特色鲜明的"贩钢大军"，从业人员达两万多人。政府也及时加以引导，先后建设了"戴南不锈钢市场""史堡不锈钢市场""董北不锈钢市场""何姚不锈钢市场""姜圩不锈钢市场""顾庄不锈钢市场"……一个又一个不锈钢市场建起来，容纳了数千户的贩钢人家，他们大多是"夫妻店"——丈夫出门"贩钢"，妻子守在"钢棚"里"卖钢"。

在从事不锈钢废料的买卖过程中，因为材质和品质问题，迫使这些文化程度不高的戴南农民不得不钻研起"识钢"的技术和门道。开始是用简单的角磨机打火花来判断材料中镍的大致含量；也有贩钢户善于用强磁来识别不锈钢废料中镍含量的多少；再后来，越来越多的人学会了化学分析法，不仅开出了一家又一家的化验室为广大贩钢户们服务，就连一些企业也办起了自己的不锈钢化验室，聘请专业的化验员上岗。戴南从事不锈钢化验的人员有上万人。

在对不锈钢材质化验的方法上，戴南人更是独创了"点药水"的快速检测法。戴南史堡人李六扣，在掌握了化验室不锈钢成分分析法的基础上，潜心研究两年，经过数千次调配试验，终于发明了一种能快速检测不锈钢材料中镍含量多少的药水，一滴药水滴到不锈钢材料上，用9伏的叠层电池通上电，只要观察药水呈现的颜色，就能大致判断出不锈钢材料中镍的含量范围。

有了李六扣发明的检测不锈钢材料成分的神奇药水，戴南的钢贩子们更是如虎添翼，将贩钢产业进行得波澜壮阔、蔚为大观。

之前从事这种行当的人，一直被戴南人称为"贩钢的"，现在有了一个高大上的名称——再生资源回收！

2015年，戴南获得国家批准的"不锈钢再生产业园区"的招牌，"贩钢"在其中绝对功不可没！

现在不仅有2万多人常年在全国各地甚至海外从事废旧不锈钢的回收，回收网点4000多个，回收企业1000多家，年回收废旧不锈钢150万～180万吨，戴南已建设成为全国最大的不锈钢原料集散地（占地3000多亩，3000多家经营户，年交易额200亿元）和华东地区具有一定影响力的不锈钢制品交易中心。2018年3月，由中国废钢铁应用协会、国家冶金工业信息标准研究院主办，由江苏戴南综合物流中心的管委会、兴化市不锈钢行业协会承办的中国废不锈钢回收利用技术标准制定工作会议在戴南举办，太钢、宝钢、永兴特钢、内蒙古北方重工集团、科洛尼金属有限公司的代表参加了会议。同年12月工信部正式发布了《废不锈钢回收利用技术条件》的相关文件。

三、戴南不锈钢的产业特色

一直以来，戴南人高度重视不锈钢产业的集聚发展，围绕打造中国戴南不锈钢产业集群的目标，坚持走"多品种、小批量、小产品、大市场"的特色产业之路，着力向不锈钢产业的高端发展，向生产、生活用精细制品延伸，由生产经营基础材料向制品研发、拥有终端不锈钢产品方向转变。

戴南的不锈钢产业从无到有，从简到优，创造了"零资源、大产业"的"戴南现象"。全镇不锈钢企业现已发展到了1200多家，产品涵盖40多个系列1万多个品种，形成了从废旧不锈钢原材料收购（近几年又发展了红土镍矿，直接生产不锈钢原料），到熔炼、精炼、锻打、轧制，再到精深加工，产、供、销一条龙，科、工、贸一体化的完整产业链条，是浙江省发改委编制的覆盖三市（区）七镇（姜堰的兴泰、溱潼，东台的时堰、溱东，兴化的戴南、张郭、茅山）《中国·戴南不锈钢制品产业集群（千亿级）规划》的核心镇。

戴南不锈钢产业还创造了"哪里有戴南人哪里就有不锈钢，哪里没有不锈钢哪里就有戴南人去开拓"的戴南传奇。戴南有三万多人分布在全国280多个大中城市销售家乡产品。北京、上海、天津、广东、成都、西安等地都形成了"戴南不锈钢一条街"，这批营销人员成了戴南企业在市场上的耳目，他们及时把外面的先进理念和市场需求信息反馈给家乡，戴南企业通过他们把产品销售到天南海北、五湖四海。

戴南人创造的"既有顶天立地，又有铺天盖地"工业企业发展的"戴南奇迹"中，还涌现出了世界第一的钢帘线生产企业，也是兴化市唯一上市公司——江苏兴达钢帘线股份有限公司，涌现出新宏大、明璐、兴海、星火等一批产销超 10 亿元的龙头企业，以及一大批成长型中小微企业，拥有高新技术企业 18 家、浙江省创新型企业 6 家和浙江省民营科技型企业 80 多家。

戴南不锈钢产业群是戴南不锈钢产业 50 多年发展的产物，受戴南辐射和影响，周边"三市七镇"不锈钢产业得以迅猛发展，从一家一户的不锈钢贸易、不锈钢制品加工逐步发展起冶炼、热轧相配套的 AOD 短流程生产线和中频炉的精密铸造生产线，这些加工过程与各类不锈钢制品规模相配套，逐渐形成了不锈钢"冶炼—轧制—加工—贸易"的产业链，具备了生产"板、带、型、线"和"管、阀、丝、钉"门类齐全的不锈钢产品生产能力，戴南的不锈钢产品特色鲜明，是大工业的不足和补充，形成了"多品种、小批量、小产品、大市场"的格局，戴南的不锈钢线材、型材的价格波动影响着全国市场。

目前戴南镇年产各类不锈钢制品 200 多万吨，精密铸造 10 多万吨，建成配套卷板、中板、线材、棒材、型材及管材热轧/冷轧的生产线。

综上所述，戴南镇不锈钢产业从产品角度看，以"板、带、型、线"和"管、阀、丝、钉"等中端产品，精密铸造产品及钢丝绳等近端产品两大类为主，产品档次相对比较粗放，从企业类型来看，分为废钢回收企业、冶炼企业、加工类（包含轧制、酸洗）企业、贸易企业四类；从产业链角度看，戴南产业集"原材料回收—冶炼—加工—贸易"一条龙，但产业链层次尚处于不锈钢底层，规模和产品档次不高，还有很大的发展空间。

四、未来发展

戴南是中国民营不锈钢发源地之一。在未来的发展方向上，戴南不锈钢产业集群将围绕着兴化市委、市政府"再造一个新戴南"的目标要求，按照全市生产力布局和发展规划，紧扣不锈钢产业转型升级实施方案，聚焦稳链、补链、强链，坚定不移推进市场、冶炼、酸洗、物流、质检"五个集中"，科学定位产业发展方向，深化不锈钢全产业链的补链、强链、延链，紧盯产业链高端环节，聚焦不锈钢制品产业战略型、龙头型、配套型项目，既谋带动能力大而强项目，也抓引领转型的小而专、小而特、小而精项目，既抓本土企业技改挖潜，又确保突破外资招引，努力实现项目数量、体量、质量"三量齐增"，全力打造全国产业转型升级示范区。

江苏省兴化高新技术产业开发区在戴南应运而生，该产业开发区依托戴南科技园区创建，2020 年 1 月 21 日经省政府批准筹建。

目前，总投资 36 亿元的兴达年产 35 万吨高性能子午线轮胎用钢帘线扩建项目、总投资 30 亿元的不锈钢集中冶炼项目、总投资 20 亿元的科森科技 5G 通信基站及消费电子终端部件项目、总投资 15 亿元的金桥焊材项目、总投资 20 亿元的新材料科技产业园、总投资 10 亿元的紧固件产业园项目正在稳步实施中。兴化高新区将重点打造金属新材料产业，坚持产业高新化、高端化、高质化，促进产业向"专、精、特、新"发展，围绕"优材、精料、利件、重器"四个领域进行靶向招商。巩固线材、突破板材、提升棒材，300 系列以上高端不锈钢材料达到 25% 以上；加工不锈钢精品料件，25% 以上产量的不锈钢材料就地消化，精加工不锈钢材料达到 100 万吨以上，打造国内外知名的不锈钢精加工、深加工小微产业园；发展建筑、船舶与海洋工程、汽车与轨道交通、能源、家电等产业的不锈钢关键零部件；建设不锈钢食品装备、制药装备、化工装备、医用家具、城市家具、智能机器人等高端装备基地。

高新区现集聚中小微企业 1000 余家，产品涵盖 40 多个系列 1 万多个品种，其中规上企业 107 家，已形成汽车轮胎子午钢帘线、不锈钢制品及新材料等特色产业，是世界第一的钢帘线生产基地，全国最大的不锈钢原材料集散地和华东地区最大的不锈钢制品交易中心，建有国家不锈钢制品质量监督检验中心、兴化市高性能金属材料制品研究院和中小企业科技创新公共服务平台，拥有 1 个院士工作站、3 个博士后工作站、1 个国家级企业技术中心、20 个省级科技研发平台，不锈钢产业入选全国百佳产业集群和江苏省重点培育的千亿级产业集群，是第六批国家"城市矿产"示范基地，具有不锈钢全产业链优势。

戴南，因不锈钢而起，因不锈钢而兴，因不锈钢产业而名扬海内外，不锈钢是戴南的支柱产业，不锈钢与戴南的社会经济、人民生活息息相关，不可分割。打造一个永不生锈的梦想，是戴南数代创业者的共同心愿，为了实现永不生锈的梦，戴南人必定会以愚公移山的精神世世代代永不停步！

温州不锈钢管产业

温州是第一批改革开放的前沿城市，不锈钢管行业经 40 多年发展，已经广泛形成温州不锈钢产业集群，推动产业链逐渐协调发展的局面。温州不锈钢管产业的形成主要是因为以下几点。

（1）具备强大实力的产业发展规模。温州市不锈钢企业 603 家，其中不锈钢无缝管企业 100 家，焊管企业 32 家，管件企业 450 家，相配套轧钢企业 3 家，穿孔企业 18 家。95% 企业集中在龙湾区内，形成产业集聚优势。2020 年产值 159.15 亿元，出口创汇 11 亿元，同比增长 1.1%。产业规模不断扩展，不锈钢无缝管企业发展势头后劲不减，200 亩特殊钢小微园中 13 家企业已开工生产；焊管企业异军突起；管件深加工企业产能置换加速。全行业从事不锈钢人员达 20 多万人，规模以上企业占总比 70% 以上。

（2）形成完整产业链和专业协作配套的生产体系。温州市不锈钢产业集聚在龙湾区内，已形成巨大产业集群。在生产经营实践中已显示出强大的团队力量，高度集中产生正能量效应。原材料由青山控股集团提供，本土专业人员代销，年销量高达 100 多万吨。企业生产形成穿孔、酸洗处理、冷拔、冷轧、制品加工、成品检测等一套比较完整的产业链。产品结构延伸到下游管件深加工。产品广泛应用到石油、石化、核工业、造船、机电、汽车、医药、电业、水利等领域。

（3）营造了得天独厚的产业发展环境，培养了一支现代企业家队伍。不锈钢作为特种新材料，被温州市人民政府作为重点支持发展产业。温州市政府在新开区规划安排，重点解决产业发展土地瓶颈制约问题，改善企业营商环境，青山钢铁城 2021 年 1 月 12 日投入营业。几十年的拼搏发展和市场经济风雨洗礼造就了一支善于经营现代化集团企业的企业家队伍，他们特别能吃苦的创业精神，成为"两个健康"先行区先决条件和独特优势。

（4）人才资源丰富，技术力量雄厚，创建一批在国内有相当影响力的知名品牌。不锈钢是科技含量较高的产品，多年来各生产企业纷纷投巨资从国内、国外引进先进生产设备、检测设备，提高了产品质量，千方百计引进人才，采取待遇留人、制度留人、感情留人等一系列措施。从 2007 年到现在通过培训、考试、基础量化、业绩评估、答辩测试，培养专业职称人员 1495 名；理化技术人员培训，获取资格证书累计 301 人；ET 培训人员累计 141 人，UT 培训人员累计 74 人。注册商标 150 多枚，国外认证体系 50 多例，区名牌商标 11 枚，市知名商标 10 枚，省著名商标 7 枚，省知名商号 2 个，国家驰名商标 1 枚，协会集体商标 1 枚。

（5）市场营销辐射面广，营销网点遍及国内外。在全国各大中城市设立的分公司、经销点、办事处有 100 多家。借用青山钢铁网开展网上销售。产品远销印度、马来西亚、韩国、新加坡、印度尼西亚、美国、澳大利亚、沙特、南非、苏丹、意大利、德国、荷兰、西班牙、伊朗等数十个国家和地区，深得国内外用户好评。

多年来，温州市规模以上企业坚持参加国内外有影响的不锈钢产品展会，特别是参加两年一次的德国世界不锈钢产品展销会和每年一度的广交会，在上海或北京举行的全国不锈钢产品展览会。通过产品展出，不断扩大影响，提高了温州不锈钢管的知名度，拓宽了产品在国内外销售市场。

（6）涌现出了一批实力强大、在全国有较大影响的龙头企业和发展势头强劲的优秀企业。温州不锈钢行业通过40多年的健康持续发展，已涌现出一批实力强大、在全国有较大影响的龙头企业和发展势头强劲的优秀企业。如上市公司华迪钢业集团有限公司、浙江正康实业股份有限公司；又如浙江丰业集团有限公司、信拓实业集团有限公司、浙江卓业能源装备有限公司、温州市富田不锈钢管有限公司、浙江增诚钢管有限公司、浙江信得达特种管业有限公司、浙江东上不锈钢有限公司、温州市经协钢管制造有限公司、浙江沪新不锈钢制造有限公司、温州市博众不锈钢有限公司、浙江志达管业有限公司、温州市浩特钢业有限公司等企业，有的企业已步入组建控股集团、跨区域集团公司，充分发挥资产资源优势。

（7）加大教育培训力度，塑造了崭新的企业文化，在实施品牌战略的同时注重了企业核心竞争力的提高。在新形势下，温州不锈钢企业注重在企业的转型上做文章，在增加品种上创效益，在提高产品质量上创品牌，在文化创新上树企业理念，在实施品牌战略上注重核心竞争力的提高，从提高整体素质着手提升企业品位。企业在日益激烈的国际竞争中要想长盛不衰，必须打造自己的核心竞争力，而核心竞争力从根本上讲就是企业人的学习创造能力。所以，要树立以人为本的企业理念。温州市不锈钢企业就特别重视人的素质的提高，成立了一个专门培训基地，有计划地从国家、省级科研机构和高等院校聘请知名专家和教授，对从业人员进行从业务到理念的培训，取得了非常好的效果。通过培训，不仅使从业人员掌握了基本业务知识，而且还能准确把握本行业在国内外市场的发展态势和市场信息，企业不断地解决生产过程中的实践问题，使员工素质、企业品位得到较大幅度的提升，整个产业结构得到很大调整。

（8）规划了不锈钢产业的发展蓝图，奠定了创建"中国不锈钢管生产基地"的宏伟基础。温州市的不锈钢管生产企业遵循省政府"做专、做精、做强温州不锈钢钢管产业"的政策精神，已制定出新的发展规划，对新产品的开发和企业的发展，确定了新的、更高的目标。

重点方向是整合提升不锈钢无缝管产品，做精、做专、做特，以下游精加工产品和青山钢铁城为主攻方向。温州瑞科表面处理有限公司、龙湾区特殊钢小微园向智能化、绿色化、网络化方向发展，建立集研发、管理、信息、物流、交易等功能于一体的公共服务平台。

主要目标是到2025年，实现温州市不锈钢产业总产值超200亿元，建成1家以上省级产业综合服务体，建成及发挥温州瑞科表面处理有限公司统一和服务作用，完成行业内"低、小、散"企业整治提升，再建成1~2个不锈钢小微园，建立1个集技术研发、技术服务、检验检测、人才培训等功能于一体的公共服务平台，建成1个国内知名的不锈钢贸易集散中心，实现累计3家上市公司。

主要路径是推动产业整合集聚，推进产品高端化发展，促进产业链深度延伸，推进智能化改造步伐，推进生产过程绿色化，推进制造模式服务业，打造贸易集散中心。

松阳不锈钢管产业

一、概况

2004 年以来，松阳县委、县政府确立了"生态立县、工业强县、开放兴县"的发展战略，抓住国内不锈钢管产业发展形势迅猛和温州地区不锈钢管企业因土地和环境容量等因素制约大量外迁的机遇，主动开展招商引资，承接温州不锈钢管产业的转移，吸引温州地区不锈钢管企业家到松阳创业，现已经呈现集群发展态势，不锈钢管产业迅速成为松阳工业经济主要增长点和第一大支柱产业。截至目前，共有 48 家不锈钢管企业，其中规上企业 47 家、国家级高新技术企业 15 家，拥有国家专利 324 项，2020 年全县亿元以上不锈钢管企业 21 家。2020 年全县不锈钢管企业累计实现产值 62 亿元。松阳县围绕建设"智能制造新城"，大力实施绿色发展战略，致力于建设创造价值、负有责任、备受尊重、绿色发展的田园式产业基地，打造全国不锈钢管产业绿色发展的典范。松阳基地淘汰了所有的一段式煤气发生炉、退火炉、地埋式酸洗槽、地面酸洗场地等一系列落后冶炼装备和工艺，实施污水集中收集处理、煤改气、酸洗场地"一体化"改造、固废处置等一系列重要环保工程，实现了不锈钢管绿色制造，引领不锈钢管产业绿色发展。基地龙头企业有上上德盛集团、宝丰钢业集团、宏泰不锈钢、浙江鹏业、浙江隆达等。在转型升级、高质量绿色发展方面，松阳县不锈钢管企业做了大量的工作，生产质量进一步提升，产品被广泛应用于核潜艇、长征火箭、坦克装甲车、风洞实验系统、核电站等。目前，松阳县正在举全县之力推动不锈钢管产业发展，推出千余亩产业用地，建设不锈钢管产业示范园，并致力于打造具有全国影响力的高端不锈钢管科创小镇、产值规模超百亿元的"全国高端不锈钢管示范基地"、国际知名的不锈钢管生产制造基地，使松阳不锈钢管能够真正成为一根可上天、可入地、可下海的"金箍棒"。

二、发展历程

2000 年，中国改革开放 20 多年，民营经济进入了新的快速发展时期。松阳县抢抓时机出台了《关于进一步发展非公有制经济的若干意见》等十一项政策性文件，为企业在松阳的发展提供了良好的营商环境，同时开工建设工业园区。2006 年，松阳县工业园区被列入省级工业园区。温州于 2000 年开始对不锈钢管企业进行治理整顿，特别是 2007 年以后由于地方政策调控、发展空间制约、地价高昂等因素，不锈钢管企业纷纷外迁。松阳县委县政府审时度势地做出了要把温州的不锈钢管企业梯度转移到松阳，并慢慢培育成为松阳县的工业主导产业的决定。2010 年，被浙江省经信委正式命名为"浙江省不锈钢管产业基地"。

从 2004 年第一家不锈钢管企业落户松阳，经过 17 年的发展，松阳县不锈钢管企业占地面积达 1500 余亩，已成为名副其实的产业集群，形成了原材料检测、热轧、开坯、冷拔、冷轧、制品加工、成品检测等一个较为完整的产业链，能够生产多种不同型号规格的不锈钢无缝管、焊管。松阳的不锈钢管产业基地具有先进的污水处理基础设施和强有力的污泥处置能力，具备先进的管理模式和生产工艺。建成不锈钢管生产污水处理站 3 座，年处理能力 100 万吨。危废处置企业 1 家，年处理能力 10 万吨，能够满足松阳及周边县（市）目前所有不锈钢管及下游制品企业污泥处理的需求。目前松阳县正朝着"全国高端不锈钢管示范基地"、国际不锈钢管生产制造基地迈进。

三、绿色发展和智能制造

生态环境保护是产业培育、企业发展的生命线，松阳县在发展不锈钢管产业的过程中，始终坚守生态环境保护底线，把绿色发展作为生存的前提、发展的基础。

松阳县工业园区在全国首创的不锈钢管生产废水集中处理系统和其他 16 项改进技术被工信部引入《工业领域节能减排电子应用技术导向目录》，同时，在行业内先开展"煤改气"、不锈钢管酸洗场地一体化改造、酸雾治理、退火油烟治理及节能减排数字化改造，率先提出了不锈钢管行业"1331"（即一套环保组织体系，三套水收集系统，洁净厂房、洁净地面、洁净设备改造等三大洁净设施，一套固废处置制度建立）综合整治方案，并创成省级绿色企业 1 家、县级绿色工厂 4 家，松阳县工业园区"污水零直排"的建设工作也顺利通过了浙江省级验收。

不锈钢管的生产制造过程主要有污水、污泥、酸雾、油烟和噪声等 5 种污染物产生，其中前 4 种污染是对生态环境产生破坏性的污染，松阳县也是通过解决这 4 个主要污染促进了不锈钢管产业在松阳的"破茧""化蝶""起舞"三次蝶变。

（一）破茧

生产不锈钢管必然会产生废水，20 世纪 90 年代，温州在发展不锈钢管产业的过程中产生了深刻的教训，不锈钢管厂家小而多、多而散，每家企业自行处理生产废水，各自为政，难防、难控、难治，更有甚者偷排漏排，使不锈钢废水的处理存在极大的风险，也给环保埋上隐患。对一家一厂的不锈钢管企业污水进行控制、治理非常困难。松阳县经过认真分析，提出了"政府出思路、企业出资金、专业机构出技术"的废水集中收集处置方案，要求进入松阳的不锈钢企业生产废水必须进行集中处理。首先是不锈钢管企业生产车间按照严格的工艺做好地面防渗漏等各方面的准备工作，车间周边开沟围堰。其次是每个企业预留一个污水排污口，通过园区特殊的污水管道全部收集到园区不锈钢管酸洗废水集中处理站，进行统一处理。处理达标的水一部分中水回用、一部分排进城市污水处理厂。分散到集中的转变，彻底改变了不锈钢管生产废水处理的模式，废水集中处理的费用比各家分散处理下降了 60% 以上，大大降低了企业生产成本。基地建成的三座废水处理厂日处理能力 2800 吨，确保了生产废水的达标排放，为产业的可持续发展奠定了扎实基础。松阳对工业废水的集中处理，再将处理达标的中水重新循环使用的生态化工业园区改造模式，被国家生态环境部、工信部列入示范目录并在全国行业中推广。

不锈钢管生产废水处理后会产生污泥，松阳是通过过滤压缩的方式将污泥析出，析出后的污泥危废统一委托有资质的处置公司外运处理，但是随着处置费用等方面成本的上升，企业负担日益加重。为了解决企业污泥处置的困难，松阳县通过招商引资的方式，引入具备污泥处置能力的企业在松阳基地建厂，进一步完善不锈钢管生产环节污染物处置链，现已建成年处置 10 万吨的不锈钢污泥处理中心。生产污水纳管集中处理、特种设备生产许可证破解难题、不锈钢管污泥成功处置等工作的实现，助推不锈钢管产业在松阳完成了整体的"异地升级"，实现了第一次"破茧"发展。

（二）化蝶

2017 年全国两会政府工作报告提出"蓝天保卫战"，松阳县一直把环境保护和资源节约作为不锈钢管产业发展的前提条件，对该行业进行清洁生产等绿色改造，持续优化不锈钢管产业。出于对生态负责、对历史负责的考虑，松阳不锈钢管产业的发展势必要与做好大气环境保护紧密结合，降低不锈钢管生产过程中二氧化碳、二氧化硫、氮氧化物、粉尘等污染物排放。因此，2008 年，松阳提出了使用天然气或其他清洁能源，消除不锈钢管生产过程中煤气发生炉产生的废气污染。在不锈钢管退火环节进行天然气替代燃煤改造是一个系统工程。

首先编制天然气项目实施规划，采用招商引资方式，让具备条件的投资企业在松阳开发天然气供气项目，采取市场运作模式进行管理建设，政府出台气价等相关的管理办法。其次是制定政策，明确把清洁能源利用作为后续新建工业项目的环保审批前置，制定天然气管理指南，进一步规范天然气应用。再次是做好公共服务，确定煤改气设计方案，邀请教育部工程研究中心、清华大学和中国联合工程公司设计了松阳不锈钢管退火炉智能化改造方案。最后是选取上上德盛、金信、瑞鑫达、益宏等几家条件较好的企业进行煤改气试点，根据试点情况进行改进并全面推广。煤改气后钢管表面氧化皮大幅减少，降低了能耗，减少了污染排放。最为关键的是解决了废气产生的污染。

在解决了水、气的污染后，对环保要求苛刻的松阳发现不锈钢管酸洗环节依然存在环保风险，首先是酸洗池有渗漏可能性的风险，虽然酸洗池在建设过程中经过特殊工艺处理，但酸洗母液腐蚀性很强，日积月累仍可能腐蚀酸洗槽造成渗漏，破坏水土环境。其次不锈钢管进入酸洗槽时酸液挥发形成酸雾，同样地破坏大气环境。基于以上两点，松阳探索了酸洗场地改造和酸雾治理的科学模式，把酸洗池架空和密闭，架空之后能够及时发现酸洗场地的跑冒滴漏，便于及时处理，从而彻底杜绝酸洗场地的跑冒滴漏现象。密闭之后能够有效控制酸雾挥发，利用风机将酸雾吸进酸雾吸收塔处理，从而彻底解决酸雾。当时，在中国联合工程公司的大力支持下，松阳的酸洗池架空和密闭酸雾收集处理一体化改造属国内最先进的模式之一。截至目前，松阳共淘汰 49 台煤气发生炉，建成 46 台天然气炉窑，44 家企业完成"酸洗场地密闭架空"改造，所有不锈钢管企业全面完成"酸雾治理"。用能结构的改变，大大降低了不锈钢管生产环境二氧化碳、二氧化硫、氮氧化物、尘等污染物排放量，但是不锈钢管轧制过程中用到机油润滑，附着在不锈钢管表面上的机油在加热过程中会产生油烟。聪明的松阳企业家利用"二次燃烧+末端治理",将燃烧窑炉加盖再收集吸收处理,从而完成不锈钢管生产环节所有的废气收集治理。

通过一整套系统的改造,松阳在大气治理方面为全国的不锈钢管产业基地提供了一个漂亮的"松阳模式",这一模式得到中国钢铁工业协会的高度认可,不锈钢管行业在松阳实现了"破茧化蝶"的第二次蝶变。2012年,松阳县政府被国家级不锈钢行业协会授予"中国不锈钢发展突出贡献单位"荣誉称号。2013年,松阳被国家质检总局命名为"国家级不锈钢管产业质量提升示范区"。

(三)起舞

党的十七大提出"五化并举""两化融合"是新时期党中央审时度势、高瞻远瞩做出的重大判断和战略选择,是中国实现现代化的新模式。"两化融合"旨在通过信息化技术与工业化的融合使企业在技术上、商业模式上、资源利用上、扩展影响力上建立创新的体系,提升企业的创新能力,达到提升效率、降低成本、可持续、低碳化、绿色化的目的。

在国家人口老龄化的背景下,不锈钢管行业作为重体力劳动的行业,逐步出现招工难,用工成本也随之快速增长。松阳不锈钢管产业分"两步走",通过自动化、智能化破解用工难题,实现"机器换人"全覆盖,数字化改造重点推进。松阳县成为浙江省不锈钢管行业"机器换人"试点县、"两化深度融合"示范县。

松阳针对不锈钢管行业制定了一套完整的分环节实施技术改造路线。在准备环节,采用自动化在线检测系统和自动化做头机,为后续的管材加工环节做好准备,提高管坯的生产效率。采购或研发在线检测系统、智能机器人做头软件和高端生产装备等,实现不锈钢管生产原材料连续在线检测和自动做头,全面提升企业不锈钢管检测水平和做头精度。在管材加工环节,建立自动控制系统并与计算机互联,促进不锈钢管轧制流程的全自动化。退火工艺实现自动设置炉温和退火时间,酸洗处理实现即时检测、自动添加配酸、废酸智能处理与回收。冷拔、冷轧、退火、酸洗实现流水线自动化,形成了连续自动化生产和数据集成管理。在精加工环节,通过采购及研发自动化、多规格的矫直与剪切一体化设备,合并矫直与剪切工序,实现不锈钢管精加工环节机械化、自动化、智能化,形成不锈钢管精加工环节连续生产、数据集成管理。在成品包装环节,通过引进机械臂、智能化传输设备、生产流水线装置,实现机器人控制下的不锈钢管检查、探伤、修模、喷码。在营销管理环节,利用无线射频、图像识别、激光蚀刻等自动化标识技术手段采集产品、设备、零部件所关联的标识数据,实现产品的数据化管理并向客户推送。同时,给予不锈钢管企业税费免抵支持。据了解,2020年松阳共为不锈钢管企业免抵退税6011万元,增值增量留抵退税1050万元,享受研发费用加计扣除超7000余万元,用于复工复产、创新发展、绿色制造,给企业发展注入了强劲功能。

松阳不锈钢管行业"机器换人"的实施,放大了自动化、智能化对企业的赋能效益,企业利用新一代信息技术升级改造的意识明显增强,为整个行业的信息化改造奠定了坚实的基础，促成了两化融合迈向深入。2017 年，松阳被列入浙江省工业和信息化重点领域（行业）"机器换人"智能化改造试点示范区，获得两化融合管理体系贯标认证的企业 10 家。当然，松阳也涌现出一批典型的不锈钢管企业代表，两化融合水平走在全国民营不锈钢管企业前列。如上上德盛集团 2016 年成为首个入围浙江省两化融合示范的不锈钢管企业、2017 年成为浙江省制造业与互联网融合发展示范企业、2018 年被工信部评定为两化融合管理体系贯标试点企业。松阳不锈钢管产业基地数字化的成功实践对整个行业的数字化转型都具有重要的示范带动意义。

自动化、智能化的成功实践使松阳县不锈钢管产业"破茧、化蝶"后进一步发展并在产业数字化平台上"翩翩起舞"。如今松阳不锈钢管产业基地已经发展成为集不锈钢管生产、加工、配送、贸易于一体的全流程绿色、智能的产业基地，成为中国不锈钢管行业乃至中国制造由大到强的一个缩影。

四、展翅飞翔

2021 年，松阳聚焦做大做强高端不锈钢管产业，谋划实施不锈钢管精品示范园、高端不锈钢管科创小镇等重大项目，力争建成百亿元规模全国一流生产基地，到 2023 年年底实现总产值 100 亿元，到 2030 年总产值突破 300 亿元。"十四五"期间松阳发展不锈钢管产业主要有三个方面的工作：

（1）强化不锈钢管主导产业地位。整合工业园区、乡镇工业功能区等空间，按照建设大园区的思路，对全县工业用地统一管理，保障工业用地空间只增不减；优化产业布局和完善公共配套设施建设，整合布局不锈钢管产业，提升基础设施共享水平；招引优质不锈钢管企业，促进产业链向民用管、装饰管等下游延伸；发挥科创小镇示范引领效应，加快不锈钢管产业要素向松阳集聚，培育壮大不锈钢制品细分产业；鼓励现有企业抱团发展，增加资本投入，走规模化、集群化发展道路；加大不锈钢管行业组织建设，加快推进不锈钢管行业工业互联网平台的建设，进一步提升松阳县不锈钢管行业协会的组织力、执行力，加强协同配合，促进企业抱团发展，达成专业分工，进一步提高质量、降低生产成本。

（2）完善不锈钢管产业发展的要素保障。制定不锈钢管产业数字化转型扶持政策，支持智能制造关键技术推广应用，开展数字化车间/智能工厂的集成创新与应用示范，使不锈钢管产业真正跃升为"高大上"的产业；深化企业服务机制，探索"企业-机关"双向挂职互动机制，让干部深入了解不锈钢管产业，让企业更熟悉相关政策和办事流程，做到亲而有间、清而有为，促进风清气正的政商关系；建立产业工人培育机制，依托本地的本科高校优势，在职业中专等机构建立不锈钢管产业专业人才培训基地，加强对产业工人和检测人员、质量管理人员、起重机械等特种设备操作人员的培训。

（3）搭建平台促进更好发展。按照环保绿色、低碳高效、数字智能的要求，推出千余亩工业用地用于不锈钢产业发展，引进优质不锈钢企业，高标准建设不锈钢管示范园区；

建设面向全国的多功能融合的高端不锈钢管科创小镇，形成不锈钢管集散中心、会展中心、科创（研发）中心、不锈钢文化博物馆；通过不锈钢管产业工业互联网平台建设，促进行业组织化发展；通过每年组织本地不锈钢管企业参与国际不锈钢展、广交会等大型专业展会，提升企业家眼界和对外合作水平；深入开展与钢铁工业协会、中国特钢企业协会不锈钢分会、国家市场监督管理总局特种设备监察局、冶金工业信息标准研究院等专业机构的合作，引导企业在产品研发、技术创新、标准制定、模式创新等方面取得突破，保持持续的创新能力和竞争力。

无锡不锈钢市场

中国不锈钢产业迅猛发展，形成了无锡、佛山两个目前中国乃至世界最大的不锈钢集散市场。

世界不锈钢一半在中国，中国不锈钢三分之一在无锡。无锡作为长三角的重要工业基地之一，因被宁沪铁路、宁沪高速、312国道及京杭大运河所贯通，交通十分便利；随着建筑、化工、纺织、电子、医疗器械、食品机械等行业的发展，也为无锡不锈钢产业提供了强力支撑。目前无锡不锈钢市场形成了以东方钢材城、南方不锈钢市场、硕放不锈钢物流园为主的三个规模较大的不锈钢综合交易市场，另外也形成了泰宝、五矿、中储、石新、华方建设、平谦等为辅的外围不锈钢仓储、加工市场，依托无锡强大的交通优势、资源优势、电子交易优势、资金配套优势、政策优势，助推无锡不锈钢产业的发展，将无锡打造成全国性的可持续发展的不锈钢专业市场。

一、东方钢材城

江苏东方钢材城，又称东方钢材城，是长三角地区规模较大、规划较完善、功能较齐全的不锈钢专业批发市场。东方钢材城由江苏汇坚国际控股集团投资开发建设，是一座大型的、现代的，集不锈钢交易、物流、加工、金融服务、生活配套于一体的不锈钢大本营。东方钢材城立足无锡，辐射长三角，放眼全中国，以其独具的规模优势、区位优势、品牌优势实现优化不锈钢资源配置，疏通流通渠道，整合上下游产业链条，巍然屹立于无锡黄金道口交汇处。

东方钢材城2004年由江苏省无锡市发改委立项，开始规划建设已被评为中国不锈钢流通基地、江苏省重点物流企业、江苏省服务业重点产业项目、无锡市重点专业市场。

2006年10月，东方钢材城成功收购了不锈钢天地网站，为客户和下游用户提供交流平台。2007年9月20日三期工程举行奠基仪式，总建20万平方米，打造进出口专营区和电子交易市场。同时，与金融系统、银行联手，设立质押库及电子交割库。

二、南方不锈钢市场和硕放不锈钢物流园

无锡市南方不锈钢市场是由无锡市新区江溪街道景渎村委筹资组建的集体企业，在1998年10月经无锡市计划委员会批准后成立。南方市场曾经是国内最大的不锈钢集散中心，不锈钢销售总量占全国销售总量的40%，在不锈钢行业中南方不锈钢市场有着"晴雨表"的美誉。

2013年不锈钢交易量达860万吨，纳税销售额为480亿元。2013年9月不锈钢交易量已突破1500万吨，纳税销售额为463亿元。

南方不锈钢市场由于是滚动式投资发展，不论是形象，还是功能布局已经与城市的发展和现代商贸物流都不相吻合，矛盾和问题在发展的进程中也越来越明显。为全面提升市场整体素质，增强市场的竞争力，市场进行了整体迁移，在无锡新区空港产业园区购置了土地。

2014 年 4 月，位于沪宁高速、锡张高速与 312 国道交界处的硕放不锈钢物流园开业，一座集不锈钢电子商务、仓储、加工、物流、金融服务于一体的不锈钢旗舰物流园全新亮相无锡空港产业园区。硕放不锈钢物流园是由无锡市不锈钢电子交易中心、无锡市浦新不锈钢有限公司和无锡锦天金属制品有限公司共同投资建设的国内最大、品种最齐的全国性不锈钢专业市场。该物流园占地面积 800 亩，建筑面积 40 万平方米，能满足 2000 家不锈钢及相关行业的商家进驻交易。目前，一期工程 22 万平方米已建成投运，成为全国不锈钢重要的集散地。

三、硕放不锈钢物流园

无锡硕放物流园，位于无锡市新吴区硕放镇，沪宁高速、锡张高速与 312 国道交界处，占地面积 800 亩，建筑面积 40 万平方米，其中仓储面积 20 万平方米，办公房基配套 20 万平方米，2014 年开园投运。

佛山不锈钢市场

一、发展沿革

1978 年 12 月召开的中国共产党十一届三中全会开启了改革开放新时代，珠海、深圳、汕头、厦门四个地方成为我国首批开放城市，发展国际贸易，开展来料加工。

随着汕头以及相邻的潮州、揭阳等沿海地区来料加工等进出口业务的展开，国外的不锈钢原料开始进入国门，当地的不锈钢产品开始加工出口。

佛山相距潮汕海边较远，毗邻广州。随着改革开放力度的加大，源自潮汕地区的海外不锈钢材料与产品均逐渐增多，面向国内市场需求的销售、加工也逐步扩散，佛山不锈钢产业因此机缘应运而生。

1990 年以前，佛山地区的少数陶瓷企业开始小规模零星从潮汕地区买进不锈钢材料或产品，再加工或贸易给佛山地区的五金加工企业。从此也出现了佛山市澜石宇航不锈钢制品有限公司、荣星分条厂等加工企业。

1992 年邓小平南方谈话以后，广东各地的建设发展加快，对碳钢、不锈钢、铜铝等金属材料产品的需求增长迅速，由此带动了包括不锈钢加工、贸易在内的金属加工贸易产业日渐在佛山发展壮大。

2000 年，国家加大了进出口秩序整顿的力度，潮汕地区的不锈钢商家纷纷迁移到不锈钢产业稍有规模的佛山。得益于佛山本地人士也从 20 世纪 80 年代开始陆续从事不锈钢贸易、加工、制品等生意，佛山不锈钢产业迎来了井喷发展新阶段。

2005 年前后，位于佛山市禅城区澜石镇的澜石国际金属交易中心建设落成，吸引了全国各地的不锈钢商家及加工企业家入驻兴业，由此发展成为我国最大的不锈钢贸易、加工、制品的产业集群。随着产业规模快速扩张，顺德区陈村镇、小塘镇及南海区的狮山镇等其他各地的不锈钢加工制品及配套的装备产业迎来了大发展时期。

2014 年前后，位于顺德区陈村镇的金锠国际金属交易广场、力源金属城也相继落成，招商迎客。2016 年前后，澜石国际金属交易中心所在的禅城区是主城区，开始限制卡车进入，不锈钢商家被迫纷纷迁至金锠、力源两大交易市场。

2020 年，乐从钢铁大世界扩建了不锈钢新城，承接金锠、力源两大市场无法容纳的不锈钢商家入驻。而后，随着顺德区陈村镇开始改造村级工业区，许多商家回迁至澜石国际金属交易中心。

至此，佛山地区已经形成了金锠、力源、乐从、澜石一共四大不锈钢商家集群。

二、产业特点

佛山地区不锈钢产业得益于改革开放的来料加工延伸带动，从而形成了承接潮汕地区不锈钢制品加工产业的显著特点。也就是日用的锅碗瓢勺等产品留在了潮汕地区，装饰管、装饰板以及由此带动的分条、压延等稍显笨重的不锈钢产业在佛山应运而生。

改革开放40多年来，佛山不锈钢产业发展迅猛，已经形成了全国乃至全球最大的不锈钢贸易、装饰管板加工集群。产业特点十分鲜明：

（1）装饰产品为主。装饰管、装饰板及相关配件的加工产业规模最大、日用产品种类最多、花色设计创新最快，成为全国各地以及海外市场的主要供应基地。由于附件值低，以及装饰管的市场已经遭遇了天花板，装饰板的市场增量空间也日益狭窄，佛山以外地区尤其南岭以北的广大地区出现了许多地方大力发展不锈钢加工产业，纷纷从相对简单的装饰管、装饰板着手起步，逐步扩大蚕食佛山不锈钢装饰产品的市场份额。

（2）贸易辐射广泛。无论佛山本地人率先从事，或者潮汕商家后续涌入，或者各地人士求职创业，都形成了覆盖全国各地不锈钢市场的营销网络。许多在佛山发展的商家，不仅向全国各地供应产品，而且在无锡等全国各地乃至西部乡镇都通过各种方式开设了分支机构、经销门店。

（3）市场反应迅速。潮汕商业文化影响下的佛山不锈钢市场，交易频繁，反应迅速，由此形成了佛山不锈钢行情波动频繁等引领全国市场风向的独特元素。

三、政策包容

政府鼓励创业创新，政策包容发展求变。包括不锈钢产业在内的各类市场主体受到政府的干预少，得到政策的帮扶多。佛山地区的包容营商环境是不锈钢产业发展的强大助力，也是佛山商家不愿意外走他乡的实在吸引。

四、展望未来

佛山不锈钢产业将会呈现如下一些特点：

（1）交易市场影响深远。佛山的四大市场未来可能呈现三大市场的相互衬托格局（金锠、力源为主，乐从为辅，澜石消失）。鉴于佛山的不锈钢市场皆由私人开发运营等显著特点，随着不锈钢产业发展，佛山不锈钢交易市场的影响广度与辐射深度都将继续扩大，呈现其他地方难以复制的独特魅力。

（2）贸易流通继续扩张。佛山不锈钢产业起源于流通，发展于流通带动加工，贸易人才、经销理念、营销网络都形成了区域特色鲜明的独特优势，未来十年乃至更长时间的未来，恐怕也很难预测哪个地方可以成功复制佛山特色。

（3）加工制品向外分散。高地价已经制约了佛山不锈钢加工制品产业的发展，制约程度不断加大。不仅佛山本地，就连佛山周边的江门、肇庆等地方，对不锈钢加工制品企业的招商意愿已经淡化消失。

佛山地区的不锈钢制品加工产业正在向阳江、云浮等省内有限的地方转移，将继续向广西的北海、梧州、玉林以及其他省区转移，包括江苏省盐城市响水县、山东省临沂市临港区等发展不锈钢产业的新兴地区。

附　录

附录一 世界及中国不锈钢产销量数据

一、世界不锈钢粗钢产量

伴随着不锈钢需求的增长，世界不锈钢粗钢产量相应增长，从 1950 年的 100 万吨，提升至 2020 年的 5089 万吨，年复合增长率达到 5.68%，如附图 1-1 所示。

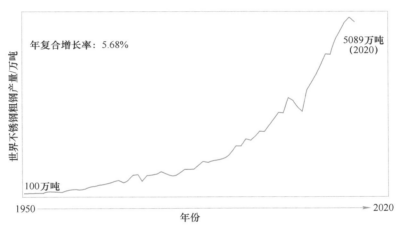

附图 1-1 世界不锈钢粗钢产量

资料来源：国际不锈钢论坛（ISSF）

二、世界主要不锈钢生产国家和地区产量

2010 年世界不锈钢粗钢产量为 3109 万吨，2019 年增长至 5221 万吨，增长了 67.9%（见附表 1-1）。受新冠肺炎疫情的影响，2020 年全球不锈钢产量下降了 2.5%，至 5089 万吨。在此期间，世界主要不锈钢生产地区中，欧盟国家不锈钢粗钢产量大体稳定在 700 万~750 万吨/年之间；美洲国家（主要是美国和巴西）不锈钢粗钢产量为 250 万~300 万吨/年；亚洲国家和地区不锈钢粗钢产量增长最快，从 2010 年的 2027 万吨增长至 2018 年的 3729 万吨，增长了 1702 万吨。可以说，世界不锈钢粗钢产量增长全部来自亚洲增产的贡献。然而，如果不考虑中国因素，2010—2020 年亚洲不锈钢粗钢产量也仅仅是稳定在 850 万~1000 万吨/年的水平。基于此，自 2010 年以来，世界不锈钢产量增长几乎全部源自中国和新兴不锈钢产区印度尼西亚增产的贡献。

附表 1-1　世界主要不锈钢生产国家和地区产量（2010—2020 年）　　　（万吨）

国家和地区		2010 年	2011 年	2012 年	2013 年	2014 年	2015 年	2016 年	2017 年	2018 年	2019 年	2020 年
比利时		130.6	124.1	124.1	129.8	138.8						
比利时+奥地利							160.7	167.2	169.8	175.4	148.1	147.1
芬兰		99.8	100.3	107.8	108.0	121.6						
芬兰+瑞典+英国							221.5	232.7	232.2	228.5	214.5	
法国		27.6	30.0	28.5	30.0	32.3	29.1	28.7	29.3	31.0	28.1	20.8
德国		150.9	150.2	131.3	109.1	86.4	45.9	41.4	43.6	43.3	40.1	36.6
意大利		158.3	160.2	169.6	155.6	145.7	145.2	142.1	146.9	148.4	144.1	133.0
西班牙		84.4	80.7	84.4	85.5	94.5	97.9	100.2	100.3	96.9	89.8	83.6
瑞典		54.6	58.6	51.0	50.1	54.1						
英国		27.9	33.0	29.4	25.7	29.5						
其他欧盟国家		15.2	18.8	19.5	21.1	22.3	16.5	15.7	15.6	15.1	15.9	
欧盟合计		749.4	755.9	745.5	714.7	725.2	716.9	728	737.7	738.5	680.5	632.3
美国		220.1	207.4	197.7	203.0	238.9	234.6	248.1	275.4	280.8	259.3	214.4
巴西		40.9	41.3	39.1	42.5	42.4	40.1	45	40.0	38.6		
美洲合计		260.9	248.6	236.8	245.4	281.3	274.7	293.1	275.4	319.4	259.3	214.4
日本		342.7	324.7	316.6	317.5	332.8	306.1	309.3	316.8	328.3	296.3	241.3
韩国		204.8	215.7	216.7	214.3	203.8	223.3	227.6	238.3	240.7		
中国	大陆	1125.6	1409.1	1608.7	1898.4	2169.2	2156.2	2460.8	2577.4	2670.6	2940.0	3013.9
	台湾	151.4	120.3	110.7	106.7	110.8	110.9	126.3	137.6	117.2	99.7	85.9
亚洲 （不含中国、韩国）											789.4	642.9
印度		202.2	216.3	283.4	289.1	285.8	306.0	332.4	348.6	374.0	393.3	315.7
亚洲合计		2026.7	2286.1	2536.1	2826.0	3102.5	3102.4	3489.4	3686.7	3950.5	3729.4	3656.8
南非		48.0	44.3	50.3	49.2	47.2	51.4	58.2	59.1	55.0		
俄罗斯		12.2	12.5	11.2	15.1	12.3	9.5	9	9.2	9.6		
乌克兰		11.8	14.7	11.8								
其他										414.6	563.5	552.5	585.7
世界总计		3109.0	3362.1	3591.7	3850.6	4168.6	4154.8	4577.8	4808.1	5073.0	5221.8	5089.2

资料来源：国际不锈钢论坛（ISSF）。

三、世界分地区不锈钢产量占比

　　从 2005—2020 年期间世界分地区不锈钢产量占比变化（见附图 1-2 和附图 1-3）也可以得出上述结论。2005 年，亚洲（不含中国）不锈钢产量占世界不锈钢总产量的 39%，欧洲占 34%，中国占 13%，亚洲（不含中国）和欧盟是当时世界不锈钢的生产中心。2020 年，主要不锈钢生产国和地区的产量均出现负增长。2020 年，中国占世界不锈钢总产量的比重再度快速上升至 59.2%，其他国家和地区的占比则相应下降。预计未来相当长的一段时期内，中国都将是世界不锈钢生产和消费中心。

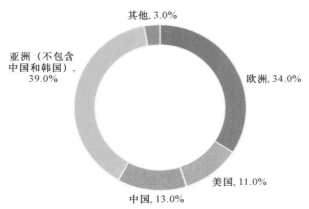

附图 1-2　2005 年世界分地区不锈钢产量占比
资料来源：国际不锈钢论坛（ISSF）

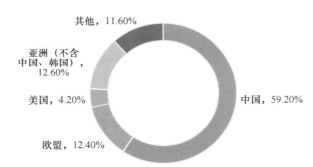

附图 1-3　2020 年世界分地区不锈钢产量占比
资料来源：国际不锈钢论坛（ISSF）

四、中国不锈钢粗钢产量、进出口量及表观消费量

改革开放 30 多年来，我国不锈钢行业发生了巨大变化，产量从小到大，生产装备水平从落后到先进，产品品种从单一到多样，产品质量也逐步提升。近十几年来，我国国内建成投产的不锈钢炼钢、连铸、轧钢等生产装备不仅达到世界先进水平，而且装备大型化。

2000 年以后，我国不锈钢行业迅速发展（见附表 1-2、附图 1-4 和附图 1-5），在消费方面，2001 年，我国不锈钢消费量达到 225 万吨，跃居全球最大的不锈钢消费国；2007 年，我国不锈钢人均消费量达到 5 千克，超过了世界人均不锈钢消费水平；2017 年，我国人均不锈钢消费量达到 14.35 千克，远远高于世界人均消费水平；2019 年，我国人均不锈钢表观消费量增至 18 千克。在供应方面，2001 年，我国不锈钢粗钢产量仅为 73 万吨；2006 年，我国不锈钢产量达到 530 万吨，超过日本成为世界最大的不锈钢生产国；2010 年，我国由世界最大的不锈钢进口国转变为不锈钢净出口国，扭转了长期以来不锈钢消费一直主要依赖进口的局面。在新冠肺炎疫情蔓延的特殊时期，2020 年，中国不锈钢产量仍实现了正增长，2020 年我国不锈钢产量猛增到 3014 万吨。目前，我国不锈钢产量已占到世界不锈钢产量 59.2% 以上。

附表 1-2　2001—2020 年中国不锈钢粗钢产量、进出口量及表观消费量　（万吨）

年 份	世界不锈钢粗钢产量	中国不锈钢粗钢产量	中国不锈钢进口量	中国不锈钢出口量	中国不锈钢材表观消费量
2001 年	1918.7	73.0	167.8	4.5	225.0
2002 年	2069.0	114.0	243.6	8.6	320.0
2003 年	2284.0	177.7	296.2	12.5	420.0
2004 年	2457.0	236.4	290.3	34.4	445.0
2005 年	2454.6	316.0	313.2	40.6	522.0
2006 年	2835.9	530.0	250.1	90.4	595.0
2007 年	2814.6	720.6	169.8	130.3	658.0
2008 年	2621.8	694.3	121.3	105.7	624.0
2009 年	2490.4	880.4	129.8	75.2	822.0
2010 年	3109.0	1125.6	106.7	153.8	940.0
2011 年	3362.1	1409.1	90.1	224.5	1105.5
2012 年	3536.3	1608.7	77.2	206.4	1286.5
2013 年	3813.0	1898.4	77.5	265.3	1482.4
2014 年	4168.6	2169.2	82.4	385.0	1606.3
2015 年	4154.8	2156.2	72.6	341.6	1628.5
2016 年	4544.8	2460.8	73.8	388.7	1850.6
2017 年	4808.1	2577.4	120.5	394.2	1994.2
2018 年	5072.9	2670.6	185.3	399.5	2202.8
2019 年	5221.8	2940.0	111.9	367.5	2405.3
2020 年	5089.2	3013.9	180.5	341.7	2560.8

资料来源：中国特钢企业协会不锈钢分会。

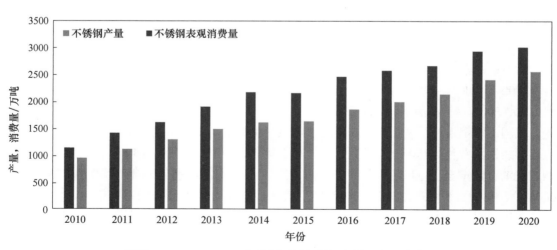

附图 1-4　2010—2020 年我国不锈钢粗钢产量和表观消费量

资料来源：中国特钢企业协会不锈钢分会和 ISSF

附图 1-5　2010—2020 年全球不锈钢粗钢产量及中国所占份额

资料来源：中国特钢企业协会不锈钢分会和 ISSF

五、世界不锈钢消费领域结构

根据国际不锈钢论坛（ISSF）2020 年的统计，不锈钢使用主要集中在金属制品和机械工程领域，全球占比达到 65.8%；其次是建筑业和汽车及零部件。由于不锈钢具有耐高温、防腐蚀、使用寿命长、对人体健康无害、可百分之百回收等优点，其应用领域在不断扩展。在工业方面，不锈钢已广泛应用于石油化工、石油开采、交通运输、核工业、能源、纺织、电子电器、食品、制药、造纸等各工业部门，以及海洋开发、航空航天、新能源开发、节能环保设备等新兴领域。在民用方面，除大量用于五金制品和家电部门外，还不断扩大在房屋建筑、供水系统等领域的使用。由于具有优良的耐腐蚀性能、力学性能、物理性能及加工性能，不锈钢处于替代其他材料的优势地位，其新用途在不断扩展。2020年世界不锈钢消费领域结构分布如附图 1-6 所示。

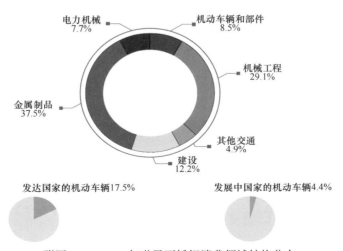

附图 1-6　2020 年世界不锈钢消费领域结构分布

资料来源：国际不锈钢论坛（ISSF）

六、中国不锈钢表观消费量

中国不锈钢产业起步较晚，新中国成立以来到改革开放前，中国不锈钢的需求主要是以工业和国防尖端使用为主。改革开放后，随着国民经济的快速发展，人民生活水平的显著提高，拉动了不锈钢的需求。20世纪90年代后，尤其是进入21世纪以来，中国不锈钢表观消费量增势强劲（见附图1-7）。2001年，中国不锈钢表观消费量达到225万吨，超过美国成为世界第一不锈钢消费大国。2008年，受全球金融危机的影响，中国不锈钢表观消费量为624万吨，同比下降5%，出现了近20年来的唯一一次负增长。之后，又恢复增长走势，2020年，中国不锈钢表观消费量更是达到了2560.8万吨。随着中国经济增长告别高速发展阶段，不锈钢生产与消费快速增长阶段也即将结束，转向理性增长，步入稳步发展期。不锈钢需求以民用为主正在向民用与工业需求并举的方向发展，一些不锈钢应用的新领域、新产业正在不断涌现。尤其是"中国制造2025"对高端装备制造业的推进，对包括不锈钢在内的材料工业在数量和质量等方面提出更高的要求，中国不锈钢生产和消费必将由此提升到一个更高的水平。经过近十几年的高速发展，2020年，中国人均不锈钢消费量达到18千克（2001年只有1.8千克），远远高于世界平均水平，也超过了G7国家的平均水平。但与先进工业化国家相比还有较大差距，中国目前的人均不锈钢消费量仅为意大利的1/2，德国及日本的2/3；而且耐蚀材料及高温材料等高端不锈钢产量只有20万吨/年，占比仅为1%，远低于美国、德国、法国、日本等发达国家的消费水平。

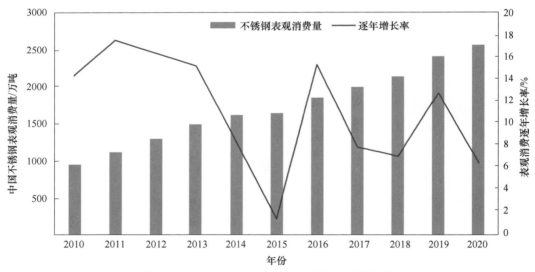

附图1-7　2010—2020年中国不锈钢表观消费量

资料来源：中国特钢企业协会不锈钢分会

七、中国不锈钢进出口量变化

尽管自20世纪90年代以后中国不锈钢产量发展速度较快，但是由于国内不锈钢需求旺盛，国产不锈钢依然不能满足本地需求，消费缺口主要依靠进口来弥补。2003年之前，中国不锈钢进口量逐年快速增加，2004 年略有回落，2005 年达到进口峰值的 313 万吨。之后，随着国内不锈钢企业的相继投产，进口量逐年下降，2015 年降至 73 万吨。进口不锈钢产品主要来自韩国、日本和中国台湾地区。2020 年，中国不锈钢进口量 181 万吨。进入 21 世纪以来，随着中国不锈钢产能的扩大，产量快速增长，出口量也逐年提高。2001年，中国不锈钢出口量仅有 5 万吨。2010 年，增长至 154 万吨，中国由一个世界最大的不锈钢进口国变为净出口国，改变了长期以来不锈钢消费一直主要依赖进口的局面。2010 年以后，中国不锈钢出口量继续大幅提升。随着印度尼西亚不锈钢的投产，各国的反倾销等贸易因素，中国不锈钢出口量开始下降。2020 年，中国不锈钢出口量从 2018 年的 400 万吨下降到 342 万吨（见附图 1-8）。

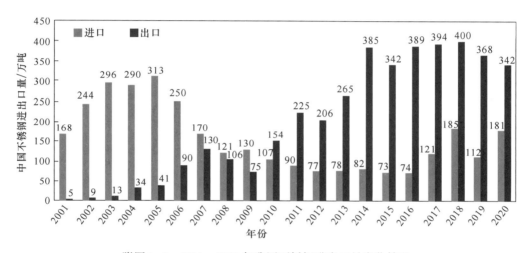

附图 1-8　2001—2020 年我国不锈钢进出口量变化情况

资料来源：中国特钢企业协会不锈钢分会

附录二　中国不锈钢大事记

一、20 世纪 50 年代

从无到有，艰难起步，开发出了应用于军工和化工的不锈钢产品。初步创立不锈钢标准和原料基地。

1952 年

1. 太原钢铁公司、抚顺钢厂生产第一批不锈钢、耐热钢。

2. 我国制定了两个不锈钢标准，即重 20—50《高合金不锈钢、耐热钢及高电阻合金》和重 21—52《不锈及耐酸各种条钢技术条件》。这两个标准共列有 23 个不锈钢牌号，主要是 Cr-Ni 不锈钢。依据这两个标准，初期主要是生产 18-8 型 Cr-Ni 奥氏体不锈钢，如 1Cr18Ni9Ti。随后，根据我国化学工业发展的需要，又生产 1Cr18Ni12Mo2Ti 和 1Cr18Ni12Mo3Ti 等钢。但在当时历史条件下，我国尚未大量生产镍、铬金属，为了节约镍资源，只得开展研制或引进国外节镍不锈钢的经验的工作，并取得一定成绩。

1953 年

1. 发布重 21—52《不锈及耐酸各种条钢技术条件》，包括马氏体不锈钢。
2. 开始扩建改造吉林铁合金厂（现中钢吉铁）及锦州等一批铁合金厂。
3. 重钢在苏联专家的帮助下冶炼成功第一炉 1Cr18Ni9Ti。

1955 年

1. 5 月，重工业部发出《关于试制与生产耐热钢及不锈钢的决定》。
2. 8 月，《人民日报》报道，我国已试制成功十多种耐热钢和不锈钢。

1956 年

1. 6 月，我国第一个现代化吉林铁合金厂竣工。
2. 7 月，冶金部指示钢铁局合理使用金属铬和电解镍。

1957 年

9 月，冶金部、中科院与有关工业部召开代用与节约合金钢中镍、铬会议，确定节约镍、铬方案。

1958 年

1 月，冶金部组建钢铁研究院。在新钢种研究室中成立我国第一个高强不锈钢研究组，并对国外高强不锈钢发展现状进行调研。

1959 年

对重 20—52 和 21—52 两个标准进行了修订，合并为 YB10—59《不锈耐酸钢技术条件》。YB10—59 标准列有 36 个牌号，主要特点是增加了以 Mn 或 Mn、N 作为奥氏体形成元素的节 Ni 和无 Ni 的铁素体不锈钢。该标准一直执行到 1975 年，十多年中，对我国不锈钢研制和生产技术的发展，扩大品种、提高质量起到了重要的作用。

二、20 世纪 60 年代

国产多种不锈钢进入原子能与飞机、火箭和导弹及人造卫星制造工业领域，在多个关键部位发挥作用。

1960—1969 年

1. 在颁布 YB10—59 的基础上，1964—1965 年还制定了 7 个不锈钢钢材标准，包括热轧厚板、薄板，冷轧薄板、热轧钢带及钢丝等品种。

2. 钢研院、大连钢厂、6 所 "0Cr17Ni7Mo2Al 钢带研究"，1978 年获全国科学技术大会奖。1961—1964 年，钢研院、大连钢厂、上海钢铁材料研究所 "节 Ni、Cr 高强不锈钢 0Cr12Mn5Ni4Mo3Al 研究"，1978 年获全国科学技术大会奖。

3. 1958 年 8 月，国家 156 项重点工程之一的太钢 1053 立方米高炉、1000 毫米初轧机、自备电厂工程装备从苏联及东欧引进，被称为 "三大工程" 的升级扩建项目，进入 60 年代初期相继投产。

4. 上钢三厂于 1962 年试制成功 1Cr13 和 1Cr18Ni9Ti 不锈钢薄板和中板产品，成为我国不锈钢板材生产一支生力军。

5. 1962 年 12 月，我国第一台 10 吨钢液真空处理装置大连钢厂投产，大连钢厂开始供应鞍钢轧制无缝钢管用不锈钢管坯。大连钢厂 1960 年承担了国家军工、原子能、航空、航海等多项不锈钢研发任务，并取得优异成果。

6. 1964 年西宁钢厂投产，承担了国家一定数量的不锈钢生产任务。

7. 1965 年 5 月，钢研院成立我国第一个不锈钢耐热钢研究室，针对高强不锈钢展开研究。

8. 1965 年，国家建设以生产特殊钢、不锈钢为主的长城特钢。

9. 钢研院、抚钢、上海第三钢铁厂等研制 00Cr15Ni6 高强不锈钢、1Cr12Ni2WMoVNb 热强钢、0Cr17Ni7Al 高强不锈钢、00Cr14Ni6Mo2NbAl 高强不锈钢，1982 年获冶金部科技成果四等奖。

10. 抚顺钢厂基本掌握苏联常用技术条件所有钢号的生产技术，并承担了大量航空航天材料的试制任务，为我国第一颗原子弹、第一颗氢弹、第一枚导弹、第一颗人造卫星、第一代战斗机提供了关键材料。

三、20 世纪 70 年代

随着炉外精炼新工艺在我国问世，一批低碳、超低碳不锈钢批量生产，双相不锈钢品种和含氮超低碳不锈钢也接连试制成功并得到部分应用；不锈钢应用于核能、航天、航空、军工和化肥领域的同时向动力、机械、石油、化工等工业领域扩展。国内不锈钢生产厂掌握了苏联常用技术条件所有钢号的生产技术，同时国家不锈钢生产工艺和技术标准初步框架开始形成。

1970 年

1. 太钢从联邦德国引进设计能力年产 3 万吨的冷轧不锈钢薄板厂建成投产。

2. 专业生产工业用不锈钢无缝管的常州市武进不锈钢管厂有限公司成立。

1972 年

1. 1972 年对 YB 10—59 进行了修订，制订了 GB 1220—75《不锈耐酸钢技术条件》。至此，我国共有不锈钢标准 13 个，65 个牌号。

2. 1972—1984 年，钢研院、抚钢、703 所进行"极低温用双相高强不锈钢研究"，1988 年获国家发明奖二等奖、1989 年获国家发明奖三等奖。

3. 太钢第一台八辊冷轧机投产。

1973 年

1973—1980 年，钢研院、抚钢、保定胶片厂进行"00Cr14Ni6Mo2AlNb 高强不锈钢研究"，1983 年获国家发明奖四等奖。

1974 年

1974—1979 年，太钢、钢研院、上海 5703 厂进行"SG-8 冷轧高强不锈钢带研究"，1979 年获山西省科技成果奖二等奖。钢研院、抚钢、703 所进行"极低温离子氮化高强不锈齿轮钢研究"，1985 年获冶金部科技进步奖一等奖。

1976 年

1. 1976 年 7 月，实施 GB 1220—75《不锈耐酸钢技术条件》，将 0Cr17Ni4Cu4Nb、0Cr17Ni7Al 和 0Cr15Ni7Mo2Al 列入国标。

2. 1976—1983 年，钢研院、江西钢厂、601 所进行"瞬时高温弹簧用高强不锈钢研究"，1983 年获冶金部科技成果三等奖。

3. 1976—1985 年钢研院、抚钢、703 所进行"超高强度双相时效不锈钢研究"，1988 年获国家发明奖三等奖。

1977 年

1. 太钢与科研院所合作开发的国内首台 AOD 氩氧精炼炉投产，太钢拥有了包括 6 吨氩氧炉、50 吨高功率电弧炉、50 吨氧气顶吹转炉、2300 毫米四辊可逆式中板轧机、1700 毫米炉卷轧机、1450 毫米八辊冷轧机等在内的不锈钢生产装备，打通了不锈钢生产线。

2. 1977—1981 年，钢研院、抚钢、31 所进行 "0Cr21Ni6Mn9N 高强不锈钢研究"，1981 年获冶金部科技进步奖四等奖。

3. 1977—1983 年，钢研院、江西钢厂、北京 251 厂、武汉建材工业学院进行 "高强不锈钢带研究"，1983 年获冶金部科技成果三等奖。

1978 年

大连钢厂与科研院所合作开发的国内首台 VOD 精炼炉投入生产。1985 年获冶金部一等奖。

1979 年

1979—1985 年，钢铁研究总院、抚钢、703 所进行 "贮箱用高强不锈钢研究"，1989 年获国家发明奖三等奖。

四、20 世纪 80 年代

经过前 30 年的积累蓄势，进入改革开放的新时代，使不锈钢应用有了更为广阔的市场空间，促使科技、生产与应用实现了空前紧密结合，推动不锈钢产业快速发展。一批不锈钢生产企业放眼全球，寻求新技术新装备，使关键工序生产能力与技术水平得到提升。一批民营企业进入不锈钢行业。

经过 30 年的技术积累，我国不锈钢质量更加稳定，一批不锈钢产品获得部优、省优和国家奖励，标准体系更加完善。

1980 年

1. 从 1980—1983 年，抚钢先后引进时被国内称为 "五朵金花" 的首套（台）真空感应炉、真空自耗炉、VOD/VHD 精炼炉、快锻机和精锻机。

2. 1980—1983 年，钢研总院、抚钢、鞍钢、哈电机等进行 "葛洲坝水电机组用 G817 高强不锈钢研究"，1983 年获冶金部科技成果一等奖。

3. 1980—1986 年，钢研总院、抚钢、3531 厂进行 "0Cr17Ni7Al 高强不锈钢研究"，1986 年获冶金部科技成果四等奖。

1981 年

1. 1981—1984 年，钢研总院、上钢三厂、703 所、211 厂进行 "电渣重熔 эи811 双相不锈钢冷轧薄板研究"，1985 年获国家科技进步奖特等奖。

2. 1981—1985 年，钢研总院、北京钢铁学院、青岛海洋腐蚀所进行"马氏体时效不锈钢强韧化机理及耐蚀性研究"，获 1985 年院科技成果奖。

3. 1981—1984 年，钢研总院、抚钢、中科院电工所进行"永磁高速同步电机转子用高强无磁不锈钢 0Cr21Ni6Mn9N 研究"，1984 年获冶金部科技成果奖三等奖。

4. 1981—1984 年，钢研总院、抚钢、中科院电工所进行"永磁高速同步电机转子用高强导磁不锈钢 00Cr14Ni6Mo2AlNb 研究"，1984 年获冶金部科技成果奖三等奖。

1982 年

1. 由冶金部标准化研究所组织有关工厂和钢铁研究院就不锈钢钢棒（坯）、钢板、钢带、钢丝四类产品提出了 20 个标准草案，1983 年对这 20 个标准草案进行审定，新制定标准 12 个，包括冷加工钢棒、锻件用钢坯、热轧等边角钢、涂层薄钢板钢带、热轧钢带、弹簧用冷轧钢带、冷顶锻钢丝、惰性气体保护焊接用钢棒钢丝、外科植入物用钢棒钢丝和薄板钢带；修订标准 6 个，包括热加工钢棒（GB 1220—1984）、热轧板、冷轧板、冷轧带、钢丝、盘条等。共 18 个标准，其中国标 17 个，行标 1 个。初步建立起了接近世界先进水平的我国不锈钢标准体系。1985 年以后，又对上述标准体系进行了调整和补充，陆续制订了不锈钢复合板、钢丝绳、机械结构用焊接管和无缝管、流体输送用焊接管和无缝管、锅炉及热交换器用无缝管及彩色显像管用冷轧钢带等多个标准，并对 GB 122—1984 及一些原有标准陆续进行了修订。我国已有不锈钢产品标准 33 个，还有不锈钢专用理化实验方法国家标准 13 个，一个品种齐全、结构合理、与世界接轨的不锈钢标准体系基本形成。

2. 1982—1985 年，钢研总院、上钢三厂、上海新新机器厂进行"эи811 双相不锈钢脆性本质研究"，获 1985 年冶金部科技进步奖三等奖。

1983 年

1. 1983—1985 年，本特钢、钢研总院、西安冶金建筑学院进行"30 万/60 万千瓦汽轮机叶片钢 0Cr16Ni4Cu3.5Nb 生产工艺研究"，1985 年获冶金部科技进步奖三等奖。

2. 1983—1988 年，钢研总院、抚钢、太钢、861 厂进行"抗弹性衰减高强不锈钢研究"，1988 年获冶金部科技进步奖四等奖。

3. 中国第一台工业用 18 吨 AOD 在太钢投产。

1984 年

1984—1985 年，钢研总院：不锈钢、耐热钢数据库（含 110 个钢号性能数据、共 8 个模式文件），1985 年通过部级鉴定。

1985 年

1. 12 月，太钢自行研制的我国首台立式不锈钢连铸机投产，从此拉开不锈钢生产进入连铸化的序幕。

2. 1985—1990 年，钢研总院、抚钢、鞍钢、本特钢、重庆特钢、哈大电机所、哈电厂、东方电机厂进行"三峡中间机组转轮用 S-135 高强不锈钢特厚板研究"，1995 年获国家科技进步奖三等奖。

3. 上钢三厂 1Cr18Ni9Ti 纺机专用钢，不锈钢冷轧薄板和 1Cr18Ni9Ti 镍铬不锈钢厚板分别荣获冶金部 1987 年优质产品称号。

1986 年

1. 1986—1991 年，钢研总院：低合金钢、合金钢数据系统、选用美国 ASM 的 Mat. DB 专用数据库管理系统、不锈钢信息量 2.8MB、1613 个材料记录含高强度不锈钢数据。1990 年获冶金部科技进步奖三等奖。

2. 1986 年建成的"澜石不锈钢型材厂"（即佛山市澜石宇航星不锈钢有限公司前身），是国内最早的不锈钢焊管生产企业之一。之后佛山澜石镇逐渐发展成为国内最大的焊管生产聚集地和不锈钢产品交易中心。

1987 年

1. 专业生产工业油无缝管和焊管的浙江久立集团前身湖州金属型材厂成立。

2. 大口径工业用不锈钢无缝管生产企业，中兴能源装备有限公司前身南通特钢有限公司成立。

1988 年

1988—1990 年，钢研总院、抚钢进行"高膨胀高强不锈钢研究"，1990 年获冶金部科技进步奖三等奖。

1989 年

1989—1992 年，钢研总院、抚钢进行"膜片用高强不锈钢研究"，1992 年获国家发明奖四等奖。

五、20 世纪 90 年代

20 世纪 90 年代是中国不锈传承与发扬的时代，经受着改革开放大潮的洗礼，国企、合资、民企多种体制格局初步建立，多种产品，多种业态共同走上舞台。

肩负着为推动我国不锈钢行业健康、持续发展服务的行业组织，中国特钢企业协会不锈钢分会诞生。

1990 年

太钢 Cr13 不锈钢冷轧薄板在获得国家质量金奖后，1990 年又进入冶金部公布的《中国冶金企业采用国际水平标准产品》名单。

1991 年

1991—1995 年上钢五厂、725 所、钢研总院进行"$\sigma_s \geqslant 880$ 兆帕高强耐海水腐蚀不锈钢研究"，1997 年获部科技进步三等奖。

1992 年

1. 专业不锈钢无缝管企业华迪钢业有限公司成立。温州地区逐渐形成国内最大的不锈钢无缝管生产地区。

2. 青山实业的前身，青山钢铁在温州成立，是国内首批民营不锈钢冶炼企业之一。

1993 年

1993—1998 年抚钢进行第二次大规模技术改造，先后引进 50 吨超高功率电弧炉（UHP）及 LF/VD 炉外精炼炉、WF5-40 方扁钢生产线、24 架连轧生产线、60 吨超高功率电弧炉加连铸生产线，完成产能及质量二次升级。至 1995 年，不锈钢年产量达 5 万吨以上，占抚钢总产量的 16%，创历史最高水平。

1994 年

9 月，专业生产不锈钢无缝管、焊管的台资企业广州永大不锈钢有限公司成立。

1995 年

12 月，中美合资上海实达精密不锈钢有限公司成立。

1996 年

1. 1996 年 3 月，由宝山钢铁股份有限公司、浙甬钢铁投资（宁波）有限公司和日本日新制钢株式会社、三井物产株式会社、阪和兴业株式会社联合出资组建宁波宝新不锈钢有限公司，专业生产冷轧不锈钢薄板和冷轧不锈钢焊管，年设计产能分别达到 60 万吨和 1 万吨。主要产品为 300、400 系列冷轧不锈钢板卷和汽车排气系统及工业用不锈钢焊管。

2. 太钢第一台二十辊森吉米尔冷轧机投产。

1997 年

1. 大连钢厂高精度合金钢棒线材连轧线——国内首条大盘重不锈钢盘条生产线建成投产，并在 1998 年 8 月首批按美标生产的 304 大盘重盘条出口美国。

2. 由韩国浦项和中国沙钢共同投资的浦项（张家港）不锈钢有限公司成立。

1998 年

1. 1 月，专业生产不锈钢无缝管的台资常熟华新特种钢有限公司成立。

2. 9 月，钢研总院在原合金钢研究部基础上组建结构材料研究所，在高强不锈钢组基础上建成我国第一个高强不锈钢研究室。

3. 10 月 1 日，上海克虏伯不锈钢有限公司工程举行奠基仪式，第一期工程 2001 年 10 月 2 日投产。第二期工程 2006 年 5 月 9 日投产，生产能力年产 29 万吨冷轧不锈钢薄板。

4. 10 月 21 日，太钢不锈在深交所上市。

5. 11 月，中国日用五金技术中心不锈钢器皿中心在我国不锈钢制品生产集中地——广东潮安彩塘镇成立。

6. 宝钢与上钢、梅山合并成上海宝钢集团公司。上钢一厂成为宝钢不锈钢公司，上钢五厂成为宝钢特钢公司，成为我国不锈钢产业的一支主力军。

1999 年

1. 浦项（张家港）不锈钢有限公司公司一期不锈钢冷轧工程于 1 月竣工投产，年生产能力为 14 万吨冷轧薄板。

2. 佛山澜石建成占地 10 万平方米不锈钢专业市场。

六、进入 21 世纪

进入 21 世纪，我国不锈钢开始大规模迈入民用领域，但需求与供给矛盾十分突出。为此，国家加大了对不锈钢行业的扶持力度。第一，加大贴息贷款，促进国企投资，规划建设"南宝（钢）北太（钢）"项目；第二，政策优惠，扶持合资企业，浦项（张家港）不锈钢有限公司、上海克虏伯不锈钢有限公司、宁波宝新不锈钢有限公司、联众（广州）不锈钢有限公司等合资企业先后建成投产；第三，利用市场机制，靠需求带动民营企业投资不锈钢项目。我国不锈钢行业步入高速发展的快车道。2006 年以来，我国跃居世界不锈钢产销量第一。

中国不锈钢工业的迅速崛起，得益于中国不锈钢消费市场的强力拉动，得益于依靠发挥后发优势，利用长期在实践中积累的经验，开展自主创新不断取得生产工艺技术进步。中国不锈钢生产的技术进步主要表现在以下几个方面：一是不锈钢生产企业的规模化。到 2020 年，青山实业全球产能达到 1000 万吨，成为全球最大的不锈钢生产企业。太钢达到 450 万吨，宝钢德盛、北部湾新材料、鞍钢（联众）、江苏德龙、张家港浦项、酒钢不锈、山东泰山、河南金汇等企业产能都超过 100 万吨。二是不锈钢装备的大型化，扩大冷轧产品的宽度规格和连续化生产，极大地提高了生产效率。国内企业拥有 180 吨 AOD、180 吨 VOD、2150 毫米板坯连铸机、2250 毫米和 2550 毫米热连轧机、1650 毫米森吉米尔冷轧机、2100 毫米十八辊冷轧机，1450 毫米六连轧机组、1750 毫米五连轧机组等全球最先进的装备。三是采用灵活的原料结构降低不锈钢生产成本。含镍生铁的大量使用，特别是 RKEF 不锈钢一体化生产工艺的诞生，极大地降低了生产成本。四是调整产品结构，开发高端用途不锈钢材料，满足市场需求。常规产品质量已经达到世界先进水平。国产双相不锈钢年产量不断突破，开发出以核电蒸汽发生器用 690 合金 U 形管、LNG 船用殷瓦合金板带、超纯铁素体不锈钢 44660、0.02 毫米的超级不锈钢精密箔材、新型奥氏体耐热钢 SP2215 锅炉管等为代表的不锈钢新产品。

继太钢不锈之后，一批研发创新能力强、管理有特色、产品（服务）专而精的企业，如专业生产高等级工业用管材的久立特材、武进不锈、中兴能源，专业生产管坯和合金的永兴材料，专业冷轧精密薄带的甬金科技，专业不锈钢及钢材加工配送的大明国际先后上市，成为国内不锈钢相关领域的优秀企业。随着2019年不锈钢期货在上海期货交易所上市，我国不锈钢行业增加了全球不锈钢定价话语权。

2000 年

1. 7月，永兴特种不锈钢有限公司成立，专业生产研发特种不锈钢棒线材和合金。

2. 12月18日，外经贸部发布公告，从即日起对原产于日本和韩国的进口冷轧不锈钢板开始征收反倾销税。

3. 太钢50万吨不锈钢改造工程全面展开。

4. 太原理工大学研制的奥氏体不锈钢焊条获国家科技进步奖二等奖。

5. 无锡南方不锈钢制品市场扩建。

2001 年

1. 1月15日，宝钢不锈钢工程奠基，6月26日打下第一桩。

2. 2月，钢研总院、长城特钢研发的"高温浓硝用C8高纯高硅奥氏体不锈钢及焊材"获国家科技进步奖二等奖。

3. 6月，冶金工业"十五"规划出台，宝钢、太钢不锈钢冶炼、热轧中心列为重点建设项目，不锈钢冷轧薄板列为加快发展主要钢种。

4. 6月宝钢特钢年产35万吨不锈钢长材工程开工。

5. 10月，江苏大明投资兴建的无锡不锈钢市场开业。

6. 10月，上海上上不锈钢管有限公司成立。

7. 10月，韩国独资，专业生产不锈钢中厚板的昆山大庚不锈钢有限公司投产。

8. 11月，上海克房伯不锈钢有限公司一期工程投产。

9. 中国不锈钢表观消费量达到225万吨，跃居世界第一。

10. 为用户提供数据资讯、电商、物流等服务的"我要不锈钢"网站成立。

11. 南通特钢获中国冶金产品实物质量金杯奖。

2002 年

1. 我国政府对冷轧不锈钢薄板（带）实施最终保障措施。2001年11月19日，我国政府宣布对包括冷轧不锈钢薄板（带）在内的5类进口钢铁产品实施最终保障措施。保障期为3年，自2002年5月24日至2005年5月23日。

2. 5月，不锈钢轻轨列车在天津亮相。

3. 5月，重达310吨的国内最大的不锈钢整体铸件——三峡转轮体上冠在二重成功浇铸。

4. 5月，戴南镇与兴化市技术监督部门共同投资新建了一所不锈钢产品质量监督检验中心。

5. 7 月，全球最大的不锈钢加工服务商——大明控股集团前身，无锡市大明金属制品有限公司成立。

6. 9 月，不锈钢材产品生产许可证换（发）证工作正式启动。国家钢铁产品质量监督检验中心、全国生产许可证办公室不锈钢材审查部正式启动不锈钢材产品生产许可证换（发）证工作。

7. 太钢不锈钢热轧中板、大连钢厂不锈钢盘条、长城特钢结构用不锈无缝钢管、流体输送用不锈无缝钢管获钢铁工业实物质量金杯奖。

8. 太钢等高质量不锈钢板材技术开发获冶金科技一等奖。

9. 大连钢厂研制成功核级不锈钢超薄带。

2003 年

1. 联众（广州）不锈钢工程于 2 月 17 日动工兴建。

2. 5 月 10 日，温家宝总理视察太钢，参观不锈钢冷轧厂。

3. 5 月，张家港浦项二期投产，年产能 32 万吨，三期动工。

4. 上海上上 5 月投产，年产能 25000 吨无缝不锈钢管。

5. 6 月，青山控股集团有限公司成立。

6. 7 月，专业不锈钢无缝管企业浙江丰业集团成立。

7. 8 月，专业生产不锈钢精密薄带的浙江兰溪市甬金不锈钢有限公司成立。

8. 12 月 7 日，宝钢 1780 热轧生产线建成，第一卷下线。

9. 太钢等开发的高质量不锈钢板材技术开发获国家科技进步奖二等奖。

10. 久立获冶金产品质量金杯奖。

11. 宁波宝新二期投产，三期试车，年产能达 24 万吨。

2004 年

1. 酒钢不锈钢热轧 1 月 25 日投产。具备年产不锈钢黑卷 60 万吨能力。

2. 4 月 28 日，宝钢炼钢生产线炼成第一炉不锈钢生产出第一块不锈钢坯。

3. 6 月，时任浙江省委书记习近平视察久立集团。

4. 9 月 29 日，太钢新增加年产 150 万吨的不锈钢工程开工，2250 热轧项目于 11 月 21 日举行了奠基仪式。经过两年建设于 2006 年 9 月 29 日竣工投产。

5. 由韩国浦项制铁和青岛钢铁公司合资兴建的不锈钢冷轧薄板项目已于 2004 年 12 月 8 日建成投产。设计年产 15 万吨冷轧不锈钢薄板。

6. 由中国台湾烨联钢铁股份有限公司在广州投资兴建的不锈钢冷轧厂联众（广州）不锈钢有限公司于 2004 年 12 月 23 日正式投产。

7. 宝钢受让上海实达 40% 股权。

8. 温州不锈钢行业协会成立，华迪钢业董事长王迪当选为会长。

9. 不锈钢市场加快建设步伐。广东佛山国际金属交易中心开始建设。无锡不锈钢市场二期扩建工程竣工。戴南不锈钢交易城开业。

10. 太钢含氮不锈钢生产工艺及品种开发获国家科技进步奖二等奖。

11. 青山钢铁在民营企业中率先投产不锈钢连铸、连轧生产。

2005 年

1. 6月7日，我国华南最大的金属交易市场——佛山澜石（国际）金属交易中心一期工程正式建成开业。

2. 6月28日，宝钢不锈钢扩建工程建成，不锈钢设计产能150万吨，热轧卷年产能达128.5万吨。

3. 7月，胡锦涛总书记视察太钢。

4. 宁波宝新不锈钢有限公司第四期工程全面建成投产，已经具备年产60万吨冷轧不锈钢板卷的生产能力。

5. 太钢新增加的5台二十辊森吉米尔轧机建成投产，与其配套的世界最大的一条70万吨热线也正式投产，形成年产90万吨冷轧不锈钢板卷生产能力。

6. 由太原钢铁（集团）公司、东北大学、北京科技大学共同研究开发的"以铁水为主原料生产不锈钢新技术开发与创新"获2005年冶金科学技术奖一等奖。

7. 产品开发成绩斐然，使用领域不断拓宽。太钢开发了造币钢、410L、430、444、436及化学品船舶用316L、310L不锈钢。其重点产品已进入了石油、石化、铁道、汽车、造船、集装箱、造币等重点领域和新兴行业。宝钢开发汽车排气系统铁素体不锈钢、深冲用奥氏体不锈钢和铁道车辆零部件用不锈钢。东北特钢精密合金公司研制成功新型 Cr-Ni-Mo-Ti 时效马氏体不锈钢，以及牌号为 D659 和 D600 油气田用不锈钢录井钢丝和油井铠装电缆用不锈钢丝，解决了硫化氢、二氧化碳和氯化物含量高的超深油气井的录井难题。

8. 我国开始建设世界上两座最大的采用不锈钢结构的桥梁。一座是连接香港鳌磡石和深圳西部跨越海湾长达3.2千米的通道大桥，使用了约1250吨的 S31600 不锈钢和 S32205 双相不锈钢，被用作大桥高速公路的部分钢筋；另一座是香港昂船洲大桥，选择了约2000吨的 S32205 双相不锈钢板来建造桥塔的上部120米，厚度为20毫米的 S32205 双相不锈钢板卷筒焊接并用法兰连接起来构成桥塔的外表面结构，内焊 S30400 不锈钢钢筋，塔柱内浇注混凝土。这两座大桥至少可保证使用120年而无需进行大量的维护。

9. 浙江最大的不锈钢加工贸易商浙江元通不锈钢有限公司成立。

2006 年

1. 1月26日，酒钢不锈钢炼钢一期投产，年产不锈钢60万吨。

2. 6月，联众（广州）60万吨热轧不锈钢生产线开始试生产。

3. 6月，山东泰山钢铁不锈钢一期工程启动建设，至2008年7月1日正式竣工投产。

4. 张家港浦项不锈钢公司年产60万吨的新热轧不锈钢厂的热轧厂和冶炼厂分别于7月11日和7月15日投产。

5. 9月29日，太钢新不锈钢工程竣工，标志着太钢形成了年产300万吨不锈钢的能力，成为全球产能最大的、技术装备最先进的不锈钢企业。

6. 10 月 18 日，3500 吨钢挤压生产线在浙江久立集团建成投产，解决了国防、电力等工业部门有特殊需求的、难以变形的不锈钢材料及高合金材料的管坯加工的难题。

7. 不锈钢粗钢产量达到 530 万吨，超过日本居世界第一位。

8. 太钢不锈获全国质量奖。

9. 四川西南不锈钢有限责任公司的 60 吨电弧炉加 60 吨 GOR 二步法冶炼工艺路线年初投产运行。

10. 中兴能源国产第一套 159 热连轧管生产线投产运行，该项目达到世界先进水平。

11. 不锈钢专业冷轧企业佛山宏旺成立。

2007 年

1. 5 月，投资 800 多万元的江苏省不锈钢制品质量监督检验中心在戴南镇揭牌成立。

2. 8 月 28 日，宝钢不锈钢冷轧生产线建成，产出第一卷冷轧退火酸洗卷。

3. 11 月 26 日，太钢不锈与天津大无缝投资有限公司通过对天管增资扩股的方式合资成立的天津太钢天管不锈钢有限公司在天津滨海新区揭牌。

4. 11 月 26 日，酒钢不锈钢冷轧一期投产，规模为年产 55 万吨热轧酸洗和冷轧酸洗产品（其中冷轧酸洗产品生产能力为 20 万吨）。

5. 宝钢集团"不锈钢热轧板卷技术改造"项目荣获 2007 年国家优质工程金奖。

6. 太钢"400 系不锈钢制造工艺技术及品种开发"项目获冶金科技进步奖一等奖。

7. 太钢等"以铁水为主原料生产不锈钢新技术开发与创新"项目获国家科技进步奖二等奖。

8. 中兴能源"锅炉装置用不锈钢无缝钢管"获冶金产品实物质量金杯奖。

2008 年

1. 5 月，宁波宝新不锈钢有限公司焊管项目正式投产。

2. 6 月，西南不锈 3 号 GOR 转炉出钢。

3. 7 月，泰山钢铁公司 60 万吨优特钢工程投产。

4. 8 月，国家科技支撑计划"高品质特殊钢技术开发"项目在太钢集团公司启动。中国工程院院长徐匡迪莅会。

5. 钢种结构接近国际发达国家水平。铁素体不锈钢产量预计接近 200 万吨，比例达到 29.4%。2008 年我国开发了 T4003、441、443、444、446、B430LNT、TCS345、B4003M、470L1 一系列铁素体不锈钢新产品，广泛应用于运输、电力、建筑、家电、厨卫等领域。

6. 太钢成功开发的超级铁素体不锈钢 TTS446 应用于电站换热器。

7. 久立、华新研发"超级 304"无缝钢管，即超临界和超超临界锅炉用无缝钢管 10Cr18Ni9NbCu3BN，通过国家评审，达到了国际先进水平，可以替代进口。

8. 浙江嘉兴中达集团有限责任公司组建专门生产核电高强度不锈钢管的新厂。

9. 江苏首条不锈钢高速线材生产线在江苏星火特钢有限公司正式投产。

10. 冷轧不锈钢企业宏旺肇庆投产。

2009 年

1. 4 月，江苏大明金属制品有限公司宁波分公司开业。

2. 5 月 26 日上午，中共中央政治局常委、中央书记处书记、国家副主席习近平到太钢考察。

3. 5 月，北海诚德镍业有限公司成立。

4. 8 月 8 日，振石集团东方特钢股份有限公司炼钢 90 吨 AOD 炉顺利投产，炼钢系统全线打通。11 月轧钢线投产。

5. 8 月，河南青山金汇不锈钢产业有限公司年产 30 万吨不锈钢宽坯项目投产。

6. 9 月，中国无锡国际不锈钢交易基地奠基。

7. 10 月 9 日上午，在人民大会堂召开的新中国成立 60 周年"百项经典暨精品工程"发布会上，太钢新建 150 万吨不锈钢炼钢工程荣获百项经典暨精品工程和鲁班奖。12 月，此工程获国家优质工程金奖。

8. 12 月 11 日，久立特材科技股份有限公司在深圳证券交易所上市。

9. 12 月 26 日，宝钢核电蒸汽发生器用 690U 形管专业生产线的建成投产，标志着我国核电用 690U 形管从此实现国产化，宝钢成为目前国内首家、世界上第四家能够生产核电用管的企业。产品于 2010 年 11 月成功下线。

10. 由太原钢铁（集团）有限公司、上海大学、机械科学研究院哈尔滨焊接研究所、齐齐哈尔轨道交通装备有限责任公司研发的"新型铁路货车车体用 T4003 不锈钢及应用技术开发"获冶金科技进步奖一等奖；由太原钢铁（集团）有限公司、研发的"汽车排气系统用不锈钢材料及关键工艺技术开发"获冶金科技进步奖三等奖。

11. 浙江久立特材科技股份有限公司研制的 TP310HCbN 超超临界电站锅炉用不锈耐热钢无缝钢管通过了有关部门鉴定。达到了国际同类产品先进水平，可替代进口。1 万吨大口径不锈钢焊管生产线建成投产。

12. 江苏武进生产的锅炉用耐热无缝钢管 S30432 （10Cr18Ni9NbCu3BN）技术评审，产品已经应用在大唐信阳发电有限责任公司 3 号 66 万千瓦超超临界机组上。

13. 永大不锈钢集团可生产长达 12 米以上、超大口径 630 毫米不锈钢焊管生产线正式投产并实现量产。

14. 由全球四大不锈钢生产商之一的芬兰奥托昆普不锈钢集团投资的奥托昆普不锈钢（中国）有限公司在昆山高新区开工。

15. 浙江上上不锈钢有限公司在浙江丽水松阳建成，以不锈钢无缝管企业为主的松阳县工业园区入园企业逐步增加，成为我国又一个重要的不锈钢无缝管生产集中地。

2010 年

1. 3 月，中兴能源直径 610 毫米特大口径不锈钢无缝钢管出炉，标志着我国突破了特大型无缝管生产瓶颈；工艺流程国际首创，打破了发达国家的技术垄断。

2. 5 月 12 日，酒钢不锈钢炼钢二期投产，炼钢产能达到 120 万吨。

3. 12 月 1 日，大明国际控股有限公司在香港联交所主板正式宣布上市。

4. 12 月，福建省与宝钢集团在福州签订了《福建省与宝钢战略合作协议》，宝钢投资德盛镍业重组项目。

5. 青山首创 RKEF—AOD 一体化冶炼工艺投产。

6. 宝钢不锈超纯铁素体不锈钢登顶广州 2010 年亚运会主场馆——亚运城综合体育馆 4 万平方米的屋面全部采用由宝钢自主研发制造的中高铬超纯铁素体不锈钢铺设，共计 400 余吨，开创了国内大型场馆屋面装饰大面积使用高端不锈钢材料的先河。宝钢这一独有产品也填补了我国不锈钢行业在该领域的空白。

7. 浙江丽水市首家污泥镍铬回收项目——松阳中奇环境工程有限公司建设污泥镍铬回收项目顺利通过环保"三同时"竣工验收，松阳不锈钢管产业实现"全程无废化"。

8. 太原维太新材料公司和太钢联合研发出海水换热器用超纯铁素体 00Cr27Ni2Mo3（相当于海酷 1 号 S44660）焊接钢管，从冶炼、热轧、冷轧到专用的焊管生产线已经全线畅通，并批量生产，产品力学性能已达到或超过美国普利茅斯的 SEA‑CURE 钢管水平，成为全球第二家可以生产该产品的企业。

9. 我国 86 个不锈钢牌号标准，2010 年首次列入国际标准化组织 ISO 的不锈钢牌号对照标准中，这对进一步促进我国不锈钢材料、不锈钢机械设备及制成品的与国际接轨具有重要意义。

10. 一批不锈钢产品获 2010 年冶金产品实物质量金杯奖，分别是：太钢 304、304L、310S 等材质的流体输送用不锈钢焊接钢管、不锈钢热轧中板、不锈钢复合板，铁道车辆用 LZ50 车轴及钢坯、汽车传动轴管用热轧钢带、花纹钢板、集装箱用热轧钢，长城特钢有 Cr13 不锈钢棒、UNS N06600 无缝镍和镍合金冷凝器及热交换器管子；宝钢 GCr15、GCr15SiM 高碳铬轴承钢；大冶特钢 T/P91 高压锅炉管坯；东北特钢 Cr12 合金工具钢锻材锻件。

2011 年

1. 2 月，宝钢"一种高强度 13Cr 油套管用钢及其制造方法"获第六届上海市发明创造专利一等奖。用该方法开发的为国际上首次低成本经济型 13Cr 马氏体不锈钢钢种制造的 BG13Cr‑110 油套管，是一种节能、环保产品，具有优异的耐腐蚀性能，现已在国内油气田广泛使用，为用户和宝钢创造了巨大的经济效益。

2. 3 月 21 日，由中国十九冶集团承建的广西北海诚德镍业有限公司百万吨不锈钢一期工程顺利竣工投产，这是北海铁山港工业园第一个建成投产项目。

3. 3 月 27 日，中国有色集团与太钢共同投资建设的缅甸达贡山镍矿项目投产。

4. 3 月，宝钢德盛不锈钢有限公司正式成立。

5. 3 月，冷轧不锈钢企业四川天宏投产。

6. 4 月 8 日，商务部终止对原产日韩进口不锈钢冷轧薄板实施反倾销。

7. 4 月 9 日，在北京钓鱼台国宾馆举行的第四届"中国杰出质量人（全国质量奖个人奖）"推选活动颁奖典礼仪式上，太钢董事长李晓波当选"中国杰出质量人"，并接受表彰。

8. 4 月 9—11 日，中国合格评定国家实验室认可委员会在揭阳市组织对国家不锈钢制品质量监督检验中心进行"三合一"现场评审，一致同意通过评审。

9. 4 月 13 日，不锈钢长材产业技术创新战略联盟在浙江省湖州市成立。永兴特种不锈钢股份有限公司任第一届理事长单位。

10. 4 月 15 日，天津太钢大明金属制品有限公司开业。

11. 9 月 6 日，浙江久立特材科技股份有限公司"超超临界电站锅炉关键耐温耐压件制造"项目通过了由浙江省发改委组织的竣工验收。

12. 11 月 8 日，太钢与美国哈斯科公司合资成立的太钢哈斯科科技有限公司揭牌暨全球最大钢渣综合利用项目奠基仪式在太原市隆重举行。

13. 11 月 12 日，哈尔滨市工商局道外分局的执法人员查扣了某大型超市正在出售的 27 件不合格"苏泊尔"不锈钢器皿。哈尔滨市工商部门在检查中发现，共有 81 个型号的"苏泊尔"不锈钢器皿不合格，存在锰含量超标，镍含量不达标的问题。

14. 国家认证认可监督管理委员会（简称认监委）正式授权江苏省兴化市不锈钢质检中心国家级检验中心以国家中心开展检测服务，出具检测报告。

15. 年产 19 万吨的本钢丹东不锈钢冷轧生产线投产。

16. 一批不锈钢产品获 2011 年冶金产品实物金杯奖，分别是：宝钢股份一般用途用铬和铬-镍不锈钢板、薄钢带和钢带、标准件用奥氏体不锈钢盘条，宁波宝新不锈钢有限公司不锈钢冷轧钢板和钢带，中兴能源装备股份有限公司锅炉用不锈钢无缝管。宝钢特钢事业部 304HC2 不锈钢盘条荣获冶金行业品质卓越产品奖。

2012 年

1. 2 月 9 日，久立特材收到核电蒸汽发生器用 800 合金 U 形传热管产品通过由中国核能行业协会颁发的《科学技术成果鉴定证书》（核协鉴字〔2012〕第 01 号）。

2. 4 月 11 日，宝钢集团旗下的不锈钢和特材两大业务板块的运营主体——宝钢不锈钢有限公司和宝钢特种材料有限公司正式揭牌。

3. 5 月 1 日，广青金属 60 万吨/年不锈钢连铸机已正式投产。

4. 6 月 14 日，揭阳市不锈钢制品协会成立。

5. 7 月 4 日，河南天宏冷轧不锈钢项目投产。

6. 9 月 25 日，斥资 15 亿元建成的无锡市南方不锈钢交易中心开业。

7. 9 月 25 日，由宝钢制造的 690U 形管在我国防城港核电 1 号机组 1 号蒸发器上成功实现穿管。这是核电 690U 形管国产化以来首次在我国核电机组上安装应用，也是国产材料首次进入"核心"机组。

8. 10 月，酒钢年产 50 万吨不锈钢冷轧酸洗产品的冷轧二期项目投产。

9. 11 月 3 日，广西梧州市金海不锈钢有限公司一期年产 100 万吨不锈钢项目竣工投产暨二期项目开工。

10. 11 月 8 日，商务部发布 2012 年第 72 号公告，公布相关高性能不锈钢无缝钢管反倾销案终裁结果，决定自 2012 年 11 月 9 日起，对原产于欧盟和日本的进口上述产品征收

9.2%～14.4%的反倾销税，实施期限为5年。

11. 11月11日，继北海诚德镍业精炼二期工程全线竣工投产后，三期工程1700毫米热连轧工程的顺利投产。

12. 12月，江苏武进不锈股份有限公司"国产S30432钢特性研究及在1000兆瓦超超临界锅炉的应用"项目，获得了该项目的科学技术成果鉴定证书。

13. 陆世英教授所著的《超级不锈钢和高镍耐蚀合金》一书由化学工业出版社正式出版。

14. 泰山钢铁对不锈钢系统全面升级改造。炼钢系统建成了"泰山"精炼炉（TSR），冶炼能力实现100万吨/年；轧钢系统实现了我国炉卷生产线"1+1+3"轧制模式的突破，轧制能力实现180万吨/年。

15. 太钢一批不锈钢产品获2012年冶金产品实物质量金杯奖：铁素体不锈钢冷轧钢板和钢带、奥氏体不锈钢冷轧钢板和钢带、不锈钢盘条、焊接气瓶用钢带、热作模具钢、高压锅炉用无缝钢管。其中，铁素体不锈钢冷轧钢板和钢带同时获特优质量奖。

2013 年

1. 2月6日，根据国家发改委、科技部、财政部、海关总署、税务总局联合发布的2013年第41号公告，久立特材技术中心被认定为第二十批国家认定企业技术中心。

2. 5月7日，甘肃酒钢集团宏兴钢铁股份有限公司不锈钢分公司成立，酒钢宏兴股份公司对天风不锈钢有限公司实施整体吸收合并，标志着酒钢集团钢铁主业将实现完全上市。

3. 5月19日，依托太原钢铁（集团）有限公司建设的先进不锈钢材料国家重点实验室通过了国家科技部组织专家的验收。

4. 6月20日，福建鼎信镍业有限公司镍铁合金冶炼厂开炉，标志着该企业年产100万吨镍铁、300万吨不锈钢坯料项目的一期工程正式投产。

5. 6月28日，江苏大明沈阳分公司开业。

6. 6月，北海诚德8机架热连轧投产。

7. 7月，青山控股集团阳江世纪青山镍业炼钢项目投产。

8. 8月13日，一批不锈钢项目获2013年冶金科学技术奖：宝钢、中国钢研、扬州诚德钢管、成都钢钒、哈尔滨锅炉厂、西安热工研究院完成的"600℃超超临界火电机组用钢管研制与应用"项目获得一等奖；宝钢完成的"汽车排气系统用铁素体不锈钢系列产品开发"项目获得二等奖；太钢完成的"超超临界电站锅炉用CODE CASE 2328-1不锈钢管坯和无缝钢管工艺技术开发"项目，太钢、中钢洛阳耐火材料研究院完成的"富氧竖炉法不锈钢除尘灰资源化利用技术开发"项目，宝钢完成的"耐热系列油套管研制"项目获得三等奖。

9. 10月3日，中国国家主席习近平与时任印尼总统苏西洛共同见证印尼青山工业园区设立及首个入园项目签约。

10. 11月1日，久立特材年产2万吨LNG等输送用大口径管道及组件项目的主体生产线投入生产。

11. 11月29日，配置了世界上最先进的德国西马克研制的三辊减定径机组（PSM）和梅尔传动精轧机组的福建吴航棒线材生产线热负荷试轧成功。

12. 12月28日，广东省不锈钢材料与制品协会成立。

13. 总投资13.5亿美元的福建漳州福欣特殊钢一期项目的炼钢、连铸、热轧项目已于5月、8月和11月在漳州台商投资区陆续建成投产。该项目生产400、300系列不锈钢热轧板卷72万吨/年。

14. 武进不锈股份有限公司和浙江中达特钢股份有限公司获得由国家核安全局颁发的《民用核安全设备制造许可证》。

2014 年

1. 1月9日，由宝钢、钢研总院、太钢不锈、攀成钢、扬州诚德钢管、哈尔滨锅炉厂、西安热工研究院历时十多年合作完成的"600℃超超临界火电机组钢管创新研制与应用"项目，荣获2014年度国家科技进步奖一等奖。太钢主持完成的"先进铁素体不锈钢关键制造技术与系列品种开发"项目获国家科技进步奖二等奖。

2. 1月18日，肇庆宏旺1450毫米十八辊五连轧机组投产。

3. 3月7日，天津市金桥焊材将通过控股江苏兴海特钢，形成全国最大的不锈钢焊丝生产基地。

4. 3月8日，江苏大明山东分公司在淄博市隆重开业。

5. 3月20日，福建甬金金属科技有限公司成立。

6. 5月28日，太钢1750毫米六辊五机架不锈钢冷连轧机生产线投产，专门用于轧制400系不锈钢。6月30日，另一条1750毫米十八辊五机架不锈钢冷连轧机组投产，专门用于轧制300系不锈钢。

7. 10月17日，鞍钢集团与中国台湾义联集团共同签署投资协议与合资合同，鞍钢集团公司以增资扩股方式认购并持有中国台湾义联集团旗下的联众（广州）不锈钢有限公司60%股权。

8. 11月21日，酒钢不锈钢VOD热负荷试车成功，具备年产30万吨超纯铁素体不锈钢的能力。

9. 12月8日，宝钢特钢宝银公司重组揭牌仪式暨高温堆蒸发器换热组件启动仪式在江苏宜兴举行。这是宝钢联合大型央企、民企，整合优势资源，发挥民企灵活的经营机制，共同推进我国核电事业进一步发展迈开的重要一步。

10. 12月，摩洛哇里县中国印尼综合产业园区青山园区奠基。

11. 青山控股集团不锈钢总产量一举突破400万吨，成为不锈钢粗钢产量世界第一的生产企业。

12. 大明集团的不锈钢销量已经成功突破百万吨。

13. 一批相关不锈钢项目获得冶金科学技术奖：钢铁研究总院、中国第一重型机械股份有限公司、宝钢特钢有限公司、烟台台海玛努尔核电设备股份有限公司、上海重型机器厂有限公司完成的"压水堆核电站核岛主设备材料技术研究与应用"获得特等奖；宝钢集团有限公司、宝钢不锈钢有限公司、东北大学、宁波宝新不锈钢有限公司、宝钢工程技术集团有限公司、上海宝信软件股份有限公司完成的"中高铬铁素体不锈钢高表面控制技术"获得一等奖；太原钢铁（集团）有限公司、山西太钢不锈钢股份有限公司完成的"跨海大桥用双相不锈钢钢筋及应用技术开发"获得一等奖。

2015 年

1. 5 月 15 日，永兴特种不锈钢股份有限公司在深圳证券交易所成功上市。

2. 5 月 18 日，"中国西部不锈钢市场"在四川省乐山市沙湾区隆重开业。

3. 5 月，上上德盛不锈钢管有限公司在浙江松阳建成。

4. 8 月 14—15 日，由中国建筑学会建筑给水排水研究分会、全国不锈钢管道连接技术实验室主办，浙江正康实业有限公司承办的"全国不锈钢管道连接技术研讨会"在浙江温州成功举行。

5. 8 月 20 日，山东盛阳集团 1580 毫米热轧项目投产。

6. 9 月 9 日，2015 年国家高技术研究发展计划（"863 计划"）新材料领域"特殊环境下典型金属材料服役行为与延寿关键技术"项目在太钢启动，该项目在产学研联合、创新能力建设、人才培养方面将发挥积极的引领作用。

7. 9 月，福建宏旺 70 万吨 1450 毫米连轧投产。

8. 12 月 10—11 日，上海克虏伯不锈钢有限公司股权变更，标志着我国不锈钢行业加快了资产重组的步伐。

9. 12 月 10 日，冶金工业规划研究院、环境保护部环境工程评估中心联合召开钢铁绿色发展研究中心成立大会暨《2015 中国钢铁企业绿色评级结果》发布会。根据评估结果，宝钢集团、太钢集团绿色度领先优势明显，成为中国钢铁企业绿色发展标杆企业。

10. 12 月 16 日，冶金工业质量经营联盟公布了 2015 年冶金行业品质卓越产品名单，其中东北特钢集团大连特殊钢有限公司的 304HCA、3Cr13（30Cr13）等不锈钢盘条与 06Cr19Ni10、022Cr17Ni12Mo2 镍不锈棒材、泰山钢铁的 06Cr13 不锈钢热轧钢板和钢带获此殊荣。

11. 12 月 22 日，北海诚德冷轧项目五连轧机组成功试轧出第一卷不锈钢。至此，北海诚德冷轧项目 3 台 DMS 二十辊单轧、普锐特五连轧、两条退火酸洗线已全部顺利投产，年产能达到 90 万吨。

12. 宝钢"铁镍基合金油套管关键工艺技术及产品开发"获 2015 年全国冶金科学技术奖一等奖。

13. 青山鼎信印尼镍铁厂一期和振石集团印尼镍铁项目正式投产。

14. 中国五金制品协会授予广东新兴县"中国不锈钢制品产业基地"称号。

15. 青山控股集团有限公司 2008 年注册的"青山"商标近期被国家工商总局商标局认定为中国驰名商标，这是青山企业荣获国家商标领域最高荣誉的第一枚商标。

16. 太钢自主研发生产的不锈钢螺纹钢筋成功中标文莱淡布隆跨海大桥项目，这是太钢继港珠澳大桥中标以来的又一成功典范。

17. 青山实业位于印尼中苏拉威西摩洛哇丽青山工业园一期 3 万吨镍冶炼 RKEF 和 2× 65 兆瓦发电厂投产。

18. 中兴能源装备股份有限公司获冶金产品实物质量金杯奖。

2016 年

1. 1 月 18 日，福建甬金金属科技有限公司年产 50 万吨冷轧不锈钢带工程竣工。

2. 3 月 10 日，大明金属科技有限公司扬州分公司正式开业。

3. 3 月，山东宏旺 30 万吨 850 六连轧和福建宏旺 30 万吨 1450 毫米二十辊冷轧投产。

4. 3 月，抚顺特钢成功研制出国内最大尺寸核电用耐蚀镍基高温合金 GH3535 环件；5 月，成功研制出国内最大尺寸扁钢；7 月，再次成功研制出国内最大尺寸宽厚板。这些产品全部用于我国第四代核电钍基熔盐堆制造。

5. 4 月 30 日，戴南不锈钢行业协会成立。

6. 5 月 25 日，内蒙古上泰实业有限公司年产 100 万吨不锈钢项目投产。

7. 6 月 1 日，由太钢主持起草的 2015 版《不锈钢热轧钢板和钢带》《耐热钢钢板和钢带》《不锈钢冷轧钢板和钢带》三项国家标准正式实施。

8. 9 月 25 日，广东化州市海利集团旗下的江西海利科技有限公司不锈钢制管生产项目正式投产。

9. 9 月 27 日，由太钢、宝钢特钢、钢铁研究总院、北京科技大学、东北大学、中科院金属所、中国一重、浙江久立等 14 家国内行业领先的知名企业、大学及科研院所参加并联合实施的"十三五"国家重点研发计划"高强高耐蚀不锈钢及应用"项目正式在太钢启动。

10. 12 月 6 日，首钢吉泰安新材料公司研制的圆珠笔头用超易切削不锈钢材料通过由中国制笔协会、中国钢研集团和北京金属学会组成的专家组鉴定。

11. 12 月 13 日，温州市龙湾区环境保护局公布龙湾区（高新区）重污染行业"三个一批"（关停一批、规范一批、提升一批）企业名单，涉及钢管、铸造、管件、阀门、法兰等 404 家企业，其中要求关停淘汰 215 家，规范提升 125 家，整合 64 家。

12. 12 月 19 日，江苏武进不锈股份有限公司在上海证券交易所正式上市。

13. 12 月 30 日，永兴特钢技术中心被确认为 2016 年（第 23 批）国家企业技术中心。

14. 12 月，国家钢铁煤炭行业化解过剩产能和脱困发展工作部际联席会议办公室通报了山东、江苏违规建设不锈钢项目有关情况，涉事企业装备已被封存和拆除。浙江、广东、江苏、山东等省市关停了环保不达标的重污染不锈钢企业、工序和违反国家产业政策的工频炉、中频炉。我国压减不锈钢落后产能工作取得新的进展。

15. 太钢 2016 年研制出了国产笔头用易切削不锈钢丝，并了批量供货，达到了进口产品的水平，有望替代长期进口产品。

16. 由宝钢工程技术集团宝钢节能向东方特钢提供一套拥有自主知识产权的世界首套滚筒法不锈钢渣处理装置，解决了长期困扰行业的不锈钢渣处理环保难题，为进一步深入探索循环经济，闯出了一条新路。

17. 青山实业位于印尼中苏拉威西摩洛哇丽青山工业园二期 6 万吨镍冶炼 RKEF 和 2× 150 兆瓦发电厂 4 月投产。接着，一期年产 100 万吨不锈钢炼钢厂 6 月投产。

18. 由宝钢不锈、泛亚汽车技术中心有限公司、上海天纳克排气系统有限公司共同发起的汽车用不锈钢联合实验室正式揭牌。

19. 太钢不锈生产的 06Cr19Ni10、022Cr19Ni10、022Cr17Ni12Mo2 不锈钢热轧中厚板，攀钢集团江油长城特殊钢有限公司生产的不锈钢热轧棒材（材质 12Cr13、40Cr13、20Cr13、30Cr13），江苏武进不锈股份有限公司生产的锅炉、过热器和换热器用 TP347H 奥氏体不锈钢无缝钢管被认定为 2016 年冶金产品实物质量金杯奖。

20. 太钢"核电用不锈钢异型材生产工艺技术开发"项目获 2016 年冶金科学技术奖二等奖，"宽幅高碳马氏体不锈钢卷板关键工艺技术及产品开发"项目获得冶金科学技术奖三等奖。

2017 年

1. 2 月 10 日，兴化市环保局、公安局、戴南镇政府联合发出《关于开展"小酸洗"企业专项整治行动的通告》，要求该镇 80 家酸洗加工户，自即日起禁止对外酸洗加工，拆除酸洗生产设备，平整场地。

2. 5 月 14 日，山东宏旺实业有限公司 1450 毫米五连轧不锈钢生产线及冷酸线两套系统的安装工程提前完成建设任务。福建宏旺年产 60 万吨 1700 毫米五连轧冷轧不锈钢项目也于 12 月投产。

3. 6 月 2 日，经江苏省政府批准，江苏德龙购买江苏成钢 140 万吨碳钢产能置换 112 万吨不锈钢产能。

4. 6 月 22 日，中共中央总书记、国家主席、中央军委主席习近平视察了太原钢铁（集团）有限公司的全资子公司——山西钢科碳材料有限公司。

5. 8 月 3 日，由工业和信息化部组织评选的 2017 年第一批绿色制造体系示范名单公示，山西太钢不锈钢股份有限公司、山东泰山钢铁集团有限公司榜上有名。

6. 8 月 11 日，浙江松阳不锈钢行业协会成立。

7. 9 月 18 日，法国 GTT 公司为宝钢特钢现场颁发了认证证书，中国船级社也同时在现场为宝钢特钢颁发了 LNG 船用殷瓦合金板带认证通过证书。随后，英国劳氏船级社（LR）也向宝钢特钢颁发了 Ni36LNG 带材认证证书。宝钢特钢成为全球薄膜型 LNG 船用殷瓦合金的合格供应商。

8. 10 月 18 日，冶金工业质量经营联盟发布了 2017 年冶金行业品质卓越产品名单，酒钢宏兴 2205 双相不锈钢冷热轧酸洗板带、不锈钢冷轧酸洗板带 SUS304、SUS430 等 6 项产品获此殊荣。

9. 美国阿勒根尼技术公司（ATI）11 月 2 日宣布，已与中国青山实业旗下一公司达成了组建一个各持股 50% 的创新性合资公司的最终协议。

10. 12 月 6 日，福建青拓上克不锈钢有限公司光亮退火生产线实现正式投产，至此完成了全部产线的迁建投产工作。

11. 12 月 13 日，在北京人民大会堂举行的"2016—2017 年度国家优质工程奖总结表彰大会"上，"山西太钢不锈钢股份有限公司不锈钢冷连轧技术改造项目"荣获国家优质工程奖。

12. 青山印尼中苏拉威西摩洛哇丽工业园一批项目投产：1 月三期 6 万吨镍冶炼厂和 2×350 兆瓦发电厂投产；7 月四期第一阶段 60 万吨铬冶炼厂投产；12 月二期 100 万吨不锈钢和 300 万吨热轧卷工厂投产。

13. 太钢"超纯净不锈钢脱氧及夹杂物控制关键技术开发与应用"获 2017 年冶金科学技术奖一等奖。

14. 太钢研发生产的超纯铁素体不锈钢 445J2 应用于青岛胶东国际机场一期 22 万平方米屋面工程。它是目前我国最大的不锈钢金属屋面工程。

15. 我国双相不锈钢年产量首次突破 10 万吨，反映出我国不锈钢产品结构由低端、普通向高端、特殊方向发展的趋势。

2018 年

1. 1 月 8 日，由钢铁研究总院、中国一重、宝钢特钢、烟台海玛努尔核电设备有限公司、上海重型机器厂有限公司、宝银特种钢管有限公司主要完成的"压水堆核电站核岛主设备材料技术研究与应用"项目获得 2017 年度国家科学技术进步奖二等奖。

2. 2 月，广东甬金金属科技有限公司成立。

3. 3 月 7 日，在中国首套可移动初轧机，加中轧、精轧全套棒线材生产线在永兴特钢投产。相比多机架流程，该机组流程更短、效率更高、投资更加合理。

4. 5 月 24 日，戴南地区关停了所有违规的中（工）频炉冶炼企业。

5. 5 月，宝钢不锈上海生产线全线停产。随后，宝钢德盛不锈钢生产基地 11 月 28 日正式进入实施阶段。该项目完成后不锈钢加碳钢总产能达到年产 570 万吨。

6. 6 月 20 日，印尼青山三期年产 100 万吨不锈钢炼钢项目投产。该项目是全球首创"原料制备+电力生产+冶炼+轧制"一体化高效低成本生产线。至此印尼青山年产 300 万吨不锈钢炼钢产能全部建成投产。

7. 7 月 6 日，福建青拓实业股份二期炼钢部连铸车间出坯，标志着青拓实业股份年产 90 万吨铁素体不锈钢新项目顺利投产。

8. 8 月 9 日，太钢等单位的"不锈钢冷轧带钢全连续生产线技术集成与创新"，太钢、钢铁研究总院、东北大学的"高品质双相不锈钢系列板材关键制备技术开发及应用"，武进不锈、太原重工、中冶京诚的"大口径高性能不锈钢无缝管冷轧生产技术与成套装备的研发及应用"获冶金科技进步奖一等奖；北京科技大学、阳江十八子的"高品质刀剪用马氏体不锈钢中碳化物控制的关键技术"获冶金科技进步奖三等奖。

9. 8 月 27 日，四川当地法院宣告四川西南不锈钢有限责任公司破产，即日起生效。

10. 11 月 1—3 日，第二十届上海国际冶金工业展览会、2018 年中国国际不锈钢工业展览会在上海新国际博览中心成功召开。此次展会新增的不锈钢展是由中国特钢企业协会不锈钢分会、上海钢管行业协会主办。

11. 12月25日上午，久立特材、永兴特钢及两者的合资公司湖州久立永兴特种合金材料有限公司，与钢铁研究总院在浙江湖州签署了《关于联合成立特种不锈钢及合金材料技术创新中心的框架协议》。

12. 2018年冶金行业品质卓越产品名单公布，太钢双相不锈钢无缝钢管和石油天然气输送管用热轧宽带钢两产品登榜。

13. 诚德在佛山高明建成当时世界首条1450毫米六连轧冷轧生产线投产，设计年产能75万吨。相比传统五连轧，生产效率和产品质量更高。

14. 东北特钢的304HCA不锈钢盘条、2Cr12MoV汽轮机叶片用扁钢、30Cr13不锈钢棒材等8项产品，武进不锈的TP304L锅炉、热交换器用不锈钢无缝钢与TP321锅炉、热交换器用不锈钢无缝钢管，泰山钢铁06Cr13不锈钢热轧钢板和钢带，太钢不锈304奥氏体不锈钢冷轧钢板和钢带、SUS430铁素体不锈钢冷轧钢板和钢带、3Cr13不锈钢盘等产品被认定为2018年度冶金产品实物质量"金杯优质产品"。太钢不锈10Cr17（SUS430）铁素体不锈钢冷轧钢板和钢带被授予"特优质量产品"。

15. 中冶南方开发的国内首台（套）不锈钢混酸废液喷雾焙烧法再生新工艺中试项目通过考核验收，各项工艺指标均达到国际领先水平，填补了国内不锈钢混酸再生装备制造技术领域的空白。

16. 久立特材不锈钢管获工信部"单项冠军"荣誉。

17. 青山印尼工业园五期5000吨高炉镍铁项目投产。

2019年

1. 1月23日，中国钢铁工业协会授予宝钢不锈钢有限公司超纯铁素体不锈钢产品、山西太钢不锈钢股份有限公司高碳马氏体不锈钢卷板等产品2018年度"中国钢铁工业产品开发市场开拓奖"。

2. 3月12日，采用316H高纯净不锈钢材料打造的世界最大直径、最重的无焊缝整体不锈钢环形锻件研制成功，将用于制作我国首个第四代钠冷快堆（快中子反应堆）示范堆——福建霞浦60万千瓦快堆核心部件支撑环。太钢作为目前国内唯一能满足该工艺所有技术要求的不锈钢材料生产企业，圆满完成全部保供任务。

3. 4月23日，山东省不锈钢行业协会成立。

4. 5月15日，海南不锈钢行业协会成立。

5. 5月20日，由科技日报社主办的"创新中国·2018年度评选"颁奖典礼在北京隆重举行，宝银公司研发和生产的核电站蒸发器用690合金U形管，以最高分摘得2018年度"新锐科技产品奖"。

6. 7月23日，国家商务部决定对原产于欧盟、日本、韩国和印尼的进口不锈钢钢坯和不锈钢热轧板/卷征收反倾销税，税率为18.1%～103.1%不等，征收期限为5年。

7. 7月26日下午，由中冶集团中冶南方EPC总包、中国一冶负责实施的青山实业印度CHROMENI（克罗美尼）不锈钢冷轧一期工程十八辊五机架轧制退火酸洗机组热试成功，标志着世界最大直接轧制退火酸洗机组（DRAPL）全线投产。

8. 9月18日，工信部公布《2019年国家技术创新示范企业名单》，久立特材科技股份有限公司获此殊荣。

9. 9月25日上午9时，全球首个不锈钢期货在上海期货交易所正式挂牌交易。

10. 10月8日，中国钢铁工业协会发布了高强度含氮奥氏体不锈钢QN1803系列标准，包括板、管、型、棒、管坯各项标准。质保书产品牌号使用QN1803，产品标准采用中钢协团体标准号，如T/CISA 017—2019（钢棒）、T/CISA 018—2019（盘条）、T/CISA 019—2019（型钢）、T/CISA 020—2019（无缝钢管圆管坯）、T/CISA 021—2019（装饰焊管）、T/CISA 022—2019（钢板和钢带）。

11. 10月25日，中兴能源正式成为核工业无缝不锈钢管单项冠军培育企业。

12. 10月26日，阳江宏旺一期项目的投产，阳江宏旺以智慧工厂为目标规划建设，实现全工厂集中控制，产线"无人化"运行。

13. 11月3日，宝武钢铁集团、太原钢铁集团、山东鑫海科技股份有限公司在济南签署战略合作框架协议。根据协议，宝武钢铁集团、太原钢铁集团、山东鑫海将充分发挥各自优势，推进三方在不锈钢原料及制造等领域的合作，实现优势互补、合作共赢。

14. 11月22日，太钢成功入选工信部公布的工业产品绿色设计示范企业第一批名单。

15. 12月24日，从事精密冷轧不锈钢板带和宽幅冷轧不锈钢板带生产的浙江甬金金属科技股份有限公司正式在上海证券交易所上市交易。

16. 甘肃酒钢集团宏兴钢铁股份有限公司入选工信部公布的第二批绿色制造国家级"绿色工厂"名单。

17. 一批不锈钢、耐蚀合金、高温合金项目获2019年冶金科学技术奖：太钢集团等完成的"宽幅超薄精密不锈带钢工艺技术及系列产品开发"项目（"手撕钢"项目）获得唯一的特等奖；宝武特冶、宝钢特钢、钢研总院等完成的"先进核能核岛关键装备用耐蚀合金系列产品自主开发及工程应用"，中冶南方、福建鼎信科技完成的"高效低耗安全不锈钢混酸废酸资源化再生利用关键技术及装备"等获得一等奖；太钢集团完成"含铬镍固废资源综合利用技术开发与应用"等获得三等奖。

18. 在由中国质量协会主办的第四届全国质量创新大赛上，太钢"手撕钢"获全国质量创新大赛一等奖。

19. 一批不锈钢产品被审定冠名为2019年冶金产品实物质量品牌培育"金杯优质产品"，分别是：北特钢430FR1软磁用不锈钢盘条，攀长特20Cr13、30Cr1不锈钢热轧钢棒，太钢06Cr19Ni10、022Cr19Ni10、022Cr17Ni12Mo2不锈钢热轧中板，邢钢0Cr1铁素体不锈钢盘条、06Cr13、12Cr13、20Cr13、Y12Cr13马氏体不锈钢盘条。

2020 年

1. 1月10日，"红土镍矿冶炼镍铁及冶炼渣增值利用关键技术与应用"项目获得2019年国家科学技术进步奖二等奖。该项目主要完成单位为：中南大学、广东广青金属科技有限公司、宝钢德盛不锈钢有限公司。

2. 2 月 3 日，象屿印尼 250 万吨不锈钢一体化冶炼项目钢厂热试圆满成功，炼出第一炉钢水。

3. 2 月 5 日，国际质量创新大赛 2019 年度会议在以色列瑞雄莱锡安市落下帷幕。太钢"宽幅超薄精密不锈带钢工艺技术及系列产品开发"项目荣获大赛二等奖，这是我国冶金企业首次参加国际质量创新大赛并获奖。

4. 4 月 24 日，国家工业和信息化部发布公告，新修订的冶金行业标准《供水用不锈钢焊接钢管》（YB/T 4204—2020）将替代旧版标准 YB/T 4204—2009，从 2020 年 10 月 1 日起实施。

5. 4 月 28 日，共青团中央、全国青联授予中国优秀青年最高荣誉的中国青年五四奖章获奖情况正式公布，太钢集团不锈钢"手撕钢"创新研发团队荣获"中国青年五四奖章集体"。

6. 5 月 12 日，习近平总书记前往太钢不锈钢精密带钢有限公司考察调研。习近平指出，产品和技术是企业安身立命之本。希望企业在科技创新上再接再厉、勇攀高峰，在支撑先进制造业发展方面迈出新的更大步伐。

7. 6 月 16 日，广西不锈钢协会成立。

8. 8 月 10 日，《财富》官方 APP 于全球同步发布了最新的《财富》世界 500 强排行榜。青山控股集团作为全球不锈钢行业巨头仍保持上升势头，排名从去年的世界 361 位提升至今年的 329 位，上升 32 位。首次超越江苏沙钢集团，居中国民营钢企第一，成为中国销售收入最高的民营钢企。2019 年度青山销售收入 380.12 亿美元（约 2647.54 亿元）。

9. 8 月 12 日，中国钢铁工业协会、中国金属学会冶金科学技术奖奖励委员会公布了 2020 年冶金科学技术奖获奖项目。其中钢铁研究总院、武进不锈、太钢不锈完成的"高端装备用双相不锈钢无缝钢管系列关键工艺技术开发及工程应用"，太钢集团、东北大学、太钢不锈完成的"特殊高合金钢品种冶炼及连铸关键技术开发与应用"获冶金科学技术奖一等奖。

10. 8 月 21 日，由宁德市人民政府、福建省工业和信息化厅和中国钢铁工业协会联合举办的"中国·宁德不锈钢新材料创新研讨会"在青拓集团有限公司举行。中国冶金工业信息标准研究院发布了中国钢铁协会 QN 系列不锈钢团体标准。10 月 25 日，该标准正式颁布执行。

11. 8 月 21 日，山西省国有资本运营有限公司与中国宝武签署太原钢铁（集团）有限公司股权划转协议，推进太钢集团与中国宝武的联合重组。根据协议，山西国资运营公司将向中国宝武无偿划转其持有的太钢集团 51% 股权。本次划转完成后，中国宝武将通过太钢集团间接控制太钢不锈 62.70% 的股份，并实现对太钢不锈的控制，太钢不锈实际控制人将由山西省国资委变更为国务院国资委。太钢不锈直接控股股东保持不变，仍为太钢集团。

12. 中兴能源装备成功产出 0.2 毫米厚超薄壁不锈钢无缝管。2020 年 9 月 21 日，中兴能源装备有限公司开发的 23.5 毫米×0.2 毫米×8000 毫米不锈钢无缝管正式下线，并于 9 月 23 日在第九届中国国际管材展览会上公开展示。壁厚接近纸张厚度的超薄壁管的出产,标志着不锈钢无缝管领域生产制造技术出现了颠覆式发展。中兴能源装备有限公司历时两年,成功出产低成本可量产的 0.1 毫米级超薄壁不锈钢无缝管。工艺流程缩短 50%,能耗大幅降低、生产过程无需涂油去油,绿色环保。使换热器管、民用不锈钢水管、输气管等应用领域使用不锈钢无缝管成为可能。

13. 11 月 26 日,山东泰嘉 30 万吨/年冷轧退火酸洗线投产,采用混酸酸洗。304 四尺冷轧第一卷成功下线,厚度为 1.2 毫米,标志着山东泰嘉冷轧项目全线投产,山东泰钢实现不锈钢从炼钢—热轧—冷轧全流程。

14. 青山实业与浙江大学签署战略合作协议。12 月 1 日下午,青山实业向浙江大学捐赠 3 亿元助力学校"双一流"建设,并与浙江大学签署战略合作协议,在国内率先建立了"以商业创新为合作重点、以技术变革为合作牵引、以引领未来为合作愿景"的名校名企新型战略合作关系,开启了名校名企携手共进的崭新篇章。

15. 福建甬金签订收购青拓上克 100% 股权的正式协议。12 月 3 日,甬金股份发布公告称,近日,上海克虏伯不锈钢有限公司持有的福建青拓上克不锈钢有限公司 40% 股权、青拓集团有限公司持有的福建青拓上克不锈钢有限公司 60% 的股权转让已完成,福建青拓上克不锈钢有限公司成为公司二级子公司,相关工商变更登记手续已办理完毕,并取得了福安市市场监督管理局颁发的营业执照。

16. 12 月 23 日,太钢集团完成股权工商变更登记,控股股东变更为中国宝武,标志着中国宝武与太钢集团重组进入实质性运作阶段,太钢集团成为中国宝武大家庭成员。为了进一步推进整合融合相关工作,中国宝武充分研究、征求意见,基于对不锈钢产业的整体规划建设和一体化推进,决定将宝钢德盛和宁波宝新委托太钢集团管理。

附录三 中国特钢企业协会
不锈钢分会大事记

1998 年

1. 2 月 20 日，中国特钢企业协会不锈钢分会在北京正式成立。太原钢铁（集团）有限公司担任第一届会长单位，上海浦东钢铁（集团）有限公司、无锡市锡航不锈钢材料公司、中国轻工机械总公司物资公司、佛山澜石不锈钢型材厂、中国贸促会冶金行业分会任副会长单位。李成担任常务会长，张继猛任秘书长。

2. 10 月，创办会刊——《不锈》。

1999 年

1. 3 月，与冶金规划院组团赴乌克兰交流协商引进 GOR 不锈钢生产技术。

2. 4 月 25 日，年会在上海召开。

3. 4 月 26—29 日，与中国贸促会冶金行业分会在上海举办首届不锈钢国际展览会。

4. 4—6 月，与国际镍协会（NIDI）等组织合作推广不锈钢在工业、化工等领域使用，并与日本、韩国、印度等专家交流。

5. 分会领导到上海、浙江、江苏、广东等地调研民营不锈钢企业。

2000 年

1. 5 月 29 日，年会在上海宝钢特钢举办。

2. 8 月，完成了《我国加入 WTO 后不锈钢对策研究调查报告》。

3. 12 月，成立不锈钢钢管委员会。

4. 完成《铬冶金学》一书的翻译出版。

2001 年

1. 1 月，《不锈—市场与信息》创刊。

2. 2 月 15 日，与国际钼协会在北京举办"钼应用技术推广国际研讨会"。

3. 3 月 28 日，不锈钢丝网委员会在北京成立。

4. 5 月 6 日，分会专家委员会正式成立。主任：陆世英；副主任：林企曾；成员：李成、赵先存、康喜范、吴玖、韩怀月、钟倩霞、江永静、伍玉珍、张继猛、张志仁、朱诚、杨慧英、徐效谦、邓宗泳、杜炜、张郁亭、刘尔华、谢锡善、徐明华、杨长强、赵朴、黄嘉琥、李天宝、张银光、赵玉玺。

5. 5 月 7 日，年会在宝钢召开。提出规范和整顿不锈钢生产和市场秩序的提案。

6. 5 月 8—11 日，与中钢协、中国贸促会冶金行业分会在上海举办首届中国国际不锈钢大会和第二届国际不锈钢展览会。

7. 7 月 24 日，成立维护和规范不锈钢生产和市场协调组，提出：关于维护和规范不锈钢市场，提高不锈钢产品质量的建议。与海关总署共同进行打击走私调查。

8. 10 月 22—26 日，在上海、南京、北京等地召双相不锈钢设备制造研讨会。

2002 年

1. 2 月 1 日，分会成为中国钢铁工业协会团体会员。

2. 4 月 23—25 日，召开民营企业不锈钢精炼、连铸、连轧技术研讨会。

3. 6 月 26 日，年会在北京召开。太原钢铁（集团）有限公司继续担任第二届会长单位，宁波宝新不锈钢有限公司、五矿钢铁有限责任公司、大连钢铁（集团）有限公司、中国贸促会冶金行业分会任副会长单位、李成任常务会长，刘翠珍任秘书长。

4. 6 月 26—27 日，面向奥运工程和建筑业，在北京举办了"不锈钢优质产品、优秀企业推荐会"。

5. 7 月，协助海关总署和财政部反倾销调查和进口补贴排除等工作。

6. 9 月 12—13 日，在南京举办石化工程建设双相不锈钢制造技术培训班。

7. 9 月、10 月，分别在太原和温州召开丝网、钢管工作会议。

8. 10 月 31 日至 11 月 2 日，在上海举办不锈钢炉外精炼和标准培训班。

9. 10 月，编发每月一版的《世界金属导报》不锈钢专版。

2003 年

1. 3 月 24—26 日，在江苏泰州举办中国民营不锈钢企业发展战略研讨会。

2. 5 月，徐匡迪院士为分会成立五周年题词：繁荣不锈钢产业为全面建成小康社会而努力。

3. 8 月，与冶金规划院组团赴乌克兰交流协商引进 GOR 不锈钢生产技术和超薄壁不锈钢管生产技术。

4. 9 月 24—26 日，年会在上海宝钢召开。

5. 9 月 26—29 日，与中钢协、中国贸促会冶金行业分会在上海举办第三届中国国际不锈钢大会和第三届国际不锈钢展览会。

6. 9 月，组织编写的《不锈钢实用手册》正式出版，徐匡迪院士作序。

7. 10 月 27—28 日，第一届北京国际双相不锈钢大会在保利大厦召开。

8. 10 月，与 NIDI 共同编写的《不锈钢水管——21 世纪真正的绿色管材》发行。

9. 11 月 20—22 日，组织专家参与 GB/T 3280、GB/T 4237、GB/T 4238 修订。

2004 年

1. 3 月 29—31 日，与中信微合金化术中心合办的不锈钢学术讲座在太钢召开。

2. 5月12日，与太原市政府合办"科学发展观和不锈钢深加工——不锈钢论坛"在太原举办。

3. 5月13日，年会在太原举办。

4. 8月5—7日，在太原举办森吉米尔技术与装备优化培训班。森吉米尔先生亲自授课。

5. 12月6—7日，首届北京国际铁素体不锈钢大会在华侨大厦举行。

2005 年

1. 2月，组团访问古巴。

2. 4月，经外交部批复，分会加入国际不锈钢论坛（ISSF）。

3. 6月7—8日，年会暨不锈钢市场与应用发展论坛在佛山澜石举办，由佛山禅城区人民政府协办。

4. 9月18日，在浙江湖州举办统计工作会议。

5. 9月20—22日，与中钢协、中国贸促会冶金行业分会在上海举办第四届中国国际不锈钢大会和第四届国际不锈钢展览会。

6. 10月20日至11月1日，组团赴乌克兰学习GOR技术。

7. 提出限制进口伪劣不锈钢产品建议，被国家有关部门采纳。

2006 年

1. 1月，组团访问日本不锈钢协会。

2. 3月16—22日，组团赴俄罗斯参加中俄钢铁论坛。

3. 3月26—29日，在佛山澜石举办中国佛山现代铁素体不锈钢展览，召开第二届国际现代铁素体不锈钢大会。

4. 7月5日，举办北京薄壁不锈钢管道论坛。

5. 8月2日，年会在上海宝钢召开。宝钢当选为分会第三届会长单位，太钢、宁波宝新、大连特钢、五矿钢铁、中国贸促会冶金行业分会、金川集团、华迪钢业、久立集团任副会长单位，李成任常务会长，刘翠珍任秘书长。

6. 9月17—19日，李成等赴德国参加CRU世界不锈钢年会，并访问英国不锈钢协会、欧洲不锈钢协会和国际不锈钢论坛。

7. 10月9—19日，组团赴乌克兰学习无缝管生产研发技术。

8. 11月23—24日，召开第二届北京国际双相不锈钢大会。

9. 薄壁不锈钢管道应用推进组在北京成立。

2007 年

1. 3月20—22日，与有色金属工业信息中心、佛山禅城区人民政府共同在佛山举办中国不锈钢原料市场研讨会。

2. 6月20—22日，由分会和国际不锈钢论坛（ISSF）共同召集，在佛山召开世界各国不锈钢发展组织（SSDA）会议。

3.6月24日，年会在佛山召开，佛山市禅城区人民政府协办。同时召开不锈钢管道委员会年会。

4.7—8月，对北京五金、建材、市政工程市场的不锈钢材料进行调研、取样和化验，并向国家有关部门反映不锈钢质量问题，防止伪劣产品进入奥运市场。

5.9月10—16日，李成、陆世英等人组团访问中国台湾烨联、唐荣等不锈钢企业。

6.9月，与中钢协、中国贸促会冶金行业分会在上海举办第五届中国国际不锈钢大会和第五届国际不锈钢展览会。

7.10月9—11日，2007年不锈钢应用发展论坛在太原举办。

2008 年

1.3月25日，徐匡迪院士为分会成立十周年题词：钢炼不锈技臻精湛。

2.4月17日，在北京友谊宾馆隆重举行主题为"蓬勃发展的中国不锈钢"不锈钢分会成立10周年庆祝大会。授予为中国不锈钢产业作出突出贡献的分会专家委员会中十位老专家"金鼎荣誉奖"，即陆世英、林企曾、吴玖、康喜范、韩怀月、江永静、刘尔华、杨长强、朱诚、徐效谦；授予原张家港浦项总经理郑吉洙先生、原宝钢不锈钢分公司总经理刘安先生等"特别纪念奖"。授予已逝不锈钢专家田定宇先生"终身奉献奖"。

3.11月23—25日，不锈钢分会与国际镍协会及佛山市禅城区共同主办了"中国不锈钢新材料与耐蚀合金展览推介会暨中国国际不锈钢新材料与耐蚀合金论坛"。

2009 年

1.4月23日，年会在上海宝山宾馆召开。

2.6月23—24日，在无锡太湖宾馆举办第二届中国不锈钢·耐蚀合金·原料市场国际研讨会暨第二届中国不锈钢产业链高峰论坛。

3.9月2—3日，由中国钢铁工业协会、中国国际贸易促进委员会冶金行业分会、中国特钢企业协会不锈钢分会共同主办的第六届上海国际不锈钢大会和第六届上海国际不锈钢展览会在上海举办。

4.9月，分会组织太钢、宝钢、青山、酒钢、泰山、华迪、金广等国内七家主要不锈钢企业领导考察俄罗斯诺里尔斯克镍业。

5.11月25—26日，在太原花园国际大酒店召开的第三届国际双相不锈钢大会。

2010 年

1.由分会牵头，无锡钢联组织的中国不锈钢流通企业代表团于1月12—16日成功地访问了日本不锈钢流通行业。

2.6月17—18日，年会在上海宝山宾馆举行。宝钢集团有限公司担任第四届常务理事会会长单位；太原钢铁（集团）有限公司、东北特殊钢集团有限责任公司、五矿钢铁有限责任公司、中国贸促会冶金行业分会、金川集团有限公司、久立集团股份有限公司、温州不锈钢行业协会（华迪钢业集团有限公司）、中钢钢铁有限公司、钢铁研究总院、江苏大明金属制品有限公司、浙江元通不锈钢有限公司等 11 个单位为副会长单位。理事会特聘李成先生为名誉会长和顾问，刘翠珍任会长助理。

3. 7 月，与全国钢标准化技术委员会、国家钢铁产品质量监督检验中心联合在江苏无锡举办不锈钢标准与专业知识培训。

4. 中国中小不锈钢企业战略发展研讨会于 2010 年 10 月 19—20 日在江苏兴化市举办，此次会议由兴化市人民政府支持和协办。

5. 11 月 23—24 日，分会主办，国际镍协会、佛山禅城区石湾镇街道办事处、佛山禅城区澜石不锈钢行业协会协办的不锈钢高级论坛暨培训在佛山市澜石（国际）金属交易中心三楼会议室举行。

6. 12 月，在"越南国际钢铁及金属加工展览会"上开辟"不锈钢专区展览"（ISME Vietnam 2010），以便东盟地区的不锈钢营销商、用户、投资商了解中国不锈钢企业和产品，更好地开发越南及东盟市场。

2011 年

1. 2 月 24—25 日，"第四届现代铁素体暨马氏体不锈钢国际会议"在北京华侨饭店举行。

2. 5 月 9—11 日，年会在四川乐山举办，由金广集团西南不锈钢有限责任公司承办。

3. 9 月 7—8 日，由中国钢铁工业协会、中国特钢企业协会不锈钢分会、中国贸促会冶金行业分会主办的第七届中国国际不锈钢大会和第七届上海国际不锈钢展览会在上海举办。

4. 9 月 19—20 日，由分会和浙江省松阳县政协共同主办的 2011·松阳经济发展论坛——第五届中国·松阳不锈钢产业发展论坛隆重开幕。分会名誉会长李成、专家李天宝等应邀在会上作报告并考察了松阳不锈钢企业。

5. 不锈钢食具容器用材质量问题，引起社会各界关注。10 月，分会就在市场上采购的苏泊尔不锈钢器皿的质量检验结果召开新闻发布会，并向卫生部和国家标准化委员会写了专题报告。两次与卫生部相关领导讨论，坚持要求在新修订的《食品安全国家标准不锈钢食具容器》国家标准中，明确主体材料须符合国家现行标准，最终被 2011 年 12 月 21 日新的强制性国家标准《食品安全国家标准不锈钢制品》（GB 9684—2011）采纳。

2012 年

1. 5 月 15—18 日，ISSF 第十六届年会在北京瑞吉酒店召开。会议由中国钢铁工业协会和 ISSF 中国会员——太钢、宝钢、张家港浦项、上海克虏伯和分会共同作为中国主办方。同期举办不锈钢 100 周年的展览。会后 ISSF 组织中外代表参观太钢。

2. 纪念中国不锈钢工业化生产 60 周年系列活动在太原举办。7 月 26 日，以"铭记历史，展望未来，再创辉煌"为主题的纪念中国不锈钢工业化 60 周年大会在太原花园国际大酒店举行。全国政协副主席、中国工程院院长、中国金属学会理事长徐匡迪院士等领导及国内外嘉宾 300 余人出席了大会。大会授予陆世英、张宝琛、庄亚昆、林企曾、王一德、胡玉亭等 6 人为"中国不锈钢发展杰出贡献专家"；授予康喜范、杨长强、赵先存、张庭凯、程世长、朱尔谨、梁剑雄、刘振东、杨志勇、单家富、张继猛、郭家祺、范光伟、李耀文、胡德斌、杨兆斌、靳瑞生、徐效谦、刘连仲、赵士英、钟广信、吴世忠、蔡连壁、高会友、蔡永成、段富宪、李瑛、池和冰、王晋、欧响波、徐峰、叶晓宁、顾德骥、史荣贵、伍玉珍、侯树庭、陈佩菊、朱诚、游伯诚、吴有彩、程克猷、王酒生、李天宝、蒋淮海、沈国雄、杨辉、韦成贵、刘宇等 48 人为"中国不锈钢发展突出贡献专家"；授予中国钢研科技集团有限公司、东北特殊钢集团有限责任公司、太原钢铁（集团）有限公司、宝钢不锈钢有限公司等 4 家企业为"中国不锈钢发展杰出贡献企业"；授予酒钢集团天风不锈钢公司、张家港浦项不锈钢有限公司、四川金广实业（集团）股份有限公司、久立集团股份有限公司、永兴特种不锈钢股份有限公司、江苏大明金属制品有限公司、江苏武进不锈股份有限公司、青山控股集团、江苏新宏大集团、江门市日盈不锈钢材料有限公司等 10 家企业为"中国不锈钢发展突出贡献企业"；授予国际镍协会北京办事处、中国贸促会冶金行业分会、浙江省松阳县人民政府、温州市不锈钢行业协会、兴化市戴南镇人民政府等 5 家单位为"中国不锈钢发展突出贡献单位"。活动组委会编辑印发了大型纪念画册和纪念文集，举办了中国不锈钢 60 年历史成就展示，播放了世界不锈钢 100 年专题片，并组织参观了太钢的环保设施。

3. 11 月 28—29 日，第四届中国国际双相不锈钢大会在北京召开。

4. 12 月 24 日，分会和国际镍协会在邢台钢厂联合举办了不锈钢专业培训。

2013 年

1. 6 月 14 日，年会在酒钢召开，期间召开专家咨询会。

2. 9 月 3—4 日，第八届中国国际不锈钢大会在上海举行，李成作《中国不锈钢的发展现状和未来》的报告。同期举办第八届上海国际不锈钢展览会。

3. 9 月 17 日，由中国特钢企业协会不锈钢分会、国际镍协会、国际铬发展协会、国际钼协会和中信金属有限公司共同发起的国际间非正式合作组织"中国不锈钢合作推进小组"（CSCPG）在北京正式成立。其目的是：共同开发中国不锈钢市场，科学引导不锈钢品种的发展、合理选择和正确使用，密切关注不锈钢及其组成元素对人体健康和生态环境的影响。

4. 11 月 8 日，经分会推荐，无锡市不锈钢电子交易中心有限公司获得工信部 100 万元的专项资金支持，用于电子商务集成和创新。

2014 年

1. 1 月 11—20 日，受南非不锈钢发展协会的邀请，分会组织四川西南不锈钢、永兴特种不锈钢、山东泰山等相关不锈钢企业一行 8 人访问了南非，学习南非生产、使用 3CR12 的经验。

2. 5 月 11 日，年会在山东省莱芜市召开，由山东泰山钢铁集团有限公司承办。会议选举产生了分会第五届常务理事会常务理事单位。选举太原钢铁（集团）有限公司为会长单位，宝钢集团有限公司、青山控股集团有限公司、钢铁研究总院、酒泉钢铁集团有限责任公司、东北特殊钢集团有限责任公司、久立集团股份有限公司、金川集团有限公司、五矿钢铁有限责任公司、中钢钢铁有限公司、江苏大明金属制品有限公司、中国贸促会冶金行业分会、华迪钢业集团有限公司（温州不锈钢行业协会）、浙江元通不锈钢有限公司、四川西南不锈钢有限责任公司为副会长单位。常务理事会聘任李成任名誉会长、顾问，刘复兴任常务副会长，田爱平任秘书长、张竹平为副秘书长。

3. 10 月 30—31 日，第一届超级奥氏体不锈钢及镍基合金国际研讨会在北京召开。

2015 年

1. 3 月 24—25 日，第十一届国际绿色建筑与建筑节能大会暨新技术与产品博览会在北京的国家会议中心召开。为了推进不锈钢在绿色建筑中应用，中国不锈钢国际合作推进小组，在会议期间举办了"不锈钢助力绿色建筑"分论坛和"为建筑节能、增绿的不锈钢产品"展览。

2. 6 月 26 日，由上海市装饰装修行业协会建筑幕墙专业委员会主办，中国特钢企业协会不锈钢分会及大明国际控股有限公司承办的"不锈钢幕墙设计、制造及应用技术研讨会"在无锡召开。此次会议是国内首次专门针对不锈钢幕墙召开的研讨会。

3. 年会暨面对新常态的不锈钢市场论坛于 10 月 16 日在江苏靖江召开，由大明国际控股集团承办。会议增补鞍钢联众为副会长单位、聘任李成先生为资深技术专家。

4. 第五届中国国际双相不锈钢大会于 11 月 26—27 日在北京胜利召开。

5. 由中国特钢企业协会不锈钢分会专家李天宝等编著的《现代铁素体不锈钢的性能及应用》一书正式出版。

2016 年

1. 3 月 30 日，中国不锈钢合作推进小组（CSCPG）在国家会议中心举办"发展绿色建筑和不锈钢应用"专题论坛。

2. 5 月 24 日，由分会和中国汽车工程学会汽车材料分会、中信微合金化技术中心共同主办的"商务车排气系统用超纯铁素体不锈钢应用技术研讨会"在武汉召开。

3. 11 月 12 日，年会在杭州召开，由浙江元通不锈钢有限公司承办。会议调整了部分常务理事单位，增补冶金信息标准研究院、北海诚德镍业有限公司、山东泰山钢铁集团有限公司、浙江振石集团东方特钢股份有限公司、浙江永兴特种不锈钢股份有限公司为副会长单位。

4. 11 月 13—14 日，分会在杭州成功举办了"中国不锈钢产业高端论坛"和"中国第五届国际 400 系不锈钢会议"。

5. 12 月，由分会和冶金工业经济发展研究中心共同完成的"不锈钢期货可行性研究"结题。

2017 年

1. 为与各有关协会建立长期沟通机制，1 月 19 日，分会召开在京部分不锈钢相关行业协会新春座谈会。参加座谈会的有中国有色金属工业协会、中国船舶工业协会、中国家电协会、中国五金制品协会、中国食品和包装机械工业协会、国际镍协会、国际铬发展协会及中国联合钢铁网。

2. 2 月 13 日，为配合国家钢铁去产能、打击"地条钢"有关工作，中国钢铁工业协会、中国金属学会、中国铸造协会、中国特钢企业协会、中国特钢企业协会不锈钢分会会同相关单位专家，认真研究提出了《关于支持打击"地条钢"、界定工频和中频感应炉使用范围的意见》。

3. 7 月 25 日，由上海期货交易所和分会共同主办的中国不锈钢期货座谈会在佛山召开。与会人员参观了中储股份佛山有限公司、浦项（佛山）钢材加工有限公司、宝裕金属制品有限公司和鞍钢联众（广州）不锈钢有限公司。

4. 8 月 4 日，由分会和中国电梯协会、中信微合金化技术中心联合举办的"电梯用高品质铁素体不锈钢应用技术研讨会"在无锡召开。

5. 8 月 25 日，由中国食品和包装机械工业协会、山西太钢不锈钢股份有限公司联合主办，由中国特钢企业协会不锈钢分会、普瑞特机械制造股份有限公司、太原不锈钢产业园区管委会协办的"国家食品工业用不锈钢论坛 2017 年会"在山西太原花园国际酒店隆重举行。

6. 9 月 21—22 日，中国第二届超级奥氏体不锈钢及镍基合金国际研讨会在北京召开。

7. 11 月 10 日，由分会、中信微合金化技术中心主办的"机场等大型建筑屋面用超纯铁素体不锈钢应用技术圆桌会议"在北京举行。

8. 11 月 26—28 日，年会在浙江省湖州市召开，同时举办中国不锈钢管高端论坛和久立集团成立 30 周年纪念活动，由久立集团股份有限公司承办。在会议期间召开的分会第五届常务理事会第四次会议上，调整了部分常务理事单位，增补无锡市不锈钢电子交易中心有限公司担任副会长单位。

2018 年

1. 1 月 26 日，分会组织在北京的不锈钢上下游行业相关协会和单位在北京诺富特和平饭店召开了不锈钢产业相关行业协会沟通与信息交流会议。参加会议的有相关不锈钢原料镍、铬、废钢、铁合金协会和组织；有五金、船舶、石油化工设备、家电、食品机械、制药机械、酿酒、建筑结构、屋面技术、钢管、冷弯等不锈钢应用的 17 个协会组织及资讯机构。

2. 3 月 14 日，由中国不锈钢合作推进小组（CSCPG）主办的"建筑幕墙用不锈钢应用技术圆桌会议"在北京渔阳饭店顺利举行。

3. 4 月 9 日，分会牵头组织国际镍协会、中国食品和包装机械工业协会、中国酒业协会、中国家用电器协会、中国电梯协会、中国纺织机械协会、中国锻压协会等不锈钢上下游协会赴大明国际控股有限公司现场进行交流。

4. 4 月 17 日，中国特钢企业协会不锈钢分会、上海期货交易所共同组织的中国（张家港）不锈钢期货座谈会在张家港顺利召开。

5. 5 月 16—18 日，"2018（第三届）不锈钢及原料市场国际高峰论坛"于宁波香格里拉大酒店隆重召开。此次会议由中国联合钢铁网、中国特钢企业协会不锈钢分会、上海期货交易所联合主办，由国际镍协会、国际铬发展协会、国际钼协会共同协办。

6. 9 月 17—18 日，第六届中国国际双相不锈钢大会在北京成功举行。

7. 12 月 17 日，年会在北京昆泰嘉华酒店召开。会员大会选举中国特钢企业协会不锈钢分会第六届常务理事会，常务理事会任期为 4 年。第六届一次常务理事会选举产生了中国特钢企业协会不锈钢分会第六届会长单位太原钢铁（集团）有限公司；副会长单位青山控股集团有限公司、中国宝武钢铁集团有限公司、北海诚德镍业有限公司、鞍钢联众（广州）不锈钢有限公司、酒泉钢铁集团宏兴钢铁股份有限公司不锈钢分公司、东北特殊钢集团股份有限公司、山东泰山钢铁集团有限公司、振石集团东方特钢有限公司、永兴特种不锈钢股份有限公司、铁研究总院、冶金信息标准研究院、中国贸易促进委员会冶金行业分会、久立集团股份有限公司、五矿发展股份有限公司、大明国际控股有限公司、浙江元通不锈钢有限公司、无锡市不锈钢电子交易中心有限公司、江苏德龙镍业有限公司、宏旺投资集团有限公司、福建甬金金属科技有限公司。常务副会长刘复兴、秘书长刘艳平。

2019 年

1. 9 月 20 日，在北京召开第六届中国国际铁素体不锈钢大会。

2. 10 月 11 日，由中国建筑学会建筑幕墙学术委员会、中国不锈钢合作推进小组、中国建设科技集团股份有限公司共同主办，悉地国际设计顾问（深圳）有限公司、《建筑技艺》《建筑幕墙》杂志社、亚太建设科技信息研究院有限公司承办的第二届"不锈钢在建筑与幕墙中的应用"研讨会（深圳站）在深圳 CCDI 悉地国际报告厅成功举办。

3. 11 月 28 日，由国际钼协会、中国特钢企业协会不锈钢分会、中国有色金属工业协会钼业分会共同主办，金钼股份具体承办的第二届钼与钢国际论坛在西安曲江成功举行。

4. 12 月 2—3 日，由中信集团、巴西矿冶公司（CBMM）、中国钢研科技集团和中国金属学会联合主办，中信金属承办的"中国–巴西铌科学与技术合作四十年"国际研讨会暨庆祝大会在北京举行。中国特钢企业协会不锈钢分会名誉会长、顾问李成等，获得终生成就奖。

5. 12 月 21 日，2019 年中国不锈钢行业年会暨中国不锈钢产业发展高端论坛在太原花园国际大酒店召开，由太钢集团承办。会议增选浦项（张家港）不锈钢股份有限公司为副会长单位，增选江苏明璐不锈钢有限公司为常务理事单位。

2020 年

1. 7—8 月，分会组织"不锈钢线上讲堂暨上期线上金属周"活动。7 月 10 日，第一讲，太钢不锈张威博士：抗菌不锈钢的发展和应用。7 月 17 日，第二讲，上期所商品一部经理金铭：不锈钢期货运行及铬铁期货研发情况。8月7日，第三讲，钢研总院宋志刚教授：超级奥氏体不锈钢特性交流。第四讲，安泰科总工程师、首席专家徐爱东：全球镍供应格局、消费结构及未来发展趋势。8月14日，第五讲，中国船舶工业协会副秘书长兼统计信息部主任谭乃芬：2020年上半年船舶工业运行情况及船用不锈钢材料需求展望。第六讲，上海钢联资讯科技有限公司高级分析师白琼：国内冷轧不锈钢运行状况及期货价格走势。8月21日，第七讲，中国宝武集团技术专家，宝钢股份中央研究院首席研究员毕洪运博士：铁素体不锈钢在汽车行业的应用。第八讲，亿览网钼产品分析师颜帅：2020年1—7月钼市场运行情况及展望及前景。8月28日，第九讲，青拓研究院主任工程师蒋一：高氮高强度QN不锈钢产品研发及应用。第十讲，SMR董事总经理Markus Moll：全球不锈钢市场后疫情时代恢复展望。

2. 10月22日，中国特钢企业协会不锈钢分会在湖州召开第六届三次常务理事会，决定取消福建吴航不锈钢制品有限公司、本钢不锈钢冷轧丹东有限责任公司常务理事单位资格。增选松阳不锈钢行业协会、中国不锈钢管业科技山西有限公司、上上德盛集团股份有限公司、浙江永上特材有限公司为分会常务理事单位。

3. 10月23日，"2020年中国不锈钢行业年会暨永兴材料成立20周年大会"在湖州召开。会议同期举办中国不锈钢高端论坛。

4. 11月6日，中国特钢企业协会不锈钢分会组织筹建的中国不锈钢管专业委员会成立大会在浙江松阳成立。专业委员会推选中国特钢企业协会不锈钢分会专家李天宝教授担任名誉主任、顾问。浙江久立特材科技股份有限公司董事长李郑周担任主任，副主任由中兴能源装备有限公司董事长仇云龙、江苏武进不锈钢股份有限公司总工宋建新、上上德盛集团股份有限公司董事长季学文、宝银特种钢管有限公司副总工程师吴青松、冶金工业信息标准研究院全国钢委钢管分会秘书长董莉担任。主任委员由五家不锈钢管厂轮值，每届任期两年。

5. 11月19—20日，为期一天半的"中国第三届超级奥氏体不锈钢及镍基合金国际研讨会"在北京诺富特和平宾馆成功召开。来自国内外各领域的24位专家通过现场演讲、录制视频、语音等方式，围绕超级奥氏体不锈钢和镍基合金研发和使用的热点、难点发表了极为丰富详实的演讲。国内外各行业200多位嘉宾出席了会议。

6. 讲述不锈钢好故事，传播不锈钢好声音，《中国不锈钢》编纂工作启动会在太钢召开。12月9日，《中国不锈钢》编纂工作启动会在太钢召开。中国钢铁工业协会副秘书长，冶金工业出版社党委书记、社长苏长永，中国特钢企业协会不锈钢分会秘书长刘艳平，钢铁研究总院及来自全国主要不锈钢企业、科研院所、上下游企业的领导、专家60多人参加了会议。与会人员围绕《中国不锈钢》一书的编写指导思想、原则和框架结构进行了热烈讨论，讨论确定了《中国不锈钢》目录、编写进度、各章节执笔单位（执笔人）及其他事项。

附录四 中国不锈钢技术成果

自 20 世纪 50 年代以来，一代代中国不锈钢研发者接续奋斗，在新钢种、新工艺、新技术、新设备不断创造出新成果，开发出新产品，研究出新工艺技术，设计出新设备，为中国不锈钢产业近 20 来年快速、高质量发展奠定了基础，注入了强大的推进剂，是中国不锈钢产业进一步发展的力量支撑。

一、1952—1999 年间我国不锈钢重要科研成果

1952—1999 年，是我国不锈钢的开端与创业期。我国不锈钢的发展一直伴随着钢铁产品的研究和创新。作为我国最早开展不锈钢和高镍耐蚀合金研究和工程应用，并建立不锈钢专业研究组、室的科研单位，钢铁研究总院和其他兄弟单位共同见证了我国不锈钢事业由消化吸收到创新的艰辛历程。附表 4-1 和附表 4-2 展示了 1952—1999 年我国不锈钢重要科研成果及获奖情况（部分）。

附表 4-1　1952—1999 年间我国不锈钢国家级重要科研成果及获奖情况（部分）

序号	获奖年度	奖项	获奖等级	科研成果	完成单位
1	1978 年	全国科学大会奖		抗高温浓硝酸用钢 Cr20Ni24Si4Ti	钢研院、重庆钢厂、大连钢厂、兰州化工厂、大连化工厂
2	1978 年	全国科学大会奖		原子能工业用新二号耐蚀合金	钢研院、抚顺钢厂、大连钢厂、重庆钢厂、上钢三厂、上钢五厂
3	1978 年	全国科学大会奖		原子能工业用新三号耐蚀合金	钢研院、二机部 202 厂、上钢三厂、上钢五厂
4	1978 年	全国科学大会奖		原子能工业用新五号耐蚀合金	钢研院、重庆钢厂、洛阳轴承厂、二机部二院
5	1978 年	全国科学大会奖		原子能工业用 6021 耐蚀合金	钢研院
6	1978 年	全国科学大会奖		马氏体时效不锈钢 00Cr15Ni6Nb	钢研院、抚顺钢厂、703 所
7	1978 年	全国科学大会奖		半奥氏体沉淀不锈钢 PH15-7Mo	钢研院、大连钢厂
8	1978 年	全国科学大会奖		不锈耐酸钢晶间腐蚀倾向试验标准	钢研院、一机部通用所、北京金属结构厂、二机部二院、523 厂、上海锅炉厂、七机部 111 厂、上钢三厂、上钢五厂
9	1985 年	国家科技进步奖	特等	电渣重熔 ЭИ811 双相不锈钢冷轧薄板研究	钢研总院、上钢三厂、703 所、211 厂

续附表 4-1

序号	获奖年度	奖项	获奖等级	科研成果	完 成 单 位
10	1989 年	国家科技进步奖	一等	新 13 号合金管材及焊接材料	钢研总院、上钢五厂、105 所等
11	1990 年	国家科技进步奖	一等	炼油、石油化工用双相不锈钢的开发和应用	钢研总院、重庆特殊钢厂、大连钢厂、上钢五厂等
12	1988 年	国家发明奖	二等	极低温用双相高强不锈钢研究	钢研总院、抚顺特钢、703 所
13	1989 年	国家发明奖	三等	极低温用高强不锈钢研究	钢研总院、抚顺特钢、703 所
14	1989 年	国家发明奖	三等	贮箱用高强不锈钢研究	钢研总院、抚顺特钢、703 所
15	1983 年	国家发明奖	四等	00Cr14Ni6Mo2AlNb 高强不锈钢研究	钢研总院、抚顺特钢、保定胶片厂
16	1965 年	国家发明奖		物料干燥和煅烧炉筒设备用新一号耐蚀合金	钢研院、北钢、齐钢、抚钢、上钢三厂、上钢五厂
17	1964 年	国家科委、经委、计委工业新产品	二等	特殊用途不锈钢	大连钢厂、钢研院、六所

附表 4-2　1952—1999 年间我国不锈钢省部级重要科研成果及获奖情况（部分）

序号	获奖年度	奖项	获奖等级	科研成果	完 成 单 位
1	1983 年	冶金部科技成果奖	一等	葛洲坝水电机组用 G817 高强不锈钢研究	钢研总院、抚顺特钢、鞍钢、哈电机等
2	1983 年	冶金部科技成果奖	三等	瞬时高温弹簧用高强不锈钢研究	钢研总院、江西钢厂、601 所
3	1984 年	冶金部科技成果奖	三等	永磁高速同步电机转子用高强无磁不锈钢 0Cr21Ni6Mn9N 研究	钢研总院、抚钢、中科院电工所
4	1986 年	冶金部科技成果奖	四等	0Cr17Ni7Al 高强不锈钢研究	钢研总院、抚顺特钢、3531 所
5	1978 年	冶金部科技成果奖		氩氧冶炼不锈钢	钢研院、太钢、洛耐所、钢设院
6	1985 年	冶金部科技进步奖	一等	极低温离子氮化高强不锈齿轮钢研究	钢研总院、抚顺特钢、703 所
7	1981 年	冶金部科技进步奖	四等	0Cr21Ni6Mn9N 高强不锈钢研究	钢研总院、抚顺特钢、31 所
8		"六五"低合金钢、合金钢科技专项攻关联合表彰项目		氩氧精炼不锈钢工艺研究	太钢、钢研院、钢设院

序号	获奖年度	奖项	获奖等级	科研成果	完成单位
9	1978 年	冶金部工业学大庆会表扬项目		硼不锈钢三层复合管	钢研院、上钢五厂
10	1979 年	山西省科技成果奖	二等	SG-8 冷轧高强不锈钢带研究	太钢、钢研总院、上海 5703 厂

二、2000—2020 年间我国不锈钢重要科研成果

国家科学技术进步奖，是国务院设立的国家科学技术奖 5 大奖项（国家最高科学技术奖、国家自然科学奖、国家技术发明奖、国家科学技术进步奖、国际科学技术合作奖）之一。国家科学技术进步奖主要授予在技术研究、技术开发、技术创新、推广应用先进科学技术成果、促进高新技术产业化，以及完成重大科学技术工程、计划等过程中作出创造性贡献的中国公民和组织。

冶金科学技术奖是 2000 年中国钢铁工业协会、中国金属学会创办的奖项，是中国冶金行业最高科学技术奖。该奖授予在中国冶金工业领域研究、开发、推广、应用先进科技成果的中国公民和具有法人资格的组织。冶金科学技术奖分为特等奖、一等奖、二等奖、三等奖 4 个等级，其中特等奖为非常设等级。

附表 4-3 和附表 4-4 所列为 2000—2020 年间我国不锈钢国家科学技术进步奖和冶金科学技术奖获奖情况。

附表 4-3　2000—2020 年间我国不锈钢国家科学技术进步奖获奖情况

序号	获奖年度	获奖等级	获奖项目名称	主要完成单位	主要完成人
1	2000 年	二等	高温浓硝用 C8 高纯高硅奥氏体不锈钢及焊材	钢铁研究总院、四川川投长城特殊钢股份有限公司第三钢厂、大化集团有限责任公司、吉林化学工业股份有限公司化肥厂、中国石油兰州石化公司化肥厂、安徽淮化集团有限公司、泸天化集团有限责任公司 404 厂	冈毅民、陈敬胜、庞瑞、王庆符、接云升、陈绍寿、宋尔应、刘忠国、范海枝、许崇臣
2	2000 年	二等	奥氏体不锈钢焊条	太原理工大学	王宝、孙咸、刘满才、吴宇、张汉谦、孟庆森
3	2003 年	二等	高质量不锈钢板材技术开发	太原钢铁（集团）有限公司、钢铁研究总院、北京科技大学、东北大学、冶金工业信息标准研究院	王一德、李晓波、郭培文、荣凡、任建新、李学锋、郎宇平、翟瑞银、李爱群、康喜范
4	2004 年	二等	太钢含氮不锈钢生产工艺及品种开发	太原钢铁（集团）有限公司	胡玉亭、刘承志、王立新、李志斌、李国平、赵阳囤、韩泉生、薄世明、曹维、刘洪涛

序号	获奖年度	获奖等级	获奖项目名称	主要完成单位	主要完成人
5	2006 年	二等	以铁水为主原料生产不锈钢新技术开发与创新	太原钢铁（集团）有限公司、东北大学、北京科技大学	王一德、李建民、徐芳泓、王百东、谢力、刘卫东、范光伟、赵大同、姜周华、包燕平
6	2014 年	二等	先进铁素体不锈钢关键制造技术与系列品种开发	太原钢铁（集团）有限公司，东北大学，钢铁研究总院，齐齐哈尔轨道交通装备有限责任公司，南京造币有限公司，山西太钢不锈钢股份有限公司	李晓波、范光伟、姜周华、李建民、苏杰、于跃斌、刘洪涛、邵继南、徐书峰、刘亮
7	2019 年	二等	红土镍矿冶炼镍铁及冶炼渣增值利用关键技术与应用	中南大学、广东广青金属科技有限公司、宝钢德盛不锈钢有限公司	张虎、徐佐、张花蕊、徐惠彬、武汉琦、朱志华、李昌海、刘双勇、简伟文、陶同祥

附表 4-4　2000—2020 年间我国不锈钢冶金科学技术奖获奖情况

序号	获奖年度	获奖等级	获奖项目名称	主要完成单位	主要完成人
1	2019 年	特等	宽幅超薄精密不锈带钢工艺技术及系列产品开发	太原钢铁（集团）有限公司、山西太钢不锈钢精密带钢有限公司、山西太钢不锈钢股份有限公司、太原理工大学、燕山大学、山西省产品质量监督检验研究院	王天翔、李俊、廖席、李建民、黄庆学、徐书峰、刘玉栋、王涛、武显斌、肖宏、罗纪平、刘晓东、王大江、胡尚举、周瑰云、梁欣亮、王慧文、张李峰、杨密、赵永顺、郭永亮、杨星、翟俊、王伟、王向宇、韩小泉、卫争艳
2	2002 年	一等	高质量不锈钢工艺技术的研究与开发	太原钢铁（集团）有限公司、钢铁研究总院、北京科技大学、东北大学、冶金工业信息标准研究院	王一德、李晓波、郭培文、荣凡、任建新、李学锋、郎宇平、翟瑞银、李爱群、康喜范、韩静涛、胡玉亭、袁保敬、杨长强、康永林
3	2003 年	一等	太钢含氮不锈钢研制	太原钢铁（集团）有限公司	刘承志、李志斌、赵阳囤、韩泉生、王立新、李国平、于立兴、张晋生、刘洪涛、王喜洪
4	2005 年	一等	以铁水为主原料生产不锈钢新技术开发与创新	太原钢铁（集团）有限公司、东北大学、北京科技大学	王一德、李建民、徐芳泓、王百东、谢力、刘玉敏、赵跃旭、刘卫东、范光伟、赵大同、姜周华、包燕平、薛俊虎、刘承志、李志斌
5	2006 年	一等	提高 430 系列不锈钢热轧质量工艺研究	太原钢铁（集团）有限公司	杨连宏、范光伟、郭永亮、刘洪涛、赵新刚、徐芳泓、王津平、冯钧、王泽斌、邱华东

序号	获奖年度	获奖等级	获奖项目名称	主要完成单位	主要完成人
6	2006 年	一等	现代化不锈钢企业综合自动化系统的开发与集成	宝山钢铁股份有限公司、上海宝信软件股份有限公司	徐乐江、伏中哲、史国敏、饶记珠、蒋继强、钱卫东、王奕、何荣杰、谈春燕、蔡建军、赵国宾、金根顺、陈军、戴玲子、周泽雁
7	2007 年	一等	400 系不锈钢制造工艺技术及品种开发	太原钢铁（集团）有限公司	范光伟、张志方、李建民、冯焕林、杨连宏、刘洪涛、李旭初、王辉绵、刘春来、孙铭山、赵大同、郭永亮、刘承志、秦丽雁、周瑰云
8	2009 年	一等	新型铁路货车车体用 T4003 不锈钢及应用技术开发	太原钢铁（集团）有限公司、山西太钢不锈钢股份有限公司、上海大学、机械科学研究院哈尔滨焊接研究所、齐齐哈尔轨道交通装备有限责任公司	王志斌、王良虎、王立新、张卫红、宋长江、陈金虎、郭永亮、宋贵文、徐书峰、王胜坤、杜兵、王飞、刘春来、翟启杰、王秋平
9	2012 年	一等	高速列车用不锈钢车厢板工艺技术与产品开发及应用	太原钢铁（集团）有限公司、东北大学、宝山钢铁股份有限公司、南车青岛四方机车车辆股份有限公司、中国铁道科学研究院、北京交通大学、山西太钢不锈钢股份有限公司	袁保敬、王国栋、史国敏、刘胜龙、白晋钢、李志斌、范光伟、刘伟、张弘、刘振宇、王清洁、韩晓辉、叶晓宁、崔汝飞、张春亮
10	2013 年	一等	600℃ 超超临界火电机组用钢管研制与应用	宝山钢铁股份有限公司、中国钢研科技集团有限公司、扬州诚德钢管有限公司、攀钢集团成都钢钒有限公司、哈尔滨锅炉厂有限责任公司、西安热工研究院有限公司	刘正东、王起江、程世长、陈晓丹、包汉生、徐海澄、杨钢、薛建国、张怀德、郭元蓉、王鹏展、谭舒平、周荣灿、徐松乾、王立民
11	2014 年	一等	中高铬铁素体不锈钢高表面控制技术	宝钢集团有限公司、宝钢不锈钢有限公司、东北大学、宁波宝新不锈钢有限公司、宝钢工程技术集团有限公司、上海宝信软件股份有限公司	江来珠、何汝迎、刘振宇、沈继程、董文卜、杨军民、欧响波、余海峰、王晋、骆素珍、吴立新、李有元、潘仲、李实、王伟明
12	2014 年	一等	跨海大桥用双相不锈钢钢筋及应用技术开发	太原钢铁（集团）有限公司、山西太钢不锈钢股份有限公司	王辉绵、高建兵、王立新、朱拥民、李建民、李颖、张增武、田奇、曹娇婵、岳中庆、姚文峰、袁刚、闫士彩、王丽英、黄昌义

序号	获奖年度	获奖等级	获奖项目名称	主要完成单位	主要完成人
13	2017 年	一等	超纯净不锈钢脱氧及夹杂物控制关键技术开发与应用	太原钢铁（集团）有限公司、北京科技大学、山西太钢不锈钢股份有限公司	翟俊、李建民、王丽君、郎炜昀、庄迎、陈景锋、白海旺、杨永杰、刘睿智、李筱、闫志伟、王建昌、刘卫东、卫海瑞、李治国
14	2018 年	一等	不锈钢冷轧带钢全连续生产线技术集成与创新	太原钢铁（集团）有限公司、山西太钢不锈钢股份有限公司、山西太钢工程技术有限公司、中国二十冶集团有限公司、中冶天工集团有限公司	高建兵、武志平、李旭初、刘焕亮、刘素华、秦夏强、付金柱、韩存、武天宇、白晋钢、李晨曦、石育帆、徐芳泓、王月省、张良
15	2018 年	一等	高品质双相不锈钢系列板材关键制备技术开发及应用	山西太钢不锈钢股份有限公司、钢铁研究总院、东北大学、太原钢铁（集团）有限公司	李国平、宋志刚、李花兵、南海、高冰、李亮、秦丽雁、张彦睿、闫咏春、裴明德、郭永亮、邹庆华、秦宇航、刘明生、李建春
16	2018 年	一等	大口径高性能不锈钢无缝管冷轧生产技术与成套装备的研发及应用	江苏武进不锈股份有限公司、太原重工股份有限公司、中冶京诚工程技术有限公司	沈卫强、石钢、杨力、高虹、石媚杰、张贤江、刘国栋、兰兴昌、翟丽丽、黄贤安、周志斌、周新亮、于路强、吴方敏、张大勇
17	2019 年	一等	先进核能核岛关键装备用耐蚀合金系列产品自主开发及工程应用	宝武特种冶金有限公司、钢铁研究总院、宝山钢铁股份有限公司、宝钢特钢有限公司	马天军、徐长征、宋志刚、欧新哲、徐文亮、黄海燕、赵欣、丰涵、马明娟、黄庆华、吴静、黄妍凭、杨磊、郑文杰、李博
18	2019 年	一等	高效低耗安全不锈钢混酸废液资源化再生利用关键技术及装备	中冶南方工程技术有限公司、福建鼎信科技有限公司	臧中海、赵金标、高俊峰、姜海洪、丁煜、项秉秋、叶理德、赵海、王晋、王军、张勇、欧燕、吴宗应、郭金仓、路万林
19	2020 年	一等	高端装备用双相不锈钢无缝钢管系列关键工艺技术开发及工程应用	钢铁研究总院、江苏武进不锈股份有限公司、山西太钢不锈钢股份有限公司	宋志刚、高虹、李国平、丰涵、苗华军、沈卫强、朱玉亮、杨常春、何建国、徐奇、翟丽丽、陈泽民、郑文杰、陈阳、宋建新
20	2020 年	一等	特殊高合金钢品种冶炼及连铸关键技术开发与应用	太原钢铁（集团）有限公司、东北大学、山西太钢不锈钢股份有限公司	李建民、刘承军、陈景锋、张宇斌、李宏、谢恩敬、付培茂、翟俊、亓捷、张彬、王伟、舒玮、郎炜昀、李莎、陈洋

序号	获奖年度	获奖等级	获奖项目名称	主要完成单位	主要完成人
21	2007 年	二等	双相钢酸洗工艺研究	太原钢铁（集团）有限公司	张改梅、侯瑞鹏、王培智、李国平、张铁根、尹世平、杨明永、尹巍、王建新、张威
22	2008 年	二等	253MA（S30815）高性能节镍型耐热不锈钢产品及工艺开发	太原钢铁（集团）有限公司	李国平、薄世明、王立新、王培智、张晓珅、范新智、刘明生、张春亮、杨明永、李俊
23	2010 年	二等	S31803 双相不锈钢卷板的生产工艺研究及技术创新	太原钢铁（集团）有限公司、山西太钢不锈钢股份有限公司	李国平、王立新、郭永亮、刘卫东、崔汝飞、张威、王国华、王贵平、李俊、范新智
24	2011 年	二等	高磷铬镍生铁在不锈钢冶炼应用中的工艺研究	太原钢铁（集团）有限公司、山西太钢不锈钢股份有限公司	马骏鹏、刘亮、陈景锋、刘承志、王强、任选、王新录、张增武、王彦明、王建昌
25	2011 年	二等	TTS443 高铬铁素体不锈钢的研发与应用	太原钢铁（集团）有限公司、山西太钢不锈钢股份有限公司	孙铭山、邹勇、李建民、李旭初、范光伟、杨连宏、陈景锋、秦丽雁、王志斌、刘春来
26	2013 年	二等	汽车排气系统用铁素体不锈钢系列产品开发	宝钢集团有限公司	毕洪运、戴相全、李鑫、王伟明、江来珠、王可、李杰、王宝森、邵世杰、李实
27	2014 年	二等	太钢超高纯真空气密性纯铁系列产品和工艺技术开发	太原钢铁（集团）有限公司、山西太钢不锈钢股份有限公司	苗晓、王育田、赵昱臻、陈泽民、陈景锋、张霞、朱拥民、张文康、岳中庆、白日普
28	2014 年	二等	高等级不锈钢焊带关键工艺技术及产品开发	太原钢铁（集团）有限公司、天津重型装备工程研究有限公司、机械科学研究院哈尔滨焊接研究所、山西太钢不锈钢股份有限公司、山西太钢不锈钢精密带钢有限公司	李俊、范光伟、徐书峰、舒玮、袁保敬、张秀海、徐锴、苗华军、张增武、王辉绵
29	2015 年	二等	高性能超级奥氏体不锈钢系列板材关键工艺技术及产品开发	太原钢铁（集团）有限公司、东北大学、山西太钢不锈钢股份有限公司	张威、李花兵、李国平、杨明永、翟俊、刘明生、陈华、孙晓刚、曾莉、郭永亮
30	2016 年	二等	核电用不锈钢异型材生产工艺技术开发	太原钢铁（集团）有限公司、山西太钢不锈钢钢管有限公司、山西太钢不锈钢股份有限公司	王伯文、柴志勇、刘承志、拓雷锋、康喜唐、杨成义、舒玮、李树伟、庞瑞福、李强

续附表 4-4

序号	获奖年度	获奖等级	获奖项目名称	主要完成单位	主要完成人
31	2017 年	二等	基于扫描电镜微观组织表征新技术的开发与应用	太原钢铁（集团）有限公司、山西太钢不锈钢股份有限公司	赵振铎、张寿禄、王斌、卫海瑞、范光伟、廉晓洁、周杰、秦丽雁、李莎、陈金虎
32	2003 年	三等	热轧工艺润滑技术开发	太原钢铁（集团）有限公司、上海达斯泰克商贸有限公司	韩晓波、胡松涛、周瑰云、吴太永、郭振庆
33	2003 年	三等	燃汽轮机耐热不锈钢棒材	宝钢集团上海五钢有限公司	金鑫、吴佩林、吴逢吉、王立荣、王喆
34	2005 年	三等	不锈冷轧薄板酸洗线高硅耐蚀合金铸铁电极板研制	太原钢铁（集团）有限公司、北京科技大学	李晓波、毛双亮、赵爱民、杨旭东、张志方
35	2007 年	三等	高等级不锈钢磨砂板生产工艺技术及产品开发	太原钢铁（集团）有限公司	王贺利、李旭初、白晋钢、张晓珅、穆景权
36	2007 年	三等	不锈钢电解抛光液的研制及其在扫描电镜观察中的应用开发	太原钢铁（集团）有限公司	张寿禄、赵泳仙、王烽、彭忠义、李志斌
37	2008 年	三等	典型不锈钢材料热模拟试验研究及热加工曲线汇编	太原钢铁（集团）有限公司	贾元伟、廉晓洁、任永秀、袁刚、张寿禄
38	2009 年	三等	汽车排气系统用不锈钢材料及关键工艺技术开发	太原钢铁（集团）有限公司、山西太钢不锈钢股份有限公司	孙铭山、任建新、刘春来、王立新、张霞
39	2009 年	三等	一种不锈钢退火保护内罩	武汉钢铁（集团）公司、武汉大学	吴佑明、范崇显、应宏、程志恩、潘春旭
40	2009 年	三等	不锈钢和耐热钢标准研究与体系建设	冶金工业信息标准研究院、太原钢铁（集团）有限公司	栾燕、戴强、董莉、郝瑞琴、刘宝石
41	2010 年	三等	核级奥氏体不锈钢板材及关键工艺技术的开发与创新	太原钢铁（集团）有限公司、山西太钢不锈钢股份有限公司	尹嵬、孙铭山、任选、杨明永、董峰

序号	获奖年度	获奖等级	获奖项目名称	主要完成单位	主要完成人
42	2012 年	三等	不锈钢中厚板热处理常化炉新型炉底辊开发与应用	太原钢铁（集团）有限公司	刘志军
43	2013 年	三等	超超临界电站锅炉用 CODE CASE 2328-1 不锈钢管坯和无缝钢管工艺技术开发	太原钢铁（集团）有限公司、山西太钢不锈钢钢管有限公司、山西太钢不锈钢股份有限公司	方旭东、赵长飞、范光伟、夏焱、张增武
44	2013 年	三等	富氧竖炉法不锈钢除尘灰资源化利用技术开发	太原钢铁（集团）有限公司、中钢集团洛阳耐火材料研究院有限公司、山西太钢不锈钢股份有限公司	刘复兴、李红霞、路振毅、赵海泉、史永林
45	2014 年	三等	不锈钢渣的无害化处置与资源化利用关键技术研究	中国钢研科技集团有限公司、山西太钢不锈钢股份有限公司	秦松、冯焕林、那贤昭、史永林、严定鎏
46	2015 年	三等	高效环保不锈钢板带材关键技术集成创新与应用研究	山东泰山钢铁集团有限公司	王永胜、陈培敦、赵刚、亓海燕、陈茂宝
47	2015 年	三等	特殊钢钼合金化新工艺技术开发及应用	太原钢铁（集团）有限公司、山西太钢不锈钢股份有限公司	王建昌、陈景锋、白晋钢、杨红岗、谢彦明
48	2016 年	三等	石化加氢装置用大口径奥氏体合金无缝管关键技术与产品开发	江苏武进不锈股份有限公司、永兴特种不锈钢股份有限公司	宋建新、陈根保、高虹、杨辉、章建新
49	2016 年	三等	宽幅高碳马氏体不锈钢卷板关键工艺技术及产品开发	太原钢铁（集团）有限公司、北京科技大学、山西太钢不锈钢股份有限公司	张剑桥、王志斌、赵志毅、王伟、郭永亮
50	2018 年	三等	高品质刀剪用马氏体不锈钢中碳化物控制的关键技术	北京科技大学、阳江十八子集团有限公司	李晶、史成斌、李积回、朱勤天、李有维

序号	获奖年度	获奖等级	获奖项目名称	主要完成单位	主要完成人
51	2019 年	三等	含铬镍固废资源综合利用技术开发与应用	太原钢铁（集团）有限公司、山西大学、山西太钢不锈钢股份有限公司	仪桂兰、李华、李建民、王鹏、史永林
52	2020 年	三等	太阳能领域用高品质含铌奥氏体不锈钢关键工艺及产品技术开发	太原钢铁（集团）有限公司、中国成达工程有限公司、山西太钢不锈钢股份有限公司	舒玮、张威、杨明永、黄泽茂、黄涛
53	2020 年	三等	典型不锈钢组织及析出相显示方法的创新开发与应用	太原钢铁（集团）有限公司、山西太钢不锈钢股份有限公司	李建春、贾元伟、李吉东、彭忠义、廉晓洁
54	2020 年	三等	不锈钢热连轧操作预调整技术开发	山西太钢不锈钢股份有限公司	邱华东

附录五 中国不锈钢牌号与各国不锈钢牌号对照表

附表5-1 中国不锈钢牌号与各国不锈钢牌号对照表

序号	统一数字代号ISC	新牌号	旧牌号	国别				
				美国 ASTM A595	日本	国际标准 ISO15510	欧洲 EN10088-1	苏联 GOST5632
1	S20100	12Cr17Mn6Ni5N		201 S20100	SUS201	X12CrMnNiN17-7-5 4372-201-00-I	X12CrMnNiN17-7-5 1.4372	—
2	S20103	022Cr17Mn6Ni5N		201L S20103				
3	S20153	04Cr17Mn7Ni5CuN		201LN S20153	—	X2CrMnNiN17-7-5 4371-201-53-I	X2CrMnNiN17-7-5 1.4371	
4	S20175	06Cr17Ni7Mn3Cu3			SUS304J2	X6CrNiMnCu17-8-4-2 4617-201-76-J	—	
5	S20176	08Cr16Mn8Ni5Cu2	08Cr17Mn8Ni5Cu3			X9CrMnNiCu17-8-5-2, 4618-201-76-E	X9CrMnNiCu17-8-5-2 1.4618	
6	S20200	12Cr18Mn8Ni5N	1Cr18Mn8Ni5N	202 S20200	SUS202	X12CrMnNiN18-9-5 4373-202-00-I	X12CrMnNiN18-9-5 1.4373	12X17T9AH4
7	S20209	53Cr21Mn9Ni4N	5Cr21Mn9Ni4N		SUH35	53CrMnNiN21-9-4 4890-202-09-X	X53CrMnNiN21-9-4 1.4890	55X20T9AH4
8	S20300	Y06Cr17Mn6Ni6Cu2		XM-1 S20300	—			—

续附表 5-1

序号	统一数字代号 ISC	新牌号	旧牌号	美国 ASTM A595	日本	国际标准 ISO15510	欧洲 EN10088-1	苏联 GOST5632
						国 别		
9	S20400	022Cr16Mn8Ni2N		S20400	—	—	—	—
10	S20430	12Cr16Mn8Ni3Cu3N		S20430	—	—	—	—
11	S20408	08Cr19Mn6Ni3Cu2N		—	—	—	X8CrMnNiN19-6-3 1.4376	—
12	S20490	04Cr16Mn8Ni2Cu3N		S24090	—	—		
13	S24000	06Cr18Mn13Ni3N		XM-29 S24000				
14	S21800	08Cr17Mn8Ni9Si4N		S21800				
15	S21640	06Cr19Mn5Ni5MoNbN		S21640				
16	S21675	05Cr19Ni6Mn4MoCu2N		S21675				
17	S21600	06Cr20Mn8N6.5Mo3N		XM-17 S21600				
18	S21603	022Cr20Mn8N6.5Mo3N		XM-18 S21603				
19	S21904	03Cr20Mn9Ni7N		XM-11 S21904				
20	S20910	05Cr22Ni3Mn5Mo2NbVN		XM-29 S20910				
21	S30100	12Cr17Ni7	1Cr17Ni7	301 S30100	SUS301	X12CrNi17-7 4310-301-09-X		—
22	S30103	022Cr17Ni7		301L S30103	SUS301	X5CrNi17-7 4319-301-00-I	X5CrNi17-7 1.4319	—
23	S30153	022Cr17Ni7N		301LN S30153	SUS301L	X2CrNiN18-7 4318-301-53-I	X2CrNiN18-7 1.4318	—

续附表 5-1

序号	统一数字代号 ISC	新牌号	旧牌号	美国 ASTM A595	日本	国际标准 ISO15510	欧洲 EN10088-1	苏联 GOST5632
24	S30200	12Cr18Ni9	1Cr18Ni9	302 S30200	SUS302	X10CrNi18-8 X9CrNi18-9 4325-302-00-E	X9CrNi18-9 1.4325	12X18H9
25	S30215	12Cr18Ni9Si3	1Cr18Ni9Si3	302B S30215	SUS302B	X12CrNiSi18-9-3 4326-302-15-1	(1.4326)	—
26	S30300	Y12Cr18Ni9	Y1Cr18Ni9	303 S30300	SUS303	X10CrNiS18-9 4305-303-00-I	X8CrNiS18-9 1.4305	—
27	S30323	Y12Cr18Ni9Se	Y1Cr18Ni9Se	303Se S30323	SUS303Se	X12CrNiSe18-9 4625-303-23-X	X12CrNiSe18-9 1.4625	12X18H10E
28	S30376	Y12Cr18Ni9Cu3		—	SUS303Cu	X12CrNiCuS18-9-3 4667-303-76-J	X12CrNiCuS18-9-3 1.4667	—
29	S30400	06Cr19Ni10	0Cr18Ni9	304 S30400	SUS304	X5CrNi18-10 4301-304-00-I	X5CrNi18-10 1.4301	—
30	S30403	022Cr19Ni10	00Cr19Ni10	304L S30403	SUS304L	X2CrNi19-11 4306-304-03-I	X2CrNi19-11 1.4306	—
31	S30409	07Cr19Ni10		304H S30409	SUH304H	X7CrNi18-9 4948-304-09-I	X6CrNi18-10 1.4948	03X18H11
32	S30415	05Cr19Ni10Si2CeN		S30415	—	X6CrNiSiNCe19-10 4818-304-15-E	X6CrNiSiNCe19-10 1.4818	—
33	S30476	06Cr18Ni9Cu2	0Cr18Ni9Cu2	—	SUS304J3	X6CrNiCu18-9-2 4567-304-98-X	X3CrNiCu18-9-2 1.4567	—
34	S30430	022Cr18Ni9Cu3		S30430	—	X3CrNiCu18-9-4 4567-304-30-I	X3CrNiCu18-9-2 1.4567	—

续附表 5-1

序号	统一数字代号 ISC	新牌号	旧牌号	美国 ASTM A595	日本	国别 国际标准 ISO15510	欧洲 EN10088-1	苏联 GOST5632
35	S30477	06Cr18Ni9Cu3	0Cr18Ni9Cu3	S30430	SUSXM7	X3CrNiCu18-9-4 4567-304-30-I	X3CrNiCu18-9-2 1.4567	—
36	S30432	10Cr18Ni9NbCu3BN		S30432	—	—	—	—
37	S30451	06Cr19Ni10N	0Cr19Ni9N	304N S30451	SUS304N1	X5CrNiN19-9 4315-304-51-I	X5CrNiN19-9 1.4315	—
38	S30452	06Cr19Ni9NbN	0Cr19Ni10NbN	XM21 S30452	SUS304N2			
39	S30453	022Cr19Ni10N	00Cr18Ni10N	304LN S30453	SUS304LN	X2CrNiN18-9 4311-304-53-I	X2CrNiN18-10 1.4311	—
40	S30500	10Cr18Ni12	1Cr18Ni12	305 S30500	SUS305	X6CrNi18-12 4303-305-00-I	X4CrNi18-12 1.4303	12X18H12T
41	S38400	03Cr16Ni18		S38400	SUS384	X3NiCr18-16 4398-384-00-I	(1.4398)	—
42	S30808	06Cr20Ni11		308 S30800	SUS308	—	—	—
43	S30900	16Cr23Ni13	2Cr23Ni13	309 S30900	SUH309	X12CrNi23-13 4833-309-08-I	X12CrNi23-13 1.4833	20X23H12
44	S30908	06Cr23Ni13	0Cr23Ni13	309S S30908	SUS309S	X6CrNi23-13 4950-309-08-E	X6CrNi23-13, 1.4833	10X23H13
45	S31000	20Cr25Ni20	2Cr25Ni20	310 S31000	SUH310	X23CrNi25-21 4845-310-00-X	X8CrNi25-21 1.4845	20X25H20C2
46	S31008	06Cr25Ni20	0Cr25Ni20	310S S31008	SUS310S	X6CrNi253-120 4951-310-08-I	X6CrNi253-120 1.4951	10X23H18
47	S31009	07Cr25Ni21		310H S31009	—	—	—	—

续附表 5-1

序号	统一数字代号 ISC	新牌号	旧牌号	国别				
				美国 ASTM A595	日本	国际标准 ISO15510	欧洲 EN10088-1	苏联 GOST5632
48	S31042	07Cr25Ni21NbN		310HNbN S31042	—	—	—	—
49	S31050	022Cr25Ni22Mo2N		310MoLN S31050	—	X1CrNiMoN25-22-2 1.4466-310-50-E	X1CrNiMoN25-22-2 1.4466	—
50	S31095	015Cr25Ni22Mo2N	022Cr25Ni22Mo2N	—	—	—	X2CrNiMoN25-22-2 1.4465	—
51	S31254	015Cr20Ni18Mo6CuN		S31254	SUS312L	X1CrNiMoCuN20-18-7 1.4547-312-54-I	X1CrNiMoCuN20-18-7 1.4547	—
52	S38925	015Cr20Ni25Mo6CuN		N08925	—	—	—	—
53	S38926	015Cr20Ni25Mo7CuN		N08926	—	X1NiCrMoCuN25-20-7 4529-089-26-I	X1NiCrMoCuN25-20-7 1.4529	—
54	S38367	022Cr21Ni25Mo7N		N08367	SUS836L	X2NiCrMoCuN25-21-7 4478-083-67-U	(1.4478)	—
55	S32050	022Cr23Ni21Mo6N		S32050	—	—	—	—
56	S32053	022Cr23Ni25Mo5N		S32053	—	—	—	—
57	S31092	015Cr25Ni26Mo5CuN		—	—	X1CrNiMoCuN25-25-5 4537-310-92-I	X1CrNiMoCuN25-25-5 1.4537	—
58	S31277	015Cr22Ni27Mo8CuN		S31277	—	—	—	—
59	S31266	022Cr24Ni22Mo6Mn3W2CuN		S31266	—	X1CrNiMoCuNW24-22-6 4659-312-66-I	X1CrNiMoCuNW24-22-6 1.4659	—
60	S31600	06Cr17Ni12Mo2	0Cr17Ni12Mo2	316 S31600	SUS316	X5CrNiMo17-12-2 4401-316-00-I	X5CrNiMo17-12-2 1.4401	—
61	S31609	07Cr17Ni12Mo2	1Cr17Ni12Mo2	316H S31609	SUS316	X3CrNiMo17-13-3 4436-306-00-I	X3CrNiMo17-13-3 1.4436	—

续附表 5-1

序号	统一数字代号 ISC	新牌号	旧牌号	美国 ASTM A595	日本	国别 国际标准 ISO15510	欧洲 EN10088-1	苏联 GOST5632
62	S31603	022Cr17Ni12Mo2	00Cr17Ni14Mo2	316L S31603	SUS316L	X2CrNiMo17-12-2 4404-316-03-I	X2CrNiMo17-12-2 1.4404	03X17H14M2
63	S31693	022Cr18Ni14Mo3	00Cr18Ni14Mo3	S31673	—	X2CrNiMoN18-14-3 4435-316-91-I	X2CrNiMoN18-14-3 1.4435	—
64	S31692	015Cr18Ni14Mo2	022Cr18Ni14Mo2	—	SUS316L	X2CrNiMoN18-14-3 4435-316-91-I	X2CrNiMoN18-14-3 1.4435	—
65	S31635	06Cr17Ni12Mo2Ti	0Cr18Ni12Mo3Ti	S31635, 316Ti	SUS316Ti	X6CrNiMoTi17-12-2 4571-316-35-I	X6CrNiMoTi17-12-2 1.4571	08X17H13M3T
66	S31640	06Cr17Ni12Mo2Nb		316Nb S31640	—	X6CrNiMoNb17-12-2 4580-316-40-I	X6CrNiMoNb17-12-2 1.4580	03X16H13M3Б
67	S31651	06Cr17Ni12Mo2N	0Cr17Ni12Mo2N	316N S31651	SUS316N	X6CrNiMoN17-12-3 4495-316-51-J	X6CrNiMoN17-12-3 (1.4495)	
68	S31653	022Cr17Ni12Mo2N	00Cr17Ni13Mo2N	316LN S31653	SUS316LN	X2CrNiMoN17-12-3 4429-316-53-I	X2CrNiMoN17-13-3 1.4429	—
69	S31676	06Cr18Ni12Mo2Cu2	0Cr18Ni12Mo2Cu2	—	SUS316J1	X6CrNiMoCu18-12-2-2 4665-316-76-J	X6CrNiMoCu18-12-2-2 1.4665	
70	S31675	022Cr18Ni14Mo2Cu2	00Cr18Ni14Mo2Cu2	—	SUS316J1L	X2CrNiMoCu18-14-2-2 4647-316-75-X	X2CrNiMoCu18-14-2-2 (1.4647)	
71	S39042	015Cr21Ni26Mo5Cu2		904L N08904	SUS890L	X1NiCrMoCu25-20-5 4539-089-04-I	X1NiCrMoCu25-20-5 (1.4539)	
72	S31700	06Cr19Ni13Mo3	0Cr19Ni13Mo3	317 S31700	SUS317	X6CrNiMo19-13-4 4445-317-00-U	X6CrNiMo19-13-4 (1.4445)	
73	S31703	022Cr19Ni13Mo3	00Cr19Ni13Mo3	317L S31703	SUS317L	X2CrNiMo19-14-4 4438-317-03-I	X2CrNiMo18-15-4 1.4438	03X16H15M3

续附表 5-1

序号	统一数字代号 ISC	新牌号	旧牌号	国 别				
				美国 ASTM A595	日本	国际标准 ISO15510	欧洲 EN10088-1	苏联 GOST5632
74	S31792	03Cr18Ni16Mo5	0Cr18Ni16Mo5	—	SUS317J1	X3CrNiMo18-16-5 4476-317-92-X	(1.4476)	—
75	S31726	022Cr19Ni16Mo5N		317LMN S31726	—	X2CrNiMoN18-15-5 4483-317-26-I	(1.4483)	—
76	S31753	022Cr19Ni13Mo4N		317LN S31753	SUS317LN	X2CrNiMoN18-12-4 4434-317-53-I	1.4434	—
77	S32100	06Cr18Ni11Ti	0Cr18Ni10Ti	321 S32100	SUS321	X6CrNiTi18-10 4541-321-00-I	1.4541	08X18H10T
78	S32109	07Cr19Ni11Ti	1Cr18Ni11Ti	321H S32109	SUS321H	X7CrNiTi18-10 4940-321-09-I	1.4940	12X18H11T
79	S32654	015Cr24Ni22Mo8Mn3CuN		S32654	—	X1CrNiMoCuN24-22-8 4652-326-54-I	1.4652	—
80	S38377	12Cr16Ni35	1Cr16Ni35	—	SUH330	X13CrNi35-16 4864-083-77-X	X12CrNiSi35-16 1.4864	—
81	S34565	022Cr24Ni17Mo5Mn6NbN		S34565	—	X2CrNiMnMoN25-18-6-5 4565-345-65-I	X2CrNiMnMoN25-18-6-5 1.4565	—
82	S34700	06Cr18Ni11Nb	0Cr18Ni11Nb	347 S34700	SUS347	X6CrNiNb18-10 4550-347-00-I	X6CrNiNb18-10 1.4550	08X18H12Б
83	S34709	07Cr18Ni11Nb	1Cr19Ni11Nb	347H S34709	SUS347H	X7CrNiNb18-10 4912-347-09-I	X7CrNiNb18-10 1.4912	—
84	S34710	08Cr18Ni11Nb		S34710	—		—	—
85	S30500	06Cr18Ni13Si4	0Cr18Ni13Si4	305 S30500	SUSXM15J1	X06CrNiSi18-13-4 4884-305-00-X	X06CrNiSi18-13-4 1.4884	—

续附表 5-1

序号	统一数字代号 ISC	新牌号	旧牌号	美国 ASTM A595	日本	国别		苏联 GOST5632
						国际标准 ISO15510	欧洲 EN10088-1	
86	S31400	20Cr25Ni20Si2	—	314 S31400	—	—	—	—
87	S31870	14Cr18Ni11Si4AlTi	1Cr18Ni11Si4AlTi	—	—	—	—	15X18H12C4TIO
88	S31500	022Cr19Ni5Mo3Si2N	00Cr18Ni5Mo3Si2	S31500	—	X2CrNiMoSiMnN19-5-3-2-2 4424-315-00-I	X2CrNiMoSi18-5-3 1.4424	—
89	32105	12Cr21Ni5Ti	1Cr21Ni5Ti	—	—	—	—	10X21H5T
90	S32001	022Cr21Mn5Ni2N		S32001	—	X2CrMnNiMoN21-5-3 4482-320-01-X	X2CrMnNiMoN21-5-3 1.4482	—
91	S32003	022Cr21Ni3Mo2N		S32003	—	—	—	—
92	S81921	022Cr21Mn3Ni3Mo2N		S81921	—	—	—	—
93	S82011	022Cr22Mn3Ni2MoN		S82011	—	—	—	—
94	S31803	022Cr22Ni5Mo3N		S31803	—	—	—	—
95	S32205	022Cr23Ni5Mo3N		2205 S32205	SUS329J3L	X2CrNiMoN22-5-3 4462-318-03-I	X2CrNiMoN22-5-3 1.4462	—
96	S32101	03Cr22Mn5Ni2MoCuN		S32101	—	X2CrMnNiN21-5-1 4162-321-01-E	X2CrMnNiN21-5-1 1.4162	—
97	S32202	022Cr23Ni2N		S32202	—	X2CrNiN22-2 4062-322-02-U	X2CrNiN22-2 1.4062	—

续附表 5-1

序号	统一数字代号 ISC	新牌号	旧牌号	美国 ASTM A595	日本	国际标准 ISO15510	欧洲 EN10088-1	苏联 GOST5632
98	S32304	022Cr23Ni4MoCuN		2304 S32304	—	X2CrNiN23-4 4362-323-04-I	X2CrNiN23-4 1.4362	—
99	S82441	022Cr24Ni4Mn3Mo2CuN		S82441	—	X2CrMnMoCuN24-4-3-2 4662-824-41-X	X2CrMnMoCuN24-4-3-2 1.4662	—
100	S32520	022Cr25Ni7Mo4CuN		S32520	—	X2CrNiMoCuN25-6-3 4507-325-20-I	X2CrNiMoCuN25-6-3 1.4507	—
111	S31200	022Cr25Ni6Mo2N		S31200	—	X3CrNiMoN27-5-2 4460-312-00-I	X3CrNiMoN27-5-2 1.4460	—
112	S31260	022Cr25Ni7Mo3WCuN		S31260	SUS329J4L	X2CrNiMoN25-7-3 4481-312-60-J	X2CrNiMoN25-7-3 1.4481	—
113	S32550	03Cr25Ni6Mo3Cu2N		255 S32550	—	X3CrNiMoCuN26-6-3-2 4507-325-50-X	X3CrNiMoCuN26-6-3-2 1.4507	—
114	S32750	022Cr25Ni7Mo4N		2507 S32750	—	X2CrNiMoN25-7-4 4410-327-50-E	X2CrNiMoN25-7-4 1.4410	—
115	S32760	022Cr25Ni7Mo4WCuN		S32760	—	X2CrNiMoCuWN25-7-4 4501-327-60-I	X2CrNiMoCuWN25-7-4 1.4501	—
116	S32707	022Cr28Ni8Mo5CoN	022Cr28Ni8CoN	S32707	—	X2CrNiMoCoN28-8-5-1 4658-327-07-U	X2CrNiMoCoN28-8-5-1 1.4658	—
117	S32900	06Cr26Ni4Mo2	0Cr26Ni5Mo2	329 S32900	SUS329J1	X6CrNiMoN26-4-2 4480-329-00-U	(1.4480)	—
118	S32950	022Cr29Ni5Mo2N		S32950	—	—	—	—
119	S40900	06Cr11Ti	0Cr11Ti	409 S40900	SUH409	—	—	—
120	S40920	022Cr11Ti		S40920	SUH409L	X2CrTi12 4512-409-10-I	X2CrTi12 1.4512	—

续附表 5-1

序号	统一数字代号 ISC	新牌号	旧牌号	美国 ASTM A595	日本	国际标准 ISO15510	欧洲 EN10088-1	苏联 GOST5632
						国　别		
121	S40930	022Cr11NbTi		S40930	—	—	—	—
122	S40940	04Cr11Nb		409Nb S40940	—	—	—	—
123	S40976	022Cr11NiNbTi		S40976	—	X6CrTi12 4516-409-75-I	X6CrTi12 1.4516	—
124	S40977	022Cr12Ni		S40977	—	X2CrNi12 4003-409-77-I	X2CrNi12 1.4003	—
125	S41090	022Cr12	00Cr12	—	SUS410L	X2Cr12 4030-410-90-X	(1.4030)	—
126	S41008	06Cr13	0Cr13	410S S41008	SUS410S	X6Cr13 4000-410-08-I	X6Cr13 1.4000	08X13
127	S40500	06Cr13Al	0Cr13Al	405 S40500	SUS405	X6CrAl13 4002-405-00-I	X6CrAl13 1.4002	—
128	S42035	06Cr14Ni2MoTi		S42035	—	—	—	—
129	S42900	10Cr15	1Cr15	429 S42900	SUS429	X10Cr15 4012-429-00-X	X10Cr15 1.4012	—
130	S42971	022Cr15NbTi		—		X1CrNb15 4595-429-71-I	X1CrNb15 1.4595	—
131	S43071	04Cr17Nb		—	SUS430LX	X3CrNb17 4511-430-71-I	X3CrNb17 1.4511	—
132	S43000	10Cr17	1Cr17	430 S43000	SUS430	X6Cr17 4016-430-00-I	X6Cr17 1.4016	12X17
133	S43020	Y10Cr17	Y1Cr17	430F S43020	SUS430F	X7CrS17 4004-430-20-I	(1.4004)	—

续附表 5-1

序号	统一数字代号 ISC	新牌号	旧牌号	国 别				
				美国 ASTM A595	日本	国际标准 ISO15510	欧洲 EN10088-1	苏联 GOST5632
134	S43070	022Cr17Ti	00Cr17		SUS430LX	X2CrTi17 4520-430-70-1	X2CrTi17 1.4520	08X17T
135	S43035	022Cr18Ti		439 S43035	—	X3CrTi17 4510-430-35-1	X3CrTi17 1.4510	—
136	S43075	019Cr18CuNb		—	SUS430J1L	X2CrCuTi18 4664-430-75-X	(1.4664)	—
137	S43400	10Cr17Mo	1Cr17Mo	434 S43400	SUS434	—	—	—
138	S43496	06Cr17Mo		—	—	X6CrMo17-1 4113-434-00-1	X6CrMo17-1 1.4113	—
139	S43600	10Cr17MoNb		436 S43600	—	X6CrMoNb17-1 4526-436-00-1	X6CrMoNb17-1 1.4526	—
140	S43670	019Cr18MoTi		—	SUS436L	X2CrMoNbTi18-1 4513-436-00-1	(1.4513)	—
141	S43940	022Cr18NbTi		S43940	SUS430LX	X2CrTiNb18 4509-439-40-X	X2CrTiNb18 1.4509	—
142	S46800	022Cr19NbTi		S46800	—	—	—	—
143	S44400	019Cr19Mo2NbTi	00Cr18Mo2	444 S44400	SUS444	X2CrMoTi18-2 4521-444-00-1	X2CrMoTi18-2 1.4521	—
144	S44330	019Cr21CuTi		—	SUS443J1	X2CrTiCu22 4621-443-30-J	(1.4621)	—
145	S44592	019Cr23MoTi		—	SUS445J1	X2CrMo23-1 4128-445-92-J	(1.4128)	—

续附表 5-1

序号	统一数字代号 ISC	新牌号	旧牌号	国别				
				美国 ASTM A595	日本	国际标准 ISO15510	欧洲 EN10088-1	苏联 GOST5632
146	S44525	019Cr23Mo2Ti		—	SUS445J2	X2CrMo23-2 4129-445-92-J	(1.4129)	—
147	S44635	019Cr25Mo4Ni4NbTi		25-4-4 S44635	—	—	—	—
148	S44692	008Cr27Mo	00Cr27Mo	XM-27 S44627	SUSXM27	X1CrMo26-1 4131-446-92-C	(1.4131)	—
149	S44660	022Cr27Mo4Ni2NbTi		26-3-3 S44660	—	X2CrMoNi27-4-2 4750-446-60-U	(1.4750)	—
150	S44735	022Cr29Mo4NbTi		S44735	—	—	—	—
151	S44700	008Cr29Mo4		29-4 S44700	—	—	—	—
152	S44800	008Cr29Mo4Ni2		29-4-2 S44800	—	—	—	—
153	S44792	008Cr30Mo2	00Cr30Mo2		SUS447J1	X1CrMo30-2 4135-447-92-C	(1.4135)	—
154	S32803	012Cr28Ni4Mo2Nb		S32803	—	—	—	—
155	S40300	12Cr12	1Cr12	403 S40300	SUS403	—	—	—
156	S41000	12Cr13	1Cr13	410 S41000	SUS410	X12Cr13 4006-410-00-I	X12Cr13 1.4006	12X13

续附表 5-1

序号	统一数字代号 ISC	新牌号	旧牌号	美国 ASTM A595	日本	国际标准 ISO15510	欧洲 EN10088-1	苏联 GOST5632
						国　　别		
157	S41092	13Cr13Mo	1Cr13Mo	—	SUS410J1	X13CrMo13 4119-410-92-C	(1.4119)	—
158	S41400	12Cr12Ni2		414 S41400	—	—	—	—
159	S41500	04Cr13Ni5Mo		S41500	SUSF6NM	X3CrNiMo13-4 4313-415-00-I	X3CrNiMo13-4 1.4313	
160	S41600	Y12Cr13	Y1Cr13	416 S41600	SUS416	X12CrS13 4005-416-00-I	X12CrS13 1.4005	
161	S41672	06Cr13AlPb	0Cr13AlPb	—	SUS420F2	X13CrPb13 4642-416-72-J	(1.4642)	
162	S42000	20Cr13	2Cr13	420 S42000	SUS420J1	X20Cr13 4021-420-00-I	X20Cr13 1.4021	20X13
163	S42002	30Cr13	3Cr13	420 S42000	SUS420J2	X30Cr13 4028-420-00-I	X30Cr13 1.4028	30X13
164	S42097	32Cr13Mo	3Cr13Mo	—	—	X38CrMo14 4419-420-97-E	X38CrMo14 1.4419	—
165	S42069	60Cr13Mo		—	—	X55CrMo14 4110-420-69-E	X55CrMo14 1.4110	—
166	S42020	Y30Cr13	Y3Cr13	420F S42020	SUS420F	X33CrS13 4029-420-20-I	X33CrS13 1.4029	

续附表 5-1

序号	统一数字代号 ISC	新牌号	旧牌号	美国 ASTM A595	日本	国 别 国际标准 ISO15510	欧洲 EN10088-1	苏联 GOST5632
167	S42009	40Cr13	4Cr13	420 S42000	—	X39Cr13 4031-420-00-I	X39Cr13 1.4031	40X13
168	S42010	22Cr14NiMo		S42010	—	—	—	—
169	S42073	Y25Cr13Ni2	Y2Cr13Ni2	—	—	—	—	25X13H2
170	S43100	17Cr16N2		431 S43100	SUS431	X17CrNi16-2 4057-431-00-X	X17CrNi16-2 1.4057	—
171	S43191	14Cr17Ni2	1Cr17Ni2	—	—	—	—	14X17H2
172	S44002	68Cr17	7Cr17	440A S44002	SUS440A	X68Cr17 4040-440-02-X	(1.4040)	—
173	S44003	85Cr17	8Cr17	440B S44003	SUS440B	X85Cr17 4041-440-03-X	(1.4041)	—
174	S44004	108Cr17	11Cr17	440C S44004	SUS440C	X110Cr17 4023-440-04-I	X110Cr17 1.4023	—
175	S44020	Y108Cr17	Y11Cr17	440F S44020	SUS440F	X110CrS17 4025-440-74-X	X110CrS17 1.4025	—
176	S44090	95Cr18	9Cr18	440C S44004	SUS440C	—	—	95X18
177	S44004	102Cr17Mo	9Cr18Mo	—	—	—	X105CrMo17 1.4125	—
178	S44078	90Cr18MoV	9Cr18MoV	—	—	—	X90CrMoV18 1.4112	—
179	S42200	22Cr12MoWMnNiV	2Cr12NiMoWV	616 S42200	SUH616	X23CrMoWMnNiV12-1-1 4929-422-00-I	(1.4929)	—

续附表 5-1

序号	统一数字代号 ISC	新牌号	旧牌号	美国 ASTM A595	日本	国别 国际标准 ISO15510	欧洲 EN10088-1	苏联 GOST5632
180	S42077	50Cr15MoV		—	—	X50CrMoV15 4116-420-77-E	X50CrMoV15 1.4116	—
181	S45500	022Cr12Ni9Cu2NbTi		XM16 S45500	—	—	—	08X15H5Д2T
182	S13800	04Cr13Ni8Mo2Al		XM13 S13800	—	X3CrNiMoAl13-8-3 4534-138-00-X	X3CrNiMoAl13-8-3 1.4534	—
183	S15500	05Cr15Ni5Cu4Nb		XM-12 S15500	—	—	—	—
184	S15700	07Cr15Ni7Mo2Al	0Cr15Ni7Mo2Al	632 S15700	—	X8CrNiMoAl15-7-2 4532-157-00-I	X8CrNiMoAl15-7-2 1.4532	—
185	S66286	06Cr15Ni25Ti2MoAlVB	0Cr15Ni25Ti2MoAlVB	660 S66286	SUH660	X6NiCrTiMoVB25-15-2 4980-662-86-X	X6NiCrTiMoVB25-15-2 1.4980	—
186	S17400	05Cr17Ni4Cu4Nb	0Cr17Ni4Cu4Nb	630 S17400	SUS630	X5CrNiCuNb16-4 4542-174-00-I	X5CrNiCuNb16-4 1.4542	—
187	S17700	07Cr17Ni7Al	0Cr17Ni7Al	631 S17700	SUS631	X7CrNiAl17-7 4568-177-00-I	X7CrNiAl17-7 1.4568	—
188	S17600	06Cr17Ni7AlTi		635 S17600	—	—	—	—
189	S35000	09Cr17Ni5Mo3N		633 S35000	—	X9CrNiMoN17-5-3 4457-350-00-X	(1.4457)	—

注：( ) 表示不是 EN 10088-1 中的德国牌号。